孤岛油田开发技术与实践

李 阳　束青林　张本华　薛兆杰　著

中国石化出版社

图书在版编目（CIP）数据

孤岛油田开发技术与实践 / 李阳等著. — 北京：
中国石化出版社, 2018.11
ISBN 978-7-5114-5063-0

Ⅰ. ①孤… Ⅱ. ①李… Ⅲ. ①油田开发—研究 Ⅳ.
①TE34

中国版本图书馆CIP数据核字（2018）第230191号

中国石化出版社出版发行
地址：北京市朝阳区吉市口路9号
邮编：100020　电话：（010）59964500
发行部电话：（010）59964526
http://www.sinopec.press.com
E-mail:press@sinopec.com
北京科信印刷有限公司印刷
全国各地新华书店经销
*
787×1092毫米 16开本 20.25印张 474千字
2019年7月第1版　2019年7月第1次印刷
定价：168.00元

FOREWORD 序

提高油田采收率是油田开发的永恒主题。我国东部油田多处在高含水、高采出程度的“双高”开发阶段，当前油价持续低位徘徊，给油气开发乃至行业发展造成了严重的影响。如何完成陆相强非均质性油藏的深度开发，大幅度提高老油田采收率，降低成本，提升效益，这是当前和今后一段时间里油田开发工作者需要研究的重大课题。

孤岛油田是胜利油区投入勘探开发最早的油田之一。孤岛油田的开发既是一部艰苦创业史，又是一部科技创新史，在油田开发中坚持“资源有限，创新无限，解放思想，挑战极限”的战略指导思想，创出了同类型油藏开发的较高水平。因此，系统总结孤岛油田的开发经验，对于破解当前油田开发困境具有很好的启迪和借鉴意义。

该书以孤岛油田开发理论与技术创新为主线，系统阐述了孤岛油田不同开发阶段的开发理论、形成的配套技术及取得的经验，以此为基础，提炼归纳了陆相砂岩油藏开发策略和开发模式，为油田高效开发和技术创新提供了思路。该书真实地记录和反映了科技人员对孤岛油田不断认识、探索、创新的过程，不仅是孤岛油田开发研究成果的结晶，更是作者在孤岛油田长期工作的写照，凝聚了其在油田开发中的智慧和付出。它来源于实践，升华于理论，又回归于生产，做到了理论与实践相结合，针对性与实用性相统一，是我国油气开发领域的一部实用参考书，必将对中国陆相油田开发工作产生重要影响。

希望该书的出版能引起我国油气开发系统广大科技工作者的关注与思考，不断推动我国油气开发工作创新发展，为保障国家能源安全做出新贡献。

PREFACE 前言

中国石油工业经过近百年的发展，特别是近五十年的勘探开发实践，形成了具有中国特色的陆相生油理论和注水开发技术，在石油工业半个世纪的发展中发挥了重要作用。但是，非常规油气资源开发的快速发展，对常规油气开发的开发理念、技术方法和开采模式都产生了巨大冲击，必将促使油气田开发理论、开发方式、开采模式和技术创新等方面发生重大转变，需要以全新的视角重新审视油气田勘探开发工作，赋予油气田开发理论和开发技术新的科学内涵。

油气藏开发的主要目标是通过建立有效的油气开采与驱替系统，以尽可能少的投入采出更多的油气，实现较高的油气采收率和最大的经济效益。我国地质条件复杂，油藏类型多，既有以大庆、胜利油田为代表的陆相沉积砂岩油气藏，又有以塔河油田为代表的海相沉积碳酸盐岩缝洞型油藏，还有以涪陵页岩气为代表的页岩油气等非常规油气藏，不同类型的油气藏，其地质特征（油藏类型、储层特征、流体性质等）和控制油气藏开发的主控因素不同，适用的开发理论和技术不同；同时，在油气藏开发过程中，由于外来流体与地下油气藏的接触，导致地下流体及储层性质发生动态变化，对开发技术需求存在较大差异，不同类型油藏不同开发阶段的开发技术体系千差万别，因此，我国油气藏开发技术研究和实践非常丰富。本书以我国陆相普通稠油油藏的代表——孤岛油田为例，在分析总结油田开发实践的基础上，梳理其在开发过程中的开发规律和开发技术特点，以期提炼出油田开发技术体系的共性特征，为我国不同类型油气藏开发体系的构建提供借鉴。

孤岛油田是我国投入勘探开发最早的油田之一，也是我国高效开发的油田之一。孤岛油田为一继承性发育在古生界潜山之上的大型披覆背斜构造油藏，主要含油层系为上第三系中新统馆陶组，属整装疏松砂岩稠油油藏，主力层发育，储量集中，具有高孔渗、强非均质、高原油黏度、高饱和压力、疏松易出砂等特点，开发方式丰富多样，水驱、化学驱、稠油热采三种开发方式并存。

孤岛油田在开发过程中，始终围绕着“高效高水平开发油田”这一目标，秉承“资源有限，创新无限，解放思想，挑战极限”的开拓精神，攻克了油田开发过程中的重重难关，针对普通稠油油藏的地质特点、不同开发阶段的主要矛盾以及油田开发工作的需求，不断深化油藏认识，构建不同开发阶段、不同开发方式的技术体系，开展多轮次的井网层系调整以及坚持不懈的注采调整，发展化学驱和低效水驱稠油注蒸汽热采开发技术，制定了符合油田实际的开发方针政策，为油田稳步发展打下了坚实的基础。

孤岛油田于 1969 年至 1971 年 10 月进行试采，1971 年 11 月根据油田开发总体规划，在开发过程中，先后进行了油田产能建设、注水开发、中低含水期层系井网调整、井网层系调整、高含水期强化完善注采系统、特高含水期化学驱以及低效水驱稠油注蒸汽热采、热化学驱等，实现了长期的高产稳产。通过优化基础井网、分区投产，原油产量在1975年达到339.3×10^4t；早期分层注水，周期性注采调配，使原油产量上升到1984年的440.9×10^4t；细分开发层系、强化完善注采系统，使原油产量在400×10^4t以上连续稳产了12年，到1992年达到历史最高水平474.1×10^4t；推广应用化学驱、低效水驱稠油注蒸汽热采、热化学开发，有效减缓了油田产量递减，使原油产量在300×10^4t以上连续稳产了36年，比预测长8~10年。由于孤岛油田原油黏度高，油水流度比大，在开发初期，含水上升较快，中高含水期，注重周期性注采调配、强化完善注采系统，含水上升速度减缓；特高含水期，推广应用化学驱、低效水驱稠油注蒸汽热采、热化学开发，含水在92.0%附近连续保持了20年。截至2017年年底，孤岛油田动用储量4.2×10^8t，累计产油1.6×10^8t，采出程度39.6%，综合含水92.6%，采收率达到43.4%，比胜利油田平均采收率高14.1%。

孤岛油田50年的开发实践表明，针对不同开发阶段的主要矛盾、建立完善适应的开发技术体系是保持油田的高水平开发、实现开发达到最佳开发状态和经济效益的关键。为应对当前油气田开发面临的挑战，发展丰富我国陆相油气田开发理论，指导油藏开发目标优选和开发技术体系构建，推动油藏开发水平和整体开发效益的提高，特编写了本书。全书共分为六章：第一章为油藏地质及开发特征，系统总结了油藏构造、沉积、储层非均质等主要地质特征，以及油田天然能量开发、水驱开发和油藏出砂特征；第二章为陆相砂岩油藏开发地质研究，以油田不同开发阶段的油藏地质要素研究为脉络，阐述了产能建设阶段的储层及沉积相特征、中高含水阶段储层建筑结构特征，以及特高含水阶段的水驱剩余油富集机理及分布规律；第三章为普通稠油油藏注水开发技术，阐述了孤岛稠油渗流特征，以及由此为基础的层系井网优化和改善水驱开发效果技术体系；第四章为特高含水期化学驱开发技术，系统阐述了普通稠油特高含水期聚合物驱、二元驱、非均相驱技术体系研究与实践；第五章为低效水驱稠油转热采开发技术，系统阐述了低效水驱稠油转热采开发机理低效水驱转蒸汽吞吐、改善蒸汽吞吐开发效果技术及热化学驱提高采收率技术体系研究与实践；第六章为陆相砂岩油藏开发策略与开发模式，以孤岛油田为代表，阐述了油田开发高效开发策略选择及开发技术体系构建原则，展望未来油田开发技术。

在本书的编写过程中，毛卫荣、丛国林、姚秀田、王宏、李志华、郑昕等同志做了大量工作，付出了辛勤劳动，在此表示衷心感谢！

CONTENTS

目录

第一章　油藏地质及开发特征

孤岛油田为一继承性发育在古生界潜山之上的大型披覆背斜构造，为沾化凹陷内典型的“凹中之隆”，成藏条件得天独厚，主要含油层系为上第三系中新统馆陶组，属整装疏松砂岩稠油油藏，主力层发育，储量集中，地质储量四亿多吨，具有高孔渗、强非均质、高原油黏度、高饱和压力、疏松易出砂等特点。作为我国第一个投入注水开发的疏松砂岩稠油油藏，采收率已达 39.8%，其中中一区、中二区主体化学驱开发采收率达到 50%~55%，接近大庆油田主力喇萨杏油田采收率水平，非均相驱先导试验采收率达 60% 以上；热采主体 Ng5 稠油环注蒸汽热采开发采收率达到 40%~45%，热化学驱先导试验采收率达 50% 以上。

第一节　油藏主要地质特征

孤岛潜山披覆构造位于沾化凹陷次级隆起带，沾化凹陷是济阳坳陷中的次一级构造单元，北为义和庄、埕子口凸起，南临陈家庄凸起，西为无棣凸起，东与垦东—青坨子凸起相对，总体上是一个轴向北东的北断南超的箕状凹陷，面积约为 $2800km^2$。

一、区域构造及沉积演化

1. 区域构造

沾化凹陷作为济阳坳陷次级构造单元发育了复杂的中—新生代断裂体系，主要表现为北西向、北东（东）向和近东西向三组控凹控洼断层，其中北西向有：罗西断层、孤西断层、五号桩断层，北东（东）向有：义南断层、义东断层、埕东断层、邵家断层、垦东断层，近东西向有：桩南断层、孤北断层、孤南断层。沾化凹陷同济阳坳陷其他凹陷一样，大致可分为三个发展阶段：晚侏罗世—白垩世断陷期、早第三纪断坳期和晚第三纪凹陷期。沾化凹陷区域构造演化史为沾化凹陷油气富集提供了良好的构造条件，使得孤岛油田具备形成大型油气聚集区的构造基础，其构造演化过程如下。

晚侏罗世至早白垩世（J_3–K_1），沾化凹陷内发育了三组北北西向大断裂，包括罗西、孤西和五号桩断层，均为南西倾向的正向大断裂，把沾化凹陷分割为三个大的台阶，形成了北西向条带状分布的构造格局。孤岛潜山披覆构造就发育在孤西断层正向单元的中段，为后期油气藏的形成与分布奠定了基础。在该阶段末期，本区整体抬升，遭受强烈剥蚀，沉积范围明显减小。

古新世至始新世早期（Ek–$Es_4^{下}$），沾化凹陷内三条北西向断裂带继承性活动，北东向的垦东、义东、埕东断裂和北西向的埕北断裂带开始活动，虽活动强度不大，但基本上改变了原来北西向条带状构造面貌，对孤岛潜山的形成具有决定意义的北东东向孤南断层和孤北断层也开始形成破裂面。该阶段沉积中心仍受北西向断层控制，湖盆分割性强，面积狭窄。

始新世晚期（Es_3），北西向的罗西断层停止活动，孤西和五号桩断层活动也趋于停止，义南、义东、埕东、垦东断层及埕北断层活动加强，孤南、孤北包括垦利断层也开始大规模活动，除北西向孤西和五号桩断层下降盘为继承性沉积中心外，在断层下降盘也发育了一系列沉积中心，北西向正向构造带也被分解，形成“群山环湖、群湖环山”的地理景观。阶段末期，本区发生一次区域性抬升，使沙三段遭受剥蚀。

渐新世早期（Es_2），孤西断层和五号桩断层停止活动，义东、埕东等断层继承性活动，孤南、孤北断层活动加剧，孤北断层下降盘大幅度沉降，使罗家鼻状构造沿顺时针方向发生旋转。因孤南断层强烈活动，孤南洼陷进入了发育兴盛期，由于东段比西段活动强烈，沉积中心仍在洼陷的东部。

渐新世晚期（Es_1–Ed），北东向及北东东向的断裂继承性活动，义东、埕东及垦东断层活动进一步加剧，孤南、孤北、垦利和埕北断层活动强度减弱。由于义东和埕东断层活动方式的变化，使其沉降中心向西南方向转移。此时孤南、孤北断层活动强度减弱，使孤岛潜山生长变慢。因此，从沙一段到东营组中下段沉积时期，湖盆水域面积扩大，凸起面积缩小；东营组上段沉积时期，沉降速率小于沉积速率，湖盆逐渐消亡，并转化为河流相沉积。早第三纪末—晚第三纪初，沾化凹陷整体抬升，经过东营运动长时间剥蚀后，又整体下降；晚第三纪前期活动的断层除个别断层停止活动外，其他仍继续微弱活动，但其性质与前期的块断运动完全不同，是在整体沉降过程中由于差异压实作用的结果，直到第四纪这些断层的活动才基本停止（表 1–1–1、图 1–1–1）。

表 1–1–1　孤岛地区断层要素表

名称	走向	倾向	倾角 /(°)	延伸长度 / km	发育时期	断层落差				
						Tr/m	T2/m	T1/m	纵向变化	平面变化
孤南断层	北东东向	东南	30~60	50	Es_4–Nm	800~1800	300~900	100~200	下大上小	东大西小
孤北断层	北东东—东向	北西	40~50	25	Es_4–Nm	300~900	150~500	78~150	下大上小	西大东小
孤西断层	北西—西向	南西	50~55	43	Mz–Es_3	2500			下大上小	北大南小

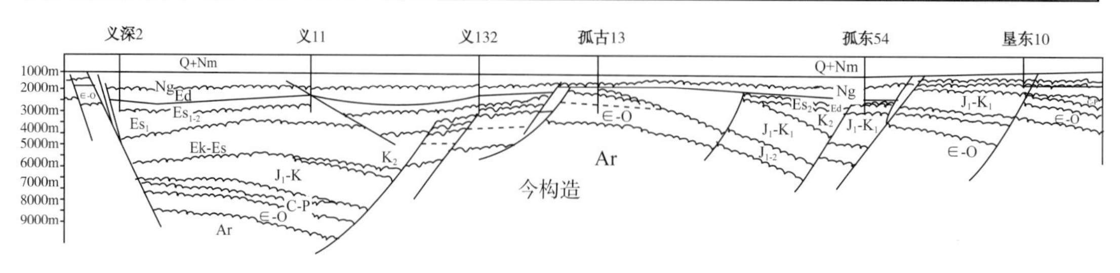

图 1–1–1　沾化凹陷东西向构造演化剖面（地震测线 157.8）

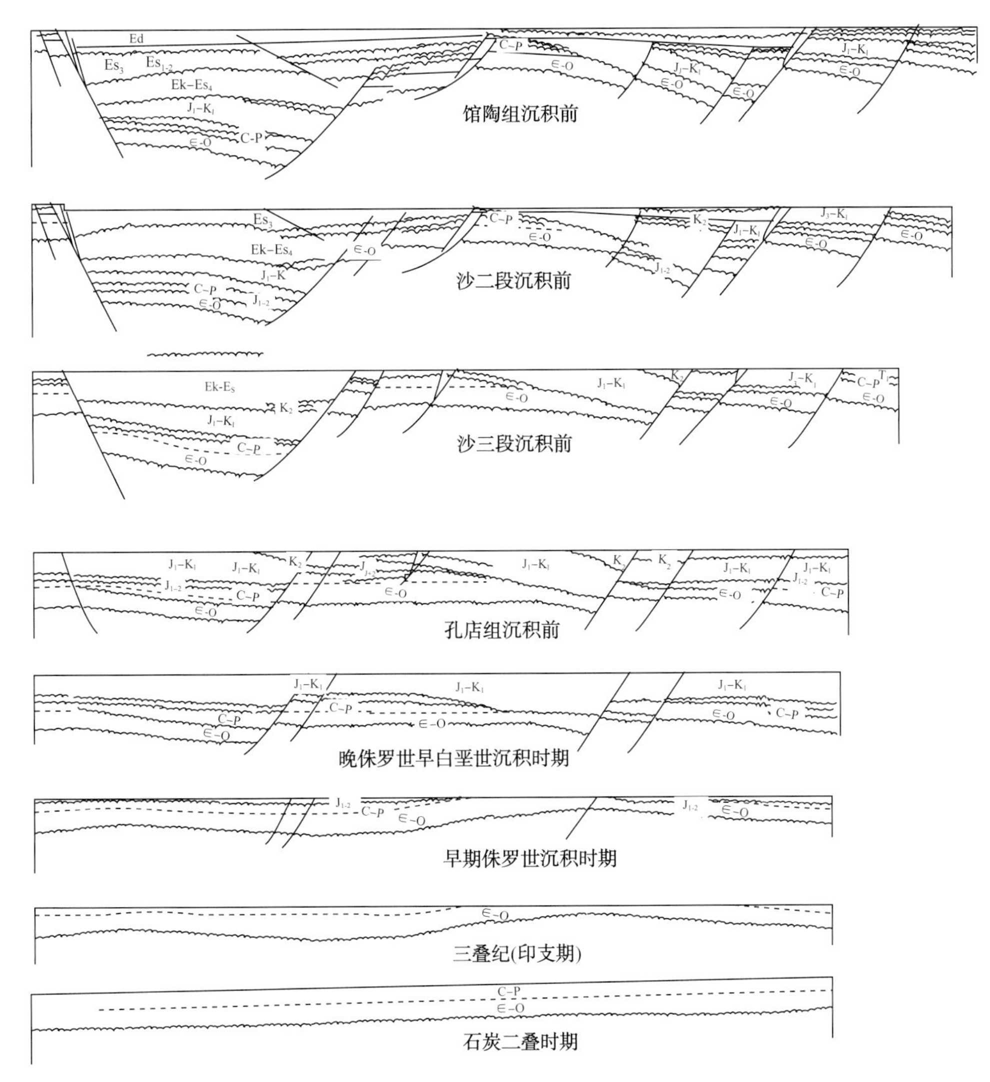

图 1–1–1　沾化凹陷东西向构造演化剖面（地震测线 157.8）（续）

2. 地层发育

沾化凹陷沉积演化过程控制和决定了油气高产富集的分布规律，油气主要富集于新近系馆陶组、明化镇组，这两套地层是在古近系渐新世内陆湖盆沉积的背景上发育起来的冲积—河流相沉积，由于东营末期的地壳上升运动，整个坳陷遭受了不同程度的风化剥蚀，造成馆陶组与下伏地层的角度不整合接触，其储盖组合合理，具备形成大型油气田的天然条件。

馆陶组四段（相当于馆下段下部沉积的地层）为冲积扇—辫状河粗碎屑沉积，发育浅灰色、灰白色含砾砂岩夹少量砂质泥岩，沉积厚度 400~500m，埋藏深度 1100~2200m。受断层活动影响，济阳坳陷内部地势高低起伏明显，既有低山丘陵，又有平原洼地，沉积局限于车镇、沾化、东营三个凹陷内，坳陷四周被隆起所包围，形成与外围隔绝的半封闭式盆地。坳陷内部由于陈家庄凸起的存在，造成南北沉积厚度相差较大：位于北部的车镇、沾化凹陷地层厚度较大，主要为砂岩集中发育区，砂体多分布在沾化凹陷的西北部，形成四个较大的冲积扇体，这四个扇体通过坡积物相连，在平面上形成沿埕宁隆起南缘分布的冲积扇裙。扇体前端水流汇集成河，流入沾化凹陷。由于地形变缓，过水面变宽，促使河流的游荡性增强，形成分布面积较广泛的辫状河沉积，河道沙坝、河道充填与河道间滩地微相频繁交替，前者分布广泛。南部的东营凹陷砂体沉积厚度较小，且以小型透镜体产出，沿周缘剥蚀区分布，其余大部分地区为泥质岩类沉积，形成了冲积扇—洪泛平原沉积体系。

馆陶组三段（相当于馆下段上部沉积的地层）时期，全区四个凹陷均有沉积，凸起范围变小，基本上形成了济阳坳陷上第三系的雏形，但沉积特征上具有较强的继承性，南北两大沉积体系依然存在，西部惠民凹陷与北部的车镇、沾化凹陷沉积特征及沉积相的类型基本相同，仍为冲积扇—辫状河沉积。受陈家庄凸起影响，南部的东营凹陷仍处于半封闭状态，沉积相的类型以冲积扇—洪泛平原为主，与馆陶组四段相比，东部冲积扇面积增大，砂岩厚度变大，说明广饶、潍北、青坨子凸起物源供给充分，为东营凹陷的主要物源区。

馆陶组二段（相当于馆上段第六砂层组至第四砂层组 4^2 砂层）时期，全区四个凹陷连为一体，相互贯通，义和庄、陈家庄、滨县凸起已不存在，但受地形高差影响，古地形高凸起部位沉积厚度较薄，砂体极不发育；砂体集中发育在惠民、车镇、沾化一带，说明物源区还在北部地区。东营凹陷已经脱离了封闭状态，但受物源区碎屑供给量影响，砂体厚度变薄，仅在东部相对较发育，表明物源主要来自东部，靠近物源区的河流上部，冲积扇体较为发育，以冲积扇—辫状河沉积为主，河流中下游，河道沙坝、河道充填与河道间滩地频繁交替，以过渡性河流发育为特征。

馆陶组一段（相当于 $Ng4^2$ 砂层之上至 Ng1+2 砂层组）时期，主要发育为紫红色泥岩夹中、薄层粉砂岩、粉砂质泥岩，河流性质已经发生了较大变化，与馆二段相比，沉积相发育特征具有较大差别，具体表现在砂体分布规模和范围缩小，泥质岩类分布面积广泛，泛滥平原亚相发育。坳陷的北部有小型河道沙坝分布，在坳陷的中央，砂体呈狭长的弯曲带状，反映河道变窄，为曲流河沉积。

明化镇组下段是在馆陶组经过长期河流充填堆积基础上形成的沉积，河道亚相沉积范围进一步变小，河道弯曲度增大，泛滥平原亚相占绝对优势。

二、储集层特征

孤岛油田构造基底是由古生界奥陶系、石炭系—二叠系及中生界侏罗系—白垩系地层组成的古凸起，下第三系地层围绕古凸起边缘超覆沉积，上第三系披覆于凸起之上，形成继承性的、发育在古生界潜山之上的大型披覆背斜构造。构造轴向近北东—南西，长 15km，宽 6km，闭合面积 $80km^2$，闭合差 120m。构造简单，主体部分完整平缓，顶部倾角 30′~1° 30′，翼部倾角 2°~3°，油藏埋深 1120~1350m。

构造上有 23 条正断层，控制沉积和油气聚集的主断层有四条，其中以构造南北两条最大，走向均为北东 70° 向东转为近东西向，北翼 1 号断层倾向北西，落差自东向西由小变大，南翼 2 号大断层倾向南东，落差自东向西由大变小，顶部为一平台，两翼西陡东缓。2 号断层以南为南区，被 12 条断层分隔成 8 个小断块，构造西端两条北东小断层构成地堑式含油断块，地层向西倾没。

1. 沉积特征

上馆陶组油层属河流相正韵律沉积，河流走向为东西向，Ng3–4 砂层组属蛇曲河流沉积（图 1–1–2），具有明显的二元结构特征，即每一时间单元下部为河道沉积，主要是砂岩，上部是溢岸沉积，主要是泥岩。Ng5–6 砂层组属辨状河流沉积（图 1–1–3），二元结构不明显，下部砂层厚度大，上部泥岩厚度小。

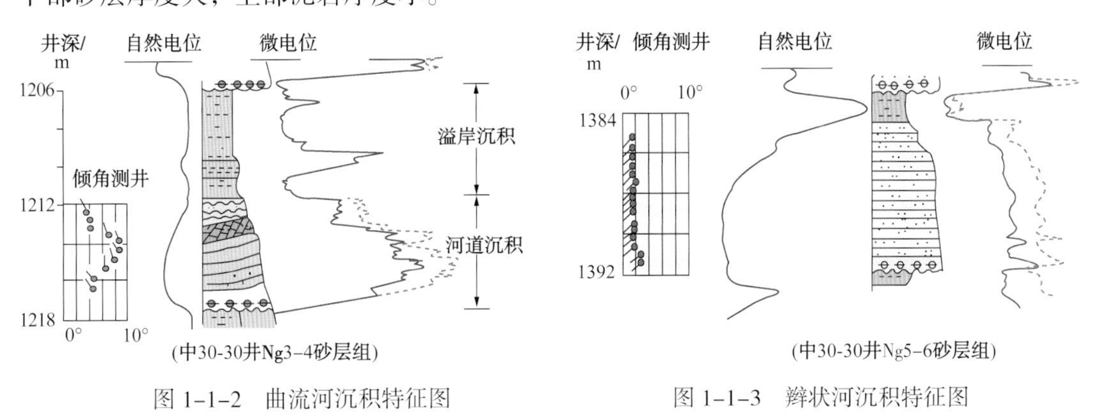

图 1–1–2　曲流河沉积特征图　　　图 1–1–3　辫状河沉积特征图

2. 储层非均质性

孤岛油田 Ng3–6 砂层组为粉细砂岩和细砂岩组成，粒度中值 0.117~0.201mm，平均 0.136mm，分选系数 1.56~1.72，油层平均孔隙度 32%~35%，空气渗透率 0.51~2.40 μm^2。储层主要胶结类型为接触式、孔隙 – 接触式和接触 – 孔隙式，胶结疏松，生产中易出砂，胶结物以泥质为主，泥质含量 8.7%~10.2%，碳酸岩含量 1.4%（图 1–1–4）。

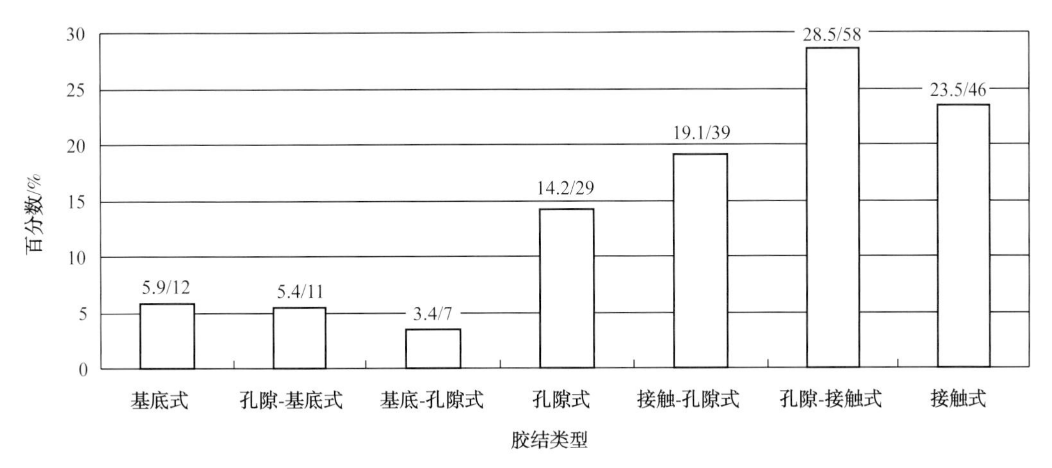

图 1–1–4　孤岛油田 Ng3–6 砂层组胶结类型图（8 口 204 块样品）

孤岛油田 Ng3–6 油层非均质性强，渗透率累积分布曲线属 $\Gamma(x)$ 型，自由度 2.0，非

均质系数 1.47~2.57，渗透率级差 4.0~21.9，平面上从河床亚相到边缘亚相，粒度由粗到细，泥质含量增多，渗透率变低，纵向上 Ng5–6 砂层组均质程度较好，渗透率级差 4.0~7.0，非均质系数 1.58~1.85。Ng3–4 砂层组均质程度差，非均质系数 1.55~2.57，渗透率级差 9~21.9。

渤 108 和渤 116 两口油基泥浆取芯井润湿性试验资料显示，油层亲水明显，从上到下亲水性逐渐增强，平均吸水率 23.2%~73.2%，平均吸油率 1.1%~2.9%（图 1–1–5）。油层相对渗透率曲线也表现出明显的亲水特征，曲线具有油的相对渗透率下降快、水的相对渗透率上升缓慢的特点，油水两相等渗点的含水饱和度为 0.65~0.73。

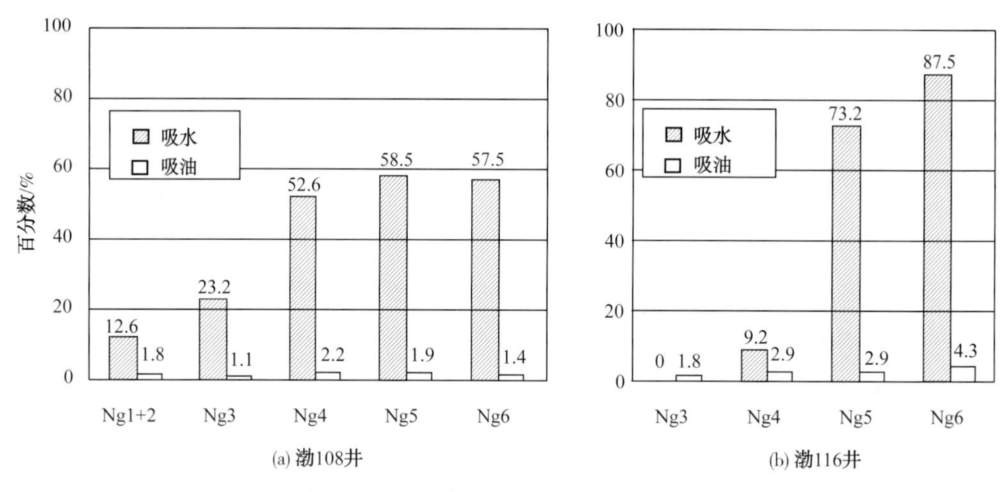

图 1–1–5　孤岛油田岩石润湿性柱状图

三、油藏流体特征

1. 油藏温度及压力

孤岛油田地温梯度高，呈正异常，地层深度每增加 100m，地温增加 4.5℃，油层温度 70℃左右。

馆上段原始地层压力与各油层的埋藏深度呈线性关系，可用式（1–1）表示：

$$P_i=1.85+0.0085H_i \qquad (1\text{-}1)$$

式中，P_i 为油藏内任一点的原始地层压力，MPa；H_i 为油藏内任一点的埋藏深度，m。

馆上段原始地层压力为 12.5MPa，原油饱和压力从构造顶部向四周明显降低，地饱压差增大，在油田主体部位饱和压力为 9.5~11.5MPa，地饱压差为 1.5~2.0MPa，边部饱和压力为 7.2~10.5MPa，地饱压差为 2.0~3.5MPa，属高饱和油藏。

2. 流体性质

1）原油性质

馆陶组原油性质为高黏度、低含蜡、低凝固点的沥青质石油，含蜡量 4.9%~7.2%，胶质含量 27.1%~54.2%，沥青质含量 6.6%，含硫量 1.17%~3.38%，凝固点 –32~–10℃，地面原油密度 0.935~1.03g/cm^3（表 1–1–2），黏度 250~35000mPa·s，油水黏度比大（80~350），注水开发容易指进。原油黏度的分布规律是顶稀边稠，各小层原油黏度受小层深度控制，即原油黏度随小层深度增加增加。

表 1–1–2　馆陶组各砂层组原油相对密度统计表

单位：g/cm^3

构造部位	Ng1+2	Ng3	Ng4	Ng5	Ng6
顶部	0.95~0.96	0.95~0.97	0.94~0.96	0.93~0.94	0.91~0.94
翼部	0.96~0.98	0.95~0.98	0.96~0.98	0.96~1.00	0.98~1.03

2）天然气性质

天然气有两种，一种是气层气，如明化镇组和 Ng1+2、Ng3 砂层组的小气顶，甲烷含量 95% 以上；另一种是溶解气，甲烷含量 87%~90%，有少量重烃。纯气层主要是油层内分散的小气顶，受小层顶面起伏控制，无统一油气界面（表 1–1–3）。

表 1–1–3　天然气组分统计表

层位		深度 /m	产状	组分							气体相对密度	资料来源
				$CO+H_2S$	N_2	CH_4	C_2H_6	C_3H_8	C_4H_{10}	C_5^+		
明化镇组		735.8~770.2	纯气	0.09	0.59	99.33	—	—	—	—	0.5573	渤 35
馆陶组	$1+2^5$	1120.0~1132.0	纯气	0.00	0.40	99.60	—	—	—	—	0.5556	渤 6
	3^1	1177.2~1180.6	纯气	0.45	0.04	97.40	1.43	0.43	0.19	—	0.5728	渤 101
	5	1252.0~1283.6	气顶	0.58	0.27	90.35	3.32	2.81	1.98	0.68	0.6457	中 19–6
	6	1260.8~1285.8	气顶	2.70	0.00	87.14	3.18	3.76	2.41	0.80	0.6822	渤 2
沙二段		2365.8~2386.4	气顶	5.17	2.09	80.45	6.25	4.23	1.59	0.22	0.7111	渤 3

3）地层水性质

地层水矿化度低，馆陶组总矿化度为 2797~12449mg/L，从上到下逐渐增加，水型为 $NaHCO_3$ 型，沙河街组总矿化度 17768mg/L，水型为 $CaCl_2$ 型（表 1–1–4）。

表 1–1–4　水分析资料统计表

层位		深度 /m	组分							总矿化度 /（mg/L）	水型	资料来源
			K^++Na^+	Mg^{2+}	Ca^{2+}	SO_4^{2-}	HCO_3^-	CO_3^{2-}	Cl^-			
明化镇组		792.8~866.6	890	17	24	587	392	29	766	2705	$NaHCO_3$	渤 31
馆陶组	1+2	1184.6~1189.0	945	4	17	1	809	44	977	2797	$NaHCO_3$	渤 114
	3	1176.6~1201.3	1285	9	17	—	1257	138	1144	3850	$NaHCO_3$	中 9–3
	5	1239.4~1246.2	1419	6	13	2	1196	44	1481	4161	$NaHCO_3$	渤 84
	6	1286.2~1298.4	2862	14	89	—	51	—	4320	7336	$NaHCO_3$	中 5–10
	7	1313.0~1327.0	4637	48	100	—	580	39	7093	12497	$CaCl_2$	渤 62
东营组		1583.8~1586.8	1531	15	60	61	149	—	2381	4197	$MgCl_2$	渤 7
沙河街组		1802.0~1840.0	5972	146	690	—	203	—	10757	17768	$CaCl_2$	渤 33

3. 油层及流体分布

1）油水界面

孤岛油田的边水、底水不活跃，天然能量弱，Ng3-4 砂层组油水界面在 1270~1280m 之间，Ng5-6 砂层组油水界面在 1295~1315m 之间，均比较规则。南区因断层分隔，油水界面变化比较大，Ng3-4 砂层组在 1220~1310m 之间，Ng5-6 砂层组在 1285~1335m 之间。

2）油层分布

孤岛油田的开发目的层是上第三系的馆陶组油层，分为上、下两段。主要开发层系为上段的 Ng3-6 砂层组，四个砂层组共有 20 个含油小层，其中 3^3、3^5、4^2、4^4、5^3、6^3 六个主力油层大面积分布，Ng1+2 油层分布零散；下馆陶组主要为含油饱和度较低的油水同层和含油水层。其中热采稠油位于孤岛披覆背斜构造侧翼，纵向上处于稀油与边底水之间的油水过渡带，平面上围绕孤岛油田呈环状分布，分为 Ng5、Ng6、Ng3-4 砂层组三个稠油环，Ng5、Ng6 稠油环分布较为连续（图 1-1-6、图 1-1-7），位于孤岛油田主体边部，Ng3-4 稠油环较为零散，均位于孤岛油田边角部位。孤岛稠油埋深为 1200~1320m，原油黏度及密度随构造深度的增加而增大，50℃地面脱气原油黏度为 5000~35000mPa·s，密度为 0.98~1.00g/cm^3，按照我国稠油分类标准，孤岛稠油属于普通稠油 Ⅰ-2 至特稠油，同时又具有黏温敏感性强的特点，温度每升高 10℃，原油黏度下降一半以上。例如生产 Ng5^3 层位的中 25-420 井，50℃地面脱气原油黏度为 10722mPa·s，温度升至 125℃时原油黏度降至 87mPa·s，温度升至 200℃时原油黏度降至 11mPa·s。

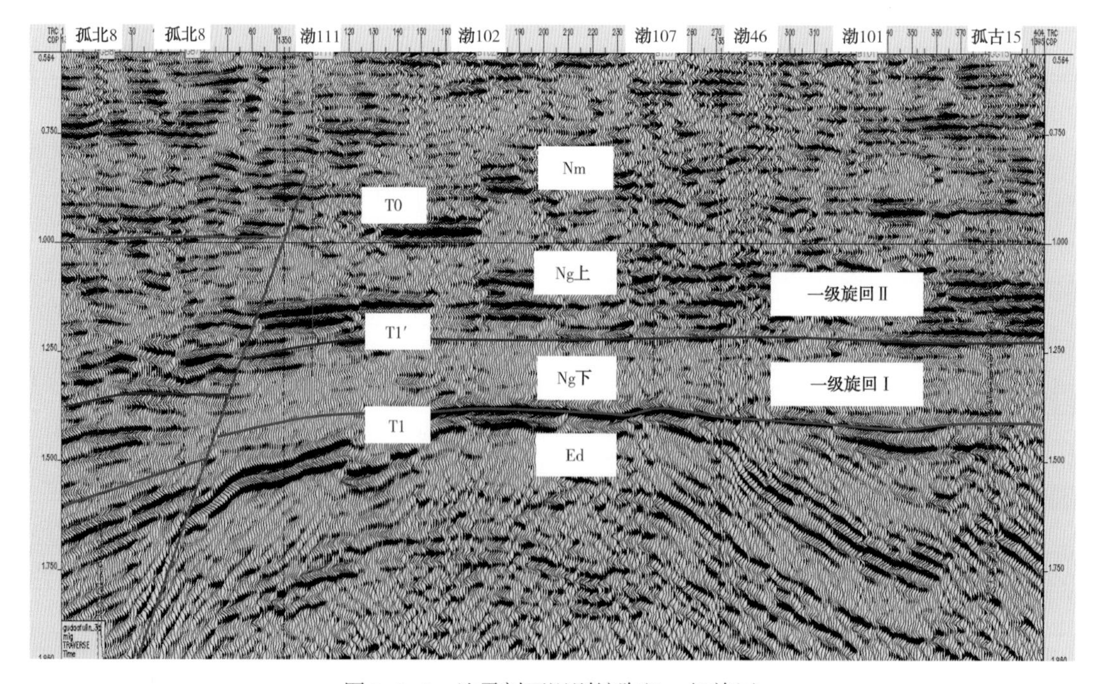

图 1-1-6　地震剖面识别馆陶组一级旋回

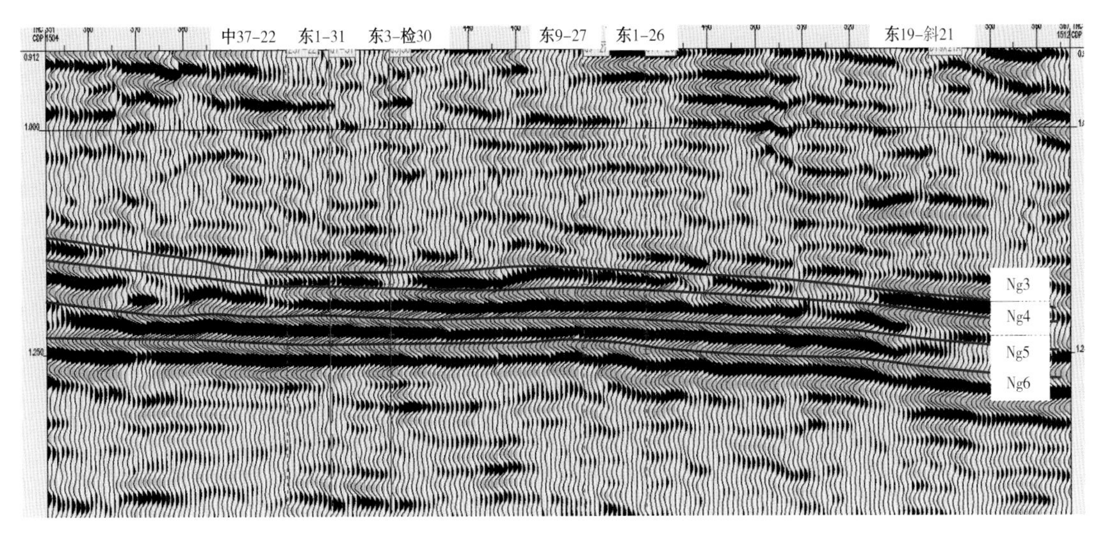

图 1-1-7　地震剖面识别馆陶组二级旋回

4. 储量分布

孤岛油田主要开发层系中上段的 Ng3–6 砂层组地质储量为 34817.6×10^4t，占油田总储量的 84.6%，四个砂层组中 3^3、3^5、4^2、4^4、5^3、6^3 六个主力油层地质储量为 24723×10^4t，占 Ng3–6 砂层组储量的 73.4%；Ng1+2 油层地质储量为 3468.7×10^4t，占 8.4%。下馆陶地质储量 1270.3×10^4t，占 3.1%；东营组和沙河街组地质储量为 1592×10^4t，占 3.9%。

热采稠油动用含油面积 26.5km^2，地质储量 7068×10^4t，其中 Ng5 稠油环储量最大，为 3201×10^4t，占总储量的 45.3%；其次是 Ng3–4 稠油环，为 2940×10^4t，占总储量的 41.6%；Ng6 稠油环储量最小，为 927×10^4t，占总储量的 13.1%。

第二节　油藏主要开发特征

孤岛油田为陆相油藏，油源来自陆相生油岩，其中绝大多部分以湖相泥岩为母岩，湖相沉积的生油母质以Ⅱ类、Ⅲ类干酪根为主，原油黏度总体上偏高；油藏处于中浅埋深，储层胶结疏松。因此，在孤岛油田开发和建设中，油稠和出砂是影响油田开发的两大难题，高黏原油在注水开发中表现为高油水黏度比的水驱油特征，持续高含水阶段生产为注水开发的重要特征。

孤岛油田有步骤地分区投产，稳妥地注水开发，先后实施了防砂注采综合治理、开发层系注采井网调整、强化完善注采系统、局部细分层系、低效水驱稠油转热采及热化学驱、聚合物驱、二元复合驱、非均相驱等三次采油措施，形成了一套适合孤岛油田的开发理论和技术，走出了一条适合常规稠油出砂油藏的高效开发之路，实现了原油产量的接替稳产。

一、能量利用与保持

陆相湖盆碎屑岩沉积体小而分散的特征决定了大多数油藏的边水为多层状边水类型，

且陆相沉积盆地及其湖泊的小规模特征决定了陆相油藏不可能存在大型天然水体，油藏边水的活跃程度取决于储集层的连续性和水区渗流条件。油藏形成后，水区和油区差异成岩作用使得水区储集层的孔隙性和渗透性降低，油水界面附近的原油遭受一定程度的边水氧化而变稠，也削弱了边水的侵入，这些特征决定了大中型陆相油田几乎全部依靠人工补充能量才能得到有效开发。

截至2011年，孤岛油田平均地层压力11.27MPa，地层总压降1.23MPa，地层压力保持在合理的范围之内（图1-2-1）；从孤岛油田不同含水级别的液量、动液面跟踪情况看（图1-2-2），含水小于90%井液量稳中有升，年增长幅度为4.3%；含水大于95%井液量下降，年递减率为6.1%，地层能量利用比较合理。

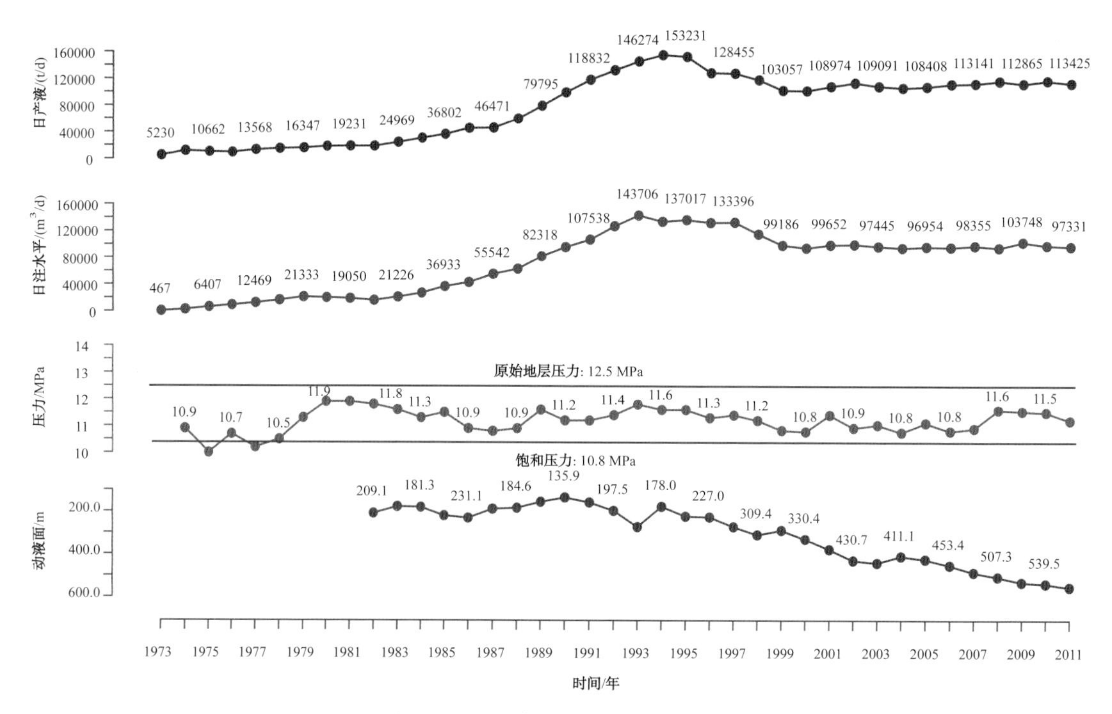

图1-2-1　孤岛油田能量保持曲线

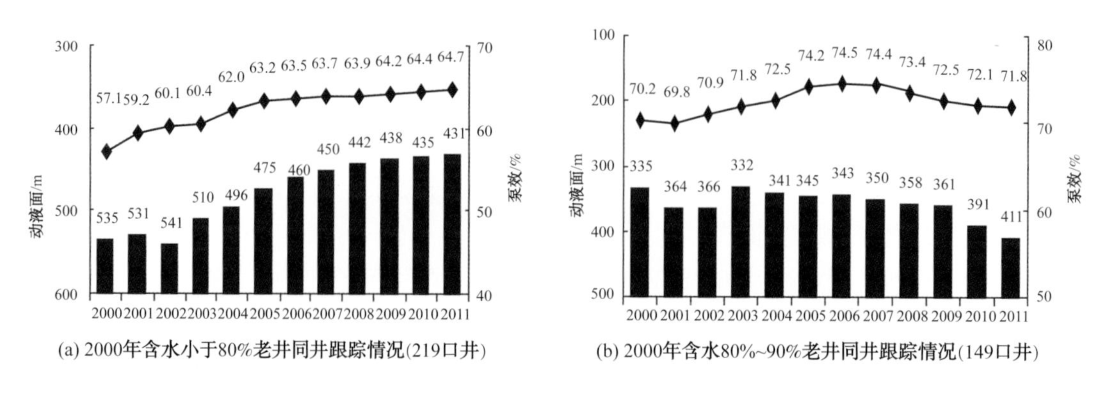

图1-2-2　孤岛油田不同含水级别井液量跟踪曲线

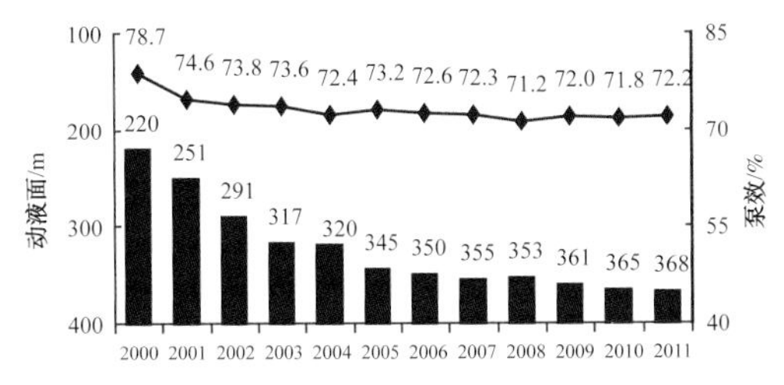

(c) 2000年含水90%~97%老井同井跟踪情况(440口井)

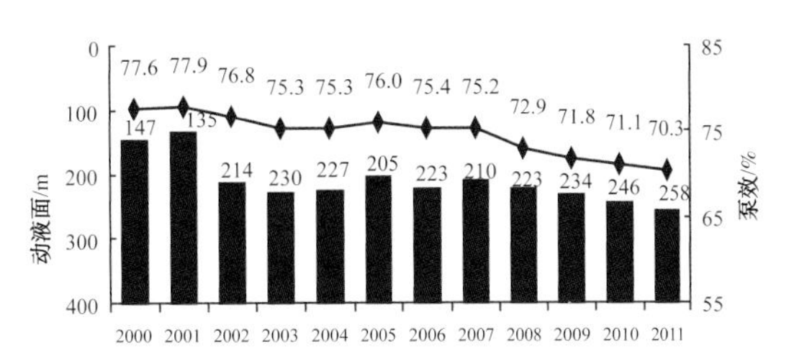

(d) 2000年含水大于97%老井同井跟踪情况(177口井)

图 1-2-2 孤岛油田不同含水级别井液量跟踪曲线（续）

二、开发设计与部署

1. 开发规划

孤岛油田主要目的层是新近系的馆陶组上段，1969 年 5 月初步计算含油面积 65km^2，地质储量 1.5×10^8t，初步详探结果表明，孤岛油田具有面积大、储量多、埋藏浅、油层胶结疏松、原油黏度高、凝固点低及天然能量低等特点。

孤岛油田在开发上具有 4 个有利条件：①主体构造比较简单，有利于迅速地建成规模生产；②储量集中，开发主攻对象明确；③油层埋藏深度浅，有利于高速度打井，有利于采用多种井下工艺；④油层渗透性好，有利于高产。同时还具有 3 个不利条件：①原油密度大，黏度高，含硫量高；②天然能量不足；③油层出砂。

开发原则为：①工艺上可以开采的储量全部投入开发；②早期采用均衡分层注水，保持地层能量，全面注水开发后，采油速度力争达到 2%；③采用多种开采方式提高最终采收率；④整体规划，分步实施。

计划在 1972 年 7 月 1 日前建成 250×10^4~300×10^4t 的原油生产规模：油田东西两翼均为稠油，采用 300~350m 的面积井网；中区构造顶部稀、稠油兼有，稀油层采用行列注水，两注水井排夹采油井一排，注水井至采油井排距 600m，采油井距 400m，注水井距 250m，稠油层采用行列注水，两注水井排夹采油井一排，排距均为 400m，采油井距 400m，注水井距 250m。

2. 开发方案

孤岛油田开发早期分 6 个开发区块：中一区、中二区、西区、南区、东区、渤 21 断块；10 个开发单元：中一区 Ng3-4、中一区 Ng5-6、中一区 Ng3-6、中二南、中二中、中二北、西区、南区、东区、渤 21 断块。随着采油工艺、滚动勘探开发技术的发展，适时对孤岛 Ng1+2、孤北、孤南等外围区域进行了开发动用。

1）中一区开发方案

中一区位于孤岛背斜高部位、油田中部，含油面积 14.93km^2，地质储量 6403×10^4t，是原油密度最小、黏度最低的区域。主力层明确，单层厚度大，储量集中，但油层非均质性严重、储层胶结疏松、泥质夹层较多，大部分油层存在气顶。根据原油性质及地层能量大小，进行了层系划分：中3排以东到19排以西，各排17号井以南的8.8km^{2}区域划分为Ng3–4与Ng5–6砂层组，西1排至中3排及全区各排5号井以南区域Ng3–6砂层组合采。至1972年，完钻154口，投产140口，年产原油91.21×10^{4}t，采油速度达到1.42%。

为适应高速开采的要求，同时便于进行后期调整，将Ng5–6砂层组行列井网改为反九点法面积注水井网，Ng3–4砂层组划分两套层系，原则上也采用反九点法面积注水。打乱原有2套井网补充加密新井，西南部Ng3–6砂层组仍采用原井网合采，加密新井与老井重新组合形成Ng3–4、Ng5–6两套开发层系：Ng3–4层系在400m×350m井网基础上，加密一倍井转为270m×300m反九点法面积注水井网，Ng5–6层系组合成350m×400m反九点法面积注水井网。

中一区的调整是按东块、西块、北块的顺序展开的，1974年7月开始，逐块完善注水系统。中一区达到高产油能力和高采油速度，随着地层压力下降，气驱、气举使靠弹性驱动产量下降或停喷等减少的产量得到接替，但由于气顶气能量有限，地层压力继续下降，注水前，中一区平均压降为1.82MPa，有44口油井（占全区井数的33.5%）总压降达到2.0MPa以上。1974年9月开始投注，至1975年油井转注工作基本完成，此时的驱油能量一部分来源于气顶气，一部分靠注水补充能量，油井生产能力比较旺盛。至1975年底，油井开井165口，日产油水平4510t，单井日产油达到27.3t，综合含水4.61%，年产油155.1×10^{4}t，采油速度达到2.42%。注水井52口，日注水平4351m^3，注采比0.82。

2）中二区开发方案

中二区处于孤岛披覆背斜构造东翼的中部，整个区域处于稠稀过渡带，具有上稀下稠的特点，含油面积12.39km^2，石油地质储量4629×10^{4}t。设计一套全区合采Ng3–4砂层组的400m三角形均匀井网，完钻58口，针对中二区稀稠间互、层间矛盾严重的状况，1971年11月制定射孔方案时进行了分区：中二南和中二中分两套层系（Ng3–4^{1+2}及Ng4^3–5）开发，中二北为稠稀油合采。为提高采油速度，将中二南、中二中一起加密为225m井距四点法面积注水井网，设计总井数199口，采油速度1.66%，年产油能力77×10^{4}t。1972年7月，中二区陆续投产，当年钻井155口，投产116口，年产油27.78×10^{4}t。

孤岛油田注水开发始于中二南，试验区含油面积1.47km^2，石油地质储量666×10^{4}t，设计注水井11口，对应油井31口，采用225m井距四点法面积注水井网，试验区日配注540m^3。注水实践证明，孤岛油田疏松稠油油藏采用注水补充能量的开发方式是经济、可行的。同时认识到：搞好先期防砂是保证油井正常生产的基础，早期、均衡、稳定注水是高效开发的关键，合理利用气量是高效开发的重要手段，正确处理层间矛盾、及时调整层间关系是高效开发的保证。

3）西区开发方案

西区位于孤岛背斜西翼，中一区西部，区内存在两条断层，对注水开发带来一定影响，Ng3–4砂层组发育较好，分布面积较广，Ng5砂层组油砂体零星分布，Ng6砂层组多为水层或含油水层，原油较中一区稠，含油面积6.85km^2，石油地质储量1301×10^{4}t。部署了400m井距的三角形均匀井网，设计井数57口。1976年3月开始投注，至1977年年底，油井开井 48 口，日产油水平 951t，含水 15.2%，年产油 30.44×10^4t，采油速度 2.34%，转注 8 口水井，日注水平 842m^3，注采比 0.68，驱动类型转为水压驱动，局部受边水影响，地层总压降由 1.95MPa 回升至 1.83MPa。

4）南区开发方案

南区位于孤岛油田背斜南翼，含油面积 13.95km^2，石油地质储量 2425×10^4t。区内共有 15 条断层，断层由北向南逐级下掉，油水关系复杂，油砂体面积小，分布零散，原油性质差异较大。1972 年 7 月完钻 23 口探井，取得 14 口井 25 层试油资料，对断层的组合与封闭作用认识不清，无法做到不同断块差异化开发。采用 300m 井距的三角形均匀井网，设计总井数 165 口，到 1977 年底，油井开井 96 口，日产油水平 1580t，含水 9.1%，年产油 60.21×10^4t，采油速度 2.06%，转注 32 口水井，日注水平 1663m^3，注采比 0.86。可对比的 9 口井，地层压力总压降由 1.59MPa 下降到 1.65MPa。无水采油期一般 38~680d，平均 322d。

5）东区开发方案

东区位于孤岛油田背斜最东部，主要含油层系为 Ng3–4 砂层组，油层厚度薄，原油性质较差，地面原油黏度一般为 1000~2500mPa·s，含油面积 16.02km^2，石油地质储量 2289×10^4t。首次采用 300m 井距正方形反九点法面积注水井网，设计采油井 101 口，注水井 29 口，3 年内靠天然能量开采。1978 年 3 月开始转注，至年底油井开井 71 口，日产油水平 1190t，含水 15.4%，当年产油 42.4×10^4t，采油速度 1.45%，转注 33 口水井，日注水平 1488m^3，注采比 0.95。地层总压降由 2.32MPa 回升至 1.89MPa。

6）渤 21 断块开发方案

渤 21 断块位于孤岛油田西翼边部，含油面积 2.89km^2，石油地质储量 497×10^4t，主要含油层系为 Ng3–4 砂层组，断块具有面积小、边水近、原油稠、构造简单、储量集中等特点。按 300m 正方形反九点法井网实施，设计采油井 25 口，注水井 8 口。到 1977 年底地层压力 9.81MPa，地层总压降 2.89MPa，地层压力低于饱和压力 0.56MPa。

7）Ng1+2 单元开发方案

Ng1+2 砂层组分布于整个孤岛油田馆上段顶部，属河漫滩沉积的粉细砂岩，含油面积 37.2km^2，石油地质储量 2730×10^4t。砂体分布零散，多呈透镜状或窄条带状分布，共分 14 个小层、447 个油砂体，其中含油面积小于 0.1km^2 的有 345 个。由于岩性更细、胶结更疏松，出砂更严重，加上油层较薄、分布零散、连通性差，受开采技术条件的限制，1991 年编制实施开发试验方案。试验区含油面积 0.66km^2，石油地质储量 68×10^4t，油层发育较好，原油黏度较低，储层物性较好，采用不规则点状面积注水井网，设计油井 8 口，水井 8 口，其中新钻油井 2 口，注水井 3 口。

1992 年 7 月完成，中 30–8 井区采油速度由试验前的 1.99% 提高到 3.91%，油井利用率由 60.0% 提高到 75.0%，动液面由 540m 上升到 460m，试验取得成功。

8）孤北断块开发方案

孤北断块构造处于沾化凹陷孤岛凸起的北部斜坡带，西北部为孤北洼陷，东部为桩西洼陷，主要含油层系为沙河街组，其储集层被断层切割形成一些封闭的油气富集小断块。原油性质好，地面原油黏度 10mPa·s 左右，孤北断块共上报动用含油面积 4.0km^2，石油地质储量 680×10^{4}t。孤北各断块一直采用天然能量开采，地层压力下降较大，到 1985 年9 月，地层压力由 23.09MPa 下降至 14.97MPa，下降了 8.12MPa。

三、疏松储层出砂治砂

孤岛油田砂岩储层胶结疏松，油层厚度、泥质含量和原油黏度变化大，投产之初油井就存在出砂现象。油田试采期间，油井不含水或含水较低，出砂相对较轻，主要采取不定期冲砂维护油井生产。随着试采油井逐渐增多，冲砂作业越来越频繁。随着油田全面投入注水开发，油层出砂情况日益严重。

孤岛油田主要以陆相碎屑沉积为主，岩层以正韵律、复合韵律为主，由于储层胶结较弱、渗透率高、非均质性强出现了出砂等问题，由于注水流体的长期冲刷和黏性原油流动以及疏松砂岩胶结能力的变化，形成了大孔道似的高渗条带，高渗条带会引起注入流体的突进，突进程度取决于作用于流体的压力场和流体流动阻力。

针对孤岛油田油稠和出砂等特点，为了确保长期稳产，形成了掺水降黏开采技术和地下合成防砂技术。在防砂方面，根据油层不含水或含水低的特点，采用酚醛树脂合成防砂方法，防砂成功率在 85% 以上。

油井见水后含水上升，油井采液强度提高，地层出现亏空，使地下合成防砂成功率下降，单一的酚醛树脂溶液合成防砂工艺已不能满足中高含水期大量出砂油井的防砂需要，进行了环氧树脂砂砾滤砂管防砂室内和现场试验。随着油井含水不断升高，为进一步提高防砂强度，完成并实施孤岛油田绕丝筛管砂砾充填法防砂。

孤岛油田进入了高含水期，强注强采致使油井出砂加剧，近井地带形成亏空，套管变形井增多。为保证油田平稳生产，开发了树脂涂敷砂防砂，该技术集中了溶液防砂和颗粒防砂的优点，施工简单。为解决其储存难度大的问题，将胶结剂由环氧树脂改为酚醛树脂，形成了酚醛树脂涂敷砂防砂技术。

随着油井含水不断升高，采液强度进一步提高，高强度防砂屏障是实现大泵提液的前提。通过对强采试验分析，滤砂管防砂基本能够满足当时注采条件下的提液要求，日采液强度可达到 10t/m。同时对出砂严重、地层亏空、防砂难度大的油井，完善干灰砂、涂敷砂化学防砂和滤砂管、绕丝管机械防砂工艺技术配套，把防砂与油层保护相结合，提高防砂成功率，配套大密度射孔技术，开展复合防砂试验，满足了生产提液要求。

在孤岛油田的开发过程中，酚醛树脂溶液合成防砂、滤砂管防砂、水带干灰砂防砂、绕丝（割缝）筛管砾石充填、高压砾石充填、稠油耐高温涂敷砂及与砾石充填的复合防砂等防砂技术逐步配套完善，并得到广泛应用，成为孤岛油田治砂防砂的基本工艺方法。实践证明，独具特色的孤岛滤砂管防砂技术，既挡住了油层中粗颗粒砂，保证了油井正常生产，又使泥质等细颗粒带出井筒，增加了油层渗透性，为孤岛油田强注强采打下了基础。

第二章 陆相砂岩油藏开发地质研究

开发地质研究是经济有效开发油气藏和提高采收率的基础，在很大程度上，油气藏开发的成败在于开发地质研究的程度。因此，油气藏开发地质研究必须满足油田开发井网部署、开发调整、增产措施以及提高采收率技术的需要，贯穿于油气田开发的全过程。

开发地质过程不能一蹴而就，是一个不断深化的过程。在五十多年的开发历程中，孤岛油田针对控制油气开采的复杂地质因素，以剩余油表征为核心，不断进行成因机理与分布演化规律研究，有效地建立了地质模型，满足了油田开发工程的需求，是油田高效开发的基础。

孤岛油田在开发建设阶段，立足于满足基础井网建设需求，按照“标准层附近等高程、沉积旋回对比”模式，研究砂层组、油砂层分布及油层性质，为开发基础井网部署奠定了基础。中高含水阶段发展应用沉积微相理论，在沉积旋回对比的控制下，考虑河道砂体叠置、河道下切、侧向相变等对比模式，研究砂体分布组合形态和非均质特征，为中高含水阶段的层系调整和细分加密提供了依据。在高含水开发阶段，开展储层建筑结构研究，深入剖析层内乃至砂体内部建筑结构，指导了注采系统强化完善、局部层系细分调整。特高含水开发阶段，应用油藏地球物理技术，从储层微观非均质性研究入手，刻画储层内部不同级次的渗流屏障，从而揭示地下油水运动规律和潜在的宏观剩余油富集区，形成了剩余油“分隔富集”理论认识，对油田水平井开发薄储层、韵律层更具指导意义。

第一节 孤岛油田地层划分

一个油田往往是由几个油藏组成，而组成油田的各个油藏在油层性质、圈闭条件、驱动类型、油水分布、压力差系统、埋藏深度等方面都不同，有时差别较大。不同油藏的驱油机理、开采特点有很大区别，对油田开发的部署、开采条件的控制、采油工艺技术、开采方式，甚至对地面油气集输流程都有不同的要求。因此，在制订开发方案时，需要将油田的各层等进行划分和组合，缓解层间差异。

一、沉积旋回

受分辨率的影响，通过地震资料可识别出砂层组界面，大体相当于二级沉积旋回控制的地层界面（图 2–1–1、图 2–1–2）。

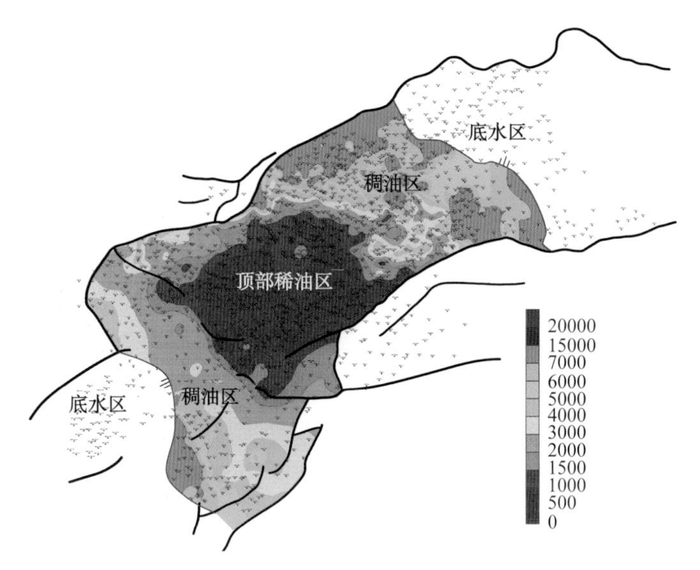

图 2-1-1　孤岛 Ng5 稠油环黏度分布图

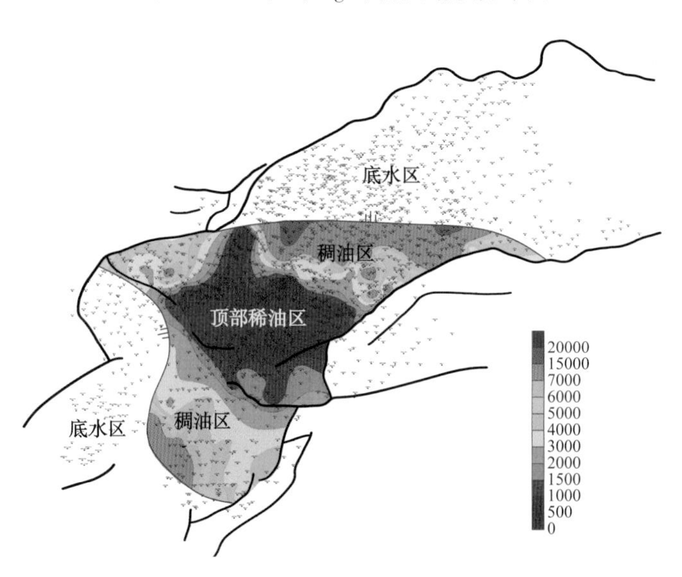

图 2-1-2　孤岛 Ng6 稠油环黏度分布图

由于取芯井岩芯剖面具有高分辨率的特征，可利用岩芯资料识别三级、四级沉积旋回，而受取芯井段长度不是的影响，岩芯一级、二级沉积旋回的识别则相对困难，故只用岩芯识别三级、四级沉积旋回。

从岩芯资料观察来看，四级沉积旋回 $Ng3^{51}$ 层与 $Ng3^{52}$ 层之间存在明显的冲刷界面，表现为砂泥突变接触，接触面见泥砾，具典型河道底部沉积特征，对应两期河道垂向叠加，电性响应较为明显，GR、SP、COND 值回返明显。经统计，90% 以上的井具有此类特征，所以认为 $Ng3^{51}$ 层与 $Ng3^{52}$ 层在全区是可分、可识别的。$Ng3^{42}$、$Ng3^{41}$、$Ng3^{3}$、$Ng3^{2}$、$Ng3^{1}$ 之间也表现出类似特征，且每一个四级沉积旋回比较完整，各自电性特征明显，全区可对比（图 2-1-3、图 2-1-4）。

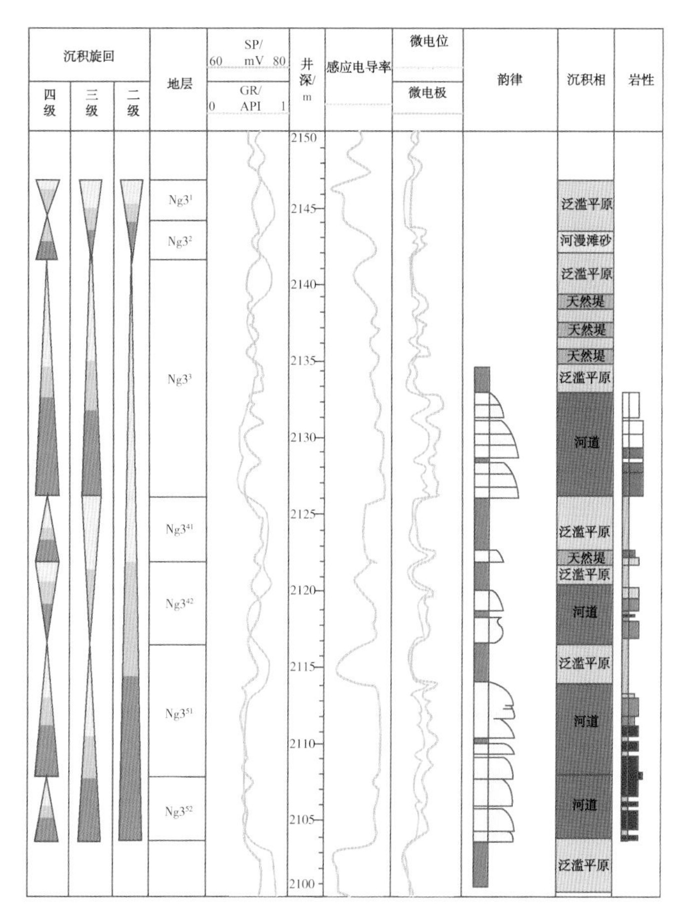

图 2-1-3　孤岛油田 13XJ9 取芯井 Ng3 砂组旋回界面岩芯特征

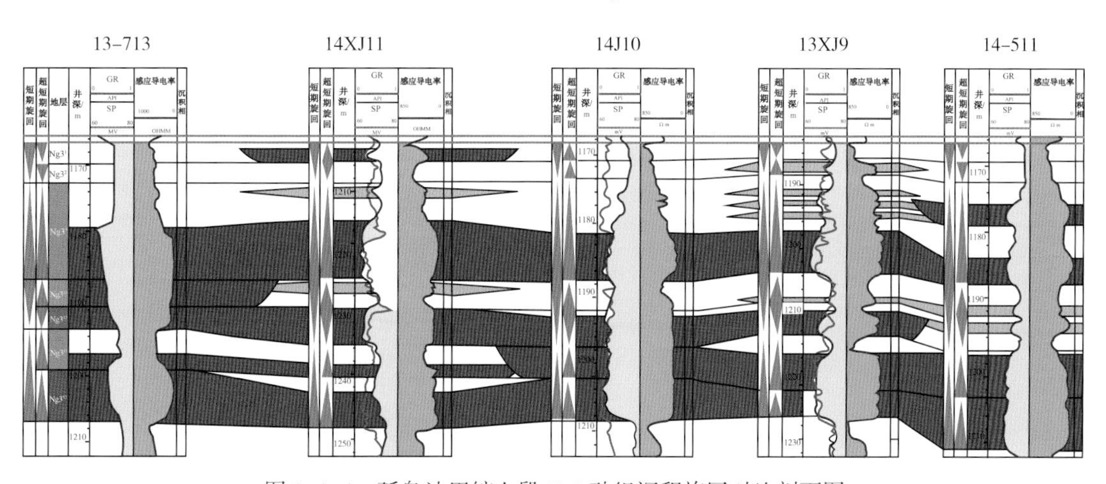

图 2-1-4　孤岛油田馆上段 Ng3 砂组沉积旋回对比剖面图

三级旋回的识别是在四级旋回识别的基础上完成的，在四级沉积旋回划分的基础上，对四级沉积旋回进行组合，形成不同的地层叠加模式，确定不同叠加模式的顶底界面，作为三级沉积旋回界面的位置（图 2-1-5）。

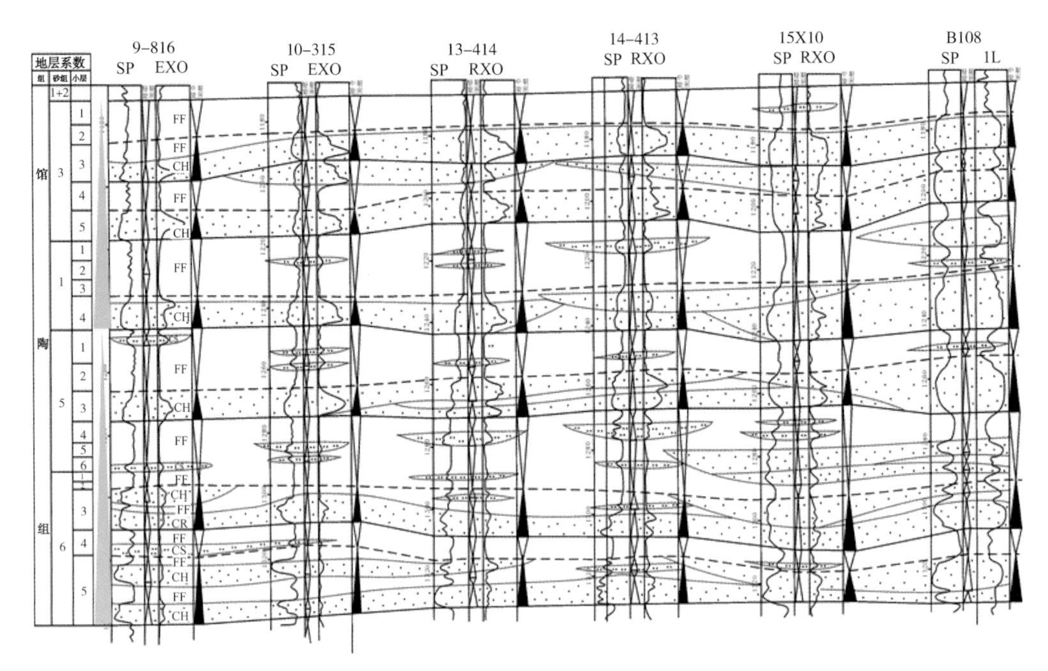

图 2-1-5　孤岛油田馆上段 Ng3-6 砂组高分辨率基准面旋回对比剖面图

寻找标准层、辅助标准层是河流相储层小层划分对比中的关键。河流相沉积中的标准层发育较差，究其原因，主要是因为河流相为长期暴露的强氧化环境，侧向相变剧烈，故化石分布范围小、层薄且测井响应不明显。有时可以将多条测井曲线的组合特征作为标准层，如馆陶组上段的螺化石层与纯泥岩组合在测井曲线上特征非常明显，含螺化石层微电极呈高阻尖峰，厚约 0.5m，其下有灰绿色泥岩层，厚度在 0.5m 左右，感应电导率为高值（图 2-1-6）。

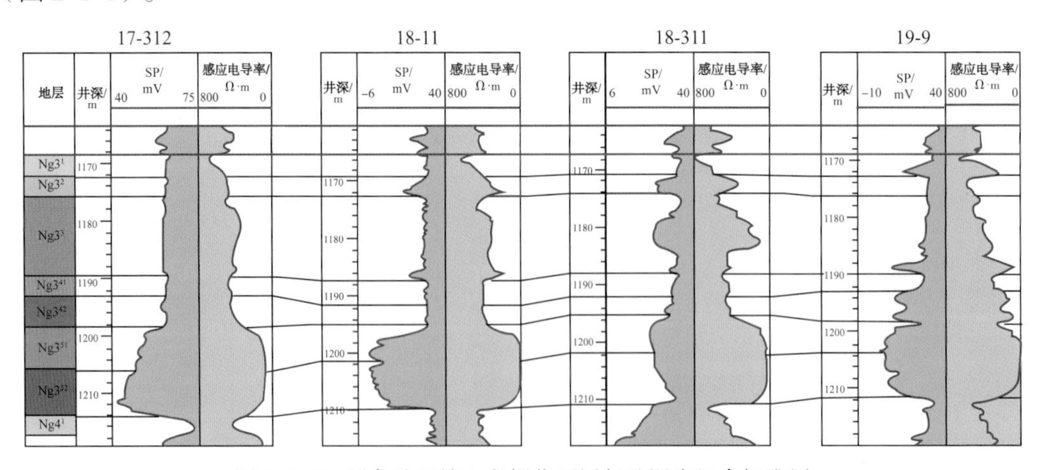

图 2-1-6　孤岛油田馆上段螺化石层与纯泥岩组合标准层

二、对比模式

根据河流相储层分布特点，总结出下述四种地层对比模式。

1. 标准层附近等高程对比模式

Ng1+2 砂岩底部发育一套螺化石层，岩相、电性特征均非常明显，是一个分布稳定的标志层。单河道砂体标志层附近等高程对比法指的是同一河流的河道沉积物顶面应是等时的，应与标志层大体平行，即同一河道沉积顶面距标志层（或某一等时面）应有大致相等的“高程”，工区内地层对比把等距于螺化石标志层的砂体顶面作为等时面，把处在两个等时面之间的砂体划分为同一单元，越靠近标志层，对比精度越高，远离标志层会因区域性厚度变化而精度降低，因此 $Ng3^1$、$Ng3^2$、$Ng3^3$ 三个小层均有良好的等高程对比关系（图 2-1-7）。

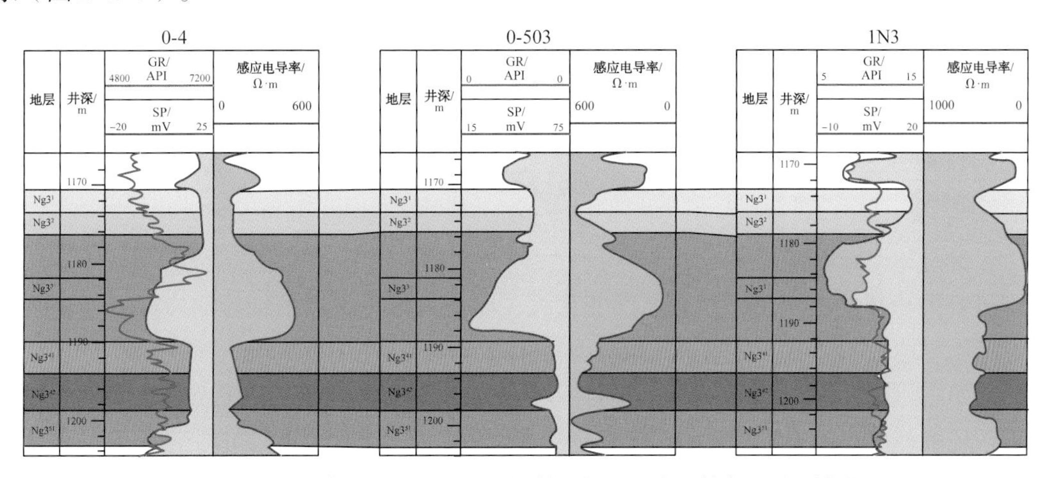

图 2-1-7　孤岛油田馆上段河流相储层标准层附近等高程对比模式

2. 河道叠置砂体细分对比模式

由于河流的冲刷作用，河床内易形成不同时期沉积砂体叠置现象，可以采用叠置砂体细分对比模式进行精细地层对比。多期河流发育的地区，晚期的河流冲刷使得早期河流沉积单元上部被冲蚀，并沉积新的河道砂岩，形成相互叠加的厚层河道砂岩，可以结合岩芯资料、砂岩体内部泥岩残留情况、测井曲线回返及邻井地层特征进行细分对比（图 2-1-8）。

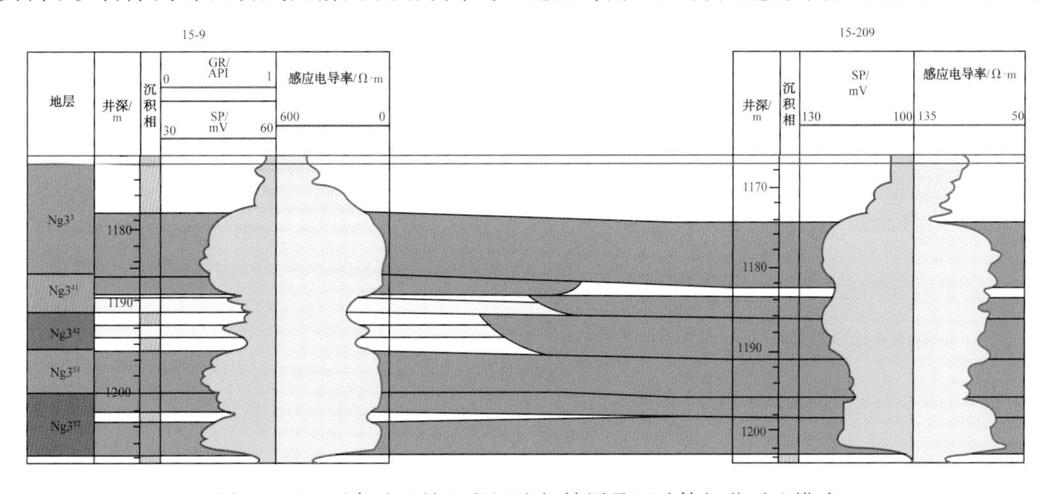

图 2-1-8　孤岛油田馆上段河流相储层叠置砂体细分对比模式

3. 河道砂体下切对比模式

在河道内，由于晚期河流在不同部位的冲刷不平衡，使得在某些部位，如河道主流线附近特别是在曲流河靠近凹岸一侧，河底强烈冲蚀，河道沉积物直接覆盖在前期河道砂之上，形成厚层下切砂体，对此类砂体的对比采用下切砂体对比模式（图 2–1–9）。

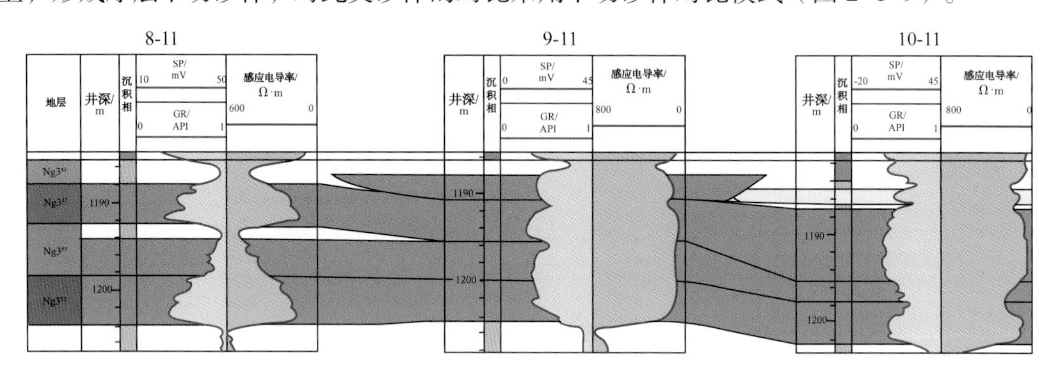

图 2–1–9　孤岛油田馆上段河流相储层砂体下切对比模式

4. 侧向相变对比模式

河流沉积环境相变快，砂岩厚度变化大，因此河流相地层精细对比应充分考虑沉积相带变化对地层的影响。在同一沉积时间单元内，即使是相邻区域也可能分属不同的沉积微相，如由河道沉积变为溢岸沉积，岩性及测井曲线特征均出现较大差异，相变对比模式要求在精细地层对比中充分运用相序递变规律，并考虑各种沉积微相的空间组合的合理性（图 2–1–10）。

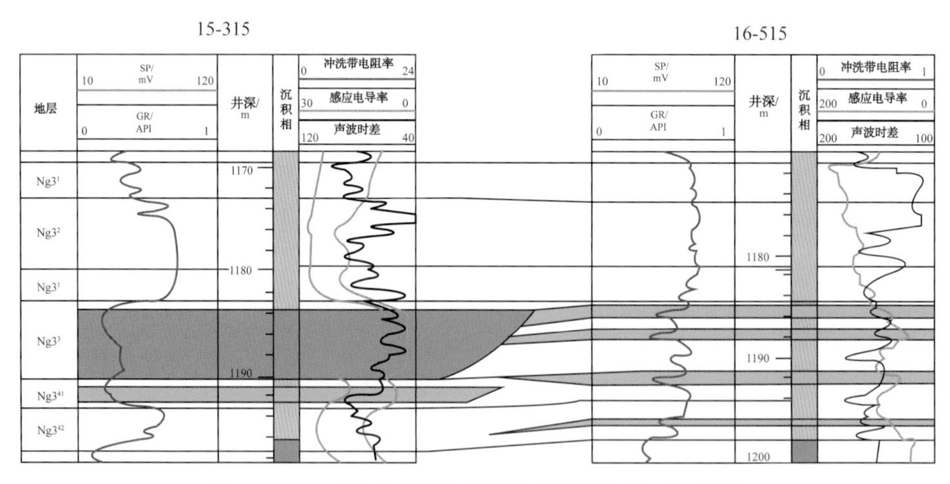

图 2–1–10　孤岛油田馆上段河流相储层相变对比模式

三、地层格架

在沉积旋回对比的控制下，采用标志层顶拉平的方式，综合考虑河道下切、砂体叠置及侧向相变等对比模式，通过二维 / 三维互动的思路进行闭合对比，建立了精细的等时地层格架（图 2–1–11）。

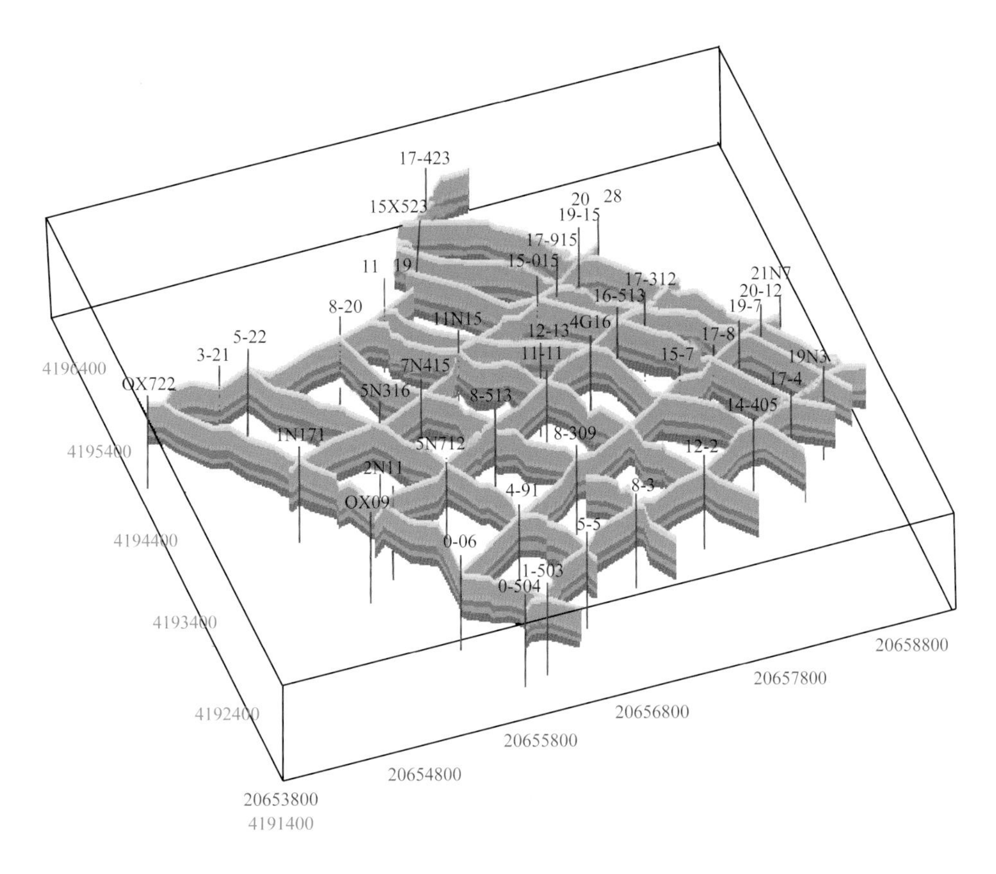

图 2-1-11　孤岛油田 Ng3 段河流相储层三维闭合栅状图

第二节　储层及沉积相特征

油田开发从第一口井投入生产到最后完全废弃，整个开发过程中地下状况始终处于不断变化之中。油田开发初期，由于地质认识、工艺技术的局限性，采用相对粗放的层系开发；油田开发中后期，一个层系中各单层之间的非均质性易形成注采不均衡，层间干扰加剧，需要进行层系调整。在油田开发生产中，人们注意到注入剂波及体积不仅受控于层间和平面非均质性，而且受控于油层内部的垂向差异性，其直接控制和影响一个单砂层的波及体积。我国陆相湖盆中多数沉积体系具有沉积时间短、平面相变快等特点，因而层间非均质性一般都比较突出，也是划分开发层系、配套开采工艺的依据。

一、储层分布特征

1. 砂体平面展布特征

综合单井砂体的解释结果，得到各个小层及主力小层韵律层段的砂岩厚度等值图。在馆陶组上段 Ng3、Ng4 砂层组沉积时期，整体上反映出两个大的正旋回沉积，呈北西—南东方向延伸，且 Ng4 砂体分布面积及厚度要大于更晚沉积的 Ng3。两个砂层组由早到晚均呈现砂体厚度逐渐减薄、分布面积逐渐减小的特征。

$Ng4^4$ 砂层沉积期砂体连片，分布面积达到 80% 以上，很难识别出河道的具体形态。将 $Ng4^4$ 划分为三个韵律层，通过细分砂体将河道的形态表达出来。$Ng4^{43}$ 层为 $Ng4^4$ 层的最下部旋回，该层砂体分布范围最广，大致呈北西—南东方向展布。

$Ng4^{42}$ 砂体的连片面积要小于 $Ng4^{43}$，砂体集中发育于北部、南部、尤其是东南部砂体较少，砂体总体走向呈北—南向。$Ng4^{41}$ 砂体的连片面积在 $Ng4^{42}$ 的基础上进一步减少，在西北部和东北部较为发育，在东南部不发育。

$Ng4^3$ 小层砂体发育程度较差，仅在西北部和东北部有局部连片现象，大部分区域呈蛇曲状分布，东南部大面积无砂体分布。

$Ng4^2$ 小层是 Ng4 段砂体较发育的小层，将其划分为两个韵律层来研究。$Ng4^{22}$ 韵律层在西北部和东北部连片发育，向南呈带状分布；$Ng4^{21}$ 砂体较 $Ng4^{22}$ 更为发育，在北部呈北西—南东走向分布，在中南部呈蛇曲状分布。

$Ng4^1$ 小层砂体不发育，几乎无 2m 以上规模砂体存在。该层为 Ng4 段与 Ng3 段的分界层，对应于 Ng4 基准面最高的时期。

$Ng3^5$ 小层砂体也较为发育，将其划分为三个韵律层来研究。$Ng3^{53}$ 砂体在中部偏北处较发育，砂体走向呈北西—南东走向，其他位置呈蛇曲状分布；$Ng3^{52}$ 砂体发育程度较 $Ng3^{53}$ 稍差，西北部砂体呈连片状分布，东南部呈局部连片状分布，其他位置呈蛇曲状分布；$Ng3^{51}$ 韵律层在西北部呈局部连片状分布，大致呈北西—南东走向，其他位置呈蛇曲状分布。

$Ng3^4$ 小层砂体较不发育，大部分区域砂体呈蛇曲状分布，仅在南部呈局部连片状分布。$Ng3^3$ 小层砂体较 $Ng3^4$ 小层要发育，在中北部呈蛇曲状分布，在工区南部砂体呈连片状分布。$Ng3^2$ 小层砂体不发育，仅在东北部呈北西—南东蛇曲状分布。$Ng3^1$ 小层砂体较不发育，仅有两条蛇曲状分布的砂体。

2. 砂体剖面发育特征

在相控模式下研究砂体的剖面形态特征，从整体上看，砂体方向性强，从西北向东南方向展布，物源来源于西北方向，且主力砂体集中在 $Ng3^5$ 和 $Ng4^4$ 两个小层，砂层厚度大，展布面积广。

在主物源方向，砂体厚度大，远离物源，砂体逐渐减薄；在两个物源之间砂体不发育，厚度小，但在远离物源方向的地方，河流发生汇聚，因此砂体厚度又较大。横切物源方向的砂体剖面显示砂体之间不连通，明显呈分段特征，说明存在多个物源。

从砂体的连通情况看，砂体稳定性好，$Ng3^5$ 和 $Ng4^4$ 砂体厚，连通性好。随着基准面的上升，砂体由连续砂体过渡为迷宫状砂体，最终发育成透镜状砂体。

统计河道砂体的厚度范围为 2~25m，宽度范围为 70~260m，砂体的宽厚比见表 2-2-1。

表 2-2-1　单砂体连通情况表

分　类	砂体厚度 /m	砂体宽厚比	韵律样式
大型河道砂	>6	>200	叠加式
小型河道砂	3~5	150~200	叠加式
废弃河道砂	2~4	100~120	孤立式
决口河道砂	1.5~2	100~120	孤立式
河间薄层砂	0.5~1.5	<100	孤立式

二、沉积相特征

整个济阳坳陷新近系馆陶组底界是一个下剥上超的不整合面，界面之下为断陷沉积，之上为坳陷沉积，馆陶组下段为填平补齐沉积，上段为披覆沉积，盖在所有凸起和凹陷之上。孤岛油田区域构造位于渤海湾盆地济阳坳陷沾化凹陷的东部，构造基底为古生界奥陶系、石炭系—二叠系及中生界侏罗系、白垩系地层组成的古凸起，古近系围绕古凸起边缘超覆沉积，新近系披覆于凸起之上，形成继承性发育在古潜山之上的大型披覆背斜构造。始新世晚期，孤岛潜山形成，沙河街组向潜山超覆，东营组上段披覆其上，到新近纪断层活动极其微弱，新近系全面披覆其上。到馆陶组上段 3、4 砂组的早期，披覆背斜的顶部地层更为平缓，出现了浅水三角洲向河流相过渡的地形和构造条件，馆陶组上段 3、4 砂组的中晚期则广泛发育河流相沉积。

根据研究区测井曲线特征标志，结合前人研究成果及研究区沉积构造背景，判断目的层段主要发育曲流河相。根据曲流河的沉积相模式（图 2-2-1），研究区内主要发育河道、溢岸、河漫和废弃河道 4 种亚相，进一步划分为河道充填、边滩、天然堤、决口扇、河漫滩、泛滥平原 6 种微相。从单井相出发，同时结合剖面相划分和平面相展布，在单井、剖面及平面相的互动和验证下，对研究区内的沉积特征、沉积环境进行精细研究。

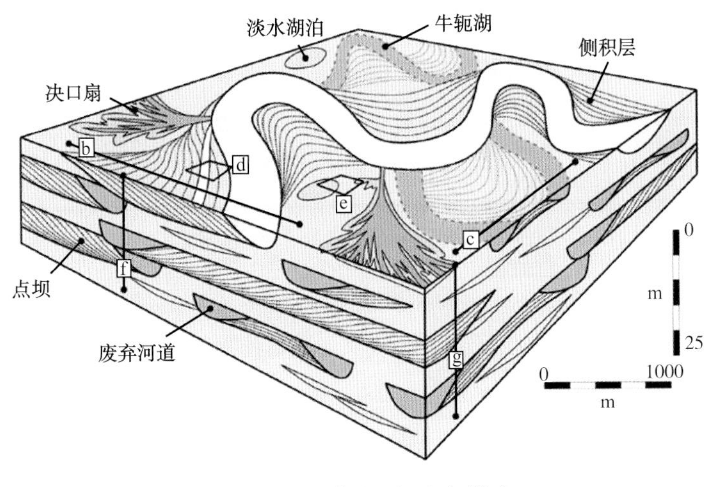

图 2-2-1　曲流河沉积相模式

1. 单井相划分

利用密闭保型岩芯及测井曲线进行单井相划分是小层沉积微相研究的重要手段之一，通过研究可以确定未取芯井不同层位的沉积微相类型，还可以反映出沉积微相在垂向上的演化规律。孤岛油田主要采用自然电位曲线和微电极曲线的组合进行沉积微相的划分，其依据包括曲线的幅度大小、形态特征、曲线光滑程度等（图 2–2–2、图 2–2–3）。

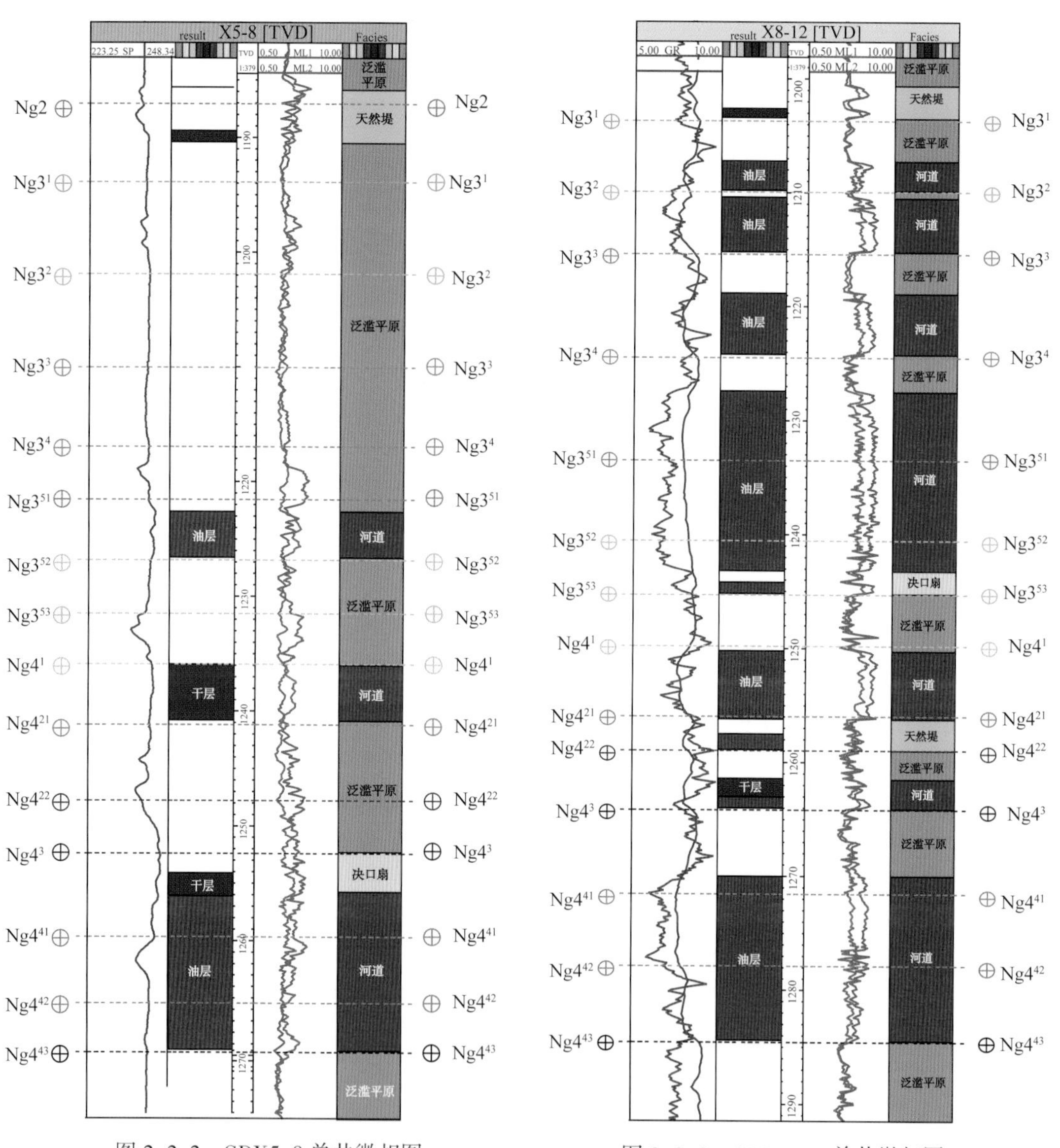

图 2–2–2　GDX5–8 单井微相图

图 2–2–3　GDX8–12 单井微相图

1）河道沉积

以砂岩为主，夹少量泥质夹层，粒度下粗上细，具有典型的正韵律特征。自然电位为钟形、箱形为主，微电极幅度差大，微电极曲线为齿化、钟形和漏斗形，往往由于具有小的灰绿和棕红色泥质的夹层和隔层，而使曲线出现较高的峰值，这也成为寻找夹层和隔层的一个依据。微电极值在5~8Ω·m之间，感应曲线亦具有齿化箱形特征，均值50~150Ω·m，自然电位曲线平滑成箱形，均值为115~130mV。

2）天然堤

灰色粉砂岩与黄绿色粉砂质泥岩互层，厚度在0.8~2.5m之间，具小型正韵律，含油差异性大。微电极曲线具有指状特征，主要是由于砂泥互层而引起的，微电极幅度差小，均值在2.5~3.5Ω·m之间，感应曲线也具有指状特征，电导率值在170~275Ω·m之间，自然电位曲线表现为指形—小型齿化钟形，均值在108~112mV之间。

3）决口扇

决口扇沉积序列最大特征是具典型的下细上粗反粒序，与天然堤共生。粉砂岩、泥质粉砂岩与粉砂质泥岩互层沉积，粒度介于河道和天然堤沉积之间，厚度一般不大，可见细砂岩、粉砂岩。微电极幅度差小，呈指形、齿化漏斗形。

4）泛滥平原

该微相形成隔层和夹层，对地下油水运动有重要影响。微电极曲线呈微锯齿形，均值在0.5~1.5Ω·m之间；自然电位曲线平滑，均值在100~103mV之间。

5）废弃河道

沉积物细，以黏土、粉砂、泥炭、有机残余为主，发育在早期河道上部，其类型又可分为两类，一类是河流决口改道而形成的“突弃型”废弃河道，主要充填大量泥质。另一类是河流截弯取直，并反复废弃、复活的“渐弃型”废弃河道，形成塔松状的砂泥互层的岩性段。自然电位曲线呈指状、尖峰状或塔松状、微锯齿状，微电极曲线幅度差小。废弃河道在单井上不易直接识别，需结合后续平面和剖面相共同识别。

2. 沉积微相平面展布

依据砂岩厚度等值线图，以砂岩厚度4m等值线作为河道的约束线，可以看出河道在平面上的一个大致的展布情况。再结合单井上所识别出的沉积相类型，得出沉积微相在平面上的展布（本章第三节储层建筑结构表征将阐述其垂向演化特征）。

1）微相平面分布形态

首先，根据曲流河沉积模式及特点，总结出各种微相在平面上的分布形态及展布特点。

河道：河道是河谷中经常流水的部分，上游窄，下游较宽。在平原地区，由于地形高差及坡度小，向源侵蚀停止，侧向侵蚀强烈，河道蜿蜒曲折，在平面上成弯曲条带状。

天然堤：在平面上呈豆荚状，分布于河道砂体边部，但天然堤两侧不对称，其凹岸天然堤一般发育较好，更易保存下来。

决口扇：洪水期河水冲决天然堤，部分河水由决口流向河漫滩，砂、泥物质在决口处由于流速降低堆积形成的扇形沉积体，附属于河床凹岸一侧，与天然堤共生，岩体形态多成舌状。

泛滥平原：连片分布，多位于天然堤外侧，洪水泛滥期分布面积广泛。

废弃河道：为弯月状、弧形孤立砂体，弯曲河道经“串沟截直”或“颈项截直”作用后形成的废弃河道发育在河道凹岸附近，是原始河道弯度过大被洪水冲刷改道后在原地残留的沉积体。

2）Ng3、Ng4 沉积相平面展布形态

从 Ng4 的 4 个小层（4^4、4^3、4^2、4^1）的沉积相平面展布来看，基本与其上述的砂岩厚度趋势吻合，由下而上河道由宽逐渐变窄，河道亚相分布面积逐渐减小，泛滥平原亚相面积逐渐增大。

$Ng4^4$ 小层沉积期：从 $Ng4^4$ 小层的 3 个韵律层沉积相平面展布来看，可以清晰地看出在更小的时间单元内河流的演化和发展。$Ng4^{43}$ 北西和北东方向的物源更为充足，河道宽度大，砂体连片呈席状展布，河道占整个研究区的 70%；$Ng4^{42}$ 北东方向的物源增多，多期河道交叉叠置，连片性较好，河道占整个研究区的 68%；$Ng4^{41}$ 北东和北西方向的物源再次减少，使单一河道的宽度也随之减小，河道进一步呈蛇曲状分布，河道占整个研究区的 50%。

$Ng4^3$ 小层沉积期：研究区内的河流从北部进入工区，在工区内蛇曲状向南西向流动。河道占整个研究区的 40% 左右，泛滥平原亚相逐渐发育广泛，占整个研究区的 60% 左右。$Ng4^3$ 小层沉积期较 $Ng4^4$ 小层沉积期的河道发育规模明显变小，而泛滥平原呈扩大趋势。

$Ng4^2$ 小层沉积期：根据河流的继承性，在 $Ng4^3$ 发育期后，河流的主控方向并未发生明显的变化，物源呈增强的特征，河道占整个研究区的 66% 左右。河道两侧发育天然堤和决口扇微相。$Ng4^{22}$ 沉积期，自北西方向进入研究区的一条主河流在研究区内分为拐向南西方向和南东向两个方向的河流，河道占整个研究区范围的 41% 左右。河道之间发育泛滥平原沉积，早期的废弃河道和决口扇仍保留沉积。$Ng4^{21}$ 沉积期，北北西方向的物源充足，自北西方向进入研究区的河道宽度大，向南东向流去。该主河道的分支水道呈蛇曲状拐向南西或南部，河道占整个研究区范围的 55% 左右。研究区南部泛滥平原发育，占整个研究区范围的 45% 左右，其上的分支水道呈蛇曲状自北西和北东方向向南西和南部展布，河道两侧天然堤、决口扇发育。

$Ng4^1$ 小层沉积期：研究区内河道亚相不发育，泛滥平原亚相较发育。

从对 Ng3 的 5 个小层（3^5、3^4、3^3、3^2、3^1）的沉积相平面展布研究来看，由下而上河道由宽逐渐变窄，河道亚相分布面积逐渐减小，泛滥平原亚相面积逐渐增大。

$Ng3^5$ 小层沉积期：$Ng3^5$ 小层沉积期研究区内曲流河道极为发育，占整个研究区面积的 75% 左右，而泛滥平原亚相仅占 25% 左右。这个时期的沉积与 $Ng4^4$ 小层相似，砂体连片分布，早晚期的河道依次叠加。$Ng3^{53}$ 沉积期，物源丰富，沉积厚度大，面积广，河道频繁摆动、交织，使得复合河道的面积不断增大，研究区中偏北部有一条北西—南东走向的主河道，自北部来的分支河道汇入该主河道，同时该主河道向南西和南向也有蛇曲状的分支河道分布，河道占整个研究区范围的 50% 左右。$Ng3^{52}$ 沉积期，物源未见减少，河道仍占主体，河道占整个研究区的 50% 左右，平面展布形态没有明显的变化，在 $Ng3^{53}$ 韵律层的主河道范围有所减少，但研究区内的蛇曲状分支河道有所增多，在研究区的最南部，另一条主河道出现端倪。$Ng3^{51}$ 沉积期，北西方向的物源减少，主河道范围进一步减少，河道占整个研究区范围的30%左右，在该韵律层泛滥平原发育，占整个研究区范围的70%。

$Ng3^4$小层沉积期：$Ng3^4$小层沉积期主要发育多条自北西向南东方向流动的条带状河道，并与多条来自北东向的河流交汇，河道宽度一般为100~350m，占整个研究区范围的30%左右。天然堤和决口扇分布于河道亚相的两侧，呈豆荚状分布；泛滥平原亚相发育，占70%左右。由此可见，$Ng3^4$砂层沉积期较$Ng3^5$砂层沉积期的河道发育规模明显变小，泛滥平原呈扩大趋势。

$Ng3^3$小层沉积期：相对于$Ng3^4$小层而言，$Ng3^3$小层沉积期，河道增多。自北西和北东向流入研究区的多条蛇曲状河道在研究区南部汇合，使研究区南部河道宽度大，砂体厚度大，呈连片状分布，河道占研究区范围的55%。

$Ng3^2$小层沉积期：在$Ng3^2$砂层沉积期，河道宽度一般大致为80~150m，河道分布面积占整个研究区面积的20%左右，平面上河道弯曲程度更高，河道交织减少，且前期的河道交汇部位演化成多个废弃河道；泛滥平原亚相发育，占研究区面积的80%左右。

$Ng3^1$小层沉积期：在$Ng3^1$沉积期，河流分布面积减小，约占研究区的18%左右，北部物源方向河道较少，有一条来自北东方向的河道向南西和南两个方向分叉流动，河道边部决口扇发育。

综合上述研究可以发现，研究区馆陶组主要发育河流相沉积，以曲流河为主，且Ng3和Ng4早期河流规模较大，中晚期河流规模较小。根据河流基准面原理，河流基准面是一个侵蚀作用与沉积作用达到平衡的面，当该面低于河床底部时，发生侵蚀，当该面高于河床底部时，发生沉积，当该面与河床底部重合时，既不侵蚀也不沉积。该区的两个砂层组早期砂体发育，晚期转为泥岩发育，垂向上构成了两个大的正旋回沉积，基准面的大幅度上升使得河流相“二元结构”明显，平面上河道发育由多变少。

三、储层物性特征

储层的非均质性是沉积、成岩和构造因素共同作用的结果，沉积作用形成的纹理造成岩石结构的差异，成岩矿物不均匀的胶结和溶解改变了孔隙的结构，构造作用形成的微裂缝具有改造储层渗流能力的功能，它们都会加强储层的非均质程度，直接影响到油田的生产。

表2-2-2是取芯井样品分析数目一览表，反映了Ng3-4段储层的物性特征，其中渤108井、渤116井为油基泥浆取芯，中11检11井为密闭取芯。

1. 储层矿物学特征

储集层的矿物组成、颗粒的胶结和排列方式是决定储层的成岩作用、孔隙类型和孔隙结构的基础，也决定着储层物性的好坏。对孤岛油田中一区几口取芯井的岩样分析表明，馆上段油层主要为细砂岩、粉细砂岩，其主要组成为长石砂岩，其中长石主要为钾长石、斜长石，岩屑主要为石英岩屑，其次为结晶岩屑、喷出岩屑，偶见泥屑和砂屑。

表 2-2-2　取芯井样品分析数目一览表

单位：个

井　　号	孔隙度	渗透率	油饱和度	水饱和度	碳酸盐	泥质含量	分选系数	粒度中值	C 值
渤 108	998	990	794	798	1005	998	998	998	998
渤 101	347	153	68	68	182		347	347	347
渤 112	182	182			58		97	97	97
渤 116	348	320	320	320	348		345	345	345
中 13 更 10	179	45	59	58	34	79	79	79	79
中 30 检 18	344	286	311	320					
中 11 检 11	177	138	138	138	47	177	177	177	177
中 22-415	138	24	21	21	24				
中 25 更 5	58	40	32	32	37				
中 12 检 411	451	437	422	422	81		230	230	230
渤 21-4 检 15	287	207	277	277	69		256	256	256
中 25 更 5	58	40	32	32	37				

颗粒大多呈棱角状、次棱角状，磨圆中等到差，分选一般，总的来说，岩石结构成熟度和成分成熟度较低。粒度中值为 0.05~0.35mm，平均值为 0.15mm；分选较差，分选系数为 0.55~5.12，平均值为 1.63。

砂岩的填隙物由泥质和碳酸盐胶结物组成。泥质含量为 5%~25%，平均值为 9.2%；碳酸盐含量低，为 0.1%~10%，平均值为 1.5%（图 2-2-4）。

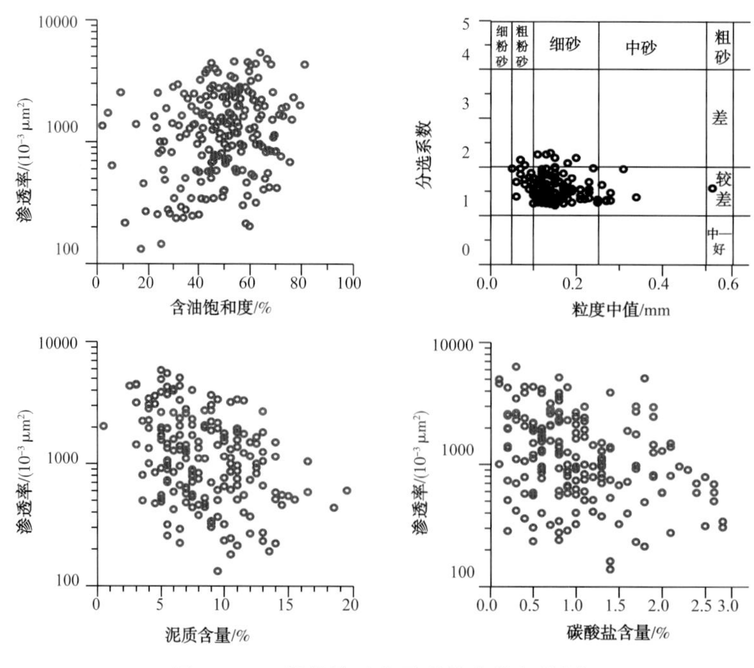

图 2-2-4　岩芯渗透率及其他参数相关图

泥质组成中包括多种自生矿物，如高岭石、伊利石、蒙脱石、伊－蒙混层、绿泥石等，它们以不同的形式充填于颗粒之间，X 射线衍射分析显示，黏土矿物以伊－蒙混层为主，其次是高岭石（表 2–2–3）。

表 2–2–3　渤 108 井馆上段黏土矿物成分含量表

黏土矿物	范围 /%	平均 /%
伊－蒙混层	8~89	53.52
混层比	50~80	70.42
高岭石	7~61	30.9
伊利石	2~33	10.86
绿泥石	2~13	4.71

碳酸盐矿物主要为铁白云石集合体、方解石，偶见白云石，多以胶结物的形式出现。此外，还见到石英次生加大和石英自形晶体、自生云母、针状石膏以及黄铁矿等充填于孔隙中，从而降低了储层的孔隙空间。

2. 成岩作用特点

1）压实程度低

馆上段岩石固结程度差、松散，细粒、塑性及初步胶结的岩石体现出一定程度的成岩作用。显微镜观察发现岩石颗粒一般为点接触，云母、泥屑有压实变形现象，孔隙度大于 25% 的样品颗粒有漂浮现象。

2）胶结程度弱

馆上段砂岩粒度偏细，泥质杂基含量相对较高。除原生泥质杂基外，还存在自生胶结矿物，早成岩期形成的胶结物主要有自生碳酸盐岩、黏土矿物、自生石英、自生长石、云母等。自生方解石是本层主要成岩矿物，形成嵌晶胶结，表现为致密胶结层，这种胶结层厚度较薄，一般为 20~40cm，在微电极曲线中以尖刀状为特征易于识别。从粒间体积大小推算，自生碳酸盐矿物一般在埋深 600m 以内就可形成。在分选较好的砂岩中存在石英和长石的增生，但含量较少，一般小于 2%，自生石英早于自生碳酸盐矿物形成。另一类对储层有重要影响的自生矿物是黏土矿物，X– 衍射分析和扫描电镜证实，馆上段砂岩中主要存在高岭石、伊－蒙混层、伊利石和绿泥石，黏土矿物一般呈衬边状附着在砂粒的表面，高岭石经常为孔隙充填物。

3）矿物溶解与次生孔隙

由于地下水的溶蚀作用，岩石矿物（包括碎屑颗粒、灰质杂基、自生矿物等）都可以发生不同程度的溶解，馆陶组砂岩中长石质矿物和自生方解石溶解现象最明显。矿物发生溶解后可见到溶解残余，同时形成次生扩大孔隙或特大孔隙，使孔喉分布更加不均一，在分选较好的砂岩中次生溶解扩大的孔隙可以达到 5%~8%。

4）成岩阶段

本区储层埋藏浅，古地温低于 70℃，镜质体反射率 R_o<0.5%。岩石固结程度低，原生

孔隙发育，只见到部分次生孔隙。黏土矿物中蒙脱石已明显地向伊－蒙混层转化，混层比高达50%~80%。自生高岭石较普遍，并且出现石英次生加大现象，薄片中可见少量石英具窄的加大边，扫描电镜下可见石英的小锥晶。依据上述，判断馆上段储层的成岩阶段为早期成岩期的B亚期。

3. *岩石物性参数*

本区储层以高孔、高渗、中等饱和度为特征，岩芯分析表明原始孔隙度的范围为22%~43%，大部分为32%~37%；原始空气渗透率值范围是 120×10^{-3}~$7900\times10^{-3}\mu m^2$（表2–2–4）；孔隙度与泥质含量成反比，泥质含量越低，孔隙度越高；碳酸盐含量低，对孔隙度影响不明显；孔隙度与分选系数呈负相关关系，与粒度中值呈正相关关系（图2–2–5）。

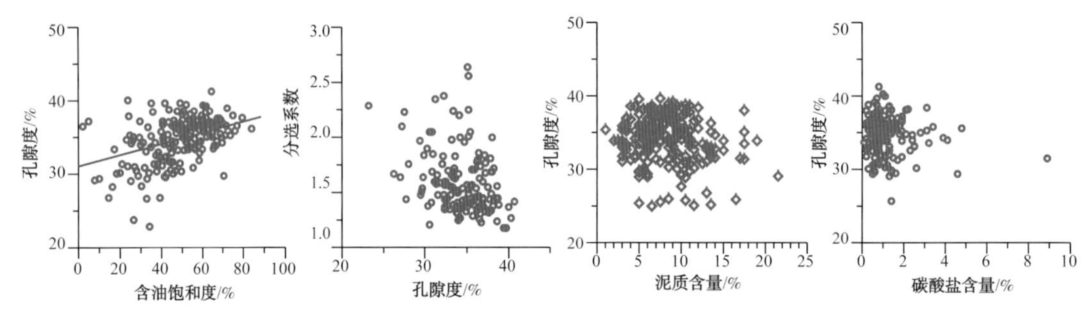

图2–2–5　岩芯孔隙度及其他参数相关图

影响渗透率的主要因素是孔隙度，二者呈指数相关，所有影响孔隙度的因素也都影响渗透率。不同层位孔隙度及渗透率有所差别，Ng3段比Ng4段略高。

表2–2–4　取芯样品物性分析比较表

井　号	孔隙度/%	渗透率/（$10^{-3}\mu m^2$）	油饱和度/%	碳酸盐/%	泥质含量/%	分选系数	粒度中值/mm	备注
渤108，渤101，渤112，渤116	34.7（22~43）	1818（120~7900）	65（60~69）	1.5（0.1~10）	9.2（5~20）	1.63（0.55~5.12）	0.15（0.05~0.35）	低含水期
中25更5，中13更10，中22-415	34.3	2050	47.42	0.89				中含水期
中11检11，中30检18	34.7	2966	39.0	1.96	10.1	1.71	0.13	高含水期
渤21检15，中12检411	35.3	2827		1.41				特高含水期

Ng3–4段储层原始含油饱和度不高，为60%~69%，含油饱和度与孔隙度、渗透率均有明显的正相关性。

影响储层物性的地质因素包括沉积微相、黏土矿物含量及碳酸盐含量等。

1）沉积微相

很显然，各尺度上的储层非均质性均受控于河流的层序及沉积微相的变化，中期和短期基准面旋回控制着中尺度砂体组合的类型及空间变化，由高分辨率层序地层分析可以准确预测砂体的分布及类型。沉积微相类型主要控制小尺度砂体内部结构的变化，层理及纹理决定储层的结构差异及其物理特性。不同沉积相带储层的孔渗性不同，河道亚相的心滩和河道充填微相孔隙度、渗透率较高，多为高孔高渗储层；河道边缘亚相储层物性较差，以中高孔中渗为特征。砂岩结构是沉积时期水动力条件的标志，其粒度、分选、磨圆对储层孔隙和渗透率的影响是十分明显的（图 2-2-6）。具块状构造、平行层理和水平层理的砂岩较具槽状交错层理、楔状层理、波状层理的砂岩的层内均质性相对较高，且有利于地下水的渗滤，因此形成次生孔隙的几率较大，孔渗性相对较好。研究区馆上段砂岩中主要以块状层理、水平层理为主，这也是孤岛油田馆上段孔渗性高的原因之一。

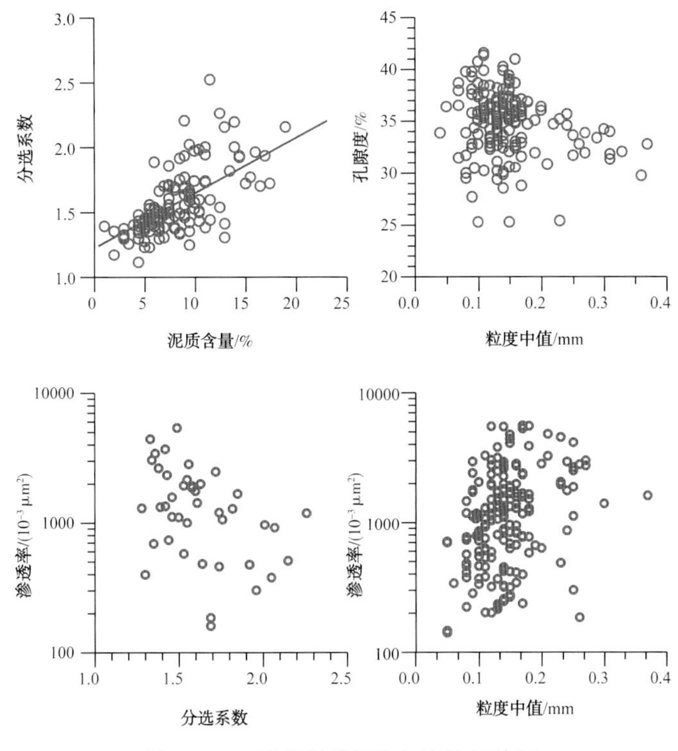

图 2-2-6　岩芯样品物性与岩性相关图

2）黏土矿物含量

据孤岛油田取芯井的实测资料分析可以看出，泥质含量的增加对岩石的孔隙度、渗透率有一定影响，但不十分明显，黏土含量增加，易堵塞孔喉使得孔隙度和渗透率迅速下降，尤其明显的是蒙脱石（伊利石）。孤岛油田馆上段砂岩的开发初期黏土含量相对较高，一般 5%~25%，但随着注水开发，至特高含水期时，黏土含量明显下降（<5%）。

3）碳酸盐含量对孔渗性的影响

高碳酸盐含量往往使储层致密，孔渗性降低，孤岛油田馆上段渤 108 井碳酸盐含量与砂岩的孔隙度和渗透率的相关分析表明它们之间呈负相关性。这是由于碳酸盐胶结物的大量沉淀会充填孔隙和堵塞喉道，因此，总的规律是碳酸盐含量越高，孔渗性越低。但是当

原始孔隙中早期充填的碳酸盐胶结物被溶蚀掉时，岩石的孔渗性提高，这就是部分地区高碳酸盐含量出现高孔、高渗的原因。长期注水开发加剧碳酸盐的溶解和迁移，使得砂岩孔隙内碳酸岩含量降低，因此，开发后期的碳酸盐含量对孔渗性影响明显减小。

4. 孔隙类型与孔喉结构模型

中30J18井的分析结果显示岩石的孔喉比一般在5以上，孔喉比大于10的频数在30%以上，孔隙配位数都在3.0以上，因而孤岛油田的储层物性较好，总体上是高孔、高渗储层（图2-2-7、表2-2-5）。

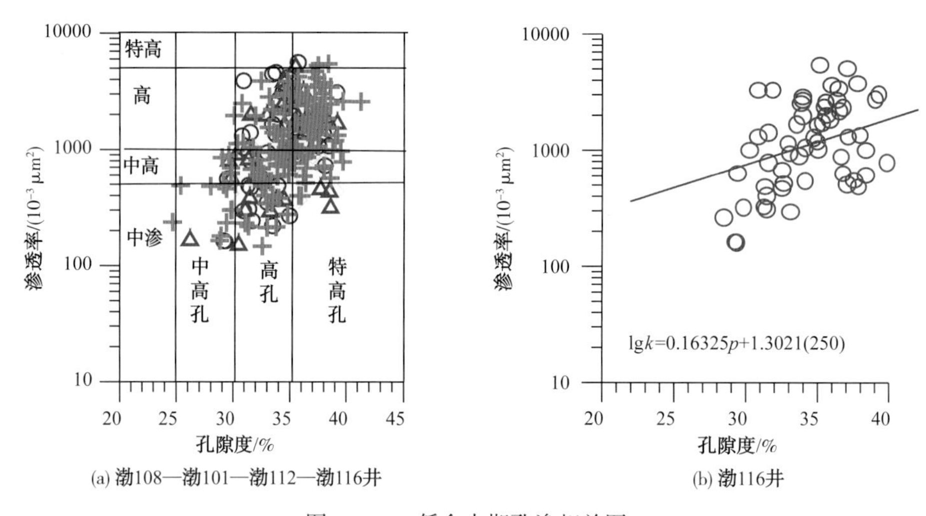

图2-2-7 低含水期孔渗相关图

储层的胶结类型以孔隙－接触式、接触式为主，其次是孔隙式、接触－孔隙式。原始岩石的孔喉结构特征模型受到粒度及胶结物的影响，较为复杂。铸体中可识别出6种类型。

（1）粗孔粗喉均匀型（A），杂基少、粒度均一、成岩作用弱，厚层河道砂岩中下部保存。

（2）粗孔中喉不均一型（B），含粗砂或砾、泥屑等，沉积因素所致，河道底部充填物。

（3）粗孔细喉型（C），次生扩大现象明显，喉道由于压实和黏土胶结变窄，河道下部常见。

表2-2-5 中30J18井铸体薄片图像分析

深度/m	1191.5	1208.8	1210.6	1212.4	1214.6	1215.8	1220.8	1222.0	1226
孔喉比	频数/%								
1~2	2.52	1.48	0	2.59	1.81	0.7	0.73	0	2.79
2~3	1.44	3.33	0.82	3.7	2.17	2.11	1.09	1.61	1.99
3~4	3.6	8.52	3.67	5.56	8.3	6.34	4.74	2.15	5.18

续表

深度 /m	1191.5	1208.8	1210.6	1212.4	1214.6	1215.8	1220.8	1222.0	1226
孔喉比	频数 /%								
4~5	5.04	10	8.57	7.41	9.03	7.04	7.3	11.83	9.16
5~6	12.23	10	9.8	5.93	12.64	13.38	13.14	12.37	13.94
6~7	12.23	11.11	13.06	8.89	8.66	9.86	10.96	11.29	9.6
7~8	6.83	7.41	12.24	14.07	8.66	8.8	12.77	8.6	11.95
8~9	10.43	7.41	8.98	7.78	7.58	7.75	9.48	9.68	5.98
9~10	7.55	6.67	5.71	7.04	4.69	5.99	7.3	8.06	7.97
>10	38.13	34.07	37.14	37.04	36.46	38.03	32.48	34.41	31.47
均质系数	0.32	0.31	0.29	0.3	0.28	0.32	0.16	0.4	0.33
面孔率 /%	30.93	36.04	23.11	30.67	30.41	26.63	25.94	27.49	28.73
配位数	3.45	3.95	3.44	3.09	3.71	3.14	3.28	3.54	3.35

（4）中孔细喉型（D），沉积与成岩共同作用形成，在河道中上部细粒砂岩中常见。

（5）细孔裂缝型（E），多发育于水平纹理泥粉砂中，沿纹理面发育的水平裂缝或垂直裂缝存在，改善渗透性。

（6）细孔孤立型（F），孔隙互不连通，一般在泥质粉砂或致密砂岩中存在。

选用开发初期渤 108 井和高含水期取芯井中 14–K15 井的岩样，经压汞分析获得其孔隙结构和孔喉分布变化的参数（表 2–2–6）。

表 2–2–6 渤 108 井、中 14–K15 井孔隙结构和孔喉分布定量参数表

层位	孔喉均值 /μm		分选系数		孔喉歪度		孔喉峰值	
	范围	平均值	范围	平均值	范围	平均值	范围	平均值
Ng3	7.07~9.23	7.92	3.01~3.58	3.28	0.43~0.77	0.60	0.71~1.38	1.13
Ng4	7.8~7.9	8.79	2.96~4.1	3.46	0.18~0.47	0.34	0.68~1.02	0.8
Ng5	7.17~8.63	7.89	2.98~4.03	3.53	0.17~0.63	0.33	0.85~1.17	0.96
Ng6	6.07~7.67	6.71	3.19~3.91	3.51	0.41~0.63	0.52	0.86~1.37	1.09

可以看出开发初期 Ng6 的孔隙均值较小，孔喉分选和均匀程度也低，Ng3–5 的孔喉均值较大，孔喉分选和均匀程度相对较好，Ng4 的孔喉均值最高，孔喉分选和均匀程度最好。总体上看，孤岛油田馆上段储层的孔喉分选和均匀程度均较差，微观非均质性严重。

随着注水开发，至中高含水开发期孔喉均值增大，孔喉分选变好，孔喉均匀程度提高，但还明显存在孔喉分布不均匀的现象。

渤108井和中14–K15井的压汞分析表明，渤108井的最大连通孔隙半径为6.12~141.17 μm，平均为49.25 μm；孔喉均值2.26~9.55 μm，平均4.01 μm。中14–K15井的最大连通孔隙半径为11.92~22.22 μm，平均为16.97 μm；孔喉均值2.76 μm。

Ng5–6的渗透率贡献值主要由>10 μm的孔喉提供，而Ng3–4的渗透率贡献值主要由>4 μm的孔喉提供。

渤108井Ng3的退汞效率为21.95%~73.56%，平均为36.04%；Ng4退汞效率为52.5%~62.92%，平均为57.55%；Ng5的退汞效率为50%~67.02%，平均为55.26%；Ng6的退汞效率为47.67%~67.82%，平均为57.87%。中14–K15井Ng4的退汞效率为42.86%~72.23%，平均为64.63%。

根据孤岛油田渤108井压汞资料编制的毛细管压力曲线，结合岩性及储油物性资料，可将其原始孔隙结构进行分类，其划分标准如表2–2–7所示。

表2–2–7　原始孔隙结构分类

孔隙度（ϕ）/%	25~30	中高孔
	30~35	高孔
	>35	特高孔
渗透率（K）/（$10^{-3}\mu m^2$）	<500	中渗
	500~1000	中高渗
	1000~5000	高渗
	>5000	特高渗
喉道中值（R_m）	≥ 8.5ϕ	细喉型
	8.5~7.5ϕ	中喉型
	7.5~7.0ϕ	中粗喉型
	7.0~6.5ϕ	粗喉型
	<6.5ϕ	特粗喉型

由此可将孤岛油田馆上段砂岩的孔隙结构分为四类（图2–2–8）。

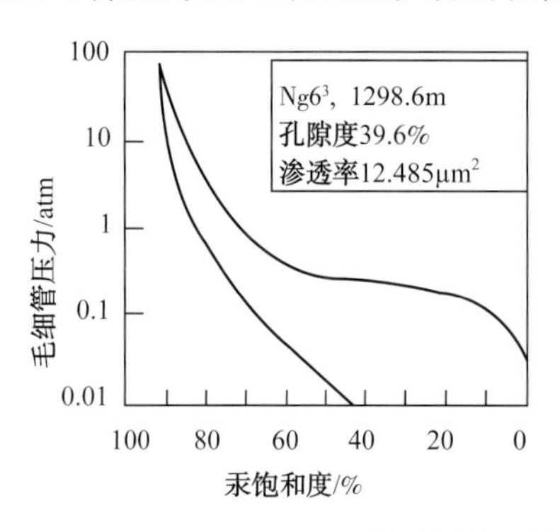

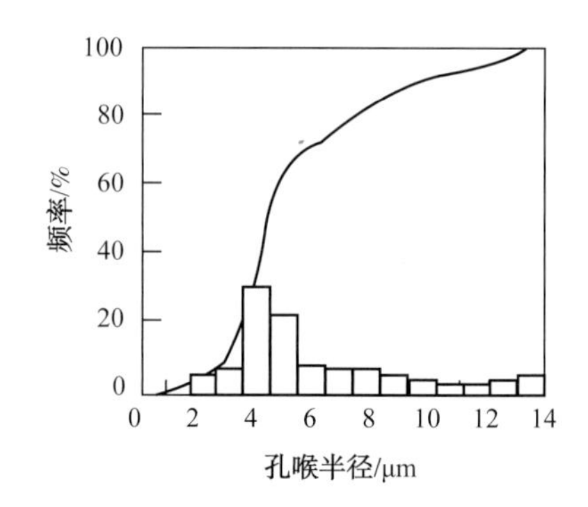

(a) I类孔隙结构毛管压力曲线及孔喉半径频率分布图

图2–2–8　不同类型孔隙结构毛管压力曲线图

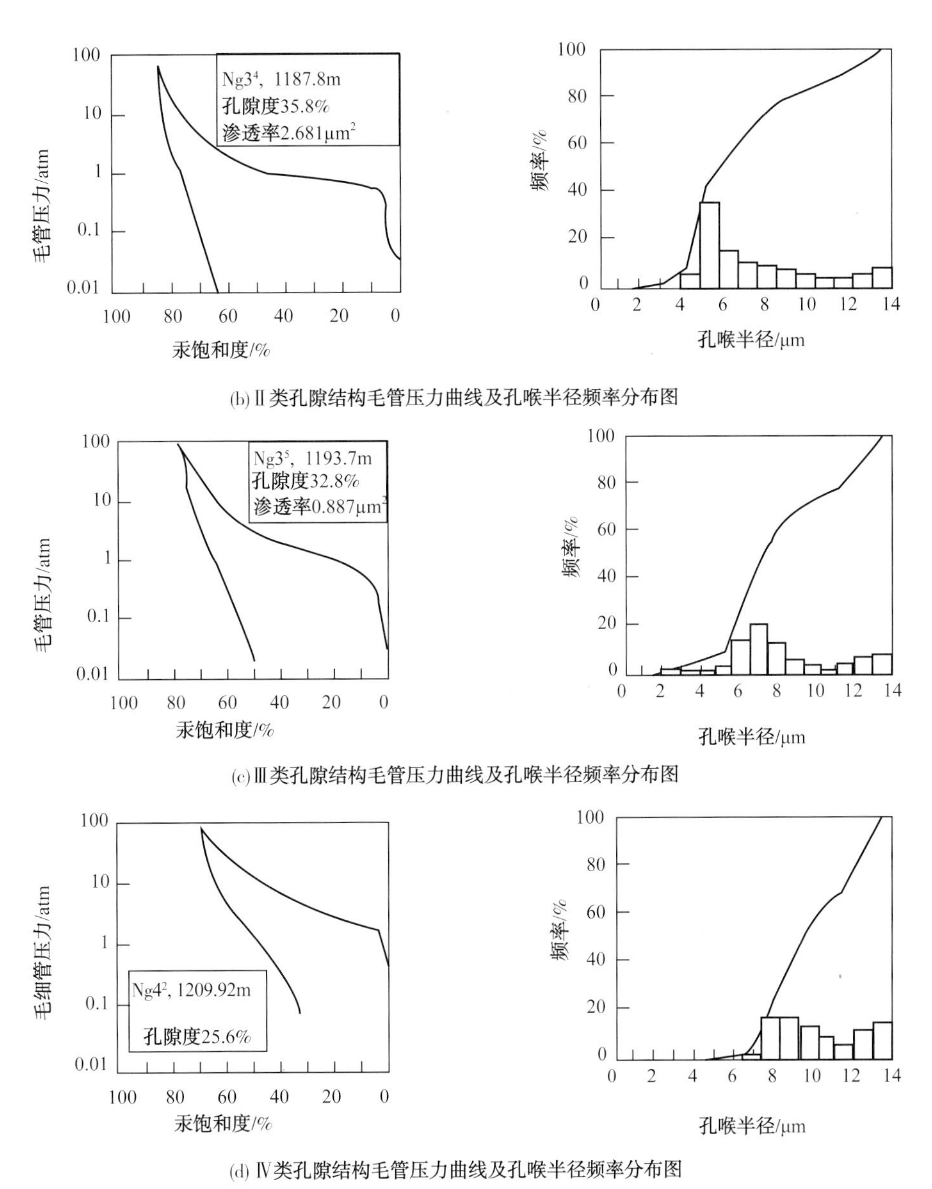

(b) Ⅱ类孔隙结构毛管压力曲线及孔喉半径频率分布图

(c) Ⅲ类孔隙结构毛管压力曲线及孔喉半径频率分布图

(d) Ⅳ类孔隙结构毛管压力曲线及孔喉半径频率分布图

图 2-2-8　不同类型孔隙结构毛管压力曲线图（续）

1）Ⅰ类：特高孔特高渗特粗喉型

此种孔隙结构为研究区最好类型，孔隙度一般 >35%，渗透率 >5000 × 10^{-3} μm²，甚至 >10000 × 10^{-3} μm²，喉道峰值集中于 5~6 μm，粗孔喉占绝对优势，其中 <6.0 μm 的粗孔喉所占体积百分数 50% 以上。排驱压力最小，一般 <0.1atm，束缚水饱和度低于 15%，一般 10% 左右。孔喉分布的分选较好，进汞曲线出现较大的平台，其压汞曲线特征和孔喉分布直方图如图 2-2-8（a）所示。

2）Ⅱ类：高孔特高渗粗喉型

此种孔隙结构为较好类型，孔隙度范围在 30%~35%，渗透率 1000 × 10^{-3}~5000 × 10^{-3}

μm²，喉道峰值集中于6μm左右，粗孔喉占优势，<6μm的粗孔喉所占体积百分数25%左右。排驱压力较小，一般0.1~0.2atm。束缚水饱和度约15%，孔喉分布分选相对较好[图2-2-8（b）]。

3）Ⅲ类：高孔中高渗中喉型

孔隙度在30%~35%之间，一般<33%。渗透率在500×10^{-3}~1000×10^{-3} μm²，个别样品略大于1000×10^{-3} μm²。喉道峰值集中于8μm左右，<6μm粗孔喉所占体积百分数<10%。排驱压力0.2~0.5atm，较Ⅳ类略小。束缚水饱和度为20%左右。[图2-2-8（c）]。

4）Ⅳ类：中高孔中渗细喉型

此种孔隙结构为本区相对较差的一种类型。物性相对较差，孔隙度<30%，渗透率一般<500×10^{-3} μm²，甚至<200×10^{-3} μm²。孔喉峰值一般集中于8~9μm，<6μm的粗孔喉所占的体积百分数<5%，多数<2%。孔喉分布的分选程度较差。排驱压力较大，>0.5atm，多数>1.0atm。束缚水饱和度>25%，个别>30%[图2-2-8（d）]。

孤岛油田馆上段开发初期，根据渤108井的岩芯样品压汞分析，Ng6层孔渗性较好，孔隙结构以Ⅰ、Ⅱ类为主；Ng5孔渗性较Ng6略差，以Ⅱ、Ⅲ类为主；Ng4以Ⅲ、Ⅳ类为主；Ng3以Ⅱ、Ⅲ类为主。与之相对应，Ng6的砂岩孔隙结构最好，其次是Ng5、Ng3的砂岩，Ng4的砂岩孔隙结构相对较差。然而随着注水开发，岩石的孔隙结构发生了明显的变化，根据中14-K15取芯井的Ng4砂岩的压汞分析，其孔渗性变好，孔隙结构也多以Ⅱ类为主。

经比较表明：长期注水开发，不仅可以提高岩石的孔渗性，还可以改变岩石的孔隙结构。

第三节　储层建筑结构表征

储层建筑结构研究是油藏描述领域内兴起的研究油藏非均质性的新方法，不仅提高了油藏描述的精度，而且对于认识剩余油的分布和改善开发效果意义重大。单砂体是精细油藏描述的关键，也是今后油藏描述的一个重要方向和攻关目标。根据河流相储层砂体的自然拼合性，应用以单一成因砂体为制图单元的储层微型构造研究新方法，提高了储层微型构造研究精度，对油田开发挖潜更具指导意义。

一、河流相构型要素识别

对各构型单元进行岩电标定（自然电位、自然伽马、感应电导率、微电极及声波时差等），确定各构型单元的测井响应特征，为构型空间展布提供基础。

1. 曲流河储层构型要素及特征

曲流河储层构型主要划分为3个层次，第一个层次为曲流带规模，包括河道带、溢岸及泛滥平原，复合曲流带本身由多条单一曲流带拼合而成；第二个层次是成因微相规模，包括点坝、废弃河道、天然堤、决口扇、决口水道、河漫滩及河漫湖泊等；最后一个层次是点坝内部结构规模，主要包括点坝的三要素，即侧积体、侧积层和侧积面

（图 2-3-1）。

1）河道砂体

（1）河道砂体及测井响应特征。

河道是沉积环境内的水流通道。在河道活动时期，河道内可形成以砂体为主的沉积，如河床滞留沉积及点坝沉积，而河道废弃之后，则主要接受细粒充填沉积。孤岛油田 Ng3 砂组河道沉积极为发育，是最主要的沉积单元，垂向上具有粒度向上变细、沉积构造规模向上变小的典型正韵律特征。一般层序底为冲刷面，冲刷面之上偶见泥砾沉积，向上由细砂岩渐变为粉砂岩，表现为明显的二元结构；自下而上具槽状交错层理、平行层理，顶部为具水平层理的泥岩，单一河道砂体垂向厚度为 2~10m。

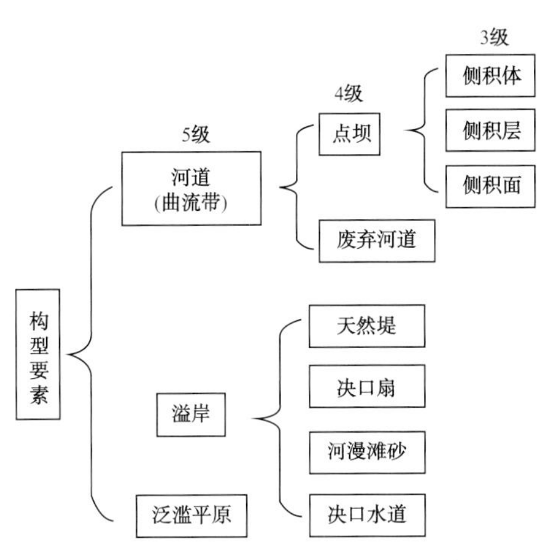

图 2-3-1　曲流型河道构型要素

测井曲线特征：自然电位、自然伽马、感应电导率测井曲线以钟形为主，也有箱形、钟形箱形组合型，幅度中到大，主要与砂岩的厚度及物性有关，微电极曲线幅度差大，视电阻率呈箱形、钟形、指形等，幅度中到大（图 2-3-2）。

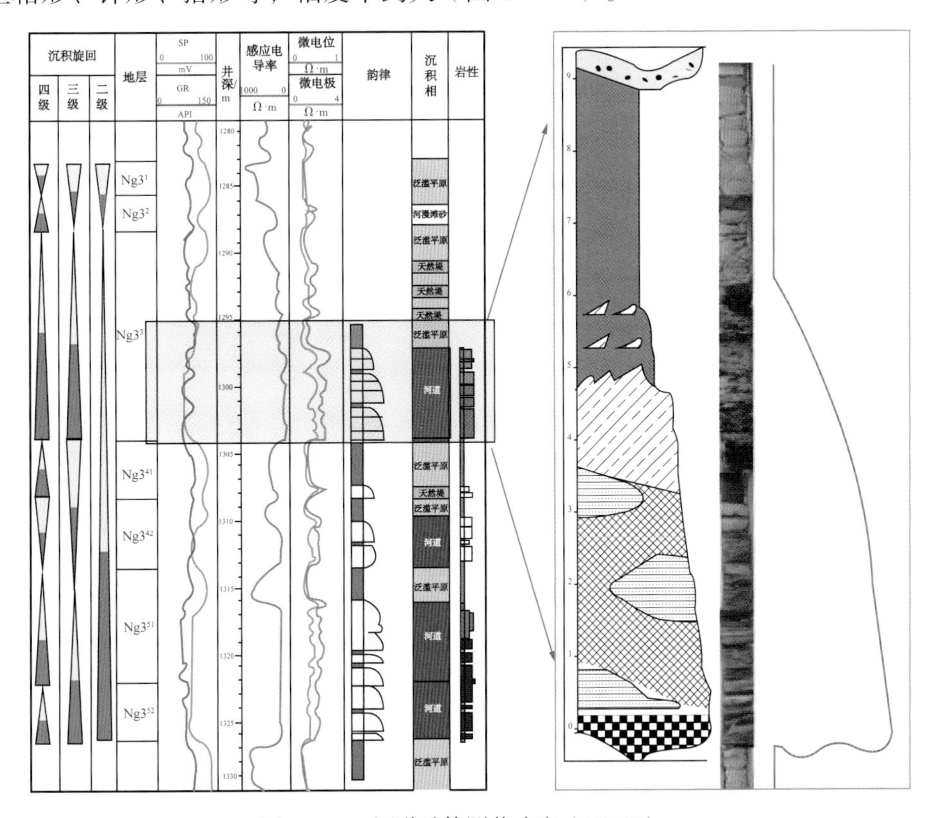

图 2-3-2　河道砂体测井响应（13XJ9）

（2）点坝特征及其测井响应。

点坝是曲流河道砂体的主体。曲流河点坝是由于河流侧向加积作用而形成的，泥砂在曲流弯道处受螺旋流作用影响，引起输砂不平衡，导致在凹岸发生冲刷侵蚀，凸岸接受沉积，形成点坝。点坝砂体单井垂向剖面呈明显的正韵律，构成曲流河“二元结构”的主体，由若干个侧积体和侧积层叠加而成。

点坝岩芯特征：棕褐色油浸细砂岩，褐灰、灰色油斑粉砂岩及油斑泥质粉砂岩为主，含少量浅灰色泥岩，粒度逐渐变细，含油性逐渐变差，常见槽状交错层理、单向斜层理及平行层理，垂向厚度为6~10m。

测井曲线特征：自然电位、自然伽马测井曲线整体上以钟形为主，微电极曲线幅度差大，侧积层发育的部位微电极曲线明显回返，幅度差减小，自然伽马与自然电位曲线可见轻微回返（图 2-3-3）。

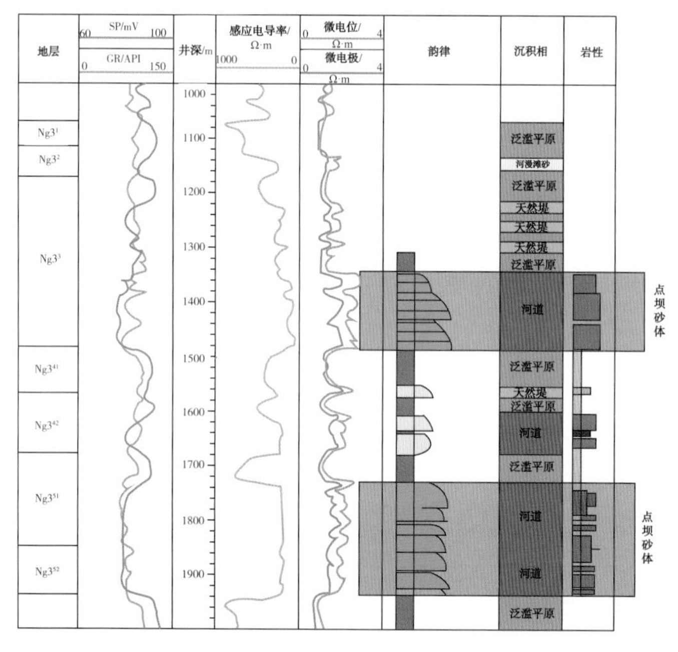

图 2-3-3　点坝砂体测井响应（13XJ9，1199.7~1203.9m）

（3）点坝内部各构型要素特征及其测井响应。

点坝的基本建造单元为侧积体，一个点坝一般由多个侧积体组成，侧积体是河流周期性洪水泛滥作用形成的沉积砂体，一次洪泛事件沉积一个侧积体，每个侧积体为一个等时沉积单元。由多个侧积体组成的点坝砂体在平面上呈新月形，剖面上呈楔状，空间上为规则的叠瓦状叠置砂体。本研究区单一侧积体厚度为2~3m。

曲流河点坝砂体由侧积体、侧积层、侧积面三要素组成。从洪峰开始到洪峰退去，在河流水动力条件从强到弱的全过程中，河流侧向加积所形成的沉积物增生体被称为一个侧积体，即一次洪水事件所形成的侧向加积沉积物单元体，是点坝砂体中的等时单元，也是点坝砂体的基本沉积建造单元。侧积体在平面上呈新月形，其砂体最大宽度是河曲的弯顶处，大致相当于洪水泛滥河流满岸宽度的 2/3（Leeder，1973）。在一个点坝砂体中，每个侧积体的规模大小往往不尽相同，受控于每次水动力作用的差异。

侧积体之间存在的侵蚀面是受侧向侵蚀作用（非构造作用）形成的特殊冲刷侵蚀面。因为后期在这个侵蚀面上进行沉积补偿，所以可将其称为侧积面。侧积面是点坝沉积体的侧向加积等时面，其特点是呈起伏不平的倾斜面，倾向河道的迁移方向，倾角变化较大，一般 5°~30° 不等。侧积面上下层位的沉积构造、岩性、产状均有所不同，此为侧积面的重要识别标志。

侧积层在点坝砂体三要素中最为重要，是指侧积面上沉积的泥质层，岩性主要是有机质淤泥等细粒沉积物。本区侧积层主要是泥质夹层（泥岩、粉砂质泥岩和泥质粉砂岩），侧积层在剖面上多呈斜插的泥楔，平面上呈弧形，厚度 5~45cm（图 2-3-4）。

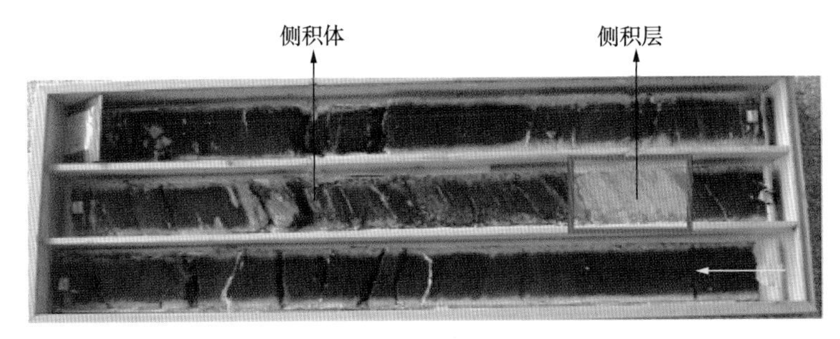

图 2-3-4　侧积体与侧积层岩芯特征（13XJ9 井，1222.4~1225.4m）

主要形成于短暂的洪水间歇期或者由于洪水动力减弱而形成，是静水期的相对低流态的细粒沉积物，主要包括泥岩、粉砂质泥岩和泥质粉砂岩，这类夹层在纵向上出现的频率相对较高。泥岩（含粉砂质泥岩）为灰白色，测井曲线为自然伽马曲线高值，微电极回返明显；泥质粉砂岩为浅灰色，含油级别为油斑，自然伽马和微电极曲线回返不如粉砂质泥岩明显（图 2-3-5）。

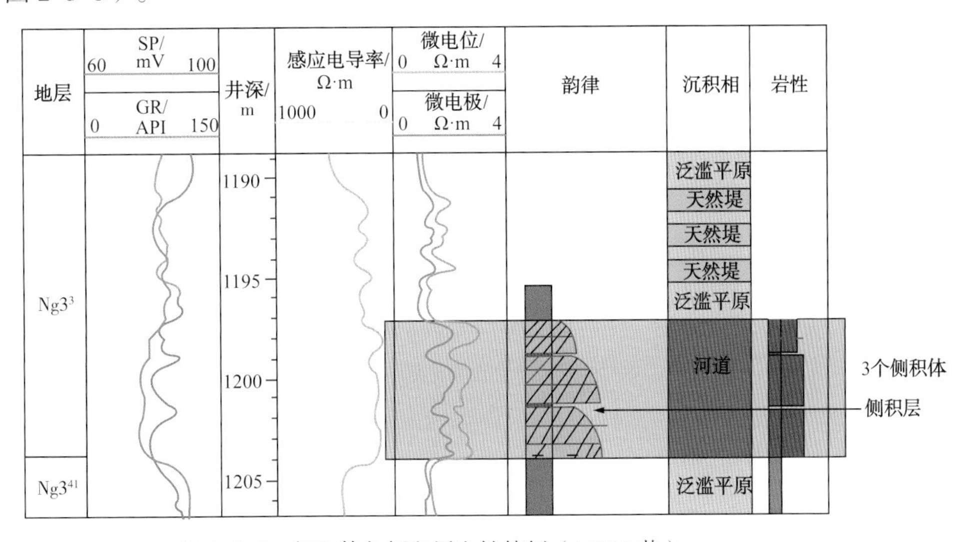

图 2-3-5　侧积体与侧积层电性特征（13XJ9 井）

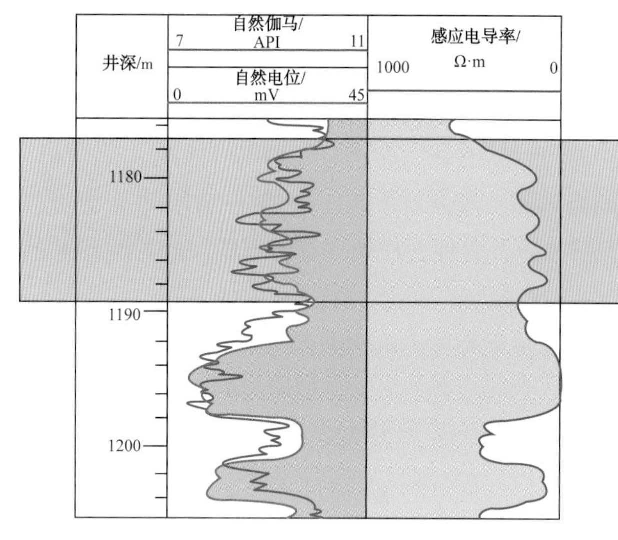

图 2-3-6 溢岸砂体电性特征

2）溢岸砂体

溢岸沉积包括天然堤、决口扇、决口水道及河漫砂沉积，虽然各自成因不同，但是均为粉砂岩、泥质粉砂岩与粉砂质泥岩(见泥质条带)的互层沉积，不易区分，因此在单井解释溢岸时存在多解性，需在平面相组合时明确具体的溢岸类型。

研究区溢岸砂体特征：灰褐色油侵粉砂岩、油斑泥质粉砂岩与灰色粉砂质泥岩的互层沉积，厚度0.5~3m，主要发育小型交错层理、爬升波纹层理和水平层理。自然电位的测井响应为指形或齿化钟形，微电极曲线幅度差较小（图 2-3-6）。

3）泛滥平原沉积

泛滥平原属于一种相对细粒沉积，该亚相可进一步分为河漫滩、河漫湖泊与河漫沼泽沉积。研究区主要发育河漫滩，河漫湖泊和河漫沼泽不发育。岩性以灰白色泥质粉砂岩、粉砂质泥岩、灰绿泥岩为主，在电测曲线上，自然伽马呈高值，自然电位近于基线，微电极曲线幅度低，基本无幅度差（图 2-3-7）。泛滥平原沉积为河流体系中沉积物粒度最细的沉积单元，是重要的隔层。

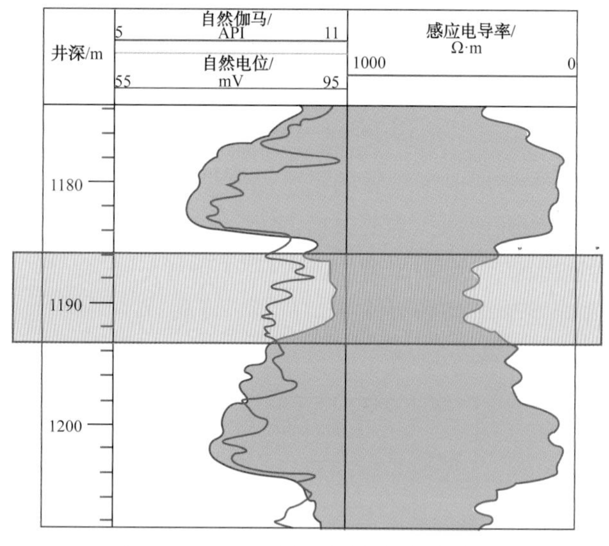

图 2-3-7 泛滥平原沉积电性特征

4）废弃河道

平面上废弃河道的位置一定与河道相毗邻，代表了一次河道的废弃。平面形态呈蛇曲状或弯月状，形态似河道；剖面上由凹岸到凸岸变薄，直至尖灭，呈楔状；废弃河道表现为突弃和渐弃两种形成方式，在剖面上废弃河道上半部有两种充填形式，即由泥或砂泥交互沉积充填，单井上表现为钻遇废弃河道的井底部层位应与河道砂底部层位相当，而砂体顶部层位应低于邻井河道砂顶部层位。突弃型废弃河道测井曲线表现为底部自然电位和自然伽马曲线呈箱形或钟形，上部近基线；渐弃型废弃河道底部测井曲线和突弃型基本相同，上部废弃河道充填部位则表现为齿状，反映砂泥交互充填（图 2-3-8、图 2-3-9）。废弃河道的规模包括废弃河道的宽度、厚度、长度及面积，其中，废弃河道的宽度大体等于活动水道的宽度，厚度近似等于或小于河道的深度，长度由废弃河道段的规模而定，面积约占曲流带面积的15%。

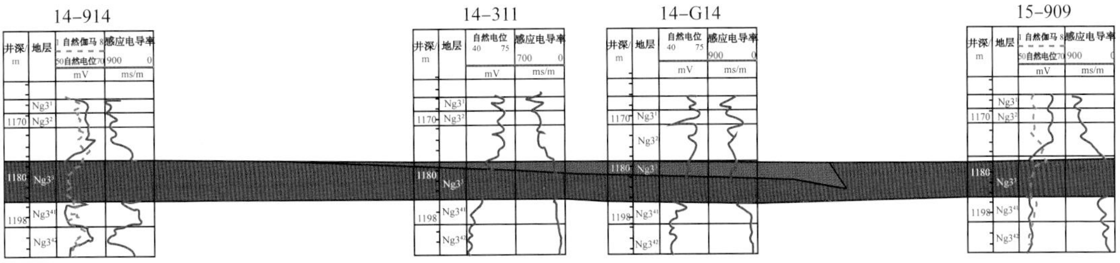

图 2-3-8　实例区渐弃型废弃河道剖面图

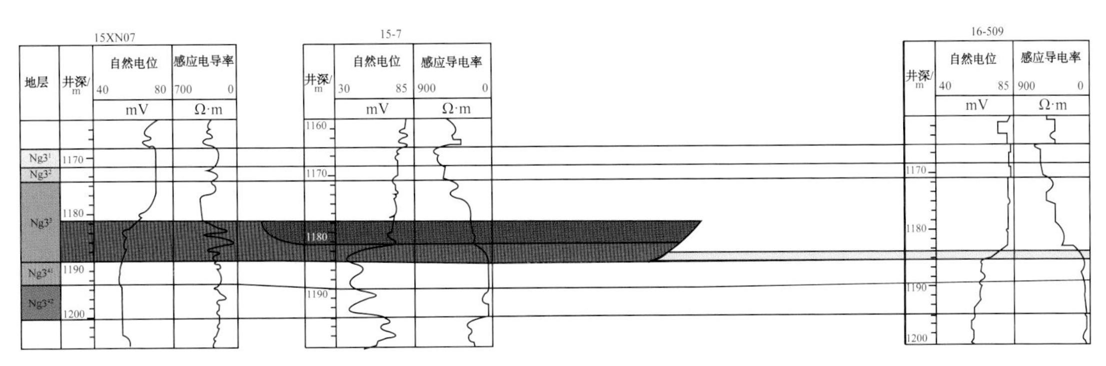

图 2-3-9　突弃型废弃河道剖面图

2. 辫状河储层构型要素及特征

和上述曲流河构型研究类似，同样可将辫状河储层构型分析划分为3个层次，第一个层次为亚相规模，包括河道、溢岸（研究区基本不发育）和泛滥平原；第二个层次是微相规模，即心滩坝规模；最后一个层次是心滩坝内部结构规模，主要研究心滩坝内部的“落淤层”沉积（图 2-3-10）。

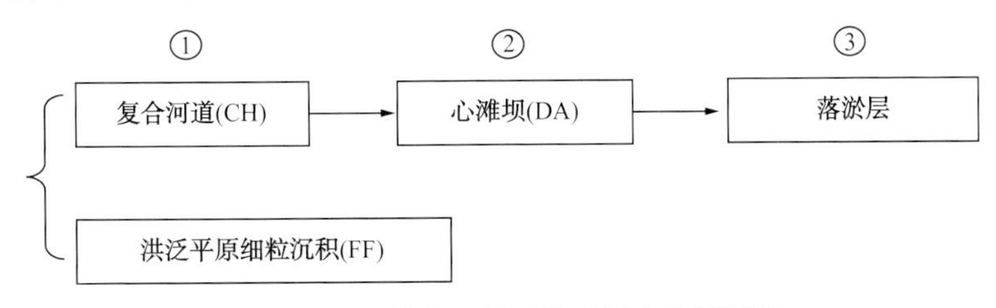

图 2-3-10　辫状河储层构型层次分析框图

1）心滩坝

孤岛油田Ng5-6砂组属于砂质辫状河沉积，心滩坝较发育（尤其$Ng5^3$小层），是较主要的沉积单元。砂体相对较粗，为中—细砂岩和粉砂岩。发育板状交错层理、平行层理，层理的底界面常常为明显的冲刷面，并有泥砾分布。砂体厚度一般4~10m。垂向韵律性不是十分典型，但仍可形成向上变细的韵律。自然电位测井曲线以箱形为主，微电极曲线上幅度差较大。

孤岛油田Ng5-6砂组砂质辫状河砂体内夹层相对较少，归纳起来大体分五类。

第一类，两个单一河流沉积单元之间的泥岩。属泛滥平原泥岩，一般质较纯，含砂质少，发育水平层理，常受到不同程度的冲刷，与上覆及下伏砂岩的接触关系均为侵蚀接触，图中 $Ng5^{31}$ 与 $Ng5^{32}$ 之间的泥岩属此种类型。

第二类，落淤层。发育在心滩坝上部的成层泥粉沉积，是洪峰波动过程中憩水期的悬浮质落淤加积产物。主要发育在心滩坝上部，厚度较薄（图 2-3-11），一般 0.2~0.7m，但分布范围广，与上覆及下伏砂岩的接触关系一般为过渡接触，泥岩中的层理构造不明显，反映出快速落淤的特点，河道沉积中没有发现“落淤层”，测井曲线上表现出来的特征与点坝内部的泥质侧积层类似，微电极曲线明显回返，幅度差减小，自然伽马曲线见回返，自然电位曲线轻微回返，有的夹层自然电位曲线回返不明显。

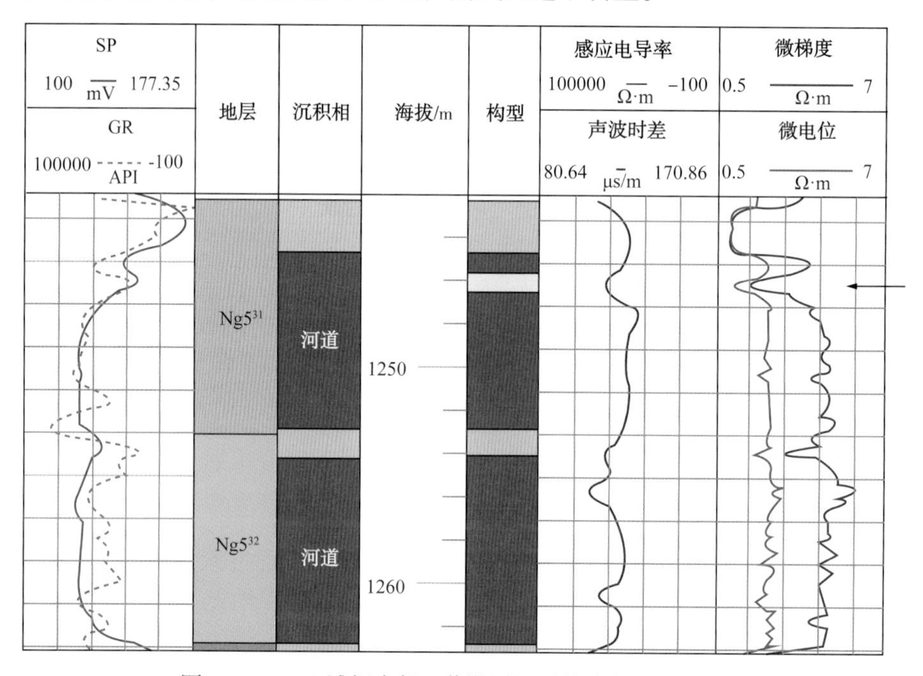

图 2-3-11　心滩坝内部“落淤层”测井响应（9C9 井）

第三类，钙质夹层。成因和曲流河内发育的钙质夹层相似，测井曲线上的典型特征为微电极曲线呈高值尖峰状，声波时差曲线为低幅度异常（图 2-3-12）。

第四类，由河道冲刷早期的泥质沉积形成的泥砾富集层。由于是河道冲刷、搬运形成的，所以一般出现在河道砂体的中下部，尤其是在河道砂体的底部更常见。

第五类，砂体内的泥质纹层。厚度极小，以毫米计，在层系中常呈韵律性反复出现，在测井曲线上无法识别。

2）辫状河道

和心滩坝相比，辫状河道垂向上韵律性更明显，由于辫状河道废弃后，河道充填细粒沉积物，所以辫状河道为典型的正韵律，自然电位和自然伽马曲线均以钟形为主，微电极曲线幅度差较心滩坝略小（图 2-3-13）。

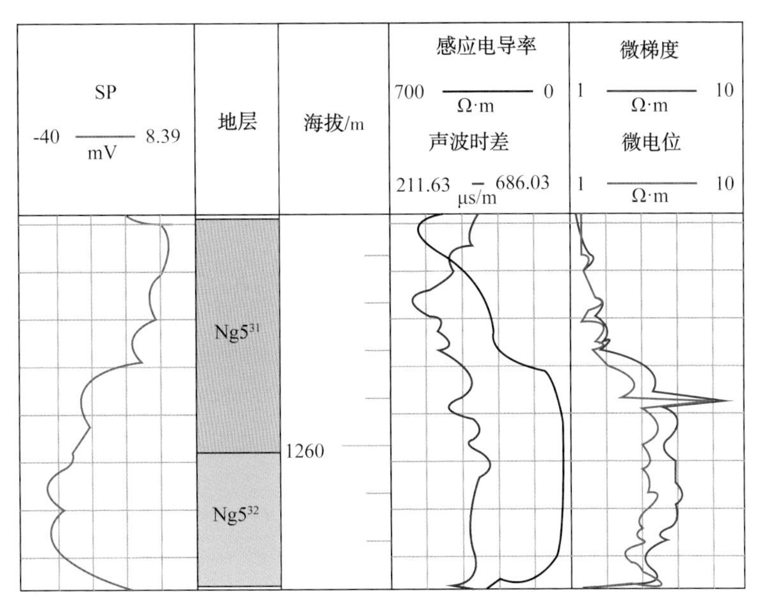

图 2-3-12　心滩坝内部钙质夹层测井响应（17N11 井）

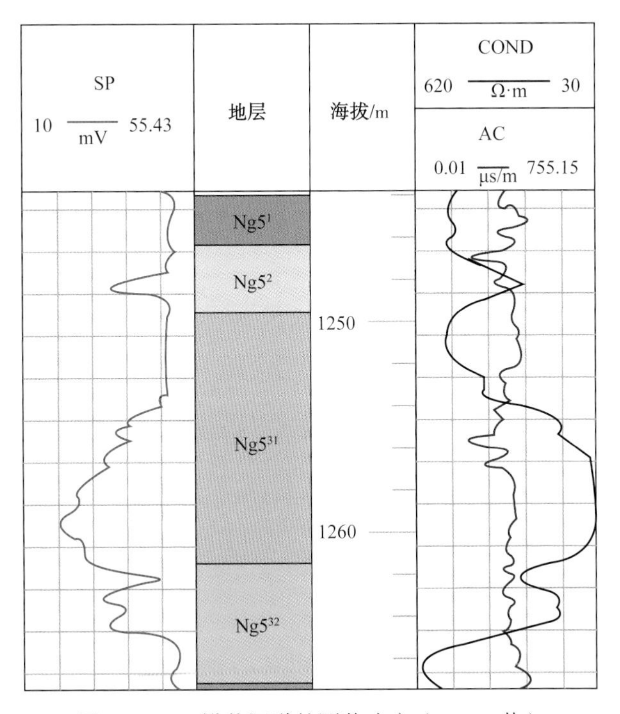

图 2-3-13　辫状河道的测井响应（11-12 井）

二、曲流河储层内部构型表征

构型分析的指导思想主要为“层次分析”与“模式拟合”。“层次分析”即分多个层次对曲流河储层进行解剖，按复合河道层次、复合河道内部的单河道、点坝层次、点坝内部侧积体等层次进行分析。“模式拟合”是针对地下储层信息较少（井间几无信息）的一种预测思路，即在不同层次的模式指导下进行不同层次的井间构型分布预测。

1. 复合河道曲流带分布特征

1）复合曲流带平面分布

研究表明，不同单层之间复合曲流带分布形式有所差别，主要可以分为条带状和连片状两类，其中条带状又分为单一条带状与交织条带状两类。

单一条带状曲流带是 A/S（可溶空间增加速率与沉积物供给速率的比值）较高的产物，规模较小，一般发育在广泛分布的泛滥平原背景下，河道镶嵌其中，表现为几个简单曲流带在平面上呈窄条带状分布，$Ng3^1$、$Ng3^2$ 表现为此种分布形式，经统计曲流带厚度为 1.5~2.5m，宽度在 100~150m 左右。河流的侧向摆动迁移能力低，形成了单一条带状曲流带，沿着曲流带发育几个砂体厚度中心（图 2-3-14）。

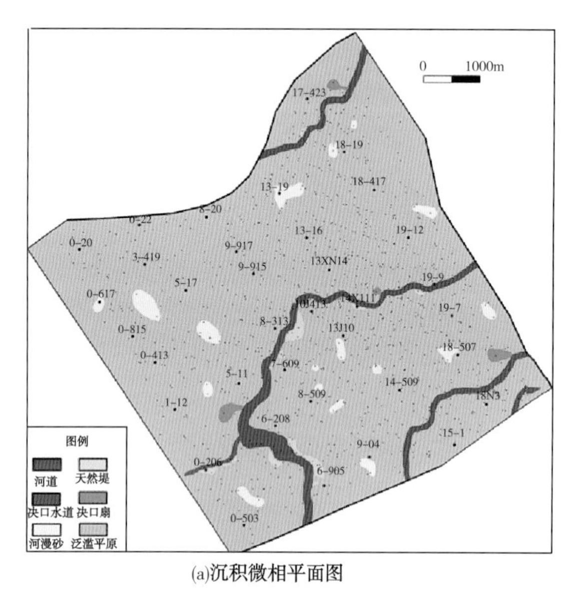

(a)沉积微相平面图

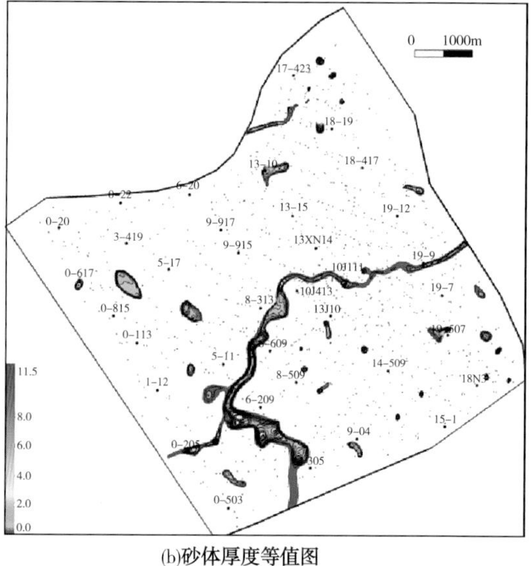

(b)砂体厚度等值图

图 2-3-14 孤岛油田中一区 $Ng3^1$ 沉积微相平面图与砂体厚度等值图（单一条带状）

交织条带状曲流带为 A/S 中等的产物，河道侧向迁移能力较强，河道、溢岸砂体彼此侧向组合而成交织状，曲流带仍然呈条带状分布在泛滥平原内部，$Ng3^{41}$、$Ng3^{42}$、$Ng3^{51}$ 表现为此种分布形式。交织条带状曲流带宽度明显比单一条带状大，经统计河道厚度为 2.5~4m，河道砂体宽度从 150~800m 不等，平均为 300m 左右。交织河道砂体的形成与河道改道作用有关，伴随着河流的频繁改道，交织河道砂体逐渐向连片状砂体转变（图 2-3-15）。

在 A/S 较低的条件下，河道侧向迁移十分频繁，使得复合曲流带连片分布，实际上是河流侧向迁移导致多期河道砂体与堤岸砂体的侧向组合而成。连片状曲流带厚度较大，经统计 $Ng3^3$、$Ng3^{52}$ 曲流带厚度规模相当，厚度为 6~10m 左右，宽度主要在 300~2000m 范围内，复合曲流带连片砂体形式一般包括以下三种情况：①多期河道侧向叠加，溢岸砂体在复合河道砂体的边缘；②多期河道侧向叠加，在两期河道之间残留溢岸砂体沉积；③多期河道侧向叠加，两期河道之间溢岸砂体被冲刷侵蚀，因而大片砂体均为河道沉积（图 2-3-16）。

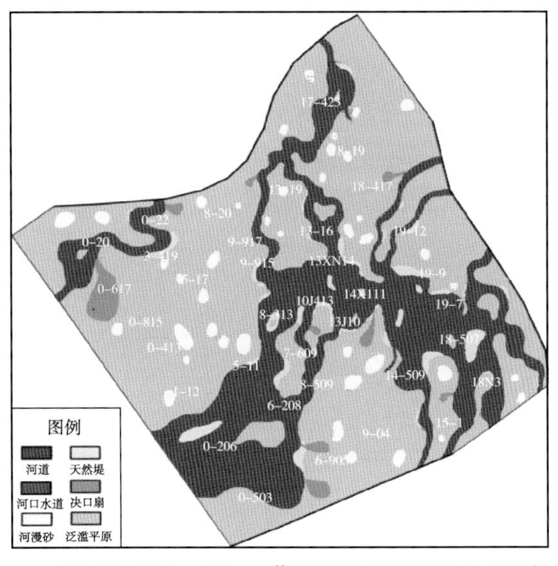

图 2-3-15　孤岛油田中一区 $Ng3^{41}$ 沉积微相平面图（交织条带状）

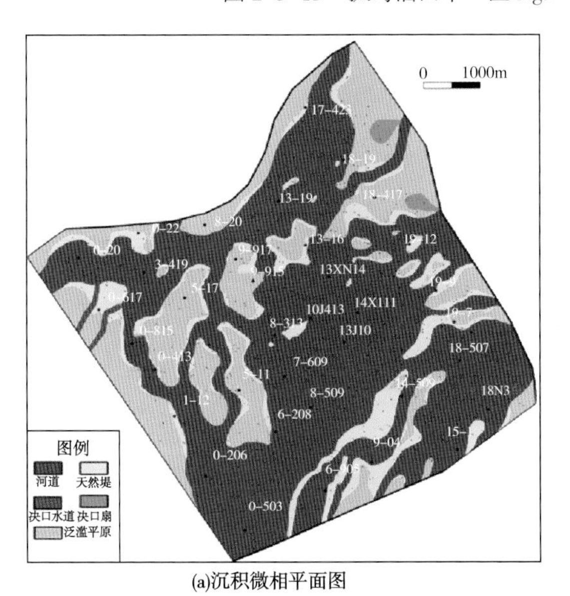

(a)沉积微相平面图

(b)砂体厚度等值图

图 2-3-16　孤岛油田中一区 $Ng3^{3}$ 沉积微相平面图与砂体厚度等值图（连片状）

2）复合曲流带垂向演化

经前人研究可知：馆上段是一个一级沉积旋回，可以分为 2 个二级沉积旋回。Ng3 砂层组包括两个三级沉积旋回（SC5、SC6），SC5 又细分为 4 个四级沉积旋回（SC1、SC2、SC3、SC4），SC6 包含 3 个四级沉积旋回（SC5、SC6、SC7），自下而上分别对应于 $Ng3^{52}$、$Ng3^{51}$、$Ng3^{42}$、$Ng3^{41}$、$Ng3^{3}$、$Ng3^{2}$、$Ng3^{1}$。

每一个三级沉积旋回均为一个完整的沉积旋回，工区内表现为在每一个三级沉积旋回的正旋回底部河道砂体发育，并侧向叠加连片，形成了广泛分布的砂体，而在旋回顶部，砂体分布相对局限，河道发育较少，而溢岸砂体和泛滥平原更为发育，河道砂体呈“单一条带状”或“交织条带状”分布。

每一个三级沉积旋回又由若干个四级沉积旋回所组成。对 Ng3 各小层（单层）的复合曲流带平面展布开展了详细研究，从 $Ng3^{52}$ 到 $Ng3^{41}$，复合曲流带从连片状向交织条带状转变；$Ng3^{3}$ 处于二级沉积旋回早期，从复合曲流带带演化来看，$Ng3^{3}$ 在 $Ng3^{41}$ 条带状曲流带基础上又开始沉积大面积曲流带砂体，至 $Ng3^{1}$ 已逐渐演化为以泥质为主的泛滥平原沉积，曲流带多以单一条带状分布；在垂向剖面上，各三级沉积旋回内部形成了连片状曲流带→交织条带状曲流带→连片状曲流带→单一条带状曲流带的垂向沉积组合（图 2–3–17）。

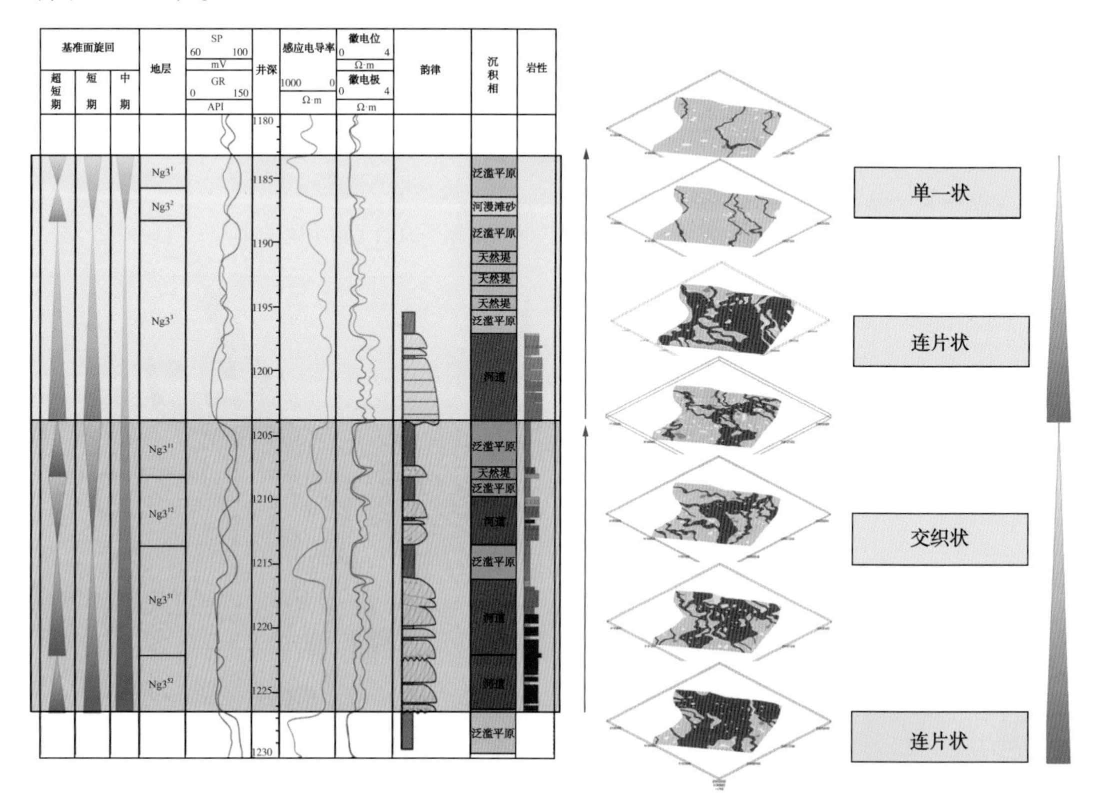

图 2–3–17　孤岛油田中一区 Ng3 砂层组复合曲流带垂向演化图

2. 单一曲流带划分

“模式拟合”是在不同层次的模式指导下进行不同层次的井间构型分布预测，目前建立模式主要应用现代沉积、露头以及密井网区的小井距资料，所以构型表征的前提是建立不同级次构型单元的定性 / 定量模式。

1）单一曲流带定性分布模式

通过对国内典型曲流河现代沉积和露头实地考察，认为单一曲流带平面形态可分为简单曲流带和复杂曲流带两种，其中简单曲流带表现为条带状，复杂曲流带表现为连片状，实际上是河流侧向迁移导致多期河道砂体侧向拼接而成。

单一曲流带空间组合模式有以下两种：同一单层不同时间段内多个单一曲流带叠加（即

同层不同期），每条曲流带内又包含 1 个或多个点坝 [图 2-3-18（a）、（b）]。目前单层是地层对比中最小的对比单元，每个单层内部不同的单一曲流带形成的时间有先后，在此模式中，根据单一曲流带的识别标志，各曲流带的砂体顶面层位高程存在差异或各单曲流带规模不同，因此称为同层不同期单一曲流带。它们是在短暂的时期内形成的，反映当时盆地沉降速度相对较快，水流条件不稳定，经常决口改道，这些不同时期层位高低起伏的单一曲流带也可以形成局部的侧向拼合体。

同一单层同一时间段内多个单一曲流带叠加（即同期不同位），每条曲流带内又包含 1 个或多个点坝 [图 2-3-18（c）]。在此模式中，单一曲流带之间的高程没有差异，都是同一时间形成于不同位置，其间存在溢岸砂体、泛滥平原或者是最末一期的废弃河道沉积。

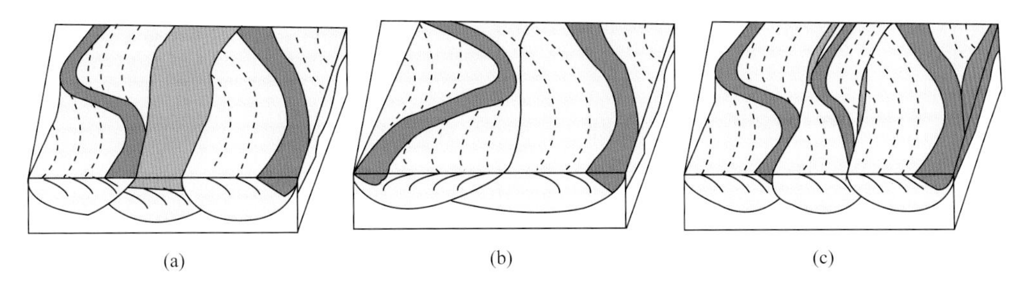

图 2-3-18　复合河道内部单河道空间分布模式类型

两期单一曲流带的接触可以有凹岸和凸岸相接、凹岸和凹岸相接以及凸岸和凸岸相接三种组合方式（图 2-3-19）。

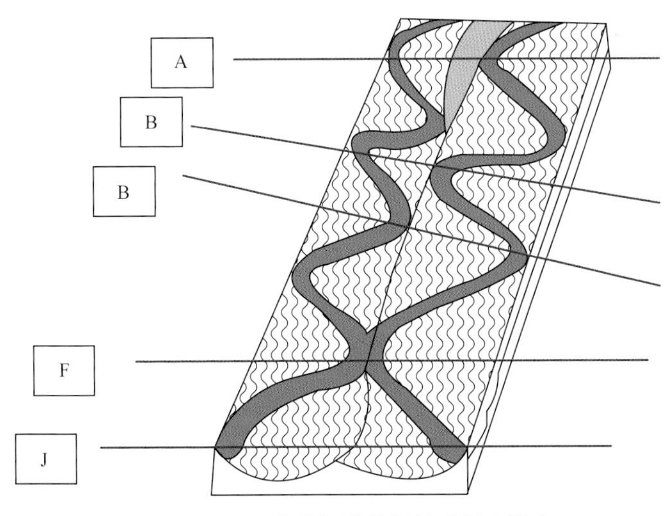

图 2-3-19　两条单河道接触关系概念模式

根据上述两种单一曲流带空间组合模式以及两岸的组合关系可以组合出三大类十一种单一曲流带侧向叠加样式（图 2-3-20）。

第一类：凹岸与凸岸相接。形成连片砂体的两条单一曲流带，其中一条曲流带的凸岸与另一条的凹岸相接，在剖面上可以呈现为四种模式。

凹岸与凸岸相接					
同层同期	识别标志	连通性	同层不同期	识别标志	连通性
A	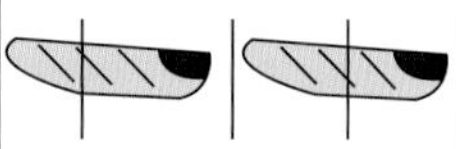 河道沉积	不连通	C	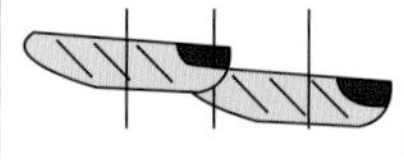 高程差 废弃河道	中
B	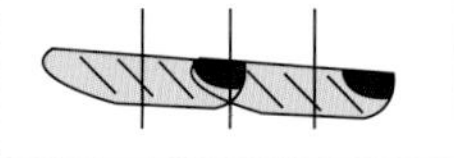 废弃河道	中	D	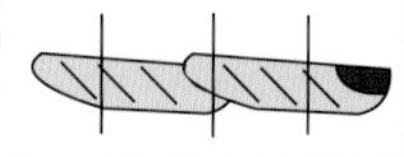 高程差或 河道叠加	中
凹岸与凹岸相接					
同层同期	识别标志	连通性	同层不同期	识别标志	连通性
E	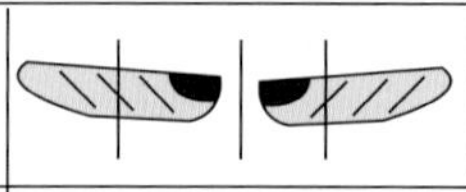 河道沉积	不连通	G	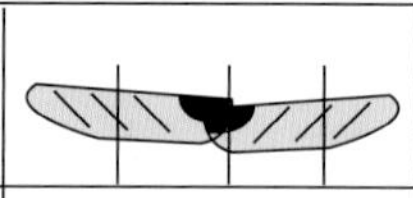 废弃河道	差
F	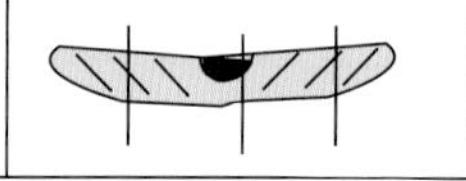 废弃河道	中	H	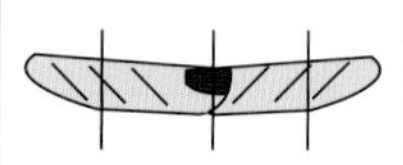 厚薄厚 高程差	好
凸岸与凸岸相接					
同层同期	识别标志	连通性	同层不同期	识别标志	连通性
I	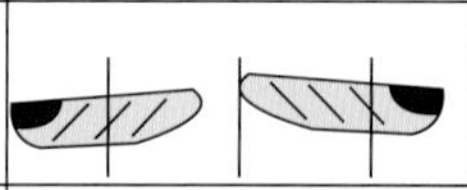 河道沉积	不连通	K	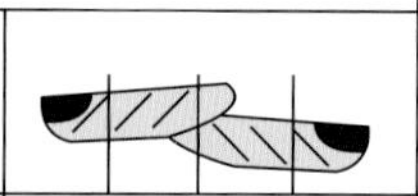 高程差	好
J	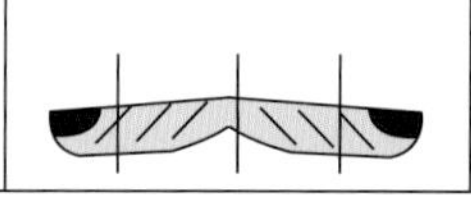 厚薄厚	中			

图 2-3-20　单一曲流带侧向叠加样式

（1）模式 A：两条单一曲流带凹岸与凸岸相接，中间发育细粒河间沉积，这种不连续分布的带间砂体（河间泥或溢岸沉积）可以作为不同单一曲流带分界标志（图 2-3-20A）。当带间为泛滥平原泥岩沉积时，砂体之间不连通；而当带间为溢岸沉积时，砂体之间有连通，但是连通性较差，这是由于溢岸沉积的粒度相对河道砂体较细，沉积厚度也较薄所致。

（2）模式 B：两条单一曲流带凹岸和凸岸相接，一条曲流带的凹岸侵蚀了另一条单河道的凸岸，主要为废弃河道接触，只是由于井所处的位置不同，识别标志略微有差异（图 2-3-20B）。现代沉积、野外露头考察发现，泥质充填的废弃河道沉积是单一曲流带内流体侧向运移的主要屏障，大量废弃河道将单一曲流带点坝砂体分成若干个孤立的或半连通的砂带。

（3）模式 C：在同一个单层内部，两条单一曲流带形成时间有差异，一条曲流带的凹岸侵蚀另一条的凸岸（图 2-3-20C），这种模式与 B 模式较为类似，唯一的区别是形成时间有差异，因此在识别的过程中不仅需要考虑废弃河道的分布，还要考虑两条单一曲流带由于发育的时间不同而造成砂体顶面距地层界面（或标志层）的距离会有差别，即单一曲流带砂体顶面相对高程会有差异。由于废弃河道底部砂体与另一曲流带凸岸的砂体侧向接触，可形成渗流通道，连通性中等。

（4）模式 D：两条单一曲流带形成的时间有差异，当一条曲流带砂体形成后，另一条曲流带形成过程中冲刷其凹岸，在冲刷不完全时会有部分废弃河道残余（图 2-3-20D），这种情况使得两期单一曲流带在侧向接触时有一个较为明显的倾斜泥质沉积带，类似于两期单一曲流带在侧向上进行了叠加，连通性中等。

第二类：凹岸与凹岸相接。两条单一曲流带凹岸与凹岸相接触，也有四种模式。

（1）模式 E：与 A 模式相似，两条单一曲流带凹岸与凹岸接触，其间发育细粒的带间沉积，这种不连续分布的带间砂体（河间泥或溢岸沉积）可以作为不同单一曲流带分界标志。当带间为泛滥平原泥岩沉积时，砂体之间不连通；而当带间为溢岸沉积时，砂体之间连通性中等。

（2）模式 F：两个单一曲流带凹岸与凹岸相接触，接触方式主要表现为废弃河道接触，废弃河道之间相互切割，因此两单一曲流带接触的部位顶部多为细粒沉积，而底部存有一些河道砂沉积，连通性中等，随着相互切割程度的不同，单井测井响应略有差别。

（3）模式 G 和模式 H：这两种模式为同一单层内部不同时间形成的两条单一曲流带凹岸与凹岸接触的模式，模式 G 代表了水动力较弱，两期曲流带切割程度弱，废弃河道都有所保留，连通性较差。而模式 H 代表了水动力较强，后期形成的单一曲流带将前期曲流带的废弃河道全部冲刷掉，与底部河道砂连通，连通性较好。

第三类：凸岸与凸岸相接。两条单一曲流带凸岸与凸岸相接触，有三种模式。

（1）模式 I：与 A、E 模式类似，两单一曲流带凸岸与凸岸接触，中间发育细粒沉积，当带间为泛滥平原泥岩沉积时，砂体之间不连通；而当带间为溢岸沉积时，砂体之间连通性中等。

（2）模式 J：同一时期形成的两条单一曲流带凸岸与凸岸侧向切割所形成，在剖面上呈现砂体厚度由厚变薄再变厚的特征；在平面上，两条曲流带边界位置砂体厚度平面分布图上会有低值区。两河道之间均为砂体接触，连通性好。

（3）模式 K：由于两期单一曲流带形成时间不同，凸岸与凸岸接触，后期单一曲流带切割前期曲流带所形成；两期曲流带砂体顶部距离地层界面有差异，因此在剖面上可以根据曲流带砂体高程差来判断这种模式的单一曲流带分布。两条单一曲流带为砂体接触，连通性好。

2）单一曲流带定量模式

（1）河流满岸深度推算。

对于曲流河，河流满岸深度与单一河道内部点坝砂体最大厚度相当。因此，地下河流满岸深度可以通过压实校正后的单一河道内部点坝砂体的最大厚度来推算，推算过程包括两个步骤：首先是识别单一河道内部点坝砂体的最大厚度，这一厚度必须是保存完整的单一向上变细的正旋回，且具有典型曲流河的二元结构，河道之间不发生相互切割或叠置，点坝形态保存完整；其次是对测量的最大单一旋回厚度进行压实校正，以恢复到沉积时的单一旋回厚度。

（2）单一曲流带宽度推算。

在阐述河道带宽度推算方法之前先介绍单一曲流带内部的几个宽度参数（图 2-3-21）：W_1 为包括点坝在内的单一曲流带宽度（密井网资料得到），W_2 为单一活动河道满岸宽度，W_3 为点坝内部单一侧积体的水平宽度，W_4 为侧积层间距。

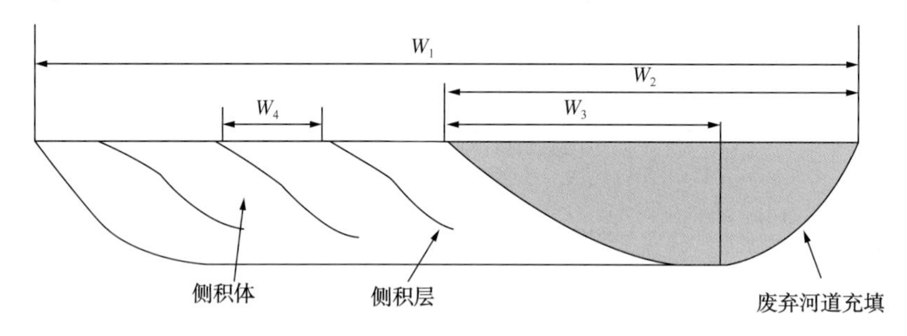

图 2-3-21　点坝内部各种宽度参数模式图

W_1—单一河道砂体宽度；W_2—满岸活动河道宽度；W_3—单一侧积体水平宽度；W_4—侧积层间距

分析表明，对于河道弯曲度小于 1.7 的样本，满岸深度和满岸宽度的关系较差；而对于河道弯曲度大于 1.7 的样本，两者具有较好的双对数关系，河流向上变细旋回厚度大体等于河流满岸深度（H），得到的关系式为：

$$\lg W = 1.54\lg H + 0.83 \tag{2-1}$$

式中，W 为河流满岸宽度（图 2-3-21 中的 W_2），m；H 为河流满岸深度，m。

Leeder 研究的 107 个河流实例，包括 57 个河道弯曲度大于 1.7 的样本和 50 个河道弯曲度小于 1.7 的样本，并对其满岸深度和满岸宽度进行了相关分析（图 2-3-22）。

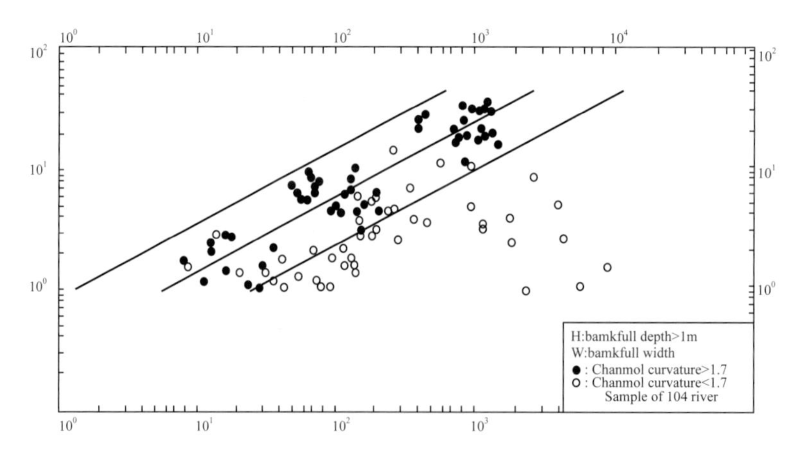

图 2-3-22　现代河流满岸宽度和深度关系图（Leeder，1973）

图中斜线为河道弯曲度大于 1.7 的河流宽 / 厚关系拟合线

Lorenz 等（1985）研究认为活动河道的宽度和单一曲流带砂体的宽度具有如下关系：

$$Wm = 7.44W^{1.01} \tag{2-2}$$

式中，Wm 为河道带的幅度，W 为活动河道满岸宽度。

3）单一曲流带边界识别标志

单一曲流带边界的准确识别是划分单一曲流带的关键。在参考前人研究成果的基础上确定了研究区单一曲流带边界识别的四种标志。

（1）废弃河道。

废弃河道是单一曲流带边界的重要标志。根据废弃河道的成因，在曲流带内部，废弃河道代表一个点坝的结束，而最后一期废弃河道则代表一次性河流沉积作用的改道，于是可以依据废弃河道区分出不同的河道砂体。值得注意的是，最后一期废弃河道才能作为单一曲流带边界，因此单独应用废弃河道来识别单一曲流带边界是不可取的，研究中必须把废弃河道与其他边界识别标志结合起来，才能准确识别单一曲流带边界，但废弃河道可以单独作为点坝的识别标志。

通过模式拟合进行废弃河道识别。从构型模式可知，在废弃河道发育部位，沿侧向加积方向点坝顶部的细粒沉积不断加厚。应用这一模式，从以下方面初步识别废弃河道的分布：其一，将砂体顶部至时间单元顶面之间的细粒沉积厚度进行平面成图（图 2-3-23），则在片状砂体范围内的细粒沉积大厚度带（特别是新月形厚度带）指示着废弃河道的可能分布，而呈透镜状的砂体大厚度区则指示点坝的分布（图 2-3-24）。其二，在三维视窗内进行井间剖面分析，依据废弃河道的横向分布特点（在剖面上呈楔状分布），通过多井对比初步识别废弃河道（图 2-3-25），即将点坝砂体顶部呈楔状分布的细粒沉积初步解释为废弃河道，而将呈连续带状分布的细粒沉积解释为泛滥平原。其三，不断修改上述第一、二步解释的废弃河道的边界，在沉积模式的指导下确定复合砂体内废弃河道的分布（图 2-3-26），使最终的废弃河道分布既与井点解释吻合，又与定量模式吻合，还与井间动态响应吻合。这是一种在模式指导下“逐步逼近”地质体实际的方法。

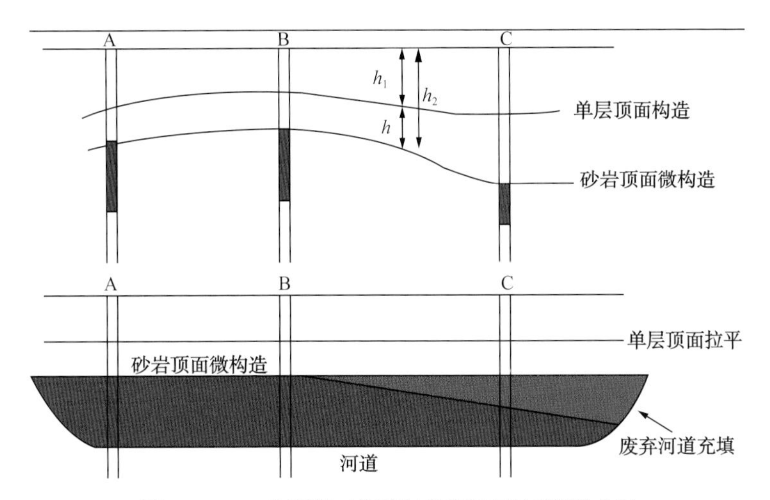

图 2-3-23　砂顶相对深度法识别废弃河道模式图

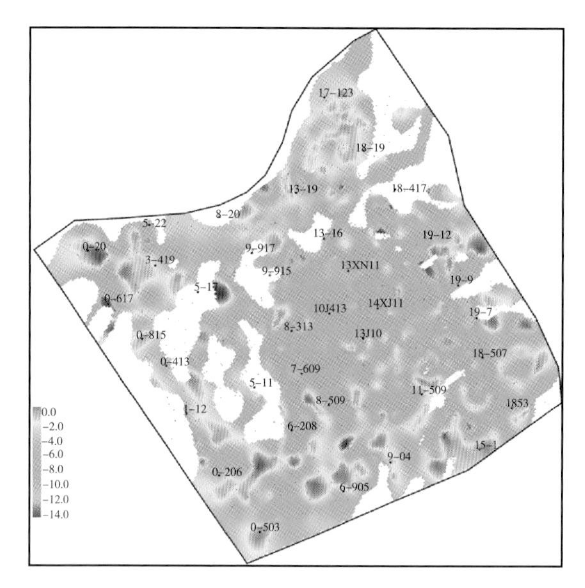

图 2-3-24　孤岛油田中一区 $Ng3^3$ 层砂顶相对等深图

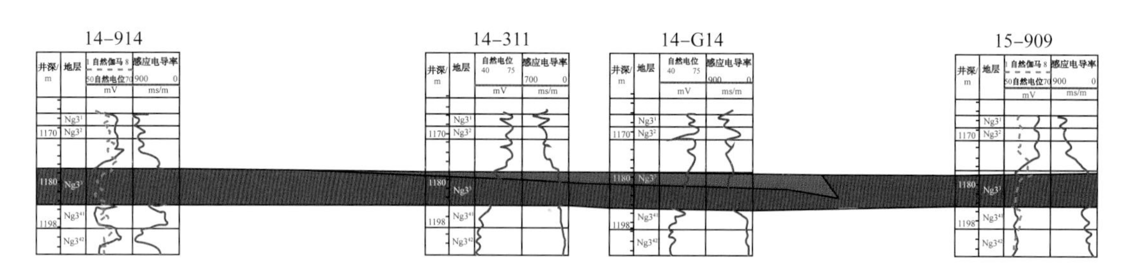

图 2-3-25　废弃河道剖面图

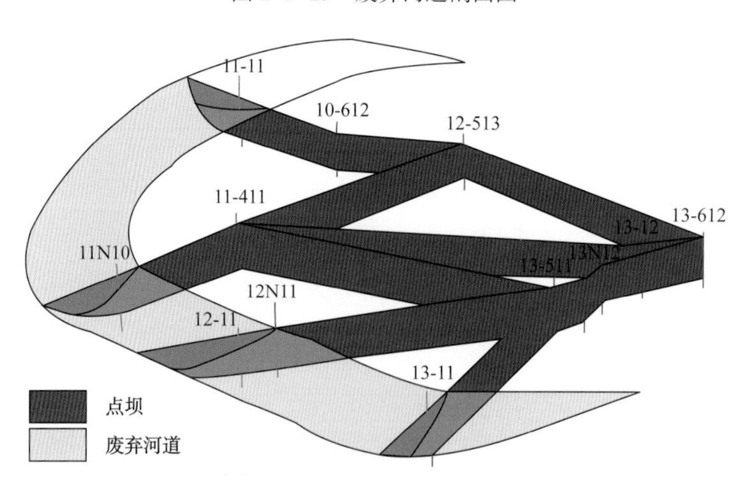

图 2-3-26　废弃河道识别三维分布图

（2）河道砂体顶面层位高程差异。

在同一时间单元（一个单层）内，可发育不同期次的单一曲流带。由于形成时间存在差异，其单一曲流带砂体顶面距地层界面（或标志层）的相对距离会有差别，即河道顶面层位的相对高程会有差异。在实际操作过程中，要避免高程的差异与废弃河道以及砂体本身的差异压实作用混淆（图 2–3–27）。

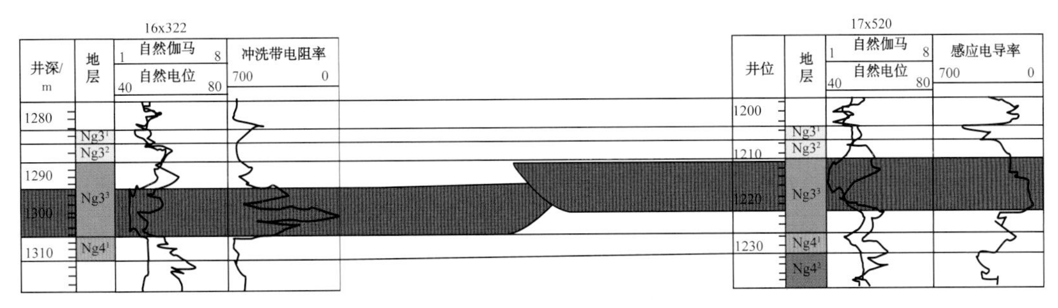

图 2–3–27　河道砂体顶面层位高程差异

（3）不连续的河间沉积。

两条单一曲流带之间出现分叉，河道改道过程中往往留下河间沉积物的踪迹，沿单一曲流带纵向上不连续分布的带间砂体（带间泥或溢岸沉积）正是不同单一曲流带分界的标志（图 2–3–28）。

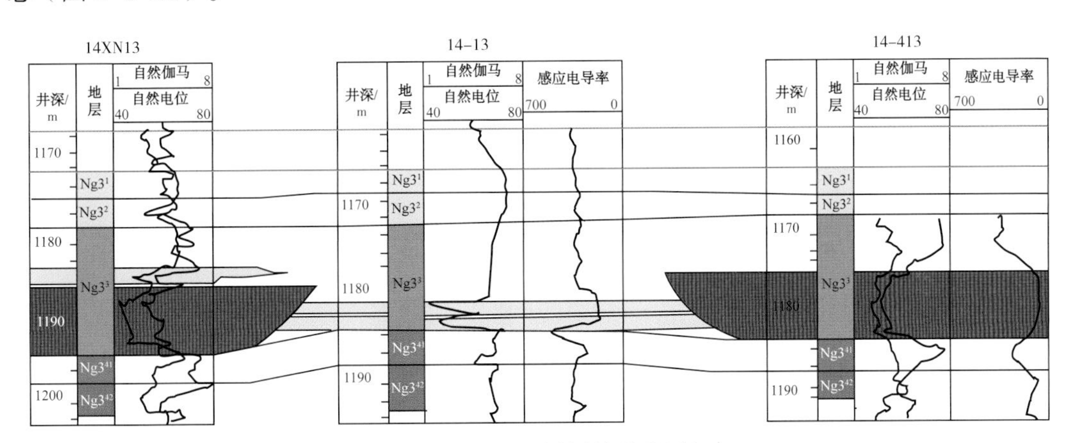

图 2–3–28　不连续的河间沉积

（4）河道砂体规模的差异性。

河道受到水动力、古地形等因素的影响不同，必将导致曲流带砂体沉积厚度上存在差异，如果这种差异性的边界可以在较大范围内追溯，很可能就是不同曲流带单元的指示（图 2–3–29）。

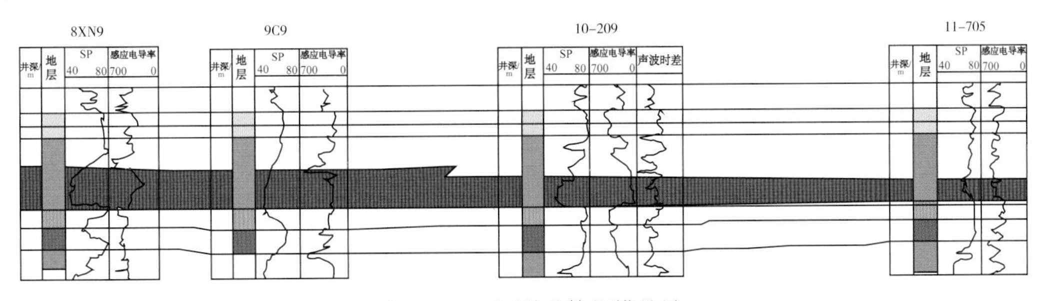

图 2–3–29　河道砂体规模差异

4）单河道经验规模认知

（1）河流满岸深度推算。

研究区 Ng3^3 目的层密井网区砂岩厚度为 5.5~9m，压实校正后得满岸深度为 6~10m。根据经验公式计算得到活动水道满岸宽度为 110~230m，单一曲流带最大可能宽度为 830~1850m（图 2-3-30）。

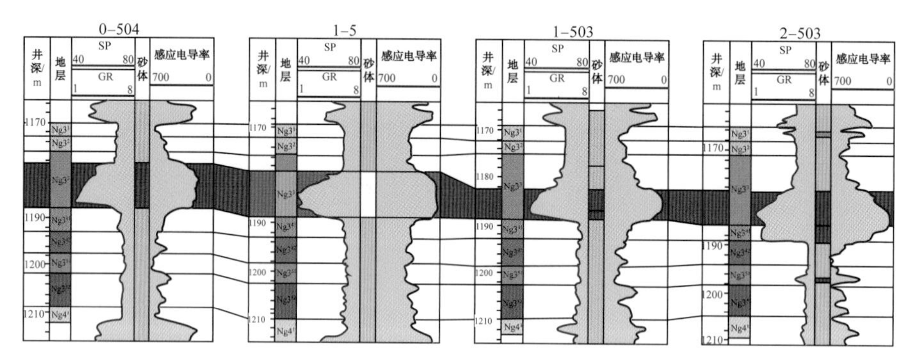

图 2-3-30　单一旋回厚度剖面识别图

（2）河道带宽度推算。

以 Ng3^3 层 13J10 小井距区连片状复合曲流带为例，首先拉两条相互垂直的剖面，并作两条相应的沉积相剖面图，根据单一曲流带识别标志在剖面上识别出单河道的边界点，该边界点位于钻遇的两条单一曲流带两口井的中点（图 2-3-31），对于单一曲流带最大宽度的求取，可将各边界点向外推半个井距，根据两条剖面上确定的四个外推点连线得到一个四边形，那么，该四边形的 4 个边长以及 2 条对角线中最长的，被认为是单一曲流带最大宽度。应用该方法得到 13J10 小井距区单一曲流带最大宽度为 900m（图 2-3-32）。

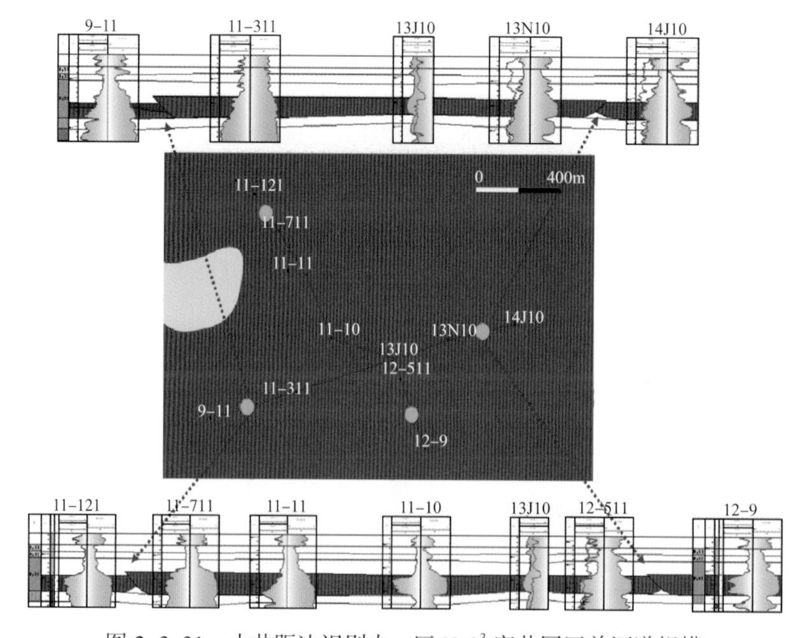

图 2-3-31　小井距法识别中一区 Ng3^3 密井网区单河道规模

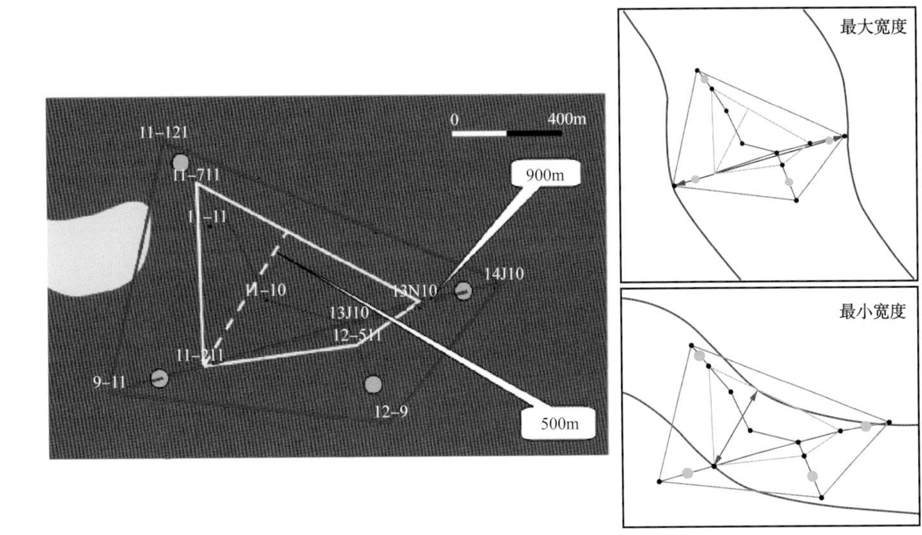

图 2-3-32　中一区 $Ng3^3$ 密井网区单河道划分成果图

单一曲流带最小宽度的确定方法类似，只不过是将边界点内推半个井距，将四个点连线同样得到一个四边形，沿四边形的 4 个边长以及 4 个顶点到对边的垂直距离所确定的线段的两个端点画平行线，每一组平行线必须将此四边形的四个顶点包括在内（无法包括所有顶点的不在统计之内），这一组平行线之间所夹距离最短的为该单一曲流带的最小宽度，确定 13J10 小井距区单一曲流带最小宽度为 550m。应用同样的方法，可以得到该层其他小井距区及其他层位单一曲流带规模（表 2-3-1）。

表 2-3-1　孤岛油田中一区 $Ng3^3$ 连片河道砂体单一河道规模认知结果

层　　位	河流砂体形态	单一曲流带宽度 /m
$Ng3^3$	连片状	500~900
$Ng3^{41}$	交织条带状	250~400
$Ng3^{42}$	交织条带状	300~500
$Ng3^{51}$	交织条带状	300~500
$Ng3^{52}$	连片状	350~500

5）单一曲流带划分

针对研究区 Ng3 砂组目的层的复合曲流带采用以下方法来识别单一曲流带。

（1）步骤 1：在单一曲流带定量模式指导下，应用边界识别标志在连井剖面上识别单一曲流带边界。

（2）步骤 2：以栅状图的表现形式，在三维视窗内对连井剖面进行多视角观察和分析，识别废弃河道及其他类型单一曲流带边界，并对边界点进行合理组合，遵循相似标志相连接的原则，将相邻的同种类型识别标志作为同一个边界连接起来。在以往单一曲流带识别过程中，都局限于平面和剖面的二维空间，不能从宏观把握单一曲流带的规模，也不能很好地控制边界点的组合。多维多视角方法能够弥补二维空间的不足，使得单一曲流带识别结果更加准确、可信（图 2-3-33）。

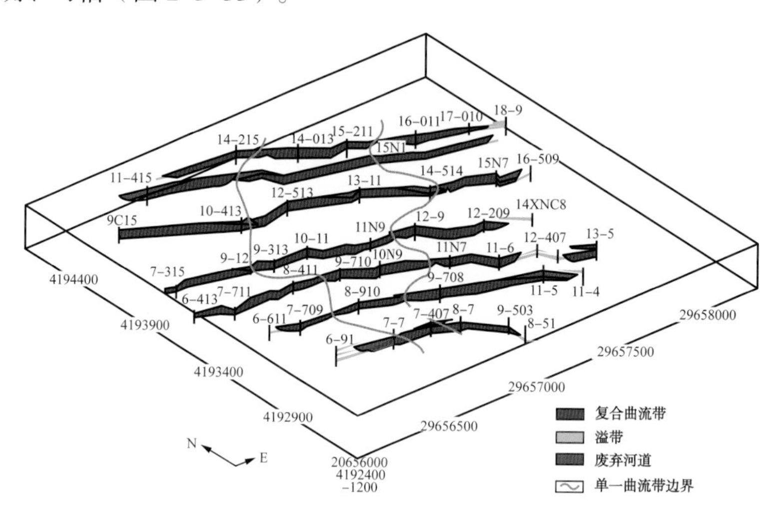

图 2-3-33　孤岛油田中一区 $Ng3^3$ 层三维视窗内多视角沉积微相栅状图

根据以上单一曲流带的划分思路和方法，对研究区连片状复合曲流带进行构型分析，从中划分出多条单一曲流带。同时，对连片复合曲流带成因有了较为明确的认识：①连片状复合曲流带（$Ng3^3$）主要为复合点坝叠置形成的单一曲流带侧向拼接而成（图 2-3-34）；②交织条带状复合曲流带内相对连片的河道砂体（$Ng3^{41}$、$Ng3^{42}$、$Ng3^{51}$、$Ng3^{52}$）主要为多个简单曲流带侧向叠置而成，废弃河道（点坝）不发育（图 2-3-35）。

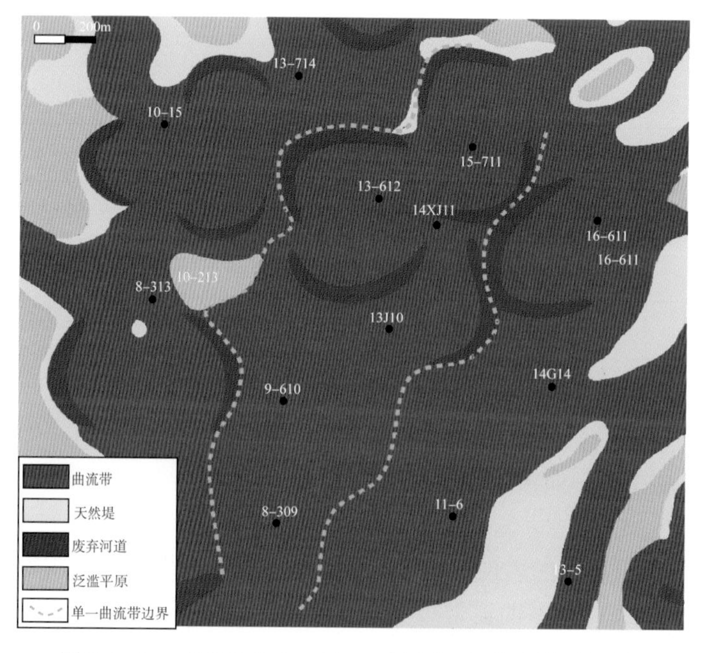

图 2-3-34　孤岛油田中一区 $Ng3^3$ 层单一河道划分成果图

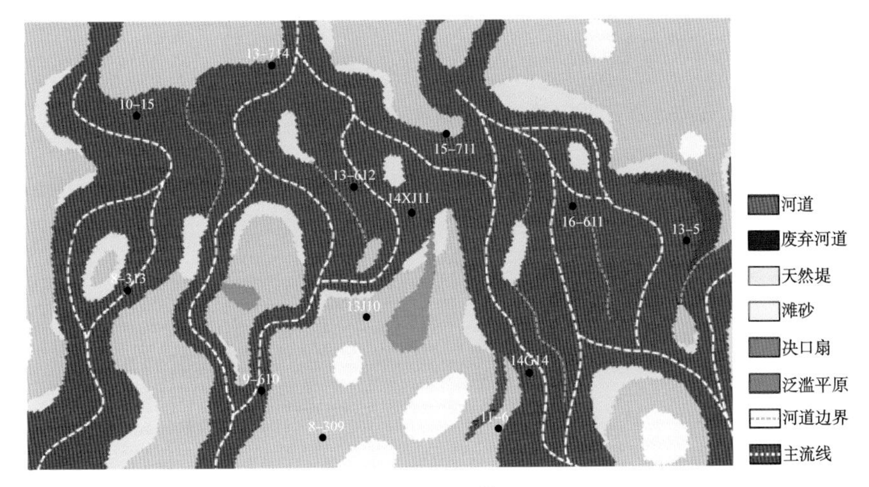

图 2-3-35　孤岛油田中一区 $Ng3^{52}$ 层单一河道划分成果图

6）砂体连通方式及连通性差异

河道砂体的连通有四种类型，即单一河道内部（注采井在同一单一河道内部）、河道—河道（注采井分别位于不同的单一河道内部且河道砂体侧向相接）、河道—废弃河道—河道（注采井位于不同的单一河道，且中间与废弃河道遮挡）、河道—溢岸—河道（注采井位于不同的单一河道，且之间由溢岸砂体连接）（图 2-3-36~ 图 2-3-39）。对于每种拼接方式，其注采井之间的渗流能力是存在差异的，明确这四种河道砂体拼接类型的渗流差异，对于油田注采井网优化和注采方案调整意义重大。应用示踪剂资料分析 $Ng3^3$ 小层不同拼接类型砂体的连通性差异，其结论可以很好地指导油田生产实践。

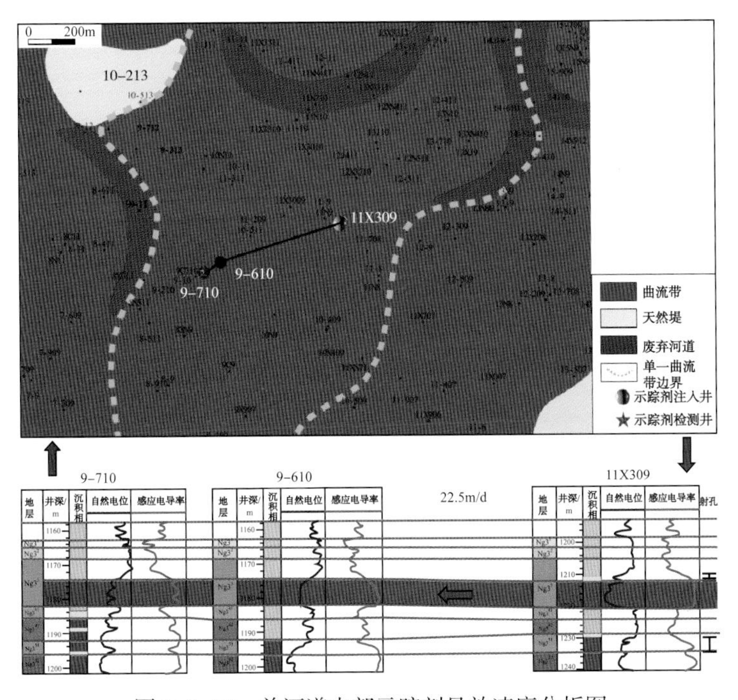

图 2-3-36　单河道内部示踪剂见效速度分析图

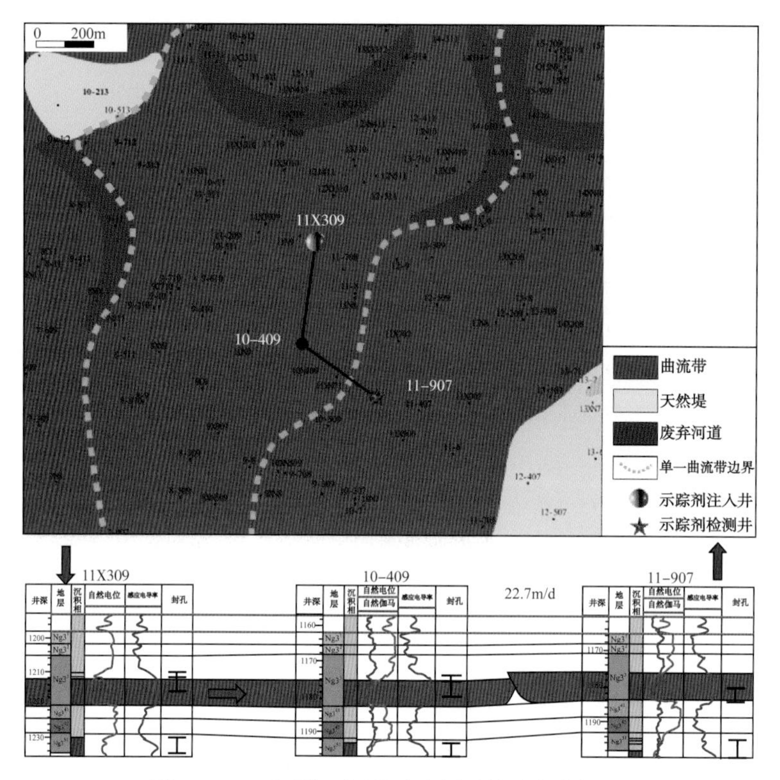

图 2–3–37　河道—河道示踪剂见效速度分析图

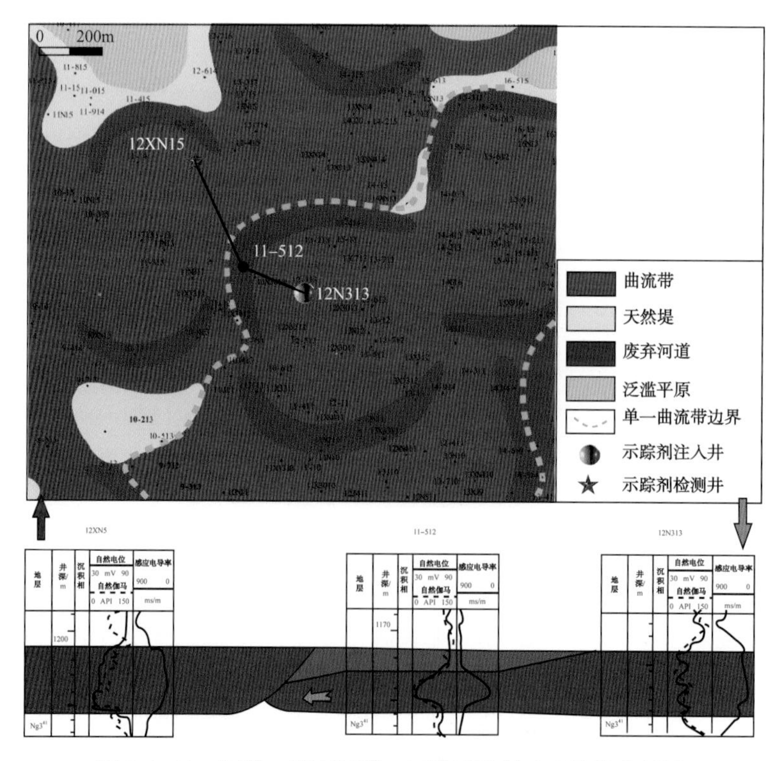

图 2–3–38　河道—废弃河道—河道示踪剂速度见效分析图

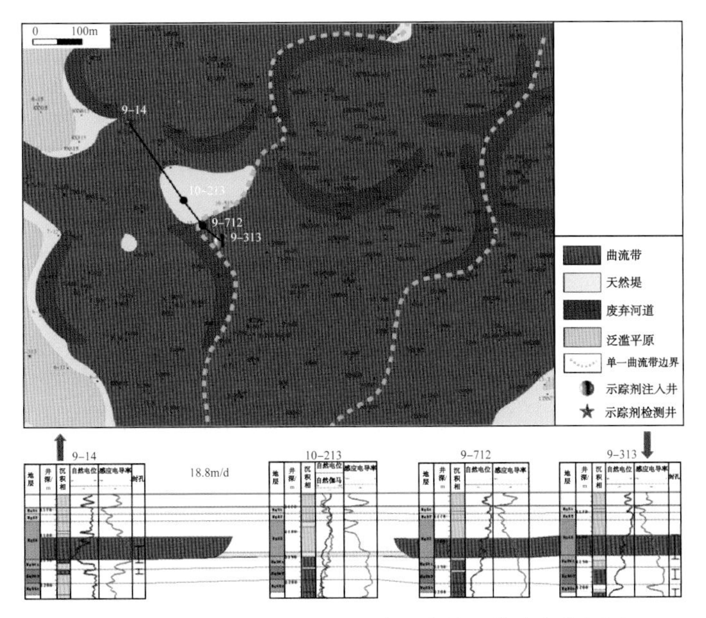

图 2-3-39　河道—溢岸—河道示踪剂见效速度分析图

结果表明，注采井位于同一单河道内部与河道—河道两种河道砂体拼接类型见效速度相当，分别为 22.5m/d 和 22.7m/d，见效速度较大，表明砂体内部连通性相对较好；河道—废弃河道—河道和河道—溢岸—河道两种河道砂体拼接类型见效速度相当，分别为 18.9m/d 和 18.8m/d，见效速度较小，表明砂体内部连通性较差。

3. 单一点坝识别

由以上研究可知，复杂曲流带主要为多个点坝复合而成，根据油田生产实际的需要，需对连片的复合曲流带进行更深层次的解剖，即单一曲流带内部点坝的识别。

1）点坝的定性分布模式

曲流河在沉积过程中，伴随着河流的不断侧向增生或改道形成了不同的河道带。河流的侧向增生过程中形成点坝沉积，而同一时期内的多个点坝砂体的相互切割以及点坝与河道砂体连成一体就成为宽条带砂体沉积。如此频繁的河道改道就形成多个点坝的切割—叠置，使得在平面上点坝分布关系十分复杂，通过研究分析，可以将点坝的平面分布模式分成单一点坝和复合点坝两种类型。河流摆动一次所形成的产物称为单一点坝，而河流多次摆动则形成复合点坝。一般简单曲流带多发育单一点坝，复杂曲流带就是由多个复合点坝所形成的曲流带。

2）点坝的定量模式

通过全球卫星照片（Google Earth），以全球范围内高弯度曲流河较为发育的 5 个水系为研究对象，共测量高弯度曲流河河段 125 个，对河宽和点坝跨度进行回归分析（图 2-3-40），发现二者呈正相关关系，且相关性较好［式（2-3）］。

$$W_d=3.6319W+40.612 \tag{2-3}$$

式中，W_d 为点坝跨度，m；W 为河流满岸宽度，m。

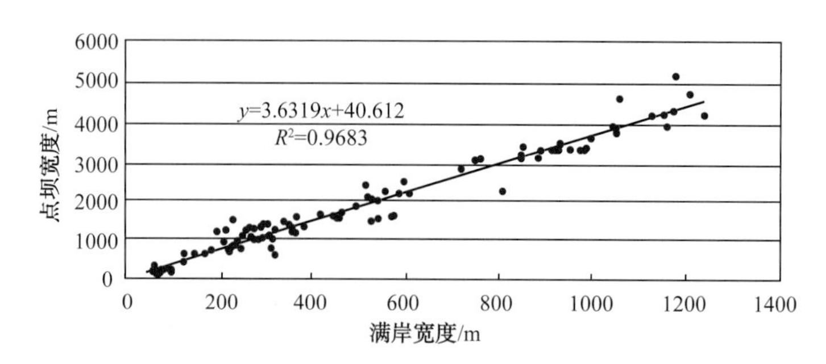

图 2-3-40　河流宽度与点坝跨度关系图

为此，若已知沉积条件下活动河道满岸宽度，便可预测单一点坝规模，这一推算点坝跨度的经验公式为研究区点坝识别提供了规模控制，意义重大。

3）点坝的经验规模

以孤岛油田中一区 $Ng3^3$ 层先导试验区为例，点坝砂体经过压实校正的满岸深度为 6~10m，则根据 Leeder 经验公式可知活动河道满岸宽度为 110~230m，再根据式（2-3），最终可知点坝跨度为 400~900m。

4）点坝的识别标志

与单一曲流带识别标志相比，点坝的识别特征比较明显，主要包括三个方面，即沉积层序上的正韵律、砂体厚度大以及紧邻废弃河道分布。在规模控制下，综合识别点坝及废弃河道的分布。

（1）点坝砂体垂向沉积层序。

点坝砂体最重要的特征是其内部发育侧积体，单井垂向上一个点坝由若干侧积体组成，侧积体之间发育斜交层面的泥质夹层（侧积层）。根据前述的泥质或粉砂质泥岩夹层的判断原则，侧积层在微电极、自然伽马以及自然电位（大多数井）测井曲线上均有明显响应。图 2-3-41 是 13XJ9 井 $Ng3^3$ 小层单井垂向剖面，图中薄夹层为泥质侧积层，可见垂向上由 3 个侧积体构成，其间被 2 个泥质夹层隔开，自然伽马曲线上反映出每个侧积体均由正韵律组成，每个侧积体的规模往往不尽相同，其原因主要是每次洪水的水动力不同，当洪水能量较强时，河道侧移距离大，侧积体宽度及厚度较大。

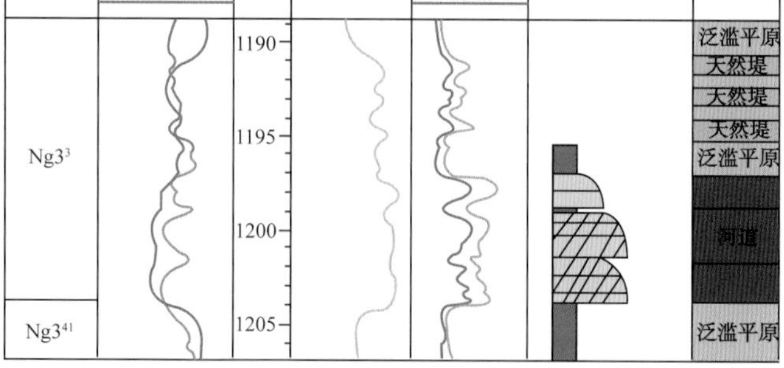

图 2-3-41　13XJ9 井小层单井垂向剖面

（2）点坝砂体厚度分布。

前面已经系统介绍了点坝的形成过程，为一个明显的“凹蚀增凸”的过程，从曲流砂带平面模式（图 2-3-42）不难看出点坝砂体是复合曲流带内部厚度最大的，一般呈透镜状（图 2-3-43），可以将此厚度分布特征作为识别点坝的标志。

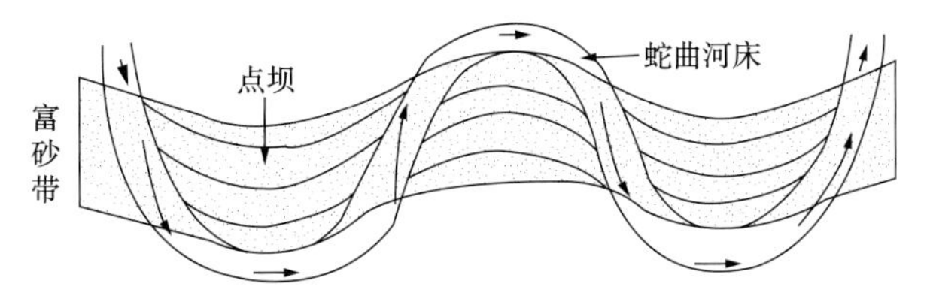

图 2-3-42　曲流砂带平面模式图

图 2-3-44 是研究区砂体厚度等值线图，从图上可以看出，河道主体部分厚度最大，明显呈透镜状、串珠状，向河道边部（点坝两侧）厚度逐渐变薄，具有点坝砂体发育特征。

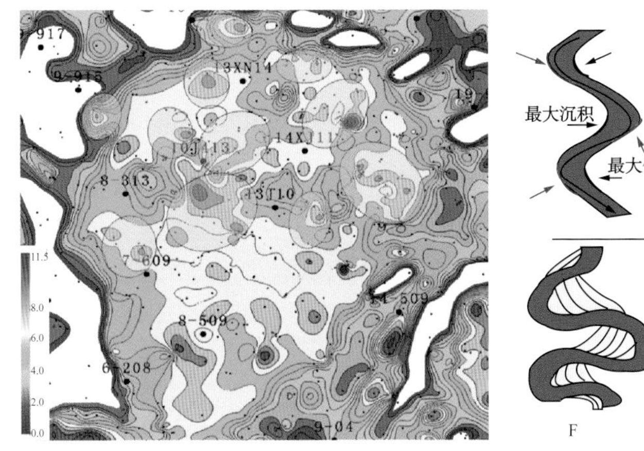

图 2-3-43　$Ng3^3$ 连片部分砂体厚度等值线图

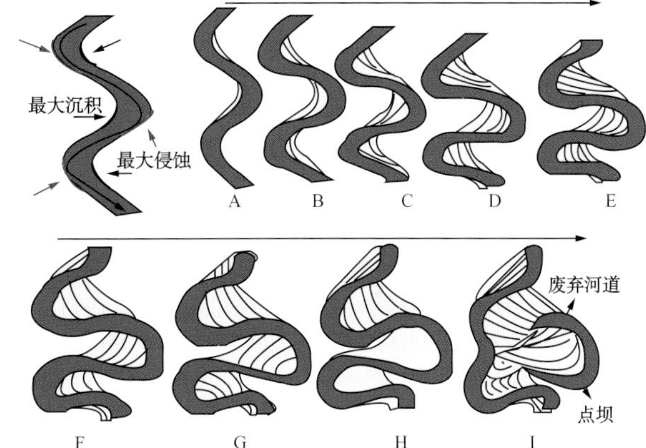

图 2-3-44　点坝与废弃河道平面组合模式

（3）废弃河道的分布。

曲流河点坝是由于河流侧向加积作用而形成的，泥砂在曲流弯道处受螺旋流作用影响，引起输砂不平衡，导致在凹岸发生冲刷侵蚀，在凸岸接受沉积，形成点坝。每发生一次洪水事件，河曲外侧的凹岸就被强烈地掏蚀，相应地河曲内侧凸岸就侧积一层新的沉积物，曲流河就发生一次迁移，随着洪水周期性的发生，侧积作用一次次进行，使河道曲率进一步增加，直到河道截弯取直，河道废弃，形成废弃河道，侧积作用停止，点坝发育结束。从点坝的形成过程看，废弃河道代表点坝的结束，点坝总是紧邻废弃河道分布，废弃河道是识别点坝的重要标志。

由于废弃河道的规模（主要为宽度）相对于地下井距（井排距）仍显得相对较小，并非所有与点坝伴生的废弃河道都能够被钻遇。在 $Ng3^3$ 单层 13J10 井区（图 2-3-45），未能从单井及平面组合识别出废弃河道，按照上述方法，则无法识别单一点坝及确定单一点坝内部侧积体 / 侧积层定量参数，尤其是倾向。

图 2-3-45　孤岛油田中一区 $Ng3^3$ 单层沉积相分布图（图示为 13J10 井区）

针对此种情况，提出了一套新方法，用来识别研究区未钻遇相邻废弃河道的单一点坝。

首先，结合上述步骤，从单井上识别点坝砂体，继而根据砂体厚度预分析得到点坝砂体的平面分布（图 2-3-46）。

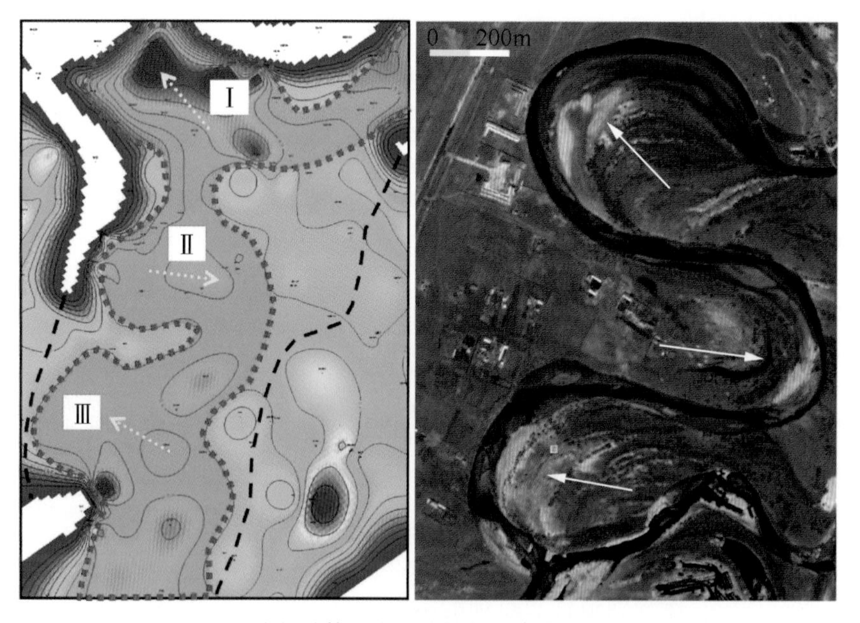

图 2-3-46　点坝砂体厚度预分析与现代曲流河演化规律图

其次，根据砂体厚度分布图，结合现代沉积河流演变规律，可以初步判断该区曲流河主河道演化过程，由此可以初步推测点坝的侧积方向，即点坝内部侧积层的倾向。

最后，应用初步预测出的点坝内部对子井对预测结果进行验证，对子井必须满足以下条件：①发育于点坝砂体厚度中心位置；②目的层曲线相似度极高，井间对比具有唯一性（图 2-3-47、图 2-3-48）。经过平面及剖面分析，不难看出，Ⅰ号点坝内部侧积层倾向为北西反向，与河流的演化规律相吻合，Ⅱ号、Ⅲ号点坝采用同样的思路进行识别分析。

根据以上步骤，可以较为可靠地识别单一点坝及点坝内部侧积层倾向，为下一步点坝内部构型解剖提供必要条件。

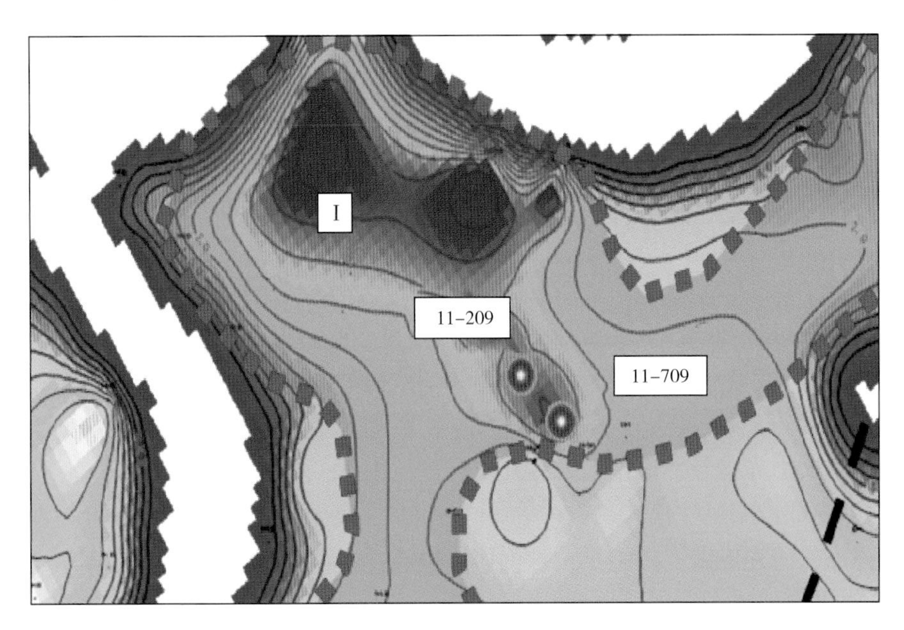

图 2-3-47　钻遇Ⅰ号点坝砂体厚度中心对子井井位分布图

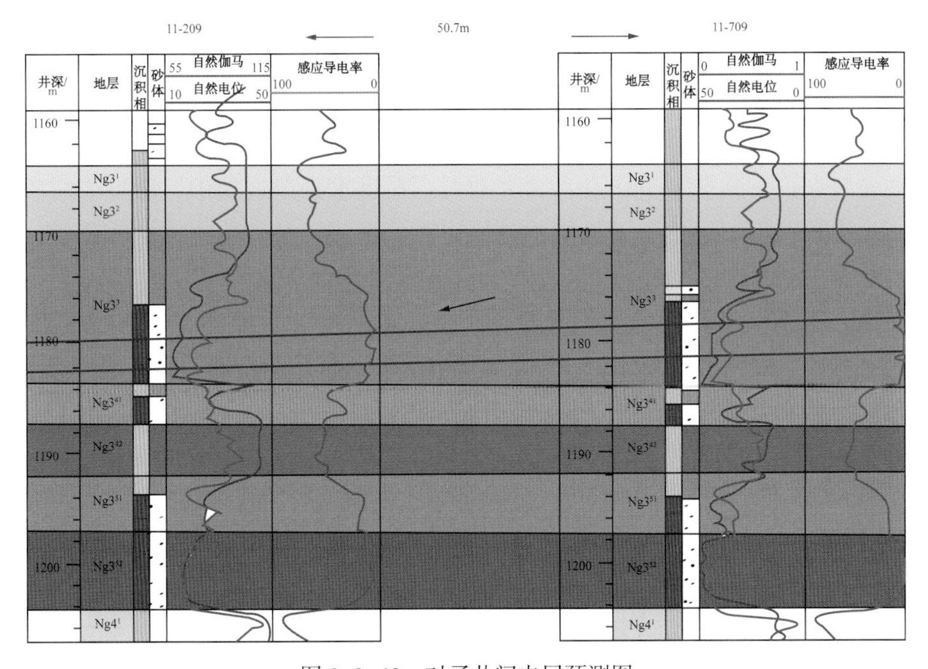

图 2-3-48　对子井间夹层预测图

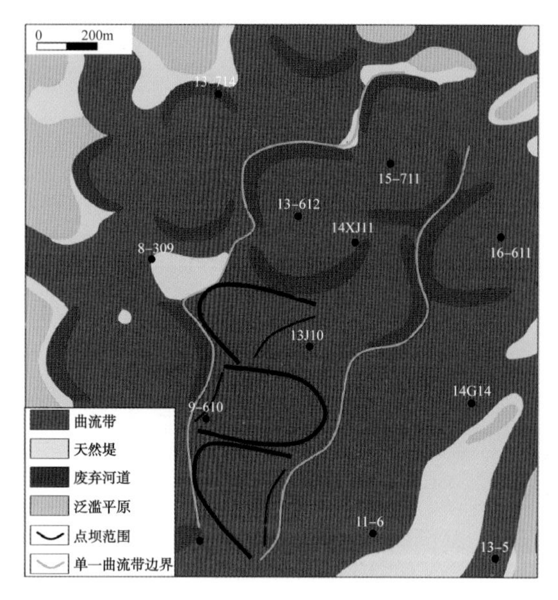

图 2-3-49 中一区加密井区 $Ng3^3$ 单层单一点坝识别成果

5）点坝识别

在上述定性、定量模式的指导下，对研究区 $Ng3^3$ 连片状河道砂体内部单元点坝进行了识别（图 2-3-49）。

以中一区 11-411 井组为例，河流的满岸深度为 8m，用 Leeder 经验公式计算得到的河流满岸宽度为 160m 左右，将其代入经验公式，计算得到的点坝跨度是 580m，而废弃河道所圈定的点坝的跨度为 500m，可以得到该加密井组点坝的跨度为 550m 左右。

4. 点坝内部构型解剖

在点坝识别的基础上，进行点坝内部结构解剖，主要分析点坝内部侧积体和泥质侧积层的分布，实际上是以曲流河点坝侧积体定量模式作为指导，应用地下多井资料进行模式拟合的过程。

1）点坝内部构型定性模式

结合国内外研究成果，归纳了三种侧积层模式。

（1）水平斜列式。

泥质侧积层为一种简单的以相似角度向凹岸缓缓倾斜的一系列夹层（相当于 Miall 构型要素分析中的 3 级界面），这种夹层一般分布于小型河流，或者是潮湿气候区水位变化不大、地形平缓的河流点坝中。在夹层为简单水平斜列式分布的点坝中，每一个侧积体间的侧积层在空间上都为一倾斜的微微上凸的新月形曲面，一系列这样的曲面向同一方向有规律地排列成点坝的夹层骨架。泥质侧积层向下的“延深”及保存情况取决于两个因素：其一是枯水期水位，其二是下次洪水的水动力。在洪水衰退过程中，所携带的砂质便沉积下来，并按颗粒粗细发生一定的机械分异作用，形成以砂质为主体的侧积体，在平水期，泥质悬浮物沉积在点坝侧积体表面，枯水期水位以下的侧积层由于长期受河水的冲刷及浸泡，很难保存。现代沉积和露头成果显示枯水期的水位一般距河道顶约 2/3，故泥质侧积层保存在河道上部 2/3，所以大多侧积体底部是连通的，即形成“半连通体”模式［图 2-3-50（a）］。

（2）阶梯斜列式。

泥质侧积层倾角发生阶梯式变化，反映了滩地表面地形的台阶状起伏，这主要是由于河流水位显著的季节性变化形成的。这种侧积层分布形式一般是比较复杂的，它主要是大型河流或干旱 – 半干旱气候区水位季节性变化较大的河流特征。同样，阶梯斜列式也发育“半连通体”模式，薛培华教授建立的拒马河点坝半连通体模式［图 2-3-50（b）］是典型的阶梯斜列式模式。

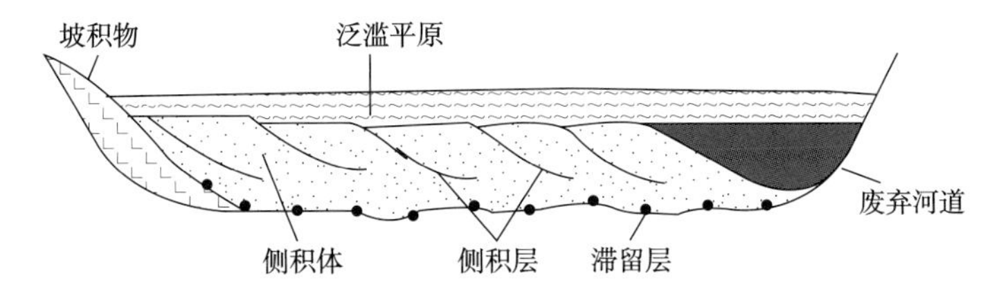

(a) South Pyrences, Spain 点坝横剖面(据Cayo Puigdefabregas 和 Van Vliet,1978)

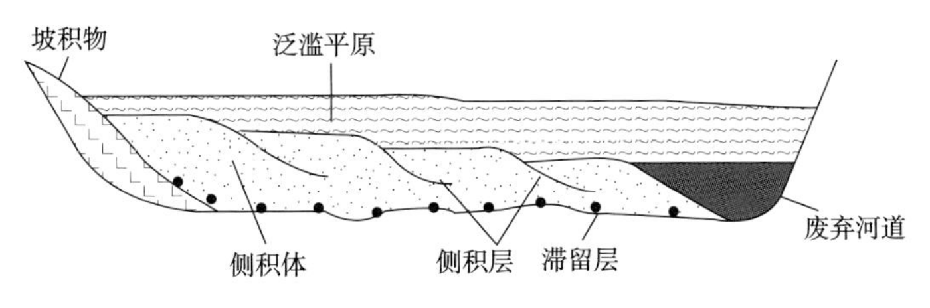

(b) 拒马河现代点坝横剖面 (据薛培华,1991)

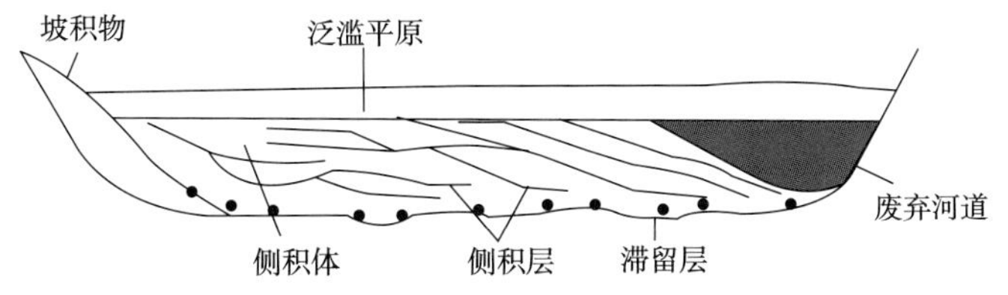

(c) 陕北王家坪延安组河道砂岩点坝横剖面(据赵翰卿等,1985)

图 2-3-50 曲流河点坝内部三种侧积层模式

（3）波浪式。

各侧积体间的泥质侧积层呈波状起伏，不同时期的夹层可以互相交汇，倾角变化不定，反映滩地表面起伏不平，这种分布形式的河流类型可能介于前两者之间，陕北王家坪延安组河道砂岩剖面为此类模式现代沉积的典型实例 [图 2-3-50（c）]。

2）点坝内部构型定量模式

侧积体及侧积层的倾角、规模的确定是点坝内部解剖的关键，调研了国内外 30 余个曲流河露头和现代沉积实例，并对国内 6 处现代沉积及野外露头进行了实地考察，包括伊敏河、松花江、拉林河、海拉尔河、新疆马拉斯河、山西吕梁柳林县曲流河点坝野外露头。研究发现侧积层可分为两部分，上部为“缓区”，角度一般小于 5°，几乎近于水平，多与泛滥平原泥岩叠置；下部为“陡区”，侧积层倾角较大，倾角大小不一，范围为 5°~30°。另外，部分曲流河特别是潮道点坝在“陡区”之下存在一个底部“缓区”侧积层。

（1）侧积层倾角。

侧积层的倾角是点坝内部构型分析的一个很重要的参数，正确识别侧积层的倾角是点坝内部构型解剖的关键。前人通过现代沉积和露头调研总结出高弯度曲流河点坝侧积层倾角范围为 5°~30°，这个范围本身就过大，难以指导地下储层的预测，经验公式是确定侧积层倾角相对规模的有效方法，即通过河流满岸深度推算河流满岸宽度，继而推算单一侧积体水平宽度以及侧积层的倾角：

$$W = 1.5h/\tan\beta \qquad (2\text{–}4)$$

式中，W 为河流满岸宽度，m；h 为河流满岸深度，m；β 为侧积层倾角，弧度。

分析国内外 12 个较为完整的曲流型河道露头及现代沉积资料，获取了河流的宽度、深度以及侧积层的倾角等参数。研究发现河流的宽度、深度与侧积层倾角的相关性差，相关系数分别为 0.43 和 0.26，而河流的宽深比与侧积层陡区的角度有很好的相关性，二者呈指数关系，如式（2–5），相关系数可以达到 0.9 以上（图 2–3–51）。

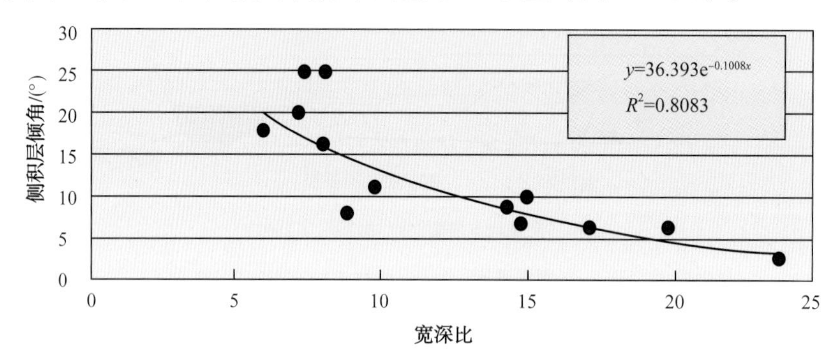

图 2–3–51　侧积层倾角与宽深比对应关系

$$\theta=-9.4\ln(0.026W/h) \qquad (2\text{–}5)$$

式中，θ 为侧积层倾角；W/h 为河道宽深比。

研究表明，反映河床底形的河流宽深比与侧积层的倾角具有很好的相关性，河流的宽深比越大，即河床底形越趋向于宽浅，则坝面倾角越小，侧积作用形成的侧积层倾角则越缓；反之，河流的宽深比越小，即河床底形越趋向于窄深，则坝面倾角越大，形成的侧积层倾角则越陡。

上述河流宽深比与侧积层倾角的关系是推测研究区点坝侧积层倾角相对规模的有效手段。

（2）侧积层间距。

侧积层间距可应用水平井与对子井的方法，但是这两种方法都受研究区资料所限。应用单井侧积体厚度与侧积层倾角推算侧积层的水平间距具有普遍意义。两个侧积层沿其倾角延伸，会与点坝顶面相交，两交点之间的距离在平面上的投影距离 L 即为侧积层的水平间距（图 2–3–52）。

$$L=H/\tan\theta \qquad (2\text{–}6)$$

式中，L 为侧积层水平间距，m；H 为单一侧积体厚度，m；θ 为侧积层倾角，（°）。

（3）单一侧积体水平宽度。

通过 Leeder 公式（1973）：$\lg W=1.54\lg h+0.83$（W 为河流满岸宽度，m；h 为河流满岸深度，m），推算平均河流满岸宽度，而单一侧积体水平宽度（W_1）约为河流满岸宽度（W）的 2/3，即可推算单一侧积体的水平宽度。

通过曲流河储层各级次构型单元模式库的建立，使得研究者对各级次构型单元的特征、定量模式以及构型单元之间叠置关系有了系统的把握。

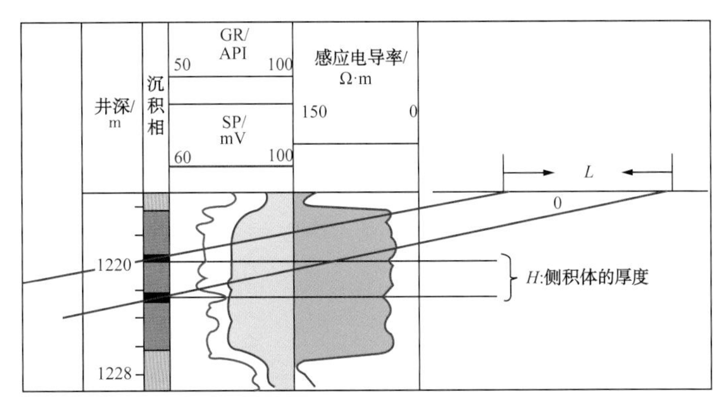

图 2-3-52　侧积层间距识别示意图（孤岛油田中一区 16-9 井）

3）点坝内部构型解剖

在点坝定量模式的控制下，结合密井网资料，可以很好地识别出河道内部单一点坝。在单一点坝识别的基础上，进行点坝内部构型解剖，主要是分析点坝内部侧积体和泥质侧积层的分布，实际上是以曲流河点坝侧积体定量模式作为指导，应用多井资料进行模式拟合的过程。Ng3-4 砂组岩芯中见鱼骨碎片、腹足类口盖，底部滞留沉积物普遍存在炭化植物碎片，偶见直径 1.5cm 的炭化树枝，说明 Ng3-4 曲流河坡降较小，局部地区排水不畅，为潮湿环境。以上说明 Ng3-4 砂组点坝内侧积层分布主要为水平斜列式（图 2-3-53）。

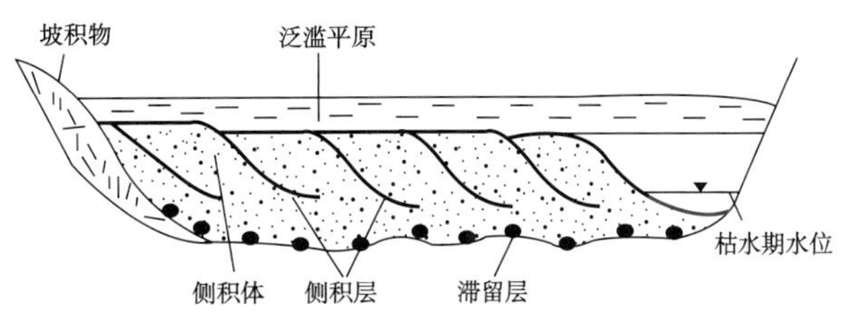

图 2-3-53　水平斜列式点坝内部样式

4）动态资料验证

（1）利用检查井水淹状况对点坝内部构型解剖进行验证。

以 $Ng3^3$ 层 13XJ9 井区为例，由点坝识别结果可知，13XJ9 位于单一点坝内部（图 2-3-54）。

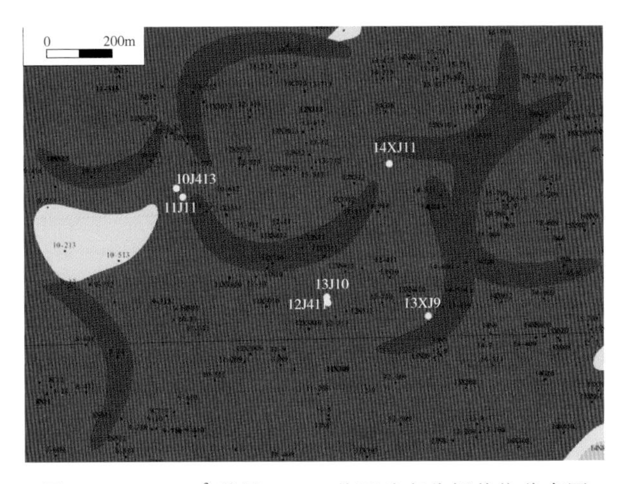

图 2-3-54　$Ng3^3$ 单层 13XJ9 井区动态分析井位分布图

13XJ9 井 Ng3[3] 层表现为中部强水洗，上部、下部均为水洗，整体上水洗比较严重（图 2-3-55）。

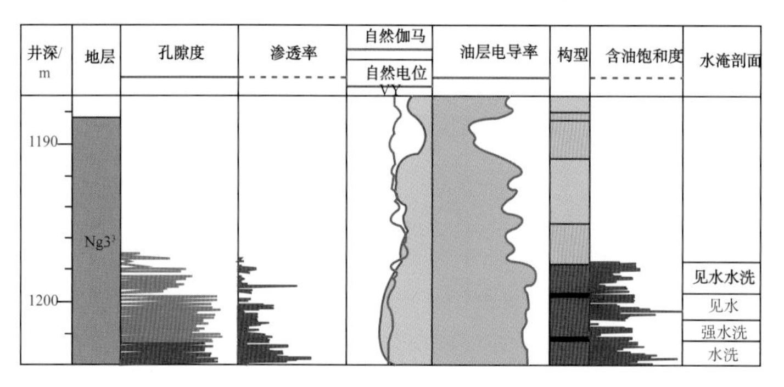

图 2-3-55 中一区 13XJ9 井 Ng3[3] 层水淹状况成果图

由 Ng3[3] 注采井网可知，13XJ9 井注聚见效主要来自其北侧的注水井 14-311 井和西南侧的注水井 11X309 井，过 13XJ9 井拉两条剖面进行构型分析，即 *AB*、*BC* 剖面（图 2-3-56）。

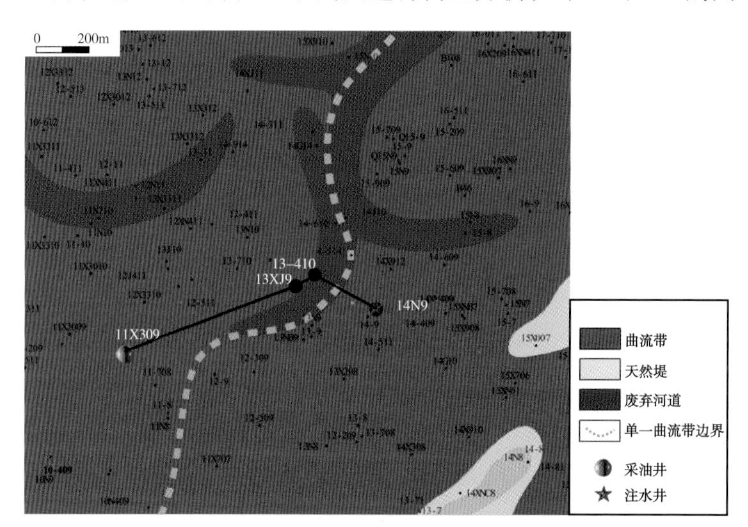

图 2-3-56 13XJ9 井区构型分析剖面分布图

该剖面基本平行废弃河道方向，侧积层基本是水平的，11X309 井注聚使得注采井中部、上部侧积体形成注采对应，上部侧积体粒度变细，物性变差，再加上重力的作用，导致 13XJ9 井中部强水洗、上部水洗不强（图 2-3-57）；下部未射孔，且中间有侧积层遮挡，导致 13XJ9 底部水洗不强。

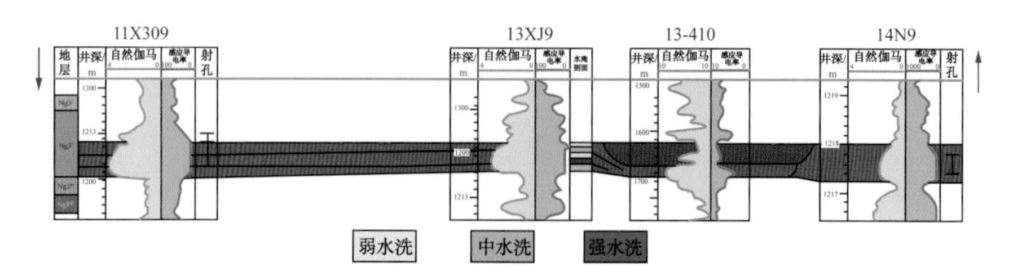

图 2-3-57 中一区 13XJ9 井区注采剖面图

动态资料分析较好地验证了点坝内部构型精细解剖，使得解剖结果真实可靠。

（2）利用剩余油饱和度监测资料对点坝内部构型解剖进行验证。

以 $Ng3^3$ 层 10N11 井区为例，对未识别废弃河道的点坝内部解剖进行验证（图 2-3-58）。

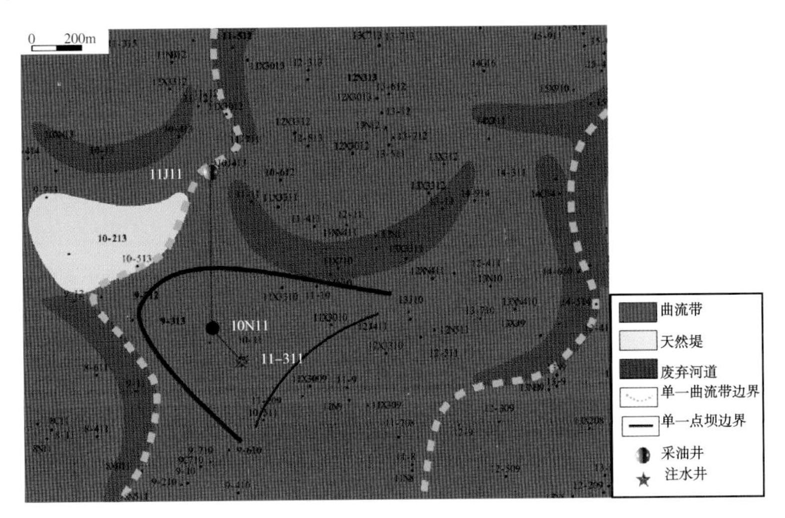

图 2-3-58 $Ng3^3$ 小层 10N11 井区沉积相图

10N11 井 $Ng3^3$ 层剩余油饱和度分析显著：上部剩余油饱和度最高、中部低、下部中等；上部为弱水洗，中部为强水洗，下部为中水洗，整体水洗效果差异大，剩余油局部富集（图 2-3-59）。

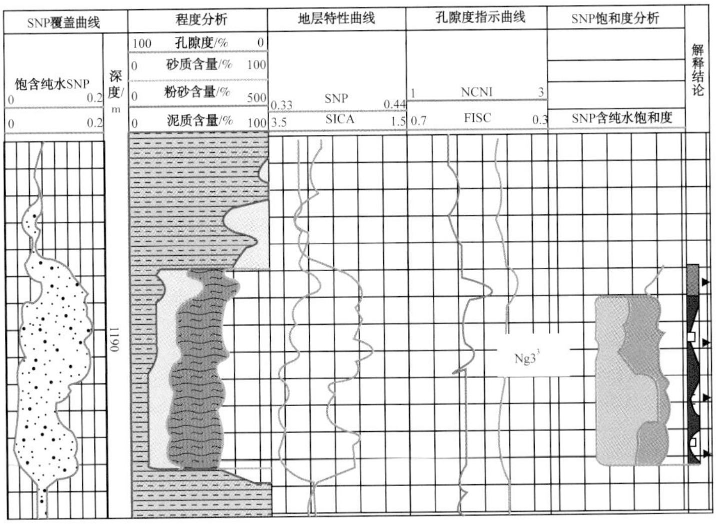

图 2-3-59 10N11 井 SNP 测井解释成果

由 $Ng3^3$ 注采井网可知，10N11 井注水见效主要来自东南侧的注水井 11-311，过 11J11、10N11 和 11-311 井拉剖面进行构型分析。

在废弃河道不发育的点坝中，顺侧积层方向注水，10N11 井中部与 11-311 射孔段注采强对应，使得中部强水洗；上部受侧积层的侧向遮挡，剩余油富集。虽然 11-311 井下部未射孔，由于点坝为半连通体模式，底部水洗仍较强（图 2-3-60）。

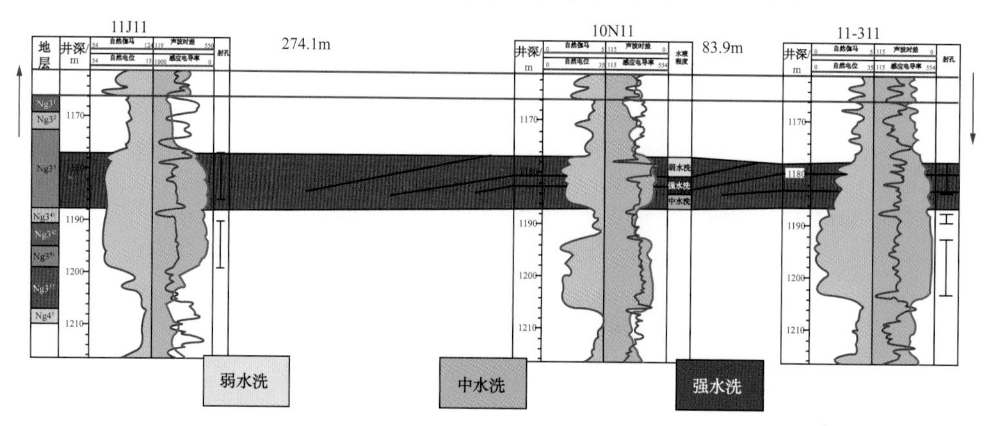

图 2-3-60　10N11 井区注采剖面图

在定量模式指导下，结合检查井资料对密井网区点坝内部侧积体以及侧积层进行了井间预测，图 2-3-61 为点坝内部结构解剖结果。

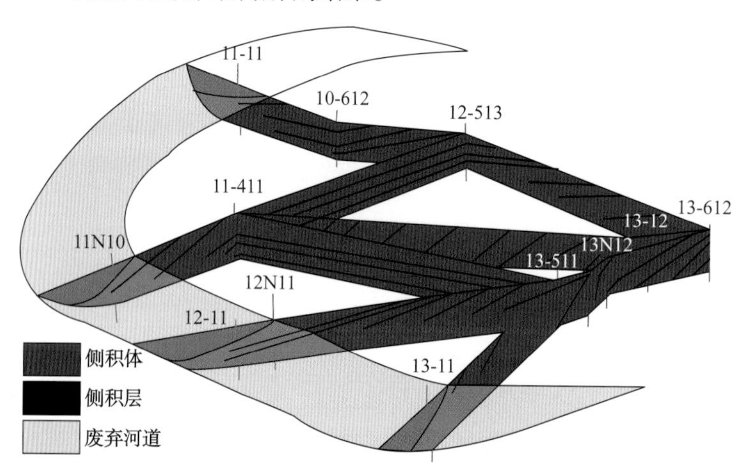

图 2-3-61　点坝内部构型解剖成果图

垂直废弃河道方向侧积层呈水平斜列式分布，侧积体厚度不一，侧积层水平间距也大小不一（图 2-3-62）；平行废弃河道，侧积层呈水平分布。

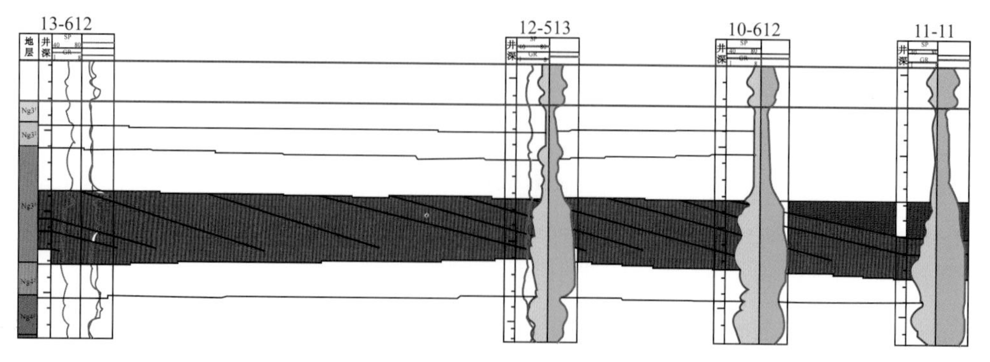

图 2-3-62　侧积层剖面分布图

另外，动静结合的河道砂体内部精细构型表明，单一河道内部除泥质侧积层外，还存在另外一种夹层类型，即单一条带状河道内部泥质夹层。该类夹层形成于河道沉积间歇期，由于水动力变弱，悬浮物质沉积形成，以垂向加积作用为主，呈水平展布，因受后期河道冲刷作用，分布局限。顺古水流方向延伸规模较垂直古水流方向大，一般不超过 2 个井距。以 $Ng3^{41}$ 小层 11–711 井区为例（图 2–3–63），应用剩余油饱和度监测结果对此类水平夹层井间预测成果进行验证，并评估此类夹层对注水开发的的影响。剩余油饱和度监测资料显示：11–711 井整体水淹均匀，上部剩余油饱和度较低，表现为上部为强水洗，下部为中水洗，整体水洗严重（图 2–3–64）。

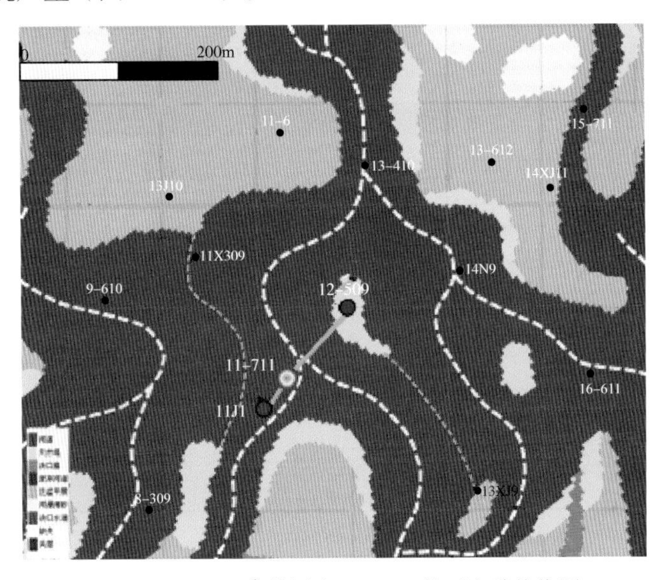

图 2–3–63　$Ng3^3$ 单层中 11–711 井区注采井位图

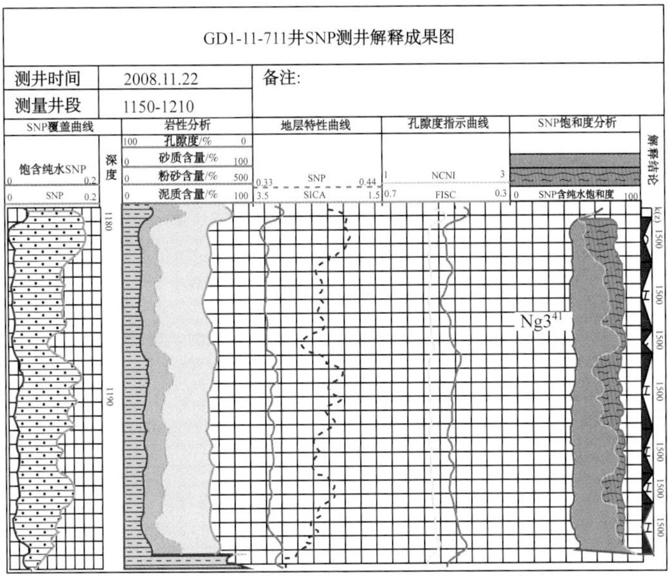

图 2–3–64　中 11–711 井剩余油饱和度监测成果图

从图 2-3-64 可知：11-711 井所在河道宽度为 100~200m，河道侧向加积作用不明显，泥质夹层为水平分布。由 Ng3[41] 注采井网可知，11-711 井被水洗主要是来自东北侧的注水井 12-313，对应的采油井为 11J11。过 12-313、11-711 和 11J11 井拉剖面进行构型分析。由剖面可知，注水井 12-313 井砂体为天然堤砂体，发育于 Ng3[41] 上部，与 11-711 井的河道砂体侧向拼接，注入水从河道砂体上部注入，受水平夹层垂向渗流隔挡作用的影响，上部水驱效果好，下部水驱效果中等，整体水驱效果较好（图 2-3-65）。

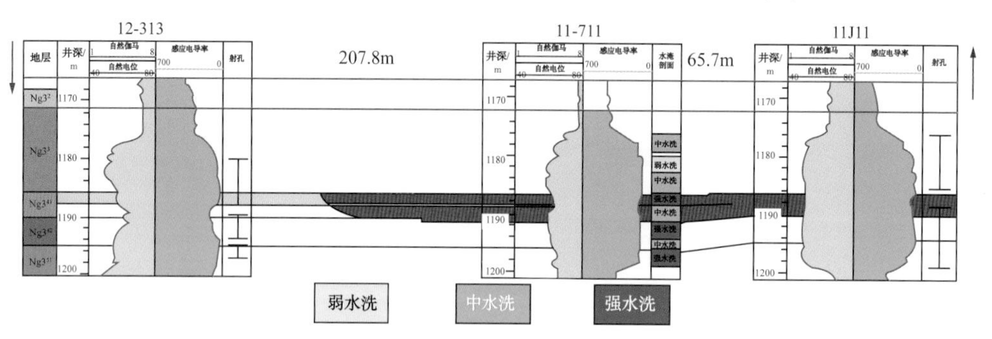

图 2-3-65　中 11-711 井区注采剖面图

三、辫状河储层内部构型表征

辫状河储层构型研究也是采用层次分析和模式拟合的思路，首先确定复合河道分布，然后在复合河道内部识别心滩坝沉积，在识别的过程中，采用类似于识别废弃河道的方法，即砂顶相对深度法，建立两种典型的心滩坝沉积模式，选择了典型的井区对心滩坝内部结构进行分析，明晰了“落淤层”分布特征。

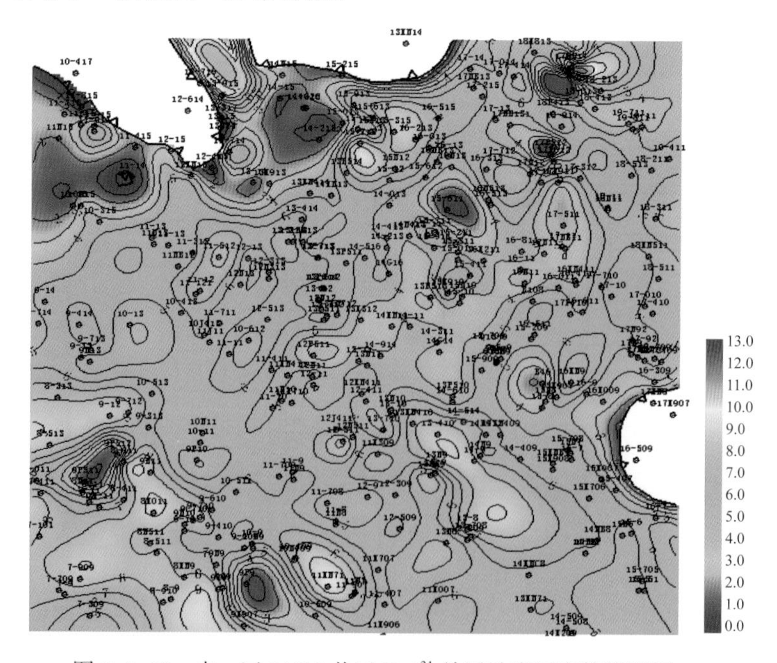

图 2-3-66　中一区 11J11 井区 Ng5[31] 单层砂岩厚度等值线图

1. 复合河道分布

由于辫状河河道宽而浅，水流湍急，洪水时汪洋一片、波涛汹涌，枯水时河汊密布、水流散乱，河道的频繁改道致使平面上复合河道砂体连片分布，$Ng5^{31}$、$Ng5^{32}$ 两个单层均表现出同样的特征（图 2-3-66~图 2-3-69）。需要指出的是由于辫状河河床游荡性的特点，河道不固定，堤岸沉积无法保存，所以辫状河一般以复合河道（辫状河道、心滩坝）和泛滥平原沉积为主，溢岸砂体不甚发育，废弃河道很难识别，归入辫状河道中。

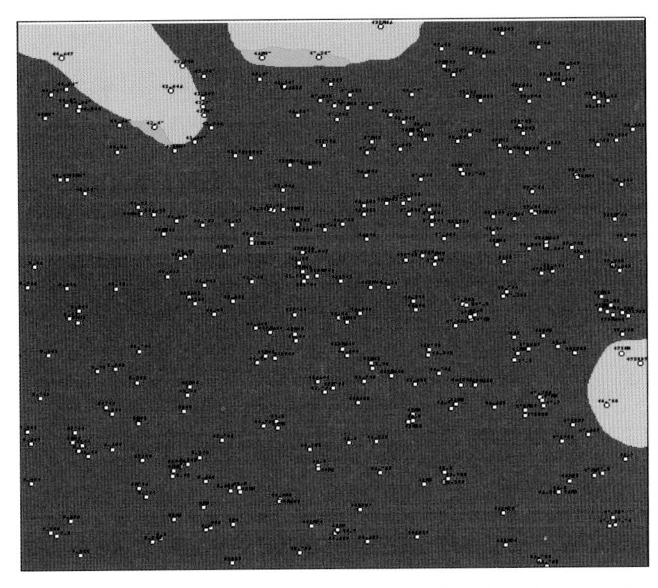

图 2-3-67　中一区 11J11 井区 $Ng5^{31}$ 组合沉积相平面图

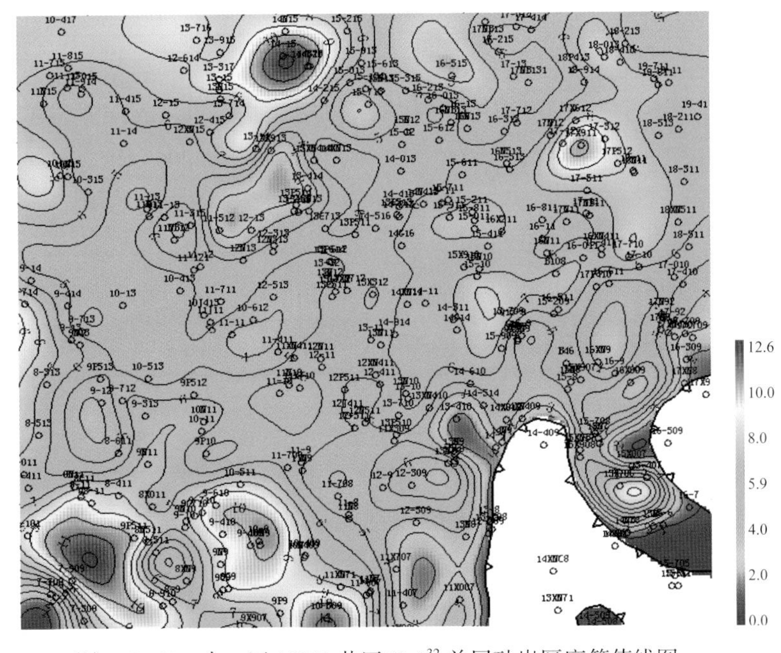

图 2-3-68　中一区 11J11 井区 $Ng5^{32}$ 单层砂岩厚度等值线图

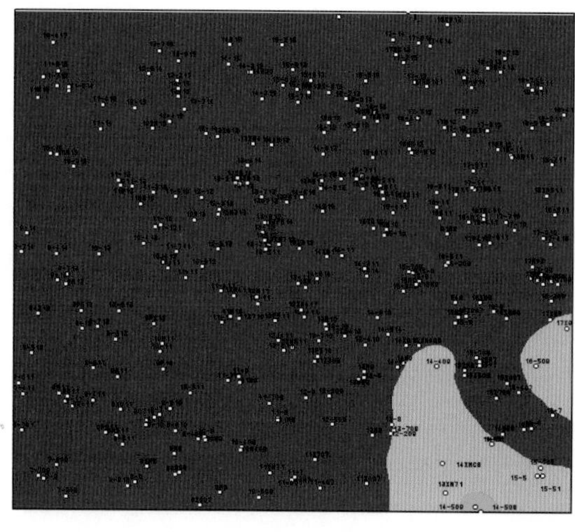

图 2-3-69　中一区 11J11 井区 $Ng5^{32}$ 组合沉积相平面图

2. 心滩坝识别

针对单井上心滩坝和辫状河道所表现出的测井响应特征，提出与上述废弃河道研究类似的“砂顶相对深度法”，可以快速地识别地下心滩坝沉积。图 2-3-70 为剖面上心滩坝和辫状河道的概念模式，图中砂顶距该层构造顶面的深度（即构造顶面与小层内砂顶之间的泥岩厚度）$h=h_2-h_1$，下文中称 h 为砂顶相对深度，不难看出 B 井 h 值较小，而 A 井与 B 井的 h 值基本相等，按单层顶面构造拉平后心滩坝在剖面上的分布特征一目了然，即单井上砂顶相对深度明显小于邻井。于是，得到一个启示，可以用砂顶相对等深图识别心滩坝的位置，再结合单井上的垂向韵律性、砂体厚度等值图及辫状河沉积微相的平面组合模式识别心滩坝。

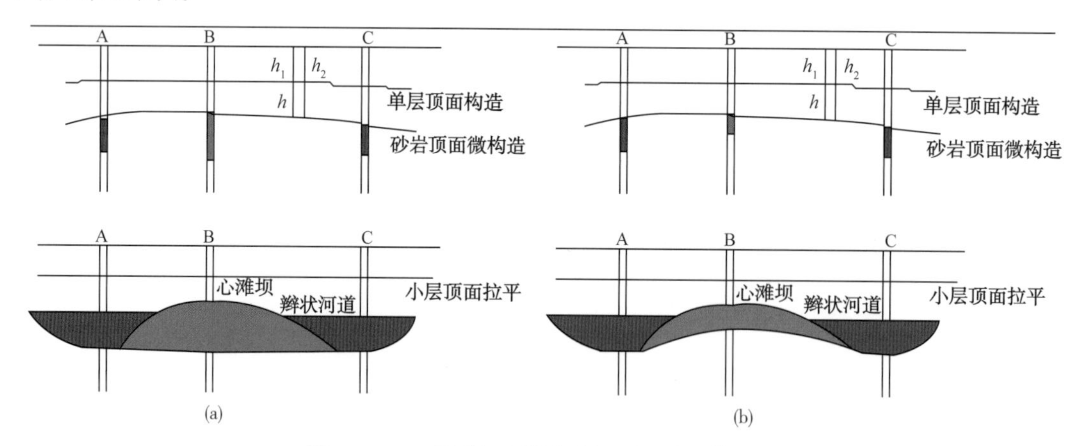

图 2-3-70　砂顶相对深度法识别心滩坝模式图

需要指出的是，以往的研究认为心滩坝沉积砂体厚度大于辫状河道，即心滩坝剖面上的形态为“顶凸底平”[图 2-3-70（a）]，本次研究发现心滩坝沉积还有另外一种模式，表现出来的特征也是砂岩顶面层位高程较高，测井曲线为箱型，但其砂体厚度明显比两边的辫状河道沉积薄或近于相等 [图 2-3-70（b）]，即在剖面上表现为“顶凸底凹”的形态，这可能是与心滩坝沉积时的河床形态有关，沉积心滩坝的位置当时河床呈上拱形态，但这种模式在研究区内所占的比例较少，大多数心滩坝为“顶凸底平”模式。

本次研究在复合河道内部识别心滩坝过程中，将砂岩顶面层位高程作为第一识别标志，将单井上测井曲线反映出来韵律性特征作为第二识别标志，将砂体厚度分布作为参考，具体识别步骤如下（以 Ng5^31 单层为例）。

（1）第一步：针对 Ng5^31 单层，作该层顶面构造等值图（图 2-3-71）。

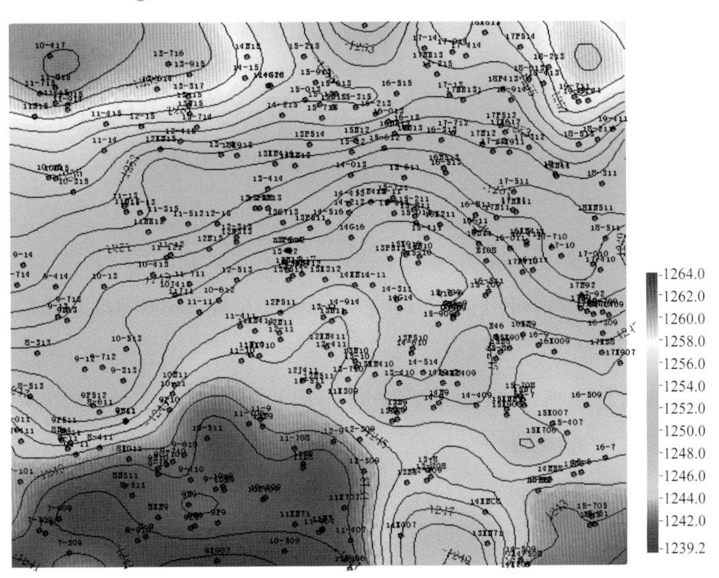

图 2-3-71　中一区 11J11 井区 Ng5^31 单层顶面构造等值线图

（2）第二步：在平面层上提取该层的砂顶深度（校过补心海拔的深度），作该层的砂岩顶面微构造图（图 2-3-72）。

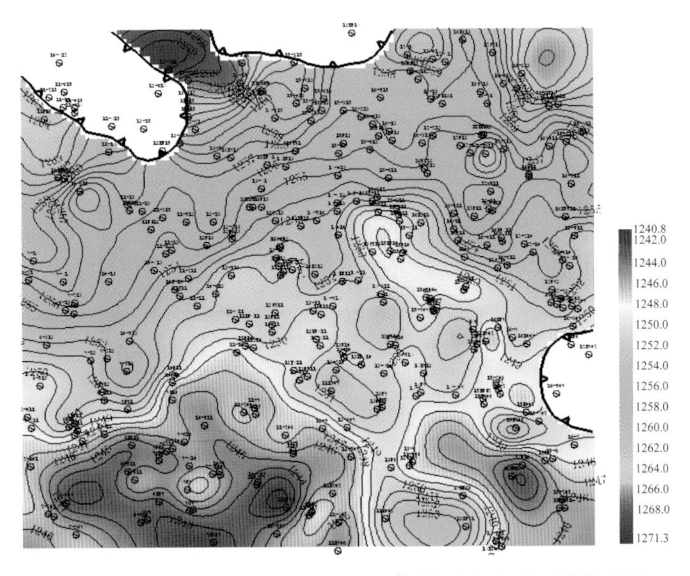

图 2-3-72　中一区 11J11 井区 Ng5^31 单层砂岩顶面微构造图

（3）第三步：对以上两步生成的两个要素进行网格属性数据计算，使其对应的网格属性相减，即用单层顶面构造深度减去砂岩顶面微构造深度得到砂顶相对等深图（图 2–3–73）。

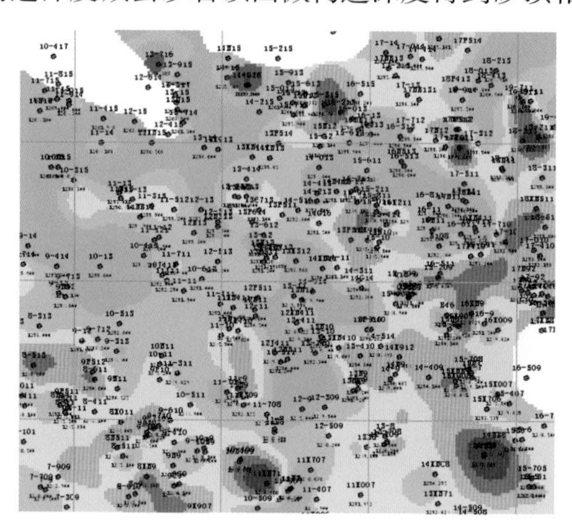

图 2–3–73　中一区 11J11 井区 $Ng5^{31}$ 单层砂顶相对等深图

（4）第四步：用前面完成的组合沉积相图进行控制，做相控砂体厚度等值线图（作砂体厚度等值线图是因为多数心滩坝仍然为砂体相对较厚的部位，“顶凸底凹”的模式仅占少数，砂体厚度可以作为识别心滩坝的参考）。

（5）第五步：依据砂顶相对等深图，在复合河道内部大体识别心滩坝沉积，图 2–3–73 中砂顶相对深度较小的位置，即图中偏红色区域是心滩坝沉积的可能性最大。

（6）第六步：上步识别出来的心滩坝沉积需要进一步确认和排除，依据心滩坝和辫状河道在平面沉积相图上的组合关系以及单井上测井曲线的形态，即心滩坝一般呈椭圆形分布在辫状河道中，而自然电位与自然伽马测井曲线上典型的正韵律特征为辫状河道沉积，从而排除心滩坝沉积中的部分辫状河道。

（7）第七步：根据心滩坝和辫状河道在平面沉积相图上的关系，对所有识别结果为心滩坝沉积的井点进行合理组合，最终达到在复合河道内部识别心滩坝的目的（图 2–3–74）。

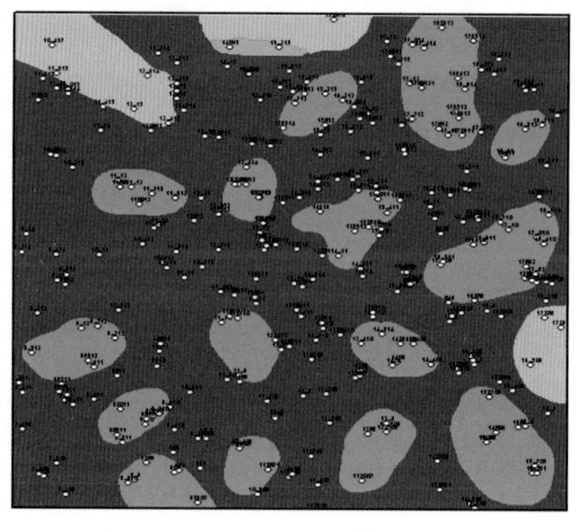

图 2–3–74　中一区 11J11 井区 $Ng5^{31}$ 单层沉积微相平面图

不难看出该小层砂顶相对等深图与沉积微相平面分布图有着非常好的对应关系，而沉积相图中心滩坝沉积的大多数位置对应的是砂岩厚度等值线图中较厚的部位，这与辫状河的两种沉积模式是吻合的，采取同样的思路识别了 $Ng5^{32}$ 单层的心滩坝沉积（图 2-3-75）。

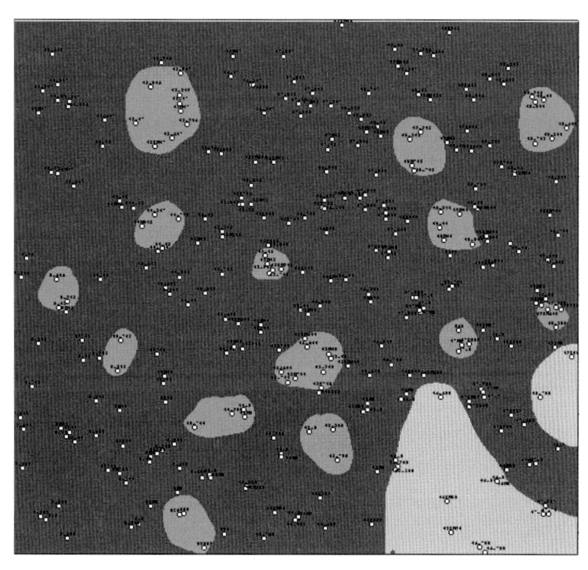

图 2-3-75 中一区 11J11 井区 $Ng5^{32}$ 单层沉积微相平面图

3. 心滩坝内部构型

$Ng5^{3}$ 小层厚油层表现出辫状河沉积的“叠覆泛砂体”特征，由于不同期次、不同级次砂体叠加，展布范围较广，特别是由于河道的频繁摆动，辫状河道砂与心滩坝砂体之间通过侵蚀面或者侧积面相互叠切、建造了宽度较大的叠置砂体。可能形成的心滩坝内部发育的夹层第二章已论述过，有两种成因：一是在洪泛事件末期，由于洪水能量的衰减，在心滩坝顶部垂向加积形成细粒悬浮物质，即“落淤层”，一般近水平展布；二是心滩坝坝尾顺流加积［相当于 Miall（1985）的构型要素 DA］有可能产生类似于点坝内部侧积层的泥质夹层，但这种类型夹层一般规模较小，大多无法保存，即使保存下来也由于规模太小无法在测井曲线上识别，所以本次辫状河内部心滩坝的构型分析以识别“落淤层”为主。

在以砂顶相对深度法识别心滩坝的基础上，进行心滩坝内部结构解剖，实际上是在单井上识别“落淤层”的基础上，将经典的辫状河心滩坝现代沉积及露头原型模型作为指导，用地下多井资料进行模式拟合的过程，从而对井间近水平展布的“落淤层”进行合理组合，达到详细解剖的目的。

1）水平井确定“落淤层”产状及规模

辫状河的“落淤层”是垂向加积的产物，矿场通过单层水平井进一步验证了“落淤层”的产状，并应用水平井 13P514 上的夹层信息识别了“落淤层”的规模，首先在水平井上识别出自然伽马高值的层段（图 2-3-76），然后沿着水平井轨迹或与水平井轨迹平行（距离不能太远）方向拉过井剖面，原则是剖面尽量拉直线，过井越多越好，然后根据前述“落

淤层”的测井响应对剖面上的井进行单井上“落淤层”的识别，并将水平井按照真实的井轨迹垂深标定在直井剖面上，进而利用水平井及直井上的夹层信息进行模式拟合，拟合结果显示心滩坝内部“落淤层”近水平的分布模式，两端略向下弯，水平井上显示“落淤层”的“水平”宽度为 3~4m，这个宽度大于单井上识别出的“落淤层”厚度（0.8m 左右），原因是水平井钻遇夹层的井段为斜井段。

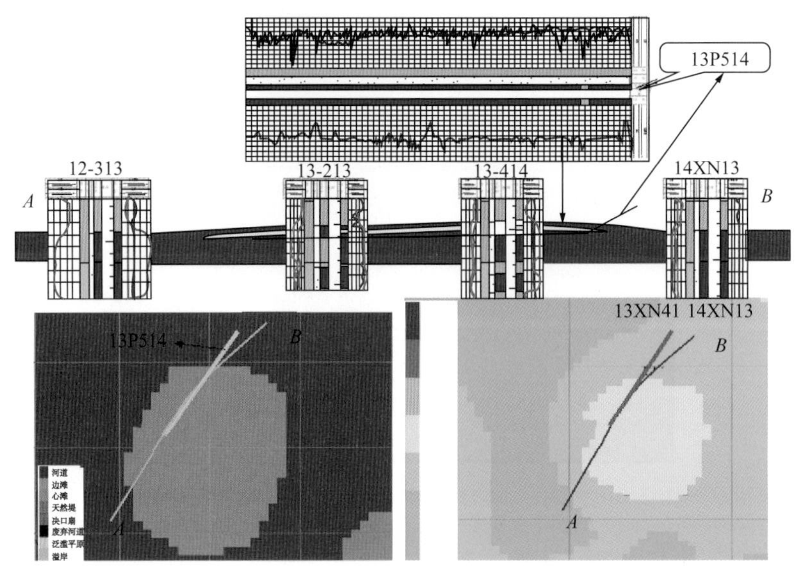

图 2-3-76　利用 13P514井确定心滩坝顶部“落淤层”规模（左为沉积相图，右为砂顶等深图）

垂直水平井轨迹方向拉另一条过井剖面，按同样的方式识别“落淤层”，并将井上识别出来的“落淤层”相连，得到的结果如图 2-3-77、图 2-3-78 所示，结论也是心滩坝内部“落淤层”近水平的分布模式，两端略向下弯，由两条交叉剖面模式拟合的结果可知“落淤层”中心部位近水平，四周略下弯，呈“帽子”状。

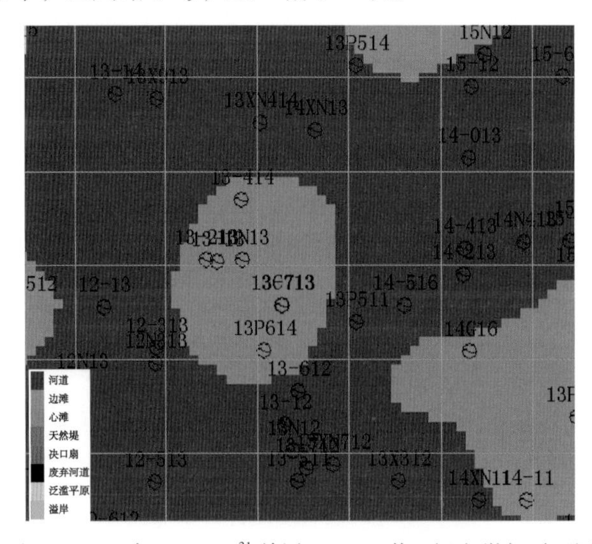

图 2-3-77　中一区 $Ng5^{31}$ 单层 13P514 井区沉积微相平面图

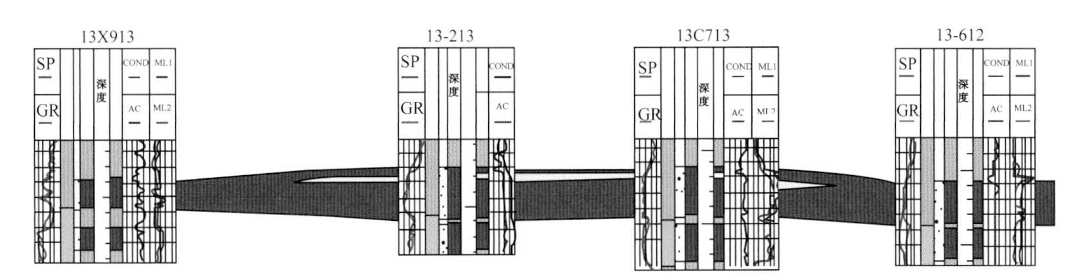

图 2-3-78　垂直水平井 13P514 井轨迹方向剖面“落淤层”分布特征

2）心滩坝内部结构

识别出心滩坝后，过心滩坝拉剖面（图 2-3-79、图 2-3-80），然后在单井上识别“落淤层”，不难看出位于心滩坝沉积内部的几个井点（8-1-910、8-1-9、9C9）顶部都能识别出“落淤层”，而两侧的辫状河道沉积中不发育这种夹层；将心滩坝内部的几个井点识别的“落淤层”相连，发现“落淤层”近水平展布，两端略向下弯，和露头沉积以及上述水平井标定的结果是一致的。

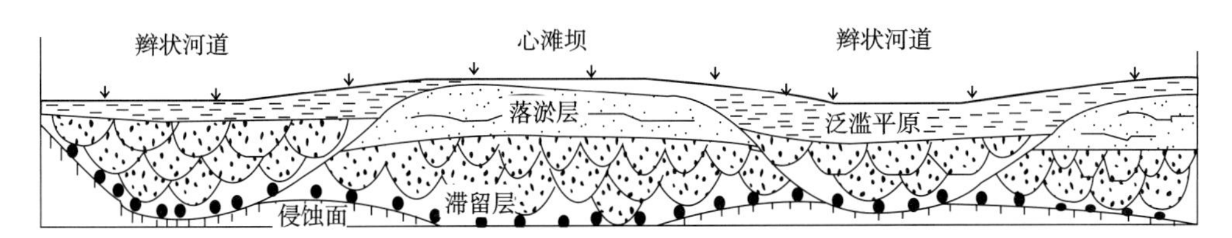

图 2-3-79　状河内部“顶凸底平”心滩坝沉积剖面模式（据廖保方，1998 修改）

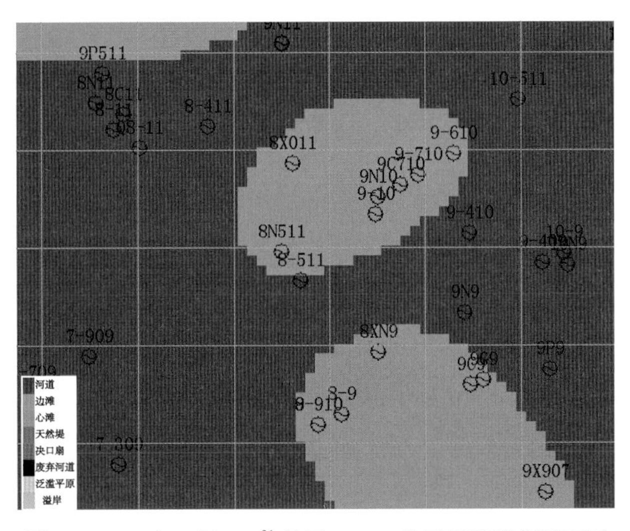

图 2-3-80　中一区 $Ng5^{31}$ 单层 8-1-9 井区沉积微相平面图

四、河流相储层三维构型建模

与传统的三维相模型相比，三维构型模型不但反映了复合曲流带的三维空间分布，而且能够反映其内部构型要素的空间分布特征，是油田开发中后期进行剩余油分布预测、极高耗水层带识别与油田开发方案调整的重要基础。

1. 曲流河储层三维构型建模

分不同的层次建立了储层构型模型，即曲流带模型、点坝模型以及点坝内部侧积层模型。在经典的曲流河沉积模式的指导下，应用井资料（单井构型要素解释剖面）进行井间三维预测（模拟或插值），从而建立储层构型的三维分布模型。

1）三维构造模型

研究中应用 Direct 软件，对研究区 Ng3 砂组各个小层单层进行了层面内插，建立各层的层面构造模型，即应用研究区各井各个层的分层数据，采用径向基函数法进行插值，得到 Ng3 砂组各个层的层面模型（图 2-3-81）。在层面模型建立的基础之上，针对各个层面间的地层格架进行三维网格化，将三维地质体划分成若干个网格，即可建立三维网格化地层模型，建模采用角点网格类型。将实际的地质体按 X、Y、Z 方向划分成一系列网格。根据研究区点坝内部侧积层模型的需要以及开发现状和数值模拟的需要，网格大小设置为 20m × 20m × 0.2m，整个目的层段的网格数为 220 × 65 × 82=1172600 个。

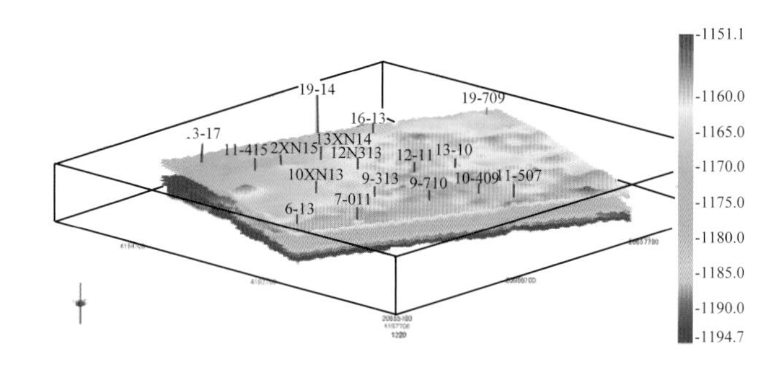

图 2-3-81　孤岛油田先导试验区三维构造模型

2）三维构型模型

通过上述储层构型精细解剖，明确了密井网区各级次构型单元的空间形态、规模、叠置组合关系，为三维储层构型建模提供了硬数据（图 2-3-82）。

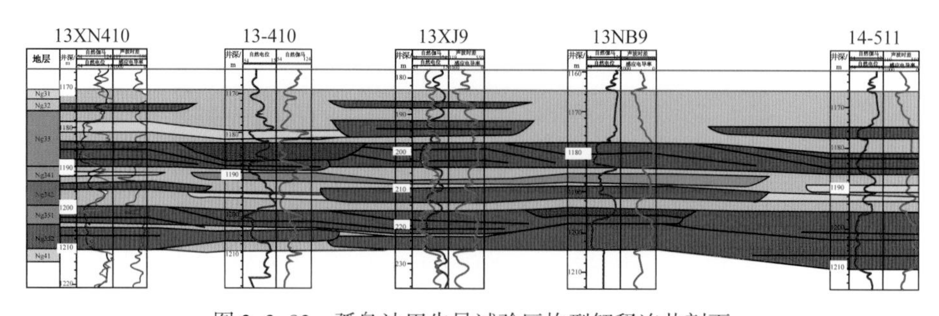

图 2-3-82　孤岛油田先导试验区构型解释连井剖面

从图 2-3-83 可以看出，单层之间隔层发育，$Ng3^1/Ng3^2$、$Ng3^2/Ng3^3$ 之间隔层最为发育；$Ng3^{51}/Ng3^{52}$ 之间夹层，主要和河流本身的规模及下切能力相关，两类夹层（侧积层、水平夹层）均有分布，其中 $Ng3^3$、$Ng3^{52}$ 以泥质侧积层为主，水平夹层零星分布。

针对同一等时地层单元，储层构型具有层次性，因此，在上述硬数据的基础上，建立三维储层构型模型时应分层次建模，即首先建立大级次目标体的分布，然后分级控制，依次建立更小级次目标体的分布模型，即依次建立曲流带模型、点坝的模型及点坝内部侧积层的模型。

（1）曲流带级次。

建模过程中使用多维互动的思路，在单井、连井剖面相和二维平面相研究的基础之上，利用序贯指示模拟建模方法建立构型模型，然后再通过人机交互后处理方法，对构型模型加以优化，建立尽可能符合地质实际的构型模型，再现了研究区三维空间上曲流带、天然堤、决口扇、漫溢砂及泛滥平原等构型要素的分布特征（图 2-3-83）。

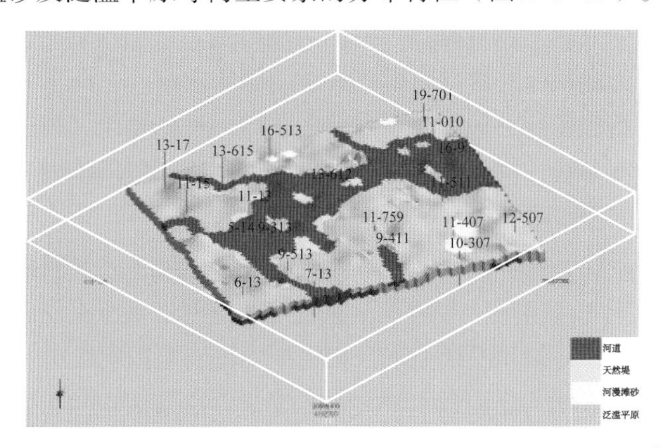

图 2-3-83　孤岛油田先导试验区曲流带级次三维构型模型（$Ng3^{41}$）

（2）点坝级次。

在三维曲流带模型的基础上建立三维点坝分布模型，首先要建立废弃河道的三维模型。因为废弃河道是点坝的边界，正确地建立废弃河道的模型是建立点坝模型的关键。废弃河道在三维空间呈楔状分布，废弃河道建模的方法与三维曲流带建模方法相同，首先应用序贯指示模拟的方法进行插值，在插值的基础上进行人机交互建模，最终建立废弃河道模型（图 2-3-84），进而以废弃河道为边界，按照点坝的经验规模圈定点坝的范围，建立点坝模型。

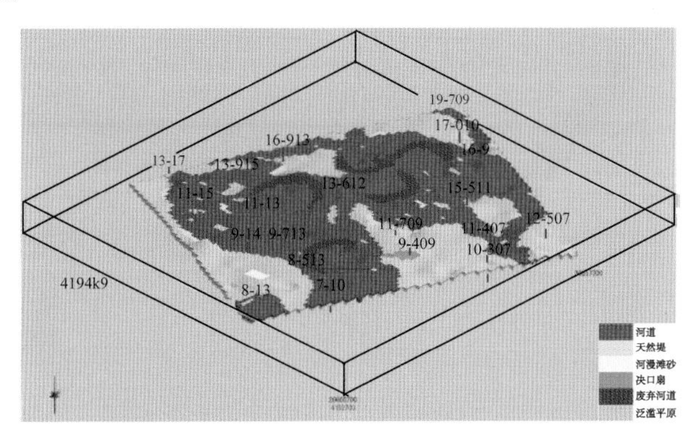

图 2-3-84　孤岛油田先导试验区点坝级次三维构型模型（$Ng3^{42}$）

（3）侧积体级次。

对于点坝内部侧积层模型的建立使用了油藏数字表征软件 Direct 软件提出的嵌入式三维地质建模的新方法。该方法分为三个主要步骤：首先，按较粗略的网格分辨率，建立相对均质的曲流河砂体初始三维模型；其次，通过自动模式拟合算法，建立侧积面三维曲面模型；最后，对曲流河砂体初始三维模型进行局部网格加密，并对侧积面穿过的加密网格赋予夹层属性，最终将侧积泥岩夹层嵌入到点坝砂体模型中。

侧积层建模的具体步骤：

①基于二维平面微相分布图，根据点坝侧积发育模式，勾绘侧积面在平面二维投影的起始及终止边界线，代表了侧积层的长度、宽度及渐变发育模式。

②以单个点坝为研究单元，根据点坝平面区域范围，自动提取井点处的侧积层顶面点的三维坐标信息，作为侧积面三维空间模式拟合的原始数据。

③将侧积层发育特征信息，包括侧积层间距、倾向及倾角等（模式认知已获取），作为模式拟合算法的模型参数。同时综合井点数据，在三维地层网格模型（网格坐标）的基础上，模拟得到侧积面三维模型。

④根据多井构型剖面，在三维空间进行综合研究，验证并完善侧积面模型。

⑤在构型界面识别并建模后，对侧积面穿过的加密网格赋予夹层属性，得到点坝内部泥质侧积层的空间分布，将侧积层模型嵌入相模型中得到侧积层级次的构型模型。

另外，针对单一条带状河道内部水平夹层，表征方法与沉积微相建模方法一致，在同个网格层顺古水流方向延伸范围不超过两个井距，垂直古水流方向延伸半个井距，平面上呈椭圆状，垂向网格数视夹层厚度而定。

应用该方法，建立了孤岛油田 Ng3 先导试验区储层构型模型（图 2-3-85）。模型再现了各级次储层构型单元空间定量规模、形态、叠置组合关系（图 2-3-86~ 图 2-3-90）。

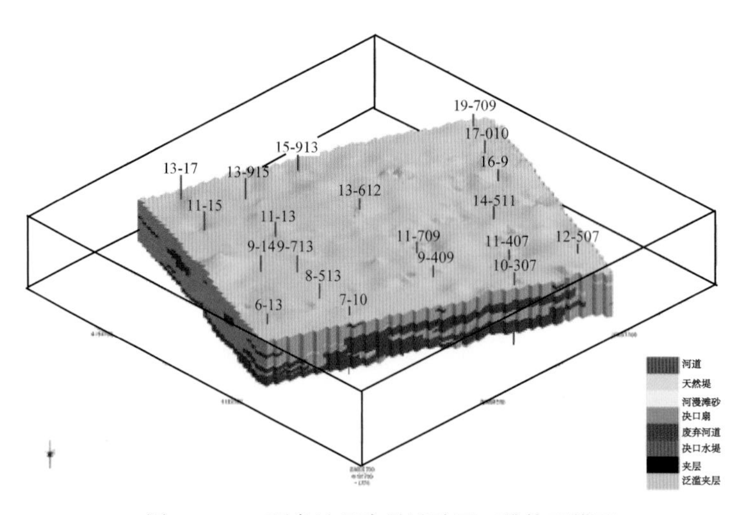

图 2-3-85　孤岛油田先导试验区三维构型模型

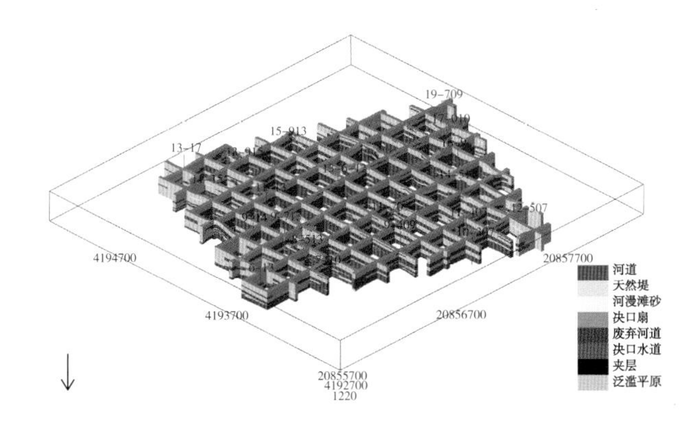

图 2-3-86　孤岛油田先导试验区三维构型模型栅状图

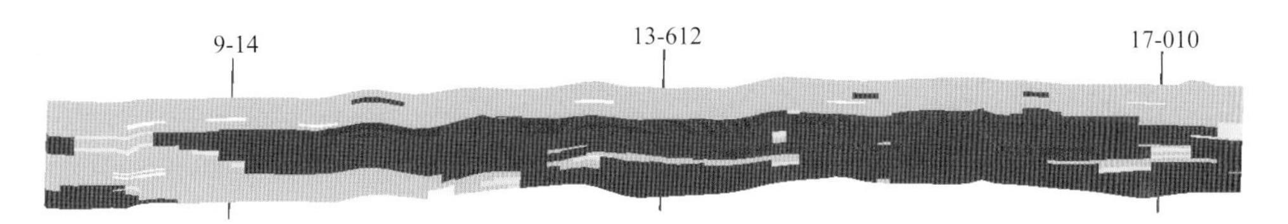

图 2-3-87　孤岛油田先导试验区三维构型模型垂向切片

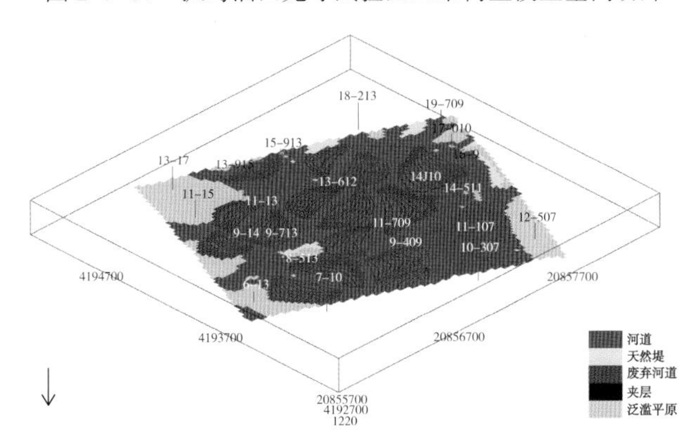

图 2-3-88　孤岛先导试验区三维构型模型水平切片

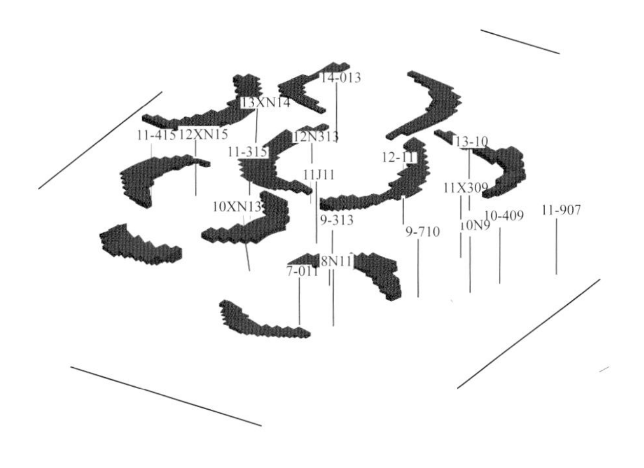

图 2-3-89　孤岛油田先导试验区废弃河道空间展布特征（$Ng3^3$）

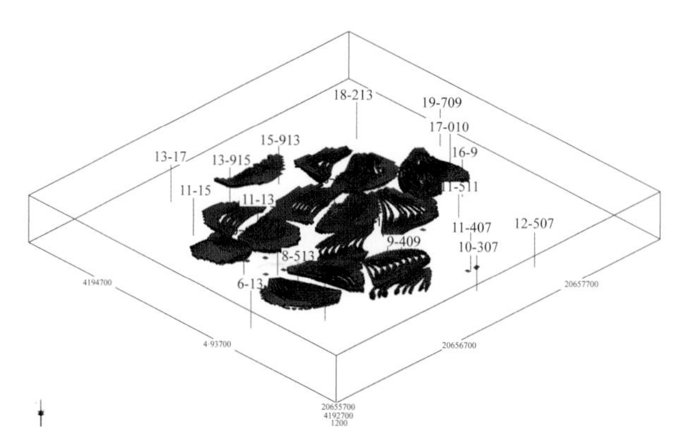

图 2-3-90　孤岛油田先导试验区河道砂体内部两类夹层三维展布形式（$Ng3^3$）

（点坝内部侧积层、水平夹层）

3）三维储层参数模型

储层参数（孔隙度、渗透率等）受控于储层构型的分布，同一构型内部的储层参数具有相同的地质统计学特征。采用构型控制参数建模的思路，以三维储层构型模型为约束、以单井测井解释参数为基础、以基于象元的序贯高斯为算法，采用“二步建模”的思路，分构型单元进行模拟，建立了孤岛中一区密井网区 Ng3 储层孔隙度、渗透率三维模型，反映了地下储层的参数空间分布特点（图 2-3-91、图 2-3-92）。

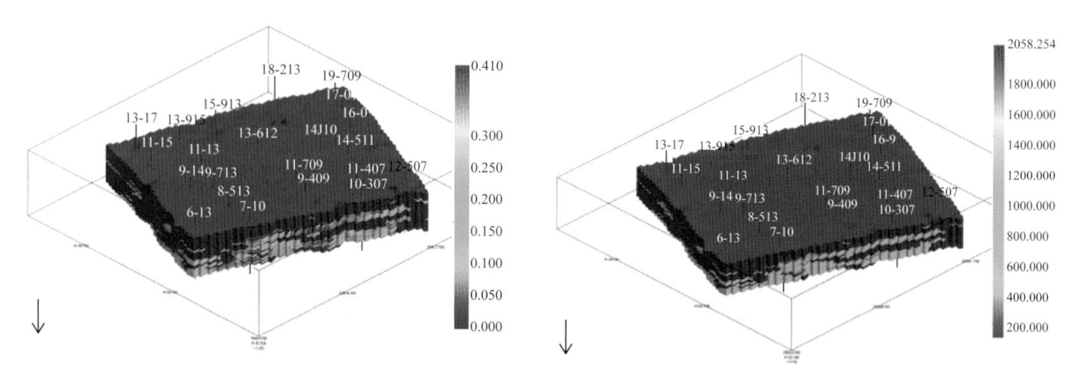

图 2-3-91　孤岛油田先导试验区三维孔隙度模型　图 2-3-92　孤岛油田先导试验区三维渗透率模型

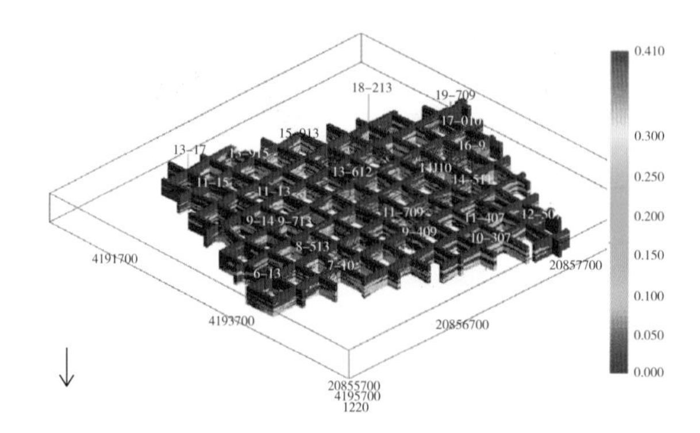

图 2-3-93　孤岛油田先导试验区三维孔隙度模型栅状图

从参数三维分布可以看出，不同时间单元（单层）之间存在广泛的渗流屏障；河道砂体物性较好，溢岸砂体较差，在河道砂体内部，点坝内部侧积层及水平分布的简单夹层形成多个渗流屏障（图 2-3-93~ 图 2-3-98）。

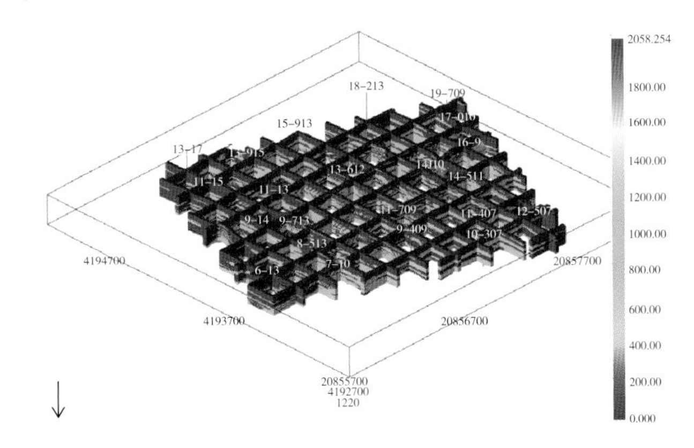

图 2-3-94　孤岛油田先导试验区三维渗透率模型栅状图

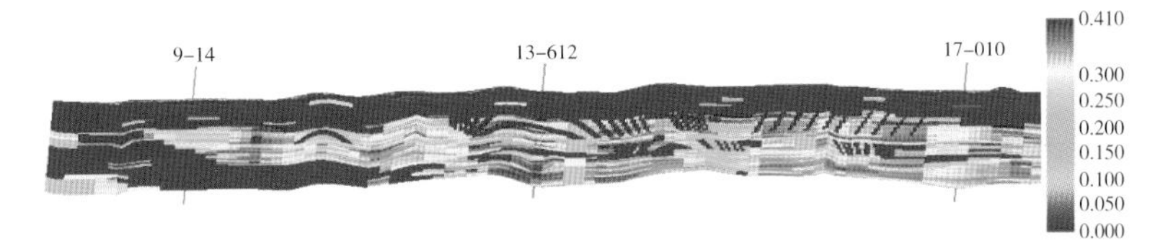

图 2-3-95　孤岛油田先导试验区三维孔隙度模型垂向切片

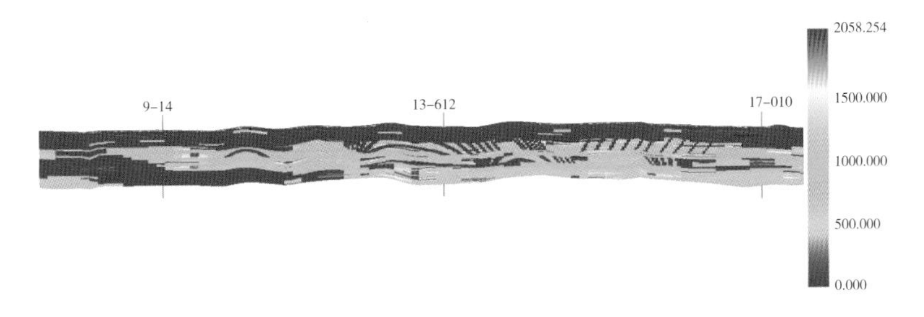

图 2-3-96　孤岛油田先导试验区三维渗透率模型垂向切片

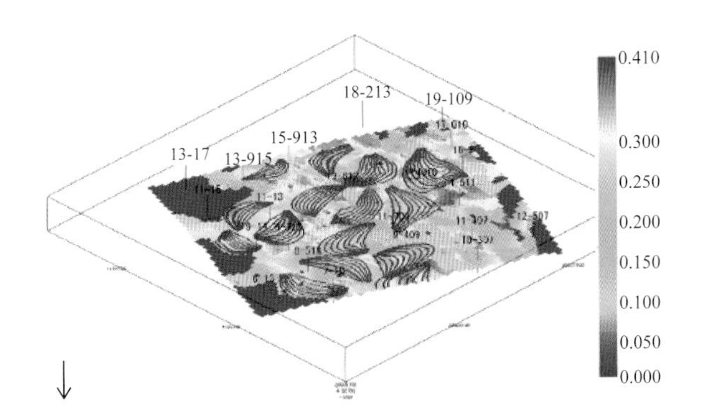

图 2-3-97　孤岛油田先导试验区三维孔隙度模型水平切片

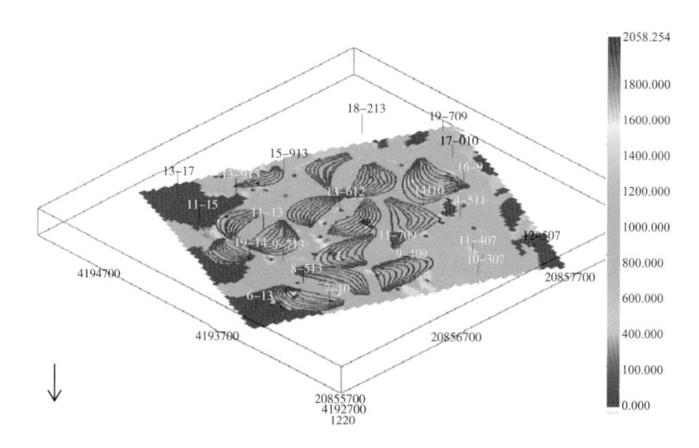

图 2-3-98　孤岛油田先导试验区三维渗透率模型水平切片

储层参数三维模型的建立可以比较准确地反映储层空间的地质变化规律，为油藏数值模拟、剩余油分布及极高耗水层带识别提供可靠的地质模型。

2. 辫状河储层三维构型建模

选择中一区中 11J11 井区辫状河沉积的 $Ng5^3$ 小层作为建立三维定量地质模型的层位。储层井间渗透率预测采用神经网络加随机干扰的方法进行，采用 15m×15m×0.125m 的网格尺寸建立区域三维数据体，并进行可视化显示研究。图 2-3-99 分别为中一区 $Ng5^3$ 小层渗透率可视化三维立体图、顺层切片图，可以看出，$Ng5^3$ 小层两个沉积时间单元的渗透率由下至上总体呈减小趋势，呈现出正韵律或复合正韵律的特征，直观准确地反映出储层物性的变化规律。

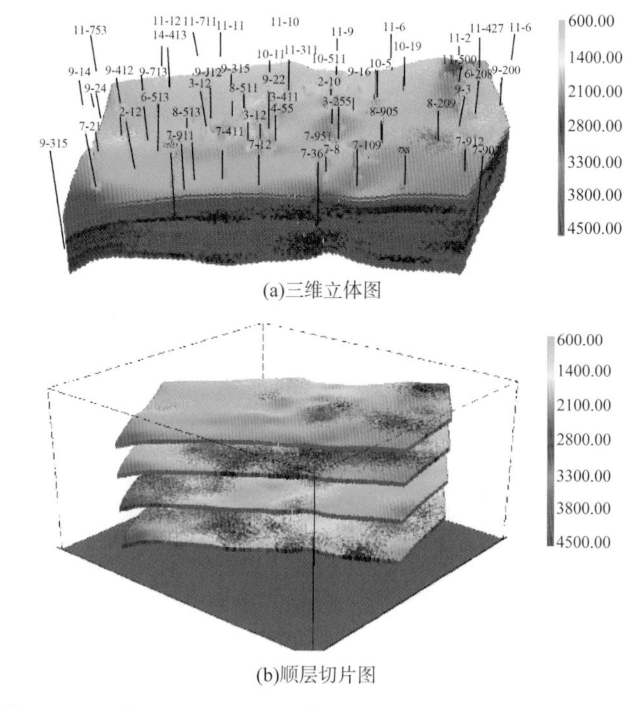

(a)三维立体图

(b)顺层切片图

图 2-3-99　中 11 J 11 井区 $Ng5^3$ 层渗透率三维立体图及顺层切片图

在剖面分析方面，分别在近垂直河流方向和平行河流方向采用纵向 0.125m、横向 15m 一个结点的精细网格作出若干条连井储层非均质渗透率预测剖面（图 2-3-100）。由于渗透率的变化反映了地质特征的变化，因此这些剖面图反映了砂体在剖面上的变化情况，即砂体的连通性、韵律性、构造形态等；同时也反映了层内夹层分布特征，包括稳定的与不稳定的层内非渗透夹层分布等。

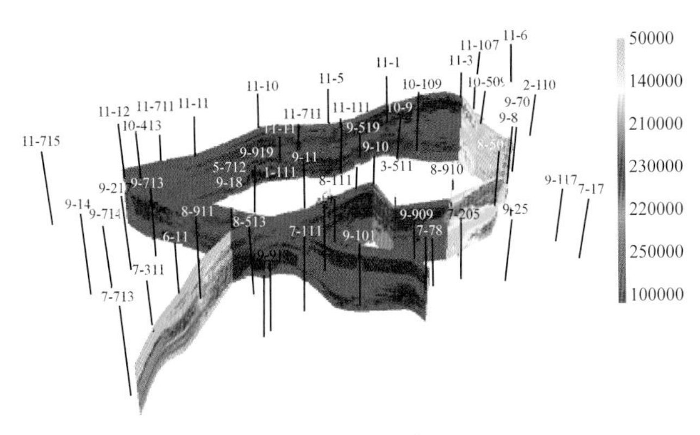

图 2-3-100　中 11J11 井区 $Ng5^3$ 层井间渗透率剖面图

河道砂储层渗透率性质存在的各向异性和不对称性尤为突出，因此，在三维精细渗透率模型基础上，分析储集层因各向异性和不对称性所导致的层内优势流体通道的差异，准确判别、预测储层非均物质性，判识离渗透方向及层带，对后续提高采收率工作具有重大意义。针对中一区所建立的层内三维定量渗透率精细模型，利用 GeoTools 软件提供的属性过滤功能，对厚油层层内优势流体通道进行细致描述，图 2-3-101 为中一区 11J11 井区 $Ng5^3$ 小层渗透率大于 $2000 \times 10^{-3}\mu m^2$ 的三维立体图，它直观地揭示了河道砂岩储层层内严重的非均质性。

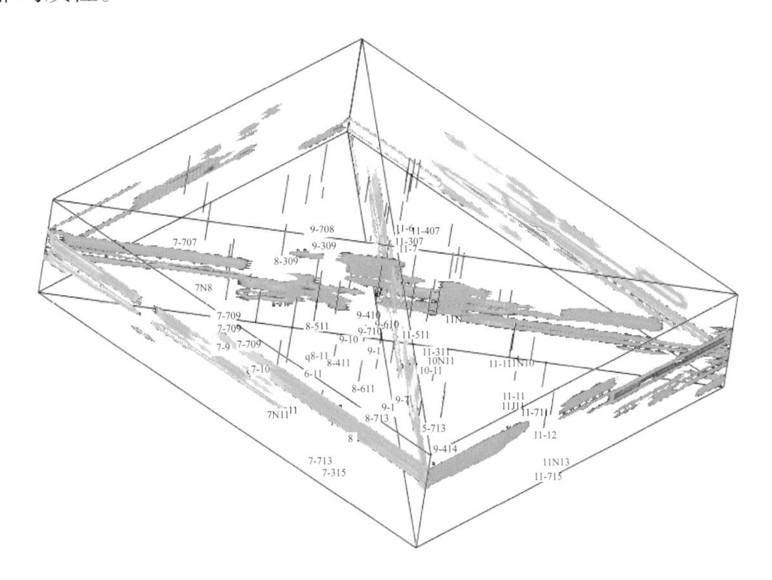

图 2-3-101　中 11J11 井区 $Ng5^3$ 层渗透率大于 $2000 \times 10^{-3}\mu m^2$ 储集体三维分布图

第四节　油藏开发储层特征动态变化

在长期的注水开发过程中，与储层中流体（原油、地层水）性质不同的注入水长期对储层浸泡、冲刷和改造，使储层的微观属性发生物理、化学作用，致使储层参数发生变化，同时储层在纵向上和平面上存在宏观非均质性，各种渗流差异导致流体向某一局部区域流动，这种流动长期进行就导致局部形成优势渗流通道。孤岛油田1971年11月投产，1973年4月注水开发，目前已进入特高含水开发期，储层的岩石物理性质发生了很大变化。利用不同时期的取芯资料，结合实验室分析化验数据和测井资料进行分析研究，观察不同时期储层物理性质的变化。

一、储层微观渗流特征

1. 相对渗透率

分析渤108井及中14K15井实测相对渗透率曲线，可以总结出以下特征。

油相相对渗透率初始值高，初始较陡，下降较快；水相相对渗透率上升缓慢，曲线较缓（图2-4-1）。

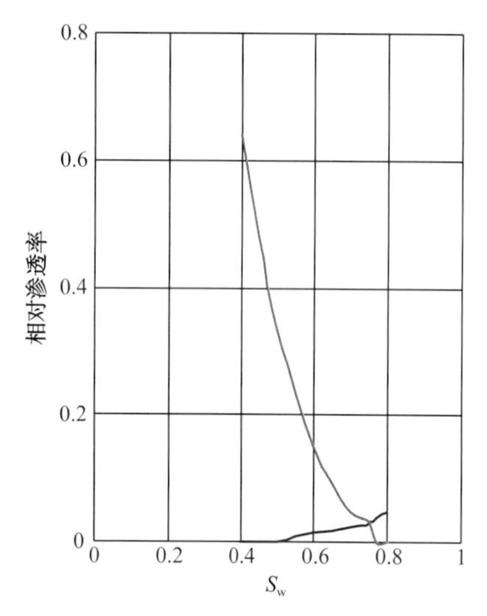

图2-4-1　相对渗透率曲线

（渗透率$2200\times10^{-3}\mu m^2$、黏度127mPa·s）

渤108井相对渗透率曲线的交叉点在70%以上，表现为强亲水岩石的特征；中14K15井相对渗透率曲线的交叉点在46%~55%，平均为51%，表现为中性岩石的特征。

渤108井束缚水饱和度值一般在25.6%~39.8%，平均为32.86%；剩余油饱和度在28.19%~38.6%之间，平均为32.3%。中14K15井束缚水饱和度在12.4%~29.3%之间，平均为20.42%；剩余油饱和度在19%~22.3%之间，平均为18.92%。可见注水开发使砂岩储层的束缚水饱和度及剩余油饱和度都降低。

2. 润湿性

岩石的润湿性与水驱油效率关系很大。由于受矿物成分、比表面、流体组成、表面活性物质等因素的影响，润湿性也表现出非均质特性，而且随水驱程度的加强，岩石的润湿性也会改变。研究表明岩石一般向强亲水方向变化，有利于水驱油效率的提高。

孤岛油田渤108、渤116两口取芯井馆上段22块样品的分析结果表明，$Ng3^4$段开发初期，储层表面属强亲水性质；高含水开发期，中14K15井5块样品经分析均为中性岩石特征。其原因是中14K15井的岩样为粉砂岩，属河道边缘相带沉积，长期注水开发对河道边缘相带的水洗冲刷影响较小，原油在粉砂岩孔隙喉道中并未被冲洗掉，使原油对粉砂岩长期作用，从而改变了岩石的润湿性。

3. 敏感性

中 30J18 等井的黏土矿物 X- 衍射定量分析表明研究区黏土矿物（Clay）的类型主要有：伊 – 蒙混层（I/M）、高岭石（K）、伊利石（I）和绿泥石（CH），对应的含量分别占黏土总量的 40%、30%、15% 和 10% 左右。根据黏土矿物的类型、含量、产状及孔喉特征，认为油层存在潜在的速敏性和水敏性。

速敏性：在粗孔粗喉油层中，岩石胶结弱，采油过程中易发生微粒迁移，油井出砂严重，造成高孔渗层段的孔渗性进一步增高。在中细喉油层中，黏土矿物含量相对较高，还有水敏性，综合效应使渗透性变差。

水敏性：膨胀型黏土矿物的存在是水敏发生的根源，研究区伊 – 蒙混层矿物易膨胀，易堵塞孔喉形成水敏，在泥质含量较高的细粒砂岩中较常见。泥质含量较低的细砂岩中，高岭石含量相对可达 50% 以上（图 2–4–2），也会造成水敏。

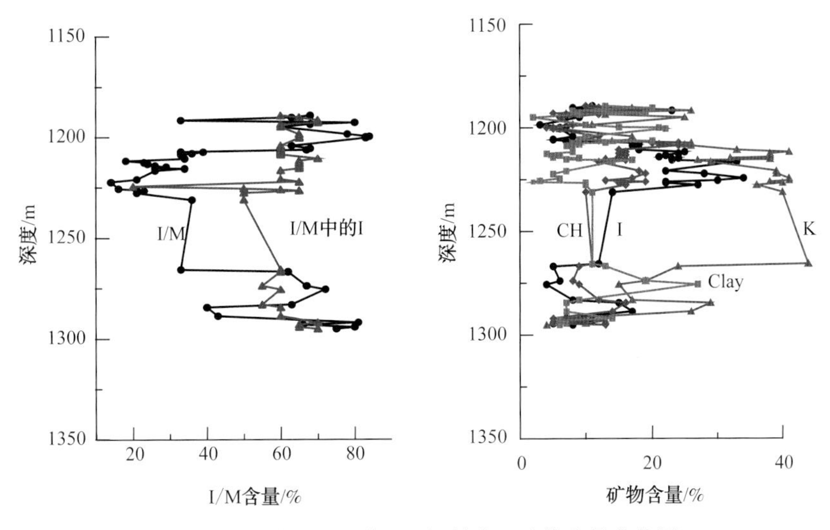

图 2–4–2　中 30J18 井 X- 衍射黏土矿物含量变化图

二、储层岩性与物性变化

1. 储层岩性变化

孤岛油田馆陶组属河流相正韵律沉积，岩性以细砂岩、粉细砂岩为主。应用三个不同时期十几口取芯井的粒度分析资料，根据泥质含量（Vsh）与粒度中值（Md）的回归分析，发现三个不同开发时期它们之间均具有良好的负相关性。经岩石薄片观察，馆陶组砂岩孔隙内主要为黏土矿物充填。长期的注水开发使小粒径的泥质随水洗而被带走，泥质含量、碳酸盐含量均有所降低，岩石粒度中值提高（表 2–4–1）。开发初期，馆上段砂岩的粒度中值对孔隙度、渗透率有一定的影响，它们之间呈正比关系；开发后期砂岩结构对孔隙度、渗透率的影响明显降低（图 2–4–3）。

表 2-4-2　不同开发时期的储层的岩性参数变化

岩　性	低含水开发期		中高含水开发期		特高含水开发期	
	Vsh/%	Md/mm	Vsh/%	Md/mm	Vsh/%	Md/mm
细砂岩、粉细砂岩	10~20	0.1~0.14	8~12	0.11~0.15	<5	0.14~0.18
细砂岩、中细砂岩	8~12	0.13~0.16	5~8	0.14~0.21	<5	0.16~0.25

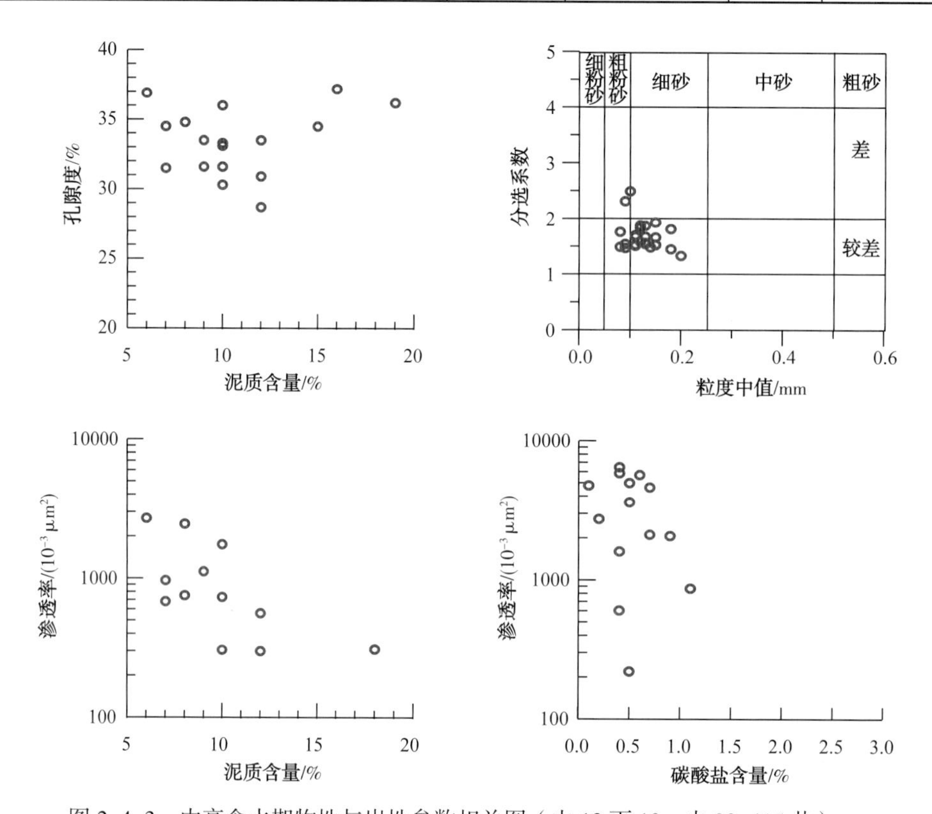

图 2-4-3　中高含水期物性与岩性参数相关图（中 13 更 10，中 22-415 井）

2. 储层物性参数变化

不同开发时期取芯井的油层物性资料表明：从低含水开发期、中高含水开发期到特高含水开发期，储层的物性发生了很大变化（图 2-4-4、图 2-4-5）。

从表 2-4-2 中可以看到孔隙度由初期的平均 33.3% 提高到特高含水期的平均 38.7%。渗透率的变化更大，低含水期原始的渗透率值范围是 40×10^{-3}~6345×10^{-3} μm^2，特高含水期的渗透率值范围是 120×10^{-3}~10700×10^{-3} μm^2。不同的岩性表现出明显的差异，中高含水期，粉砂岩的渗透率变化较小，而粉细砂岩、细砂岩的渗透率增大一倍左右；特高含水期，后者渗透率增大十倍以上。由此说明，注水开发使得充填于储层孔隙内的黏土矿物的分布形态和含量发生了变化，导致储层的孔隙度和渗透率增加，尤其是高含水期，强注强采以后，渗透率明显增大，但在孔渗性增大的同时，孔渗参数的分异度增加。

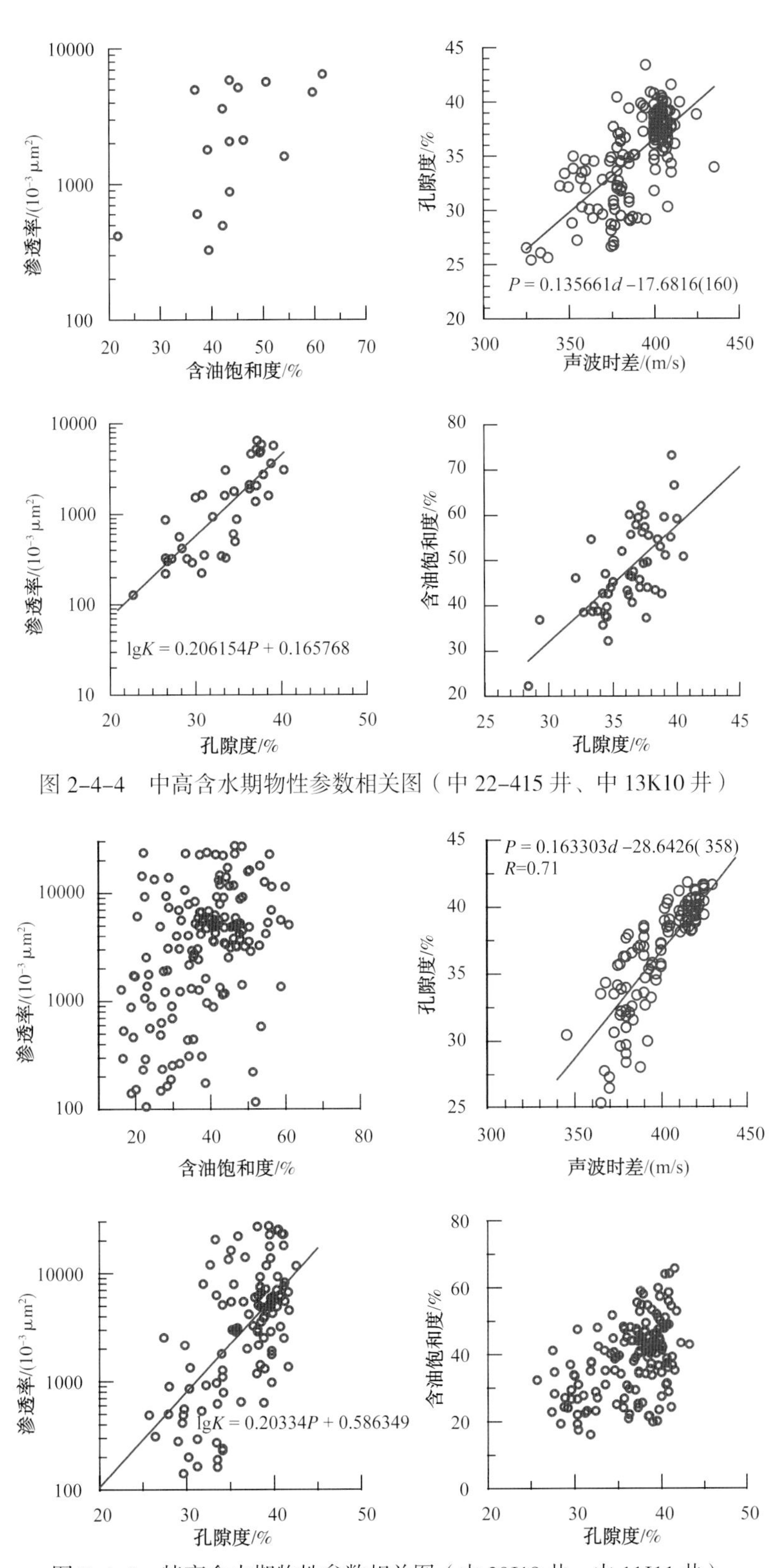

图 2-4-4　中高含水期物性参数相关图（中 22-415 井、中 13K10 井）

图 2-4-5　特高含水期物性参数相关图（中 30J18 井、中 11J11 井）

表 2-4-2　不同开发时期储层参数变化表

时期	孔隙度 /%	渗透率 / $10^{-3}\mu m^2$	粒度中值 / mm	碳酸盐 / %	泥质含量 / %	油饱和度 / %	束缚水饱和度 / %
初期	33.3	1437	0.121	2.16	11.2	61.8	36
中高期	35.6	2104	0.142	1.78	10.6	56.9	32.2
特高期	38.7	16730	0.165	0.97	3.97	51.4	27.4

比较低含水期的渤 116 井、中高含水期的中 22-415 井、中 13K10 井及特高含水期的中 30J18 井、中 11J10 井孔渗相关性，可以看出这个关系在后期基本不变。其相关函数依次为：

$$\lg K=0.16325P+1.3021\text{（渤 116 井）}$$
$$\lg K=0.206154P+0.165768\text{（中 22-415 井、中 13K10 井）}\quad (2-7)$$
$$\lg K=0.20334P+0.586349\text{（中 30J18 井、中 11J11 井）}$$

式中，K 为渗透率，P 为孔隙度。

三、储层岩石结构变化特征

选用开发初期渤 108 井的岩样分析结果和开发中期中 13K10 井的岩样，分析结果对比见表 2-4-3、表 2-4-4。孤岛油田馆上段在开发初期砂岩的喉道类型以收缩喉道和片状喉道为主，而随着注水开发，中高含水开发期砂岩的喉道类型却以缩颈和收缩喉道为主。面孔率一般在中高含水开发期大于开发初期，平均孔隙直径也是初期的数倍。由此可见，注水开发对孤岛油田馆上段砂岩的孔隙结构具有明显的改善作用。

表 2-4-3　渤 108 井 Ng3-6 储层评价参数表

深度 /m	面孔率 /%	平均孔隙直径 /mm	孔隙配位数	喉道类型	渗透率 /（$10^{-3}\mu m^2$）
1173~1184	20~25	50~80	3~4	收缩、片状	>400
1195~1206	>25	30~50	>4	缩颈、片状	>500
1230~1237	>25	<30	>4	收缩、片状	>100
1249~1254	>25	>80	>4	收缩、片状	>1000

表 2-4-4　中 13K10 井 Ng3-6 储层评价参数表

深度 /m	面孔率 /%	平均孔隙直径 /μm	孔隙配位数	喉道类型	渗透率 /（$10^{-3}um^2$）
1182.11~1186.3	54	225	5	缩颈	1000
1200	32	120	4	缩颈、收缩	600~800
1233~1237	29	147	4	缩颈、收缩	800~1000

1. 储层骨架结构改变

低、中含水阶段：储层骨架颗粒的接触关系变化不大，检查井薄片鉴定显示，低、中含水阶段开发层系矿物颗粒间的接触关系仍为点—线接触，电镜观察的图像也清楚显示颗粒的接触关系，低、中含水阶段水驱动力对层位骨架结构的影响不大。

高含水阶段：经过大量注入水的浸泡冲刷后，大量油被水驱替，储层骨架颗粒支撑方式改变较为明显，粒间原有的点、线接触关系部分不存在，原孔隙及颗粒接触处的胶结物被水冲走或被搬运至其他部位。连通孔隙增多，原有的点、线接触处变为连通孔喉，部分颗粒处于流体衬托状态，显示颗粒处于游离状态，连通孔隙的细小部位有地层微粒及杂基充填。

骨架颗粒支撑形态的改变必然引起储层参数的变化，原来高渗透部位长期注水的冲刷作用较强，渗透率的增加幅度大，非均质性加强，逐步形成优势渗流通道。

2. 储层孔喉结构改变

注入水的长期冲刷作用不但使得岩石骨架遭到破坏，也会引起储层孔喉结构的变化。总体来说，注入水的长期冲刷作用会使储层孔喉半径变大，易形成优势渗流通道。高含水阶段孔喉半径增大的主要原因有：①孔喉中一些胶结物被水冲刷位移，有的与采出油同时被抽出，孔隙中除流体外无其他物质；②骨架由于受到水冲刷的影响，原来颗粒支撑较脆弱的部分点线接触处被冲开，喉道增大，大部分连通性变好。

特高含水阶段：从薄片下观察，岩石骨架中颗粒的支撑关系大部分被破坏，多数颗粒呈游离状，与高含水期比较，分选差，孔隙与喉道在有的部位成管道式，无孔喉之分，易形成优势通道。

3. 储层黏土矿物变化

在水驱油过程中，注入水的酸碱度与地层水总有差别，与黏土发生物理、化学作用，改变黏土矿物的结晶格架，有的黏土矿物会分解，因被水冲刷而移位，有的黏土矿物遇水易膨胀并堵塞孔喉，这些因素致使储层的孔喉网络发生改变。

在高、特高含水阶段，高岭石相对含量减少，伊利石含量相对增加，绿泥石增加，伊－蒙混层下降。高岭石减少原因：高岭石是片状晶体集合体，一般呈蠕虫状，在注水驱动力作用下，尤其是在注水强度大，长时期浸泡的情况下，这种集合体晶体格架遭破坏，从而形成细小的微粒，这些微粒容易随采出液带出油层。而绿泥石、伊利石一般呈膜状附贴于颗粒表面或环绕颗粒，其结晶格架较紧密，不易遭到破坏，故随着开发程度的加深这些黏土矿物的相对含量增高。蒙脱石的水化能力最强，水化后体积膨胀可大于50%，在储层中堵塞孔喉的作用，产生不利影响。

上述分析表明，不同类型的黏土矿物对孔喉的影响不同，高岭石在强水洗下扩大孔喉，特别是在渗透率高的部位极易形成优势通道，而蒙脱石遇水膨胀堵塞细喉道，因此黏土长时期注水冲刷，加剧了储层的非均质程度。

4. 储层含油性变化

对比油田开发初期渤108井（油基泥浆）和特高含水期的中11检11井（密闭取芯）

的饱和度表明：储层含油饱和度随着油田的开发逐渐降低，但不同岩性的储层下降幅度不同，中砂岩从平均饱和度58%降至25%，细砂岩从平均饱和度58%降至45%，粉砂岩则变化不大。此外，对开发初期和高含水开发期岩芯的毛管压力资料分析，开发初期油层束缚水饱和度相对较高，平均为36%，而高含水开发期束缚水饱和度降低，平均为27.4%。

5. 储层电性的变化

长期的注水开发，使储层的孔隙大小及结构均发生了重要的变化。致使声波时差和自然电位，感应电阻率也发生了明显变化，不同含水期两个参数之间的变化关系式分别是：

$$\begin{aligned} &P=0.0371432d+19.3239\text{（低含水期）}\\ &P=0.135661d-17.6816\text{（中含水期）}\\ &P=0.163303d-28.6426\text{（特高含水期）}\end{aligned} \tag{2-8}$$

回归线的斜率增大，声波时差增加，开发初期的声波时差一般为375~395μs/m，开发中期为380~420μs/m，开发后期为410~450μs/m。

四、储层岩石变化影响因素

1. 储层微粒运移

通常将储层中一些粒径小于0.05mm或0.04mm的矿物颗粒，如石英、长石、岩屑、高岭石碎片及菱铁矿晶体、方解石等矿物颗粒称为地层微粒，这些物质有的被黏土胶结呈条带状，有的呈分散状态，有的充填于孔隙中成为充填物。在特高含水阶段，随着水驱程度的加深，储层骨架网络发生变化，微粒被冲散、迁移，有的随水驱采油而带走，使孔隙喉道畅通，形成储层优势渗流通道；另一方面，水的动力作用将这些微粒搬运至狭窄的喉道处堵塞孔喉的通道。

2. 储层非均质性

由于储层本身的非均质性，在注水开发过程中注入水优先沿底部高渗透部位流动，这种长期的不均衡流动导致底部高渗透层水洗程度明显比上部低渗透层水洗程度高。而且，这种差异随着注入体积倍数的增加在逐步扩大，注入水也就沿着油层底部低阻力、强水洗程度的部位逐步形成优势流动。当非均质性和注入体积倍数达到一定程度后，这种优势流动的部位就形成了优势渗流的通道，其形成的根本原因是非均质性引起的渗流差异。

为此，设计了一个两层模型，第一层的渗透率为$100\times10^{-3}\mu m^2$，第二层渗透率为$1000\times10^{-3}\mu m^2$，纵向两层不考虑窜流，两层的厚度均为5m，原油黏度为70mPa·s。确定注采速率，模拟两个层的开发指标变化，见图2-4-6、图2-4-7。

从图2-4-6看出，注水初期高低渗透层的吸水差异主要取决于其渗透率的差异，随着注入体积倍数的增加，高渗透层的含水饱和度增加比低渗透层快。含水饱和度增加时，混合液的平均黏度下降，同时水相渗透率大大增加，使得高渗透层的流动阻力下降也比低渗透层快得多。这样导致高渗透层与低渗透层的流动阻力差异变大，高渗透层吸水量进一步增加，低渗透层吸水量进一步减小。当注入体积倍数达到一定值时，高渗透层的吸水达到99%，形成一种“定势”流动，注入水就沿着高渗透层形成优势流动。从图 2-4-7 的采出程度变化特征来看，高渗透层水洗程度明显比低渗透层高，而且低渗透层的采出程度增加速度也明显较慢。

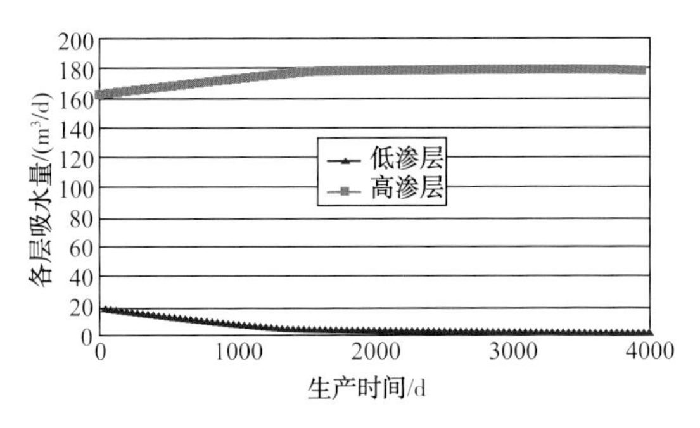

图 2-4-6 高低渗透层吸水差异变化图

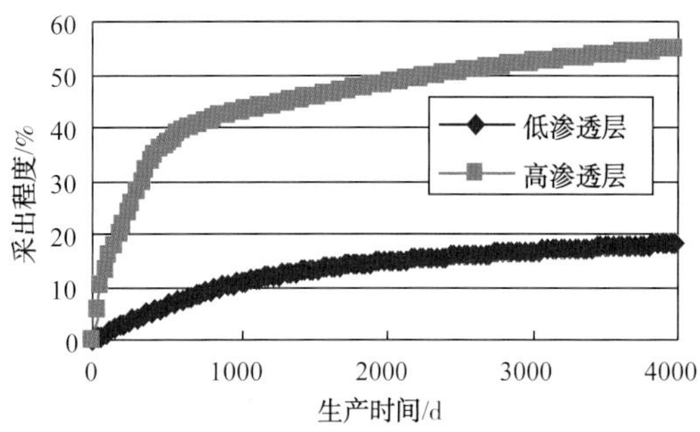

图 2-4-7 高低渗透层采出程度变化图

3. 层内纵向窜流

正韵律厚油层如果纵向渗透率较大，在注水开发过程中就容易引起上部注入水在向生产井方向流动的同时，在重力作用下也会向底部高渗透部位流动，这样就会加剧底部优势通道的形成。

为此，设计了两个两层的均质模型，渗透率均为 $500\times10^{-3}\mu m^2$、厚度均为 5m，设计纵向两层不考虑窜流和垂向渗透率 $100\times10^{-3}\mu m^2$，原油黏度为 70mPa · s。定注采速率，分别模拟两个层的开发指标变化，见图 2-4-8、图 2-4-9。

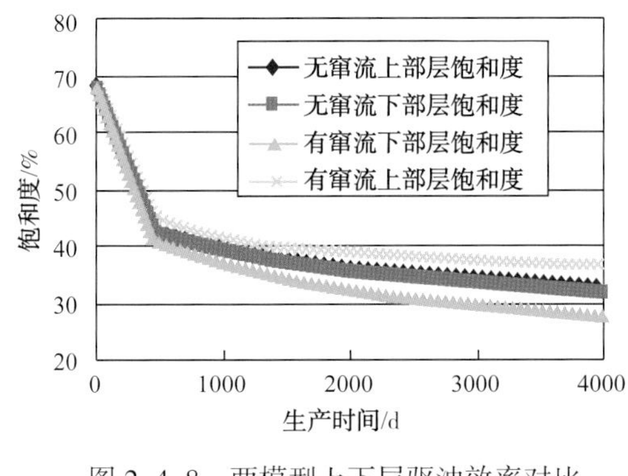

图 2-4-8 两模型上下层驱油效率对比

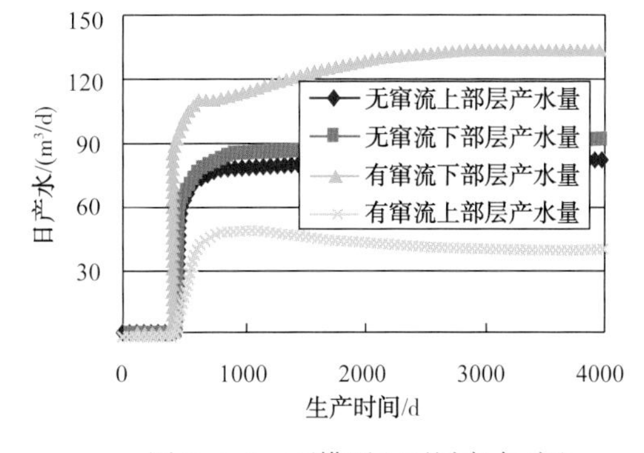

图 2-4-9 两模型上下层产水对比

从图 2-4-8 中可以看出，无纵向窜流时，由于厚度和渗透率相等，上下两层的驱油效率几乎相同，而存在纵向窜流时，底部层的驱油效率明显高于顶部层。从图 2-4-9 中可以看出，纵向无窜流时，由于厚度和渗透率相等，上下两层的驱油效率几乎一样，因而两个层的产水情况也相近；存在纵向窜流时，底部层的产水量明显高于顶部层，而且顶部层产水还有减小的趋势（主要是其产液量减小导致的）。上述物模说明，纵向存在窜流，会加剧底部层段形成优势渗流通道的可能性。

4. 油水黏度差异

随着注入体积倍数的增加，油水黏度差异越大，高低渗透层的差异变化越明显，越容易形成优势渗流通道。为此，再设计一个两个模拟层的方案：其他条件与上面的非均质模型相同，只是原油黏度为 10mPa · s。定注采速率模拟两个层的开发指标变化，并与前面的高原油黏度模型的结果进行对比，见图 2-4-10、图 2-4-11。

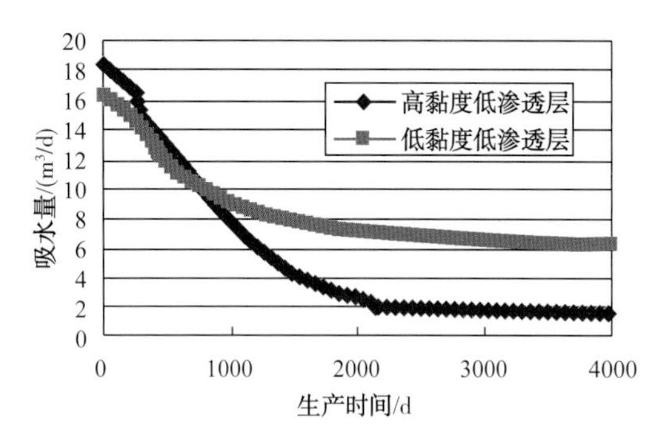

图 2-4-10　不同黏度低渗透层吸水差异变化

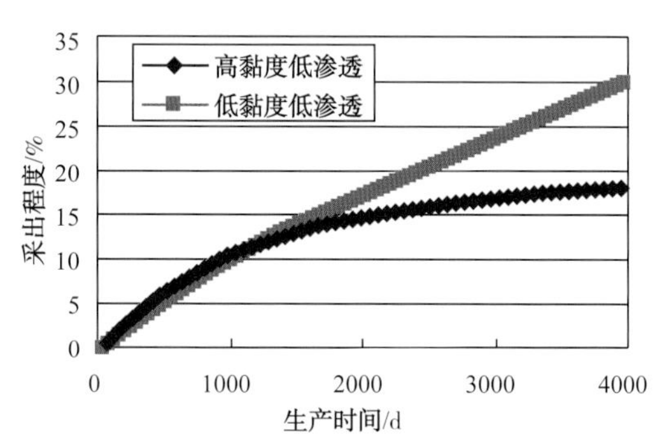

图 2-4-11　不同黏度低渗透层采出程度变化

从图 2-4-10 可以看出，当原油黏度较高时，低渗透层的吸水量比原油黏度较低条件下低渗透层的吸水量下降快，而且从图 2-4-11 中的采出程度对比曲线来看，原油黏度较低时低渗透层的采出程度明显较高，而且采出程度随注入时间增加也较明显。因此，原油黏度越高，越有利于形成优势渗流通道。

5. 强注水强采油

应用物理模拟强注强采对地层的冲刷作用，研究不同的注采速率条件下，压力的变化特征和出砂情况。实验结果表明，注采强度越大，作用在岩石颗粒上的压力梯度越大，砂粒越容易脱落，出砂量越大，越容易形成高渗透带，压力下降越快；反之，压力下降快又加剧了出砂。实际地层在长期高强度的注采条件下，注采强度越大，越易形成优势渗流通道。

除了上述因素外，井网条件导致主流线和非主流线存在渗流能力的差异，长期注水开发过程中就容易沿主流线方向形成优势渗流通道。

随着注水开发过程的进一步深入，优势渗流通道内的渗透率会逐渐再扩大，水洗效率进一步升高，吸水百分数进一步变大。优势渗流通道逐渐会起到一种水动力分割作用，注入水的无效循环进一步扩大，水驱波及体积随注入体积倍数增加而增长缓慢。当储层渗透率演变到一定程度时，优势渗流通道就会演化成大孔道，特高含水开发期井网调整转流域、调流场，卡、堵、调无效注入水循环（包括化学驱），可以进一步提高采收率 2%~3%（均相化学驱可以提高 8%~10%）。如果不进行调整，油水相渗曲线出现突变点（图 2-4-12），水驱特征曲线上翘，水油比大幅上升（图 2-4-13），开发成本大幅增加（图 2-4-14）。

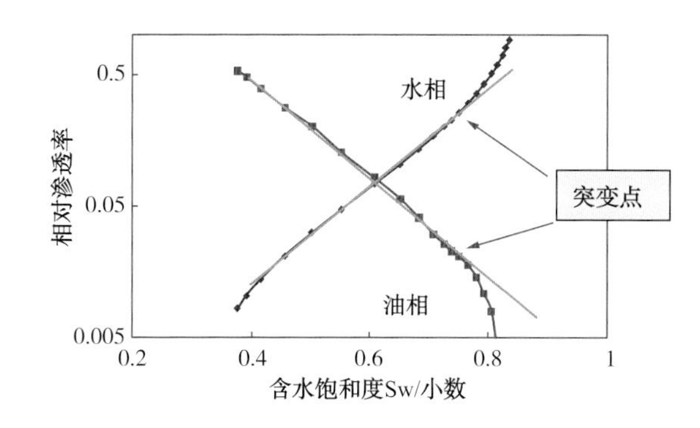

图 2-4-12　孤岛油田油水相对渗透率曲线（注水倍数 1000 倍）

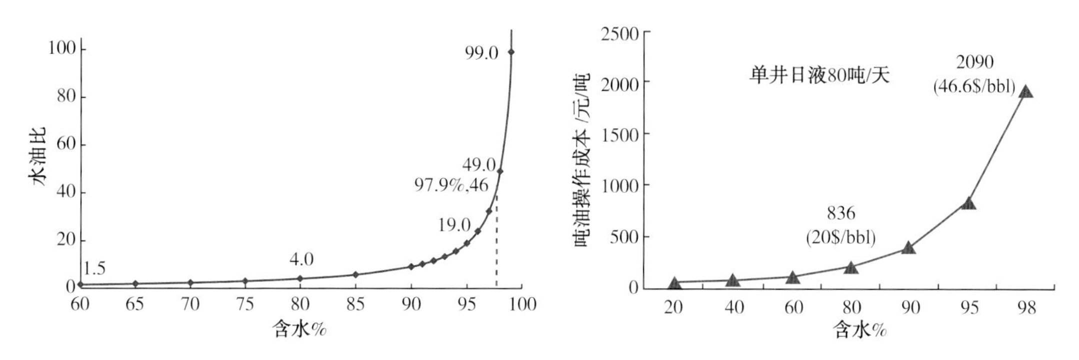

图 2-4-13　孤岛油田含水 – 水油比变化曲线　　图 2-4-14　孤岛油田含水 – 吨油操作成本变化曲线

第五节　孤岛油田驱油效率和波及系数影响因素

储层微观非均质性是控制剩余油分布的主要因素。微观非均质性表征主要内容包括孔隙非均质性，岩石碎屑结构及岩石矿物学特征等颗粒非均质性，颗粒之间沉积基质及胶结物的类型、含量、分布产状等填隙物非均质性。储层微观非均质性直接影响注入剂的微观驱替效率，对于解决或调整孔间、孔道或表面非均匀问题具有重要指导作用。

一、水驱油效率

在孔隙性砂岩常规稠油油藏中，水驱油效率主要受储层非均质性、原油黏度和润湿性等影响，以可视化物理模型实验为主、数值模拟为辅研究了水驱油机理及影响因素。

1. 岩石孔隙结构影响

当不考虑储层沉积韵律性时，采用均质剖面模型和三维三相数值模拟软件研究水驱油效率。三条孔喉半径依次增大的压汞曲线分析（图 2-5-1）表明，随平均孔隙半径的增大，驱油效率增大，但增大的幅度较小。

室内水驱油实验结果（图 2-5-2）表明，在相同润湿性（中性）、相同原油黏度（51.2mPa · s）下，注入相同孔隙体积倍数时，高渗透率储层所对应的驱油效率增高，但

增加幅度不大。

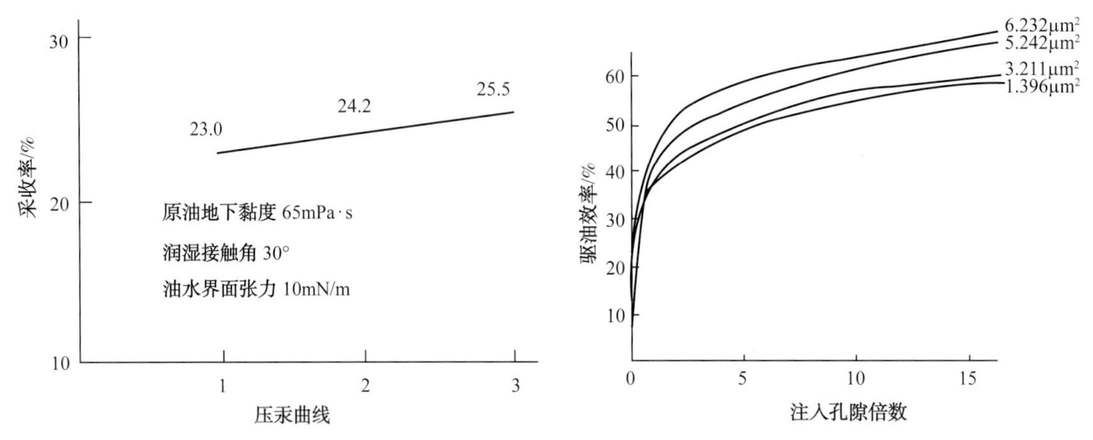

图 2-5-1　不同黏度下水驱采收率与孔隙半径关系曲线　　图 2-5-2　不同渗透率条件下驱油效率与注入倍数关系曲线

2. 原油黏度影响

方差分析（表 2-5-1）结果显示，原油地下黏度为影响水驱油效率的第一因素；数值模拟结果（图 2-5-3）表明，随原油黏度增加，最终驱油效率大幅度下降。

表 2-5-1　方差分析结果

方差来源	偏差平方和	自由度	平均偏差平方和	F	显著性
A 原油地下黏度	707.2	2	353.6	589.3	*** 高度显著
B 润湿角	48.1	2	24.1	40.2	** 第二显著
D 压汞曲线	4.2	2	2.1	3.5	* 有一定影响
误差			0.6		
综合	760.7	8			

孤岛油田岩芯室内水驱油实验（图 2-5-4）也证实，在相同润湿性（亲水）、相近渗透率（2μm^2）、相同界面张力（12.7mN/m）条件下，随原油黏度增大，相同孔隙注入倍数所对应的驱油效率降低。

孤岛油田原油黏度高，不仅增加了驱动能量的消耗，而且在油水两相流动过程中，注入水由于油水流度比大而产生指进，在注入水扫过的地方驱油效率低，要经过长期驱替才能较大幅度地采出来。因此，在油田开发过程中，无水采油期短，中低含水期含水上升快，大部分可采储量要在高含水期采出（图 2-5-5）。

由于稠油与稀油的水驱过程和含水上升规律不同，两者对注水倍数的要求也不同。油水界面张力 10mN/m，润湿接触角 30°，渗透率 1.016μm^2。原油黏度仍取 65mPa·s、35mPa·s 和 5mPa·s 三个数值，模拟了三个方案，模拟结果表明：中低含水阶段，稀油可以采出大部分可采储量，阶段耗水量（阶段水油比）较低、注水倍数较高，而稠油只能采出小部分可采储量，阶段耗水量较高、注水倍数低；高含水阶段，稀油只采出小部分可采储量，阶段耗水量和注水倍数增加幅度相对较小，而稠油可以采出大部分可采储量，阶段耗水量和注水倍数增加幅度较大。稠油总的耗水量和注水倍数高于稀油，高含水阶段仍然是稠油油藏的主要采油阶段，需要在该阶段大幅度提高注水倍数，才能提高驱油效率和最终采收率（图 2-5-6、表 2-5-2）。

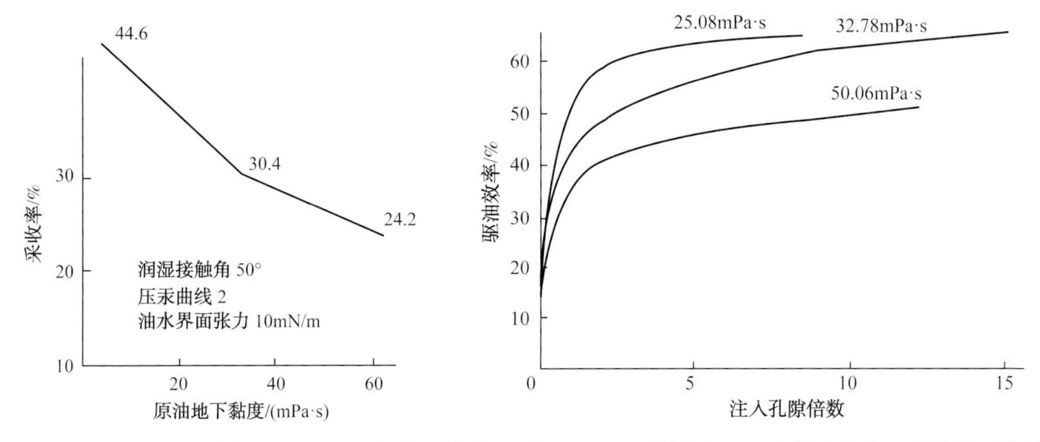

图 2-5-3　水驱采收率与地下原油黏度关系曲线　　图 2-5-4　不同黏度下驱油效率与注入倍数关系曲线

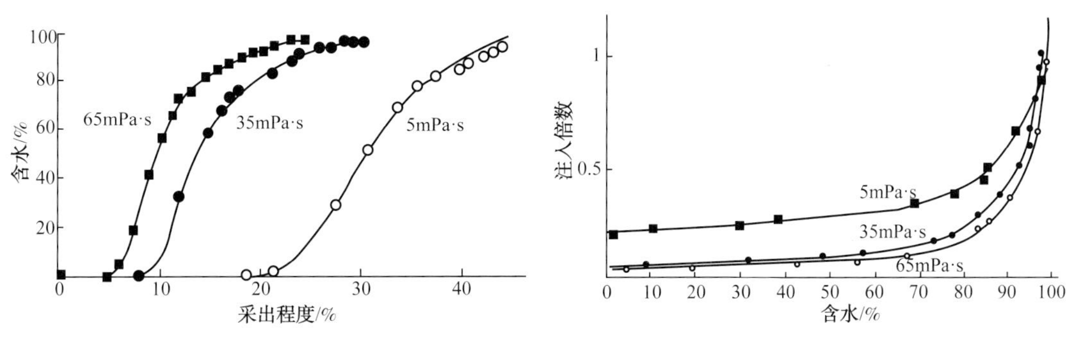

图 2-5-5　含水与采出程度关系曲线　　图 2-5-6　不同黏度下含水与注入倍数关系曲线

表 2-5-2　不同含水阶段主要参数变化

黏度 /（mPa·s）	含水 < 60%			含水 60%~98%			含水 0~98%	
	阶段可采程度 /%	耗水量 /（m^3/t）	注水倍数	阶段可采程度 /%	耗水量 /（m^3/t）	注水倍数	耗水量 /（m^3/t）	注水倍数
5	71	0.11	0.3	29	7.13	0.65	2.24	0.95
35	49	0.24	0.12	51	8.83	0.92	4.59	1.04
65	43	0.25	0.08	57	10.18	1.06	6.01	1.14

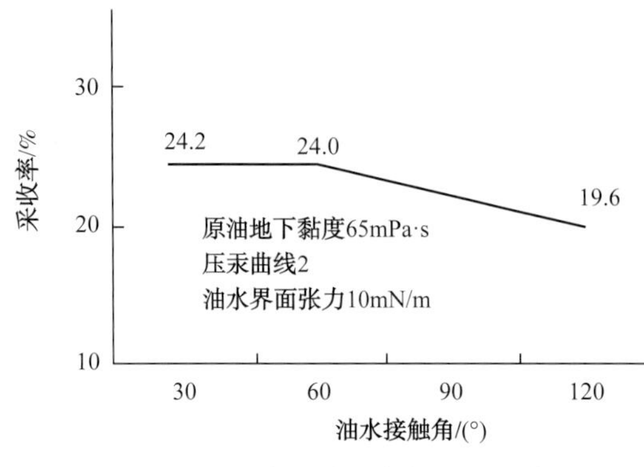

图 2–5–7 水驱采收率与润湿性关系

3. 油层润湿性影响

润湿性为影响孤岛油田驱油效率的第二大影响因素。数值模拟结果（图 2–5–7）表明，随润湿接触角增大，驱油效率降低，润湿接触角从 30° 增大到 60°，驱油效率变化较小；润湿接触角从小于 90° 变化到大于 90°，驱油效率大幅度降低。可见，由于润湿性不同，毛细管力所起的作用也不同，使得亲水油层驱油效率高，亲油油层驱油效率低。

从岩石颗粒看，在注水开发过程中，亲水油层水质点向岩石表面润湿，呈水膜状态，有附着在砂岩颗粒表面和占据小孔隙的趋势，从而把原油推向大孔隙和孔隙中央，毛细管力是驱油动力，有利于注入水驱替原油；亲油油层水相沿着孔道中心推进，油相有吸附在砂岩颗粒表面和占据小孔隙的趋势，毛细管力是驱油阻力，不利于提高驱油效率。

亲水油层和亲油油层毛细管力的作用方向会因油层韵律性不同而不同，导致纵向水淹规律也不一样。亲水正韵律油层毛细管力对水相吸附力向上，减少了纵向上的层间差异；亲油正韵律油层毛细管力对水相吸附力向下，增加了纵向水淹差异；亲水反韵律油层毛细管力对水相吸附力向下，纵向水淹差异小；亲油反韵律油层毛细管力对水相吸附力向上，纵向水淹差异大。

孤岛油田为河流相正韵律沉积的亲水油层，从润湿性看，对提高孤岛油田的驱油效率和水驱采收率是有利的；从与韵律性来看，孤岛油田毛细管力对水相的吸附力向上，比正韵律亲油的胜坨油田纵向水淹差异小。

4. 储层微观非均质性影响

选用孤岛油田中一区取芯井中 13 更 10 井的 $Ng3^3$ 层岩石薄片制作储层的微观仿真模型（表 2–5–3），采用孤二联合站无水脱气原油（黏度为 72mPa·s）和中一区污水（总矿化度为 6500mg/L、$NaHCO_3$ 水型），分别进行高低渗透性、稠稀油、高低驱替压差等条件下的水驱油试验。

表 2–5–3 微观模型参数表

模型编号	井号	层位	井段 /m	喉道半径 r/μm，K/μm²
1	中 13N10	$Ng3^3$	1182.1~1184.5	r_{max}=40，r_{min}=20，$r_{平均}$= 10，$K_{估}$= 1.78，高渗透
2	中 11J11	$Ng4^4$	1229.15~1237.66	r_{max}=30，r_{min}=15，$r_{平均}$= 7，$K_{估}$= 1.1，中渗透
3	B108	$Ng3^3$	1180.5~1189.5	r_{max}=45，r_{min}=25，$r_{平均}$= 15，$K_{估}$= 2.05，高渗透
4	中 11J11	$Ng5^2$	1244.8~1248.8	r_{max}=25，r_{min}=10，$r_{平均}$= 5，$K_{估}$= 0.5，较低渗透
5	B108	$Ng3^3$	1180.5~1189.5	r_{max}=18，r_{min}=7，$r_{平均}$= 3，$K_{估}$= 0.1~0.2，较低渗透

分别用 1 号模型和 5 号模型，对不同微观非均质性储层进行水驱油试验，试验压差均为 0.0002MPa。实验结果表明以下两方面内容。

（1）弱微观非均质性储层水驱前缘推进相对较均匀，水洗面积大，驱替效率较高。

由于 1 号模型孔喉较大，连通性好，微观非均质性相对较弱，驱替效率较高。注水开发初期，注入水进入孔隙喉道时，是沿着岩石表面“爬行”进入并驱赶前面的原油，使原油向油井流动，水驱前缘往往呈分头并进的状况（图 2–5–8）。水驱前缘过后，储层中仍有大量原油，含油饱和度仍然较高，这时原油大部分仍呈连续相，而驱替水则呈非连续相。

在水驱前缘过后的两相流动阶段，随着含水饱和度的上升，在储层一些主要的较大孔道中，尽管驱替动力水的流速较油流速度要快，但仍出现油水平行流动的状况（图 2–5–9），在一些较小孔道中，往往形成油水相间的段塞，但在足够的驱替压差下水能将其中的原油驱出。主流道的驱替水容易波及到周围较小的孔道，水洗面积逐渐扩大。

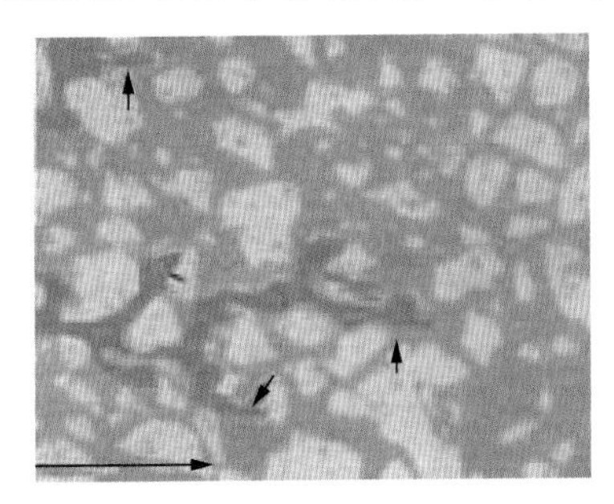

（No.1 E：56 S：15.26 ΔP：0.0002MPa）

图 2–5–8　高渗透储层水驱前缘分头并进

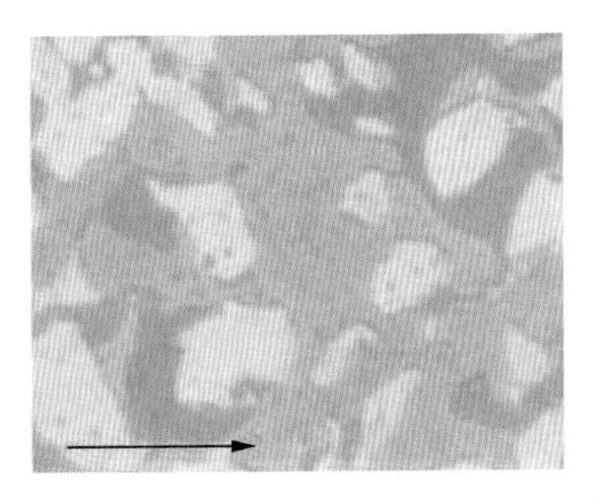

（No.1 E：56 S：38.75 ΔP：0.0002MPa）

图 2–5–9　注水中期油水平行流动现象

浅黄色为岩石颗粒，蓝色为驱替水，褐色为剩余油，单箭头为驱替方向，No. 为模型号，E 为放大倍数，S 为驱替剂占孔隙面积百分数，ΔP 为驱替压差，图 2–5–10~ 图 2–5–21 均与之相同。

1 号模型由于连通性好，孔隙分布相对均匀，即孔喉结构不十分复杂，孔径是逐渐变化的，呈喇叭口状，这种结构有利于驱出较多的原油。如图 2–5–10 所示，水沿孔隙壁逐渐向前推进，不会形成过多的剩余油。

当在大孔道或高渗透带水相成为连续相，而油相呈孤滴状时，此时油井进入高含水期采油阶段，综合含水已大于 85%，但并不意味着储层含油饱和度已经降到很低，只是因为水的黏度小，驱替水沿已经形成的连续水相通道迅速向前流动，形成油井含水率较高。在这个阶段，水驱油的作用主要表现在大孔道中的冲刷作用，使滞留在大孔道中的大油滴、油斑，被剥蚀、分散成较小油滴或油丝，被流动的水夹带运移（图 2–5–11）；另一方面驱替水逐渐向更小孔隙波及，将其中的原油驱出，水洗面积变大，驱替效率提高。实验条件下最终水驱油效率为 63.26%。

（2）强微观非均质性储层水驱前缘指进较突出，水淹面积较小，驱替效率较低。

注水开发初期由于原油黏度较高，油水黏度比较大，驱替水容易沿渗流阻力较小的大孔道迅速向前突进，而未能及时波及到较小的孔道（图 2–5–12），指进突出。

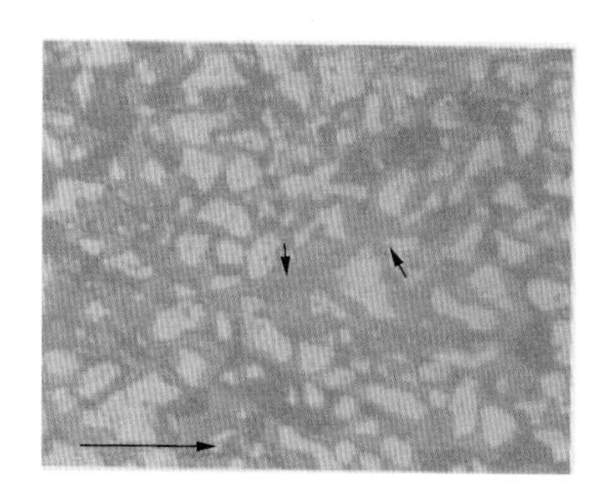

（No.1 E：56 S：42.48 ΔP：0.0002MPa）

图 2-5-10 渐变孔有利于驱油

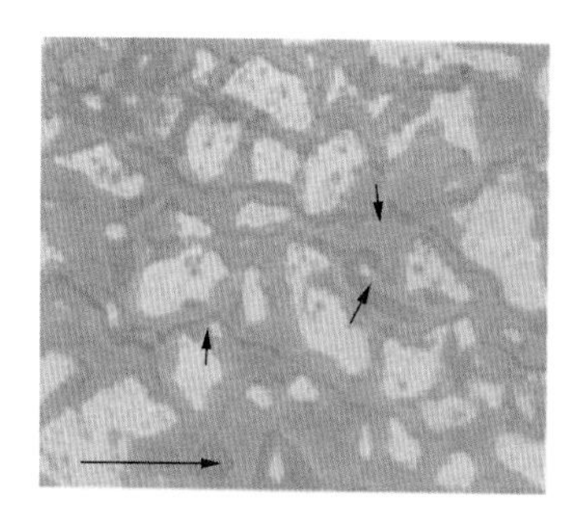

（No.1 E：75 S：63.65 ΔP：0.0002MPa）

图 2-5-11 水的夹带作用

5 号模型孔喉细小，连通性相对较差，流动阻力大；非均质性严重，孔隙分布不均匀，即孔喉结构十分复杂，孔径是突然变化的，这种结构不利于驱替效率的提高（图 2-5-13）。

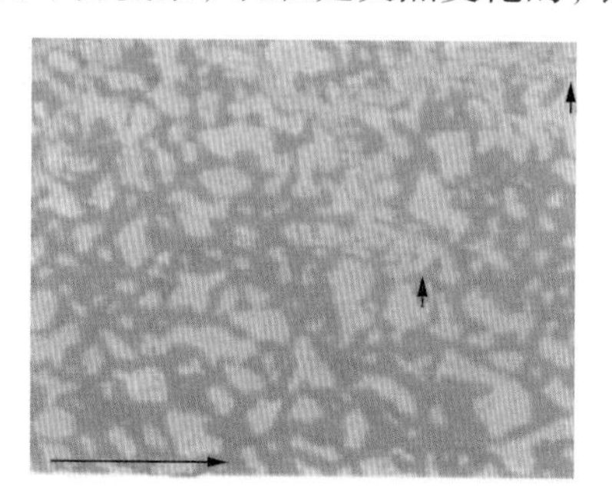

（No.5 E：47 S：24.29 ΔP：0.0002MPa）

图 2-5-12 较低渗透层水的指进突出

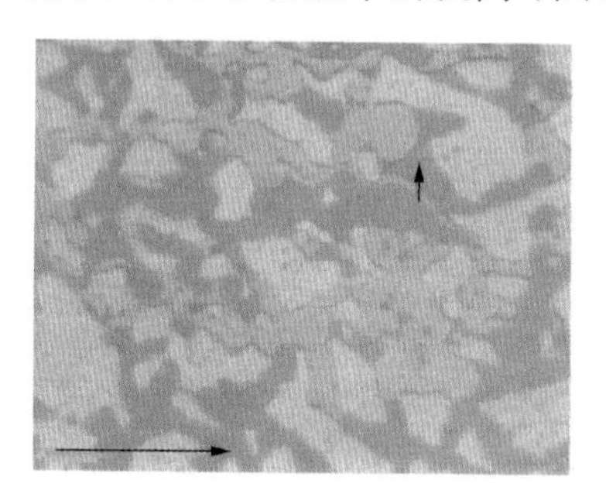

（No.5 E：56 S：40.86 ΔP：0.0002MPa）

图 2-5-13 突变孔不利于驱替效率的提高

由于较小孔道中容易形成大小不等的油水段塞（图 2-5-14），在较低的驱替压差下，易形成死油区（图 2-5-15），只有驱替压差足够大时，才可以流动。因此，水淹面积较小，驱替效率较低，实验条件下最终水驱油效率为 46.28%。

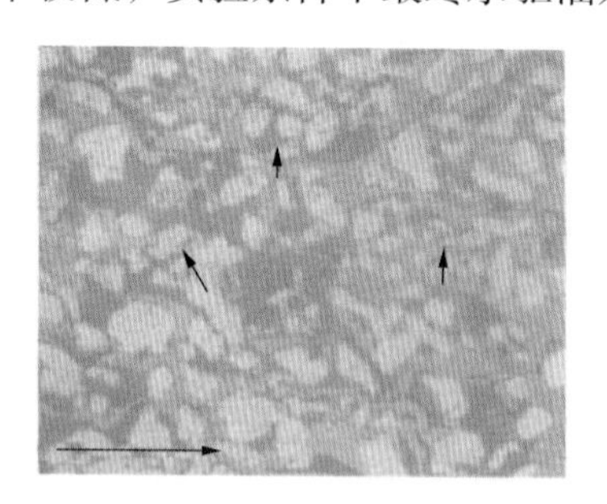

（No.1 E：56 S：59.09 ΔP：0.0002MPa）

图 2-5-14 细小孔道中原油以段塞状运移

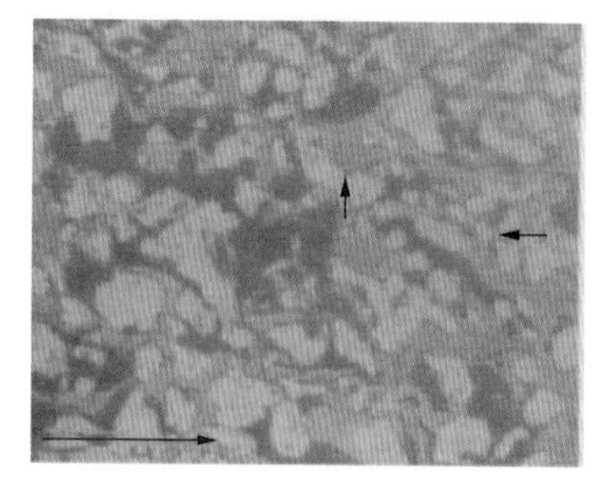

（No.1 E：56 S：49.36 ΔP：0.0002MPa）

图 2-5-15 低压差下细小孔道中原油不易被驱出

5. 油水黏度比影响

在其他条件不变的情况下，分别用 2 号、5 号和 4 号模型，选用原油黏度分别为 35mPa·s、72mPa·s 和 100mPa·s，在 0.0002MPa 驱替压力下进行驱替实验。

在低黏度原油的水驱油过程中，水驱前缘推进相对较均匀（图 2-5-16、图 2-5-17），水的指进不严重，在相同压力梯度下，水驱油的波及系数高。

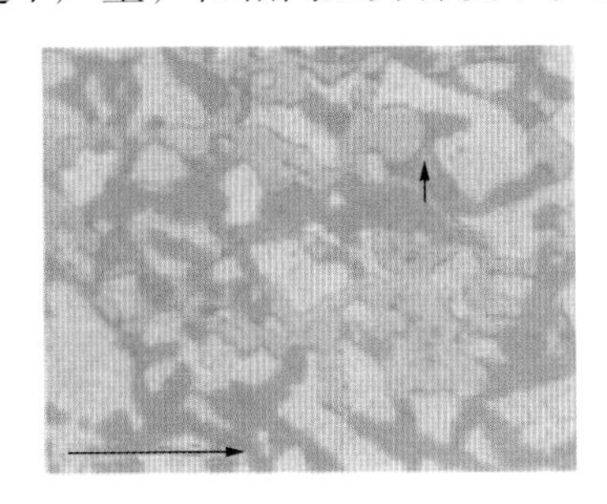

（No.2 E：47 S：26.49 ΔP：0.0002MPa）
图 2-5-16　低黏原油水驱前缘推进相对较均匀

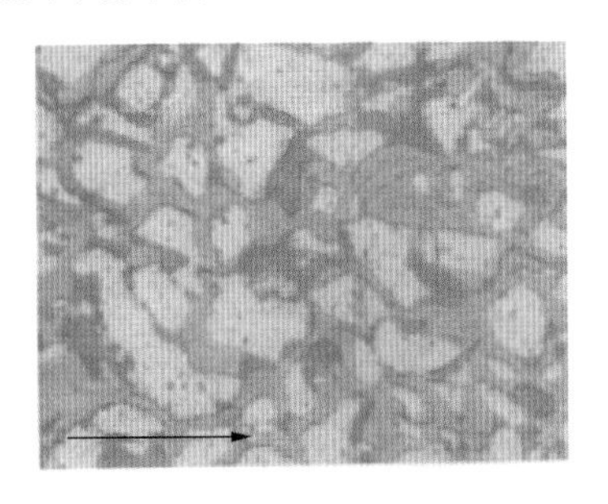

（No.4 E：75 S：51.29 ΔP：0.0002MPa）
图 2-5-17　低黏原油水驱波及系数较高

高黏度原油因流度小，驱替水很容易形成较严重的指进（图 2-5-18），高黏原油因变形、分散能力较差，在相同压力梯度下，细小孔道中的原油更不易被驱替出来，当油井水淹时，仍有大量的原油滞留在储层中（图 2-5-19）。

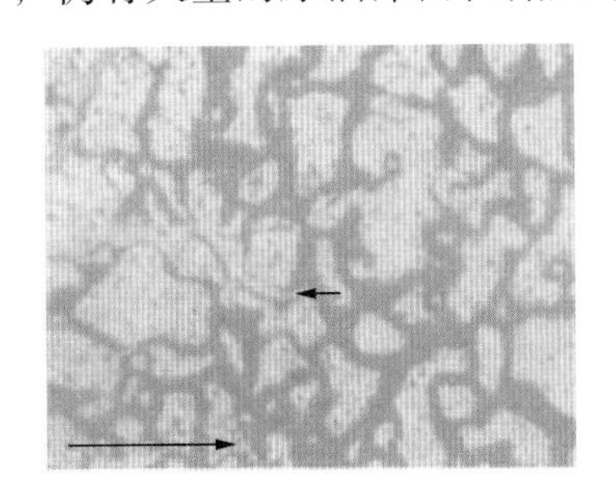

（No.2 E：56 S：20.17 ΔP:0.0002MPa）
图 2-5-18　高黏原油水驱前缘指进现象较严重

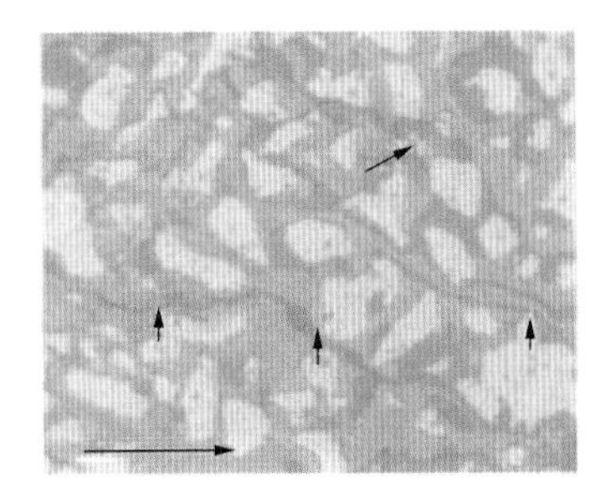

（No.1 E：56 S：50.59 ΔP：0.0002MPa）
图 2-5-19 大量高黏原油滞留在储层中

6. 驱替压差影响

不同驱替压力具有不同的驱替速度，在驱油作用上表现为不同的水洗强度或冲刷强度。在其他条件不变的情况下，分别用 2 号、5 号和 4 号模型，原油黏度分别为 35mPa·s、72mPa·s 和 100mPa·s，驱替压力分别采用 0.0002MPa、0.0004MPa 和 0.0006MPa 进行驱替实验。

1）低压差驱油洗油能力较差

在低驱替压力条件下，驱替速度低，水驱前缘推进较慢，向周围波及的也慢，但比较均匀，水突破也慢。当水突破并形成连续水相时，驱替水大部分沿已打通的水道向前流动，没有足够的压差驱出细小孔隙中的原油。

在油水两相流动过程中，大油滴的变形、分散是使原油向前运移的必要条件，由于原油黏度较高，变形、分散能力较差，在低驱替速度下，驱替水对大油滴的剪切力较小，油滴不易变形分散，也不易向前运移，造成低驱替速度下洗油能力较差。

2）高压差驱油驱替效率高

在试验条件范围内，适当提高驱替压差，可以驱出较小孔道中的原油（图 2-5-20）；

滞留在大孔隙中的油滴或附着在孔隙壁上的油斑或油膜（图 2–5–21），只有在水的高速冲刷作用下才能变形、分散，并随水向前运移，从而提高驱替效率。

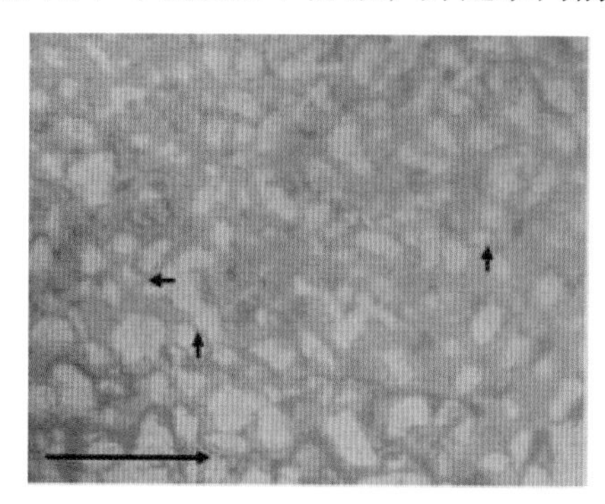

（No.1 E：25 S：69.89 ΔP：0.0006MPa）
图 2–5–20 高压差下细小孔道中原油被驱出

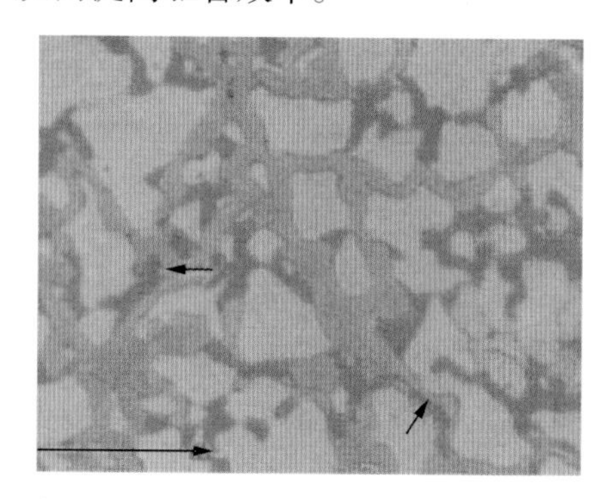

（No.3 E：75 S：65.88 ΔP：0.0004MPa）
图 2–5–21 原油在水高速冲刷下发生变形分散

但并非压差越大越好，应有一最佳驱油速度。在高压差下驱油，水驱前缘推进较快，水的突破也快，过早地进入高含水采油。由于孤岛油田储层渗透率高，油水黏度比大，大压差下易形成暴性水淹。

不同注水阶段的微观水驱油效率不同，选用孤岛油田取芯井岩石薄片制作可视化微观模型，原油黏度取 72mPa·s，试验压差为 0.0002MPa 实验结果如下。

注水初期，由于油水黏度比较大，驱替水容易沿渗流阻力较小的大孔道迅速向前突进，注水见效快、水淹面积增长快是河流相沉积的稠油高渗油藏注水开发平面水淹的重要（图 2–5–22、图 2–5–23）。

中低含水期，随着含水饱和度的上升，在一些较大孔道中出现油水平行流动的状况，因油水黏度差异大，表现出油井含水率上升快的特征。

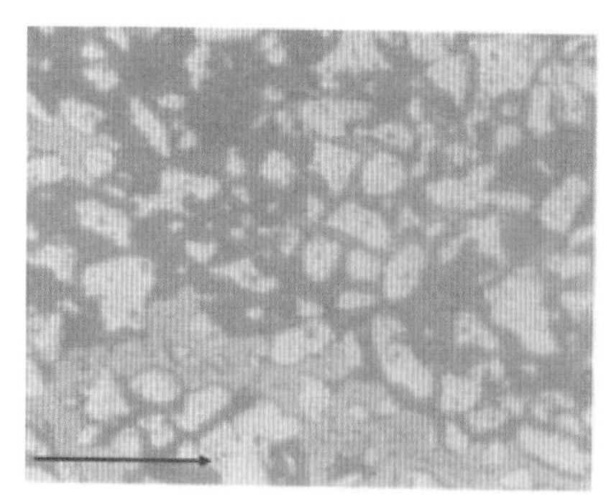

图 2–5–22 注水初期水驱前缘推进状况

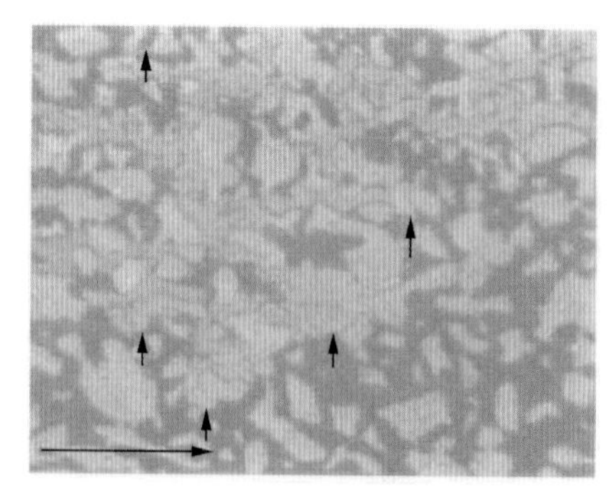

图 2–5–23 注水初期水驱前缘过后后续水向周围波及情况

高含水期，水驱油的作用主要是对大孔道的冲刷作用，使滞留在大孔道中的大油滴、油斑被剥蚀、分散成较小油滴或油丝，被流动的水夹带运移。此时，虽然含水较高，但平面水淹程度不均匀，仍存在剩余油相对富集的区域。

7. 储层沉积韵律性影响

1）物理和数学模拟研究

针对孤岛油田厚油层的地质特点，用石英砂组成不同韵律的厚油层，设计 10 个 15cm × 15cm 的可视化物理模型，可视化模型渗透率分布规律见图 2-5-24。图 2-5-25 为本实验设计的可视化模型，其中，模型 1-1 为 3 层正韵律模型，每层的厚度相同，中间无隔层；模型 1-2 为 3 层反韵律模型，每层厚度相同，无隔层；模型 2-1 为 3 层正韵律模型，每层的厚度不同，无隔层；模型 2-2 为 3 层反韵律模型，每层的厚度不同，无隔层；模型 3-1 为 5 层复合韵律模型，厚度均匀，无夹层；模型 3-2 为 5 层复合韵律模型，厚度均匀，无夹层；模型 4-1 为 5 层复合正韵律模型，厚度均匀，无夹层；模型 4-2 为 5 层复合反韵律模型，厚度均匀，无夹层；模型 5-1 为复合韵律模型，厚度均匀，有夹层；模型 5-2 为复合韵律模型，厚度均匀，有夹层。

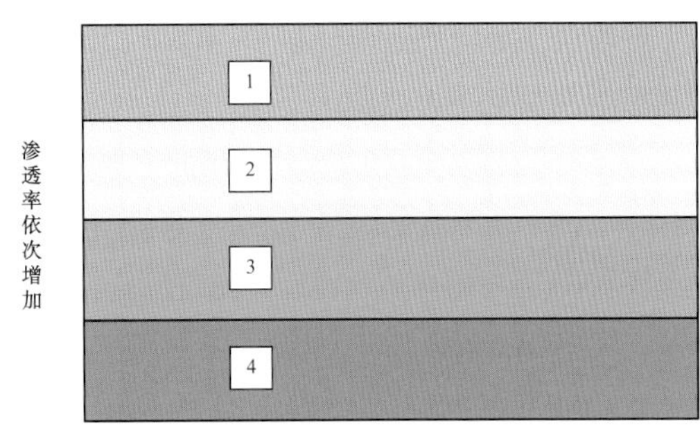

图 2-5-24　可视化模型渗透率分布规律示意图

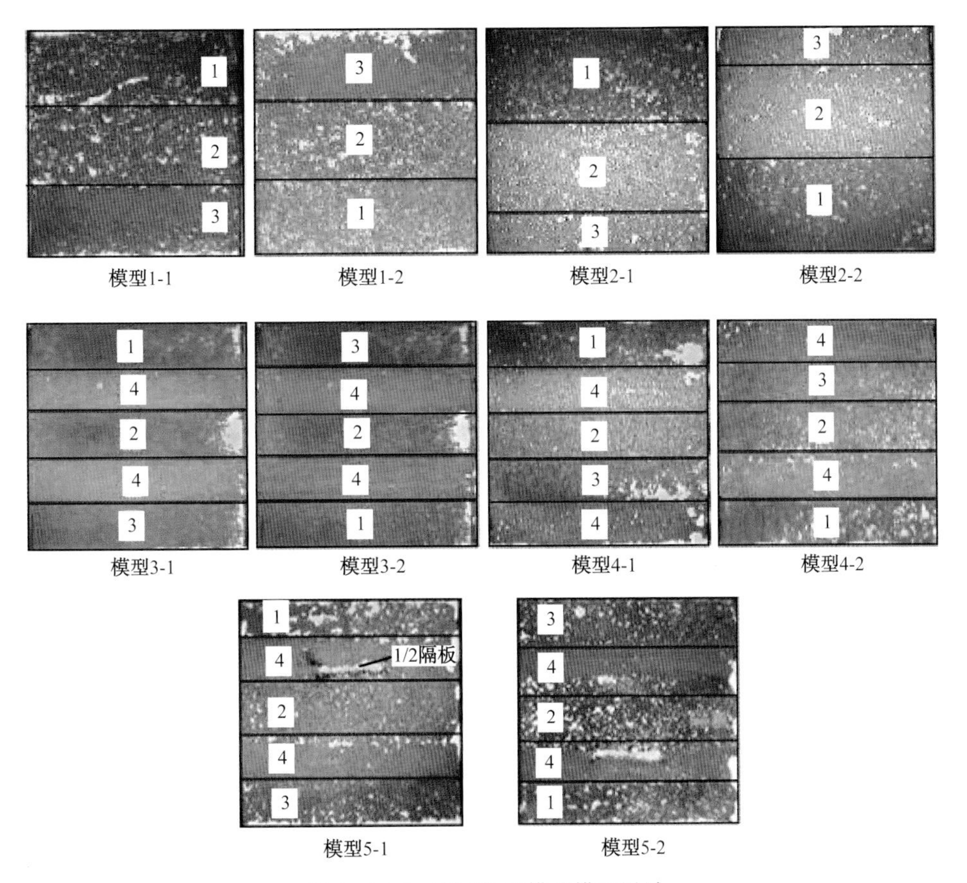

图 2-5-25　不同物理模拟模型设计

驱替实验用的砂子为30~40目、50~60目、65~90目、小于110目及140~180目的石英砂，构成不同渗透率的储层。

驱替过程为饱和水—饱和油—水驱至含水率为98%—调剖（0.02~0.04倍孔隙体积）—注聚合物（0.3倍孔隙体积）—水驱至含水率为98%—活性剂驱（0.2倍孔隙体积）—水驱至含水率为98%。

用CMG数值模拟软件，分别建立3层正韵律模型、3层反韵律模型、5层复合正韵律模型、5层复合反韵律模型及5层复合正反韵律模型，分析渗透率级差、毛细管力、各层厚度、渗透率、隔层、注采比及注入倍数对厚油层开发效果的影响。

从1976年10月开始，共模拟生产34年的时间，采用五点法注采井网，4口生产井，1口注水井，定液量生产，油层压力为18MPa，泡点压力为12MPa，原始含油饱和度为0.65，原始含水饱和度为0.35，孔隙度平均为33.5%。采用均匀网格系统，划分为11×11×3的三维地质网格模型，网格横向和纵向步长均为50m（表2-5-4、表2-5-5）。

表2-5-4 正韵律厚油层数值模拟模型设计

模型编号	1	2	3	4	5	6	7	8	9
上厚度/m	3.5	2	5	3.5	3.5	3.5	3.5	3.5	3.5
中厚度/m	3.5	2	5	3.5	3.5	3.5	3.5	3.5	3.5
下厚度/m	3.5	6.5	0.5	3.5	3.5	3.5	3.5	3.5	3.5
上渗透率/（$10^{-3}\mu m^2$）	900	900	900	900	2000	1000	400	200	1000
中渗透率/（$10^{-3}\mu m^2$）	1300	1300	1300	1300	2000	1500	1500	1500	1500
下渗透率/（$10^{-3}\mu m^2$）	1800	1800	1800	1800	2000	2000	2000	2000	2000
孔隙度	0.335	0.335	0.335	0.335	0.335	0.335	0.335	0.335	0.335
毛细管力	考虑	考虑	考虑	0	考虑				

表2-5-5 反韵律厚油层数值模拟模型设计

模型编号	1	2	3	4	5	6	7	8	9
上厚度/m	3.5	2	5	3.5	3.5	3.5	3.5	3.5	3.5
中厚度/m	3.5	2	5	3.5	3.5	3.5	3.5	3.5	3.5
下厚度/m	3.5	6.5	0.5	3.5	3.5	3.5	3.5	3.5	3.5
上渗透率/（$10^{-3}\mu m^2$）	900	900	900	900	2000	2000	2000	2000	2000
中渗透率/（$10^{-3}\mu m^2$）	1300	1300	1300	1300	2000	1500	1500	1500	1500
下渗透率/（$10^{-3}\mu m^2$）	1800	1800	1800	1800	2000	1000	400	200	1000
孔隙度	0.335	0.335	0.335	0.335	0.335	0.335	0.335	0.335	0.335
毛细管力	考虑	考虑	考虑	0	考虑				

2）水驱油特征

开展厚油层可视化模拟，了解驱油规律，物理模型（15cm×15cm）包括10个不同渗透率的模型：典型正韵律2个，复合正韵律6个，反韵律2个。驱替程序为：饱和水—饱和油—水驱（98%）—调剖（0.02~0.04PV）—注聚（0.3PV）—水驱（98%）—活性剂驱（0.2PV）—水驱（98%）（图2-5-26、图2-5-27）。

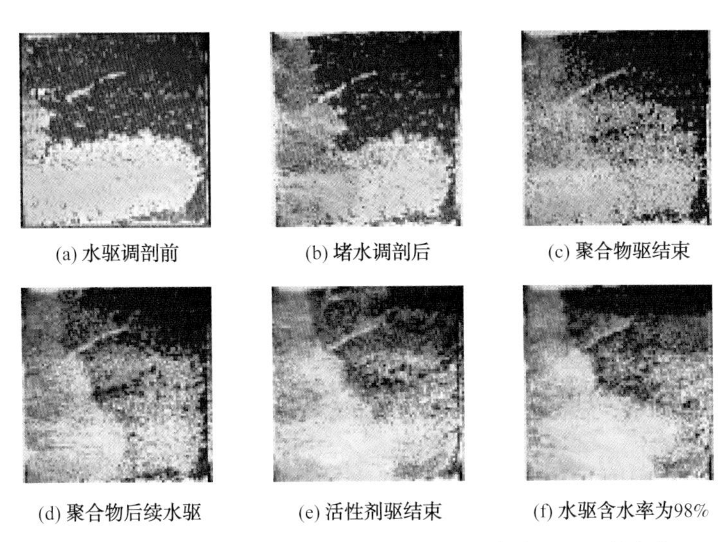

图2-5-26　标准正韵律模型不同驱油过程中波及面积的变化

可视化模拟结果表明：

（1）对正韵律油藏，高渗透层厚度不同对水驱开发效果影响较大，高渗透层较薄时，水驱波及系数明显降低，但在聚合物驱等三采技术应用后开发效果得到明显改善。从纵向上不同韵律层的饱和度变化来看，在水驱阶段（包括调剖）主要动用是中下部的高渗韵律段，顶部低渗韵律层基本处于未动用状态；聚合物驱等三采技术，能够提高顶部低渗韵律层的动用程度，但纵向动用程度依然存在差异。

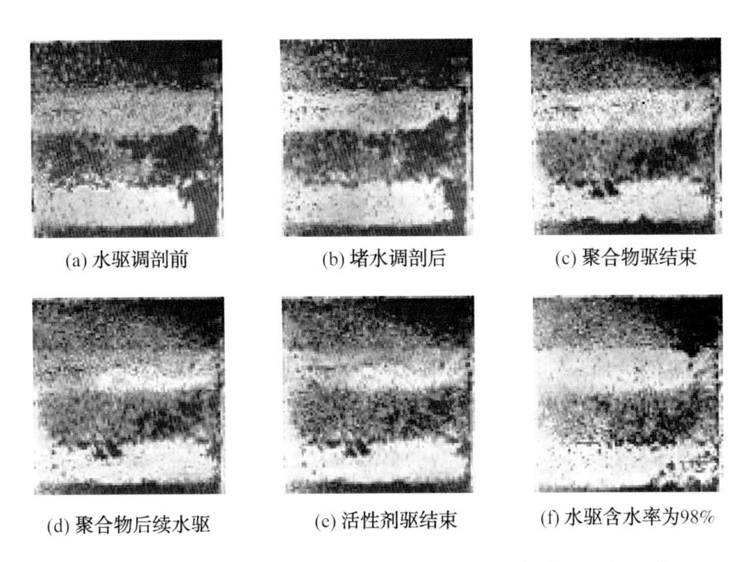

图2-5-27　复合正韵律模型不同驱油过程中波及面积变化

（2）对复合韵律油藏，夹层的存在能够有效地抑制重力作用造成的非活塞式驱替，聚合物驱等三采技术，能够在一定程度上改善纵向波及均衡程度，但层内动用程度仍存在差异。

（3）对反韵律油藏，高渗透层的厚度明显影响水驱开发效果，但是聚合物驱等三采措施能较大幅度提高采收率。

3）水驱油效率

反韵律类型厚油层开发效果好于正韵律类型。4种模型的开发效果（表2–5–6）表明，水驱开发过程中，标准正韵律水驱采收率最低，标准反韵律采收率最高，而复合反韵律模型的开发效果好于复合正韵律模型和标准正韵律模型。

表2–5–6　不同韵律组合形式模型采收率对比表

单位：%

模　　型	水驱结束	调剖及注聚后	再水驱结束	活性剂驱及水驱结束
标准正韵律1–1	41	66.3	71.4	76.6
复合正韵律5–1	42.9	71.2	77.3	83.2
标准反韵律1–2	45	64.3	66.2	77.2
复合反韵律5–2	44.7	64.1	69.2	70.8

在正韵律油层的水驱油过程中，当高渗透层见水时，中部渗透层水线只向前推进了0.12~0.15倍的模型距离，但是中渗透层靠近高渗透层部分已经水淹，顶部低渗透层只是向前推进了较小距离，水流几乎没有波及到。这导致正韵律水驱开采过程中，层间矛盾突出，底部水洗严重，水洗厚度小，强水洗段出现的早，强水洗厚度小，强水洗段平均驱油效率高，但是整体驱油效率不高（图2–5–28、图2–5–29）。

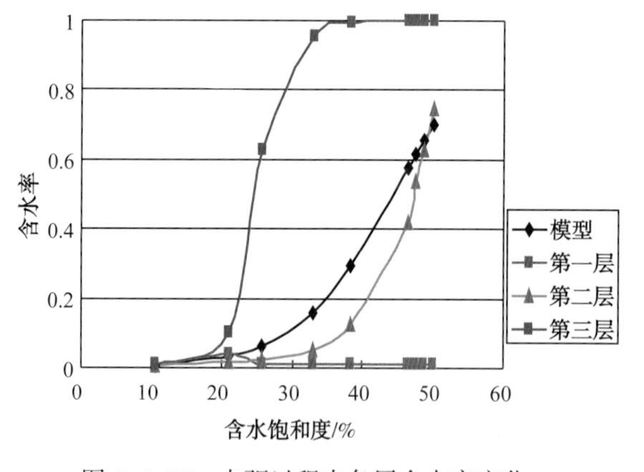

图2–5–28　水驱过程中各层含水率变化

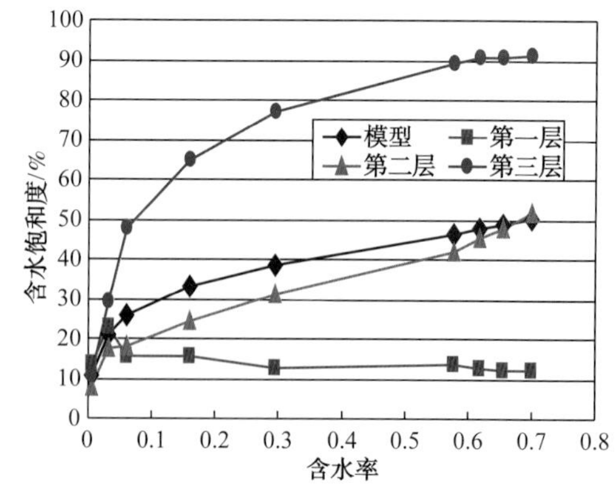

图2–5–29　水驱过程中各层含水饱和度变化

正韵律模型的高渗透层厚度越小，水驱效果越差。模型2–1中高渗透层的厚度为模型1–1中高渗透层厚度的一半（表2–5–7），高渗透层厚度减小，则正韵律油层底部存在的高渗透“条带”越窄，加剧了水线前沿沿底部高渗透层的推进，底部水淹速度加快，使整个模型的层间矛盾更加突出，水驱效果明显降低（图 2-5-30、图 2-5-31）。

表 2-5-7　模型参数

模型编号	渗透率分布	厚度分布	级差	隔层分布
模型 1-1	0.6:1.0:1.8	1:1:1	3	无
模型 2-1	0.6:1.0:1.8	5:5:2	3	无

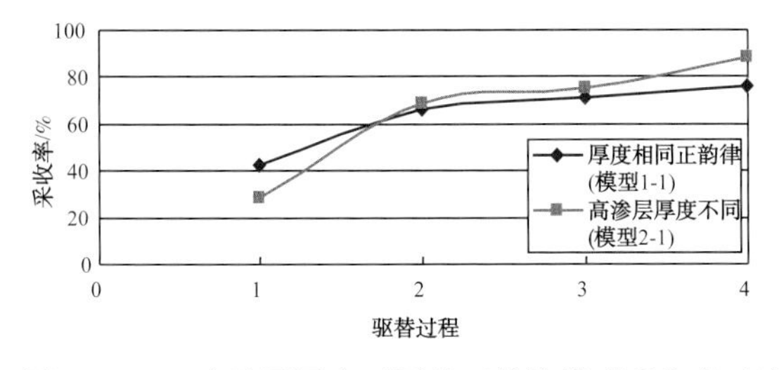

图 2-5-30　高渗层厚度不同的正韵律模型采收率对比

1—水驱结束时；2—调剖堵水及聚合物驱结束时；3—聚合物后续水驱结束时；4—活性剂驱结束时

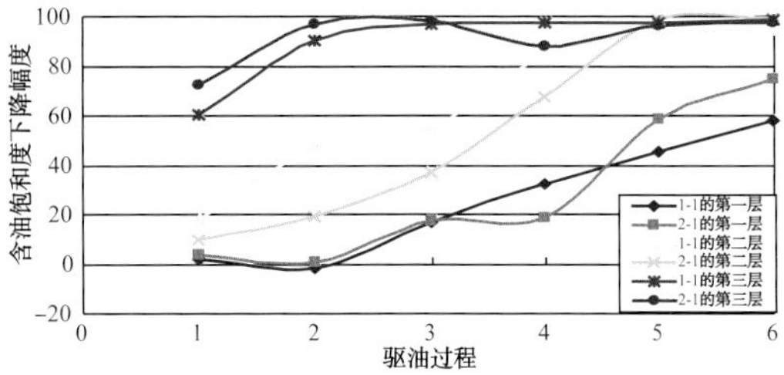

图 2-5-31　高渗层厚度不同对各个韵律层驱油效果的影响

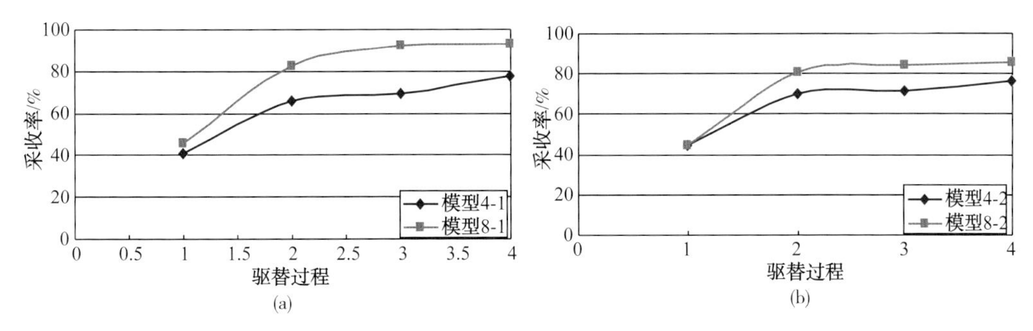

图 2-5-32　渗透率排列相同时有夹层与无夹层模型的采收率对比

对于复合韵律类型油藏，夹层的存在可以明显抑制由于重力作用引起的水线向底部指进，提高厚油层纵向波及程度，有效地改善顶部低渗透层的开发效果，这对于提高厚油层的采收率较为有效（图 2-5-32）。

二、水驱波及系数

根据水驱采收率的定义，波及体积为水侵入并达到残余油状态的油藏部分，显然采收率是一个极限值，或者说采收率是油藏完全达到极限废弃状态时的采出程度。由于开采经济性等各种原因，这个状态不可能真正达到。实际应用中，人们通常将油田处于开采的经济性较差时的采出程度视为这种开采方式的采收率，并用此采收率值估算波及系数。

如果油藏中水驱油为活塞式驱替，那么水侵入的区域即为残余油状态，水未侵入的区域仍为原始含油饱和度状态，但油藏中的实际水驱油过程并非活塞式，从开始侵入或者说侵入水需要达到一定体积倍数才能达到残余油状态。如果以达到残余油状态为依据作为波及体积，则测算出的采收率一定低于实际值，因为未达到残余油状态的部分对采收率也有贡献。如果将注入水刚侵入即作为波及体积，则测算的采收率高于实际值，因为注入水侵入后这部分体积中油并未达到残余油状态，其中的可动油并未完全采出。

事实上，水驱油藏生产的任何阶段都存在驱替相的波及问题，注入流体侵入即作为波及体积，只是驱出可动油的程度不同。由于油田实际驱替过程中受驱替流体性质、井网、储层非均质等因素的影响，即使均质油层，主流线上的驱油程度高，非主流线上的驱油程度也较低，油层各处的驱油程度均不相同，因此无论采收率公式还是采出程度公式，都表示油田开采的平均状态，公式的简约形式更方便油藏工程师估算波及系数，进一步筛选适宜的提高采收率方式。

宏观上实际水驱油藏可以看成一个在注入端注水，在出口端产油、产水的容器。由油藏实际产油、产水量，根据相对渗透率资料，可以确定油藏出口端含水饱和度及注水波及区平均含水饱和度。

由水驱油分流量方程，生产井出口端的含水率与出口端含水饱和度具有以下关系，其中系数 a、b 可由油、水相对渗透率曲线求出：

$$S_{we} = -\frac{1}{b}\ln\frac{\mu_o(1-f_w)}{a\,\mu_w f_w} = -\frac{1}{b}\ln\frac{\mu_r(1-f_w)}{a f_w} \tag{2-9}$$

当注入水波及区出口端含水饱和度为 S_{we} 时，可求出注入水波及区平均含水饱和度 S_{wa}：

$$S_{we} = S_{we} + \frac{1-f_w(S_{we})}{f'_{we}} \tag{2-10}$$

当前驱油程度为；

$$R_D = \frac{S_{wa} - S_{wc}}{1 - S_{wc}} \tag{2-11}$$

平均波及系数为：

$$E_P = \frac{R_E}{R_D} \tag{2-12}$$

实际应用中，通常将含水 98% 作为水驱采收率的最终界限，并以此采收率估算波及系数。无论油藏的非均质性如何，当含水达到 98% 时，部分油藏体积已实现高倍数水驱，而部分油藏体积尚未实现高倍数驱替。因此当采收率一定时，估算出的波及系数仅是宏观平均值，现场含水达到 98% 的油田，在不同油价下，经济效益差别较大。提高油田经济采收率是开发的永恒主题，要持续攻关完善低成本开发技术。

三、水驱剩余油富集机理及分布规律

对于同一油层而言，平面沉积微相差异对水驱油效率及剩余油的形成与分布有较强的控制作用。从河道砂岩平面建筑结构研究可知，砂体横向连通的复杂性和不同成因砂体储层物性的差异性。导致了平面渗流的差异，影响平面波及系数。下面假设存在主流相（河道、河道边缘）和侧缘相两种微相的情况，研究平面非均质对剩余油分布的影响。

1. 物性分割对剩余油的影响

为了使所建立的模型具有代表性，根据孤岛油田中一区 $Ng5^{1-4}$ 层系注采井网实际情况，建立概念模型。设计模型高渗透条带渗透率分别为 $1500 \times 10^{-3}\mu m^2$、$3000 \times 10^{-3}\mu m^2$、$5000 \times 10^{-3}\mu m^2$ 和 $8000 \times 10^{-3}\mu m^2$，低渗透条带渗透率为 $300 \times 10^{-3}\mu m^2$，网格模型采用角点网格系统，网格方向沿河道方向，纵向上设置一个层，平面网格划分为 50×50。数值模拟结果表明：

（1）主流相与侧缘相物性差异越大，侧缘相的剩余油饱和度越高，剩余油富集区越大。由于平面成因单元间侧向相变所导致的平面渗流能力的差异性，致使注入水发生绕流而形成水驱油的非均匀性。在横向连通的河道的注采开发过程中，注入水总是就近优先进入河道，并沿着高压力梯度方向顺河道突进，直到河道方向压力梯度变小，才向河道两侧扩展，致使侧缘沉积单元水驱状况差，剩余油饱和度较高。从渗透率级差为 5、10、50、100 的模拟结果来看，随主流相与侧缘相物性差异的增大，侧缘沉积单元储层水驱波及状况变差，当渗透率级差为 50 时，侧缘相剩余油饱和度接近原始含油饱和度（图 2–5–33）。

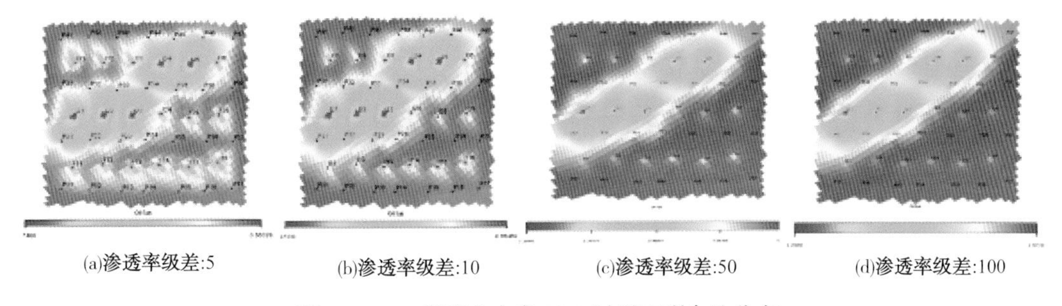
(a)渗透率级差:5　(b)渗透率级差:10　(c)渗透率级差:50　(d)渗透率级差:100

图 2–5–33　模型含水率 92% 时平面剩余油分布

（2）侧缘相剩余油富集区随主流相含水率升高而减，但仍有局部剩余油富集区。当主流相平均渗透率为 $1500 \times 10^{-3}\mu m^2$、级差为 5 时，随着含水率的升高或注入倍数的增加，侧缘相的波及体积逐渐增大，但即使在特高含水情况下平面上仍存在一些局部剩余油富集区（图 2–5–34）。

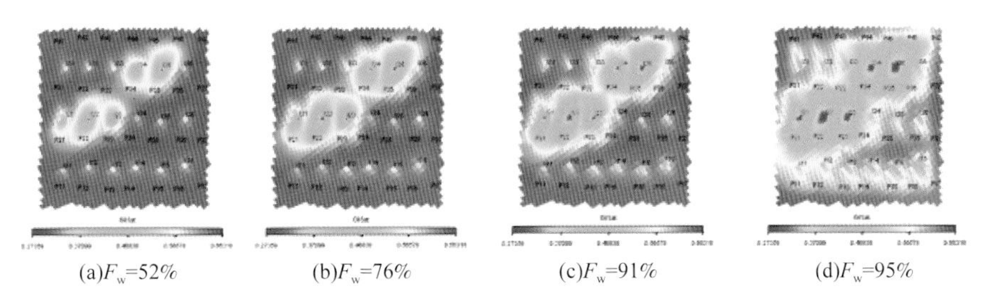
(a)F_w=52%　(b)F_w=76%　(c)F_w=91%　(d)F_w=95%

图 2–5–34　渗透率级差为 5 时平面剩余油分布

2. 夹层对剩余油富集的影响

矿场资料证实，夹层发育靠近厚油层顶部时，在顶部形成剩余油富集区（段）；夹层发育在厚油层中部时，剩余油呈多段相对富集特征。

受层内非渗透隔夹层控制，注入水未波及部分剩余油饱和度较高，如孤岛油田中一区注聚后密闭取芯井中 12–J411 曲流河沉积的厚油层 4^4 层（13.7m）分为 $Ng4^{41}$、$Ng4^{42}$、$Ng\ 4^{43}$ 三个时间沉积单元，$Ng4^{41}$ 与 $Ng4^{42}$、$Ng4^{42}$ 与 $Ng4^{43}$ 之间有一岩性夹层（图 2–5–

35），导致层内水洗程度有见水、水洗、强水洗，水淹状况差异较大，驱油效率最低只有25.2%，最高达62.6%。层内纵向总体呈复杂正韵律特征，渗透率自下向上变低，尽管该井周围油水井 $Ng4^4$ 层只射开油层上部，但层内自下向上仍呈现驱油效率变低、剩余油饱和度变高的趋势，油层上部剩余油富集（图2-5-36）。

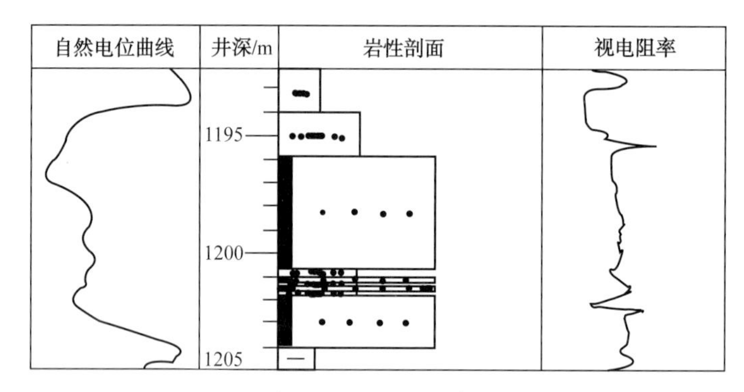

图2-5-35　中12-J411井馆 4^4 小层岩性剖面

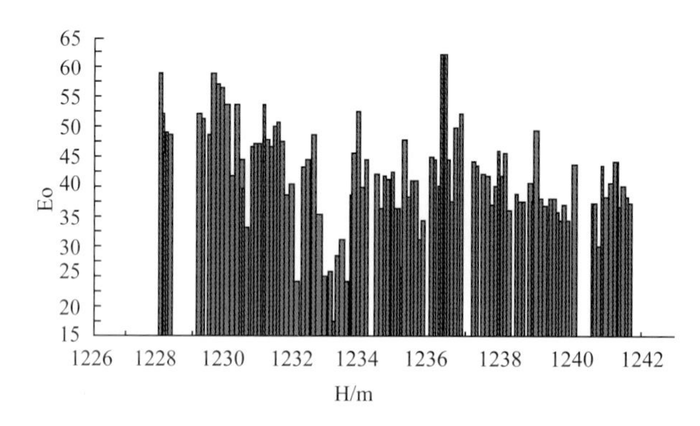

图2-5-36　中12-J411井 4^4 剩余油饱和度分布图

如中二中七点法面积井网中心油井附近的取芯井中30-J18井，$Ng3^5$ 层由不同成因砂体叠置而成，在油层中部附近存在0.4m泥质夹层，纵向上层内总体呈复杂正韵律特征，由于受层内渗透性差异影响，其水淹特征呈现多段水洗，且水洗强度与油层物性联系紧密，剩余油呈分段富集特征（图2-5-37）。

如在中一区 $Ng5^3$ 不同沉积时间单元间夹层较发育区域，相邻油井电测曲线对比（图2-5-38）显示，$Ng5^3$ 层老井底部感应值在50~100ms/m，新井底部感应值在150~300ms/m，底部电导率曲线发生了明显的偏移，而且发生偏移的部位正好是泥质夹层所在的部位，说明夹层的存在确实影响了层内的非均质性，由于夹层的遮挡，导致夹层上部水驱效率低，水淹程度较低，剩余油饱和度相对较高。

另外，从中一区 $Ng5^3$ 单元1997~2002年28口厚油层新老对子井多功能解释资料统计看（表2-5-8），不同成因砂体之间层内夹层发育部位，$Ng5^{31}$ 与 $Ng5^{32}$ 原始含油饱和度相近，但 $Ng5^{31}$ 目前含油饱和度比 $Ng5^{32}$ 高21.2%，$Ng5^{31}$ 驱油效率比 $Ng5^{32}$ 低34.0%。

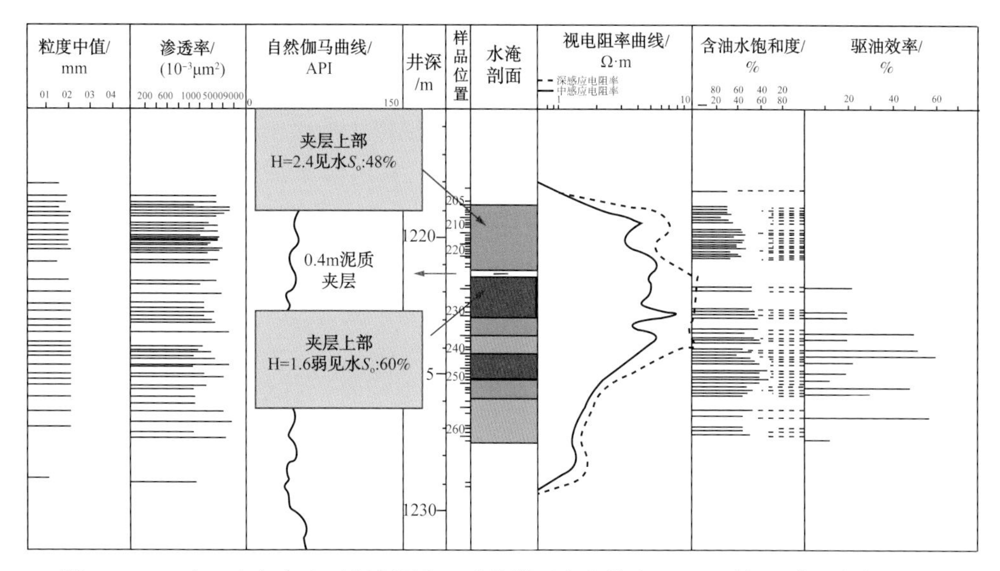

图 2-5-37　中二中七点法面积井网中心油井附近取芯井中 30-J18 井 $Ng3^5$ 层综合分析图

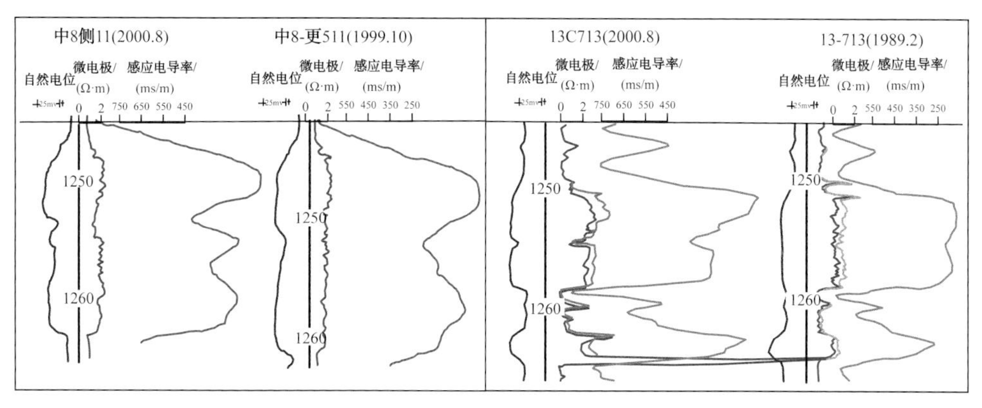

图 2-5-38　邻井电测曲线剖面对比

表 2-5-8　厚油层新老对子井多功能解释资料统计表

层　位	原始含油饱和度 /%	目前含油饱和度 /%	驱油效率 /%
$Ng5^{31}$	63.7	48.9	23.2
$Ng5^{32}$	64.9	27.7	57.3
合计		21.2	–34

数值模拟研究表明，特高含水期厚油层层内夹层仍能分割较多剩余油，并形成剩余油富集区（段）。

针对孤岛油田中一区 $Ng5^{1-4}$ 层系建立概念模型，在平面网格模型划分时，为保证井点位于网格块中心，X 方向采用不等距网格步长，生产井所在网格及边部两列网格步长为 40m，其他网格为 32m，Y 方向网格步长为 40m。网格模型对夹层做简化处理，即夹层厚度为零，仅起阻碍流体纵向上的流动作用。厚油层纵向为正韵律，分为 6 个韵律段，渗透率取值为 $300\times10^{-3}\mu m^2$、$1000\times10^{-3}\mu m^2$、$3000\times10^{-3}\mu m^2$、$5000\times10^{-3}\mu m^2$、$8000\times10^{-3}\mu m^2$ 和 $15000\times10^{-3}\mu m^2$。

根据研究的需要，设计了以下模拟方案：垂向夹层位于油层中上部（油层厚度 1/3 处）、夹层位于油层中下部（油层厚度 2/3 处）、两条平行夹层位于油层厚度 1/3 和 2/3 处来研究不同情况下剩余油富集区的位置、富集程度及夹层分割规模与剩余油的定量关系。

通过对概念模型的模拟，得出两点认识：一是特高含水期夹层仍能分割较多剩余油，并形成剩余油富集区。为了揭示夹层对剩余油的富集控制作用，分别模拟了正韵律厚油层层内无夹层和夹层位于正韵律油层 1/3 处的两个对比方案，从模型含水率 90% 时两个方案纵向各韵律段含油饱和度分布来看，在层内无夹层时，只是正韵律油层上部油井排附近剩余油饱和度较高，平面上沿油井排呈窄条带；当夹层位于厚油层 1/3 处时，即使在特高含水期正韵律油层上部平面上仍然形成剩余油富集区，纵向上形成剩余油的富集段（图 2-5-39、图 2-5-40）。

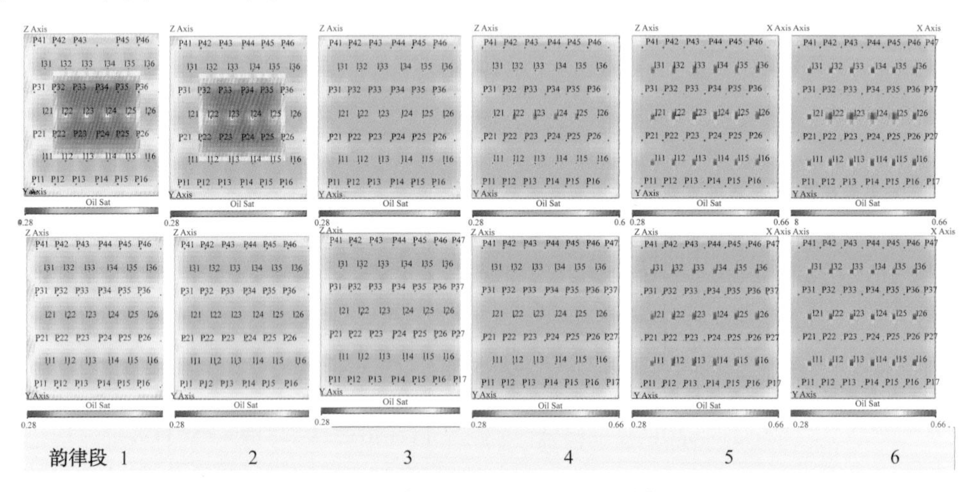

图 2-5-39　含水率 90% 时含油饱和度分布对比图

夹层位于正韵律油层 2/3 厚度处，模型含水率 90% 时，在特高含水期由于夹层分割作用在夹层上部韵律段也能形成剩余油富集区，但与夹层位于油层厚度 1/3 处对比，富集区面积减小，剩余油饱和度降低（图 2-5-41）。

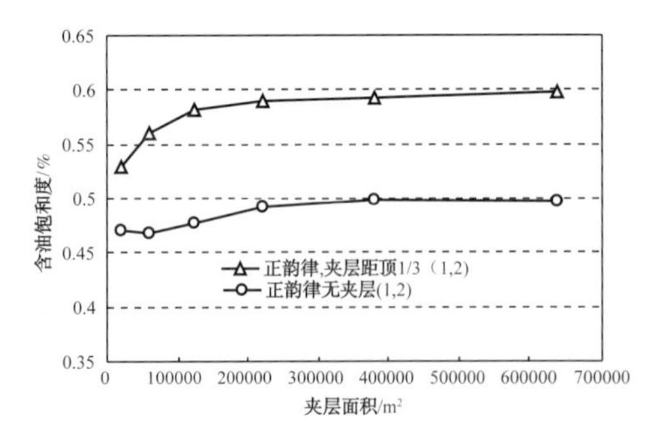

图 2-5-40　夹层距顶 1/3 处分割区含油饱和度与夹层面积关系

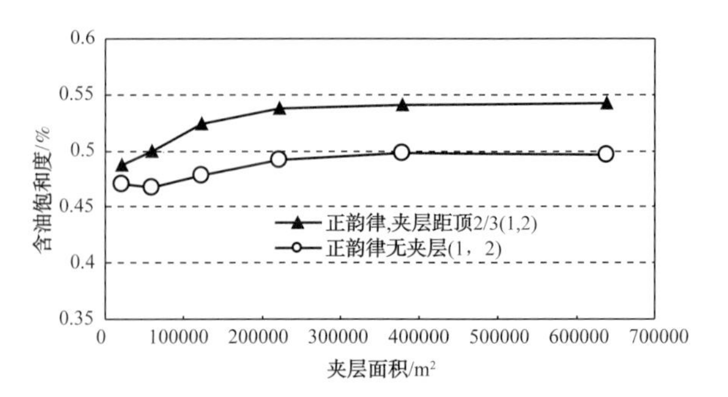

图 2-5-41　夹层距顶 2/3 处分割区含油饱和度与夹层面积关系

两夹层位于正韵律油层 1/3、2/3 厚度处，模型含水率 90% 时，特高含水期正韵律夹层封堵剩余油富集区仍然位于夹层最上部韵律段，两夹层之间剩余油相对并不富集（图 2–5–42）。

二是夹层面积越大，夹层分割形成的剩余油越多。从不同夹层分割面积对剩余油富集控制情况看，当正韵律厚油层夹层位于 1/3 处，且夹层面积大于 $200 \times 150m^2$，即无因次比值大于 0.75 时，分割的剩余油富集区的可采储量大于 5000t（图 2–5–43），具有经济开采价值。

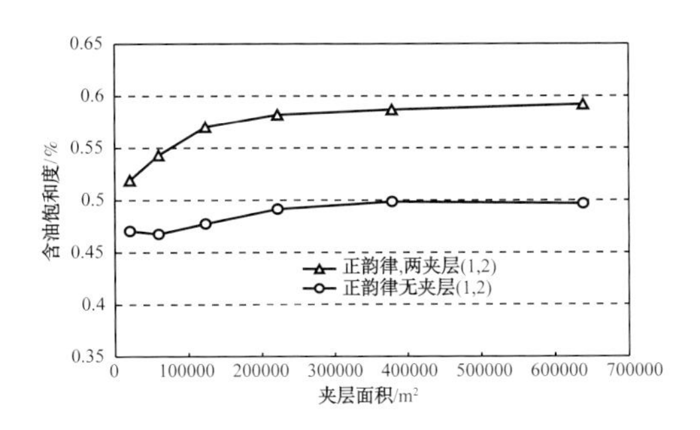

图 2–5–42　两夹层分割区含油饱和度与夹层面积关系

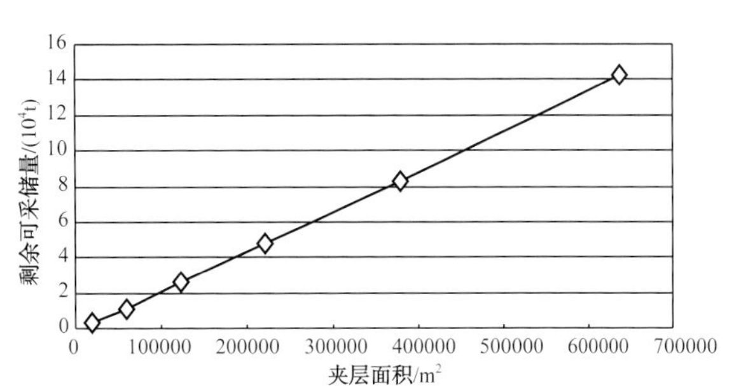

图 2–5–43　夹层距顶 1/3 处顶部两个韵律段分割剩余油可采储量与夹层面积关系

3. 注采井网对剩余油的影响

1）正韵律厚油层井排间剩余油

矿场资料证实正韵律厚油层井排间油层上部形成一个“箕状”剩余油富集区。

由于受注采井网的影响，总体上看，下分流线水洗较弱，剩余油相对富集；主流线驱油效率高，水洗较强。如中 25J5 井密闭取芯资料分析表明：分流线 $Ng4^4$（含水 90.0%）平均驱油效率为 43.8%，比孔渗条件基本相似的主流线 $Ng3^3$~$Ng4^2$（含水 89.5%）平均驱油效率（47.3%）低 3.5%；主流线上 $Ng3^3$ 正韵律油层上部剩余油饱和度 45.1%，平均驱油效率 34.3%，而底部剩余油饱和度 37.2%，平均驱油效率 46.0%。表明尽管受到注采井网的影响，主流线总体水淹严重，但在正韵律油层聚合物驱后油层上部仍有剩余油存在。

以中一区 Ng5 单元为例，$Ng5^3$ 为正韵律厚油层沉积，其上部的 $Ng5^{31}$ 层平面采用行列式注采井网，主流线水淹严重，由于油水井间排距较大，受水驱波及体积所限，平面剩余油主要富集于低含水油井排和油水井排间。从水井排—油井排—水井排剖面上看，$Ng5^{31}$ 注水井排含油饱和度已低于 35%，油水井排间和油井排低含水井附近油层顶部含油饱和度较高，一般为 45.0%~58.1%。中一区 $Ng5^3$ 层不同井排更新井电阻率测井曲线对比表明，油井排更新井、外层系排间更新井、水井排更新井水淹程度程度依次增强（图 2–5–44），水淹厚度呈现从注水井排到油井排逐渐降低的“箕状”分布（图 2–5–45）。

2）正韵律厚油层底部水淹

数值模拟研究表明，正韵律厚油层底部基本水淹，顶部剩余油富集。将中一区 $Ng5^3$ 水平井区网格划分为 $48 \times 29 \times 30=41760$，纵向分 30 层，每个模拟层对应 1 个油层，平面网格步长为 30m。

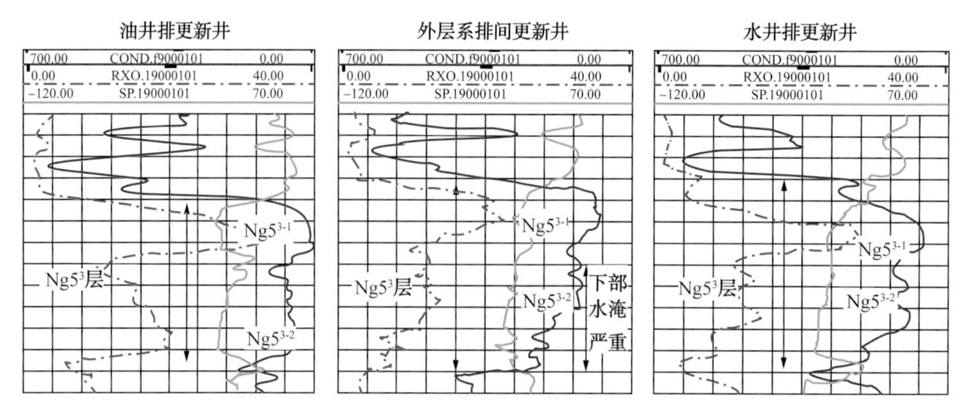

图 2-5-44　中一区 $Ng5^3$ 层不同井排更新井电阻率测井曲线对比

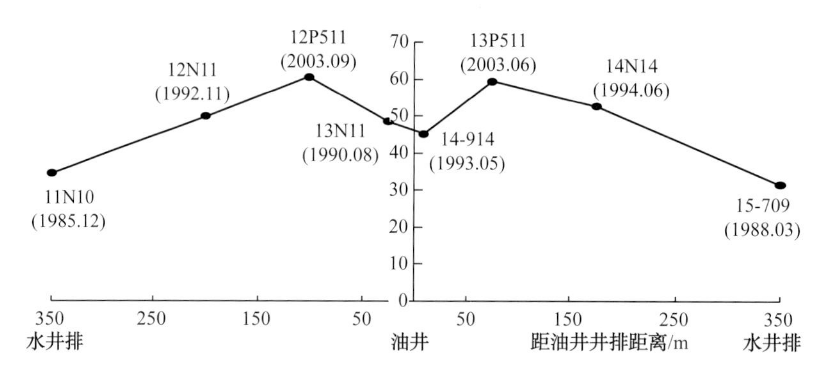

图 2-5-45　中一区 $Ng5^{31}$ 井间剩余油厚度剖面图

从夹层发育的水平井区的含油饱和度纵向分布来看，厚油层底部基本水淹，$Ng5^{32}$ 比 $Ng5^{31}$ 水淹严重，形成油层顶部多个剩余油富集段（图 2-5-46）。

3）注采井射开程度对剩余油的影响

（1）辨状河平行层面夹层、不同射开程度对剩余油富集的影响。

辫状河沉积的中一区 Ng5-6 单元层内夹层产状平行于层面，以孤岛油田中一区 $Ng5^3$ 为例建立概念模型，利用数值模拟技术来研究厚油层层内夹层的平面位置、垂向位置、延伸规模、油水井射孔方式与剩余油富集区的定量关系。

模拟区为一个五点法井组的四分之一，井距为 200m，心滩砂体厚度 9.9m，垂向渗透率分布为正韵律，平均 $1000\times10^{-3}\mu m^2$，纵向设计 11 个韵律段，从顶到底的渗透率依次为 $100\times10^{-3}\mu m^2$、$200\times10^{-3}\mu m^2$、$500\times10^{-3}\mu m^2$、$700\times10^{-3}\mu m^2$、$900\times10^{-3}\mu m^2$、$1100\times10^{-3}\mu m^2$、$200\times10^{-3}\mu m^2$、$1400\times10^{-3}\mu m^2$、$1600\times10^{-3}\mu m^2$、$1800\times10^{-3}\mu m^2$ 和 $2000\times10^{-3}\mu m^2$。模拟采用均匀的矩形网格，网格划分为 $20\times20\times11$；原始地层压力为 12.35MPa，泡点压力为 9.5MPa，单井日产液 80t/d，单井日注水 $80m^3/d$；原始含油饱和度为 65%；相渗曲线、PVT 性质及其他基础参数均借用孤岛油田中一区 Ng5 资料；层内设计一个夹层，夹层厚度为 0.5m，垂向上位于油层中部。根据研究夹层所处平面位置、油水井射开井段的需要，设计了 3 种夹层类型、4 种射孔方式的 12 个模拟方案（表 2-5-9）。

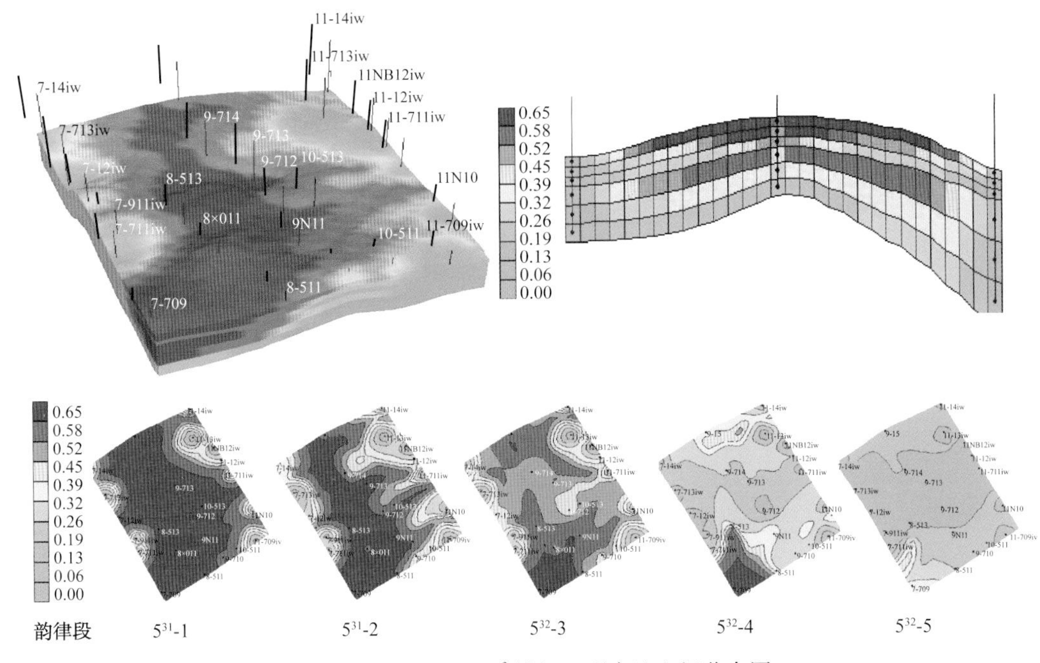

图 2-5-46　中一区 $Ng5^3$ 模拟区剩余油空间分布图

表 2-5-9　平行层面夹层模型设计

注采井与夹层的关系			注采井射孔方式
A	A1	夹层仅被注水井钻遇	注采井全射孔
	A2		注水井中上部射孔，采油井全射孔
	A3		注水井全射孔，采油井中上部射孔
	A4		注采井中上部射孔
B	B1	夹层仅被采油井钻遇	注采井中上部射孔
	B2		注水井中上部射孔，采油井全射孔
	B3		注水井全射孔，采油井中上部射孔
	B4		注采井全射孔
C	C1	夹层位于注水井、采油井之间	注水井中上部射孔，采油井全射孔
	C2		注采井中上部射孔
	C3		注采井全射孔
	C4		采油井中上部射孔，注水井全射孔

数值模拟结果表明，在含水率达到 98% 时，由于平行层面夹层的存在，厚油层层内仍能分割、封堵一定程度的剩余油，并形成剩余油富集区（段），但剩余油富集区的大小、数量及分布位置受夹层平面位置、油水井射孔方式的控制。下面分 A、B、C 三大类对模拟结果进行分析。

A1：水驱效果比较好，剩余油较少，而且剩余油饱和度比较低，主要在采油井附近，剩余油饱和度在 35%~50%[图 2-5-47（a）]。

A2：夹层具明显隔挡作用，上部注入水无法波及到下部油层，夹层下部剩余油富积[图2-5-48（b）]。

A3：与A1较类似，水驱效果比较好，剩余油较少，剩余油滞留带饱和度较低，主要在采油井附近，而且下部剩余油较上部略高[图2-5-48（c）]。

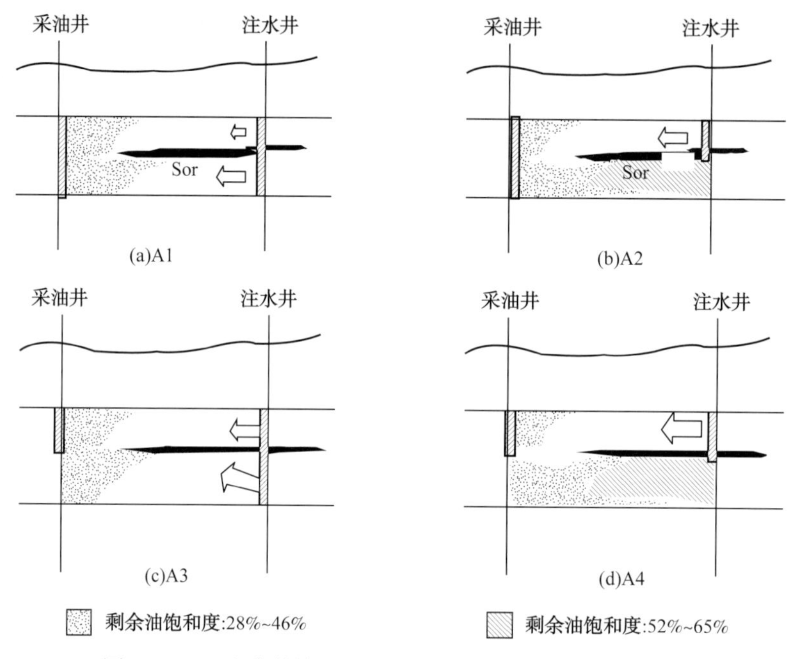

图2-5-47　注水井钻遇平行夹层对剩余油分布的控制作用

A4：与A2较类似，不同之处在于夹层下部剩余油饱和度略高[图2-5-48（d）]。

B1：由于夹层的隔挡作用，剩余油主要富集在远离注水井的夹层下部[图2-5-49（a）]。

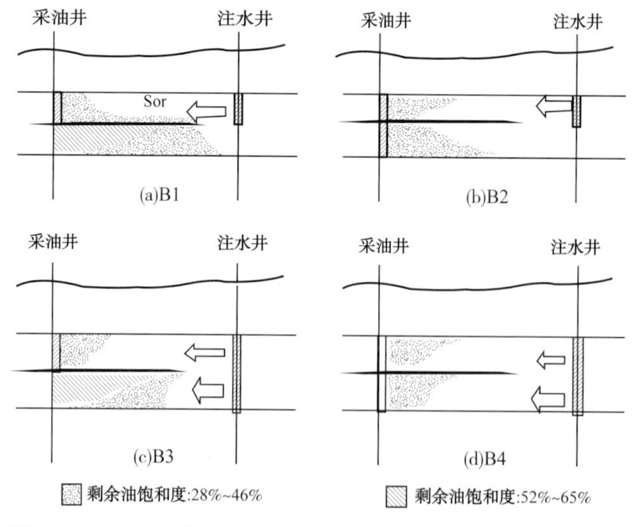

图2-5-48　油井钻遇平行层面夹层对剩余油分布的控制作用

B2：由于水的重力作用，在靠近注水井部位水驱效果较好，剩余油较少，但夹层的阻挡作用还是使下部剩余油更富集[图2-5-49（b）]。

B3：由于平行夹层的隔挡作用，下部油层无法采出造成剩余油富集 [图 2-5-49（c）]。

B4：水驱效果比较好，剩余油较少，而且剩余油滞留带饱和度比较低，主要在采油井附近 [图 2-5-49（d）]。

C：由于夹层处于注水井、采油井之间，对注水井水驱效率影响较小，四种模型水驱后剩余油分布模式相近，均分布在采油井附近，但 C2 模型在靠近采油井附近剩余油更多一些（图 2-5-49）。

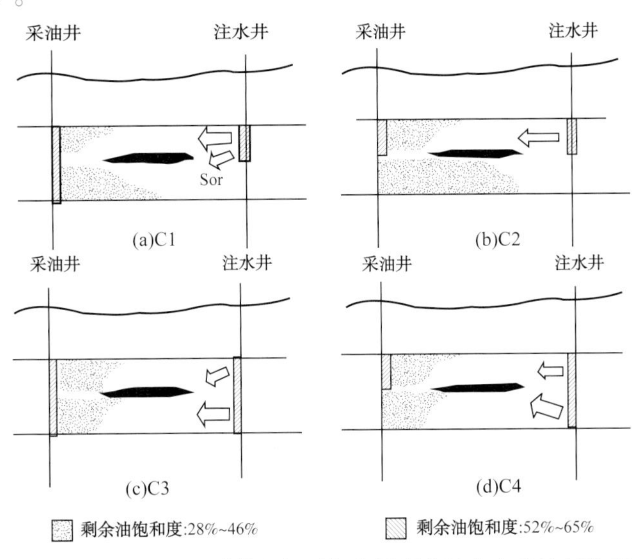

图 2-5-49　位于注采井之间平行夹层剩余油分布的控制作用

综上所述，夹层对剩余油的分布具有控制作用，但各种模型的控制作用大小存在一定区别。总的来看，夹层位于注水井和采油井中间对剩余油的控制作用最小；如果只有注水井钻遇夹层，而且注水井只在夹层以上部位射孔注水，则夹层对剩余油的分布影响最大。

（2）曲流河斜交层面夹层注水方向对剩余油富集的影响。

曲流河沉积的中一区 Ng3-4 层内夹层产状主要以斜交层面夹层为主。以中一区 $Ng4^4$ 为例建立概念模型，利用数值模拟技术来研究斜交夹层对剩余油控制机理。

地质模型为曲流河点坝（图 2-5-50），由三个侧积体组成，其间分布两个斜交泥质夹层（侧积层），厚度 0.5m，泥质侧积层分布于点坝中上部，点坝砂体厚度 8m，构造深度 1220m。模拟区为五点法井组的四分之一，井距为 200m。点坝砂体垂向渗透率，平均 $1000\times10^{-3}\mu m^2$，纵向设计 11 个韵律段，从顶到底渗透率依次为：$100\times10^{-3}\mu m^2$、$200\times10^{-3}\mu m^2$、$500\times10^{-3}\mu m^2$、$700\times10^{-3}\mu m^2$、$900\times10^{-3}\mu m^2$、$1100\times10^{-3}\mu m^2$、$1200\times10^{-3}\mu m^2$、$1400\times10^{-3}\mu m^2$、$1600\times10^{-3}\mu m^2$、$1800\times10^{-3}\mu m^2$ 和 $2000\times10^{-3}\mu m^2$。

模拟采用均匀的矩形网格，网格划分为 22×22×22，原始地层压力为 13MPa，泡点压力为 9MPa，单井日产液 120t/d，单井日注水 $120m^3/d$，原始含油饱和度为 65%，相渗曲线、PVT 性质及其他基础参数均借用孤岛油田中一区 Ng4 资料。根据研究夹层所处位置、油水井射开井段和注采井网组合的需要，设计了 3 种夹层类型、4 种射孔方式、2 种注水方式的 24 个模拟方案。

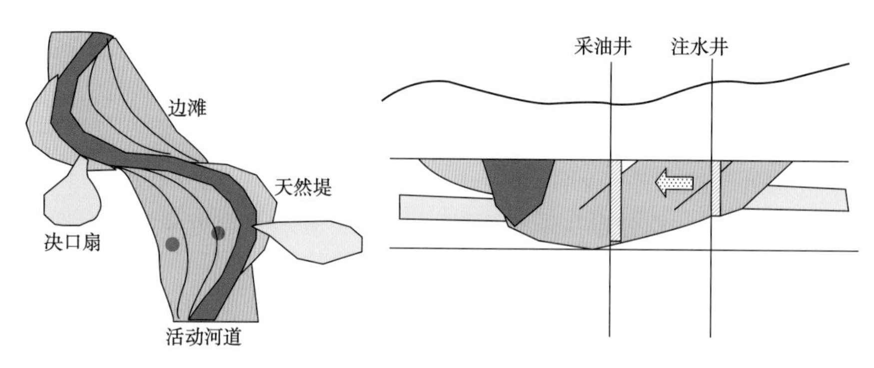

图 2-5-50　点坝侧积体概念模型

夹层位置分为三种方式：一个夹层被注水（采油）井钻遇，另一个夹层位于井间（A、A′类）；两个夹层均处于井间（B、B′类）；一个夹层被采油（注水）井钻遇，另一个夹层位于井间（C、C′类）。

对于每种形态，设置四种射孔方式：注采井全射孔；注水井全射孔，采油井中下部射孔；注水井中下部射孔，采油井全射孔；注采井中下部射孔。

注采井网组合设计两种：其中 A、B、C 大类为注水井顺夹层倾角注水，A′、B′、C′大类为注水井逆夹层倾角注水。

油藏数值模拟研究得出三点认识：

（1）水驱至极限含水时，点坝内侧积层仍能封堵较多剩余油，并形成剩余油富集区。从不同方案的数模结果来看，含水率 98%、存在泥质侧积层的情况下，注入水仅波及河道砂体的中下部，可动剩余油大量地滞留于被斜夹层遮挡、注入水未能波及到的储层中上部，绝大多数方案的采收率小于 42.0%，点坝内仍滞留 30% 左右的可动剩余油，并在靠近采油井和夹层遮挡的储层中上部形成剩余油富集区（图 2-5-51、图 2-5-52、表 2-5-10）。

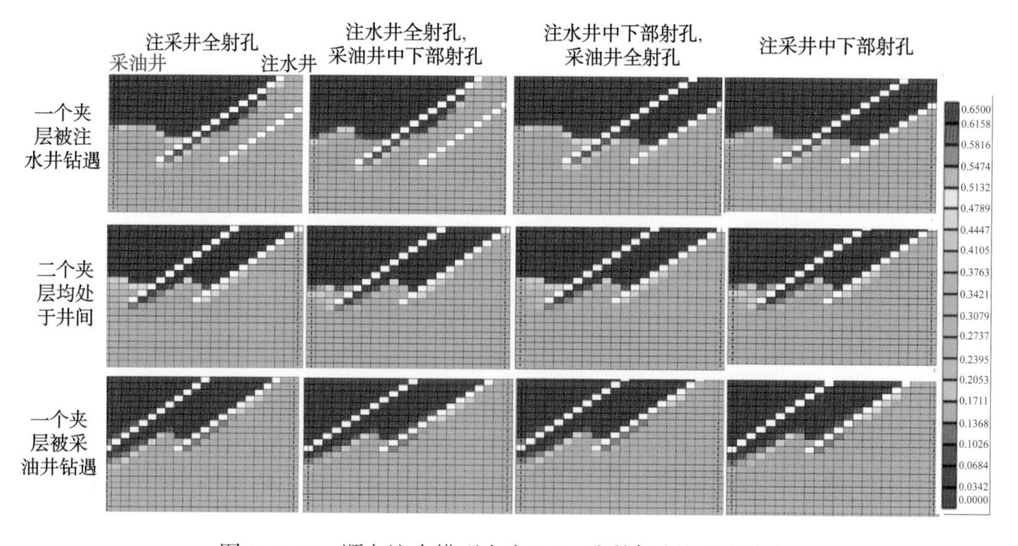

图 2-5-51　顺向注水模型含水 98% 时剩余油饱和度分布

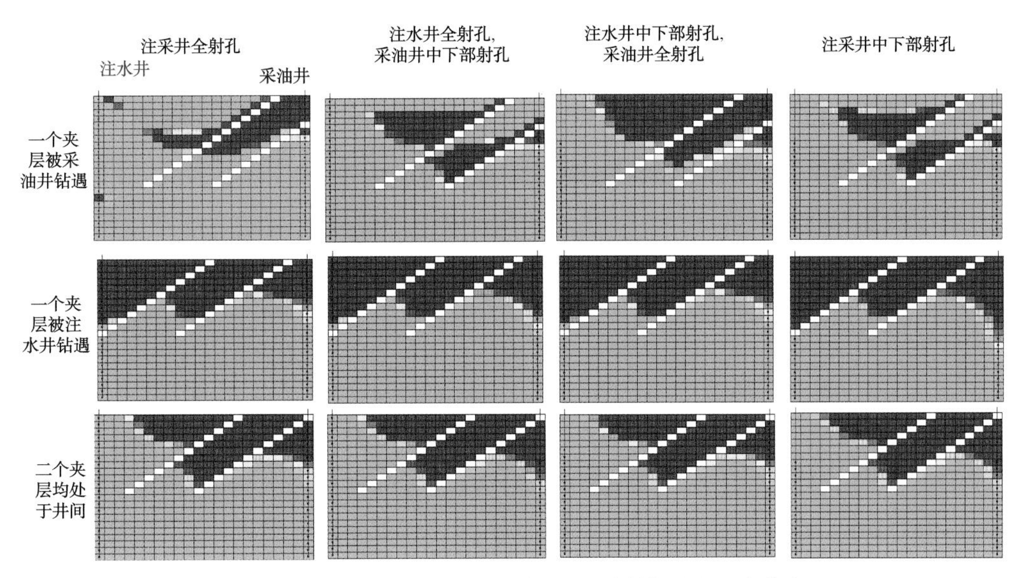

图 2-5-52　逆向注水模型含水 98% 时剩余油饱和度分布

（2）夹层的延伸方向与注采井网组合形式对剩余油富集区的影响较大。对顺夹层和逆夹层注水的两种结果比较，逆着夹层注水模型的波及系数和采收率略大于顺夹层注水的波及系数和采收率，尤其是在采油井钻遇夹层的情况下（注水井中下部射孔、采油井全射孔除外），其波及系数达到 83%，采收率高达 46%，这也是 24 个方案中剩余油最不富集的。

表 2-5-10　点坝侧积体模型设计及模拟结果

注采井与夹层关系			注采井射孔方式	含水率 / %	A、B、C		A′、B′、C′	
					波及系数 /%	采收率 / %	波及系数 /%	采收率 /%
A(A′)	A（A′）1	一个夹层仅被注水（采油）井钻遇	注采井全射孔	98	69.4	40.8	86.8	47.6
	A（A′）2		注水井全射孔，采油井中下部射孔	98	69.8	40.7	83.9	46.0
	A（A′）3		注水井中下部射孔，采油井全射孔	98	59.7	38.3	69.4	38.3
	A（A′）4		注采井中下部射孔	98	58.1	38.1	83.6	46.4
B(B′)	B（B′）1	二个夹层均处于井间	注采井全射孔	98	67.8	41.5	78.3	41.0
	B（B′）2		注水井全射孔，采油井中下部射孔	98	66.0	41.2	78.1	40.9
	B（B′）3		注水井中下部射孔，采油井全射孔	98	67.8	41.5	78.2	41.0
	B（B′）4		注采井中下部射孔	98	66.9	41.2	78.1	40.8
C(C′)	C（C′）1	一个夹层仅被采油（注水）井钻遇	注采井全射孔	98	67.1	40.3	69.8	40.5
	C（C′）2		注水井全射孔，采油井中下部射孔	98	68.3	40.1	69.0	40.4
	C（C′）3		注水井中下部射孔，采油井全射孔	98	68.2	40.2	69.8	40.5
	C（C′）4		注采井中下部射孔	98	67.9	40.1	68.6	40.1

（3）从注采井射孔方式来看，存在泥质侧积层的情况下，注水井射孔方式对采收率的影响较大。当注水井钻遇夹层，另一个夹层位于注采井之间时，油井射开情况不同，剩余油所处的位置与数量也不同。其中，油水井均只射开夹层上部驱油效果较差，剩余油较多，而油井射开夹层上部、水井全射时驱油效果较好。

4. 砂体相变对剩余油的影响

在由不同成因砂体组合形成的大连通体内，由于不同成因砂体的物性差异以及同一成因砂体中心区与边部物性的差异，注入水驱替不均衡，注入水总是就近优先进入高渗的河道，并沿着高压力梯度方向顺河道突进，直到河道方向压力梯度变小，才向河道两侧扩展，致使溢岸沉积单元储层水驱状况差、剩余油饱和度较高。从不同成因单砂体来看，主河道水淹严重，河道边缘、决口水道等河间成因的小型、孤立油砂体水淹相对较弱，剩余油相对富集（图 2–5–53）。

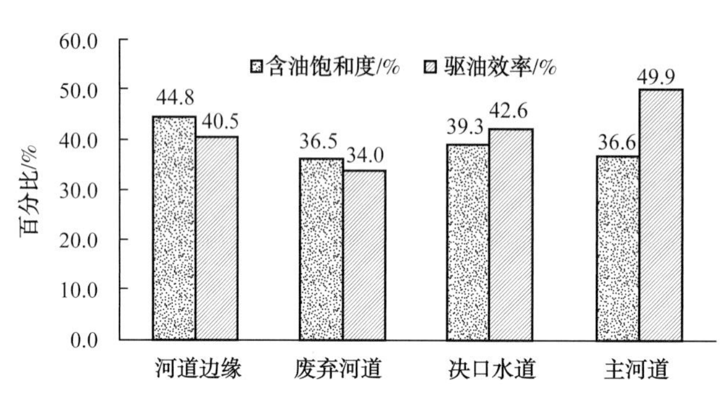

图 2–5–53　各成因砂体含油饱和度 – 驱油效率图

从河流走向看，河流相储层高渗区主要集中于砂体中央近下部的点坝相，由于河道砂体内流体沿走向的优势渗流趋势，各点坝体凸侧外缘剩余油相对富集。中一区 21 口新钻井资料统计表明，点坝体凸侧外缘剩余油饱和度 42.0%，平均驱油效率 39.3%，河道中心区剩余油饱和度 36.6%，平均驱油效率 49.9%。由于沿河道砂走向砂体一般由多个同类型成因砂体与不同成因砂体拼合而成，其间常有废弃期泥岩楔斜向分布，造成成因砂体拼合部位水淹较轻。

5. 微型构造对剩余油的影响

在井网条件和其他地质条件相似的情况下，分析不同的微型构造模式对剩余油分布的控制作用。综合应用单层生产数据、测井解释剩余油饱和度及油藏数值模拟预测剩余油饱和度，分析剩余油富集规律与微型构造组合模式之间的内在联系。

通过实际生产资料验证及数模预测，在微型构造配置模式中，顶凸底平型为剩余油富集区，顶平底凸型次之，双凸型也是剩余油相对富集区，顶凹底平型油井生产情况差，水淹程度较高，双凹型是水淹程度最高的微型构造配置模式（表 2–5–11）。

表 2–5–11　孤岛油田中一区主要微型构造模式生产情况统计表

类　型	顶凸底平型	顶平底凸型	顶底双凸型	顶凹底平型	顶底双凹型	顶平底沟槽型
个数 / 个	50	41	65	41	43	145
实际生产累积水油比	7.84	10.95	12.24	14.46	15.96	13.91
储量丰度 /（10^4t/km^2）	4.8	4.5	4.2	3.3	3	3.7
剩余油饱和度 /%	49.3	47.5	44.6	40	37.5	42.1

6. 低序级断层对剩余油的影响

断层分割控油是指因封闭性断层的遮挡作用而在断层附近形成剩余油富集区的控油方式，建立了四种断层分割控油模式（图 2-5-54）：断棱分割、交叉夹角分割、平行夹持分割和微小断块分割。

（1）断棱分割控油是指在三级断层断棱附近或弧形段形成剩余油富集，尤其是断层应力转换处更是剩余油富集区。

（2）交叉夹角分割控油是指在两组断层的夹角部位为构造高部位，往往不能实现有效水驱，从而形成剩余油富集。

（3）平行夹持分割控油是指两条平行断层夹持地区形成剩余油富集。

（4）微小断块分割控油是指在复杂断块区低序级断层控制的小断块中剩余油相对富集。

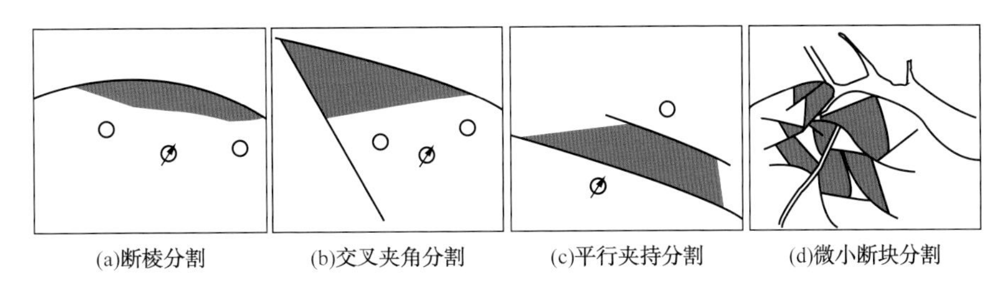

图 2-5-54 断层分割剩余油模式

物理模拟研究表明：无论是均质、正韵律或反韵律储层模型，低序级断层均控制着剩余油的分布，并能形成剩余油富集区（图 2-5-55）。

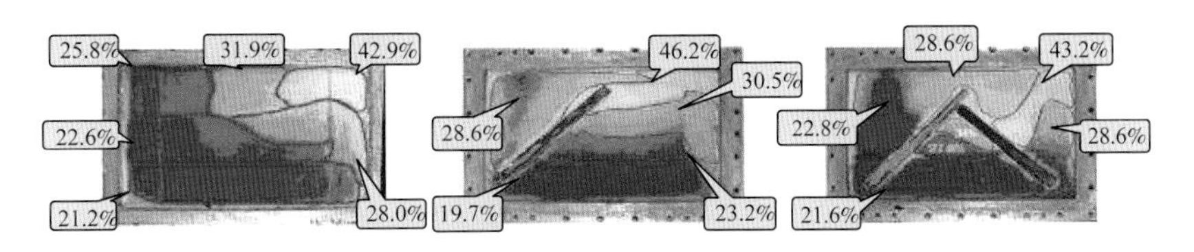

图 2-5-55 正韵律砂层中断层分割与剩余油饱和度分布

注水速率 4mL/min，蓝色为含水，颜色越浓表示水饱和度越高，白色为含油，颜色越淡表示油饱和度越高

精细数值模拟研究表明：在均质、正韵律或反韵律储量模型，低序级断层封堵均能形成剩余油富集区（图 2-5-56），且断层封闭长度越长，分割形成的剩余油富集区的储量越大（图 2-5-57），建立了不同类型断层分割控油的定量预测模型（表 2-5-12）。

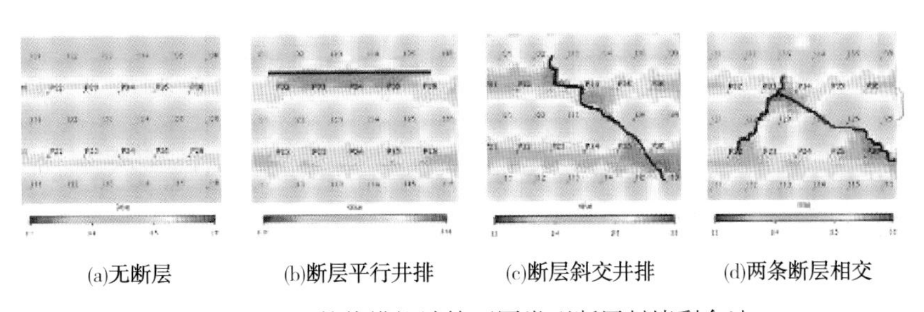

图 2-5-56 数值模拟计算不同类型断层封堵剩余油

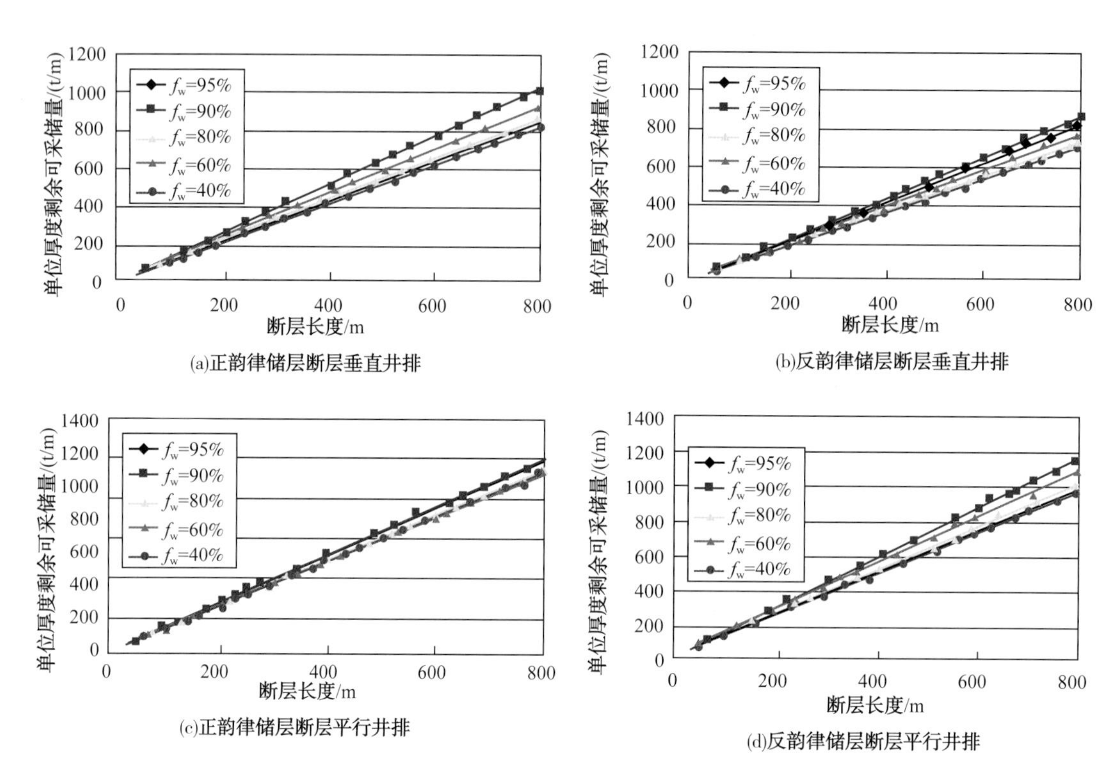

(a)正韵律储层断层垂直井排

(b)反韵律储层断层垂直井排

(c)正韵律储层断层平行井排

(d)反韵律储层断层平行井排

图 2-5-57　断层分割剩余可采储量与长度关系图

表 2-5-12　断层控油规模预测模型表

断层形式	韵律性	预测模型	相关系数
断层垂直于井排	正韵律	N_r=[2.3976−0.30012ln（f_w）]LH	0.8426
	反韵律	N_r=[1.9642−0.2351ln（f_w）]LH	0.8724
断层平行于井排	正韵律	N_r=[1.9218−0.1258ln（f_w）]LH	0.7939
	反韵律	N_r=[2.5006−0.2829ln（f_w）]LH	0.8272

注：N_r —断层封堵剩余油富集区剩余可采储量，t；L—断层长度，m；H—油层厚度，m；f_w—含水率，%。

7. 优势通道对剩余油的控制

优势渗流通道是指地质及开发因素导致地层局部形成的低阻渗流通道，注入水沿此通道形成明显的优势流动而产生大量无效水循环。在优势通道的作用下，劣势渗流的区域或部位水驱效果差，有的甚至未被波及而形成剩余油富集区（图 2-5-58）。因此，优势通道控油的机理是“优势渗流生通道，优势通道导无效，无效循环致富集”。

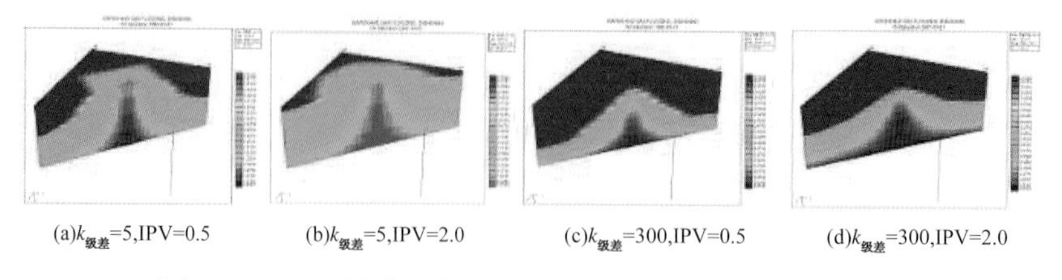

(a)$k_{级差}$=5,IPV=0.5　(b)$k_{级差}$=5,IPV=2.0　(c)$k_{级差}$=300,IPV=0.5　(d)$k_{级差}$=300,IPV=2.0

图 2-5-58　不同渗透率级差下正韵律厚油层的驱油剖面图

对概念模型计算结果的分析表明：底部优势渗流通道的形成导致大量的无效水循环，而在顶部劣势渗流区形成剩余油富集区。渗透率级差、纵横向渗透率比值、注采强度、地下油水黏度比越大，优势渗流通道越强，顶部劣势渗流区剩余油富集程度越高（图 2-5-59）。较强的优势渗流通道形成后，在地层形成流体的“定势”流动，剩余油富集区（包括强富集和一般富集）的厚度和储量变化不明显，后续注水对扩大水驱波及体积作用不明显。

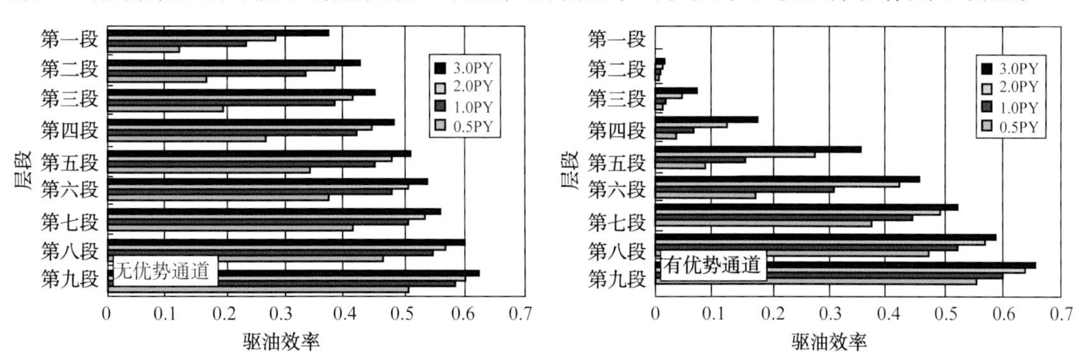

图 2-5-59　不同注入体积倍数纵向各段驱油效率变化图

建立了剩余油富集区的无因次剩余储量的定量预测模型：

$$\overline{N}=0.04632\ln(k_{级差})+0.060499\ln(k_v/k_h)+0.131007\ln(Q_{hi})+0.097537\ln(\mu_r)-0.14868\ln(IPV)-0.226564$$

式中，$\overline{N}$为无因次剩余储量；$k_{级差}$为渗透率级差；μ_r为地下油水黏度比；Q_{hi}为注水强度，$m^3/(d\cdot m)$；k_v/k_h为纵横向渗透率比值；IPV 为注入体积倍数。

剩余油是开发调整的物质基础，针对性的、低成本的开发技术是增加油田经济可采储量的支撑。正韵律厚油层顶部水平井调整、断层夹角聪明井（复杂结构井）、人工气顶驱、周期性注采耦合、多向人工边水驱及改善流度比的化学驱等，在矿场都取得了较好效果，形成了提高采收率的核心配套技术。

第三章　普通稠油油藏注水开发技术

世界范围内油田开发历史表明，若只依靠油田本身的能量开发，采油速度低、采收率低，原油产量不能满足国民经济发展的要求。因此，国内油田广泛采用人工注水保持或补充地层能量，使油田处于水力驱动方式开发。陆相油藏储集层的非均质性主要表现为层间、平面和层内三个方面的差异，其导致了油藏注水开发过程中层间、平面和层内油水运动状态的差异性。

油田在开发以前，油藏中的流体处于相对静止状态，油田投入开发以后，油层内的流体在各种力（如驱动力、黏滞力、重力和毛管力）的作用下发生流动和重新分布，地质储量、驱动能量以及流体的运动状态也在发生变化。油田开发到一定阶段，非均质性使得水驱开发效果不同，从而产生剩余油分布差异性，因此开发工程中需要不断进行开发调整以适应开发非均性的变化。

第一节　孤岛稠油渗流特征

原油的流变特征主要受石油的组分，特别是沥青质和结晶石蜡等含量的影响，受剪切速率、温度、压力的影响。孤岛油田原油中胶质、沥青质含量较高（30% 以上），具有黏弹性，在多孔介质中表现出非牛顿流体的特征。

一、稠油流变特征

1. 黏弹性稠油存在弛张特性

原油在多孔介质内的渗流规律用渗流速度和压力梯度之间的关系来描述，这种固定的关系一般以原油的黏性或黏弹性以及原油与多孔介质相互作用为条件。在这种情况下，既存在线性渗流规律，又存在非线性渗流规律。

表 3-1-1　多孔介质内原油恒压差下速度松弛时间

温度 /℃	入口压力 /MPa	出口压力 /MPa	初始流量 /（g/min）	平衡流量 /（g/min）	松弛时间 /min
60	7.91	3.94	0.71	0.27	3.49
60	6.43	3.03	0.56	0.26	2.19
65	8.02	3.91	0.69	0.35	2.5
65	6.17	2.4	0.62	0.32	1.68
80	8.22	3.26	1.2	0.87	0.96
80	6.23	1.84	1	0.72	0.69

实验证明，沥青—胶质组分含量高的常规稠油在多孔介质内渗流时可能表现出黏弹性，其在渗流过程中存在着弛张特性。在恒定压差下，随着温度的升高，速度松弛时间变小（表3-1-1）。在恒定流速下，随着温度的升高，压力松弛时间变小（表3-1-2）。

表 3-1-2 多孔介质内原油恒体积压力松弛时间

温度 /℃	初始压力 /MPa	平衡压力 /MPa	松弛时间 /min
60	7.91	3.94	1.86
60	6.43	3.03	2.14
65	8.02	3.91	1.7
65	6.17	2.4	1.56
80	8.22	3.26	0.96
80	6.23	1.84	0.69

2. 黏弹性稠油水驱分流特征

黏弹性稠油弛张性对于原油在多孔介质的流动有影响，决定着渗流线性的不平衡特性。这种不平衡性包括由整个渗流流线的不平衡特性所决定的宏观范围不平衡性和由于法向应力的产生所决定的微观范围的不平衡特性。当考虑不平衡特性时，黏弹性稠油渗流方程是复杂的非线性方程，与达西线性渗流有着本质的区别。

宏观不平衡可以降低原油的有效黏度，有利于原油的采出，并使含水饱和度前缘趋于稳定。微观不平衡使驱替相分流减小，前缘饱和度增大，并使饱和度前缘滞后于一般牛顿流体的前缘，从而提高驱替效率，对毛管力扩散作用影响不明显。在黏弹性稠油油田的开发中，要合理地判断、考虑和利用原油的弛张特性，以提高原油的采收率。

二、稠油渗流机理

1. 储层原油渗流特征

以中二北中 23- 斜更 535 井油样为例，阐述孤岛稠油的渗流特征及机理。

一是稠油渗流特征。通过岩芯渗流时的渗流速度随压力梯度的变化曲线显示（图3-1-1），在较低温度、较小压力梯度时，渗流速度随压力梯度增加是缓慢增加的，渗流速度与压力梯度之间是一条凹向渗流速度轴的曲线关系，这表明在小压力梯度下会发生油的渗流，但这种情况下的渗流速度比保持达西定律条件下渗流速度要小得多。随压力梯度的增加，渗流速度也在增加，当压力梯度达到某一数值以后，渗流速度与压力梯度逐渐形成不过坐标原点的线性关系。

随着温度升高，渗流速度随压力梯度的变化曲线倾角增大，表明在同一岩芯中的不同温度下，原油结构特性被破坏的压力梯度不同，高温比低温要小得多，说明高温下原油的结构性易于破坏，且在高温下增加较小的压力梯度，就能获得较大的渗流速度；温度越高，渗流速度随压力梯度的变化曲线越接近于直线，表明其越接近于牛顿流体。

二是稠油渗流具有启动压力梯度。根据渗流速度与启动压力关系曲线，可求取启动压力梯度（图 3–1–2），其中直线段延长线与关系曲线切点处的压力梯度，为临界压力梯度 P_s，超过该压力梯度后，渗流速度与压力梯度呈线性关系；在低压力梯度段，在该曲线段的中部作切线，该切线与曲线斜率相差较小，可以用直线近似描述曲线段，从而也可以用一直线方程来近似描述渗流速度与压力梯度的关系，该直线与横坐标的交点为启动压力梯度 P_0。

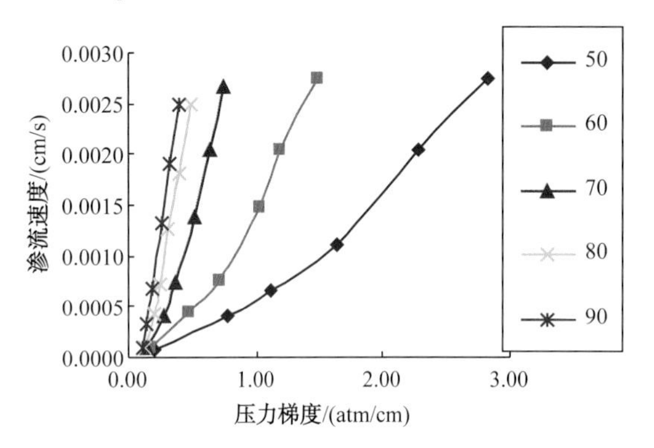

图 3–1–1　中 23– 更斜 535 井原油渗流速度与压力梯度关系曲线

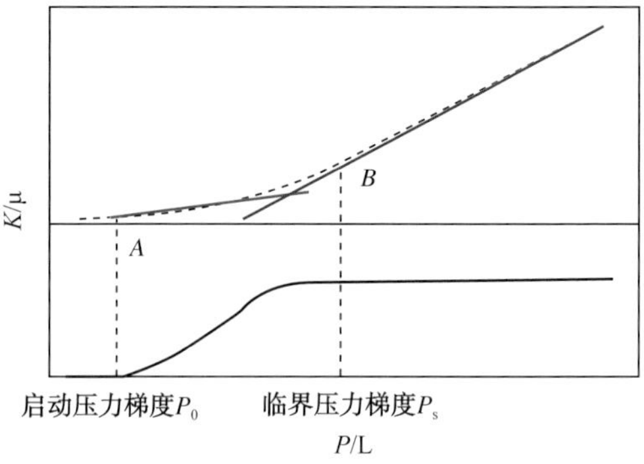

图 3–1–2　启动压力梯度的确定方法

岩芯试验结果表明较低温度下孤岛稠油均是非牛顿流体，渗流时存在一定的启动压力梯度，启动压力梯度与油性和温度密切相关，不同温度下的启动压力梯度不相同，启动压力梯度均随着温度的升高而降低（图 3–1–3）。

三是稠油渗流黏度的变化。根据黏度的定义，可以根据试验数据求取原油在多孔介质中渗流时，在不同渗流速度（剪切速率）下的真实黏度：

$$\eta=\frac{\tau}{\gamma} \tag{3–1}$$

原油在岩芯中渗流时的真实黏度与剪切速率的关系如图 3–1–4 所示。

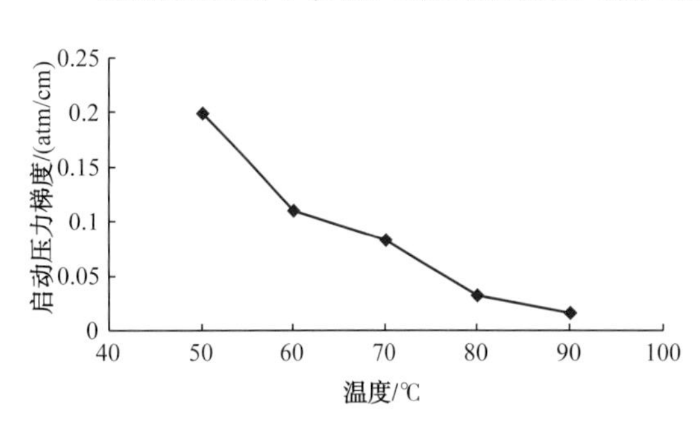

图 3–1–3　中 23– 更斜 535 井原油启动压力梯度随温度变化曲线

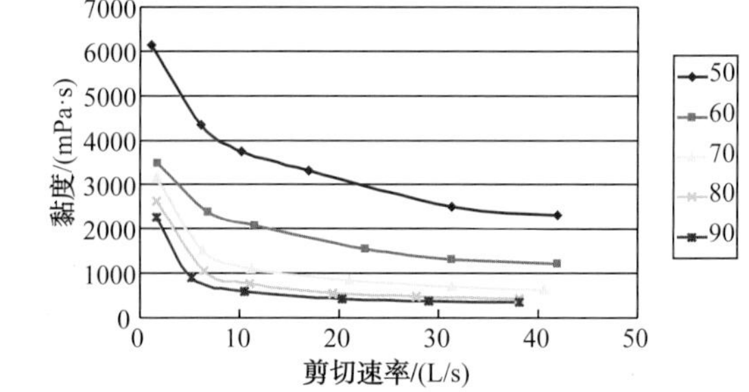

图 3–1–4　中 23– 更斜 535 井不同温度下视黏度与剪切速率的关系曲线

在压力梯度较小时，原油的黏度随压力梯度的增加而迅速降低，在压力梯度达到某一数值后，黏度趋于一个定值，也就是说在多孔介质中渗流时，孤岛稠油具有剪切变稀特性，而且这个特性比流变仪中测试结果强烈得多。

流体特征研究揭示了孤岛稠油具有黏弹性，为非牛顿流体，渗流规律不符合达西定律，是常规方式开发效果差的根本原因，同时也表明了其高温下能够转化为牛顿流体，渗流速度大幅度增加。

2. 极限泄油半径

根据启动压力梯度与流度关系曲线，确定常规稠油生产极限泄油半径。对非牛顿流体，其两相流存在如下关系：

$$v_o=\frac{KK_{ro}}{\mu_o}\left(\frac{\partial p}{\partial x}-\frac{\Delta p_0}{L}\right) \tag{3-2}$$

$$v_w=\frac{KK_{rw}}{\mu_w}\frac{\partial p}{\partial x} \tag{3-3}$$

使原油流动的条件是式（3–2）右端项大于 0，对实际油藏，极限生产压差Δp产生的压力梯度应大于启动压力梯度$\frac{\Delta p_0}{L}$，油才能流动，由此有：

$$\frac{\Delta p}{R_h}=\frac{\Delta p_0}{L} \tag{3-4}$$

由式（3–2）及启动压力公式可得：

$$R_h=0.684\Delta P\left(\frac{K_o}{\mu_o}\right)^{1.1915} \tag{3-5}$$

式中，v_o，v_w 为油、水的流速；μ_o，μ_w 为油、水黏度；K，K_{ro}，K_{rw} 为绝对和油、水的相对渗透率；K_o 为油相渗透率；$\frac{\partial p}{\partial x}$为油藏泄油边界到生产井之间的压力梯度；$\frac{\Delta p_0}{L}$为启动压力梯度；$\Delta p$ 为极限生产压差；R_h 为极限泄油半径。

图 3–1–5 是根据式（3–5）绘制的极限泄油半径图版，极限泄油半径的计算为选择合理井距奠定了基础。

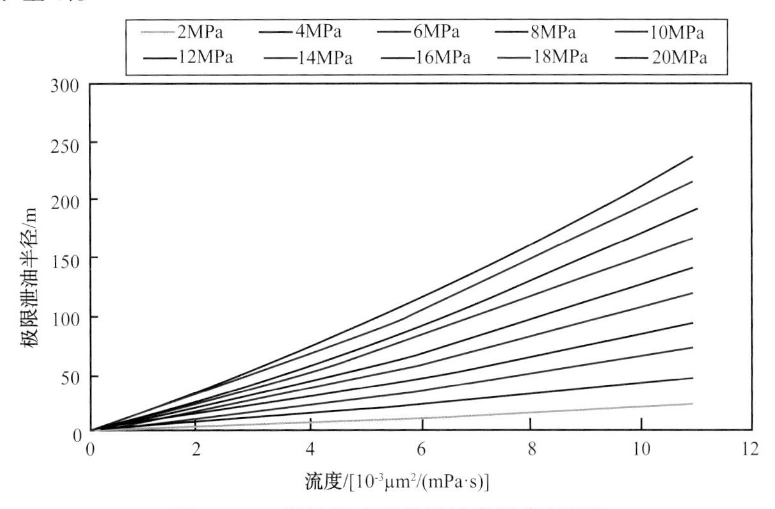

图 3–1–5　稠油注水开发泄油半径确定图版

根据式（3–5）和孤岛油田区块油藏参数，可以计算其极限泄油半径（表 3–1–3），总体来说，稠油区块的极限泄油半径小，稀油区块极限泄油半径大。

表 3-1-3 孤岛油田几个稠油油藏极限泄油半径

单 元	油层温度下的含气原油黏度/（mPa·s）	油层条件下渗透率/（$10^{-3}\mu m^{-2}$）	流度/[$10^{-3}\mu m^{-2}$/（mPa·s）]	极限生产压差/MPa	极限泄油半径/m
渤 21	95	686	9.03	9	85
中二北 Ng5	421	1806	5.36	9	46
中一区 Ng3-4	50	1810	36.20	9	443
中二中 Ng3-4	90	2260	25.11	9	287
东区 Ng3-4	112	2190	19.55	9	213

第二节 层系井网优化

注水是世界上大多数油田的能量补充方式，但对不同地质条件的油藏，选择不同的注水时机，其开发效果有较大差异。早期注水是指地层压力高于饱和压力以上时的注水，油层内没有溶解气渗流，原油基本保持原始性质，注水后，油层内只有油、水两相流动，一般油井采油指数和产能较高，有利于保持较长的自喷开采期。保持地层压力在饱和压力以上，防止地下原油因大量脱气而黏度增高和蜡质析出影响水驱采收率，虽然保持地层压力可使油井保持较长的自喷开采期，但早期注水或保持较高的地层压力则需要较高压力等级的管线和注水设备，因此，合理的注水时机不应是油田开发早期，而是相对早期。

选择注水方式应根据油层非均质特点，尽可能做到调整后的油井多层、多方向受效，水驱程度，注水方式的确定要和压力系统的选择结合起来，研究采液指数和吸水指数的变化趋势，确定合理的油水井数比，提高注入水平面波及系数，满足采油井所需产液量，提高和保持油层压力的要求；保证调整后层系有独立的注采系统，又能与原井网适配、注采关系协调；裂缝和断层发育的油藏，其注水方式要视油藏具体情况灵活选定，如采取沿裂缝和断层附近不布注水井的方式等。注水方式的确定要留有余地，以便于今后的必要调整，同时还要有利于油藏开发后期向强化注水、化学驱开发方式的转换。

一、早期注水开发

1. 早期注水开发必要性

孤岛油田投入开发初期，采用天然能量开采，一段时间的生产实践暴露出来几个突出问题。

（1）弹性能量小，基本无边水供给。孤岛油田为高饱和油藏，饱和压力接近地层压力，油井投产后，压降明显。如中一区投产一年后，Ng3-4 单元采出程度 1.27%，Ng5-6 采出程度 1.4%，总压降已分别达到 0.81MPa、0.82MPa，采出程度与总压降关系见表 3-2-1。油田弹性产率低，仅仅依靠溶解气驱开采，预计采收率仅能达到 8% 左右。

表 3-2-1 孤岛油田中一区采出程度与总压降关系表

层 系	项目	1971 年 12 月	1972 年 3 月	1972 年 6 月	1972 年 9 月
Ng3-4	采出程度 /%	0.24	0.59	0.94	1.27
	总压降 /MPa	0.3	0.54	0.69	0.81
Ng5-6	采出程度 /%	0.26	0.51	0.85	1.4
	总压降 /MPa	0.15	0.33	0.53	0.82

（2）压降速度随采出程度的增加而变缓，随采出程度的提高，压降增大，具有弹性开采的特点。

（3）地层能量下降快、油井产量递减快。天然开采阶段，地层压力平均月下降 0.1MPa，采油速度从投产初期的 2% 下降到 1.44%。

孤岛油田急需选择能量补充方式，而注水开发面临着油水黏度比大、驱油效率低的不利因素，且当时国内外同类油藏无注水的先例，因此能否注水成为争执的焦点。

为了研究孤岛油田早期注水开发的必要性，采用三维三相数值模拟软件，选取孤岛油田地质模型及动态资料，取地层压力 12.3MPa，饱和压力 10.7MPa，共设计 27 个定压求产方案，进行注水时机优化，得出以下结论。

（1）地层压力低于饱和压力注水开发，最终采收率低。

根据黑油模型的模拟结果，孤岛油田地层压力降至饱和压力下注水开发，最终采收率将下降（表 3-2-2）。这是因为低于饱和压力后原油开始脱气，脱气对驱油有利也使原油变稠不利于提高采收率。孤岛油田油稠，原始含气量低，不利因素占主导地位，脱气致使驱油效率下降，最终采收率下降。

表 3-2-2 地层压力保持水平与最终采收率关系表

地层压力 / MPa	地饱压差 / MPa	流动压力 / MPa	最终采收率 / %	最终采收率降低值 / %
11.0	0.3	3.7	48.04	
10.0	−0.7	3.7	46.83	1.21
8.0	−2.7	3.7	45.06	2.98

注：地下原油黏度 47.5mPa · s，含水 97%。

（2）地层压力比饱和压力低的越多，注水开发含水上升速度越快。

孤岛油田在地层压力低于饱和压力时，因脱气造成油相渗透率大幅度下降，含水上升速度加快；地层压力越低，含水上升速度越快，且越靠近低含水区域，导致中低含水期变短，在高含水区域，其影响明显减小（图 3-2-1）。

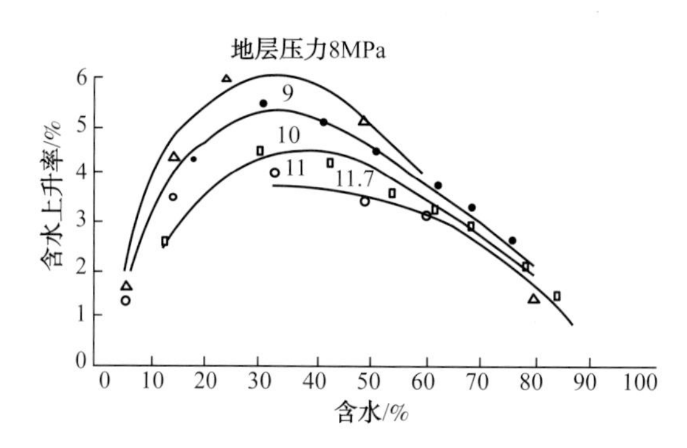

图 3-2-1　不同地层压力下含水上升率变化曲线（流压为 5.7MPa）

（3）地层压力比饱和压力低的越多，采液（油）指数下降幅度越大。

孤岛油田不同地层压力和不同流压下黑油模型模拟研究表明，采液（油）指数不仅受含水影响，还受地层压力和流动压力大小的影响。当流压一定时，随地层压力下降，相同含水条件下无因次采液（油）指数下降（表 3-2-3、图 3-2-2）。

表 3-2-3　不同含水情况下每米采油指数与地饱压差关系表

地层压力 /（10^5Pa）	117	110	100	95	90	80	70	地层压力每下降 10×10^5Pa 采油指数下降值	地层压力每下降 10×10^5Pa 采油指数下降百分比 /%
地饱压差 /（10^5Pa）	9.6	−7.4	−12.4	−12.4	−17.4	−27.4	−37.4		
含水 /%	每米采油指数 /（t/d·m·10^5Pa）								
0	0.119	0.115	0.108	0.101	0.093	0.08	0.078	0.002~0.015	6~13.9
20	0.09	0.085	0.08	0.078	0.075	0.067	0.062	0.005~0.008	6~10.7
40	0.071	0.067	0.063	0.062	0.06	0.058	0.051	0.003~0.005	5~9.0
60	0.053	0.051	0.048	0.048	0.046	0.044	0.04	0.002~0.004	4.2~9.0

注：流压为 57×10^5Pa。

当地层压力一定时，流压降至饱和压力以下，无因次采液（油）指数。随流压的降低而减小（图 3-2-3）。

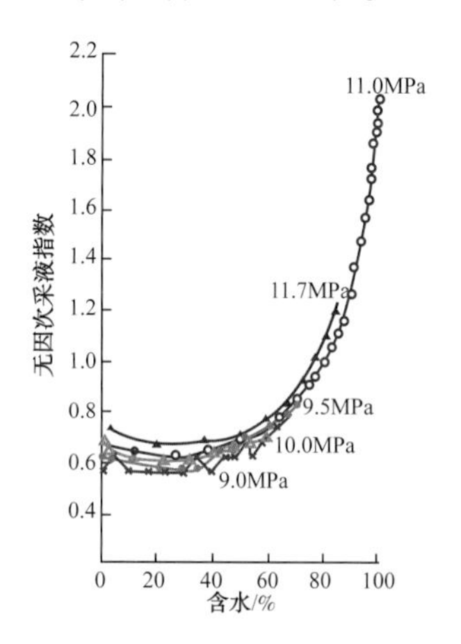

图 3-2-2　无因次采液指数—含水关系曲线（流压 =7.7MPa）

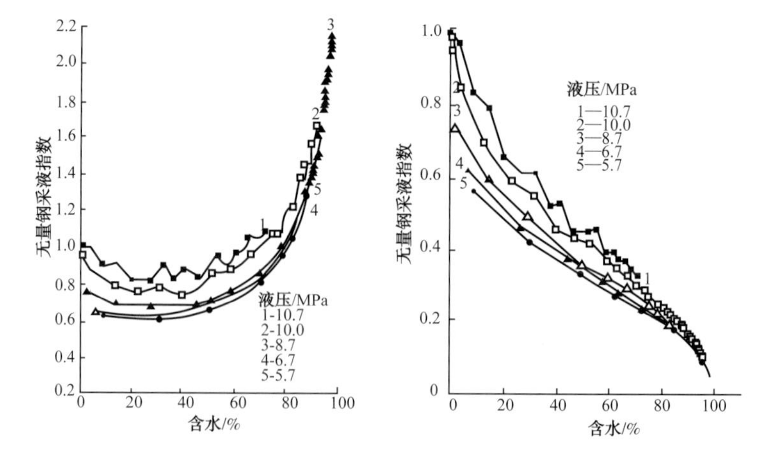

图 3-2-3　无量纲采液（油）指数与流压关系（地层压力 =11.7MPa）

综上所述，孤岛油田的油藏特点决定了其不能在地层压力低于饱和压力后开始注水，在开发早期适宜时机进行注水开发，能有效弥补地下亏空，逐步实现由溶解气驱为主转为以水驱为主的有利局面，从而有利于建立有效的驱动压力梯度，有利于延长油井自喷高产期，有利于适应生产需要和调整产量结构等措施的实施，有利于后期提液采油。

2. 早期注水开发矿场试验

孤岛油田具有层多、非均质性强的特点，注水开发这样一个油田，开发难度比较大，必须要考虑油层气顶、开发层系的划分、注水方式及井网密度等问题。为确保孤岛油田非均质稠油油藏早期注水的开发效果，选择代表性强的区块注水开发试验，发现注水开发过程中存在的问题和矛盾，总结注水开发的经验，探索一套适宜孤岛油田的注水开发技术。

通过优选，选择了储层条件、流体性质等方面在孤岛油田均具有代表性的中二南作为注水开发的试验区。中二南注水试验区 1972 年 7 月开始投产，按 225m 井距的四点法面积注水，试验区设计总井 44 口，根据数模优选适宜注水时机，于 1973 年 4 月开展注水开发试验，截至 1973 年 8 月全部转注完毕。试验区水井转注水后，油井初步见到效果，矛盾也初步暴露，由于驱动类型的转换（油井由气压驱动转为水压驱动），能量接替不上，使油井产量下降，油井见水早，停喷井增多。

1）试注特点

（1）注水井吸水能力强，主要层段吸水指数高。根据早期测试资料分析，注水井全井注水启动压力最大为 3MPa，一般均小于 1MPa，单井吸水指数比较高，一般在 0.64~1.14m^3/MPa。

（2）薄油层也有一定的吸水能力。

（3）层段吸水能力差异大。试验区存在较大的层间差异，导致层段吸水能力差异较大，如 $Ng3^3$ 层段每米吸水指数约为 $Ng4^2$ 层段的 29~42 倍，主要是由层段内存在的渗透性差异所造成的。

2）注水后油井见效特征

“一快”：油井见效快，一般在试注期间就见效。

“两升两稳”：油压上升、产量上升，套压稳、油气比稳。

注水井转入正常注水后，油压、产量出现下降，之后稳定在一定水平上。

中二南注水后取得了地层压力回升、油井产量增加的好效果，说明孤岛油田采用注水补充地层能量的开发方式是简易、经济、可行的，解除了人们“怕稠”不敢注水的思想，同时取得以下两点认识。

（1）先期防砂是疏松砂岩稠油油藏正常注水开发的基础。

注水试验区的 11 口水井，投产排液时均进行了先期分段树脂合成防砂，从注水井排液、试注转注、正常注水和水井调配来看，出砂并不像预计的那么严重。

（2）选择合理的注水时机和注采比是有效注水开发的关键。

中二南注水试验区生产实践证实，在地层压力高于饱和压力时注水，开发效果好。在考虑地层压力不降或少降，含水率不要上升过快的情况下，中二南在中含水期合理注采比应为 0.75~0.91 之间，平均为 0.83 左右。

通过试验区的注水试验，摸索出适合疏松、稠油油层的试注工艺，初步掌握了在油水黏度比大、层间矛盾突出、层内非均质性强条件下的注水开发技术，检验了油井见水时间、压力等计算公式，逐步落实了油田开发、动态分析的适用方法。在此基础上，中一区、中二区、西区等单元于1974年陆续转入注水开发，取得了较好的开发效果。

孤岛油田为强非均质多层河道砂岩油藏，必须以地质研究和生产实践为依据，合理划分层系，采取适合注水方式和井网；针对油田不同开发阶段动态特点及物质基础，不断完善强化注采系统调整，才能不断提高开发效果。

二、层系井网适应性评价

1. 细分开发层系

孤岛油田的油藏特点决定了需要逐步细分开发层系，主要体现在以下几个方面。

1）划分开发层系的必要性

（1）完钻探井和重点解剖井试油试采资料证实，孤岛油田纵向上小层间原油性质差异较大，为解决稠稀干扰矛盾，需要细分层系。另外，从表3-2-4中可以看出，Ng3层间的非均质性比Ng4弱，但从每一个砂层组来看，层间的非均质性都是比较强的，渗透率变异系数一般大于0.8，突进系数在1.55以上，渗透率级差大于20，这说明在每一个砂层组内，其层间干扰是比较严重的。油田注水开发实践表明：在注水开发过程中，层间非均质性随开发时间的延续有增强的趋势，这将进一步加大层间干扰。

表3-2-4　砂层组间渗透率非均质参数统计表

层　位	平均渗透率/($10^{-3}\mu m^2$)	变异系数	突进系数	级　差
Ng3	718.5	0.85	1.55	25.7
Ng4	962.3	1.2	2.57	47.6

（2）受河流沉积作用控制，Ng3–6砂层组有20个小层，厚度大、分布广的主力油层有6个，每个主力层几何形态、砂体规模大小、连续状况及内部性质等均有差异（表3-2-5）。

表3-2-5　中一区基础井网完钻后主力油层分布情况

小　层	统计井层数	单层油层厚度					
		<4m		4~10m		>10m	
		井层数	占比例/%	井层数	占比例/%	井层数	占比例/%
$Ng3^3$	99	50	50.5	49	49.5	—	—
$Ng3^5$	121	38	31.4	78	64.5	5	4.1
$Ng4^2$	104	26	25.0	77	74.0	1	1.0
$Ng4^4$	134	34	25.4	74	55.2	26	19.4
$Ng5^3$	138	29	21.0	97	70.3	12	8.7
$Ng6^3$	55	24	43.6	31	56.4	—	—

不同主力层对注采井网适应程度不同，且大段合采层间干扰严重。如中一区Ng5–6单

元中低含水期，油层划分较粗，各类油层的动用状况和水淹状况很不一致。1981 年 5 月，中一区 Ng5–6 单元综合含水 55.6%，统计射开的 245 个井层，其中主力层 116 井层，有效厚度 330.8m，见水井层 315.3m，占射开层有效厚度的 95.3%；非主力层 129 井层，有效厚度 209.8m，见水井层 93.6m，占射开层有效厚度的 44.6%（表 3–2–6）。因此，非主力层的动用状况差，水淹程度远低于主力层。

表 3–2–6　中一区 Ng5–6 层系水淹状况表

	射开			见水					
	层数	砂层厚度 / m	有效厚度 / m	层数	占比例 /%	砂层厚度 / m	占比例 /%	有效厚度 / m	占比例 /%
主力层	116	557.9	33.08	67	58	497.4	89	315.3	95.3
非主力层	129	439.5	209.8	34	26	158	36	93.6	44.6
合计	245	997.4	540.6	101	41	655.4	66	408.9	75.6

2）细分开发层系的界限

在分析实际生产资料的基础上，根据 Ng3–6 砂层组多层剖面地质模型，利用三维三相数值模拟软件进行层系划分模拟研究，取得三个方面的认识。

（1）层系划分越早越好。

1~9 层合采模拟结果（表 3–2–7）表明，层间差异越大，层间干扰越严重，高含水层严重干扰了中低含水层的开采，不能充分发挥各小层生产潜力。当总的含水率为 98.0% 时，第一层采出程度为 48.95%，采油速度为 0.27%，含水高达 99.48%，采油速度不均衡系数（该层采油速度与同阶段层系采油速度之比）为 0.61，采出程度相差倍数（该层采出程度与同阶段各层中最低采出程度之比）为 2.6；第 9 层采出程度只有 18.03%，含水率只有 34.02%，采油速度为 0.5%。总之，合采高渗透层见水早，含水上升快，采出程度高；低渗透层采出程度低，见水晚，含水上升慢，动用状况差。

表 3–2–7　九层合采各小层模拟结果对比

层号	含水 80%						含水 98%					
	采出程度 / %	采油速度 / %	含水 / %	采出程度不均衡系数	采油速度不均衡系数	采出程度相差倍数	最终采收率 / %	采油速度 / %	含水 / %	采出程度不均衡系数	采油速度不均衡系数	采出程度相差倍数
1	32.84	1.74	92.52	1.75	1.07	4.89	48.95	0.37	99.48	1.36	0.61	2.6
2	27.36	1.69	87.84	1.46	1.04	4.08	43.95	0.37	98.69	1.23	0.84	2.35
3	26.05	1.92	79.86	1.39	1.19	3.88	43.44	0.37	98.34	1.22	0.84	2.32
4	22.92	1.86	74.44	1.22	1.15	3.42	39.5	0.36	97.97	1.11	0.82	2.12
5	16.62	1.78	47.16	0.88	1.1	2.48	34.34	0.45	93.37	0.97	1.02	1.85
6	15.6	1.82	35.57	0.83	1.12	2.32	34.29	0.48	91.07	0.97	1.09	1.85
7	13.95	1.77	22.83	0.74	1.09	2.08	32.86	0.52	87.03	0.93	1.18	1.78
8	9.04	1.23	4.58	0.48	0.76	1.35	23.82	0.55	59.38	0.69	1.25	1.31
9	6.71	0.85	3.53	0.36	0.52	1	18.03	0.5	34.02	0.52	1.14	1
合计	18.8	1.62	77.02				35.38	0.44	98.2			

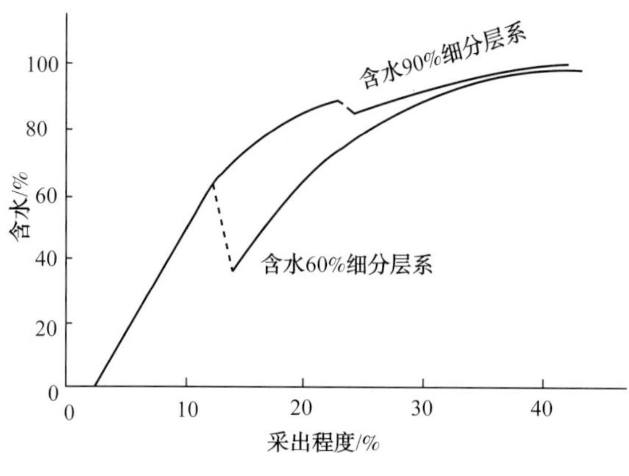

图 3-2-4 含水与采出程度关系曲线（数值模拟）

在认清层间矛盾与层间干扰的前提下，层系细分越早，越能早解决层间、层内、平面各种矛盾，开发效果就会越好。将1~9层在含水90%、60%时分为1~3层、4~6层、7~9层等三套开发层系开采，即方案Ⅰ-1、Ⅰ-2。模拟结果（图3-2-4、表3-2-8）表明，方案Ⅰ-2优于方案Ⅰ-1，方案Ⅰ-1最终采收率为42.7%，方案Ⅰ-2最终采收率为44.24%，方案Ⅰ-1各套层系的最终采收率均低于方案Ⅰ-2所对应的各套层系的最终采收率。由于建立的模型在平面上是均质的，平面上的差异所造成的平面矛盾不能体现出来，所以相应地缩小了不同时机划分开发层系对开发效果的影响。

表 3-2-8 两方案及各套层系的最终采收率对比表（数值模拟）

方 案	层 系	累积产油量 / (10^4t)	最终采收率 /%
Ⅰ-1	1、2、3	3.212	41.86
	4、5、6	1.645	42.89
	7、8、9	3.719	43.32
	合计	8.576	42.69
Ⅰ-2	1、2、3	3.353	43.69
	4、5、6	1.695	44.19
	7、8、9	3.843	44.47
	合计	8.891	44.24

（2）渗透率级差控制在3~4以内。

有利于层间均衡开采，减缓含水上升速度。方案Ⅱ-1到方案Ⅱ-4是为了确定层系细分界限而设计的，由于第9层的厚度只有2.3m，与第1层厚度相差悬殊。为了不会因为两层的厚度相差悬殊而影响计算结果，将第9层的有效厚度改为6.8m，其他参数不变。为了得出较为可信的结果，又增加了8个方案，改变两层的渗透率级差，两层的厚度不变，第1层厚度为5.8m，第2层厚度为6.8m。

从表3-2-9可以看出，相同含水率条件下，两层渗透率级差越大，采出程度越不均衡，层间采出程度相差倍数越大，两层的含水率相差也越大。例如当含水率上升到80%左右时，方案Ⅱ-1高渗透层的采出程度是低渗透层的1.2倍，含水率相差17.75%，而方案Ⅱ-4高渗透层的采出程度是低渗透层的7.14倍，含水率相差71.05%。

表 3-2-9 两层合采生产动态模拟结果对比

方案	层系	层号	有效渗透率/($10^{-3}\mu m^2$)	有效厚度/m	渗透率极差	含水 80%				含水 98%			
						采出程度/%	含水/%	采出程度不均衡系数	采出程度相差倍数	最终采收率/%	含水/%	采出程度不均衡系数	采出程度相差倍数
Ⅱ-1	13	1	2670	5.5	1.768	28.64	86.76	1.1	1.2	46.71	98.64	1.06	1.11
		3	1510	6.5		23.92	69.01	0.92	1.6	42.14	97.17	0.95	1.00
		合计	2041.7	12.0		26.08	80.82			44.23	98.1		
Ⅱ-2	15	1	2670	5.5	3.296	26.76	85.34	1.31	2.09	48.36	98.81	1.16	1.45
		5	810	4.7		12.8	32.43	0.63	1.00	33.44	93.56	0.80	1.00
		合计	1812.9	10.2		20.43	78.76			41.6	98.19		
Ⅱ-3	17	1	2670	5.5	4.108	28.68	89.33	1.45	2.43	48.19	98.8	1.25	1.60
		7	650	6.5		11.80	31.31	0.60	1.00	30.04	88.20	0.78	1.00
		合计	1575.8	12.0		19.67	82.71			38.49	97.72		
Ⅱ-4	19	1	2670	5.5	12.714	25.43	81.99	1.85	7.14	45.88	98.82	1.68	4.1
		9	210	6.5		3.56	10.94	0.26	1.00	11.18	48.72	0.41	1.00
		合计	1337.5	12.0		13.75	79.68			27.35	98.09		

高渗透层见水早，含水上升快，低渗透层见水晚，含水上升慢。两层渗透率级差越大，则各阶段两层的含水相差越大，高含水层干扰低含水层，使总的含水上升速度也随渗透率级差的增大而加快，主要体现在中低含水期（表 3-2-10）。

表 3-2-10 两层合采含水上升率对比

方案	层系	含水/%						
		0~20	20~60	60~80	80~90	90~95	95~98	0~98
Ⅱ-1	1,3	2.31	4.17	3.33	1.79	0.89	0.44	2.24
Ⅱ-2	1,5	2.81	5.17	3.69	2.12	0.78	0.35	2.38
Ⅱ-3	1,7	4.00	6.57	5.42	2.09	1.13	0.30	2.98
Ⅱ-4	1,9	4.50	7.42	6.52	2.26	1.34	0.63	3.59

渗透率级差控制在 3~4 以内，有利于提高采油速度，延长稳产年限。从表 3-2-11 可以看出，随渗透率级差增大，平均采油速度和最高采油速度都逐渐降低，稳产年限也缩短。

表 3-2-11 透率级差与采油速度的关系表

方案	层系	开发年限/a	平均采油速度/%	最高采油速度/%	稳产年限/a	稳产期平均采油速度/%
Ⅱ-1	1，3	20	2.23	4.48	8	3.22
Ⅱ-2	1，5	20	2.1	4.00	7	3.16
Ⅱ-3	1，7	21	1.85	3.55	5	3.09
Ⅱ-4	1，9	19	1.46	3.52	4	2.32

渗透率级差控制在 3~4 以内，有利于提高最终采收率。由于层间差异导致各层不能均衡开采，加快了含水上升速度，特别是影响低渗透层的动用状况，降低了低渗透油层的采出程度。稳产期末的采出程度随渗透率级差的减小而增大，方案Ⅱ–1 稳产期采出程度达到 26.08%，占可采储量的 58.96%。随渗透率级差的减小，最终采收率也逐渐增大（表 3–2–12、图 3–2–5）。

表 3–2–12　两层合采采出程度对比表

方　案	层　系	稳产期末			不同含水阶段储量利用程度 /%			最终采收率 /%
		采用程度	储量利用程度 /%	含水 /%	0~60	60~90	90~98	
Ⅱ–1	1，3	26.08	58.96	80.82	41.35	27.9	30.00	41.23
Ⅱ–2	1，5	22.55	54.21	84.27	37.32	23.91	38.58	41.6
Ⅱ–3	1，7	17.00	44.16	75.00	35.72	29.35	34.92	38.49
Ⅱ–4	1，9	12.27	44.86	72.37	36.56	32.14	31.3	27.35

从图 3–2–6 可以看出，当两层的渗透率级差大于 3~4 后，随渗透率级差增大，同一含水率下的采出程度下降幅度越来越大。因此，层间渗透率级差控制在 3~4 以内为好。

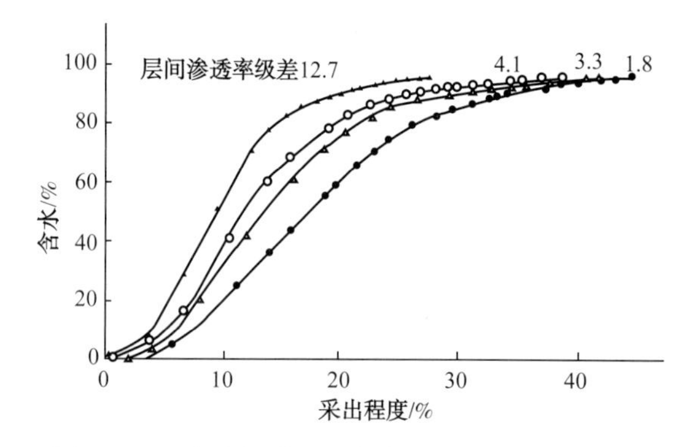

图 3–2–5　含水与采出程度关系曲线（数值模拟）

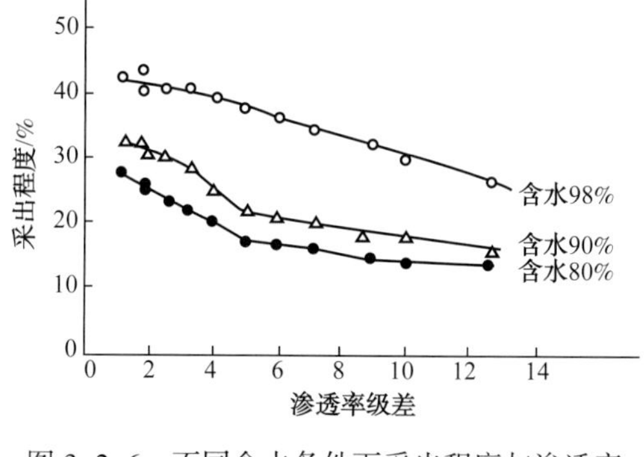

图 3–2–6　不同含水条件下采出程度与渗透率级差关系曲线（数值模拟）

（3）主力油层不超过 3 个。

为研究层系细分程度设计了方案Ⅲ–1、Ⅲ–2、Ⅲ–3，按照油层特性相近（模拟中即指渗透率差别最小）的油层组合在同一开发层系内的原则，设计方案Ⅲ–1 是 1~9 层合采；方案Ⅲ–2 分两套层系开采，1~4 层合采，5~9 层合采；方案Ⅲ–3 分三套层系开采，1~3 层合采，4~6 层合采，7~9 层合采。模拟结果表明，方案Ⅲ–3 最优，即每套开发层系的油层数不超过 3 个开发效果好。

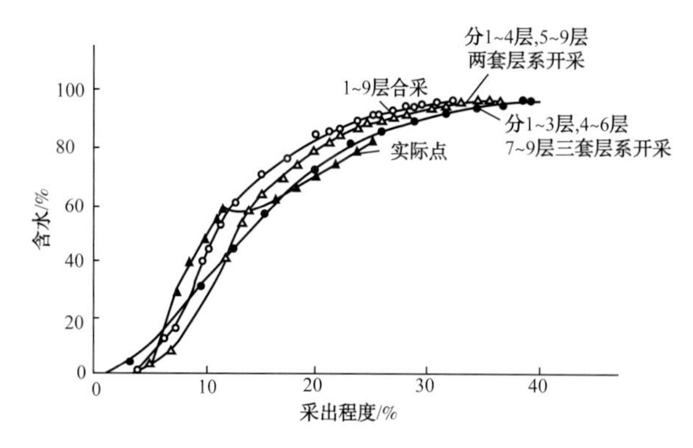

图 3–2–7　含水与采出程度关系曲线（数值模拟）

每套开发层系中组合的油层不超过 3 个，层间开采相对均衡，含水上升速度相对变慢。从含水与采出程度关系曲线看(图 3–2–7)，方案Ⅲ–1 合采效果最差，方案Ⅲ–2 分为两套层系，效果中等，采收率比一套层系合采提高 4%，方案Ⅲ–3 分为三套层系，效果最好，采收率比一套层系合采提高 7.2%。方案Ⅲ–3 的含水与采出程度关系越来越接近中一区 1981 年以后细分层系调整井网后的实际关系曲线；含水率 20% 以后，其含水上升速度低于前两个方案（表 3–2–13）。

表 3–2–13　第Ⅲ类方案含水上升率对比表

方　案	层　系	含水 /%						
		0~20	20~60	60~80	80~90	90~95	95~98	0~98
Ⅱ–1	1~9	2.25	7.46	3.16	1.41	0.88	0.56	2.72
Ⅱ–2	1~4	3.27	4.88	2.99	1.01	0.87	0.4	2.36
	5~9	2.81	5.68	3.93	3.07	1.22	0.26	2.58
	合计	2.81	4.82	5.01	1.4	1.05	0.31	2.31
Ⅱ–3	1~3	2.11	4.23	3.12	1.68	0.76	0.44	2.23
	4~6	1.43	5.16	3.19	2.25	0.57	0.35	2.31
	7~9	2.43	4.75	2.97	1.75	0.84	0.45	2.31
	合计	3.24	4.10	3.05	1.37	0.76	0.45	2.32

每套开发层系中组合的油层不超过 3 个，稳产期储量利用程度和最终采收率相对较高。方案Ⅲ–3 平均采油速度、稳产期平均采油速度以及最高采油速度都比前两个方案高，稳产年限最长，开发年限最短（表 3–2–14、图 3–2–8）。方案Ⅲ–3 稳产期末储量利用程度 52.6%，最终采收率为 42.6%，相对较高。

表 3–2–14　第Ⅲ类方案模拟指标对比

方案	层系	开发年限 /a	平均采油速度 /%	最高采油速度 /%	稳产年限 /a	稳产期末			稳产期平均采油速度 /%	不同含水阶段储量利用程度 /%			最终采收率 /%
						采出程度 /%	储量利用程度 /%	含水 /%		0~60	60~90	90~98	
Ⅱ–1	1~9	31	1.11	2.06	5	11.0	31.1	45.0	1.73	36.1	33.3	30.6	35.4
Ⅱ–2	1~4	24	1.76	3.57	7	19.2	46.6	72.0	2.70	38.8	29.9	31.3	41.2
	5~9	29	1.33	2.87	5	15.4	40.3	61.0	2.32	37.1	24.4	38.5	38.2
	合计	29	1.38	3.15	7	16.9	47.0	64.0	2.11	42.4	21.6	35.4	39.4
Ⅱ–3	1~3	23	1.94	4.01	8	23.5	53.7	75.1	2.89	43.4	274.8	28.8	43.8
	4~6	19	2.30	5.56	7	26.7	62.1	87.0	3.73	40.0	25.1	34.9	43.0
	7~9	24	1.77	3.54	7	19.0	45.2	68.5	2.68	40.0	28.8	31.2	42.0
	合计	24	1.83	3.51	8	22.2	52.6	77.0	2.74	37.5	27.8	33.9	42.6

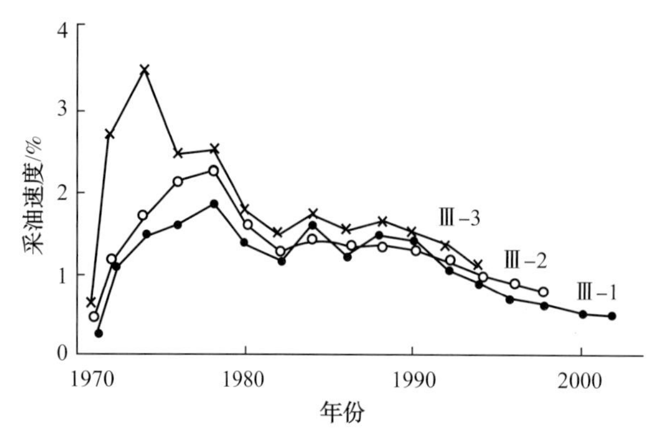

图 3-2-8　采油速度与时间关系曲线（数值模拟）

每套开发层系中组合的油层不超过3个，有利于接替稳产。油田开发初期处于合采阶段，各油层水淹程度和动用状况有差异，主力油层动用好，次要层动用差。随着主力油层采出程度的增大，含水率升高，油田产量递减，此时细分层系加强低渗透层开采是弥补油田产量递减必不可少的措施。但是，层系分得太细，布井太多，既不经济又不利于接替稳产，一套层系油层数2~3个既有利于改善开发效果，又有利于接替稳产，也有利于产量的层间接替。1981~1984年孤岛油田细分开发层系以前，层系内层间渗透率级差一般为5~6个；有9~19个小层，其中主力层4~6个，开发效果较差。细分层系后，层系内层间渗透率级差一般为2~3个，有4~9个小层，其中主力层1~3个。

2. 井网适应性评价

像孤岛油田这样的中高渗非均质常规稠油油藏，应该采用科学合理的开发井网，控制住大多数油层。经验公式和数值模拟等方法研究表明，必须采用较密的非均匀面积井网。一方面，以较密的井网适应常规稠油有效驱替的需要，另一方面，采用非均匀矢量井网以适应河道砂油藏强非均质的特点。

1）合理注采井网研究

孤岛油田普通稠油渗流具有启动压力梯度，研究表明注水开发极限泄油半径在130~200m之间，而且流度小，仅有0.01~0.05μm^2/（mPa·s），只有采用密井网才能得到较高的采油速度。

（1）反九点法井网井距在300m以内水驱控制程度高。

从注采井网对油层的控制程度来看，井距缩小，水驱控制程度增高（表3-2-15、图3-2-9）。300m井距对主力油层控制好，次要层差一些；200m井距时，主、次油层都可以控制好，因此200~300m是相对合理井距。

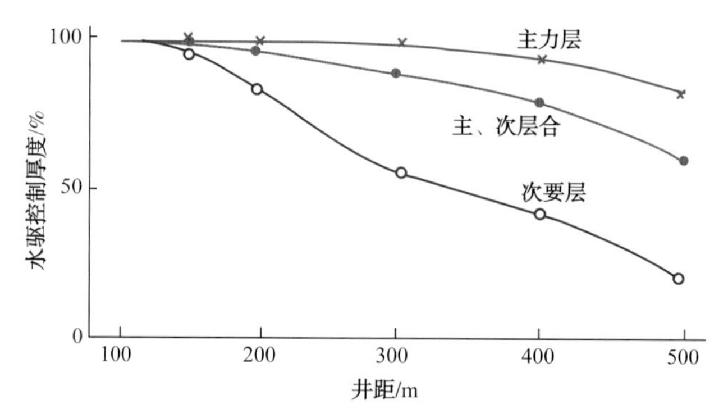

图 3-2-9　中一区 Ng3 砂层组水驱控制厚度图

表 3-2-15　中一区馆 3 砂层组注采连通统计表（反九点）

井距 /m	注采连通厚度 /%			注采不连通厚度 /%
	主力层	非主力层	合计	
500	83.7	20.8	60.5	39.5
400	93.3	42.3	79.6	20.4
300	98.3	56.7	88.8	11.2
200	99.7	83.7	96.5	3.5
150	99.9	95.9	99.3	0.7
100	100	99.5	99.9	0.1

（2）300m 井距可获得较好开发效果。

为了优化注采井网系统，以中一区 Ng3-4 为基础，建立了中一区的缩小地质模型，储量为原来的十六分之一，选取 3^3、3^5 层模拟，油层厚度不缩小。为优化井网部署，设计三类 15 种方案。按图 3-2-10 布井，可以不改变井的位置将 424m 反九点井网任意加密成 300m、212m、150m 反九点井网或五点井网，也可以将 150m 反九点井网任意抽稀成 212m、300m、424m 反九点井网或五点井网，这样既便于布井也便于分配油井产液量和水井注水量，同时可以保证各方案油水井点地层系数不变，增加了方案之间的可比性。第Ⅰ类方案，按 424m、300m、212m、150m 不同井距布反九点井网（图 3-2-11），研究合理井网密度；第Ⅱ类方案，在不同含水条件下将井网加密成合理井网密度，来研究稀井网加密的最佳时机；第Ⅲ类方案，在不同含水条件下将反九点井网改变成五点井网，对比不同布井方式的开发效果，以及何时改变布井方式效果最佳。

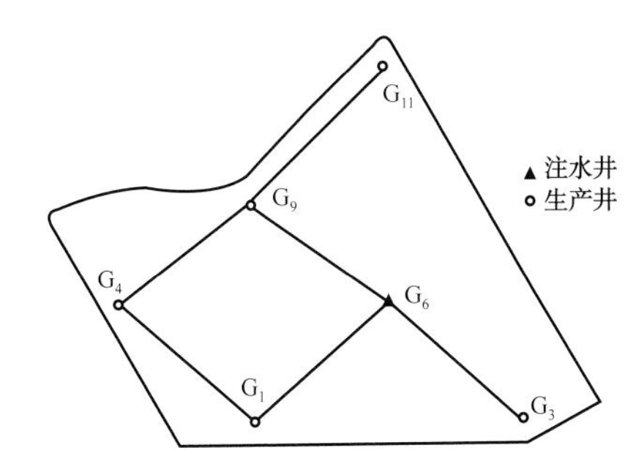

图 3-2-10　424m 井距反九点井网井位图

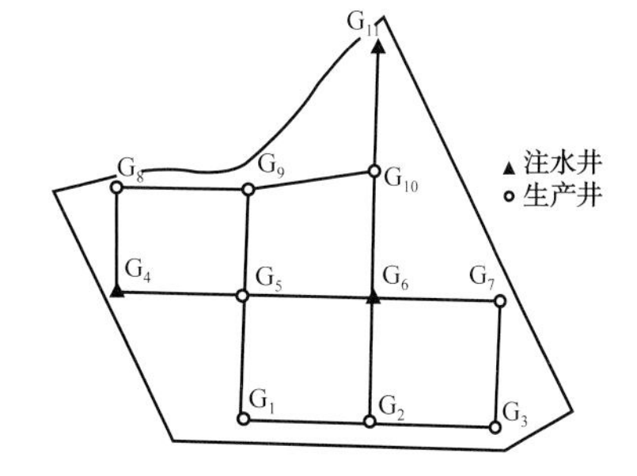

图 3-2-11　300m 井距反九点井网井位图

从图 3-2-12 和表 3-2-16 可以看出，随井距减小累积产油量增加，最终采收率增高。

表 3-2-16　井网部署研究各类方案数值模拟结果汇总表

方　案		开发年限 / a	平均采油速度 / %	最高采油速度 / %	累积产油量 / （10^4t）	最终采收率 / %
Ⅰ. 不同井距反九点井网	Ⅰ-1 424m	54	0.64	1.68	39.54	34.75
	Ⅰ-2 300m	33	1.13	2.39	42.42	37.28
	Ⅰ-3 212m	25	1.50	2.99	42.93	37.72
	Ⅰ-4 150m	19	2.06	4.34	44.61	39.20

续表

方案			开发年限 / a	平均采油速度 / %	最高采油速度 / %	累积产油量 / (10^4t)	最终采收率 / %
Ⅱ.424m 井距井网加密成 300m 井距井网	Ⅱ-1 含水 20% 加密		35	1.03	1.62	42.50	37.35
	Ⅱ-2 含水 57% 加密		35	1.12	4.04	42.84	37.64
	Ⅱ-3 含水 80% 加密		37	1.06	3.41	42.87	37.67
	Ⅱ-4 含水 90% 加密		41	0.95	1.88	43.28	38.03
	Ⅱ-5 含水 95% 加密		45	0.88	1.68	42.46	37.31
Ⅲ. 反九点井网改五点井网	300m	投产改	42	0.88	1.92	42.30	37.17
		含水 55% 改	43	0.87	2.39	42.82	37.63
		含水 90% 改	41	0.91	2.39	42.67	37.50
	212m	投产改	45	0.88	1.92	45.30	39.81
		含水 56% 改	43	0.92	2.98	45.23	39.75
		含水 88% 改	41	0.97	2.98	45.38	39.88

从井网密度与最终采收率曲线（图 3-2-13）可以看出，最终采收率随井网密度增加而增加。当井网密度为 11.11 口 /km^2（即 300m 井距）时，曲线出现拐点，当井网密度大于 11.11 口 /km^2 时，随井网密度增加，最终采收率增加的幅度较小。从不同含水条件下累积水油比与井网密度关系曲线（图 3-2-14）可以看出，当含水率为 98%，井网密度小于 22.25 口 /km^2 时，随井网密度减小耗水量增加不大。因此，从开发效果看，使用 300m 井距布井较好。

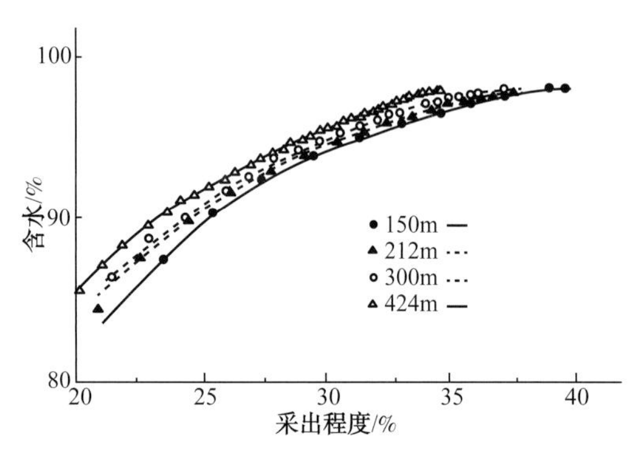

图 3-2-12　不同井距含水与采出程度关系曲线（数值模拟）

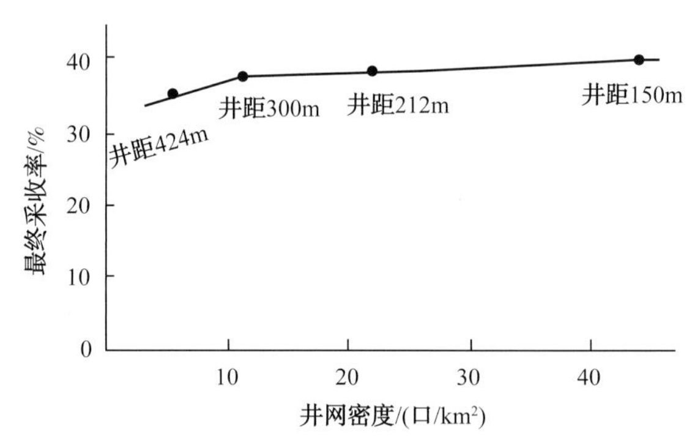

图 3-2-13　井网密度与最终采收率关系曲线

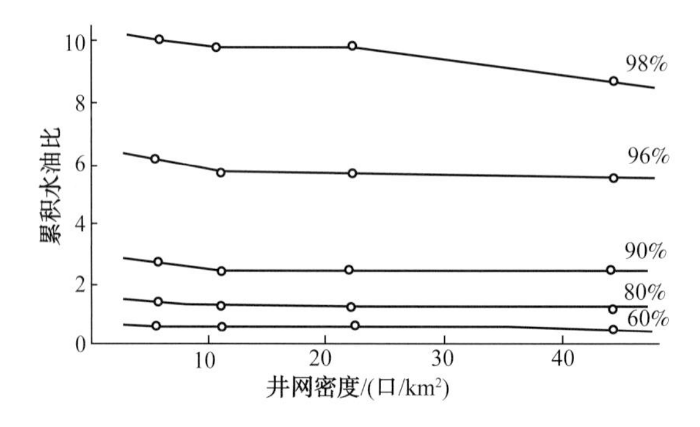

图 3-2-14　不同含水条件下累积水油比与井网密度关系曲线（数值模拟）

（3）部署注采的井网应留有开发调整余地。

对于注水开发常规稠油油藏，实际注水强度总是在开发过程中逐步提高和加强，注采系统的部署留有余地才能有较大的灵活性。

对强非均质油藏，在稀井网的基础上加密井网开发优于一次性密井网开发。在上述第Ⅰ类方案研究合理井网密度的前提下，又进行了不同含水条件下，将稀井网加密成合理井网密度的第Ⅱ类方案研究，即研究何时将424m井距的井网在含水率分别为20%、57%、80%、90%、95%的条件下加密成300m井距的井网效果最好。模拟结果表明，先用424m井距的井网生产，后加密成300m井距的井网比一直用424m井距生产的最终采收率高2.56%~3.28%，也比一次性用300m井距井网生产最终采收率高。由此看来，在稀井网的基础上加密井网开发，优于一次性密井网开发，即分阶段布井开发油田能获得好的开发效果。原因在于424m稀井网与300m密井网的流线分布不同，水驱控制的地区存在一定差异，300m密井网的部分滞流区，424m稀井网反而可以驱替到。因此，先用424m稀井网，再加密成300m密井网，与一直采用300m密井网相比，滞流区减小，有利于提高最终采收率。这是因为通过424m反九点稀井网注水开发一定时间后，在注采井间形成主流线，水驱较好，而注采井组内的各条边上的生产井间形成分流线，是滞留区。通过加密调整变为反九点密井网时，原井网下的分流线全部变成了新井网下的主流线，原来滞留区的原油被驱动，从而提高了水驱波及体积和原油采收率。

从静态上看，在同样井距条件下五点法的水驱控制情况好于反九点法。例如，同为300m井距时，这两种注水井网对孤岛中一区馆3砂层组的水驱控制程度都达到88.8%，但其中，三向和四向受效井，五点法高达82.4%，而反九点井网只有23.6%（图3-2-15）。因此，在同样井距条件下，五点法井网的水驱控制情况好于反九点法，这是五点法采收率较高的主要原因。从开发效果看，212m井距反九点井网改五点井网以后，能满足高含水期提液需要，含水上升速度减缓，最终采收率增加，但采收率增值与井网转换的时间关系不大（图3-2-16）。

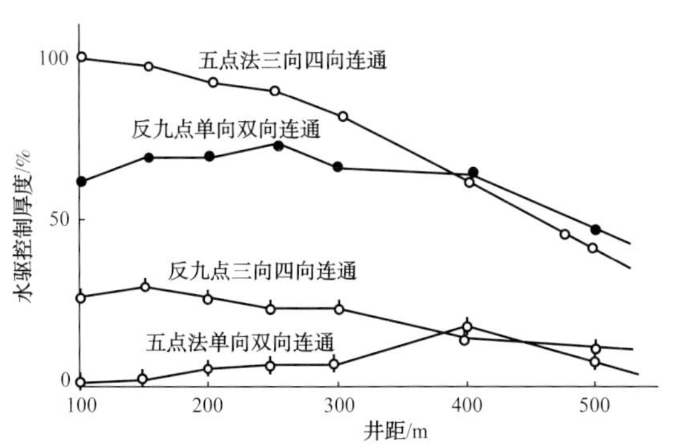

图3-2-15　中一区Ng3反九点与五点井网水驱控制程度对比

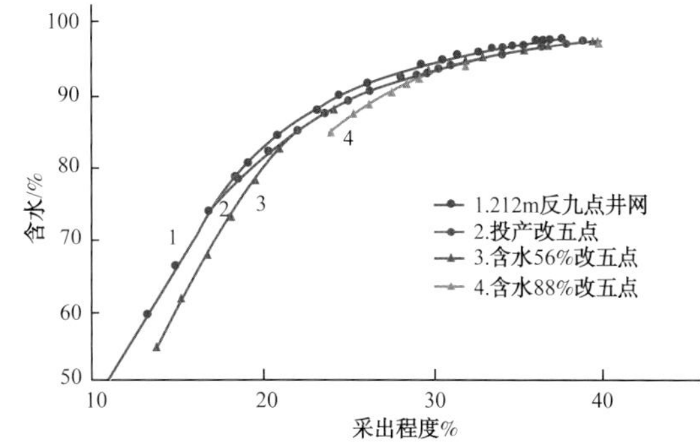

图3-2-16　不同含水时212m反九点井网改五点井网含水与采出程度关系曲线

2）整体部署分区对待

1968年4月渤2井出油，发现孤岛油田以后，在各个构造上分别部署46口探井，由于探井较稀，还有很多基本问题如油层出砂、气顶分布、稠油产能、稀稠干扰、砂体连通等还不清楚，因此，1970 年 8 月，开辟了一个 7km^2 的生产试验区，完钻 26 口开发重点解剖井，采用 400m 三角形井网。通过解剖试验区较密井网，认识到油田主力油层明确，单层厚度大，分布广，储量集中（占 77.2%）；在 400m 井距控制下，油层有效厚度连通约 75%；原油黏度高，表现为上稠下稀、顶稀边稠的特征。

在探井和试验区较密井网解剖的基础上，根据油层发育及原油性质差异，将中一区、中二区、西区、东区、南区和渤 21 断块六个开发区分别部署井网。归纳起来主要可分为五种类型井网（表 3-2-17）。

（1）带有试验性的 400m 井距均匀井网。主要开采顶部稀油区储层分布稳定、渗透率高的中一区 Ng3-4 的主力层。该井网为 1971 年实施的第一套井网，但投产后证实，单井控制储量大、采油速度低，于 1973 年及时调整为 270~300m 反九点井网。

（2）带有试验性的两夹三行列井网，主要开采顶部稀油区的中一区 Ng5-6 的主力层。注水井距第一排生产井排 550m 左右，生产井井距 400m 左右，注水井井距 250m。但因井距大、单井控制储量大、采油速度低，于 1973 年调整为 350~400m 反九点井网。

（3）井距 225m 四点法井网。主要开采稠稀过渡区储层分布稳定、渗透率高的中二区 Ng3-5 的主力层。

（4）井距 300~350m 三点法井网。主要开采构造复杂、油层薄的西区和南区。对原油黏度高、储层较薄的西区，采用井距 350m 三点法；对地质条件复杂、断层较多的南区采用井距 300m 三点法。

（5）井距 300m 反九点法井网。主要开采原油黏度高、构造简单的东区和渤 21 断块的主力层。

表 3-2-17　孤岛油田初期开发基础井网

序号	层　系	主力层	有效厚度 / m	地层原油黏度 / （mPa·s）	开发方式		井网密度	注采井数比
					井网	井距 /m		
1	中一区 3-4	Ng4^4、3^5、4^2、3^3	24.5	50	反九点	270~300	13	1∶3.7
2	中一区 5-6	Ng5^3、6^3	14.1	35	反九点	350~400	7	1∶3.6
3	中二南 3-5	Ng4^4、5^3、3^5、4^2、5^4	34.5	67	四点法	225	23	1∶1.3
4	中二中 3-5	Ng4^4、3^5、5^3、4^2	32.6	90	四点法	225	21	1∶2.2
5	中二北 3-5	Ng4^4、3^5、5^3、4^2	27.7	120	四点法	225	17	1∶2.3
6	西区 Ng3-6	Ng4^4、3^5、3^3、4^2	23.9	94	三点法	350	9	1∶5.2
7	南区 Ng3-6	Ng4^4、3^3、3^5、4^1	22	80	三点法	300	10	1∶3.6
8	东区 Ng3-5	Ng4^4、3^5、3^4、3^3	17.8	112	反九点	300	8	1∶3.1
9	渤 21Ng3-4	Ng3^3、4^2	14	95	反九点	300	7	1∶3.2

三、层系井网优化调整策略

由于河流相沉积储层的强非均质性，在一定井网密度下对储层的认识具有一定的局限性，常规稠油油藏的油水运动规律也决定了层系井网调整的阶段性和多期性，因此必须把对油田的深入认识和合理开发有机结合起来，针对不同含水期的油水运动规律，采取与其相适应的层系井网调整技术。孤岛油田的开发调整分为三个阶段，即“六五”期间（中含水期）进行的井网层系调整；“七五”期间（高含水期）以增加注水井点为主要内容的强化完善注采系统的井网调整；“八五”以后（特高含水期）根据剩余油分布特征而进行的局部井网细分层系调整。

1. 细分层系调整技术

孤岛油田开发初期层系划分较粗，除中一区 Ng3–4 和 Ng5–6 砂层组分为两套层以外，其他区块全部是一套层系合采。主力油层多，厚度大，每套层系有 9~19 个小层，其中主力油层 4~6 个。虽然中低含水期采取了分层注水和周期性注采调配等措施，控制含水上升，改善了储量动用状况。但到 20 世纪 70 年代末期，大多数开发单元已处于中含水期末期或高含水期，层间干扰日趋严重，仅依靠注采调配只能使主力层轮流出力，已难以调整油层的层间矛盾。因此，要充分发挥各主力层的生产能力，必须适当细分开发层系。

中含水期，通过深化对主力层水淹状况的认识，针对非主力层实施以解决层间矛盾为主的细分层系井网调整。根据基础井网的不同，分别部署层系细分井网。归纳起来主要可分为三种类型。

（1）对于主力层分布稳定、几何形态规则的西区和中一区 Ng3–4 反九点井网，在层系细分调整过程中，采用油井间均匀加密法，将原井网调整为行列注采井网。如中一区 Ng3–4 开发单元，1971 年采用 270m × 300m 的反九点法面积注水井网进行开发，总井网密度 13 口 /km^2。至 1982 年底采出程度达 16.43%，含水 57.7%。在基础井网完钻后，从静态上进一步深化了对层系内主力油层差异性的认识，认识到由于层间干扰严重，4 个主力层中 Ng3^3、Ng4^2 动用状况比 Ng3^5、Ng4^4 差。

通过精细研究，认识到 Ng3 和 Ng4 砂层组具备进一步细分开发层系的物质基础和条件。1983 年在编制调整方案进行细分层系井网调整时，对比了五点法、线状注水等五种布井方案的数值模拟开发预测指标后，采用了在调整区边角井间新钻油井采 Ng4，老生产井上返采 Ng3，原边井转注作为 Ng4 注水井，原有注水井合注 Ng3、Ng4（图 3–2–17），将中一区 Ng3–4 砂层组分为 Ng3、Ng4 两套层系，以改变原井网驱油方向，Ng3 和 Ng4 均采用 270m × 300m 的行列注水井网。分层系的注水井距为 270~600m，注采井数比为 1∶3.0，总井网密度 19 口 /km^2。

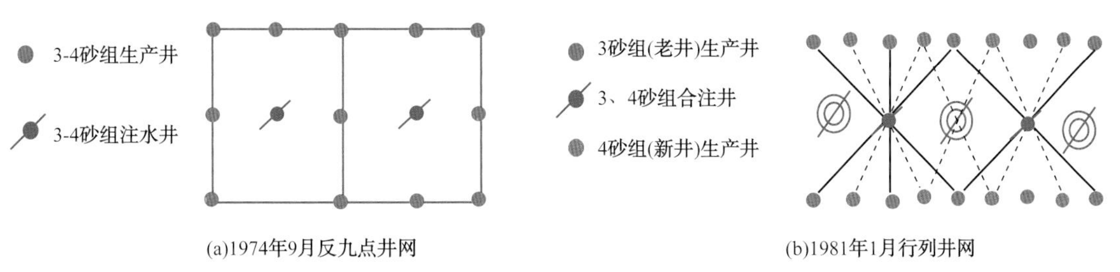

图 3–2–17　中含水期中一区 Ng3–4 井网演变图

（2）对于主力层分布不稳定、几何形态不规则的中一区 Ng5–6、中二南的反九点法面积注水井网，采取在分流线上布油井、主流线上布水井的方法，将井网调整为五点法注采井网。例如中一区 Ng5–6 砂层组初期为反九点法面积注水井网，井距 350~400m，总井网密度 7 口 /km^2。1981 年细分为 Ng5^{1-4} 和 Ng5^5–6^5 两套层系，在 Ng5^5–6^5，原井网主流线中点附近布井，生产井距为 265m，调整为五点法注采井网，注采井数比为 1∶3.3（图 3–2–18）。

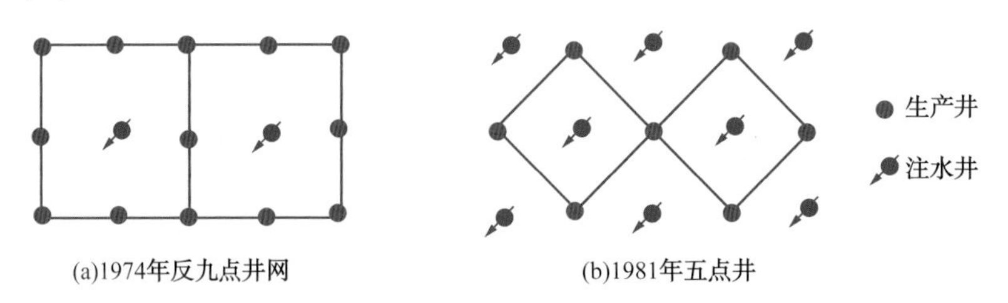

图 3–2–18　高含水前期中一区 Ng 5–6 五点法井网演变图

（3）对主力层分布面积较大的中二区四点法注采井网，在细分层系时仍沿用基础井网。例如中二南 Ng3–6 初期为四点法注采井网（1972 年），在 1981 年层系细分井网调整中，细分为 Ng3^1–4^2 和 Ng4^3–6^2 上下两套层系，上层系 Ng3^1–4^2 分布面积较大，仍沿用基础井网四点法（图 3–2–19），下层系 Ng4^3–6 砂层组采用 260m 五点法。

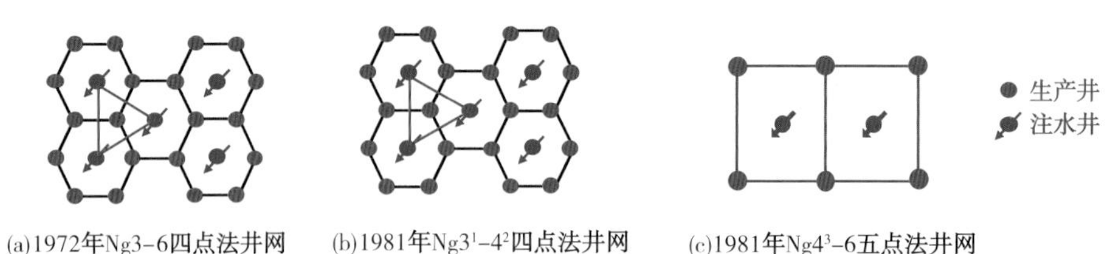

图 3–2–19　孤岛中二南 Ng3–4 单元井网演变

1981 年 6 月开始，在总体调整方案的指导下，先后对中一区 Ng5–6、Ng3–4、中二南、中二中、中二北、西区 8 个油层厚度大、主力层多的开发单元，进行了细分开发层系为主的综合调整（表 3–2–18）。

表 3–2–18　孤岛油田不同单元层系井网调整状况表

初期井网				层系细分调整（1981~1985 年）					
层系	井网	井距 /m	总井网密度注采井数比	层系	井网	调整井位置	井距 /m	总井网密度注采井数比	调整目的
中一区 Ng3–4	反九点	270~300	13/1∶3.1	Ng3	行列	油井井间均匀加密	270~300	19/1∶3.1	合采调为分采合注
				Ng4					
中一区 Ng5–6	反九点	350~400	7/1∶3.6	Ng5^{1-4}	五点法	原井网抽取边井	530	11/1∶3.2	合采调为分采
				Ng5^5–6^5		角主流线中点附近	265		

续表

<table>
<tr><th colspan="4">初期井网</th><th colspan="8">层系细分调整（1981~1985 年）</th></tr>
<tr><th>层系</th><th>井网</th><th>井距 /m</th><th>总井网密度注采井数比</th><th colspan="2">层系</th><th colspan="2">井网</th><th>调整井位置</th><th>井距 /m</th><th>总井网密度注采井数比</th><th>调整目的</th></tr>
<tr><td rowspan="2">中二南 Ng3–6</td><td rowspan="2">四点法</td><td rowspan="2">225</td><td rowspan="2">23/1∶1.3</td><td colspan="2">$Ng3^1–4^2$</td><td colspan="2">四点法</td><td></td><td>225</td><td rowspan="2">40/1∶2.5</td><td rowspan="2">合采调位分采</td></tr>
<tr><td colspan="2">$Ng4^3–6^2$</td><td colspan="2">五点法</td><td>油井在两油井间，水井在分流线上</td><td>240~270</td></tr>
<tr><td rowspan="2">中二中 Ng3–5</td><td rowspan="2">四点法</td><td rowspan="2">225</td><td rowspan="2">21/1∶2.2</td><td colspan="2">Ng3–4</td><td colspan="2">四点法</td><td></td><td>225</td><td rowspan="2">41/1∶2.6</td><td rowspan="2">合采调位分采</td></tr>
<tr><td colspan="2">Ng5</td><td colspan="2">反九点</td><td>油井在两油井间，水井在分流线上</td><td>185</td></tr>
<tr><td rowspan="3">中二中 Ng3–5</td><td rowspan="3">四点法</td><td rowspan="3">225</td><td rowspan="3">17/1∶2.3</td><td colspan="2">$Ng3–4^1$</td><td colspan="2">四点法</td><td></td><td>225</td><td rowspan="3">29/1∶3.4</td><td rowspan="3">合采调位分采</td></tr>
<tr><td colspan="2" rowspan="2">$Ng4^2–5$</td><td>东部</td><td>反九点</td><td>油井在分流线，水井在主流线上</td><td>170~200</td></tr>
<tr><td>西部</td><td>行列</td><td>在两油井间</td><td>200</td></tr>
<tr><td rowspan="5">西区 Ng3–6</td><td rowspan="5">三点法</td><td rowspan="5">350</td><td rowspan="5">9/1∶5.2</td><td rowspan="3">北部</td><td rowspan="2">$Ng3^1–4^1$</td><td colspan="2" rowspan="2">行列</td><td>2、4、6 排均匀加密</td><td rowspan="2">175</td><td rowspan="5">2.1/1∶3.2</td><td rowspan="2">合采调为分采</td></tr>
<tr><td>3、5、7 排油井转注</td></tr>
<tr><td>$Ng4^2–6^2$</td><td colspan="2">反九点</td><td>在三角滞留区</td><td>300~350</td><td rowspan="3">三点法调为现状</td></tr>
<tr><td colspan="2" rowspan="2">Ng3–6</td><td colspan="2" rowspan="2">行列</td><td>2、4、6 排均匀加密</td><td rowspan="2">175</td></tr>
<tr><td>3、5、7 排油井转注</td></tr>
</table>

调整后开发单元由 10 个增加到 17 个，每个单元主力层从 4 个简化为 2 个，有效厚度从 20m 减少为 11.7m。8 个单元共钻井 305 口，注水井 63 口，部分单元注采井网调为线状注水和五点法面积注水。结合平面水淹特点，新油井均布在滞油区及分流线上，投产初期含水率平均比老井低 15%~20%，产量高 5~10t/d（表 3–2–19）。开发单元含水上升率由 5.3% 下降为 2.4%，调整后 1~1.5 年内含水率稳定；年产油由 1980 年的 352.16×10^4t 提高到 1985 年的 444.2×10^4t；提高了储量动用程度。油层连通率由 63.7% 提高到 87.2%，水驱控制程度达到 80.1%。注水井吸水好的和较好的厚度达到 65.9%，增加了 21%，不吸水的厚度由 32.5% 降为 13.5%，减少了 19%。细分层系后，可采储量增加了 1308×10^4t，主力单元的采收率大幅度提高（图 3–2–20）。细分开发层系改善了油水井井况，为防砂和

注水工艺的完善和提高，创造了条件。

表 3-2-19 孤岛油田层系井网细分调整效果表

时间		调整单元/个	地质储量/(10^4t)	新钻井数/口		单井控制储量/(10^4t)	油井总井/口	日油水平/(t/d)	采油速度/%	比井数注采	注采对应率/%	增加可采储量/(10^4t)		调整目的
				油井	水井							单元	单井	
六五	调整前	8	26511	305	63	36.5	727	9283	1.15	1∶3.5	63.7	1308	3.6	井网层系调整，合注分采
	调整后	15				28.8	920	11339	1.56	1∶1.5	80.4			
	对比					-7.7	193	2056	0.41		16.7			

2. 强化注采系统调整技术

通过细分层系井网调整后，采油速度得到提高。进入高含水期以后，随着含水上升，水油比增加较快，产出液量水多油少，这成为影响稳产的主要矛盾。为了稳产，在 1982 年下大泵试验成功的基础上，从 1985 年开始大规模实行泵径升级，油田产液量大幅度上升，由 1984 年的 31165t/d 提高到 1986 年的 45968t/d，注水量也相应增加了 15943m³/d。但由于原有井网注水井点少，注采井数比低（1∶3.0），合注井多，注水井负担重，注采比仅为 0.8~0.91，造成地层压力下降，1986 年总压降为 1.58MPa，主力单元中一区压降达 2.0MPa，低于饱和压力，直接影响高含水期的开发效果，而高含水期是孤岛油田重要的开发阶段。为了改善和提高开发效果，注采系统的调整和强化势在必行。

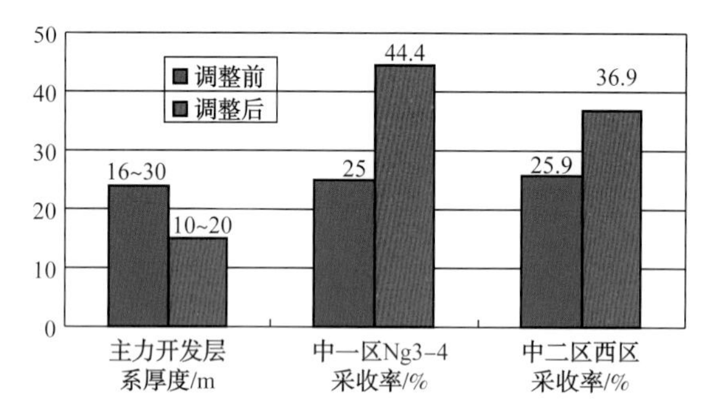

图 3-2-20 孤岛油田中一区、中二区西区细分层系效果

（1）以增加注水井点、改变液流方向为主要内容的强化完善注采系统层系井网调整。

1986~1990 年，开展了以增加注水井点、改变液流方向为主要内容的强化完善注采系统层系井网调整。先后对中一区 Ng3-4、中二中 Ng3-4、东区、南区等九个单元进行了调整，新钻井 374 口，其中油井 201 口，水井 173 口，老油井转注 110 口，基本转化为注水强度大的行列、五点法和七点法注采井网。调整前后对比，注水井由 1986 年的 433 口增加到 1990 年的 810 口，注采井数比由 1∶3 提高到 1∶1.5，注水量增加了 45385m³/d，在同期产液量增加 42993t/d 的情况下，做到了液量和注水量的同步增长，注采比达 1.0 左右，注采对应率由 75.6% 提高到 80.4%，多向对应率由 53.0% 提高到 66.9%。水驱效果变好，含水上升率由 1986 年的 5.3% 下降到 1990 年的 2.0%。通过调整使原油年产量在 1989 年突破 460×10^4t，且稳步增长，增加可采储量 610×10^4t，采收率提高 1.8%（表 3-2-20）。

表 3-2-20 孤岛油田强化完善注采系统调整效果表

时间		调整单元/个	地质储量/(10^4t)	新钻井数/口		单井控制储量/(10^4t)	油井总数/口	日油水平/(t/d)	采油速度/%	注采井数比	注采对应率/%	增加可采储量/(10^4t)		调整目的
				油井	水井							单元	单井	
七五	调整前	12	30118	201	173	33.1	912	10200	1.24	1∶3	75.6	610	1.6	强化完善注采系统分注分采
	调整后	16				28.1	1073	11016	1.34	1∶1.74	86.1			
	对比					−5	161	816	0.1		10.5			

例如中一区 Ng3-4 砂层组，1983 年细分层系后，Ng3、Ng4 油井分采、水井合注，调整后年产油由 62.1×10^4t 提高到 104.2×10^4t，采油速度由 1.2% 提高到 2.0%。由于两套层系分采合注，注采井数比为 1∶2.4，随着采液量的增加，注水井单井日注水平虽已提高到 150m^3，但注采比仅达到 0.8，地层总压降降至 2MPa，影响下步稳产。1987 年 9 月及时进行了强化注水系统的调整，在原注水井排上两口水井之间加密一口新注水井，给 Ng3 砂层组注水，老注水井全部给 Ng4 砂层组注水，全面进行分采分注。共新钻注水井 54 口，转注老井 7 口。1988 年 4 月全部实施完，形成两套线状注水（或矩形五点法面积）井网，注水井距也调整为 270~300m，注采井数比 1∶1.3（图 3-2-21），总井网密度为 28 口 /km^2，多向注采对应率由 35.7% 提高到 71.2%。提高注水量后，地层总压降回升到 1.2MPa，保证了进一步提液的需要。Ng3-4 砂层组全面分注后，为注水层段的进一步细分创造了条件，改善了油层吸水状况。经过第二次层系井网调整，在产液量每年增加 20% 的情况下，地层总压降减少到 1.0MPa，日产油稳定在 2700t/d，采油速度为 2%，为“七五”期间油田的高产稳产做出了突出贡献。

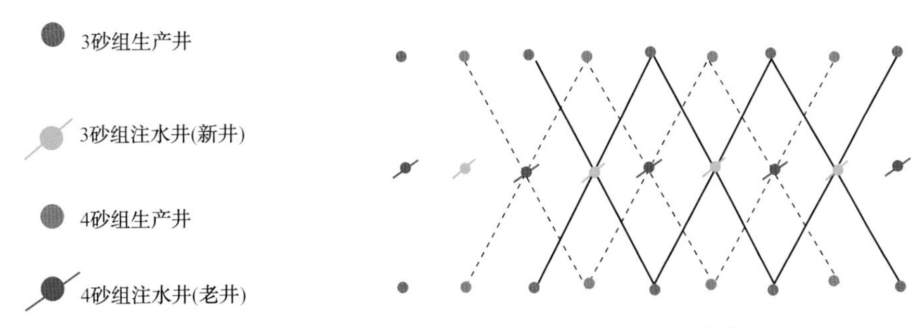

图 3-2-21 高含水期中一区 Ng3-4 砂层组线形注水井网

中二中 Ng3-4 开发单元，1972 年采用 225m 四点法面积注水井网进行开发，1984 年通过更新注采井网和“单井提液”措施，单元采油速度提高，开发效果得到改善，至 1987 年年底采出程度达 28.9%，油井多层多向见水，各油层均已大面积水淹，含水大于 80% 的井占 49%，综合含水 76.0%。当时注采井数比只有 1∶2.5，注水井单井负担重，油井平均单井产液量仅为 43t/d，不利于进一步提液稳产，也不利于注入水改变驱油方向，充分挖掘平面（层内）潜力。该单元开发面临三大问题：一是开发对象发生转移，挖潜难度大；

二是部分井增压提水，注入压力过高，产生注入水串流，油层压力下降；三是注入压力高，套损井多。

基于以上开发问题，确定了调整方案编制基本思路为：首先根据采液指数和吸水指数比值大小确定注采井比例，其次利用数值模拟研究结果为进一步提供注采系统调整依据。选用七点法面积注水井网，可以全面改变水驱油方向，并有利于减缓含水上升速度。但由于四点法改为七点法后，注采井比例为 2∶1，采油井太少不能满足稳产所需的总液量要求。因此，在七点法注水单元里再补钻同井场（距离 70m 以外）一口采油井，将 Ng3、Ng4 砂层组错层分采（图 3-2-22），以便使驱油终集点由相对分散变为相对集中。设计新钻井 41 口，油井 39 口，水井 2 口，老井转注 37 口。方案于 1988 年 2 月开始实施，取得了比较好的效果。采油速度由调整前的 1.35% 提高到 1.8%，单井产油能力由 9.9t/d 提高到 13.5t/d，年产油量由 29.2×10^4t 增加到 38.7×10^4t；注采井数比由 1∶2.5 提高到 1∶1，地层总压降由 1987 年的 1.51MPa 回升到 0.72MPa；平均单井产液水平由 1988 年 10 月的 43.0t/d 提高到 1989 年 2 月的 69.3t/d；水驱控制储量由 83.1% 提高到 94.6%，注采对应率由 85% 提高到 96.3%，多向对应率由 37.7% 提高到 80.6%，增加可采储量 43.64×10^4t。

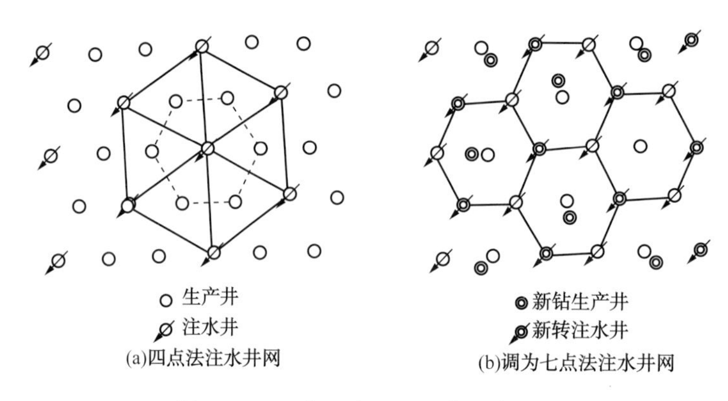

图 3-2-22　中二中 Ng3-4 井网演变图

（2）以提高层间动用程度和注采对应率为主要内容的局部层系井网优化。

孤岛油田在“六五”和“七五”期间对开发单元进行了细分层系和强化完善注采系统的两次大规模井网层系调整，一直采用规则布井方式，改善了油田开发效果，保持了油田稳产。进入特高含水期后，剩余油分布零散，整体调整余地越来越小。因此提出在深化剩余油分布认识的基础上，针对层间动用程度的差异，以油砂体为目标，在油层厚度大、单井控制储量多及剩余油饱和度较高的井区进行局部层系井网优化。

先后对渤 21、中一区 Ng3-6、西区 $Ng4^2$-6、南区、东区、中二南、中一区 Ng3、Ng4、Ng5-6 及 Ng1+2 共 10 个单元进行了局部细分井网调整，新钻井 279 口（油井 150 口，水井 129 口），做到注水方式整体部署，新老井结合，新注水井尽量和老注水井在一排，使驱油终结点向比较集中的块状注水方式转化，扩大了波及体积，且保持了较规则的井网（图 3-2-23、表 3-2-21）。

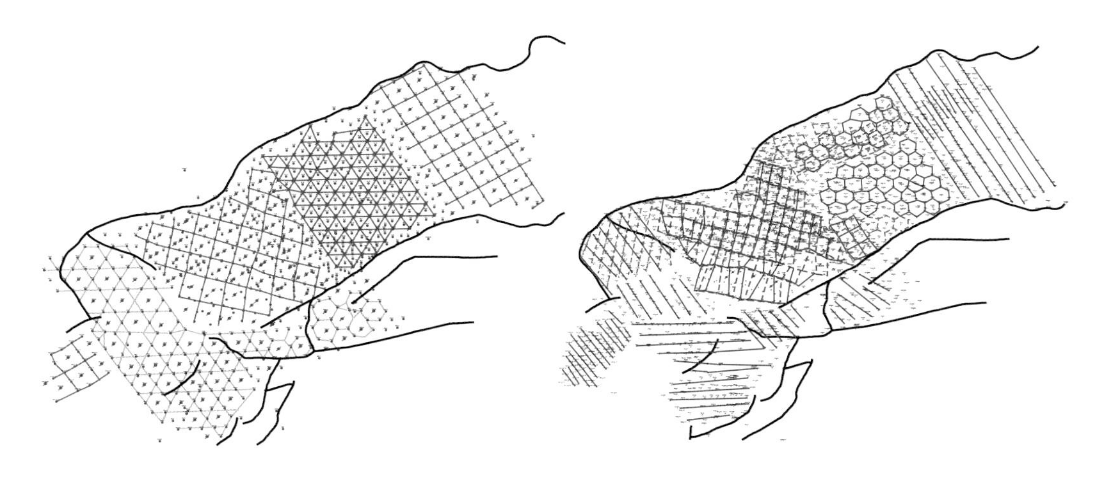

(a)开发初期井网图　　　　(b)特高含水期井网图

图 3-2-23　孤岛油田开发初期、特高含水期井网图

表 3-2-21　孤岛油田特高含水期开发单元井网分类表

井网	行列注水	反九点法面积注水	四点法面积注水	五点法面积注水	七点法面积注水	其他
开发单元	中一区 Ng3 西区 Ng3^1–4^1	中二中 Ng5	中一区 Ng3–6	中二南 Ng3	中二中 Ng3–4	中一区 Ng7–10 孤北 21
	中一区 Ng4 西区 Ng3–6	中二北 Ng4 北部	中二南 Ng4	中二南 Ng5–6		孤北 Es1–2 孤北 1 稠油
	中一区 Ng5 西区 Ng4^2–6^2		中二中 Ng3	中二北 Ng4 西部		孤岛 1 + 2 东区 Ng5 稠油
	中一区 Ng6 南区					渤 76 中一区 Ng5 稠油
	中一区 Ng3–6 （Ng5–6）东区					孤北渤 3
	渤 21					中二北 Ng5 稠油
井距 / m	200 × 135　200 × 175 200 × 135　200 × 175 225 × 200　300 × 175 225 × 200　300 × 175 200 × 200　300 × 150 200 × 200　300 × 150 300 × 135–270 300 × 135–270 300 × 75–260 300 × 75–260	180	225	300 × 250 – 260	200	
单元 / 个	11	2	3	3	1	10

与孤岛油田开发初期井网对比，特高含水期井网密度加大，注采系统持续完善

（图 3–2–23），注采井网对储量的控制程度逐渐提高，基本达到 90% 以上，注采对应率达到 93.6%。调整单元增加可采储量 760×10^4t。油田持续维持高产稳产，1991~1993 年在含水达 91.3% 的情况下，年产油连续三年创历史最高水平，保持在 465×10^4t 以上，调整效果见表 3–2–22。

表 3–2–22　孤岛油田“八五”期间局部井网调整效果

时间		调整单元/个	地质储量/（10^4t）	新钻井数/口		单井控制储量/（10^4t）	油井总井/口	日油水平/（t/d）	采油速度/%	注采井数比	注采对应率/%	增加可采储量/（10^4t）		调整目的
				油井	水井							单元	单井	
八五	调整前	10	18650	272	194	22.5	606	4824	0.94	1∶2.0	89.5	760	2.79	局部加密细分分注分采
	调整后	13				18.5	739	5270	1.03	1∶1.7	93.6			
	对比					–4	133	446	0.0873		4.1			

例如，中一区 Ng3–4 单元经过“八五”初期精细储层研究，1992 年对 $Ng4^3$ 剩余油富集区，实施了局部细分调整。由于 $Ng4^3$ 油层分布零散，厚度较薄（2.5m），单独组成层系开发的风险大，因此与 $Ng4^2$ 层组成一个层系开发；$Ng4^4$ 层单层厚度大（8.3m），进行单采。在调整区，新油井钻在原采油井排采 $Ng4^4$，老生产井上返采 $Ng4^{2-3}$。新注水井布钻在注水井排，注 $Ng4^{2-3}$，老注水井注 $Ng4^4$，以增加驱油方向，实现局部再细分层系，分采分注（图 3–2–24）。设计新钻井 54 口（油井 28 口，注水井 26 口），投产新井普遍进行射孔优化，新井投产初期平均单井日产液 43.6t/d，日产油 16.3t/d，含水 62.6%，比老井低 28%。部分上返采油井也见到了较好的效果。共上返 12 口，平均单井日产液由 122.4t/d 下降到 110.2t/d，平均单井日产油由 9.8t/d 上升到 11.4t/d，含水由 92.0% 下降到 89.7%，取得了较好的调整效果。

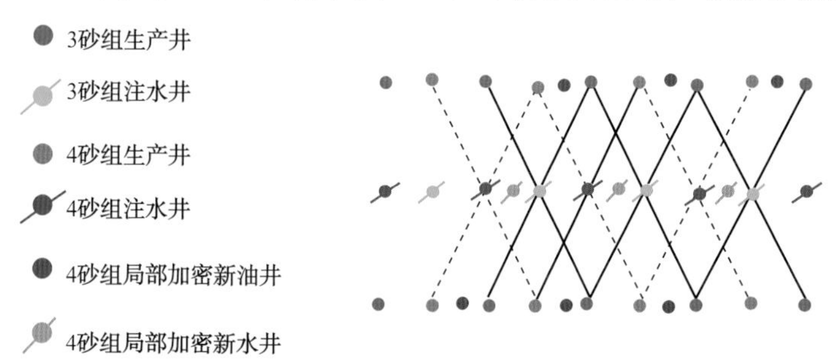

图 3–2–24　特高含水期中一区 Ng3–4 砂层组局部细分井网

1993 年在中一区 Ng3 东部叠加厚度大、含水较低的区域进行井间加密，新井布在 Ng3 井排两老井间，距离 Ng4 老油井约 50m 的地方，原井网油水井生产方式不变，新油水井开采低渗透高含油饱和度井段，局部形成 135m × 300m 行列注采井网。共钻新井 30 口（油井 20 口，水井 10 口），调整后，单井控制储量由 20.65×10^4t 减小到 17.3×10^4t。

通过 1992~1993 年的局部细分和加密调整，Ng3–4 单元年产油由 1991 年的 84×10^4t 上升到 1993 年的 91.3×10^4t，且稳产 3 年，采收率由“七五”期间的 43.8% 上升到“八五”末期的 47.3%，共增加可采储量 177×10^4t，平均单井增加 1.3×10^4t。

第三节　改善水驱开发效果技术

油藏在开采前是一个相对静态的平衡系统，投入开发后，由于钻井、注水、采油等开发工程作业措施，使得油藏变为一个动态的非平衡系统。在这一非平衡系统中，油气的采出状况也具有严重的不均一性，部分地区或层段驱替程度高、油气采出程度高，而另一些地区驱替程度低、油气采出程度低，从而形成剩余油的分布非均质性。为了改善开发效果，适应地下变化的状况，必须不断地进行油田开发调整。

一、注水开发特征

1. 采液指数变化规律

根据河流相储层渗透率平均非均质抽象模型及储层典型参数，用正交设计法建立不同模型，用因素分析和多元回归法进行数值模拟计算，求出无因次采液指数与含水率关系。

含水率为 1.0 时的无因次采液指数的计算公式为：

$$\lg J_{L1.0}=0.705938\lg\mu_R+0.242679\lg K_{50}+0.504616\lg V_k-0.791405 \tag{3-6}$$

无因次采液指数与含水率的关系式为：

$$J_L=\{1+0.4991(1-f_w)[\ln(1-f_w)]\}\times J_{L1.0}\left(\frac{m}{m+2.2336}\right) \tag{3-7}$$

其中：

$$m=\left(\frac{f_w}{1-f_w}\right)^{0.7344}$$

根据计算结果，孤岛油田不同河道砂岩油藏无因次采液指数与含水率变化曲线（图 3-3-1）。

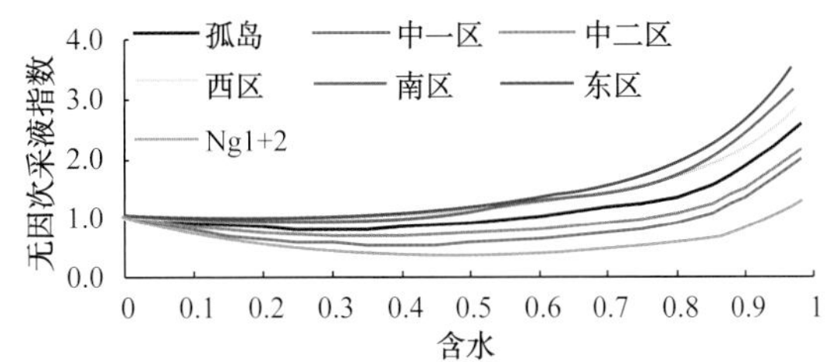

图 3-3-1　孤岛油田主力单元无因次采液指数与含水关系

孤岛油田含水 50% 以前采液指数略有下降，但下降幅度小，基本稳定；含水 50% 以后采液指数明显上升，高含水期较长，油层有充足的供液能力。

从不同类型河道砂来看，存在明显的差异。随着含水率的增加，Ⅱ类河道砂油藏（南区、东区等）采液指数增长趋势快，其次为Ⅰ类河道砂油藏（中一区、中二区），Ⅲ类河道砂油藏（Ng1+2）相对较慢。

2. 采油指数变化规律

无因次采油指数 J_o 的公式为：

$$J_o=\left(f_w\right)=\frac{K_wK_{ro}(S_w)}{KK_{ro\max}} \tag{3-8}$$

式中，J_o 为无因次采油指数；$K_{ro}(S_w)$ 为不同含水饱和度 S_w 下的油相相对渗透率；$K_{ro\max}$ 为束缚水饱和度 S_w 下的油相相对渗透率；K 为 f_w=0 时的油层绝对渗透率；K_w 为含水为 f_w 时的油层绝对渗透率。

如果不考虑注水开发过程中绝对渗透率的变化，令 $K=K_w$，则式（3–8）变为：

$$J_o\left(f_w\right)=\frac{K_{ro}(S_w)}{K_{ro\max}} \tag{3-9}$$

根据计算结果，孤岛油田不同河道砂岩油藏无因次采油指数与含水率变化曲线见图3–3–2。孤岛油田开发过程中，随含水上升采油指数不断下降，可分为三个阶段。

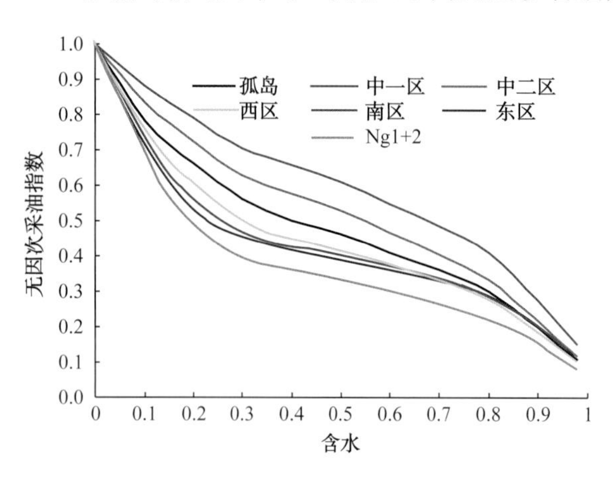

图 3–3–2　孤岛油田主力单元无因次采油指数与含水关系

（1）含水 0~40%，随含水上升，采油指数明显下降。这一阶段采液指数变化较小，为使油田保持稳产，必须随含水上升放大生产压差，含水为 50% 时的生产压差需为见水前的 2 倍。

（2）含水 50%~90%，采油指数下降趋势变缓，采液指数明显上升。这一阶段要使油层所提供的产液能力得以充分发挥，采油工艺技术需有相应发展。

（3）含水高于 90% 以后，采油指数下降加剧，但原油黏度越大，在高含水期采油指数下降越慢，油田开采状况十分复杂，需要进行多种措施的综合调整。

3. 吸水指数变化规律

在注水开发过程中，随着含水和含水饱和度的增大，水相渗透率增大，流动阻力减小，油层吸水能力增强。因此，每米吸水指数和每米视吸水指数虽然数值不同，但随含水上升而增大的规律是一致的（图 3–3–3、图 3–3–4）。

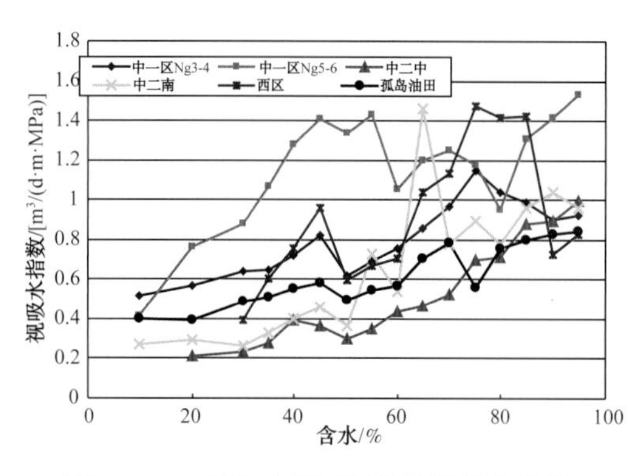

图 3–3–3　孤岛油田不同单元视吸水指数变化曲线

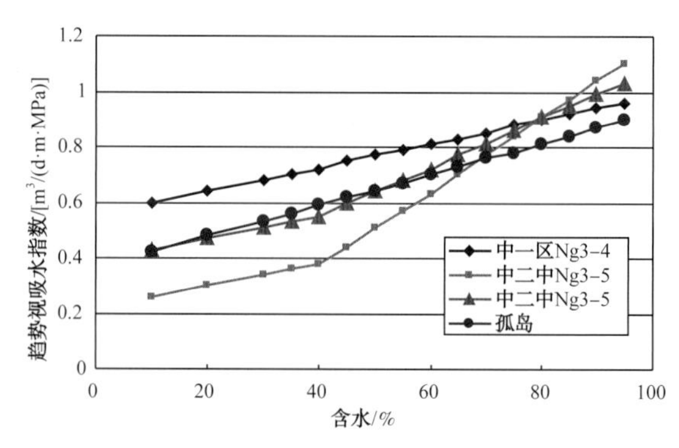

图 3–3–4　孤岛油田不同单元趋势视吸水指数与含水曲线

根据计算，孤岛油田视吸水指数随着含水上升及注水时间的增长而上升，在含水 40% 以前，视吸水指数增长较慢，其后增长较快，表明中高含水期后油层吸水能力逐渐增强，这能够保证油田提液稳产所需的地层能量。

4. 含水上升变化规律

常规稠油注水开发油田含水上升率随含水增高而变缓，像孤岛这样的稠油高渗透油田，地下原油黏度高达 50~130mPa·s，也符合这一规律。

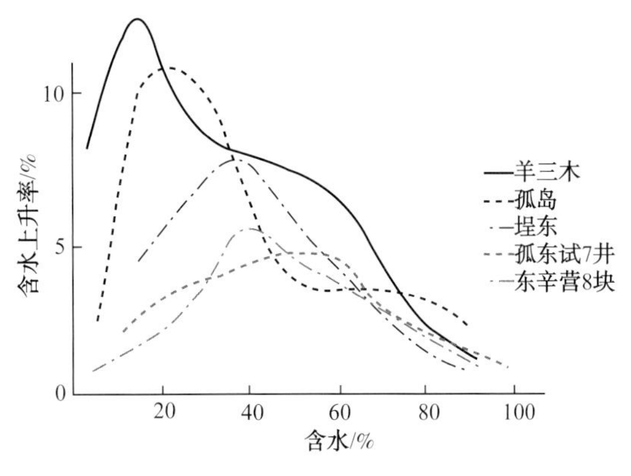

图 3-3-5 含水上升率与含水关系曲线

由图 3-3-5 可以看出，孤岛厚油层在中低含水期含水上升快。在含水率低于 20% 以前，平均含水上升率为 5.0%，而在中含水期（20%~60%），平均含水上升率达到 5.3%，在含水率为 22% 时，含水上升率为 10.9%，达到峰值。由于中低含水期含水上升速度快，采出程度低。到中含水末期（1985 年 2 月），只能采出可采储量的 25%~40%，采出程度为 12.57%。油田进入高含水期后，由于注水波及程度逐步增大，油相渗透率下降和水相渗透率上升幅度逐渐减缓，含水上升速度随之逐渐减缓。含水为 60%~90% 时，平均含水上升率在 3.6%~2.9%。到高含水末期（1992 年 6 月），采出程度达 20.83%，因此，高含水期是常规稠油油藏的重要采油阶段。

二、注采调整技术

1. 中低含水期控水

中低含水阶段，针对油层单层单向见水的特点，在保持和恢复地层压力的基础上，主要采取“平面调整，层间接替”的注采调整方法，发展形成了“六分四清”分层开发技术和“控制主要来水方向和见水层，提高非来水方向和层的注水量”的注采调配技术，重点调整来水方向和出水层位，控制含水上升，在实施过程中，强调整体部署，集中时间实施。

平面接替调整——对已见水层采取提高非来水方向注入量，控制来水方向注入量的方法。以实现来油方向对来水方向的接替。

层间接替调整——控制主要见水层的注入量，提高非主要见水层的注入量。以实现改变出油剖面，出油层对出水层的接替。

孤岛油田注水开发初期就采取了分层注水、区别对待的注水方式，除中一区 Ng3–4 和 Ng5–6 砂层组分采外，其他五个区均为 Ng3–6 合采，层间差异大，导致油田含水上升快，无水采收率仅 0.8%，低含水期含水上升率为 6.4%，中含水初期的 1977 年 6 月至 12 月的含水上升率高达 15.8%。

1976 年 5 月，在全面进行注水井分层测试和小层动态分析的基础上，编制了中二南整体注采调整方案。调整目的是及时搞好层间接替，控制含水上升。就是非见水的 Ng3–4 砂层组接替了主要见水的 Ng5 砂层组，实现了出油层对出水层的层间接替。针对主力油层调整时，敢于对其加强注水，将保持和提高合理地层压力和控制含水有机结合起来。中二南自 1976 年 5 月实现了主力油层由 Ng5 砂层组转向 $Ng4^{2-4}$ 层以来，除一直加强注水外，一直在处理平面对应关系上下功夫。如 $Ng4^{2-4}$ 层经 4 次注水量变化，实注由 $228.7m^3/t$ 提至 590 m^3/t，增水 361 m^3/t。随着 Ng4$^{2-4}$ 层的见效、见水，不是减弱了注水，而是逐步加强了注水，提高或保持了主力油层的压力水平，并且通过平面调整，扩大了扫油面积，改善了开发效果。但随着高含水井和多层见水井的增多，单纯的水井调配已不足以有效控制含水上升，必须实施油水井相互配合的综合调整工作。自 1978 年调整后，曾先后在油井上做了下大泵、卡封水层、选择性堵水（稠油堵水、干灰砂堵水等）、关闭高含水井等配合措施。

调后中二南的注采比由 0.8 提高到 1.1，日产油水平由 384t/d 上升到 452t/d，增加了 68t；综合含水由 43% 下降到 32.8%，有效期达一年多，见图 3-3-6。

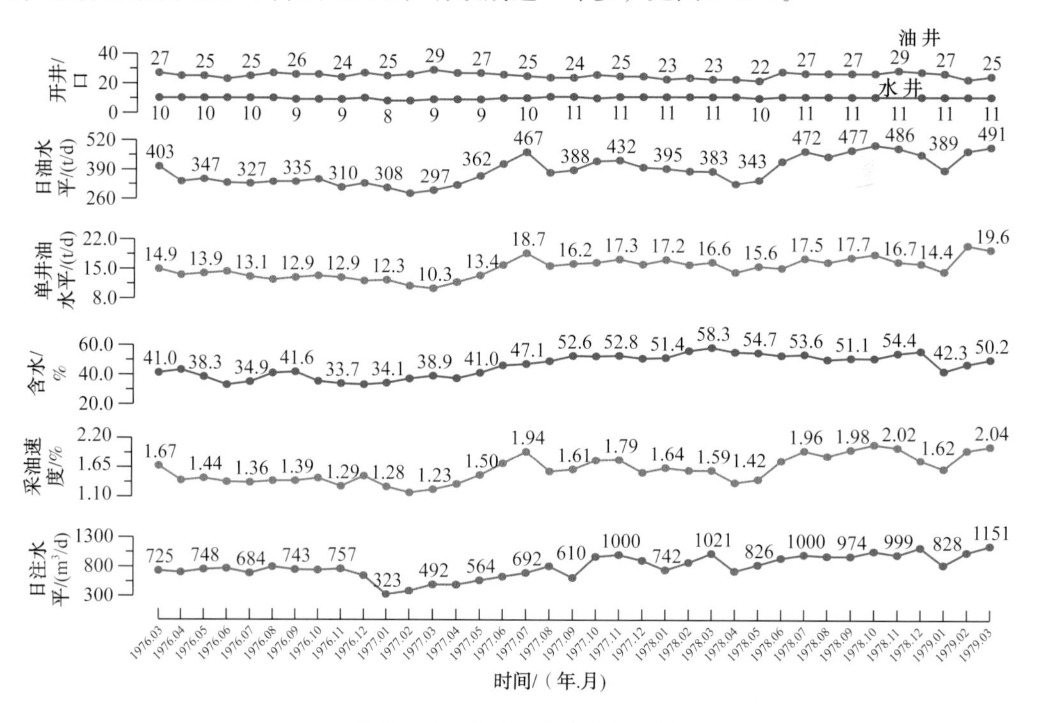

图 3-3-6　中二南综合开发曲线

在中二南注采调整取得较好效果和总结经验的基础上，从 1977 年开始，全油田各开发单元都开展了周期性的整体注采调整工作。主要是保持较高的地层压力水平，增大泵径，提高单井产液量。1977~1984 年，全油田共调整 74 单元次，实施油井工作量 650 井次，水井工作量 951 井次，换成 56mm 泵的井共 492 口、70mm 大泵 207 口，调整前后对比，注采比提高到 1.1~1.2，地层压力大幅度回升，1980 年地层总压降 0.5MPa，单井日产液由由 17.5t/d 提高到 37.2t/d，含水上升率由 9.1% 下降到 5.2%，有效期平均达 8 个月以上，增产原油 58×10^4t，从而实现了中低含水期的稳产。

2. 高含水期有效提液

孤岛油田进入高含水开发阶段，油井出现多层多向见水，工作的重点是完善注采系统，提高注采对应率，抓好以提液为主的调配工作，保持油井旺盛的生产能力，缓解平面和层间矛盾，控制含水上升速度，实现油田高产稳产。

1）完善注采系统

完善注采系统工作的重点是提高注采对应率，如何保持、合理利用地层能量，需要对主要来水方向和主要来水层保持注水量，次要来水方向和次要来水层大幅度提高注水量，扩大波及体积，改善油田开发效果。

孤岛油田1985年3月进入高含水期开采，当时正值主要开发单元进行井网层系调整，为加快完善注采系统，注采调整的重点首先从做好油水井归位开始。从1985年4月至1986年8月，实施层系归位井832口，使油水井层位对应率由73.8%提高到87.4%。在层系井网调整完成后，虽然开发层系进一步细分，油水井井筒工作状况得到简化，但油田开发的差异性仍然很大。提高产液量，搞好分井分层产液量和注水量的调节，充分挖掘油层潜力，是注采调整的主要内容，也是高含水期油田稳产的关键。采取的方法主要包括以下几种。

（1）采用井井分注，层层分注，根据油层的动用程度合理配水，促使潜力层出力。在进行大量动态监测资料分析的基础上，做出包括分层产液量、产油量、吸水百分数、每米相对吸水量组成的综合动态图，确定主要挖潜对象。

（2）产液量、产油量、注水量要匹配，以保持注采平衡和较高的地层压力水平，满足高饱和油藏开采的需要。把产液量和产油量分到各个采油井和各小层，根据各层产量大小、含水高低、地层压力水平及油井的注水受效程度确定注水井分层注水量。

（3）限制注水和增注相结合，对于高压和高含水层要限制注水，如果靠水嘴调水仍达不到要求时，用调剖和机械调水相结合的方式控制注水量，对完不成配注的井层进行酸化增注。

（4）加强油水井的调整措施。注采调整不仅包括注水井注水量的调整，而且包括按油田的产量要求进行采油井的调整措施及注水井的对应措施。

孤岛油田1985~1990年共进行注采调配98单元次，共实施油井工作量1125井次，水井工作量2097井次，调整前后对比，含水上升率由5.6%下降到2.7%，月含水上升由0.58%降为0.25%，从而为高含水后期实现高产稳产打下了基础。

例如，1990年7月实施的中一区Ng3第21次整体注采调整方案，通过动态监测资料分析，在5个小层中，$Ng3^3$、$Ng3^5$是主要挖潜对象。因此加强了$Ng3^3$、$Ng3^5$的注水量，$Ng3^3$日注水由$3142m^3$提高到$3447m^3$，$Ng3^5$日注水由$4759m^3$提高到$5329m^3$，而$Ng3^4$注水量基本维持在$865m^3$。实施后，日增油65t，含水上升率由1.7%降为0.26%。中一区Ng3自1986年以后，共进行了6次注采调整，平均11个月调整一次，在没有大批新井投产的情况下，采油速度保持2%以上稳产了7年，见图3–3–7。

如东区1988年2月的第9次整体注采调配。实施补孔20口，下大泵29口，水井调配28口，对87个层进行了水量调整，加强71个层注水量，控制16个层注水量。调后见到了好的效果，日产液由2090t提高到2879t，单井日产液由32.6t提高到44.9t，日产油由733t上升到965t，含水由68.9%下降到68%，见图3–3–8。

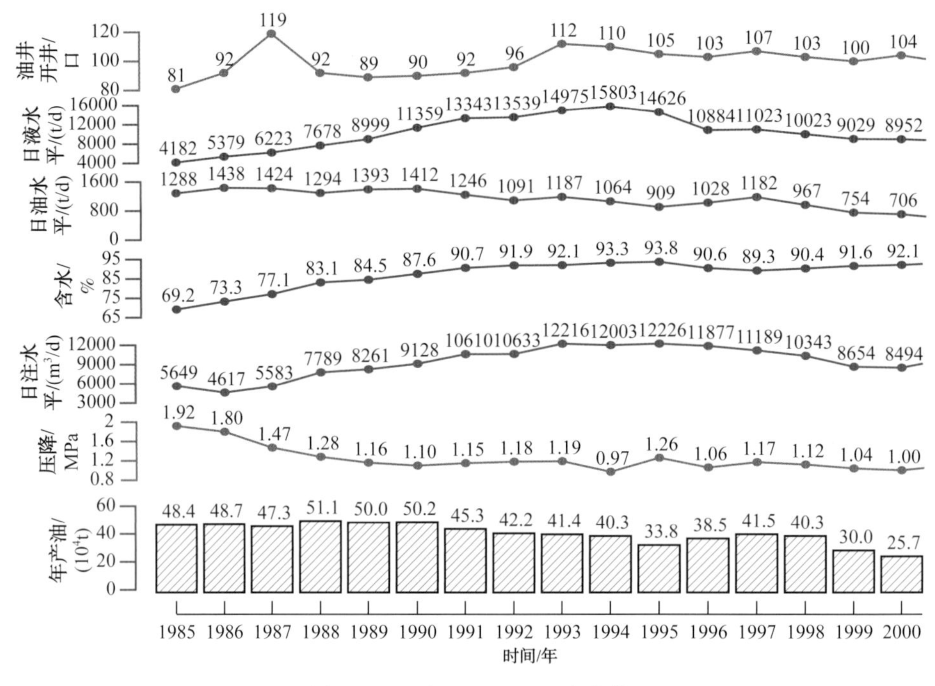

图 3-3-7　中一区 Ng3 开发曲线

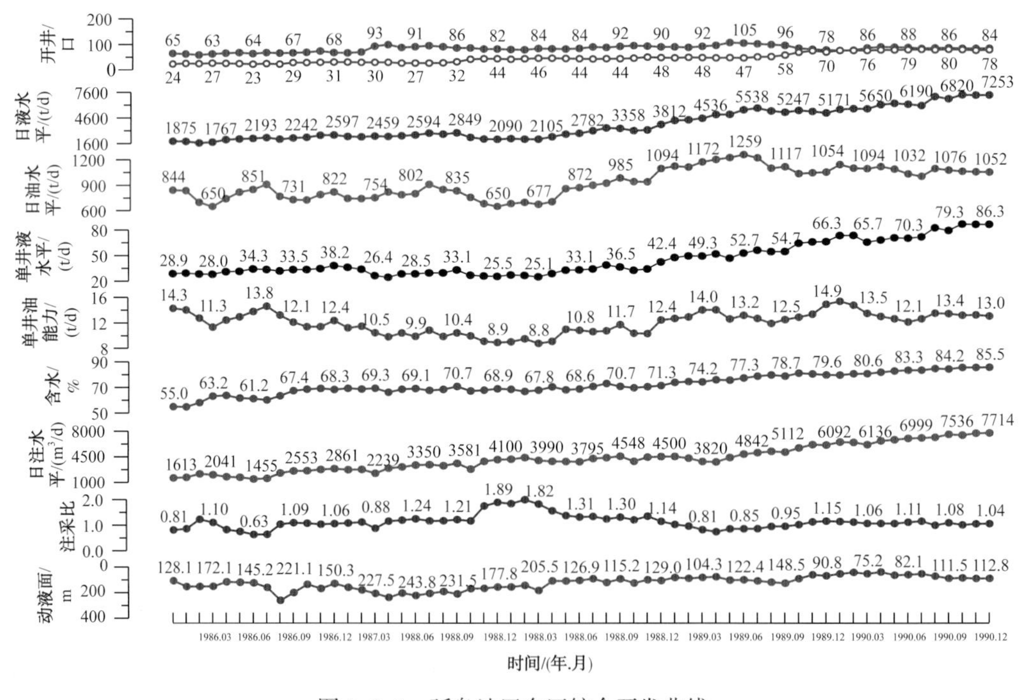

图 3-3-8　孤岛油田东区综合开发曲线

2）有效提液技术

因“怕稠怕砂”的思想，孤岛油田投产初期均采用三型小机、小参数、低液量生产。水驱油机理研究表明，稠油油藏大部分储量要在高含水期采出，耗水量大是该阶段的主要开发特点，因此，能否突破有效提液禁区事关油田长期高产稳产大局。

（1）高含水期有效提液的必要性。

孤岛油田原油地下黏度高，油水黏度比大，注水开发后油井见水快，含水上升快。油田进入高含水期，随着含水的上升采油指数急剧下降，无因次采油指数在含水60%时为无水期的0.41，含水80%时为0.273，含水90%时仅为0.194，为实现油田产量的稳定和高产，就必须进行比中低含水期幅度更大的提液来弥补因含水上升而造成的产量递减，见图3-3-9、图3-3-10。

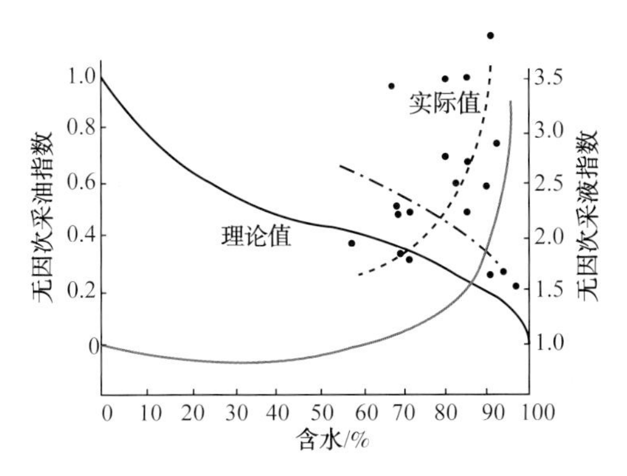

图3-3-9 无因次采液（油）指数与含水曲线

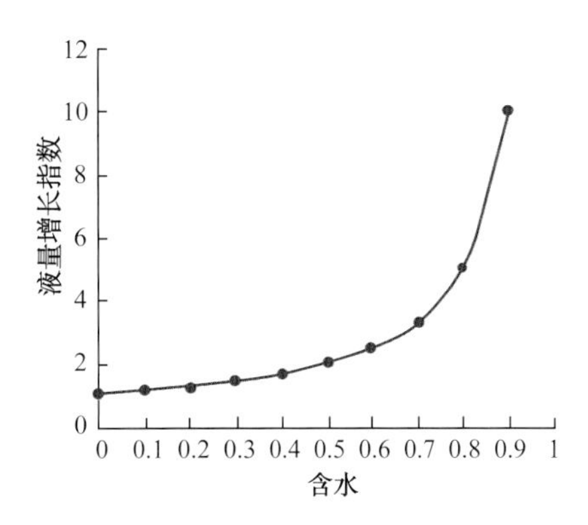

图3-3-10 不同含水稳产情况下液量增长曲线

（2）高含水期有效提液适应性分析。

孤岛油田属高渗透油田，Ng3-4空气渗透率为1264×10^{-3}~$1340\times10^{-3}\mu m^2$，Ng5-6空气渗透率为1486×10^{-3}~$3370\times10^{-3}\mu m^2$。虽然原油地下黏度高，但由于油层渗透率高，且各套层系有效厚度平均有10~20m，因此，油层流动系数较高，产液能力较强。

采用多元线性逐步回归方法，对29个地饱压差和流饱压差的资料计算表明：当地层压力一定时，随含水上升，无因次采液指数曲线先减小后回升。根据相对渗透率曲线计算，含水大于40%以后采液指数增长快，在含水60%时采液指数是原始的0.6倍，含水为80%时是1.3倍，含水为90%时是2.3倍。此外保持同一流压时，随地层压力上升，曲线上移，无因次采液指数增大（图3-3-11）。

孤岛油田1974年开始注水开采，自1979年开始加强油田的注水工作，提高注水量，从1985年以后，每年增加注水量$450\times10^4m^3$，注水井开井数由239口增加到1993年年底的798口，注采井数比由1:3.78增加到1:1.67，地层总压降保持在0.8~1.5MPa。1985年油田进入高含水期开发后，由于注采系统强化，注采对应状况较好，油层能量充足，油层压力一直保持在饱和压力以上，为单井提液打下基础。1982年年底，孤岛油田连喷带抽的井（泵效大于90%以上）达225口，占总开井数的36.5%。

为探索孤岛油田提高单井液量的途径，1983年1~6月在中二南进行了12口井的ϕ70mm大泵现场试验。下大泵后，平均单井日产液量增加了23.6t，日产油水平增加6.5t，平均检泵周期为173d，有效期达152d，突破了稠油疏松砂岩油藏不能提液的禁区。1989年大规模提液后，每采一万吨液的出砂量没有增加，且有下降的趋势，见图3-3-12。

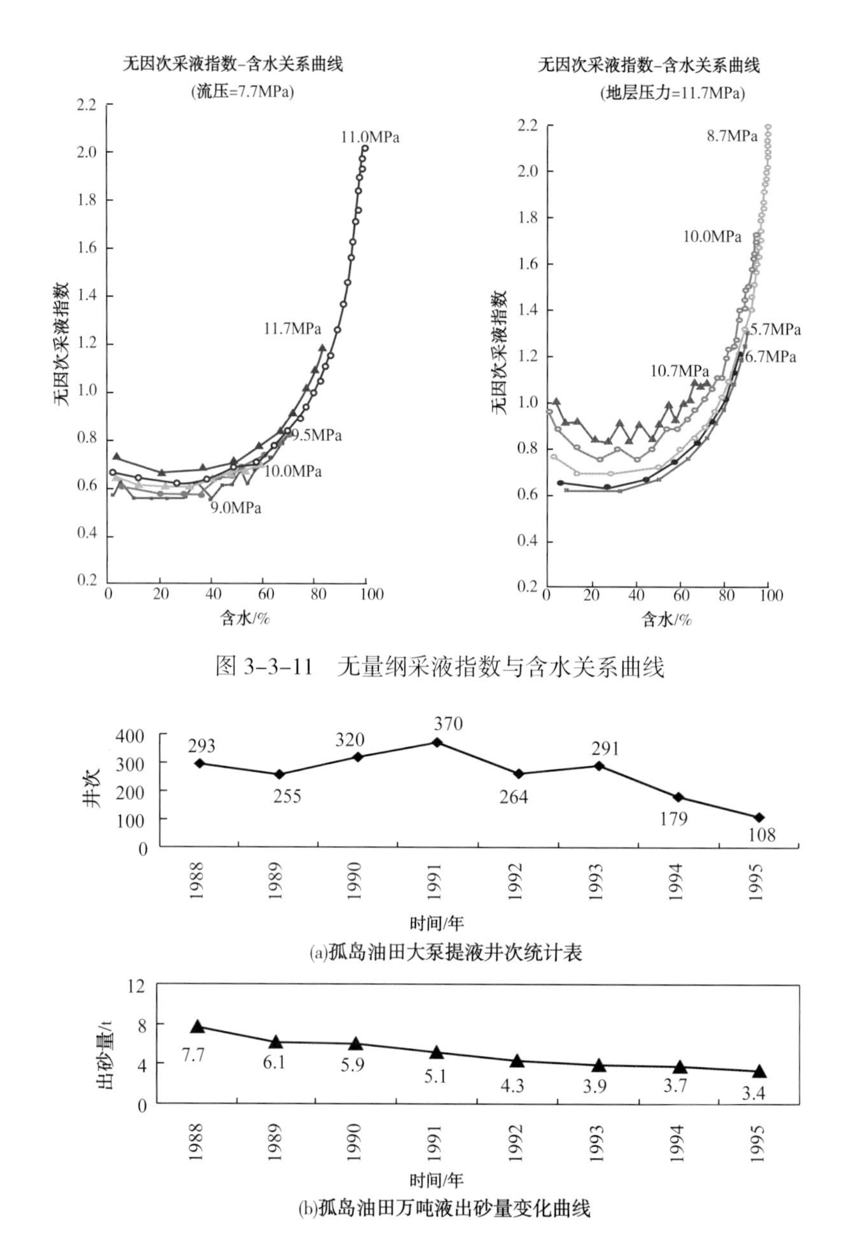

图 3-3-11　无量纲采液指数与含水关系曲线

图 3-3-12　孤岛油田大泵提液与万吨液出砂量变化曲线

（3）有效提液技术政策界限的优化。

单井最大日产液量是指在最大生产压差条件下的日产液量，但同时也受到泵的额定排量的限制。单井最大产液量的关键是寻求无量纲采液的指数与含水、地饱压差、流饱压差的函数关系式。根据单井平均最大日产液量计算公式、不同含水和不同压降下平均单井最大日产液量的计算结果，见表 3-3-1。保持总压降 1.0MPa，含水从 0 上升到 95%，平均单井最大日产液量由 50t/d 上升到 125t/d；含水 85% 时，若总压降由 0 下降到 4.0MPa，平均单井最大日产液量由 119t/d 下降到 91t/d；含水 85% 和 95%，总压降 1.0MPa 时的泵构成和平均单井最大日产液量，见表 3-3-2。

表 3-3-1　孤岛油田单井最大产液量计算结果表

含水 /%	总压降 /MPa																	
	0		0.6		1		1.3		2		2.6		3		3.6		4	
	Q_L	Q_O	Q_L	Q_O	Q_L	Q_O	Q_L	Q_O	Q_L	Q_O	Q_L	Q_O	Q_L	Q_O	Q_L	Q_O	Q_L	Q_O
0	63	63	56	56	50	50	47	47	38	38	33	33	31	31	30	30	30	30
20	76	61	68	55	63	50	59	47	47	38	39	31	34	27	31	25	30	24
40	89	53	83	50	78	47	75	45	63	38	53	32	45	27	36	22	33	20
60	103	41	99	39	96	38	93	37	85	34	76	30	68	27	56	22	46	18
80	116	23	114	23	111	22	110	22	106	21	102	20	97	19	90	18	82	16
85	119	18	118	18	116	17	115	17	111	17	107	16	104	16	97	15	91	14
90	123	12	121	12	120	12	119	12	116	12	112	11	110	11	104	10	100	10
95	128	6	127	6	125	6	125	6	122	6	118	6	116	6	111	6	108	5

表 3-3-2　孤岛油田平均单井最大产液量测算表（总压降 1.0MPa）

含水 /%	泵径 /mm	额定排量 /(t/d)	计算结果			
			流动系数下限平均值 / [$10^{-3}\mu m^2 \cdot m$/(mPa·s)]	井数 /%	平均单井液量构成 /%	平均单井最大液量 /（t/d）
85	43	30		10	2.6	116
	56	55	129	10	4.8	
	70	90	223	7	5.4	
	83	120	318	6	6.2	
	95	140	400	67	81	
95	43	30		6	1.4	125
	56	55	86	6	2.6	
	70	90	146	6	4.2	
	83	120	204	5	4.8	
	95	140	249	79	87	

平均单井最大日产液量受多种因素影响，经研究可得如下几条规律。

①地层压力保持得越高，相同含水情况下，放大生产压差的余地越大，各类泵的流动系数下限值越小（表 3-3-3）。

表 3-3-3　孤岛油田中一区 Ng4 各类泵流动系数下限统计表

泵径 / mm	泵深 / m	额定排量 / (t/d)	油层中深 / m	地面原油比重	含水 / %	最低流压 / MPa	最大生产压差 / MPa	不同压降下的流动系数下限 /[10^{-3} μm^2 · m/ (mPa · s)]									
								ΔP=0	0.3	0.6	1	1.3	1.6	2	2.3	2.6	3
70	750	90	1230	0.96	0	9.4	2.9	482	538	609	738	877	1081	1566	2581	5363	
					20	9	3.3	483	531	589	690	791	927	1204	1678	2402	5356
					40	8.4	3.9	431	467	509	578	644	727	878	1104	1371	1995
					60	7.6	4.7	335	358	384	425	462	506	580	680	782	973
					70	7.1	5.2	280	297	316	346	372	403	453	519	582	691
					80	6.5	5.9	225	237	251	272	290	310	342	388	428	492
					85	6.6	6	213	225	237	257	274	293	324	354	392	452
					90	5.7	6.6	169	178	186	200	211	224	243	283	30	350
					95	5.3	7	134	140	146	156	164	173	187	235	259	297
83	700	120	1230	0.96	0	9.8	2.5	733	835	970	1236	1555	2098	3922	12285		
					20	9.4	2.9	720	803	908	1101	1308	1613	2337	3804	7875	
					40	8.8	3.5	628	687	759	881	1003	1163	1477	1963	2666	4969
					60	8	4.3	480	517	559	628	691	769	906	1088	1295	1723
					70	7.5	4.8	399	426	456	505	549	601	688	801	918	1136
					80	6.9	5.4	318	337	358	391	420	453	507	581	649	766
					85	7	5.5	300	318	338	369	395	427	478	530	595	704
					90	6.2	6.1	237	249	263	284	301	321	353	413	456	524
					95	5.8	6.5	185	194	204	219	230	245	267	336	373	432

②含水一定时，地层压力保持得越高，可以下大泵的井数比例越大，平均单井日产液量也越高（图 3-3-13）。

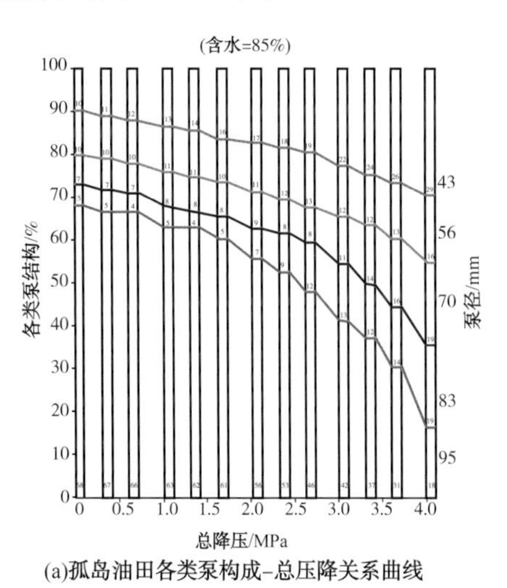

(a)孤岛油田各类泵构成-总压降关系曲线

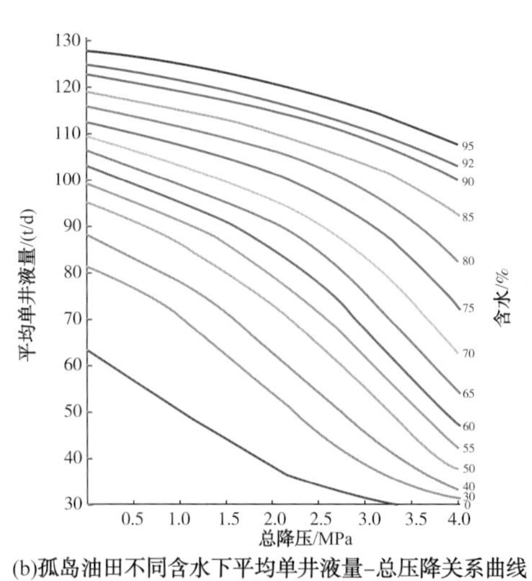

(b)孤岛油田不同含水下平均单井液量-总压降关系曲线

图 3-3-13　孤岛油田各类泵构成、单井液量与总压降关系曲线

③在同一压降下，随着含水上升，平均单井最大产液量大幅度增加（图 3-3-14）。

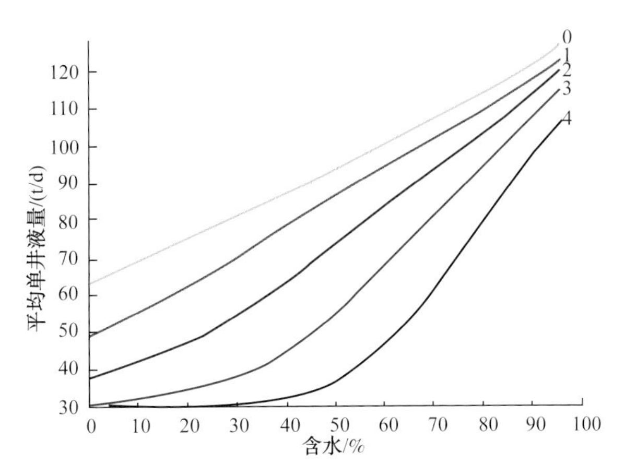

图 3-3-14　孤岛油田不同压降下平均单井液量与含水关系曲线

④其他条件相同时，随着含水的上升，要求的泵口压力减小，最低流压也减小，而最大生产压差增大（图 3-3-15、图 3-3-16）。

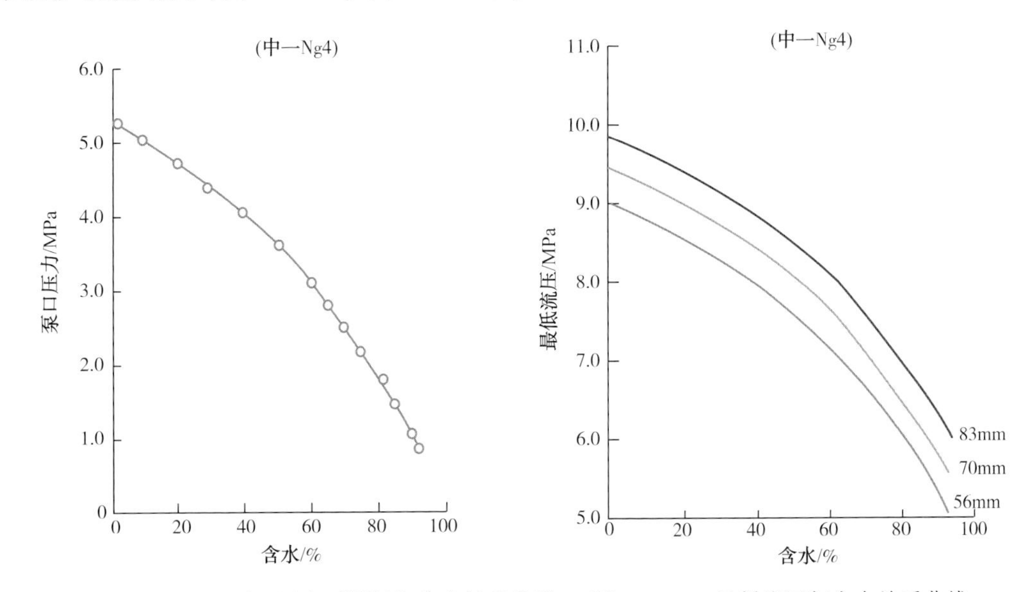

图 3-3-15　泵口压力下限制与含水关系曲线　　图 3-3-16　最低流压与含水关系曲线

合理注采压力系统：一是要保持较高的地层压力，二是要有较低的流压、较大的生产压差，三是满足油田对注水量的要求，四是不加剧油井出砂。

孤岛油田地饱压差 1.5~3.0MPa，地层压力要保持在饱和压力以上，总压降必须保持在 1.0MPa 左右。保持这个地层压力，在含水 90% 时，平均单井最大日产液量可以达到 120t/d。

通过计算作出了注采压力平衡图（图 3-3-17、图 3-3-18）。作图的注采井数比为 1∶1.5。由于孤岛油田边水很不活跃，物质平衡法计算结果注采比 0.98 才能保持地层压力，作图时采用注采比 1.0。

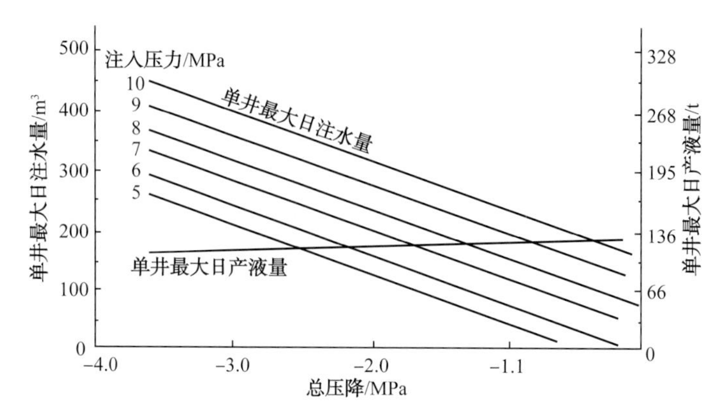

图 3-3-17　孤岛油田含水 85% 注采压力平衡图（包括 95mm 泵）

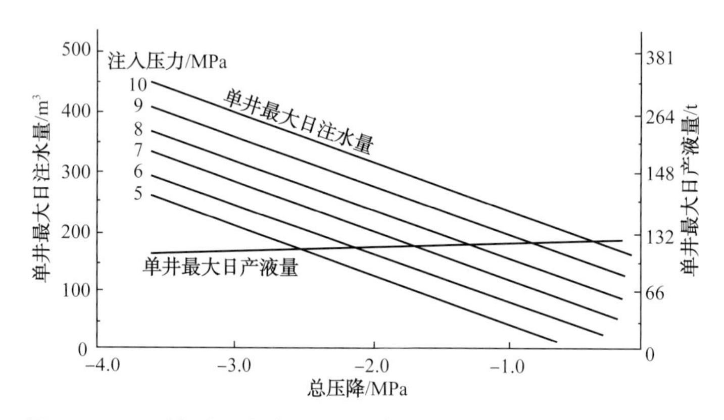

图 3-3-18　孤岛油田含水 90% 注采压力平衡图（包括 95mm 泵）

注采井比 1∶1.5，注采比 1.0

图 3-3-17 和图 3-3-18 中向右单调增大的一条曲线为平均单井最大日产液量曲线，该曲线表明：随着地层压力升高，生产压差增大，平均单井最大日产液量增加；图中向右单调减小的一组曲线为不同注入压力的单井日注水量曲线，该组曲线表明：注入压力不变时，随着地层压力升高，注水压差减小，单井日注水量减小，地层压力不变，注入压力升高，注水压差增大，单井日注水量增加。

合理注采压力系统指标如下：注入压力约为 9MPa，总压降为 1.0MPa，生产压差约 1.4~1.9MPa，平均单井最大日产液量为 120t，平均单井最大日注水量为 185m^3，由此可以看出，现有的注采压力系统基本可以满足进一步提高单井液量的需要。

高含水期有效提液的时机：从机理研究看，含水大于 40% 以后采液指数增长快，并且含水超过 60% 以后采液指数受流饱压差影响变小，这时提液比较适宜。

从孤岛油田 1983~1985 年 123 口大泵井矿场实践来看，在高含水前后（含水 40%~80%）提液效果显著（表 3-3-4）。

为探索孤岛油田提高单井液量的途径，1983 年 1~6 月在中二南进行了 12 口井的 ϕ70mm 大泵现场试验。下大泵后，平均单井日产液量增加了 23.6t，日产油水平增加 6.5t，平均检泵周期为 173d，有效期达 152d，突破了稠油疏松砂岩油藏不能提液的禁区。从孤岛油田 1983~1985 年 123 口大泵井矿场实践来看，在高含水前后（含水 40%~80%）提液效果显著，单井增液 16.8~22.7t/d，单井增油 10.5~16.8t/d，而在含水 40% 以下或含水 80% 以上时下大泵，单井增液 29.7~21.5t/d，而单井增油 6.6~8.3t/d。

表 3–3–4　孤岛油田不同含水下大泵效果对比表

含水范围 /%	统计井数 / 口	下大泵前			下大泵后			变化值			变化百分数	
		日产液 /（t/d）	日产油 /（t/d）	含水 /%	日产液 /（t/d）	日产油 /（t/d）	含水 /%	日产液 /（t/d）	日产油 /（t/d）	含水 /%	日产液 /%	日产油 /%
0~20	39	33.6	32.2	5.1	57.9	38.8	30.8	24.3	6.6	25.7	72.3	20.5
20~40	36	35.8	25.0	30.8	65.5	32.2	48.1	29.7	7.2	17.3	83.0	28.8
40~60	65	60.1	24.7	52.5	76.9	41.5	49.5	16.8	16.8	–3.0	28.0	68.0
60~80	121	57.5	17.1	70.2	80.2	27.6	67.4	22.7	10.5	–2.8	39.5	61.4

通过中二南提液试验，形成了疏松砂岩油藏提液配套技术：

①由区块的整体提液变为优选井点提液，提高驱油效率。提液初期以区块整体提液为主，有利于均衡地下压力场。进入特高含水期后，整体提液效益下降，为此着重搞好单井或局部提液工作，优选提液井点，主要对地层能量充足、微构造高部位、河流边缘相和出砂不严重的井实施提液。在优选大泵井点的同时，对低含水、低液量（产液量 <55t）、低能量生产井通过完善注采系统加强注水，补充地层能量，增强地层的供液能力，为泵径升级提液打下基础。

②搞好大泵浅抽攻关。孤岛油田开发具有供液能力强、动液面高和采出液体中含砂等特点，当单井日产液量达到 120~180t 时，动液面降至 150~250m，由于特高含水期气液比小，250~300m 的沉没度能够满足大泵浅抽的需求。经计算和现场试验，ϕ95mm 大泵配套 25mm 抽油杆，采用 12 次 /min 冲次、3m 冲程的扭矩只有 35.8kN · m，小于八型抽油机的额定负荷，现有的八型机适应提液的要求。有杆泵采油具有成本低、可靠性强、便于维修、运行费用低等特点，且对含砂流体有较强的适应性。因此，应用占主导地位的八型机开展大泵浅抽提液，是最经济可行的采油方式。

③形成防砂配套技术。实现了滤砂管的更新换代和配套，研制成功酚醛树脂滤砂管，逐步替代了原有的环氧树脂滤砂管，改善了劳动条件和环境污染。采用塑料销钉代替铁销钉，便于处理，改进了杆式泵底部凡尔便于作业处理。形成防砂工艺系列，对一般油井采用滤砂管防砂；油井斜井采用涂料或绕丝筛管砾石充填防砂；粉细砂岩高泥质含量油井采用防膨预处理加绕丝筛管砾石充填防砂；高含水、高出砂井采用涂料砂或干灰砂加滤砂管防砂，注水井防砂采用干灰砂或涂料砂防砂工艺。

④不断进行泵径升级提液增产，改善出油和吸水剖面。孤岛油田提液的高峰期为 1985~1993 年的高含水期，共下 ϕ70mm 以上大泵 2487 井次，占全部措施工作量的 42.8%；平均单井日增液 32.8t/d，油田平均单井日产液量达到了 110t/d，采液速度由 3.44%

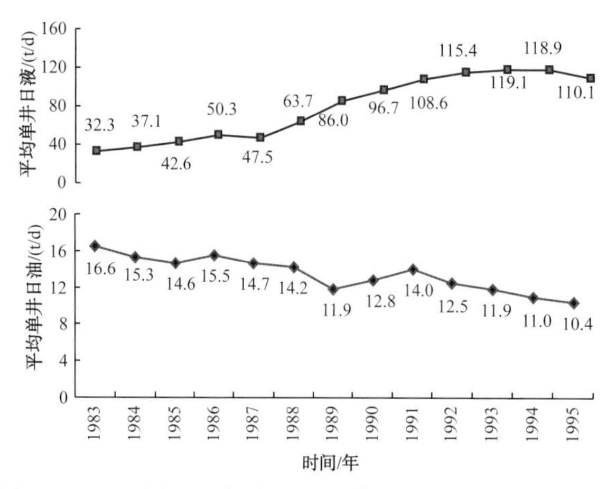

图 3-3-19　孤岛油田提液后平均单井日液、日油变化曲线

提高到 12.32%；平均单井日增油 5.3t/d，当年增油 13.9×10^4t，占措施增油的 50.4%（图 3-3-19）。下大泵后不仅增加了原油产量，还改善了油井的出油剖面和水井的吸水剖面。

3. 特高含水期注采结构调整

1）注采结构调整，控制含水上升

注采调整是孤岛油田“控水稳油”的主要做法，由于油井技术状况复杂，注水井相对简单，在调整的过程中，不断加大注水工作的力度，发挥注水在高含水开发后期的主导作用，在工作对象上以油井为主转移到以注水井为主，在工作措施上，结合沉积微相、微构造搞好注采调整。以调剖堵水、层内挖潜等为主的综合治理。使注采调整工作在特高含水期仍然取得了好的效果，达到了有效控制含水上升，改善油田开发效果的目的。

“八五”期间，共进行了 52 个单元的注采调整，完成油水井工作量 1964 井次（油井 595 井次，水井 1369 井次）。通过周期性地调节分井分层的注水量，提高层段合格率，控制高含水、高采油速度下的含水上升速度和产液量、注水量的快速增长，保持了油田稳产。调后日产油水平增加 1760t/d，含水下降 0.1%，稳产期在 6 个月左右。

如西区 $Ng3^1$–4^1 单元含油面积 4.97km^2，地质储量 708×10^4t，$Ng3^5$ 储量占 83.3%，注采调整前，综合含水 94.5%，采出程度 30.18%，剩余可采储量采油速度高达 14.4%。

1992 年 6 月，在精细油藏描述的基础上实施针对性注采调整措施：

（1）对位于河床高速亚相沉积的 6 口注水井用榆树皮粉调剖，调剖注水井吸水指数和层内状况发生明显的变化，高渗透段吸水百分数由 77.1% 下降到 65.6%，低渗透段吸水百分数由 22.9% 上升到 34.4%，测试吸水指数由 54.88m^3/MPa·d 下降为 31.3m^3/MPa·d，对应的 12 口采油井平均单井日产油由 9.3t/d 上升到 11.5t/d，平均含水由 94.3% 下降到 92.3%。

（2）在保持注采平衡和压力平衡的基础上，对微构造低部位的注水井加强注水，高部位的注水井适当控制注水，以扩大波及体积。对 $Ng3^5$ 层西部处于微构造低部位的 4 口注水井加强注水，平均单井日注水量由 124m^3/d 提高到 150m^3/d，增加了 26m^3/d，高部位 4 口注水井的日注水量基本不变，保持在 147~149m^3/d，调配后处在腰部的 5 口井平均单井日产液水平由 10.8t/d 上升到 13.3t/d，含水由 91.9% 下降到 91.0%，下降 0.9%。

本着提高经济效益的原则，优选各类增产措施井，共实施 6 口井，其中补孔 2 口，下大泵 2 口，化学堵水 2 口，实施后，日增油 38.4t/d，含水下降 4.1%。

西区 $Ng3^1$–4^1 单元实施注采调整后，单元含水下降了 1.5%，日产油由 247t 上升到 343t，稳产了 17 个月，累积增油 3.27×10^4t，少产水 40.6×10^4t。

1995 年 2 月，在对西区 $Ng3^1-4^1$ 单元沉积、构造、储层再认识的基础上，开展注采结构调整工作，完成水井工作量 23 口，通过注水量的有效调整，在单元液量基本稳定的情况下，综合含水下降 0.1%，单元日产油水平保持在 260t/d 以上。

2）油水井同治理，减缓产量递减

结合油藏动态及大量的监测资料，应用油藏数值模拟技术和其他水动力学分析方法，较深入地研究了平面、层间及层内的剩余油分布状况，继续搞好以减缓油田递减为主的注采调整。孤岛油田共进行了 28 个单元次的注采调整、不稳定注水及综合治理，完成油水井工作量 851 井次（油井 207 井次，水井 644 井次），通过周期性的调配注水井分层的注水量，提高层段合格率，控制特高含水期含水、产液量、注水量上升速度，有效减缓了油田递减。调后日产油水平增加 457t/d，含水下降 0.3%，稳产期 3~6 个月，自然递减控制在 5% 以下（表 3-3-5）。

表 3-3-5 孤岛油田“九五”以来注采调配效果表

时间 / 年	单元 / 次	完成工作量		调配前				调配后				差值			
		油井 / 口	水井 / 口	日油水平 /t	含水 /%	日注水平 /m³	月注采比	日油水平 /t	含水 /%	日注水平 /m³	月注采比	日油水平 /t	含水 /%	日注水平/m³	月注采比
1996	8	27	169	2990	94.9	61500	1.05	3070	94.7	58307	1.00	80	−0.2	−3193	−0.05
1997	7	57	216	3572	93.4	59877	1.09	3643	93.4	49820	0.90	71	0.0	−10057	−0.19
1998	5	35	93	1959	95.2	47134	1.11	2012	94.7	41175	1.06	53	−0.5	−5959	−0.09
1999	5	57	125	3845	91.7	44650	0.88	4043	91.0	41948	0.85	198	−0.7	−2702	−0.03
2000	3	31	41	661	94.9	15655	1.20	716	94.5	14079	1.07	55	−0.4	−1576	−0.013
合计	28	207	644	13027	94.0	228816	1.05	13484	93.7	205329	0.97	457	−0.3	−23487	−0.08

“九五”期间，不断强化注水井措施力度，加大了油层改造和注水工作，共酸化增注 68 井次，水力振荡 38 井次，增加注水能力 1589m³/d；调剖 297 井次，成功率 68.4%，对应油井有效率 71.2%，增油 5.75×10^4t；细分注水 90 口，提高了注采对应率；积极开展了三年以上未动管柱注水井的换管柱工作，更换管柱 311 井次，注水井的注水状况得到了改善，注水效率显著提高，受效油井的生产状况明显改善，平均含水下降 0.6%。

4. 注采管理网络系统

1）油藏动态监测系统

（1）应用声幅测井技术为有效防砂提供依据。孤岛油田从 1977 年开始，开展利用声幅测井资料判断出砂层位和检查干灰砂防砂质量的试验，初获成功。每年选择 5% 的井进行定点检测，了解油井随时间推移的出砂情况变化。

（2）积极开展环空测压攻关，并大面积推广。孤岛油田先后装偏心井 403 口，每年有 30% 的油井测静压，10% 的油井测流压，取得了准确的地层压力和生产压差资料，为合理保持和利用地层能量提供了可靠的依据。

（3）大规模进行注入剖面的监测。孤岛油田注水井普遍采用偏心配水管柱，为测得注水井工作状况下的分层吸水量创造了条件。每年有50%的注水井测吸水剖面，了解层间动用状况和水淹情况，为搞好注采调整提供依据。

（4）积极开展封隔器位置监测。针对井下技术状况复杂的特点，利用磁定位对封隔器的位置监测，施工准确率提高到91.5%以上，同时也提高了对油层水淹状况的认识。

（5）充分利用不同时间钻井的多功能测井解释资料，并配合碳氧比能谱测井，进行油层水淹状况的监测，以指导注采调整工作。

2）注采管理网络及程序

（1）以稳产为中心搞好不同层次的动态分析，加强开发趋势预测，及时搞好注采调整工作。坚持搞好月度、季度、年度动态分析会及单井、井组分析，及时采取调整措施，做到分级负责，层次落实。

（2）搞好“三位一体”的联产联保共建活动，促进了注采调整水平的提高。“联产”就是采油、作业、地质都与产量挂钩，用产量指标把三者紧密联系在一起；“联保”就是用PDCA质量管理方法不断开发工作质量；“共建”就是把生产管理、精神文明建设作为共同目标，共建“物质、精神”两个文明。

（3）为进一步强化注采调整在油田开发中的主导作用，把目标、项目和技术管理有机结合起来，形成了分工明确的调整网络，加强了技术部门的技术指导和领导作用，增强了方案的针对性和预见性，促进了油田开发水平的提高。

三、水平井挖潜技术

老油田进入特高含水期开发后，油层水淹严重，但在老油田挖潜中发现，在高含水、高采出程度区域钻新井仍然能“碰”到低含水的高产井。研究发现，这些井的分布都与层内夹层对油层的分割和注水的遮挡有关。河流相沉积储层层内夹层薄而不稳定，井间预测难度大。“十五”以来，重点开展了以“砂体内部夹层空间预测”为核心的河流相储层构型分析、三维建模及剩余油分布规律等技术研究，配套形成了独具孤岛特色的水平井调整进一步提高采收率技术。

1. 韵律厚油层水平井调整

孤岛油田中一区$Ng5^3$层属于正韵律沉积厚油层，储层厚度一般在8~12m之间，平均为8.9m。$Ng5^3$层内夹层发育，夹层主要以泥质夹层为主。根据分层采出状况分析，$Ng5^3$层剩余储量占Ng5单元总剩余储量的75.8%，是深入调整的主要对象。

Ng5采用（100~200m）×350m的行列式注采井网，注采对应率、水驱控制程度高，注采系统比较完善，但由于注入水沿$Ng5^{32}$底部大孔道水洗，位于正韵律厚油层顶部的$Ng5^{31}$难以有效波及，动用程度较低，数值模拟显示依靠现有井网最终采收率为36.6%，此时注水倍数达到3.2。而通过利用水平井开发厚油层顶部剩余油，最终采收率达49%，提高采收率12.4%。

1）技术政策界限

特高含水开发期的油层水淹严重，剩余油呈高度分散状态，从经济角度看，其潜力在于能够节约开发投资和大幅增加产量，才具有水平井开发可行性。为有效降低水平井开采风险，提高调整效果，需对正韵律厚油层开展水平井技术政策研究。

夹层控制作用：厚油层水平井在开发过程中，由于垂向上的压力梯度大于水平方向上的压力梯度，易引起油层下部水的脊进，因此，如果在水平井以下部位存在一夹层，能有效阻止水脊的上升，使水平井的开发效果变好。为此运用数值模拟技术研究了夹层对水平井生产动态的影响。采用均匀矩形网格，I 方向网格数 15，J 方向网格数 16，平均步长 25m。油层有效厚度 9.0m，地层渗透率 450×10^{-3}~$3000 \times 10^{-3}\mu m^2$，孔隙度 24%~29%。用 6 个韵律段来刻画韵律性的变化，在第 2 和第 3 韵律段之间建立夹层，见图 3-3-20。

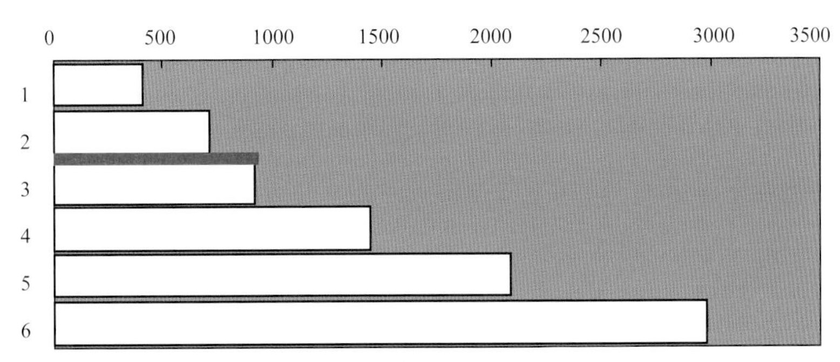

图 3-3-20　数值模拟建立正韵律油层渗透率分布示意图

研究表明，夹层无因次面积（夹层面积 / 水平井控制面积）在 6 倍以上水平井开采效果好，夹层的无因次半径 [（夹层直径 / 水平井段长度）/2] 在 2.5 倍以上水平井开采效果好（图 3-3-21）。

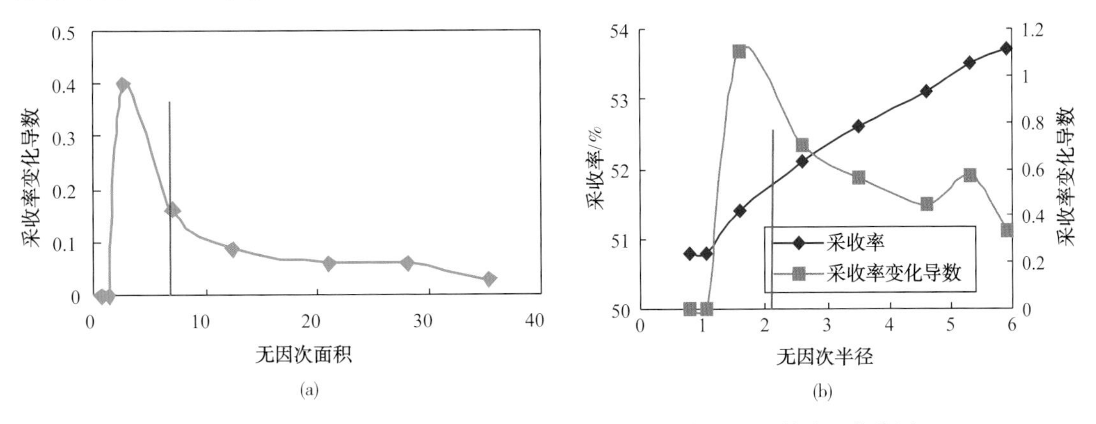

图 3-3-21　夹层无因次面积、无因次半径与采收率变化导数关系曲线图

剩余油富集程度：在有夹层分布和无夹层分布的情况下分别模拟了剩余油富集厚度取 1m、2m、3m、4m、5m、6m、7m 的 7 种方案。结果表明：有夹层的情况下，剩余油富集厚度下限为 3m，剩余油富集区域储量丰度下限为 $46 \times 10^4 t/km^2$；没有夹层情况下，剩余油

富集厚度下限为5m，剩余油富集区域储量丰度的下限为76×10^4t/km^2。

水平井实施时机：模拟了含水分别等于92%、94%、94.5%、95%、96%、97%的6种情况，当含水低于95%时，水平井增产倍数呈缓慢下降趋势，含水大于95%以后，水平井增产倍数大幅下降，因此水平井技术实施时机以含水低于95%为宜（图3-3-22）。

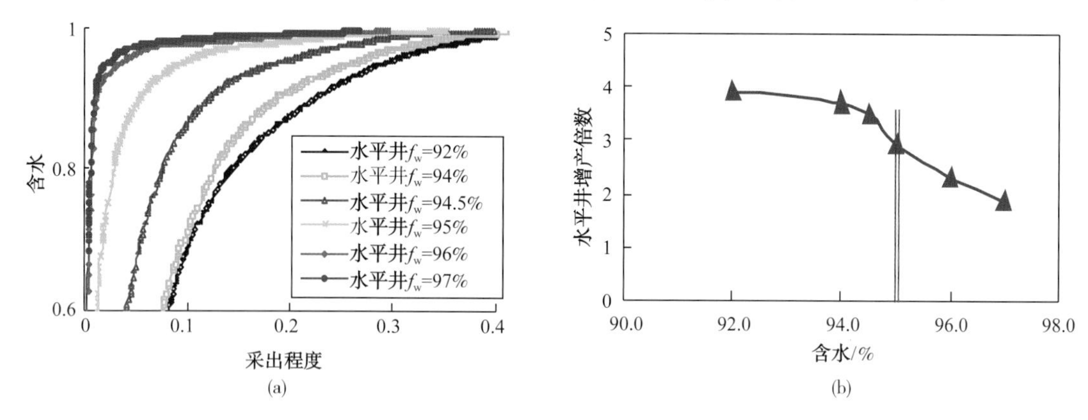

图3-3-22　水平井实施时机优选曲线图

2）参数优化设计

平面位置优化：选取距油井排为原井距的1/3、1/4、1/5、1/10和油井井间，即距油井排120m、90m、70m、35m、0m共5个位置进行优化，模拟表明水平井距离油井排近，井组开发效果好。但随着水平井平面位置距油井排距离的减少，水平井会干扰直井的生产。

从单井开发效果看，差异较大，有的井靠近油井排累计产油量大，也有的井靠近油井排累计产油量小，还有的井在1/4处产量是最高的，与具体位置的剩余油分布有关。选取三口水平井在各自最佳位置进行计算，最终采收率53.23%，均高于其他方案。所以水平井在平面位置的选取，不能仅用一个标准。

水平井距油层顶部位置优化：选择水平井段距油层顶部0.5m、1.0m、2.0m三个参数进行优化，从模拟的效果分析，水平井段距油层顶部越小，初期含水越低，十年累产油越高，反映水平井距油层顶部越小越好。水平井段距油层顶部0.5m，初期含水38.4%，十年累产油4.22×10^4t。考虑到储层物性及工艺适应性的影响，水平井距油层顶部1m左右较佳（表3-3-6）。

表3-3-6　孤岛油田正韵律厚油层水平井距顶位置优化表

距顶部位置/m	水平井井段长度/m	日液水平/（t/d）	初期含水/%	期末含水/%	累油/（10^4t）
0.5	150	40	38.4	96.7	4.22
1.0	150	40	42.2	97.7	3.97
2.0	150	40	46.5	97.9	3.75

水平井长度优化：在理想情况下，水平段越长开发效果越好。但由于受井筒摩擦、井

壁坍塌、周围生产井干扰等诸多因素的影响，矿场中，并非水平段越长越好。数模计算结果显示：合理的无因次井段（水平段长度 / 富集区域折算直径）在 0.23~0.36 之间，当无因次长度大于 0.36，最终采收率有减少趋势（图 3–3–23）。在实施过程中，水平井段长度可根据井网及剩余油情况进行具体调整。

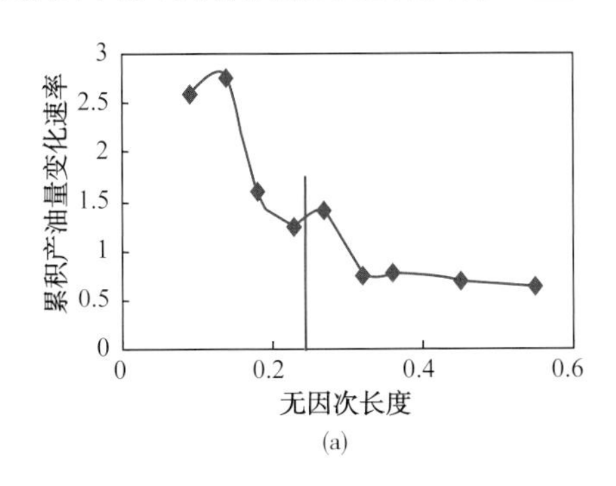

(a)

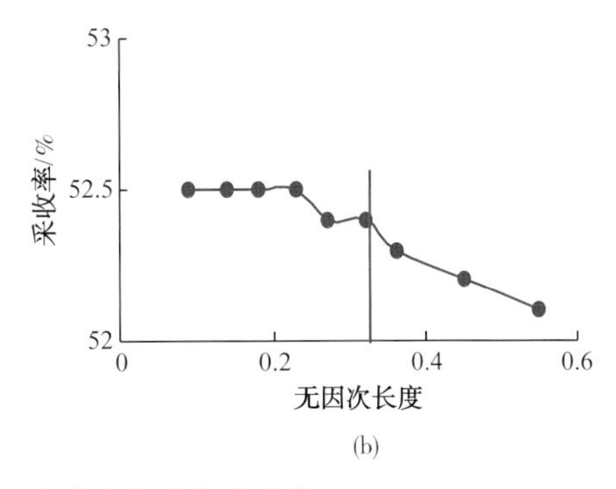

(b)

图 3–3–23 水平井无因次井段长度优选曲线

水平井生产压差优化：模拟了生产压差分别等于 0.1MPa、0.3MPa、0.5MPa、0.7MPa、1.0MPa、1.3MPa 的 6 种方案。当生产压差大于 0.5MPa 后，开发效果明显变差，采收率趋于平缓并逐步下降。生产压差选取 0.5~1.0MPa 采收率达到最优。

水平井提液时机优选：夹层无渗透性时，含水 70% 前提液，采收率提高随含水升高而增大，在含水为 70% 时提液，采收率提高幅度最大，含水大于 70% 后提液，提高采收率变化效果不明显，故含水 70% 时提液为宜；夹层有渗透性时，随含水升高，采收率提高幅度呈增大趋势，但在含水达到 85% 后提液，采收率增值不大，因此，提液的合适时机为 85%。

注水井射孔部位优选：根据夹层渗透性大小，设计了全井注水、上部注水、下部注水 3 种情况。结果表明，夹层渗透率与油层渗透率比值在 0~0.3 时，即夹层渗透性比较小时，上部注水的效果比较好；夹层渗透率与油层渗透率比值在 0.5~1.0 时，即夹层渗透性比较大时，注水部位影响不大。

3）配套工艺技术

完井工艺：要尽可能减小对储层的损害，形成储层与井筒之间的良好连通，以保证发挥最大产能；要充分利用储层能量，优化压力系统，并根据油藏工程和特高含水期油田开发特点以及后期可能的增产措施等来选择完井方式、方法，为水平井合理应用提供必要依据。

射孔工艺：地层出砂严重、储层非均质性强的稠油疏松砂岩油藏水平井，对射孔工艺、射孔器、射孔参数等要求更为严格，在水平段射孔应尽可能使孔眼的几何尺寸和空间分布合理。对于高渗透油藏，一般采用大孔径、高孔密的定向射孔工艺。根据钻井水平段水淹情况及油层剩余油饱和度情况来选择孔密和射孔相位角，一般对水平段较长、剩余油厚度大、隔夹层发育的水平井，采用分段下相位四排布孔，相位角 60°；水平射孔段较小、剩余油厚度小、隔夹层不发育的井，采用水平两排布孔，相位角 180°；对非均质性严重和长井段水平井，要采取分段射孔，孔密一般选择为 16 孔 /m、14 孔 /m 或 12 孔 /m。

防砂工艺：根据孤岛疏松砂岩油藏地层易出砂且泥质含量较高等特点，在采取黏土防膨等措施的同时，水平井防砂采用金属毡滤砂管防砂工艺。金属毡是一种特殊的纺织品，具有三维网状多孔结构，具有耐磨、耐腐蚀、耐高温、过滤性能好、不易堵塞、挡砂精度高等优点，能够满足水平井较长射孔井段的特殊防砂要求。

注采调整技术：水平井目的层水淹状况、水平井距油水井排的远近等对正韵律厚油层顶部水平井开发效果也有较大影响。一般河道沉积相变部位储层连通性与渗透性逐步变差，且离注水井排远的区域，水平井开发效果较好。水平井投产一段时间后，随着地层能量下降产量呈现递减态势，为进一步巩固水平井开采效果，需开展及时合理的注采调整，协调注采关系，提高注采对应率，改善水平井开发效果，延长稳产期。

4）矿场应用效果

在充分研究论证的基础上，2002 年底首先在中一区 Ng5 单元的 $Ng5^3$ 韵律层开展顶部剩余油水平井开发试验，试验井中 9P9 于 2002 年 11 月投产，初期日产油达 33.5t，相当于周围直井产量的 3 倍多，含水仅有 38.8%，比周围直井低 30%~50%。2003 年以来，先后在中一区 $Ng5^3$、$Ng4^4$ 部署实施韵律厚油层顶部水平井 24 口，初期平均单井日产油 29.7t，含水 55.3%，与周围及同期投产直井相比，水平井投产初期单井日产油是直井的 2~3 倍，含水比直井低 30%~50%，含水上升速度每月比直井慢 1.3%，提高采收率近 4 个百分点，取得了较好的开发效果。

矿场实践表明，正韵律厚油层层内夹层的发育特征，是控制和影响层内垂向上波及体积和层内剩余油形成分布的重要因素。因此开展韵律段级别油藏描述，搞清储层内部结构和平面、纵向非均质性，准确描述和预测夹层的类型、位置、厚度和平面分布，对定量描述剩余油分布、寻找剩余油富集区具有重要意义，是准确设计水平井的关键。利用水平井技术开发特正韵律厚油层顶部剩余油富集区为油田特高含水期开发提供了经济有效的调整途径和手段，是特高含水期正韵律厚油层提高采收率的一项重要挖潜措施。

2. *薄层水平井开发*

薄油层由于厚度薄，储量丰度低，直井开发泄油面积小、控制储量少、经济效益差，致使该类储量一直不能得到有效动用。水平井配套技术飞速发展为动用经济效益差的储层提供了技术保障，利用水平井开发薄层具有较大的优势。

（1）水平井泄油面积大，单井控制储量大。一般来讲在小于 3m 的薄油层中，一口直井控制的地质储量只有 5000~6000t，而 1 口水平段长度在 300m 左右的水平井控制储量可以达到直井的 5 倍以上。

（2）相对于厚层而言，薄油层能量相对较弱，水平井可以在较小生产压差下获得较高产能。

1）筛选标准

在钻井和完井工艺能够保证的条件下，进行了薄油层水平井可行性的初步研究，初筛选标准主要考虑以下几个方面。

（1）油层厚度3m左右。所谓的薄层是指小于或等于3m的油层，而常规厚层水平井要求厚度最小4m，一般大于6m。目前随着钻井技术的发展，钻井控制技术大大提高，控制精度可以达到上下0.5m，同时可以提前预测钻头前面10~20m井斜角的变化情况，进行适时调整，提高了油层钻遇率，因此厚度下限定为2m。

（2）储层平面分布稳定。由于薄油层绝大部分受岩性控制，平面变化快，为了保证水平井钻遇有效储层，要求水平井设计区域储层分布稳定。

（3）储层中高渗透，具有一定产能。储层较薄，物性相对较差是直井开发效果差或不能动用的主要原因，水平井虽然能够扩大泄油面积，提高产能，但如果物性太差必将影响其开发效果，因此在筛选过程中要求物性要相对较好，直井投产时具有一定的产能，这样才能真正发挥水平井的优势。

（4）井区可采储量大于10000t。为了保证水平井有一定的经济效益，充分体现水平井在薄油层中的优势，水平井必须控制一定的可采储量，常规厚层水平井一般要求可采储量超过8000t即可（根据油藏埋深、岩性等有所变化），而薄油层由于能量相对较弱，同时物性较差，因此一般要求可采储量大于10000t。

2）矿场应用效果

按照上述筛选标准，在中一区Ng5-6单元实施薄油层水平井开发6口，投产初期平均单井日产液115.1t/d，平均单井日产油15.0t/d，含水87.0%，累积产油13.8×10^4t，平均单井累产油2.3×10^4t。但薄层水平井投产后必须要有一定的能量补充，开发效果才能得到保证。

3. 侧钻水平井

侧钻水平井能使停产井复活，成倍地提高油井产量、减少加密井、改善井网布置，合理有效地开发各类油藏。侧钻水平井兼有水平井控制储量多、生产压差小和侧钻井投资较少、效益高的优势。针对特高含水后期密井网整装油藏报废井多，厚油层顶部和井间分流线动用程度相对较低，大孔道严重，但剩余潜力规模较小的特点，可将部分水平井优化为短半径侧钻水平井，提高效益。

通过对油藏地质特征、剩余油分布状况及注采井网状况进行了深入研究，优化水平段的方位、长度等，2008年部署了孤岛油田第一口侧钻水平井东0-侧平512井，2008年6月完钻，靶前距离80m，钻遇水平段83m，解释为油层，控制地质储量4.2×10^4t，采用精密滤砂管完井，7月投产，初期日油15.7t，含水65%，新增可采储量1.7×10^4t。钻井投资为同类型常规水平井的43%，取得了较好单井产能和经济效益。该井的顺利完钻，为孤岛油田充分利用废弃井和低产低效井挖掘剩余油、提高油田经济效益开创了新途径，截至2017年孤岛油田共实施侧钻水平井205口，初期平均单井日油9.6t，综合含水81.9%。

第四章 特高含水期化学驱开发技术

和大庆油田相比，由于原油黏度高、地层温度高、地层水矿化度高，孤岛油田化学驱适宜储量以二类储量为主，并且矿场淡水资源不足、常规井网井况复杂。孤岛油田 1992 年开展聚合物驱先导试验，1997 年进入工业化应用阶段。通过攻关，“九五”期间，发展形成了具有孤岛油田特色的聚合物驱开发配套技术，使一类储量在特高含水期采收率提高了 7%~12%，达到了 50%~55%。“十五”以来，新投入注聚储量均为二类储量，在总结深化一类储量聚合物驱技术基础上，配套了二类储量化学驱开发技术，优化延长段塞，发展应用了聚合物 + 表面活性剂二元复合驱，使二类储量采收率提高了 6%~11%，达到了一类储量注聚开发效果，拓宽了化学驱适用界限，聚合物驱后井网调整非均相复合驱先导试验也取得了重大进展，试验驱采收率达到 63%，化学驱成为孤岛油田在特高含水期保持产量相对稳定和提高采收率的重要技术支撑。孤岛油田化学驱开发的成功实践，丰富和发展了中国陆相高温高盐稠油油藏化学驱开发理论，首创了国内高温高盐稠油油藏在常规井网条件下，淡水配制母液污水稀释注入化学驱开发技术，对其他同类油田提高采收率具有重要的指导意义。

第一节 聚合物驱开发技术

国内外对聚合物驱的研究比较多，通过向水中添加高分子聚合物，配制成浓度为 500~2500mg/L 的溶液注入地层，使驱替相的黏度明显增大，从而改善驱替相与被驱替相间的流度比，克服驱替相的“指进”，使平面推进更加均匀，从而扩大波及体积和洗油效率，提高油藏采收率。孤岛油田水驱开发单元是适合开展聚合物驱的。按照“先易后难”的资源投入原则，孤岛油田水驱开发单元有序开展了聚合物驱。

一、孤岛油田聚合物驱适应性

聚合物驱改善水油流度比，扩大波及体积，主要体现为两个方面的作用：一是绕流作用，由于聚合物进入高渗透层后，增加了水相的渗流阻力，产生了由高渗透层指向低渗透层的压差，使得注入液发生绕流，进入到中、低渗透层中，扩大波及体积。二是调剖作用，由于聚合物改善了水油流度比，控制了注入液在高渗层中的前进速度，使得注入液在高、低渗透层中以较均匀的速度向前推进，改善非均质层的吸水剖面。

聚合物驱还可以提高驱油效率，主要有三个方面的作用：一是吸附作用，由于聚合物大量吸附在孔壁上，降低了水相的流动能力，而对油相并无多大影响，在相同的含油饱和度下，油相的相对渗透率比水驱时有所提高，使得部分残余油重新流动。二是黏滞作用，由于聚合物的黏弹性加强了水相对残余油的黏滞作用，在聚合物溶液的携带下，残余油重新流动，被挟带而出。三是增加驱动压差，聚合物驱提高了岩石内部的驱动压差，使得注入液可以克服小孔道产生的毛细管阻力，进入细小孔道中驱油。

根据近年来国内外研究成果，以聚合物驱为对象，与聚合物驱有利条件及大庆油田相比，孤岛油田的油藏条件比较苛刻（表 4-1-1）。

表 4-1-1　聚合物驱油藏条件对比表

条　件	有利条件	大庆油田	孤岛油田
渗透率变异系数	0.7 ± 0.1	0.635~0.718	0.6~0.8
动态非均质	无大孔道		高渗透条带发育
地层温度 /℃	40 ± 10	45	>65
地层水矿化度 /（mg/L）	<10000	6177~9094	3000~10000
配制水矿化度 /（mg/L）	<1000	400~800	淡水紧张，污水 >5000
注聚时机含水 /%	<90	90	93~97
地层原油黏度 /（mPa·s）	20~100	2.45~10.6	50~130
井距 /m/ 井网	五点法、四点法		200~300 五点法
其他条件	无底水无气顶		

一是原油黏度高。孤岛油田地下原油黏度一般在 50~130mPa·s，通过改善流度比来提高采收率的难度更大。二是地层温度高、地层水矿化度高。孤岛油田油层温度大于 65℃，地层水矿化度一般大于 5000mg/L，配制聚合物溶液的污水矿化度较高，一般大于 5000mg/L，这对聚合物产品的耐温性、抗盐性以及增黏性提出更高要求。三是注聚时机晚。化学驱前各单元综合含水在 93%~97% 之间，注水倍数普遍在 1 倍孔隙体积以上，个别强注强采单元达到 2 倍孔隙体积以上，储层非均质性加剧，成大孔道发育，加大了三次采油的风险。四是在常规水驱井网下进行化学驱开发，由于孤岛油田经过层系细分和井网加密调整，井下技术状况复杂。五是受到环境保护和清水资源紧张的制约，采用淡水配制母液、污水稀释注入的方式，难度加大。

根据胜利油田地质院的聚合物驱资源分类评价标准（表 4-1-2），由于原油黏度高、地层温度高，孤岛油田适宜注聚储量以二类储量为主，合计储量 12998×10^4t，占总资源量的 62.0%，一类储量只有 6340×10^4t，仅占 30.3%。

表 4-1-2　孤岛油田聚合物驱资源分类评价表

类　别	聚合物分类标准				孤岛油田聚合物分类				
	空气渗透率 /（$10^{-3}\mu m^2$）	原油黏度 /（mPa·s）	地层温度 /℃	地层水矿化度 /（mg/L）	聚合物资源储量 /（10^4t）	占百分数 /%	原油黏度 /（mPa·s）	地层温度 /℃	地层水矿化度 /（mg/L）
一类		<70	<70	$<1 \times 10^4$	6340	30.3	48.2	70.0	4652.3
二类	>100	70~80	70~80	$1\text{~}3 \times 10^4$	12998	62.0	82.4	70.0	6341.5
三类		80~100	80~93	$>3 \times 10^4$	1620	7.7	70.0	74.7	3458.7
合计					20958				

二、聚合物驱影响因素及优化设计

化学驱效果的影响因素较多，采用室内试验、矿场统计、油藏数值模拟、油藏工程综合分析等多种手段研究了包括油藏地质条件、矿场注采参数、化学剂性能等3大项近20小项参数对化学驱效果的影响，明晰了影响孤岛油田化学驱效果的主控因素。

1. 油藏地质条件

1）水驱后剩余油饱和度

在相同地层条件下，驱油剂用量、浓度及段塞大小相同，油层的剩余油饱和度高，一方面容易形成原油富集带，见效时间早，另一方面在驱替前缘形成的油墙厚度大，由于地层原油的黏度远大于聚合物溶液，因此渗流阻力进一步增大，波及体积得到进一步提高，驱油效果好。

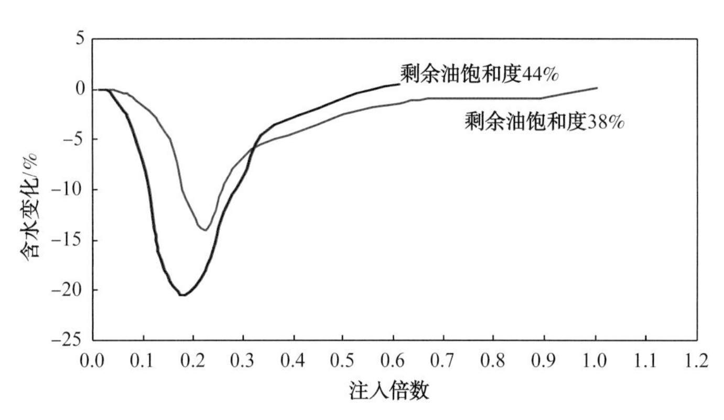

图4-1-1　剩余油饱和度差异对聚合物驱效果的影响

孤岛油田中二中和中二南地质条件相似、储层物性相近、流体性质相差不大，矿场实施聚合物驱后，中二南注入0.06PV聚合物溶液即开始见效，含水最低下降13.8%，提高采收率幅度达到10.2%；而中二中聚合物注入到0.10PV时才开始见效，其降水增油效果远不如中二南。究其原因主要是由于中二中注聚前采出程度较高，达到45.3%，综合含水97.1%，而中二南注聚前采出程度只有35.7%，综合含水94.5%，相应的剩余油饱和度较高（图4-1-1）。

2）储层非均质性

渗透率变异系数表示油层的层间或层内非均质程度的大小，是表征地层渗透率非均质程度的一个重要指标。渗透率变异系数小，说明油层均质性好，而均质油层水驱效果较好，不利于发挥聚合物驱的优势；渗透率变异系数较大，表明储层的非均质性强，水驱开发效果差，最终采收率也低。化学驱与水驱相比，对于具有一定非均质性的油层有调整、改善注入剖面的作用，从而提高驱替液的波及体积，能得到更好的增油效果；因此，地层渗透率变异系数增加，化学驱提高采收率值有所提高，但变异系数超过一定值，即地层非均质过于严重时，化学驱驱油体系注入地层后将发生窜流现象，起不到很好的调剖作用，从而影响驱油效果。

采用数值模拟研究了渗透率变异系数对含水率变化曲线和增油曲线的影响，从计算结果看（图4-1-2），渗透率变异系数对各特征参数有较大的影响。随着渗透率变异系数的增加，含水变化和增油峰值时刻提前，最大含水下降值和最大增油速度加大，但含水漏斗宽度减小。渗透率变异系数在0.5~0.7之间，聚合物驱效果较好。

孤岛非均质性强，由于长期水洗，使油层纵向和平面非均质性加剧，油水井间大孔道现象普遍存在，油水井间高渗透条带发育，存在层间窜和层内窜的现象。油层非均质性强，存在“舌进”或“指进”现象。对于非均质性强且存在大孔道的油层进行聚合物驱，将严重影响驱油效果。应用数模模拟手段计算了高渗条带对聚合物驱效果的影响，结果见图 4–1–3，由含水变化曲线可以看出，大孔道的存在严重影响了含水降低幅度。

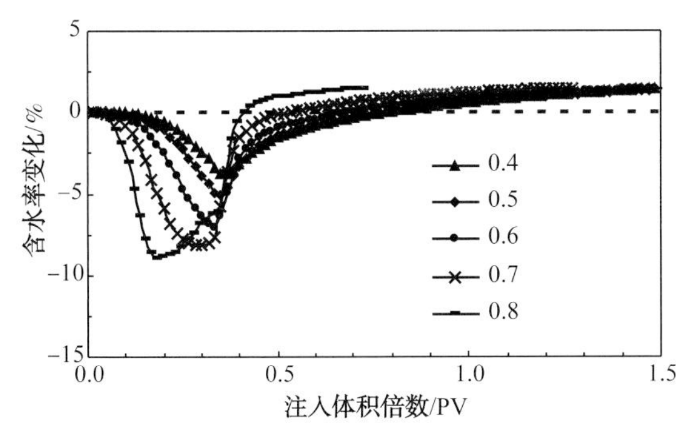

图 4–1–2　渗透率变异系数对含水变化曲线的影响

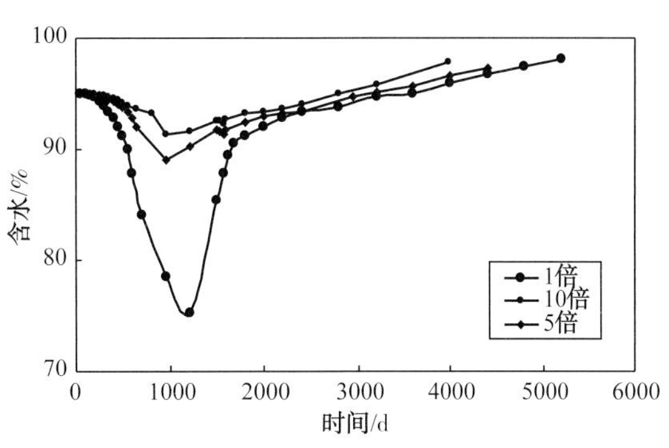

图 4–1–3　数模计算高渗带对聚驱效果的影响

3）储层韵律性

对于正韵律储层，聚合物驱和水驱的平均剩余油饱和度均随变异系数的增大而增大，波及系数均随变异系数的增大而减小，因此，正韵律储层变异系数越大，对开发越不利。通过统计正韵律油层聚合物驱后各韵律层剩余油饱和度和波及系数变化情况来看，变异系数越小，各韵律层剩余油饱和度越低，均质储层变化接近线性，变异系数为 0.9 时，顶部剩余油饱和度降低很少，基本未动用。各韵律层波及系数也反映了这一特点，变异系数较大时，顶部波及系数都低于 10%。这是由于在其他条件相同的情况下，非均质储层开发效果是由重力作用决定的。水油密度差导致水向底部渗流，使正韵律油藏各分层间的矛盾变得突出，开发效果变差。

从正韵律油层不同变异系数下聚合物驱受效剩余油饱和度和聚合物驱提高波及系数值（图 4–1–4）可以看出，正韵律油层聚合物驱存在最优变异系数，使开发效果最好。当变异系数为 0.7 时，聚合物驱受效剩余油饱和度最高，体积波及系数增加了 27%。这主要是因为变异系数小时，重力作用不明显，水驱开发效果较好，聚合物驱很难再进一步提高采收率；储层存在一定正韵律，注入的聚合物溶液大部分进入底部高渗透层，对注入水起到了封堵作用，因此聚合物驱有效改善了正韵律油藏上部的储量动用状况；当然韵律性对开发效果的改善也是有限的，如果正韵律变异系数特别大，聚合物驱也会形成窜流，不利于聚合物驱开发。

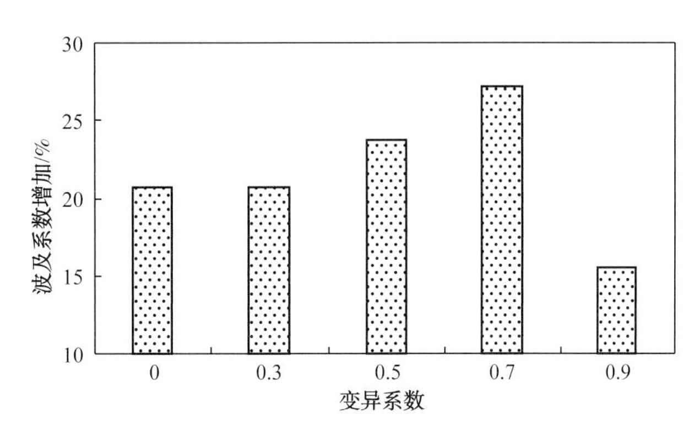

图 4–1–4　正韵律油层聚合物驱相对水驱波及系数提高

反韵律储层上部为高渗层，底部为低渗层，对于反韵律油层，变异系数 0.3 时水驱和聚合物驱开发效果最好，剩余油饱和度最低。反韵律油层顶部物性较好，同时重力作用导致水向底部低渗层位渗流，使反韵律油藏各分层间的矛盾得以缓和，因此存在一定非均质性，有利于反韵律油藏的开发。从波及系数来看，反韵律储层体积波及系数都比较高，聚合物驱后都在 90% 以上，且变异系数越大，体积波及系数越大。

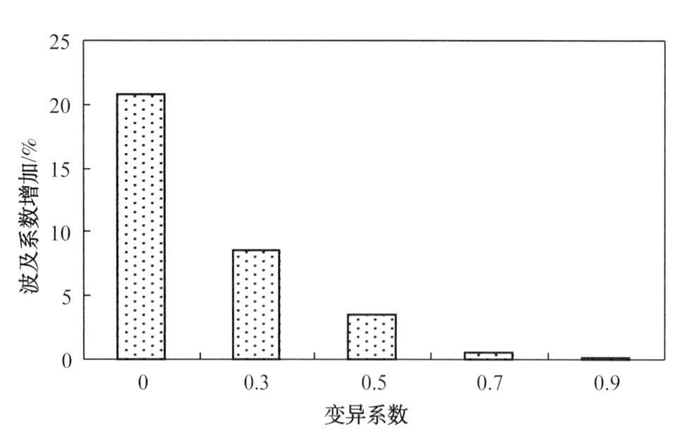

图 4-1-5　反韵律油层聚合物驱相对水驱波及系数提高

反韵律油层聚合物驱后各韵律层剩余油饱和度分布比较复杂，但总体规律是，变异系数为 0.3 时，所对应的各韵律层剩余油饱和度比较接近，水线推进比较均匀，因此开发效果也比较好。反韵律油层除低渗层顶部波及系数稍低外，其他层位波及系数都较高。从反韵律油层聚合物驱受效剩余油饱和度和波及系数提高值（图 4-1-5）看出，反韵律储层由于总体开发效果较好，因此聚合物驱受效剩余油饱和度也较低，聚合物驱主要比水驱多动用了顶部由于重力作用而未波及到的剩余油，受效剩余油更加靠近生产井，更加靠近上部。

正韵律油层由于水驱开发效果较差，受效剩余油远远大于反韵律油层。在一般情况下，特别对于正韵律油层，聚合物驱能有效地提高原油开发效果；在其他条件相同的前提下，对于反韵律油层，聚合物驱提高采收率的幅度一般比正韵律油层要小。对于不同韵律的地层，水驱采收率依次为：反韵律 > 复合韵律 > 正韵律。聚合物驱后，三种韵律的地层采收率都有不同程度的提高，其提高采收率幅度依次为：正韵律 > 复合韵律 > 反韵律，反韵律地层提高采收率幅度不到正韵律的 1/2（表 4-1-3）。可见，正韵律和复合韵律地层更适合于聚合物驱。

表 4-1-3　地层的韵律性对提高采收率的影响

对比指标	正韵律	反韵律	复合韵律
水驱采收率 /%	21.29	30.2	28.57
聚合物驱采收率 /%	33.23	35.95	36.43
提高采收率 /%	11.94	5.75	7.86

4）沉积微相

孤岛油田化学驱开发层系为上第三系馆陶组，馆陶组地层为一套河流相沉积的砂泥岩互层。从馆下段到馆上段的 5-6 砂层组为一套辫状河沉积，Ng3-4 砂层组逐渐过渡到曲流河沉积，Ng1+2 储层为河流相废弃河道和河漫滩沉积的粉细砂岩。

不同的沉积环境，有其独特的水动力特征，因而形成不同沉积成因的砂体，各种成因类型砂体在空间上的组合与分布不同，而单一成因砂体作为控制流体运动基本单元，是油田开发过程中理想的注采单元，因此正确识别砂体的成因类型，是了解油藏开采特点，预测开发趋势的重要环节。孤岛油田馆陶组储层主要有六种成因砂体：主河道砂体、废弃河道沉积、天然堤砂体、决口水道砂体、河漫滩砂体、洪泛平原泥岩。

同一小层平面上存在不同的沉积微相。不同时期，河流规模及能量会有所差异，致使相同相带，不同沉积时间单元亦有不同的物性特征。由于不同成因砂体形成时水动力条件不同，其不同成因砂体内部渗透率的分布变化也不同。如河道砂体沉积时，沿水道或河道主流线的水动力能量较强。因此，渗透率沿水道或河道主流线好，沿两侧变差。天然堤、决口扇及河间洼地砂体沉积时，在靠近河道部分水动力能量强，沉积物粗，渗透性好，远离河道方向水动力能量减弱，沉积物变细，渗透性变差。孤岛油田馆陶组上段油层储层孔渗性的平面分布与砂岩体的几何形态及主流线的方向有较好的一致性。储层渗透率的高低与沉积微相密切相关。心滩储层渗透率多数大于 2μm^2，河道充填微相渗透率为 0.5~2μm^2，河道边缘和泛滥平原亚相渗透率多小于 0.2μm^2。废弃河道亚相渗透率变化较大，一般为 0.2~1.0 μm^2。一般来讲，由主河道心滩→河道充填→河道边缘→泛滥平原，渗透率明显递减，变异系数逐渐增大，既使同一相带内，其变异系数也较大，说明渗透率的非均质性较强。

受不同河道砂类型储层物性变化的影响，在化学驱过程中，不同沉积相的见效规律也不同，心滩、河道充填相、河道边缘相油层发育好，剩余油相对富集，为聚合物驱潜力相带，而泛滥平原相油层发育及连通性较差，聚合物难以波及，因此聚合物驱效果较差。孤岛油田化学驱矿场统计结果表明：心滩、河道充填相、河道边缘相、泛滥平原相平均单井每米增油分别为 1020t/m、1180t/m、1240t/m、430t/m；单井增油分别为 8470t、7240t、5960t、1320t（表 4-1-4）。由此可见聚合物驱有利沉积相带依次为：河道边缘相 > 河道充填相 > 心滩 > 泛滥平原相。

表 4-1-4　孤岛注聚区不同相带见效统计表

沉积类型	单井增油 /t	每米增油 /（t/m）
心滩	8470	1020
河道充填	7240	1180
河道边缘	5960	1240
泛滥平原	1320	430

5）地层温度

油层温度会对化学驱的化学用剂产生不同的影响：①对表面活性剂的影响。温度太高，会增加表面活性剂与岩石的相互作用，使表活剂的吸附量加大；②对聚合物的影响。聚合物有一定的温度适应区间，即聚合物的热稳定性区间，在该温度区间内，聚合物的性能比较稳定，而超出该温度区间，聚合物的性能变得较差。高温会对聚合物造成热降解。随温度的增加，聚合物溶液的黏度下降很快，聚合物的化学及生物降解加重，影响聚合物驱油效果。同时，温度还对复合驱所需的其他化学添加剂，如杀菌剂、除氧剂等有影响。但太低的温度下，细菌活动通常会加剧。

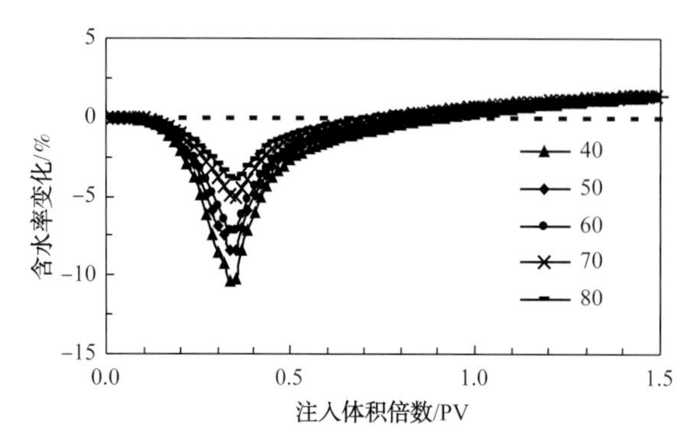

图 4-1-6　地层温度对含水变化曲线的影响

采用数值模拟研究了不同地层温度对聚合物驱油效果的影响，研究结果表明（图 4-1-6）地层温度对含水变化和增油峰值、提高采收率值影响较大。随着地层温度的增加，最大含水下降值和最大注入体积倍数增油速度减小，且漏斗宽度减小，提高采收率值降低。

6）地层水矿化度

地层水矿化度，尤其是 Ca^{2+}、Mg^{2+} 含量对化学驱驱油效果有明显的影响：①聚合物具有盐敏性，地层水矿化度越高，越不利于聚合物在溶液中形成网状结构，使得聚合物黏度降低。因为无机盐中的阳离子比水有更强的亲电性，因而它们优先取代了水分子，与聚合物分子链上的羧基形成反离子对，屏蔽了高分子链上的负电荷，使聚合物线团间的静电斥力减弱，溶液中的聚合物分子由伸展渐趋于卷曲，分子的有效体积缩小，线团紧密，溶液黏度下降；且随着地层水矿化度的增加，聚合物岩石表面的吸附量增大，使聚合物溶液的有效质量浓度降低，黏度下降，地层水矿化度越大，溶液黏度下降越大，提高采收率幅度越小。②当地层水矿化度在一定值范围内时，随着矿化度的增加，体系界面张力下降；形成的乳化液由水包油型转化为油包水型，而且乳化液的稳定性增加。但当地层水矿化度超过一定值后，随着矿化度的增加，界面张力上升。③当矿化度超过限量后，会使石油磺酸盐在高盐量溶液中盐析出来，发生沉淀；同时，Ca^{2+}、Mg^{2+} 等二价离子可与石油磺酸盐起离子交换作用，使其沉积在油层的岩石上，从而降低了石油磺酸盐的浓度，影响驱油效果。

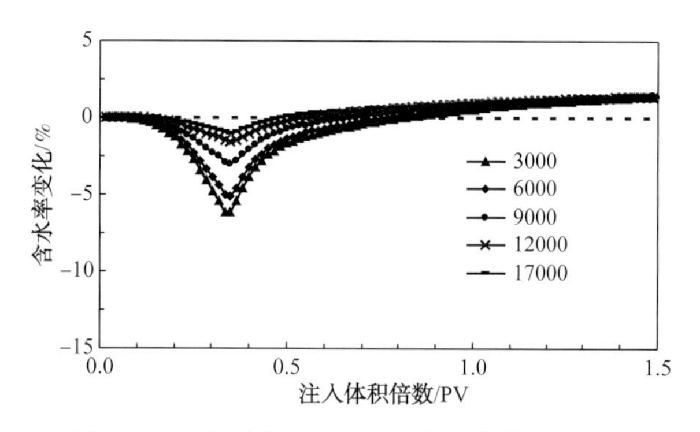

图 4-1-7　地层水矿化度对含水变化曲线的影响

采用数值模拟研究了等温条件下不同地层水矿化度对聚合物溶液黏浓曲线的影响，从研究结果看（图 4-1-7），地层水矿化度对含水变化和增油峰值、漏斗宽度、提高采收率值影响较大。随着地层水矿化度的增加，最大含水下降值和最大增油速度减小，且漏斗宽度减小，提高采收率值降低。

2. 驱油剂性能及注入量

1）黏度比

改变黏度比的途径有两种：一是改变地下原油黏度，二是改变聚合物溶液的地下黏度。针对这两种情况，分别设计了两种计算方案。

（1）改变原油黏度，研究黏度比对提高采收率的影响。地下原油黏度分别为：10mPa·s、20mPa·s、30mPa·s、40mPa·s、50mPa·s、70mPa·s、100mPa·s、

130mPa·s、160mPa·s。

（2）改变驱替液黏度，研究黏度比对提高采收率的影响。驱替液黏度分别为：2mPa·s、4mPa·s、6mPa·s、8mPa·s、10mPa·s、15mPa·s、20mPa·s、25mPa·s、30mPa·s、40mPa·s、50mPa·s、60mPa·s、70mPa·s。

从计算结果可以看出（图 4-1-8、图 4-1-9），聚合物黏度越大，提高采收率值越大，一定程度后增长幅度越来越小，在相同原油黏度下，黏度比越高，提高采收率幅度越大，一定程度后增幅减小。

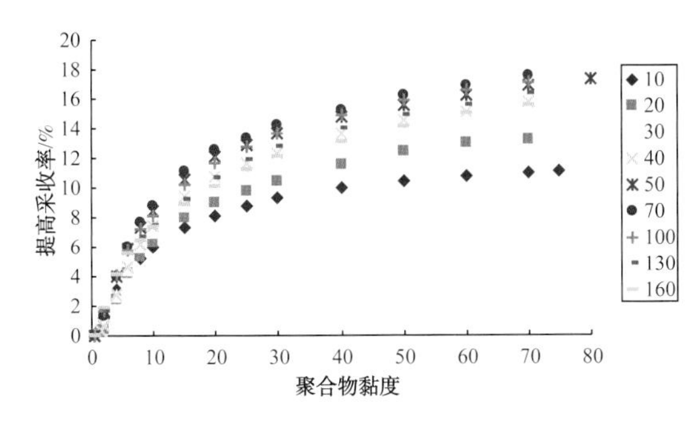

图 4-1-8　不同原油黏度情况下聚合物黏度对提高采收率影响

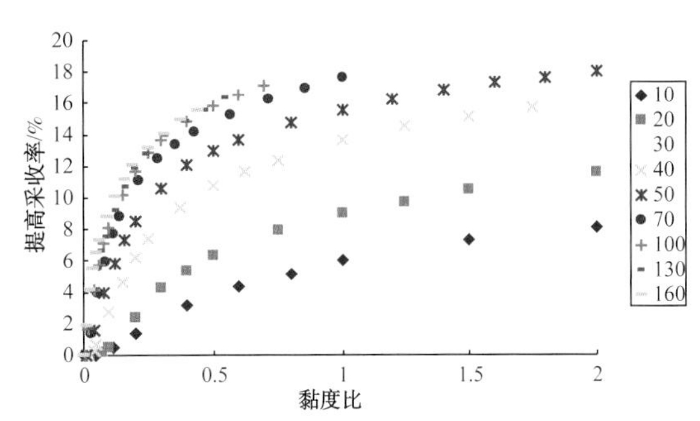

图 4-1-9　不同原油黏度情况下黏度比对提高采收率影响

以原油黏度为 50mPa·s 的情况下，对聚合物驱和聚驱后油藏化学驱的效果进行了对比（图 4-1-10）：黏度比均为 0.124，聚驱和聚驱后分别提高采收率 6% 和 2.6%，即聚驱后油藏用同样黏度再次进行聚合物驱，提高采收率幅度将明显降低；提高采收率均为 6%，聚驱和聚驱后分别要求黏度比 0.124（6.2mPa·s）和 0.6（30mPa·s、4.8 倍），而且实际聚合物在地下很难达到如此高的黏度，因此聚驱后油藏只靠增加驱替液的黏度很难进一步大幅度提高采收率。

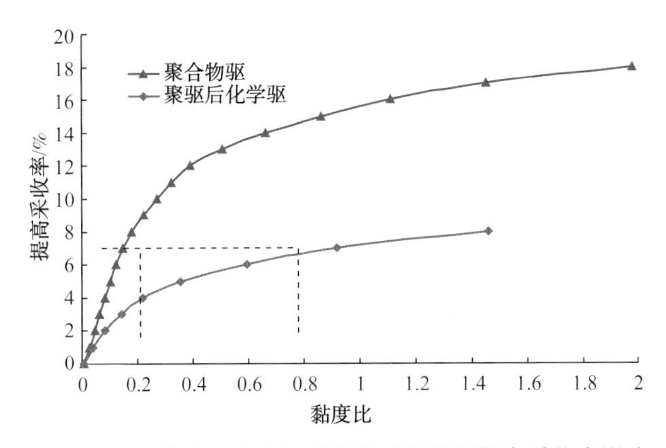

图 4-1-10　黏度比对聚驱及聚驱后化学驱提高采收率影响

2）界面张力

分别计算界面张力为 20（水驱）mN/m、5mN/m、0.5mN/m、0.05mN/m、0.005mN/m、0.00005mN/m 的六种情况下水驱转二元驱和聚驱后转二元驱不同界面张力与提高采收率的关系（图 4–1–11、图 4–1–12）。

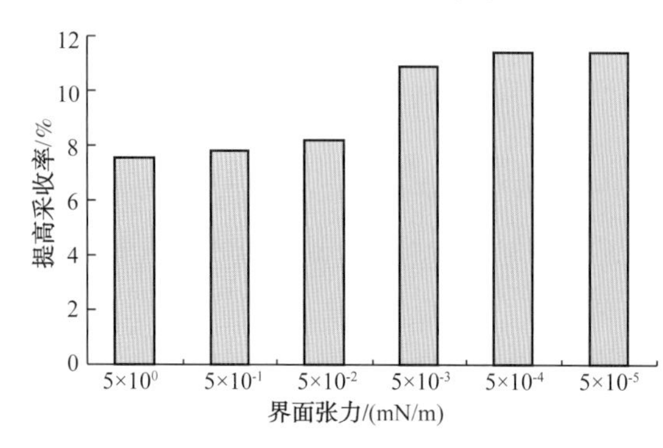

图 4–1–11　水驱转二元驱界面张力与提高采收率关系

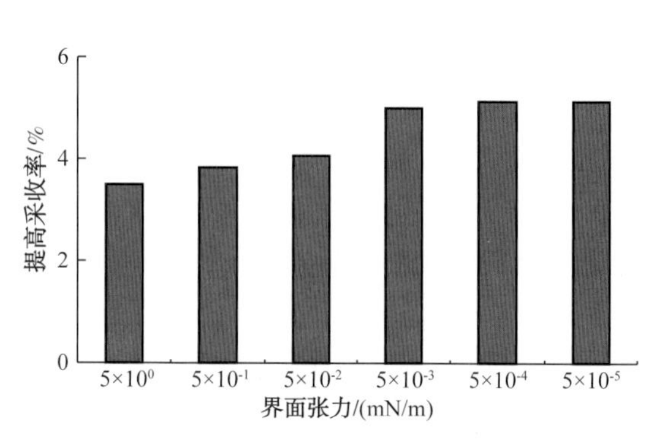

图 4–1–12　聚驱后转二元驱界面张力与提高采收率关系

相同界面张力时，直接进行二元驱比聚合物驱后进行二元驱提高采收率程度高。界面张力在 10^{-2}mN/m 与 10^{-3}mN/m 之间，驱油效果差别较大；界面张力大于 10^{-2}mN/m 时，直接二元驱提高采收率在 8.2% 以下；当界面张力达到 10^{-3}mN/m 以下时，提高采收率在 10.9% 以上；聚合物驱后再进行二元驱也具有相似的规律，只不过提高采收率幅度有所降低，界面张力大于 10^{-2}mN/m 时，模型聚合物驱后二元驱提高采收率在 4.1% 以下；当界面张力达到 10^{-3}mN/m 以下时，提高采收率在 5.0% 以上。

3）阻力系数

阻力系数对提高采收率效果研究同样分为聚合物驱和聚驱后化学驱两种情况。改变阻力系数，阻力系数分别为 1.4、2、3、5、10、15。

计算结果如图 4–1–13 所示，相同阻力系数时，聚合物驱提高采收率幅度明显高于聚驱后化学驱提高采收率幅度；且阻力系数越大，聚合物驱提高采收率幅度越大，但随着阻力系数的增大，提高采收率增长的幅度越来越小；聚驱后化学驱单纯改变阻力系数仍能明显扩大平面及纵向波及程度，从而进一步大幅度提高采收率，关键是增大聚驱后化学驱体系的阻力系数，这为聚驱后化学驱体系设计指明了方向。

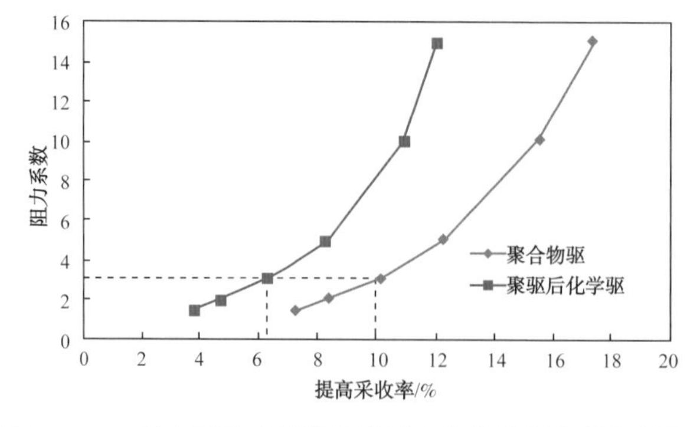

图 4–1–13　阻力系数对聚驱及聚驱后化学驱提高采收率影响

4）残余阻力系数

残余阻力系数对提高采收率效果研究同样分为聚合物驱和聚驱后化学驱两种情况。改变残余阻力系数，残余阻力系数分别为1.5、2、2.5、3、5。

计算结果如图4-1-14所示，残余阻力系数相同时，聚合物驱提高采收率幅度明显高于聚驱后化学驱提高采收率幅度；同时还可看出，残余阻力系数越大，聚合物驱效果越好，提高采收率程度越高，但随着残余阻力系数的增大，提高采收率增长的幅度越来越小；但残余阻力系数对于聚合物驱后的化学驱提高采收率影响不大。

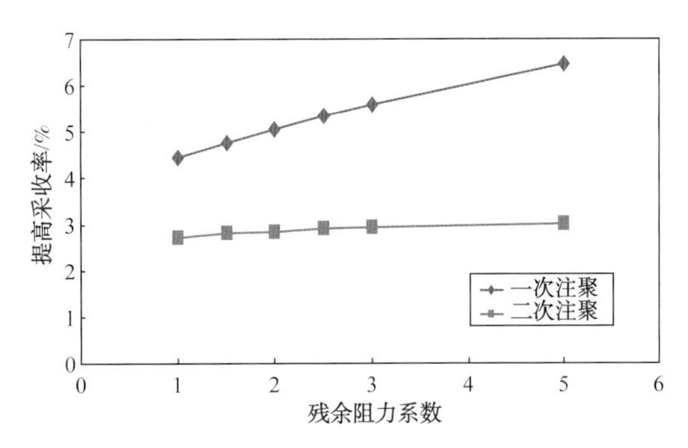

图4-1-14 残余阻力系数对聚驱及聚驱后化学驱提高采收率影响

三、聚合物驱先导试验

第一阶段为聚合物驱矿场试验阶段。1992年9月在中一区Ng3地质条件较好的四个五点法注水井网开展了聚合物驱先导试验，该试验是中国石化首个聚合物驱矿场试验。

1. *矿场注采参数优化*

1）聚合物用量

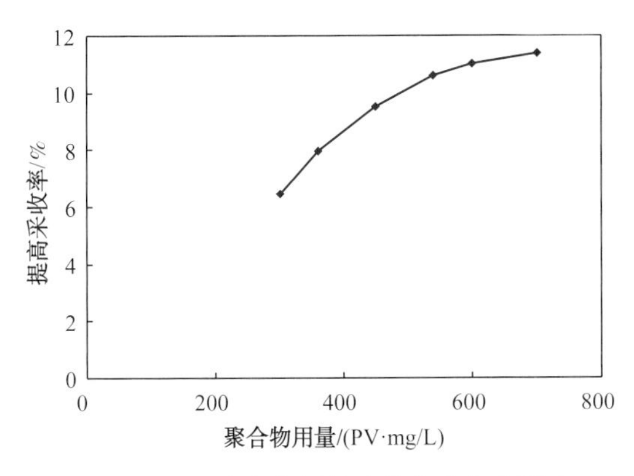

图4-1-15 聚合物用量对提高采收率影响

改变聚合物的用量分别为300PV·mg/L、360PV·mg/L、450PV·mg/L、540PV·mg/L、600PV·mg/L、750PV·mg/L，其他参数保持不变，统计聚合物驱效果。从计算结果可以看出（图4-1-15），聚合物用量对聚合物驱效果影响较大。在用量较低时，随着聚合物用量的增加，聚合物驱提高采收率值大幅度上升，在聚合物用量达到一定值之后，提高采收率增加值减缓。

从经济评价结果看（图4-1-16），低油价下，低聚合物用量的税后财务净现值较高，油价为18美元/bbl和23美元/bbl时，聚合物用量为470PV·mg/L的税后财务净现值最高，经济效益最好。随着油价升高，聚合物最佳用量增加，油价为40美元/bbl时的最佳用量为600PV·mg/L，油价上升到50美元/bbl后，聚合物用量为700PV·mg/L时税后财务净现值还未出现拐点，表明油价越高，聚合物用量越多，项目的经济效益越好。

2）井网及完善程度

孤岛油田实施化学驱的各单元主要井网为五点法、七点法井网。从聚驱后平面和纵向上剩余油分布情况可以看出，五点和七点井网的聚合物驱受效剩余油位于注采井之间靠近中上部位，七点井网中主要受效剩余油分布范围比较广（图4-1-17）。

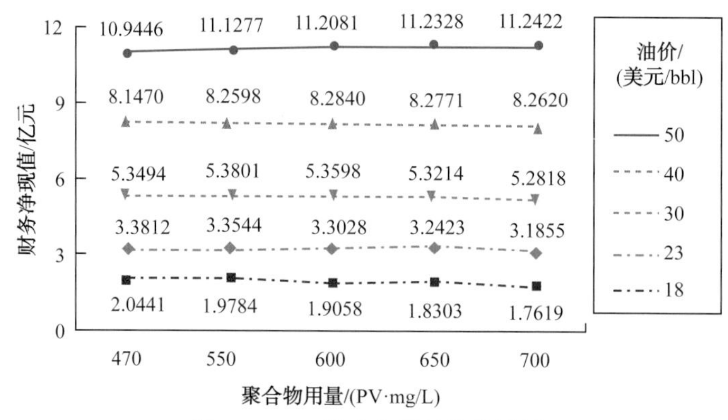

图 4-1-16　聚合物用量优化计算

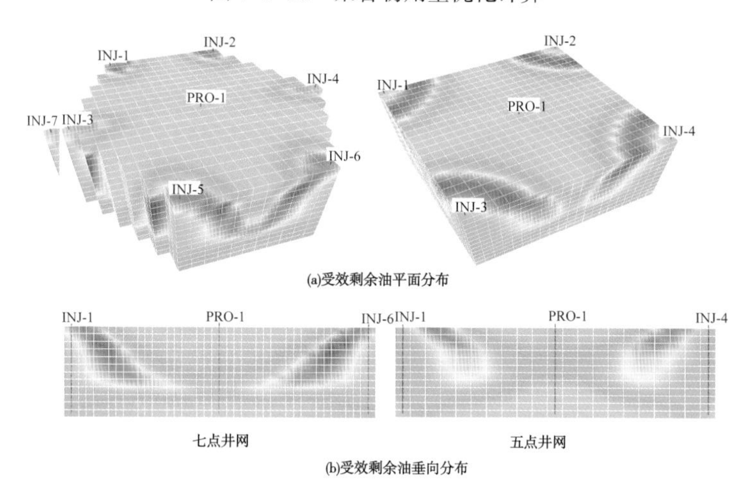

图 4-1-17　聚合物驱后剩余油分布情况

数值模拟结果表明，注采井距 230m 以上对聚合物驱和水驱开发效果影响较小（图 4-1-18），井网方式影响较大，五点井网聚合物驱后平均剩余油饱和度略低于七点井网，七点法井网的体积波及系数大于五点法井网的体积波及系数，七点法井网聚合物驱开发效果好于五点法井网。

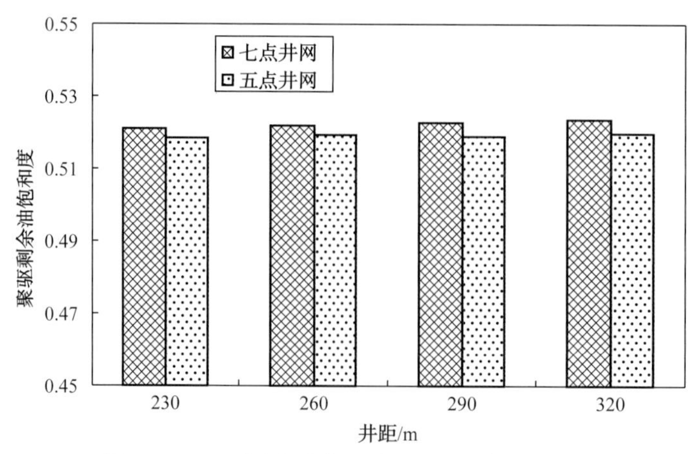

图 4-1-18　不同注采井网对聚驱后剩余油的影响

改变边角井注采对应关系，设计5个方案，注采对应率分别为55.6%、66.7%、77.8%、88.9%、100%，其他参数保持不变，统计聚合物驱效果见表4-1-5。可以看出注采完善程度对聚合物驱效果影响较大，随着注采对应率上升，聚合物驱提高采收率值上升。由于注采对应率上升，油井受效方向增加，因此提高采收率幅度增加。

表4-1-5　注采完善程度对聚合物驱效果影响

注采完善程度/%	55.6	66.7	77.8	88.9	100
提高采收率/%	5.3	6.1	6.8	7.3	7.8

孤岛已经进入特高含水期，由于油层发育、井网布置等原因，普遍存在局部注采井网不完善、井况差等问题。同时由于长期强注强采，地层压力普遍较高，而且单元和各井区间存在地层压力不均衡现象，会给注聚过程中注聚井正常注入和平面的注采平衡造成困难，同时将严重影响注聚驱油效果的正常发挥。数模结果也表明，对于地层压力较高的区块，在注聚前如果降低地层压力，将会取得更好的效果。因此，在聚合物溶液注入之前，应加强前期油藏调整工作，完善井网，提高注采对应率等。

3）采出液量

将注聚阶段及后续水驱阶段看作一个整体进行合理提液时机研究，设计了四个方案，即注聚时提液、整体见效时提液、含水最低时提液和不提液。每个方案均注入聚合物溶液450PV·mg/L，注入速度为0.1PV/a，初始产液速度为0.1PV/a，提液时提液幅度均为10%。对初含水为85%、90%、95%、98%等不同初含水单元提液最佳时机的研究结果表明（图4-1-19），整体见效时提液提高采收率幅度最大，因此高含水化学驱应在注聚整体见效时合理提液。

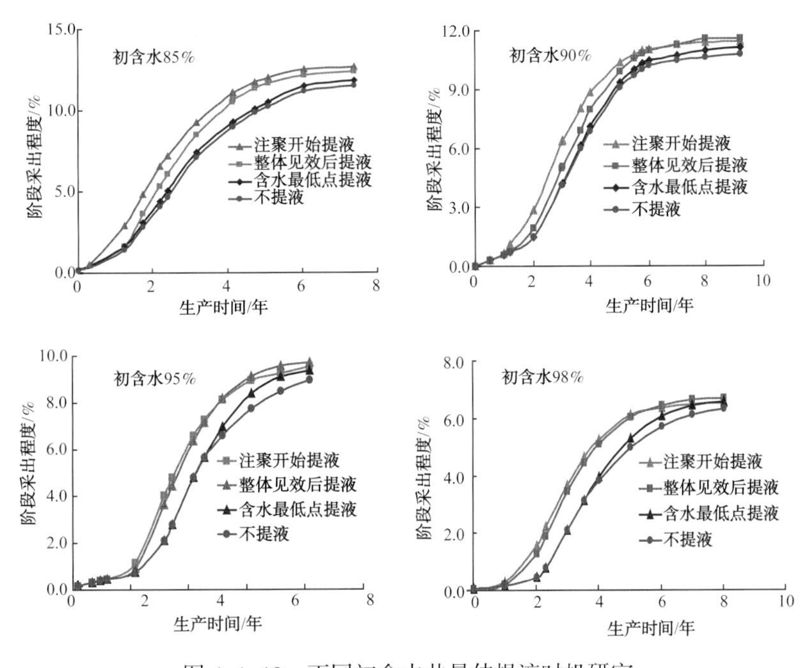

图4-1-19　不同初含水井最佳提液时机研究

4）层系间干扰

孤岛油田纵向开发层系多，在常规井网下进行化学驱开发，井网状况、井下技术状况复杂，由于注聚时间不同，造成注入聚合物溶液窜入其他层系，而其他层系注入水侵入到注聚扩大驱，从而影响注聚效果。孤岛油田中一区 Ng3、Ng4 单元投产初期同一套井网开发，1983 年以后分为两个独立井网开发，均采用 270m × 300m 五点法面积注水井网，井网排列方式一致。中一区 Ng4 注聚时，测试 11 口卡封 Ng3 注 Ng4 井的吸水剖面，8 口井有窜漏现象，占 72.7%，注入量损失 41.04%。

5）注采井距

如东区北 Ng3–4 二元复合驱，15# 站注采井距 300m，15–1# 站、15–2# 站进行过井排间加密，注采井距只有 150m。从三个站的含水曲线来看（图 4–1–20），15–1# 站、15–2# 站由于注采井距小，在转第二段塞 1~2 个月之后，含水就快速下降，进入明显见效期；而 15# 站由于注采井距大一些，在转第二段塞 13 个月之后，含水才快速下降。从见聚井分布来看，窜聚井首先出现在 15–1# 站、15–2# 站，见聚浓度 >500mg/L 的井也主要分布在这两个站。另外，目前 15# 站单井无因次日油 3.6，含水比化学驱之前下降 10%，这和 15–1# 站类似，说明注采井距大小主要影响油井见效早晚、聚合物突破早晚。

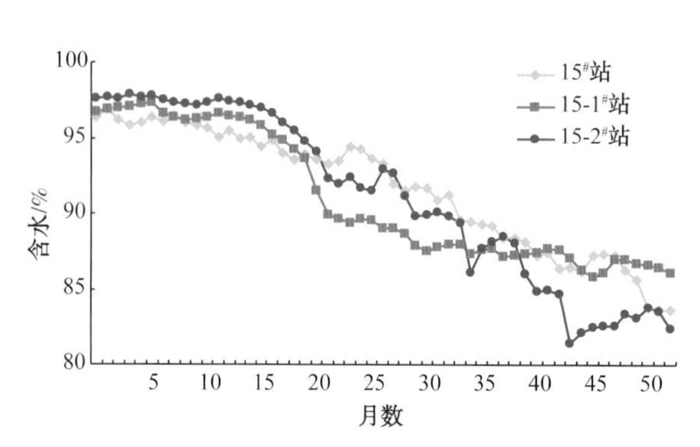

图 4–1–20　东区北 Ng3–4 二元驱分站含水曲线

2. *矿场实施与效果*

根据室内实验和数值模拟研究，采取淡水配制 5000mg/L 的聚合物母液、污水稀释注入的方式，三段塞注入。第一段塞，即前置段塞，注入 0.05PV，平均有效浓度 1971mg/L；1993 年 8 月注第二段塞，即主体段塞，注入 0.21PV，平均有效浓度 1537mg/L；1996 年 9 月注第三段塞，即后续保护段塞，注入 0.03PV，平均有效浓度 1051mg/L；1997 年 3 月转后续水驱，最终注入聚合物溶液 0.29PV，聚合物干粉 1389.5t（表 4–1–6）。

表 4–1–6　中一区 Ng3 聚合物驱先导试验注入完成情况表

段　塞	注入量 /PV	有效浓度 /（mg/L）	聚合物用量 /（PV · mg/L）	聚合物干粉 /t
第一	0.05	1971	95	296
第二	0.21	1537	314	979
第三	0.03	1051	36.3	114.5
合计	0.29		445.3	1389.5

试验区自 1994 年 6 月开始见到降水增油效果，见效高峰期综合含水比试验前下降 15%~18%，峰值无因次日油水平 3.0~3.5。方案设计提高采收率 10%，至 2005 年 12 月方案有效期结束，累积增油 20.6×10^4t，提高采收率 12.5%，吨聚合物增油 148.2t（图 4–1–21）。

该试验取得成功，验证了在常规井网条件下、采用清水配制母液、污水稀释注入可行性。

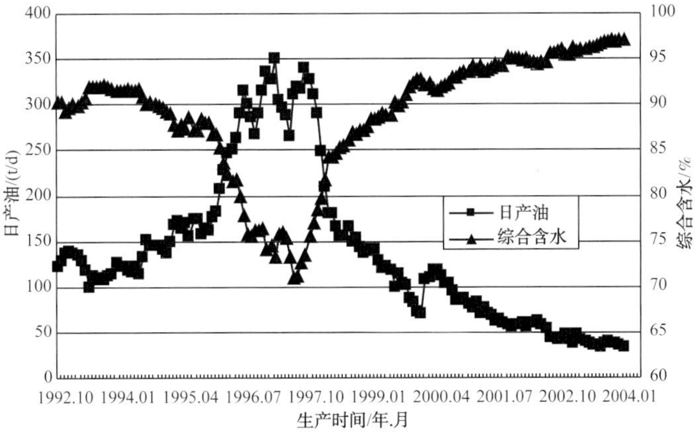

图 4–1–21　聚合物驱先导试验油井开采曲线

其中中心井中 11J11，综合含水由注聚前的 91.5% 下降到最低点 49.9%，下降了 41.6%，日产油水平由注聚前的 17.4t 上升到最高值 106.9t，是注聚前的 6.1 倍（图 4–1–22）。

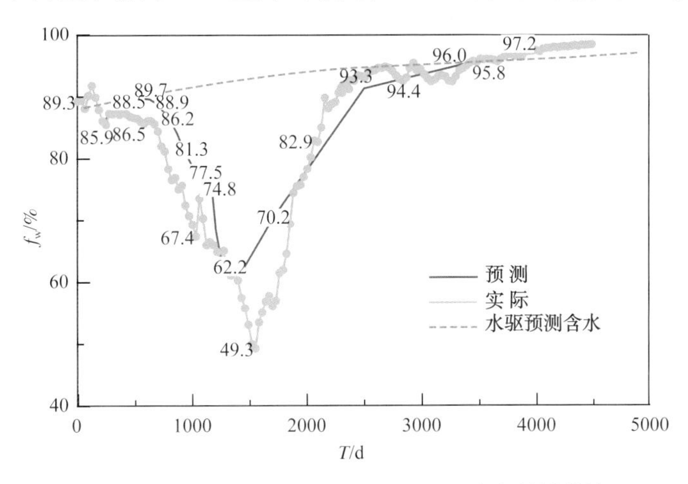

图 4–1–22　中一区 Ng3 先导区中 11J11 含水数模曲线

在中一区 Ng3 先导区取得实质性进展后，1994 年 12 月在中一区 Ng3 开展了聚合物驱扩大试验，试验目的是评价水驱后大面积采用常规开发井网开展聚合物驱提高采收率的可行性，初步形成聚合物驱油藏工程、采油工程、地面工程、经济评价、跟踪分析、动态调整等配套新技术，为聚合物驱工业化应用提供实践依据。矿场注入聚合物溶液 0.276PV，其中，主体段塞 0.249 PV，平均浓度 1537 mg/L。方案设计提高采收率 8.5%，实际提高采收率 11.1%，吨聚合物增油 139.1t。

四、聚合物驱技术工业化应用

1. 一类储量聚合物驱

“九五”期间，投注中一区 Ng4、西区北 Ng3–4 等一类储量，注入段塞 0.3~0.4PV，

主体段塞聚合物浓度 1500~1700mg/L。通过攻关，配套了一类储量注聚开发配套技术，峰值无因次日油水平 2.0~3.0，提高采收率 7.0%（图 4-1-23）。

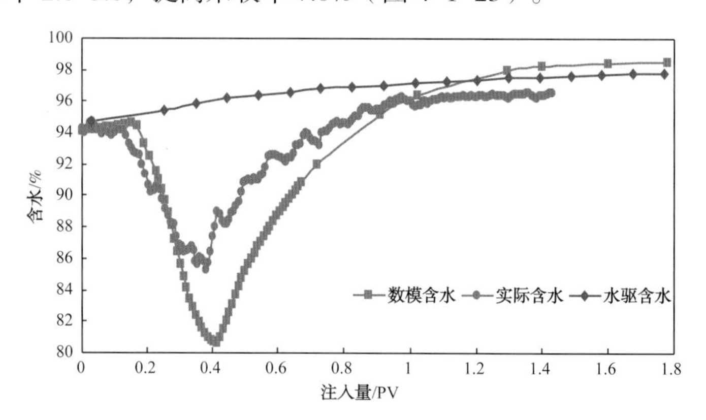

图 4-1-23　中一区 Ng4 聚合物驱数模预测 – 实际含水曲线

2. 二类储量聚合物驱

“十五”初期，投注中一区 Ng5-6、中二中 Ng3-4、中二中 Ng3-5、西区南 Ng3-4 等二类储量，注入段塞延长到 0.3~0.5PV，主体段塞聚合物浓度提高到 1900~2000mg/L，峰值无因次日油水平 2.0~3.0，可提高采收率 6.1%~9.0%（图 4-1-24）。

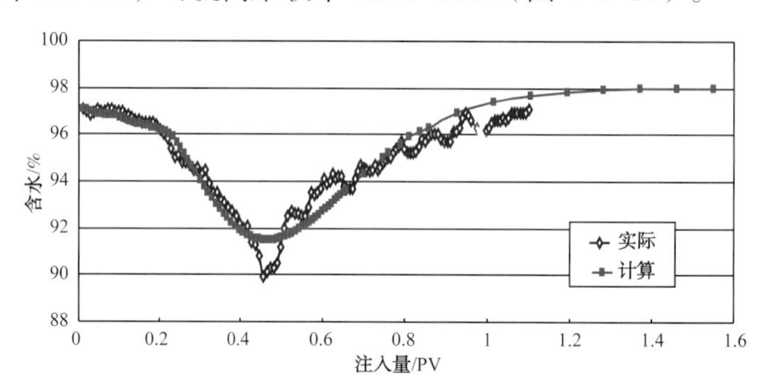

图 4-1-24　中二中 Ng3-4 聚合物驱数模预测 – 实际含水曲线

第二节　二元复合驱开发技术

复合驱是指由两种或两种以上驱油剂组合起来的一种驱油方式，它的主要机理是同时提高洗油效率和扩大波及体积，是在单一化学驱基础上发展起来的新型化学驱油开发技术。我国大多数油田是陆相沉积，以河流—三角洲沉积体系为主，储油层砂体纵横向分布和物性变化均比海相沉积复杂，油藏非均质性严重，且具有原油黏度较高的特点，为提升化学驱技术的适应性，确立了化学复合驱作为我国水驱油藏特高含水期提高采收率技术的主攻方向。

一、复合驱技术的适应性

受地质条件制约，注水开发的波及系数和驱油效率均较低，复合驱油主要是利用化学剂之间的协同效应，同时提高波及系数和驱油效率。与聚合物驱相比能更大幅度提高采收率，与比表面活性剂驱相比，所用昂贵表活剂用量也大大减少，因此复合驱具有高效驱油及工业化应用的前景。但是复合驱油远比聚合物驱油更为复杂，难度更高，风险更大。

二十世纪七十年代初，胜利油田开展了注稠化水的室内研究和现场探索试验研究工作，1983 年参与合成水溶性高聚物新产品的评价工作，1986 年开展国家重点科技攻关子课题的研究工作，“八五”期间开展复合驱油机理、多种化学剂间相容性和协同性、驱油剂和油田地质条件的适应性、复合驱数值模拟软件研制、合理注采关系和动态监测技术、注采工艺及采出液处理等研究工作，1993 年首次在孤东油田小井距试验区试验成功，在水驱采出程度达到 54.4% 的条件下，复合驱后采收率达到 69.3%，提高采收率 14.9%。

1. 三元复合驱先导试验

1992 年，胜利油田开展了国内首例三元复合驱油矿场先导试验，试验区位于孤东油田七区西北部，为高渗透、高饱和、中高黏度、河流相沉积的疏松砂岩亲水油藏。面积 $0.003km^2$，地质储量 7.8×10^4t，注入井 4 口，受效井 9 口，为注采井距 50m 的四个反五点法井组，试验目的层为馆上 5^{2+3} 层，实验复合驱时，中心井区采出程度已达 54.4%，综合含水 98.5%，累积注水 5.1PV，累积水油比达 14.0，含水 98% 以上开采三年，油藏剩余油饱和度仅为 34.2%，油藏近水驱残余油状态。

先导试验于 1992 年 8 月 1 日开始，至 1993 年 6 月 24 日注完四个化学剂段塞，主段塞为 1.5% Na_2CO_3+（0.2% OP-10+0.2% CY-1）+0.1% 3530S，其中 OP-10 和 CY-1 为两种表面活性剂，3530S 为聚丙烯酰胺，采用黄河水配制，以四个段塞注入，注入过程由 5 个阶段组成：第一阶段注入 0.05PV 0.1% 3530S 聚合物控制流度，第二阶段是化学剂牺牲段塞，0.05PV（1.5% Na_2CO_3 + 0.2% OP-10+0.2% CY-1），第三段塞为 0.35PV 的主段塞，后续为聚合物段塞，0.1PV 0.05% 3530S，最后转入后续水驱。化学剂总计注入 0.55PV。

先导试验取得了显著的降水增油效果。全区综合含水由复合驱前 96.3% 最低降至 74.2%，下降 22.1%，日产油由 10t/d 最大上升到 76.6t/d，最大增幅达 66.6t/d，累积增油 2.07×10^4t；中心评价井含水由 98.5% 最低降至 85.0%，降低了 13.5%，日产油由 1.0t/d 增至 14.3t/d，累积增油 1739.5t，提高采收率 13.4%，提高剩余油采收率 30.4%。

1997 年，在孤岛西区开展了 6 个井组的三元复合驱扩大试验。试验区面积 $0.61km^2$，地质储量 197×10^4t，注入井 6 口，受益井 13 口。投产后含水由试验前的 94.7% 最低降至 82.9%，下降 11.8%，日产油由试验前的 82t/d 最大上升至 203t/d，增幅为 121t/d，累积增油 24×10^4t，已提高采收率 12.2%，预计最终可提高采收率 15.0%。

2. 复合驱适应性

尽管室内实验和矿场试验都表明，三元复合驱提高采收率的幅度大于聚合物驱，但是由于注入过程中的结垢、采出液的破乳等问题，矿场应用的可操作性差，限制了其工业化推广应用，而造成这一问题的最根本的原因是碱的加入。为此，“十五”期间，以研究影响结垢和乳液破乳的主导因素为基础，胜利油田开展了无碱体系的二元复合驱油技术研究，力求在取得较好降水增油效果的前提下，提高复合驱的矿场实用性。

二、二元复合驱矿场应用

“十五”末期，南区渤61、渤72、中一区Ng3-6、中二北Ng3-4等二类储量，油藏条件比“十五”投聚的二类储量更差、时机更晚，通过经济技术政策界限优化，南区渤61、渤72、中一区Ng3-6在见效高峰期时转聚合物＋表面活性剂二元复合驱（图4-2-1），中二北Ng3-4聚合物驱优化延长段塞1600PV·mg/L，在总结一类储量注聚开发配套技术，发展二类储量配套技术，使见效高峰期延长一年以上，峰值无因次日油水平2.0~3.0，达到一类储量效果。“十一五”末以来，东区北Ng3-4、东区南Ng3-4等二类储量投入二元复合驱开发，注入段塞尺寸0.65 PV，主体段塞聚合物浓度2000mg/L，石油磺酸盐浓度0.2%，复配表活助剂浓度0.2%，峰值无因次日油水平可达到3.5~4.5，预测可提高采收率11.3%（图4-2-2、图4-2-3）。

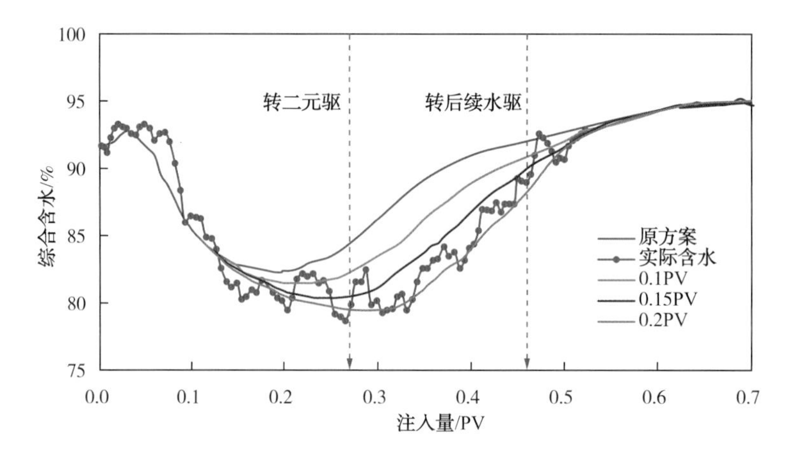

图4-2-1　南区渤72二元驱数模预测－实际含水曲线

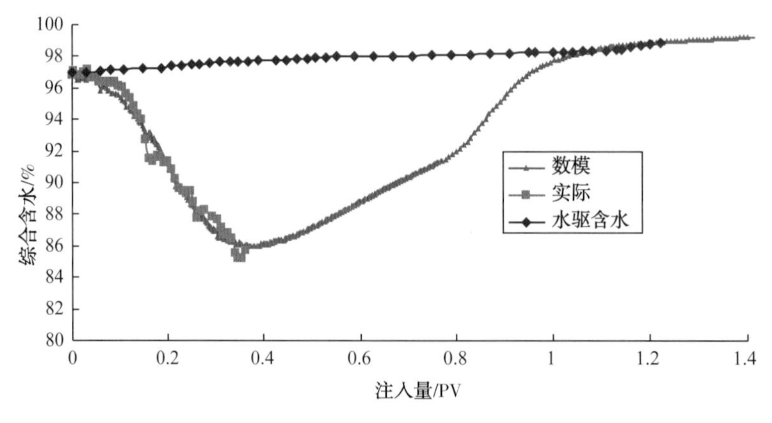

图4-2-2　东区北Ng3-4二元驱数模预测－实际含水曲线

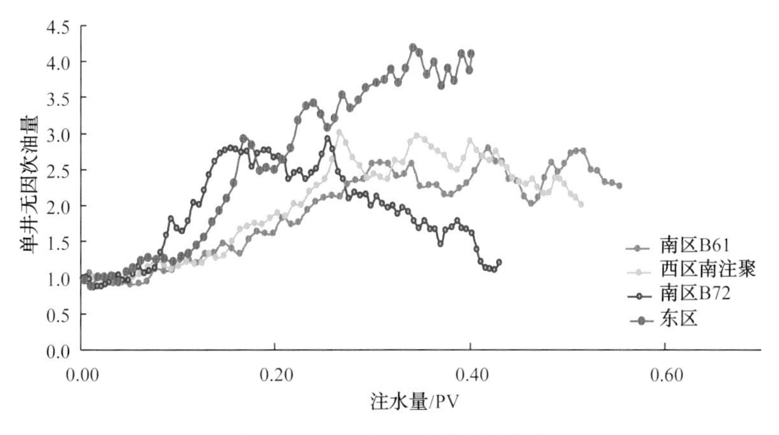

图 4-2-3　无因次日油水平曲线

第三节　非均相驱开发技术

聚合物驱后油藏条件更加复杂，尽管剩余油呈普遍分布的特点，但富集区却更趋于分散，油藏非均质性更加突出，已有的化学驱技术很难满足进一步提高采收率的要求，室内实验、数值模拟和矿场试验均表明，聚合物驱后依靠单一井网调整和单一二元复合驱提高采收率效果不理想。黏弹性颗粒驱油剂 B-PPG（Branch Preformed Paticle Gel）通过多点引发将丙烯酰胺、交联剂、支撑剂等聚合在一起，形成星型或三维网络结构，溶于水后吸水溶胀，可变形通过多孔介质，具有良好的黏弹性、运移能力和耐温抗盐性。B-PPG 与聚合物复配后，除提高聚合物溶液的耐温抗盐能力外，还使得体系体相黏度增加、体相及界面黏弹性能增强、颗粒悬浮性改善、流动阻力降低，可大幅度提高聚合物扩大波及体积的能力。表活剂能够大幅度降低油水间界面张力，大幅降低毛管数，同时具有较好的洗油能力，有利于原油从岩石表面剥离，从而提高洗油率。由于体系含软固体颗粒 B-PPG，因此将其称为非均相复合驱油体系，该体系结合非均质油藏井网优化调整改变液流方向的方法，可大幅度度提高聚合物驱后油藏的采收率，是挑战采收率极限的探索和尝试。

一、孤岛油田 PPG 驱适应性

PPG（Preformed Paticle Gel）通过多点引发将丙烯酰胺、交联剂、支撑剂等聚合在一起，形成星型或三维网络结构，溶于水后吸水溶胀，可变形通过多孔介质，具有良好的黏弹性、运移能力和耐温抗盐性。PPG 与聚合物复配后，除提高聚合物溶液的耐温抗盐能力外，还能够增加体系黏度，增强体相及界面黏弹性能、改善颗粒悬浮性、降低流动阻力，可大幅度提高聚合物扩大波及体积能力，复合表活剂超低界面张力带来的洗油能力（图 4-3-1、图 4-3-2）。

室内试验表明，与单一聚合物驱相比，PPG+ 聚合物驱非均相体系液流转向明显，见效时间长，呈现为交替封堵，动态调驱特点（图 4-3-3、图 4-3-4）。

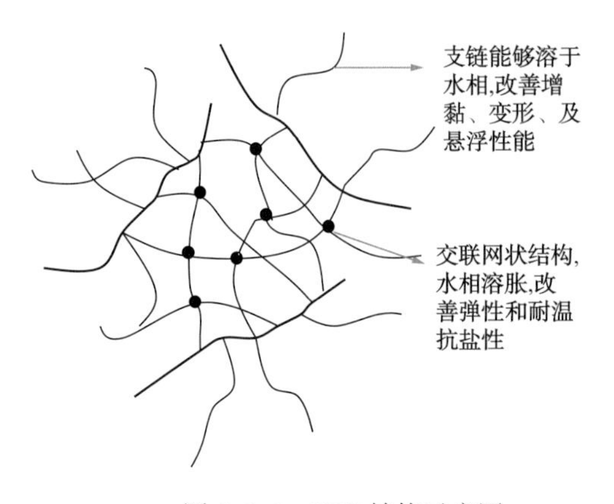

图 4-3-1　PPG 结构示意图

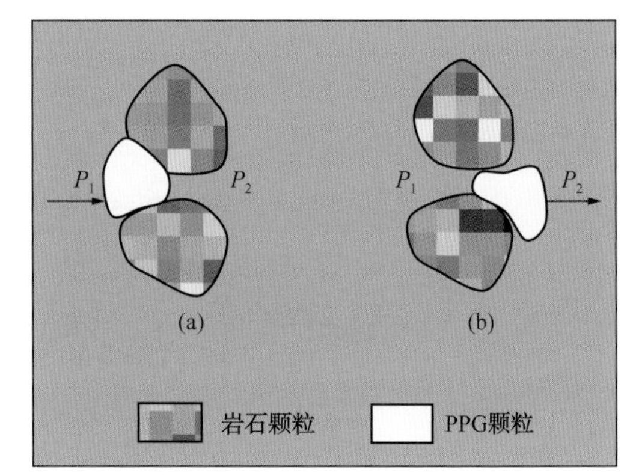

图 4-3-2　PPG 颗粒在孔喉处的变形

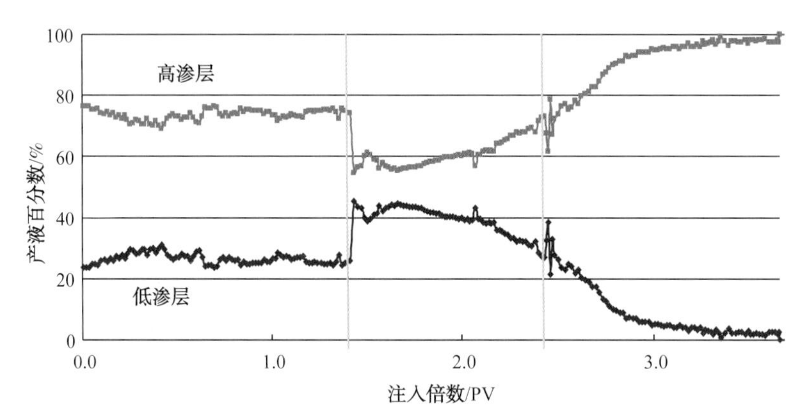

图 4-3-3　聚合物驱分流量对比

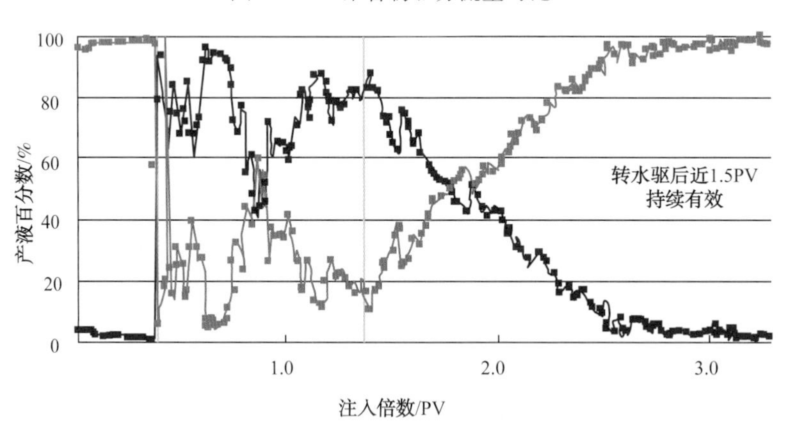

图 4-3-4　PPG+ 聚合物驱分流量对比

二、非均相驱先导试验设计

1. 试验区概况

试验区位于中一区 Ng3 南部的中 11-315、12-313、13×312、9-313、11-311、11×309 六口水井的井点连线区域内（图 4-3-5），其中 11-315、12-313、9-313、11-

311 四口水井为中一区 Ng3 聚合物驱先导试验的注入井。含油面积 0.275km^2，地质储量 123×10^4t，试验前综合含水 98.3%，采出程度 52.3%。

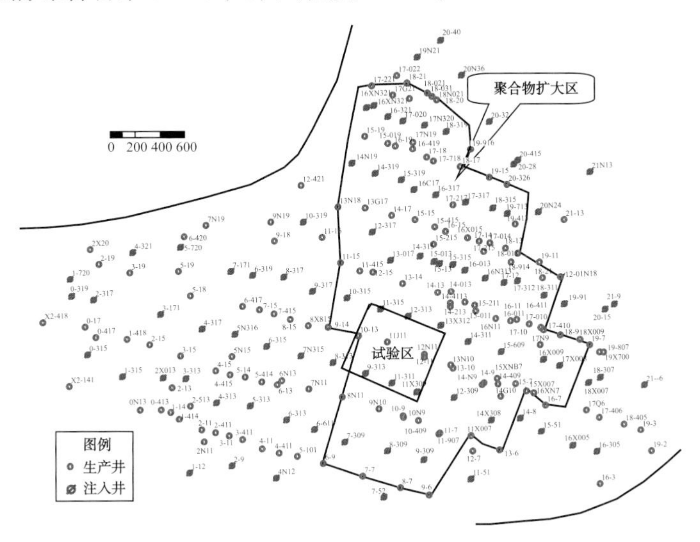

图 4-3-5　中一区 Ng3 聚合物驱先导试验部署图

试验区油藏特点基本与聚合物先导实验区一致（表 4-3-1）。

表 4-3-1　试验区油藏综合参数表

<table>
<tr><th colspan="2">参　　数</th><th>取　　值</th><th>参　　数</th><th>取　　值</th></tr>
<tr><td colspan="2">含油面积 /km^2</td><td>1.5</td><td>原油饱和压力 /MPa</td><td>10.5</td></tr>
<tr><td colspan="2">砂层厚度 /m</td><td>23.2</td><td>原始油气比 /（m^3/t）</td><td>30</td></tr>
<tr><td colspan="2">有效厚度 /m</td><td>16.3</td><td>原油体积系数</td><td>1.105</td></tr>
<tr><td colspan="2">地质储量 /（10^4t）</td><td>396</td><td>地下原油黏度 /（mPa·s）</td><td>46.3</td></tr>
<tr><td colspan="2">孔隙体积 /（10^4m^3）</td><td>755</td><td>地面原油密度 /（g/cm^3）</td><td>0.954</td></tr>
<tr><td colspan="2">孔隙度 /%</td><td>33</td><td>地面原油黏度 /（mPa·s）</td><td>300~800</td></tr>
<tr><td colspan="2">空气渗透率 /mm^2</td><td>1.5~2.5</td><td>天然气相对密度</td><td>0.6263</td></tr>
<tr><td colspan="2">渗透率变异系数</td><td>0.538</td><td>天然气甲烷含量 /%</td><td>91.1</td></tr>
<tr><td colspan="2">原始含油饱和度 /%</td><td>66~69</td><td>地层水黏度 /（mPa·s）</td><td>0.46</td></tr>
<tr><td colspan="2">油层埋深 /m</td><td>1173~1230</td><td>原始地层水总矿化度 /（mg/L）</td><td>3850</td></tr>
<tr><td colspan="2">原始地层压力 /MPa</td><td>12.0</td><td>原始地层水 Ca^{2+}+Mg^{2+}/（mg/L）</td><td>26</td></tr>
<tr><td colspan="2">原始油层温度 /°C</td><td>69.5</td><td>目前产出水总矿化度 /（mg/L）</td><td>7373</td></tr>
<tr><td colspan="2">粒度中值 /mm</td><td>0.148</td><td>目前产出水 Ca^{2+}+Mg^{2+}/（mg/L）</td><td>92</td></tr>
<tr><td colspan="2">分选系数</td><td>1.53~1.85</td><td>注入污水矿化度 /（mg/L）</td><td>8120</td></tr>
<tr><td colspan="2">孔隙半径中值 /mm</td><td>12.39</td><td>注入污水 Ca^{2+}+Mg^{2+}/（mg/L）</td><td>95</td></tr>
<tr><td colspan="2">泥质含量 /%</td><td>9.0~15.0</td><td>油层润湿性</td><td>亲水</td></tr>
<tr><td colspan="2">碳酸盐含量 /%</td><td>1.34</td><td>束缚水饱和度 /%</td><td>27.4</td></tr>
<tr><td rowspan="4">黏土矿物</td><td>蒙脱石 /%</td><td>34.5</td><td>油水两相等渗点 S_w/%</td><td>50~60</td></tr>
<tr><td>伊利石 /%</td><td>25.5</td><td>油水两相渗流宽度 /%</td><td>40.0~48.0</td></tr>
<tr><td>高岭石 /%</td><td>32.0</td><td>岩石压缩系数 /（10^{-1}MPa^{-1}）</td><td>48.0</td></tr>
<tr><td>绿泥石 /%</td><td>8.0</td><td>油藏综合压缩系数 /（10^{-1}MPa^{-1}）</td><td>54.5</td></tr>
</table>

2. 非均相驱油体系优化设计

1）驱油用 PPG 优选

驱油用 PPG 应具有优良的悬浮性能、黏弹变形能力和调驱性能，室内针对收集到的 8 种 PPG 产品，对比评价了其悬浮性、黏弹性、调驱能力，筛选出适合非均质油藏和高温高盐油藏驱油应用的 PPG 产品。

良好的悬浮性能是实现正常注入的需要，根据实验结果，8 种 PPG 产品都具有良好的悬浮性能，特别是 3#~8# 产品静置 48h 后仍不分层，能够满足长期驱替注入的需要（表 4–3–2）。

表 4–3–2　新型 PPG 的悬浮性能（浓度 /%）

编　号	悬浮性能	粒径中值 /μm
1#	分层	199.9
2#	分层	208.3
3#	不分层，悬浮性好	655.6
4#		375.4
5#		199.7
6#		561.2
7#		497.5
8#		407.7

较高的表观黏度和黏弹模量可保证驱油体系的波及效率和运移能力。8 种 PPG 的黏弹性能测试结果表明，6#PPG 形成的分散体系表现出明显的弹性特征，表观黏度和弹性模量均优于其他产品，黏弹性能最好（表 4–3–3）。

表 4–3–3　溶液的黏弹性（浓度 /%）

样品号	黏度 /（mPa·s）	G' /Pa	G'' /Pa	复合黏度 /（mPa·s）	相角 δ
1#	54.2	/	0.396	63.1	90°
2#	47.9	/	0.314	50.0	90°
3#	163.9	1.846	1.736	403.3	43.2°
4#	117.4	0.513	0.895	164.2	60.2°
5#	112.5	0.461	0.815	149.0	60.5°
6#	725.3	5.42	3.55	1031	33.2°
7#	163.5	0.956	1.306	267.8	55.4°
8#	83.9	0.186	0.616	102.4	73.2°

通过阻力系数与残余阻力系数实验评价了 PPG 的封堵性能，结果显示，8 种 PPG 具有较好的封堵能力，封堵效率均大于 97%（表 4–3–4）。

根据对岩芯注入端面、采出液悬浮颗粒粒径中值的观察与测试，1#、2#、5#PPG 在注入端面有大量颗粒堆积产生封堵，注入能力较差；而 3#、6#、7#PPG 注入端面仅有少量颗粒堆积，且粒径中值结果显示 6#PPG 的采出液中有颗粒流出，说明 6#PPG 具有较好的注入和驱替性能，残余阻力系数仅为 4.2，PPG 注入后转水驱岩芯渗透率的恢复能力强，更适合长期驱替应用（表 4–3–5）。

表 4-3-4　阻力系数与残余阻力系数测定

注入 PPG	注入液浓度	RF	RRF	封堵效率 /%
1#	2000mg/L	158	284	99.6
2#		877	451	99.8
3#		413.7	264.9	99.5
4#		168.3	5.8	98.8
5#		178.1	159.2	98.9
6#		154	4.2	97.2
7#		152.3	133.2	97.6
8#		143	143	97.2
聚合物		15.9	3.3	69.7

表 4-3-5　注入液与采出液粒径中值测定

注入液	粒径中值 /μm		
	注入液	阻力系数采出液	残余阻力系数采出液
3#	655	5.1	4.8
6#	516	136	57.8
7#	662	6.8	4.5

通过注入 PPG 前后岩芯内部测压点的压力变化对比考察了聚合物与 6#PPG 的驱动性能。

图 4-3-6 结果显示，聚合物作为均匀溶液，在岩芯中运移较平稳，岩芯各测压点压力几乎同时呈规律性增高，但封堵效果不明显，岩芯进口的注入压力最高不到 0.04MPa。

由图 4-3-7 看出，注入 1#PPG 后压力上升明显，进口注入压力和各个测压点的压力增长幅度明显高于聚合物，最高注入压力为 0.35MPa，有明显的封堵效果；从岩芯不同位置测压点的压力传递情况看出，6#PPG 能够在岩芯中运移，但其运移和压力传递速度较聚合物溶液慢，在注入 PPG 过程中，PPG 颗粒在岩芯端面堆积使压力上升，同时压力的升高使 PPG 颗粒能够变形通过孔喉，此时各测压点的压力值降低，PPG 颗粒在岩芯孔隙中不断重复堆积—压力升高—变形通过—压力降低的过程，实现了在岩芯内部的运移并进入岩芯深部，产生了良好的调驱效果。

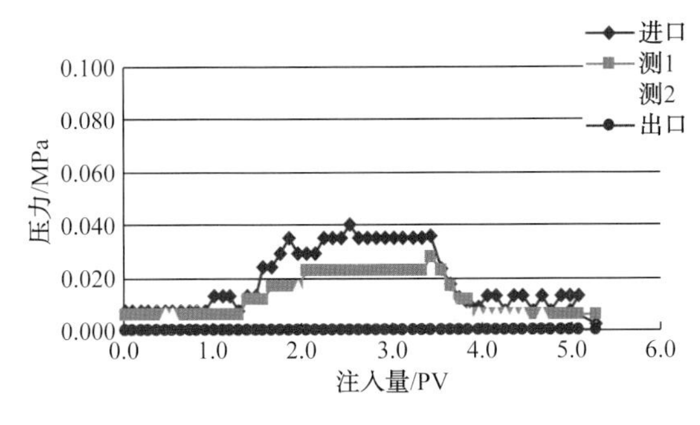

图 4-3-6　聚合物驱岩芯内部不同测压点压力传递曲线

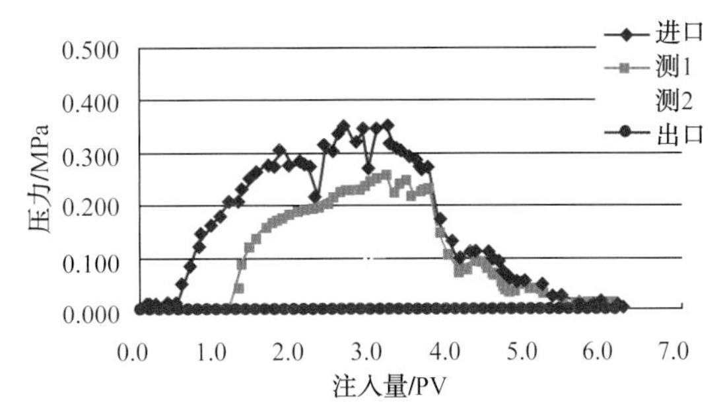

图 4-3-7　PPG 驱岩芯内部不同测压点压力传递曲线

在后续水驱阶段，PPG 颗粒的继续运移使驱替过程持续有效，各测压点的压力缓慢下降说明后续水驱岩芯渗透率恢复能力较好。制定了 PPG 质量控制指标（表 4-3-6）。

表 4-3-6　PPG 质量控制指标

序号	项　　目	中一区 Ng3 模拟水 6666mg/L，70℃		
		150 目以下（小于 100μm）	100~150 目（100~150μm）	50~100 目（150~300μm）
1	外观	颗粒状干粉	颗粒状干粉	颗粒状干粉
2	固含量 /%	≥ 88.0	≥ 88.0	≥ 88.0
3	悬浮性（分散体系稳定时间）	≥ 5h	≥ 5h	≥ 5h
4	溶涨后颗粒粒径中值 /μm	≥ 300	≥ 500	≥ 700
5	5000mg/L 水分散体系黏度 /（mPa·s）	≥ 150	≥ 150	≥ 300
6	5000mg/L 水分散体系黏度 /（mPa·s）	≥ 750	≥ 900	≥ 1500

2）表面活性剂优选

石油磺酸盐样品主要是通过溶解性试验和界面张力试验筛选的。

试验条件为试验区油藏条件；试验用油为 16-011 井模拟油（地层温度 69℃，原油黏度 50mPa·s）；试验用水为孤七注入水总矿化度 6188mg/L（Ca^{2+}、Mg^{2+} 浓度 73mg/L）；

溶解性是影响驱油剂矿场应用的重要性能。考察油藏条件下石油磺酸盐样品的溶解性（表 4-3-7）。

表 4-3-7　石油磺酸盐溶解性试验结果

活性剂浓度 /%	溶解情况
5	搅即溶，静置后液面上有分散油
10	搅即溶，静置后液面上有分散油
15	搅即溶，静置后一面上有分散油，且底部有油状物
20	搅即溶，静置后一面上有分散油，且底部有油状物

从表 4-3-7 中的试验结果可以看出，石油磺酸盐能较好地分散于水中，但是高浓度溶液静置一段时间后液面上有分散油析出。

对不同的石油磺酸盐样品在不同浓度下的界面张力进行了测试（表 4-3-8），其中 2# 石油磺酸盐样品（SPS-1）界面张力较好，0.4% SLPS 界面张力最低仅达到 7.6×10^{-2}mN/m（图 4-3-8），不能达到 10^{-3}mN/m 的要求，因此，需添加其他活性剂或助剂，以取得更佳效果。

表 4-3-8　单一石油磺酸盐界面张力试验结果

石油磺酸盐浓度	界面张力最低值 /（mN/m）	稳定时间 /min
0.4% 1#	8.6×10^{-2}	50
0.6% 1#	5.3×10^{-2}	65
0.4% 2#	7.6×10^{-2}	90
0.6% 2#	4.8×10^{-2}	90
0.4% 3#	7.8×10^{-2}	55
0.6% 3#	5.2×10^{-2}	55

构效关系研究表明，不同类型和结构的表面活性剂在油/水界面共吸附，由于空间作用力和电性相互作用的改变，可形成分子排列更致密而有序的界面膜，使油/水界面张力进一步下降，即存在复配协同作用；而分子结构适宜的非离子表面活性剂疏水链与油相分子间的结构相似性对界面张力的降低有利。

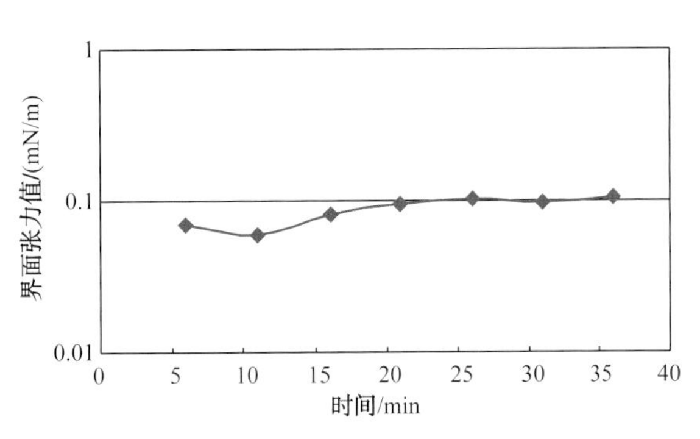

图 4-3-8　单一石油磺酸盐降低界面张力性能

胜利石油磺酸盐为阴离子表面活性剂，其极性头间存在较强的电性排斥作用，同时由于其来源于原油，疏水链的结构也多种多样，界面膜排列不紧密，界面活性不高，但其与非离子表面活性剂之间存在非常显著的协同作用，不仅使动态表面张力下降非常明显，而且达到平衡需要的时间也大大缩短，非离子表面活性剂疏水链含有芳环时，与胜利石油磺酸盐的复配协同作用最好。

在这一认识的指导下，有针对性地筛选了 6 大类 17 种非离子表面活性剂，评价了复配体系对孤岛中一区 Ng3 油水的适应性（表 4-3-9）。

表 4-3-9　石油磺酸盐与助剂复配体系试验结果

序号	复配体系	界面张力/（mN/m）	稳定时间/min	备注
1	0.3% SLPS-01	7.6×10^{-2}	50	
2	0.3% SLPS-01+0.1% JDQ-1	8.6×10^{-3}	30	性能不稳定
3	0.3% SLPS-01+0.1% JDQ-2	5.6×10^{-2}	45	
4	0.3% SLPS-01+0.1% JDQ-3	6.0×10^{-3}	50	性能不稳定
5	0.3% SLPS-01+0.1% P1709	2.95×10^{-3}	30	
6	0.3% SLPS-01+0.1% 4#	6.0×10^{-3}	55	乳化较严重
7	0.3% SLPS-01+0.1% T1501	9.8×10^{-3}	50	产品不稳定
8	0.3% SLPS-01+0.1% T1402	6.0×10^{-3}	50	乳化较严重
9	0.3% SLPS-01+0.1% P1622	6.0×10^{-3}		性能不稳定
10	0.3% SLPS-01+0.1% P1223	2.3×10^{-2}	55	
11	0.3% SLPS-01+0.1% P1611	2.0×10^{-2}		
12	0.3% SLPS-01+0.1% 7154	2.0×10^{-2}	70	
13	0.3% SLPS-01+0.1% 4-02	4.0×10^{-2}		
14	0.3% SLPS-01+0.1% 4-03	3.0×10^{-3}	65	乳化较严重
15	0.3% SLPS-01+0.1% 4-06	5.0×10^{-3}	75	价格较贵
16	0.3% SLPS-01+0.1% 4-08	1.8×10^{-2}		
17	0.3% SLPS-01+0.1% 5-01	4.1×10^{-2}		
18	0.3% SLPS-01+0.1% 5-02	2.8×10^{-2}		

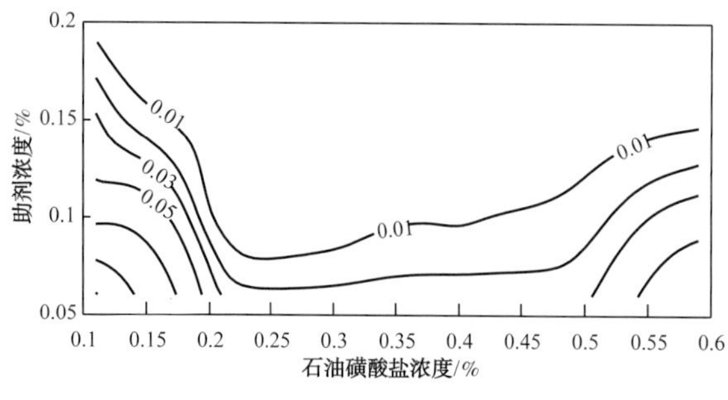

图 4-3-9　界面张力等值图

从表中可以看出，0.3% SLPS+0.1% P1709 活性剂体系相对较好，在活性剂总浓度为 0.4% 时界面张力可达到 2.95×10^{-3}mN/m，且稳定性好。其中，P1709 为多环氧基长链表面活性剂。

复合体系在渗流过程中，表面活性剂同原油、地层水和岩石的相互作用引起的吸附损耗和化学稀释作用而使化学剂浓度降低，导致设计的最佳组成和界面性质发生改变，影响驱油效果。因此，研究界面张力与表面活性剂浓度之间的关系是非常有意义的。图 4-3-9 是不同浓度的石油磺酸盐和不同浓度下的助剂的界面张力等值图，反映了不同浓度的石油磺酸盐与助剂复配所能达到的最低界面张力，当石油磺酸盐浓度在 0.2%~0.4% 范围内，助剂浓度在 0.05%~0.15% 范围内时为最佳活性区，表明该体系在孤岛中一区油藏条件下有较宽的低张力区，即使在活性剂浓度较低的情况下也能维持较低界面张力。

将石油磺酸盐作为主剂与助剂 P1709 按 3∶1 进行复配，进行了界面张力测定（表 4-3-10）。结果表明：0.3% SLPS-1+0.1% P1709 活性剂复配体系相对较好，该体系与模拟油的界面张力低达 2.95×10^{-3}mN/m，进入了超低界面张力区。当活性剂总浓度在 0.25%~0.8% 范围内时其界面张力相对比较低，表明在实际油藏条件下，该体系有较宽的浓度窗口，可以满足试验的需要。

表 4-3-10　活性剂浓度对界面张力的影响

序号	复配体系	界面张力最低值 /（mN/m）
1	0.1% SLPS+0.1% P1709	6.56×10^{-2}
2	0.2% SLPS+0.1% P1709	8.30×10^{-3}
3	0.3% SLPS+0.1% P1709	2.95×10^{-3}
4	0.4% SLPS+0.15% P1709	3.35×10^{-3}
5	0.5% SLPS+0.15% P1709	3.90×10^{-3}

制定了石油磺酸盐和表活剂的质量控制指标（表 4-3-11、表 4-3-12）。

表 4-3-11　石油磺酸盐质量控制指标

序号	项目名称	技术指标
1	外观	深棕色均匀液体
2	溶解性（40℃，20% 溶液）/min	≤ 10
3	1% 水溶液 pH 值	7~9
4	无机盐含量 /%	≤ 6
5	活性物含量 /%	≥ 30
6	未磺化油含量 /%	≤ 25
7	界面张力（0.3%）/（mN/m）	≤ 6×10^{-2}
8	抗钙能力（0.3%）	≥ 200mg/L，界面张力≤ 8×10^{-2}
9	热稳定性（30d）/（mN/m）	≤ 8×10^{-2}

表 4-3-12　活性剂质量控制指标

序　号	项目名称	技术指标
1	外观	浅黄色均匀液体
2	溶解性（40℃，20% 溶液）/min	≤ 10
3	密度 /（g/cm^3）	0.95~1.1
4	1% 水溶液 pH 值	7~9
5	无机盐含量 /%	≤ 6
6	活性物含量 /%	≥ 50
7	抗钙能力	≥ 500mg/L
8	热稳定性（30d）/（mN/m）	$\leqslant 1\times10^{-2}$

3）聚合物优选

选择目前矿场使用的增黏效果和耐温抗盐性能较好的 5 种聚合物，在试验区条件下开展了增黏性评价（图 4-3-10），并与聚合物驱时使用的 3530s 进行了对比。结果表明，这 5 种聚合物增黏效果明显好于 3530s，其中 2# 聚合物增黏效果最佳。

在 0.3% SLPS-1+0.1% P1709 活性剂复配体系中加入 1500mg/L 不同聚合物，由于体系黏度的增加，活性剂由水相向油水界面扩散速度减慢，使得达到超低界面张力时间加长，但是最低界面张力的数量级并没有发生变化，加入聚合物后仍能保持好的降低界面张力的能力（图 4-3-11）。

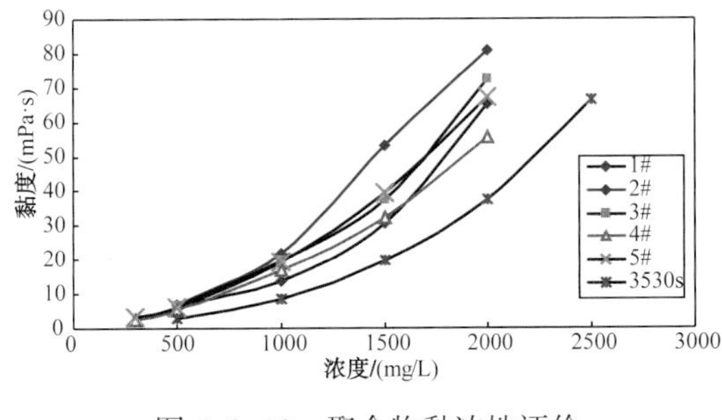

图 4-3-10　聚合物黏浓性评价

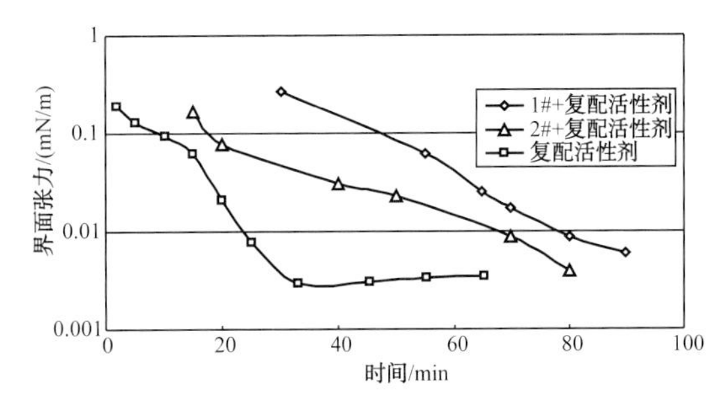

图 4-3-11　聚合物对界面张力的影响

4）化学剂间相互作用

对比了单一 6#PPG、PPG 与聚合物复配体系的黏度及黏弹性的变化，考察 PPG 对体系黏弹性能的影响。结果见表 4-3-13。

表 4-3-13　PPG 与聚合物的相互作用

体　系	浓度 /（mg/L）	黏度 /（mPa·s）	Eta/（mPa·s）	G' /Pa	G'' /Pa	δ
聚合物	3000	23.73	39.41	0.087	0.23	69.5
6#		6.65	64.05	0.35	0.20	29.6
聚合物 +6#	1500+1500	68.3	188.8	1.015	0.613	31.1

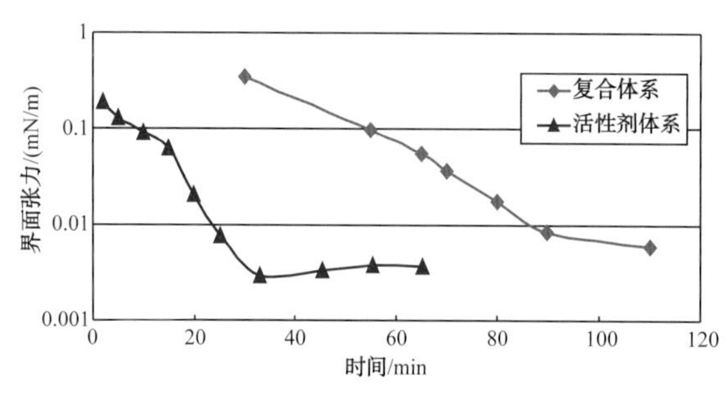

图 4-3-12 PPG 对表面活性剂界面张力的影响

由表 4-3-13 看出，单一的聚合物体系具有较高的表观黏度；而单一的 PPG 体系的弹性模量较高，随浓度的升高，单一聚合物和 PPG 的表观黏度和黏弹模量上升。将聚合物和 PPG 复配使用，与总浓度相同的单一体系比，表观黏度和黏弹模量均大幅增加。

对比研究了表面活性剂体系（0.3% SLPS+0.1% P1709）、PPG 与表面活性剂组成的非均相复合驱体系（0.3% SLPS+0.1% P1709+1000mg/L PPG+1000mg/L PAM）的界面张力，结果表明：与 PPG 复配后，体系的界面张力略有上升，为 6.0×10^{-3}mN/m（图 4-3-12），但仍能够达到超低界面张力。

实验结果表明，在聚合物溶液中加入 PPG 可大幅度提高体系的黏度和黏弹性能，且 PPG 与表面活性剂复配后体系界面张力仍能够达到超低。因此，考虑将 PPG、聚合物与表面活性剂复配，在保持高洗油效率的同时提高体相的黏弹性能，增强体系的剖面调整和液流转向能力，将更大程度地发挥体系中各组分的技术优势，达到大幅度提高采收率的目的。

5）非均相复合驱油体系设计

为了最大程度地发挥驱油体系的技术优势和驱油效果，开展了非均相复合驱油体系的浓度最优化设计。将 PPG 与聚合物以不同比例复配，在总浓度 3000mg/L 以内设计了七种配比方案，优选最佳浓度配方。由表 4-3-14 看出，随着总浓度的增加，复配体系的表观黏度和弹性模量均呈现增强的趋势。在总浓度均为 3000mg/L 时，PPG 与聚合物复配体系黏弹性能达到最佳时的浓度配比为 1500mg/L+1500mg/L。

表 4-3-14 复配体系黏弹性测试结果

PPG+ 聚合物 /（mg/L）	总浓度 /（mg/L）	黏度 /（mPa · s）	G' /Pa	G'' /Pa	复合黏度 /（mPa · s）	相角（δ）
900+900	1800	23.6	0.070	0.195	33.0	70.2
1000+1000	2000	31.3	0.110	0.259	44.7	67.0
1000+1500	2500	52.9	0.200	0.328	61.1	58.6
1500+1000		61.4	0.256	0.390	74.3	56.7
1000+2000	3000	76.6	0.341	0.448	89.6	52.8
1500+1500		89.9	0.498	0.463	108.2	42.9
2000+1000		72.7	0.326	0.471	91.1	55.3

研究了聚合物驱后非均相复合驱（1000mg/L PPG+0.4% 表面活性剂 +1000mg/L 聚合物）的驱油效果。岩芯模型：用石英砂充填的管子模型：长 30cm，直径 2.5cm，渗透率级差为 1000×10^{-3}~$5000\times10^{-3}\mu m^2$。驱油步骤：岩芯抽空—饱和水—饱和油—水驱至含水 94%，转注 0.3PV 1800mg/L 聚合物段塞；后续水驱至含水 94%~95%，转注 0.3PV 非均相复合驱

油体系，后续水驱至含水 98% 结束。结果表明，聚合物驱后非均相复合驱能够一步提高采收率 13.6%，明显优于聚合物驱后二元驱 4.8% 的驱油效果。可见非均相复合驱能够有效改善剩余油丰富的低渗区域的开发状况，是最佳发挥驱油体系优点的提高采收率方法（图 4-3-13、表 4-3-15）。

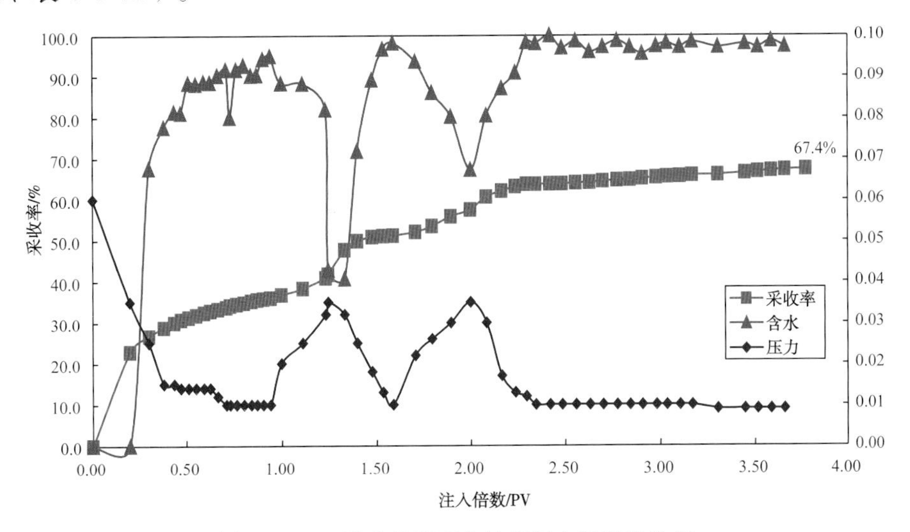

图 4-3-13　聚合物驱后非均相复合驱驱油效果

表 4-3-15　不同体系驱油效果对比

驱替方式	最终采收率 /%	比水驱提高采收率 /%	比聚驱提高采收率 /%
水驱	45.2		
聚合物驱	53.8	8.6	
聚驱后 聚合物驱	56.8	11.6	3.0
聚驱后 二元驱	58.6	13.4	4.8
聚驱后 PPG+ 聚合物	61.3	16.1	7.5
聚驱后 PPG+ 聚合物 + 表活剂	67.4	22.2	13.6

3. 非均相注入方案优化研究

采用数值模拟技术对试验区的注入参数进行了优化设计，参数优化包括注入剂的注入浓度、注入段塞、注入速度等方面，在优化过程中，主要应用经济指标—财务净现值和技术指标—提高采收率幅度、吨聚增油以及综合指标—提高采收率 × 吨聚增油对数模结果进行筛选。

1）主段塞大小优化

设计主段塞大小为 0.2~0.6PV 的五个方案，研究主段塞大小对驱油效果的影响。从计算结果可以看出（图 4-3-14），随着注入段塞大小增加，提高采收率值逐渐增加，但段塞用量增加，化学剂用量相应增加，投资增大，当量吨聚增油降低，注入主段塞 0.3PV 时财务净现值和综合指标值最大，继续增加段塞大小，财务净现值和综合指标下降，最佳的主段塞大小为 0.3PV。

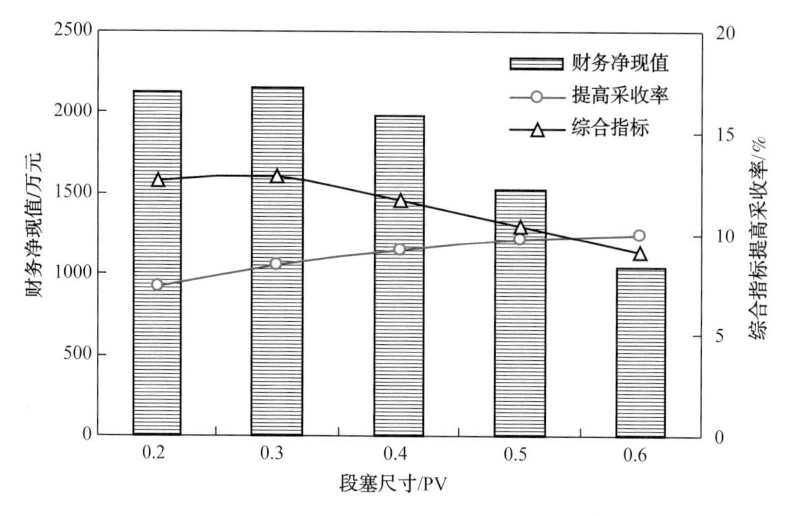

图 4-3-14　主段塞大小优化

2）表活剂浓度优化

固定段塞大小，设计表活剂浓度为 0.2%~0.6% 的五个方案，数模计算结果表明（图 4-3-15），随着表活剂浓度增加，提高采收率值增加，但表活剂浓度大于 0.4% 后，提高采收率值变化很小，继续增加表活剂浓度，化学剂用量相应增加，当量吨聚增油下降，表活剂浓度为 0.4% 时财务净现值和综合指标值最大，推荐表活剂用量为 0.4%。

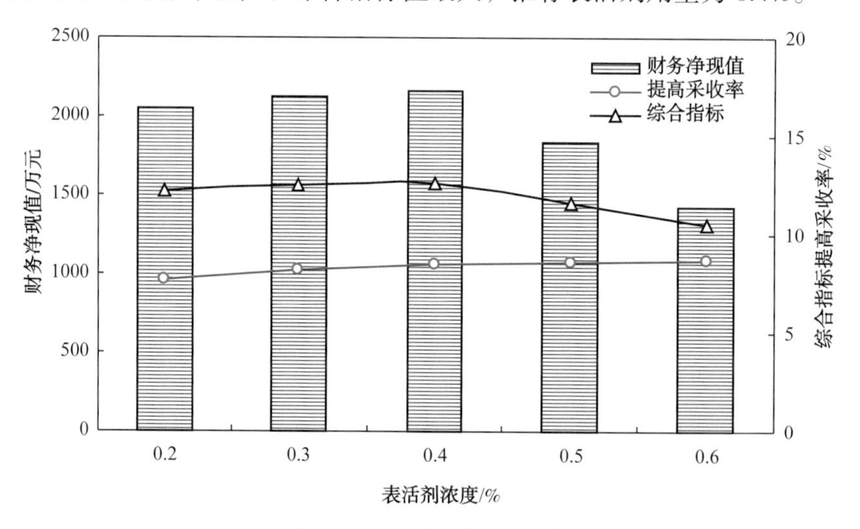

图 4-3-15　表活剂浓度优化

3）聚合物 +PPG 浓度优化

固定主段塞大小为 0.3PV，固定表活剂浓度为 0.4%，计算聚合物 +PPG 注入浓度为 1400~2200mg/L 的五个方案。从计算结果可以看出（图 4-3-16），随着聚合物 +PPG 注入浓度增加，提高采收率值增加，财务净现值和综合指标增加，当聚合物 +PPG 浓度超过 1800mg/L 后， 提高采收率值增加幅度明显减小，财务净现值明显下降，优化的最佳聚合物 +PPG 注入浓度为 1800mg/L。

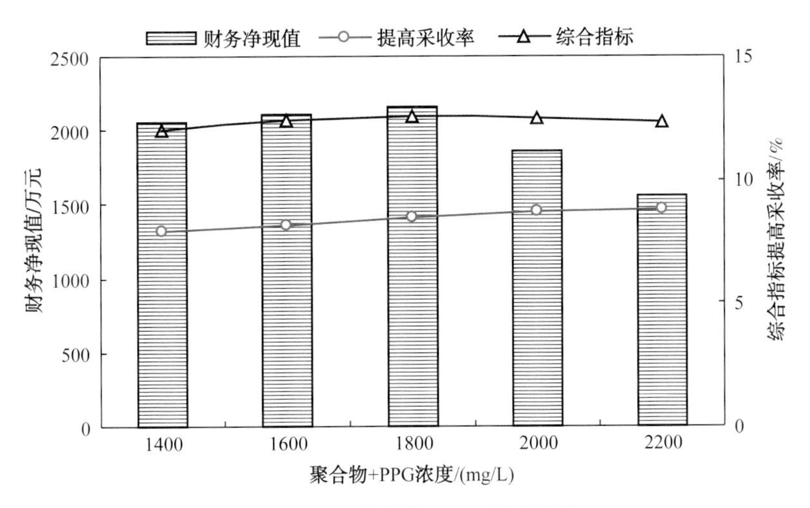

图 4-3-16　聚合物 +PPG 浓度优化

4）注入速度优化

中心井区注采井数比 1∶1，为保持注采平衡，单井日注水量 100m^3/d 能够达到要求，根据注入能力计算，油压 6.0MPa 时单井即可满足要求。

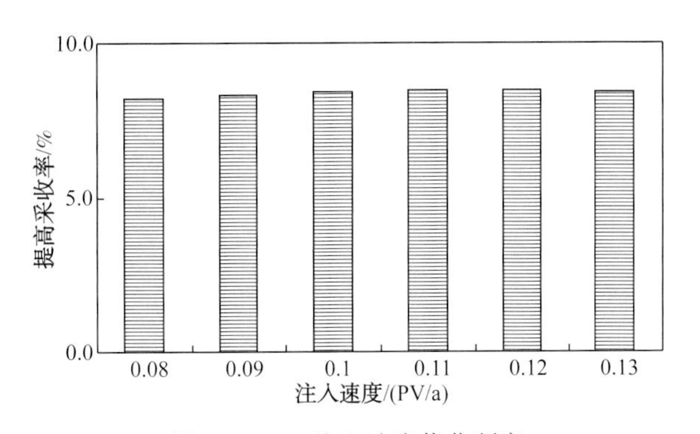

图 4-3-17　注入速度优化研究

根据注入段塞、化学剂注入浓度的筛选结果，分别对 0.08~0.13PV/a 的六个注入速度进行优选。结果表明，注入速度对提高采收率幅度影响不大，随着注入速度升高，提高采收率幅度略有升高，基本不变（图 4-3-17），考虑到现场的实际注入能力并借鉴聚合物驱和其他区块复合驱的经验，推荐注入速度为 0.12PV/a。

根据以上优化结果，推荐矿场注入方案采用两段塞注入方式。前置调剖段塞：0.05PV ×（1500mg/L PPG ＋ 1500mg/L 聚合物）；非均相复合驱主体段塞：0.3PV ×（0.3% SLPS+0.1%P1709+900mg/L 聚合物 +900mg/L PPG）；注入速度 0.12PV/a。

4. 试验方案设计

井网调整方案：老水井间加密油井，老油井间加密水井，油水井排间正对位置加密新井，隔井转注，由 270m × 300m 斜交行列井网调整为 135m × 150m 正对行列井网，改变了流线方向，变分流线为主流线（图 4-3-18）。调整后，试验区共有注入井 15 口，油井 10 口，其中新钻进 17 口（油井 8 口，水井 9 口）。

非均相复合驱方案：二段塞注入，合计注入段塞 0.35PV，第一段塞 0.05PV ×（1500mg/L B-PPG+1500mg/L 聚合物），第二段塞 0.3PV ×（0.2%SLPS+0.2%P1709+1200mg/L 聚合物 +1200mg/L B-PPG），注入速度 0.1PV，清水配制母液，污水稀释注入。方案设计累增油 18.78 × 10^4t，提高采收率 8.5%，达到 63.6%。

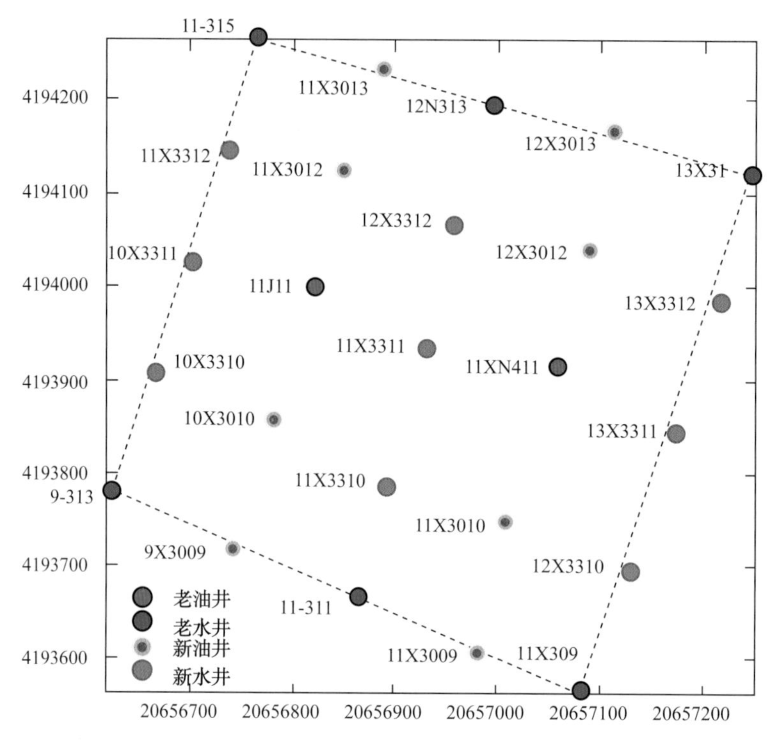

图 4-3-18　先导试验区井网图

5. 矿场实施与效果

2010 年 3 月新井完钻，7 月新井集中投产投注，14 口注入井采用双管分层注入管柱。10 月底投注第一段塞，完成 0.08PV，注入 1500mg/L 聚合物 +1500mg/L B-PPG；2011 年 11 月投注第二段塞，截至 2015 年 12 月，完成 0.263PV，占方案设计的 25.5%，注入 0.2% SLPS+0.2% P1709+1200mg/L 聚合物 +1200mg/L B-PPG（表 4-3-16）。

表 4-3-16　段塞设计及完成情况表

段塞	运行	段塞尺寸 /PV	聚合物浓度 /（mg/L）	B-PPG 浓度 /（mg/L）	石油磺酸盐浓度 /%	表活剂 P709 浓度 /%
第一段塞	设计	0.05	1500	1500		
	实际	0.08	1663	1663		
	完成 /%	155				
第二段塞	设计	0.3	1200	1200	0.2	0.2
	实际	0.08	1296	1296	0.24	0.24
	完成 /%	25.5				

水井注入状况良好，注入压力明显上升，平均单井油压由化学驱初期的7.4MPa最高上升到2014年7月的11.6MPa，上升了4.2MPa（图4-3-19）。

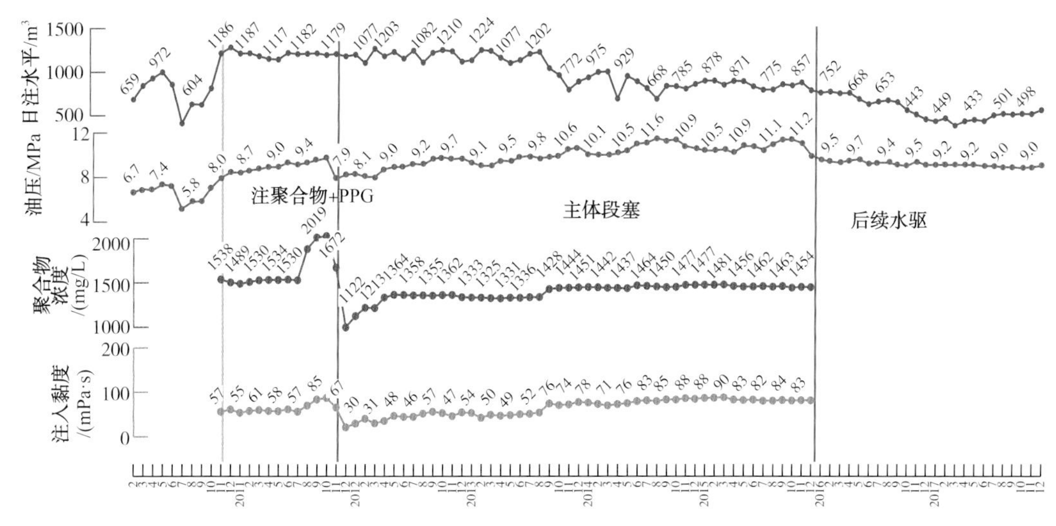

图4-3-19　先导试验区注入曲线

降水增油效果明显，试验区综合含水由试验前的97.8%下降至2012年10月的90.2%，下降了7.6%，单元日油水平由32t上升到136t，上升了10^4t（图4-3-20）。

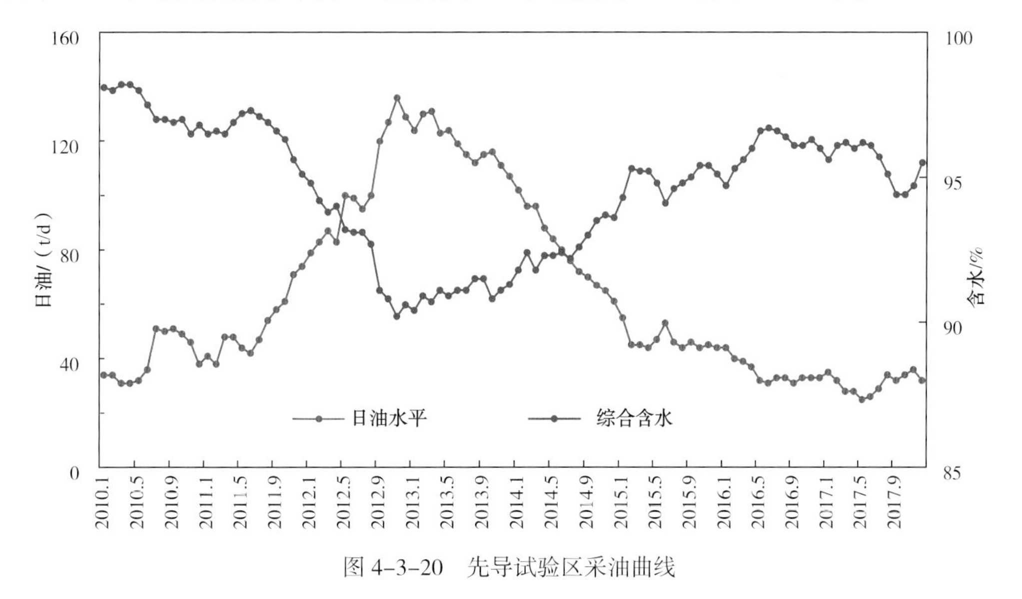

图4-3-20　先导试验区采油曲线

其中，中心井区综合含水由试验前的97.5%下降至2013年7月的83.5%，下降了14.0%，日产油量由4.5t最高上升2013年7月的77t，上升了172.5t（图4-3-21）。

统计试验区6口老注入井平均霍尔阻力系数为2.20，而中一区Ng3聚合物驱霍尔阻力系数为1.43，孤东二元驱先导试验霍尔阻力系数为1.79，非均相复合驱的霍尔阻力系数大于聚合物驱和二元复合驱。试验区吸水指数在常规水驱阶段平均27.8m³/d/MPa，聚合物驱阶段 21.6m³/d/MPa，后续水驱阶段 23.1m³/d/MPa，非均相驱阶段 8.8m³/d/MPa（图 4–3–22），说明聚合物 +PPG 增加地层渗流阻力能力更强。

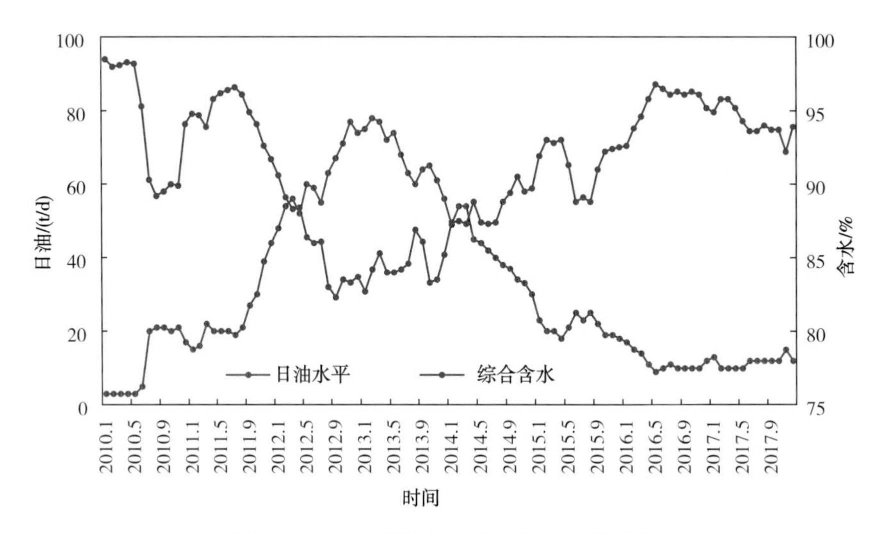

图 4–3–21　先导试验区中心井区采油曲线

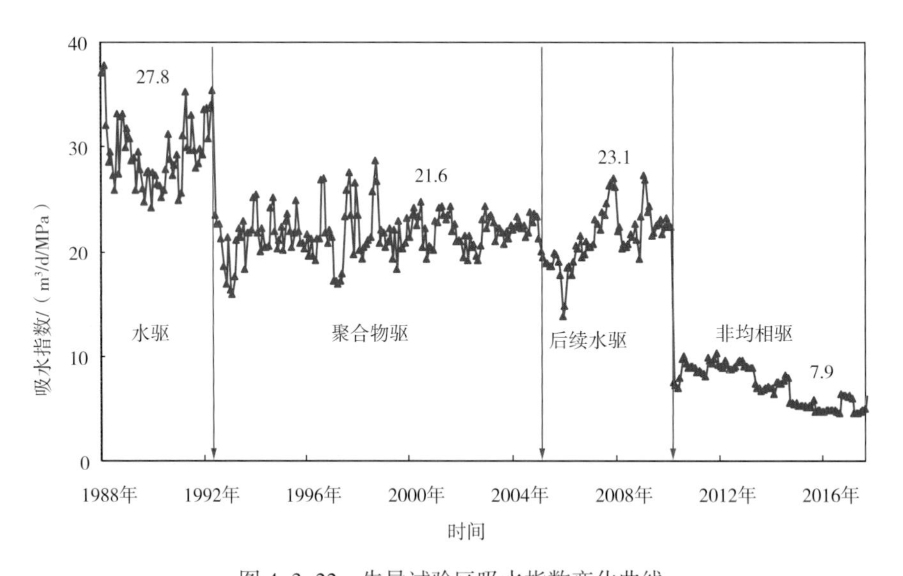

图 4–3–22　先导试验区吸水指数变化曲线

根据 11–311 井氧活化测试资料，Ng3³、Ng3⁴、Ng3⁵ 三个小层的相对吸水量交替变化，验证了非均相体系具有交替封堵、转向式驱油的特点（图 4–3–23）。

非均相驱油井见效早，含水下降速度快，下降幅度大。试验区在注入 0.06PV 时，见效率 60%，含水下降幅度 14.0%；而中一区 Ng3 聚合物驱在注入 0.08PV 时，见效率 41%，含水下降幅度 7.5%；孤东二元驱在注入 0.12PV 时，见效率 30%，含水下降幅度 13.8%（图 4–3–24）。

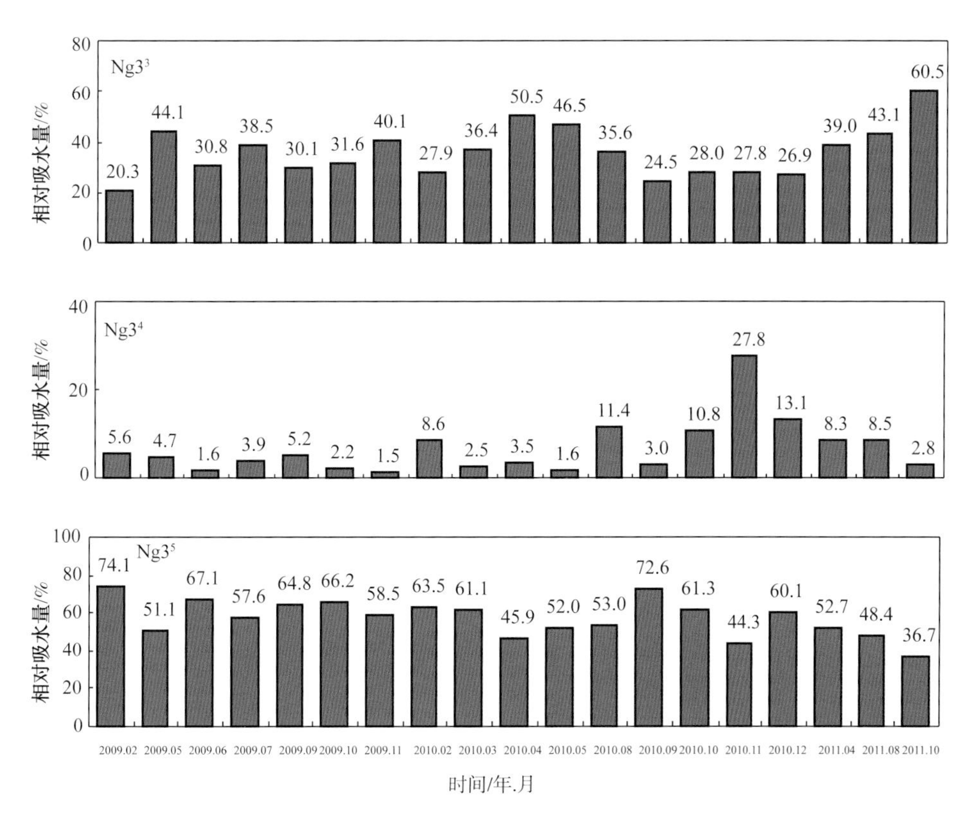

图 4-3-23　11-311 井相对吸水量变化曲线

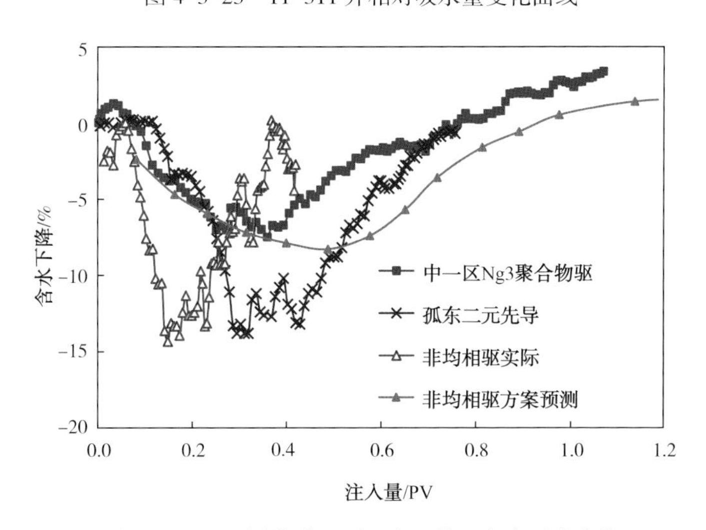

图 4-3-24　不同化学驱项目中心井区含水下降曲线

剩余油富集区见效早、降水增油幅度大。研究表明，已见效新井均位于老油水井排间、油井排，剩余油饱和度较高，见效早，含水下降幅度大，如 12X3012 井，综合含水由试投产初期的 92.2% 下降至 2012 年 10 月的 31.5%，下降了 60.7%，日产油量由 4.7t 上升到目前的 34.0t，上升了 29.3t（图 4-3-25~ 图 4-3-27）。

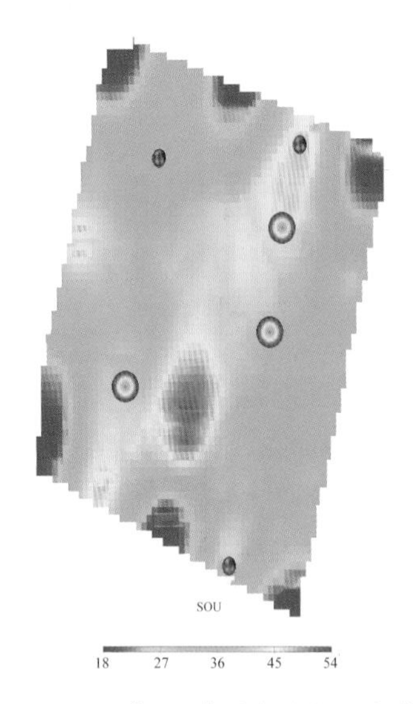

图 4-3-25　$Ng3^3$+$Ng3^4$ 层含油饱和度分布图

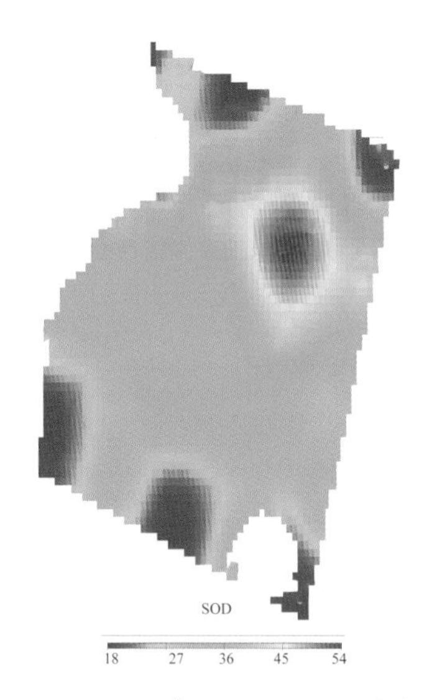

图 4-3-26　$Ng3^5$ 层含油饱和度分布图

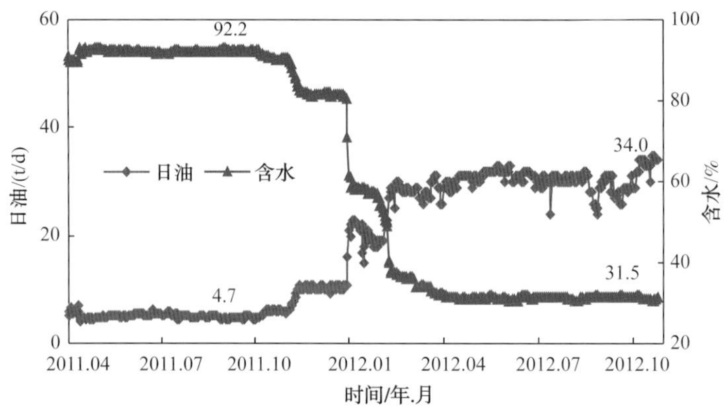

图 4-3-27　12X3012 井生产曲线

原油中轻质组分增加，重质组分减少。11XN411 井烷烃含量由 27.8% 增加到 32.5%，芳烃含量由 29.1% 增加到 30.0%，非烃 + 沥青质含量由 41.4% 下降到 34.6%（图 4-3-28）；11X3009 井烷烃含量由 31.7% 增加到 33.7%，芳烃含量由 29.3% 增加到 29.6%，非烃 + 沥青质含量由 38.4% 下降到 34.8%（图 4-3-29）。

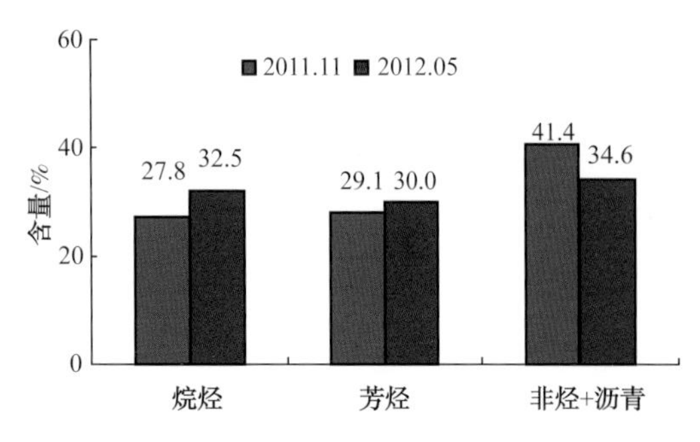

图 4-3-28　11XN411 井原油族组分分析

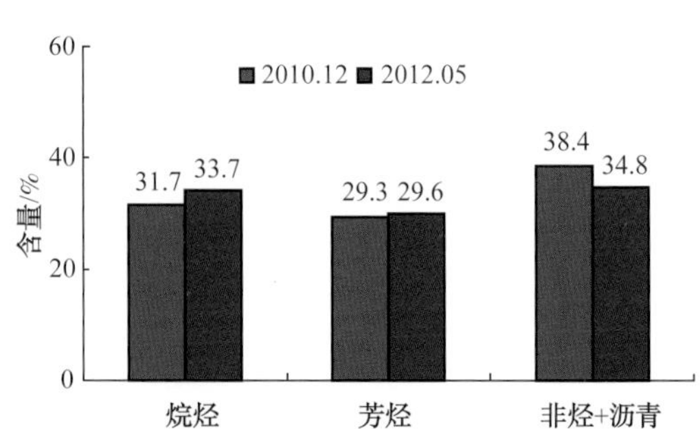

图 4-3-29　11X3009 井原油族组分分析

三、非均相驱扩大试验

1. 扩大试验选区

试验目的是研究聚合物驱后复合驱条件下油层开采动态变化特点、油水运动规律及影响因素，对井网调整非均相复合驱的适用性及效果进行综合评价，试验结果具有代表性，能够为矿场大规模应用提供参考和依据。根据试验目的，确定选区原则如下：①储层发育好，连通状况好；②先导区物性差别小；③减少边角井，就近选区；④聚驱后特高含水期水驱油藏。

1）扩大区筛选

根据选区原则，结合地面聚合物配注站的分布，综合考虑油藏地质、井网井况、开发状况、取芯井资料多等因素，选择扩大区。分别向先导试验区南、东、北三个方向扩大选区，南部扩大区命名为Ⅰ区，东部扩大区命名为Ⅱ区，北部扩大区命名为Ⅲ区。此次选区的扩大区含油面积 1.23 km^2，有效厚度 19.2m，地质储量 489 × 10^{4}t，设计注入井 45 口，生产井 38 口（图 4-3-30）。

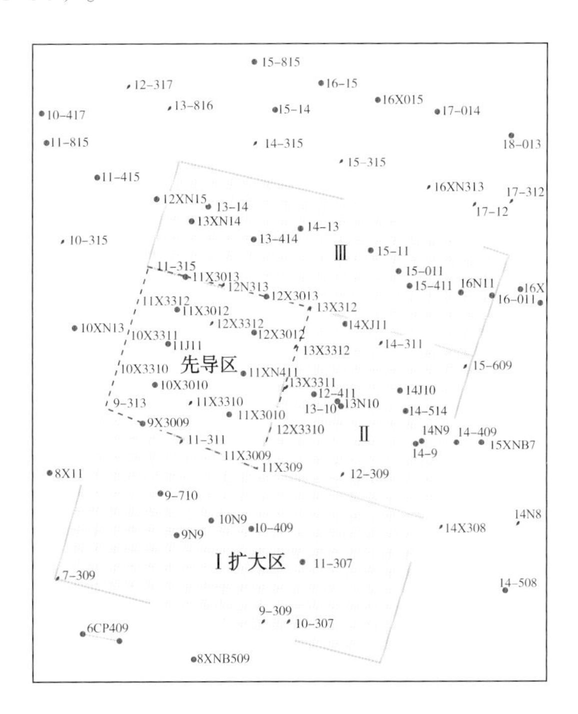

图 4-3-30 先导试验扩大选区井位图

截至 2013 年 6 月，扩大区共有油井 16 口，开井 12 口，日产液 1026t/d，日产油 23.4t/d，平均单井日产液能力 85.5t/d，日产油能力 2.0t/d，综合含水 97.7%，采油速度 0.18%，采出程度 46.5%。共有注水井 6 口，开井 6 口，日注水能力 815m^3/d，平均单井日注水 135.8m^3/d，注入压力 7.6MPa（表 4-3-17）。

表 4-3-17　扩大区与先导区油藏地质条件对比分析表

单　　元	储量 /（10^4t）	相带	渗透率 /（$10^{-3}\mu m^2$）	隔　　层
先导区	123	均位于主河道边滩发育	2428	3^4–3^5 间隔层发育稳定，3^3–3^4 间间隔层不稳定
Ⅰ区	165		2185	两个隔层稳定发育，仅在西部局部连通
Ⅱ区	136		2673	两个隔层较稳定发育，连通区集中在北边和东北角
Ⅲ区	188		2589	隔层发育不稳定，连通区集中在东部和南部

通过对比发现，扩大区与原先导区相带相同、物性相当，具有相似的油藏地质条件（表 4-3-18）。

表 4-3-18　扩大区与先导区油藏地质条件对比分析表

单　　元	地下原油黏度 /（mPa·s）	地层水矿化度 /（mg/L）	Ca^{2+}、Mg^{2+} 含量 /（mg/L）	油层温度 /℃	平均含油饱和度 /%
先导区	46.3	7373	90	69.5	31.5
扩大区	46.3	7373	90	69.5	35.4

通过对比发现，扩大区与原先导区地下原油黏度、Ca^{2+}、Mg^{2+} 含量、油层温度均一致，平均含油饱和度略高于先导区，符合复合驱的条件。

2）扩大区开发历程

扩大区所在中一区 Ng3 开发单元于 1971 年 10 月投产，1974 年 9 月投入注水开发，井网经过 3 次演变，形成目前的 300m×270m 的行列注采井网。1992 年 10 月开展了聚合物先导试验，1994 年 12 月进行扩大聚合物驱。扩大区自投入开发以来，先后经历了以下主要开发阶段（表 4-3-19、图 4-3-31）。

表 4-3-19　扩大区不同含水阶段采出程度与含水上升率数据表

含水期	阶段采出程度 /%	阶段可采程度 /%	含水上升率 /%
中低含水期（含水 0~60%）	17.6	32.2	12.3
高含水期（含水 60%~90%）	12.6	23.0	2.6
特高含水期（含水 >90%）	5.8	10.6	0.8
聚合物驱阶段	14.2	26.0	0.8

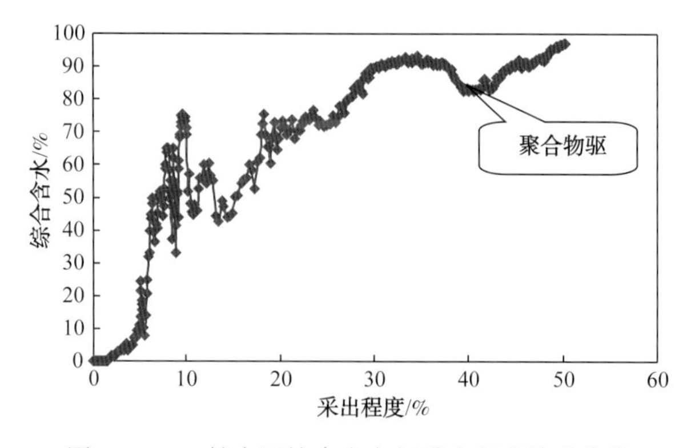

图 4-3-31　扩大区综合含水与采出程度关系曲线

（1）天然能量开发阶段（1971 年 10 月 ~1974 年 8 月）。

该阶段 Ng3–4 合采，期间油井陆续投产，阶段末平均单井日产油 20.4t/d，采出程度 2.6%。该阶段主要利用弹性和气压驱动的天然能量开发，压力下降较快，阶段末地层总压降达 2.0MPa。

（2）无水采油开发阶段（1974 年 9 月 ~1975 年 7 月）。

该阶段为 Ng3–4 合注合采阶段。由于天然能量不足，1974 年初调整为 270m × 300m 反九点面积注水井网，Ng3–4 砂层组合注合采。转注初期注采比较小且注采井网不完善，地层压力继续下降，总压降最大达 2.57MPa；由于多层合采合注，层间干扰严重，造成注入水突进，致使部分油井过早见水，无水期很短，无水采收率仅 1.5%。

（3）低含水开发阶段（1975 年 8 月 ~1978 年 1 月）。

该阶段仍呈现无水期开采特点，持续时间短，含水上升快，阶段含水上升率高达 7.8%，阶段末含水 20.6%，采出程度 2.45%。

（4）中含水开发阶段（1978 年 2 月 ~1985 年 4 月）。

该阶段进行了第一次层系调整。针对层系间含水差异大，干扰严重，含水上升快的状况，为了减缓层间干扰，挖掘油层潜力，1983 年进行了细分层系调整，将 Ng3–4 划分为 Ng3 和 Ng4 两套层系。在边角井的分流线上打一口油井采 Ng4 砂层组，原井网上的老油井上返采 Ng3 砂层组，边井转注 Ng4 砂层组，老注水井仍合注 Ng3、Ng4 砂层组，形成 270m × 300m 合注分采的行列注采井网。通过调整减缓了层间干扰，含水上升速度得到控制，阶段含水上升率为 4.2%。

（5）高含水开发阶段（1985 年 5 月 ~1994 年 11 月）。

该阶段进行了第二次层系调整。1987 年 10 月，在注水井排上的注水井中间加密一口新注水井注 Ng3 砂层组，老水井单注 Ng4 砂层组，形成了 Ng3、Ng4 分注分采的行列注采井网，进一步强化了注采井网，实现了 Ng3 和 Ng4 层系的分注分采，减缓了层间干扰，储量动用状况得到进一步改善，开发形势及效果较好，含水上升速度得到有效控制，地层能量的恢复同时满足了下大泵大幅度提液稳产的需要。1993 年，为了进一步发挥 Ng3 单元主力层的生产潜力、缓解层间矛盾，达到特高含水期综合治理的效果，对储量多、剩余油较富集的地区进行了局部细分加密调整，新钻油水井均布在原井网的油水井排上形成局部 270m × 150m 的行列式注采井网。

（6）聚合物驱开发阶段（1994 年 12 月 ~2006 年 12 月）。

该开发阶段采出程度为 14.2%，截至 2006 年 12 月结束聚合物驱。该阶段采用聚合物驱开发方式，取得了显著的降水增油效果，含水上升率明显下降。1992 年 9 月，在 Ng3 单元顶部以 11J11 井为中心井的四个五点法注水井组进行聚合物先导试验，1994 年 12 月在该单元开始进行聚合物驱扩大工业性试验，1997 年 6 月结束聚合物溶液段塞的注入，转入后续注水。该阶段扩大区日产油由最低的 323t/d，最高上升到 505t/d，上升 182t/d，见效井 38 口，见效率 90.5%，平均单井增油 19662t，综合含水由最高的 91.5% 最低下降到 83.5%，下降 8.0%（图 4-3-32），提高采收率 11.4%。

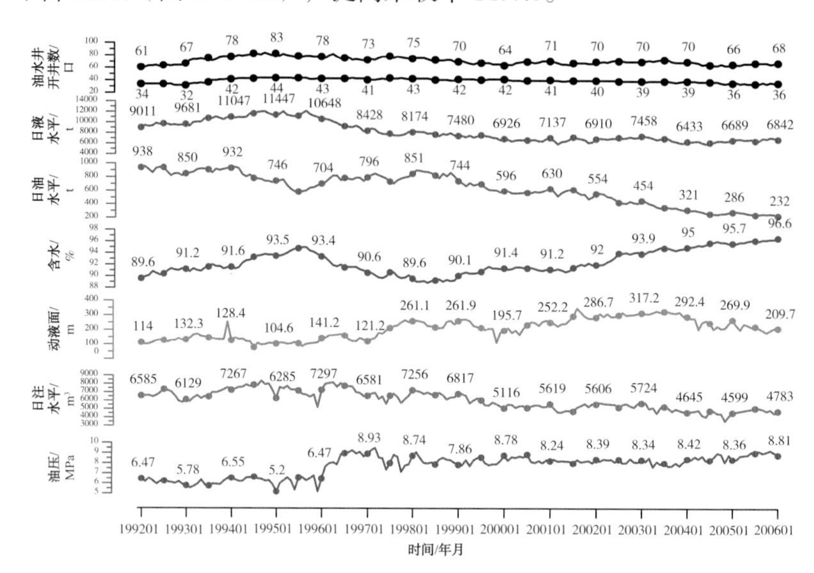

图 4-3-32　扩大区开发曲线

3）扩大区开发状况

截至 2013 年 6 月（扩大区实施井网调整前），扩大区共有油井 16 口，开井 12 口，日产液 1026t/d，日产油 23.4t/d，平均单井日产液能力 85.5t/d，日产油能力 2.0t/d，综合含水 97.7%，采油速度 0.18%，采出程度 46.5%。共有注水井 6 口，开井 6 口，日注水能力 $815m^3/d$，平均单井日注水 135.8 m^3/d，注入压力 7.6MPa，累积注水量 $1843\times10^4m^3$，注入倍数 2.7PV。单井日产油量低主要因为含水高，25% 油井含水大于 95%，58.3% 油井含水高于 98%，平均单井含水高达 97.7%。整体产液能力好，能够满足复合驱需要，41.7% 油井日产液大于 100t/d，平均单井日液 85.5t/d。（表 4-3-20、表 4-3-21）。

表 4-3-20　扩大区油井含水分级统计表

含水级别 /%	井数 / 口	比例 /%	含水 /%	日液 /（t/d）	日油 /（t/d）
<80	1	8.3	79.7	32.5	6.6
80~90	1	8.3	89.8	31.4	3.2
95~98	3	25	97.3	198	5.4
>98	7	58.3	98.9	764.1	8.2
合计	12	100	97.7	1026	23.4

表 4-3-21　扩大区区油井液量分级统计表

日液级别 /（t/d）	井数 / 口	比例 /%	平均单井日液 /（t/d）
<30	1	8.3	11.8
30~70	2	16.7	43.5
70~100	4	33.3	84.3
100~150	5	41.7	118
合计	12	100	85.5

统计扩大区注入井中11–311井不同时间注入剖面（图4–3–33），可以看出注入井注入剖面在水驱阶段受储层物性影响不均衡，进入聚合物驱阶段，由于聚合物的调剖作用，注入剖面得到改善，聚合物结束后，由于储层非均质性增强，注入剖面更加不均衡。

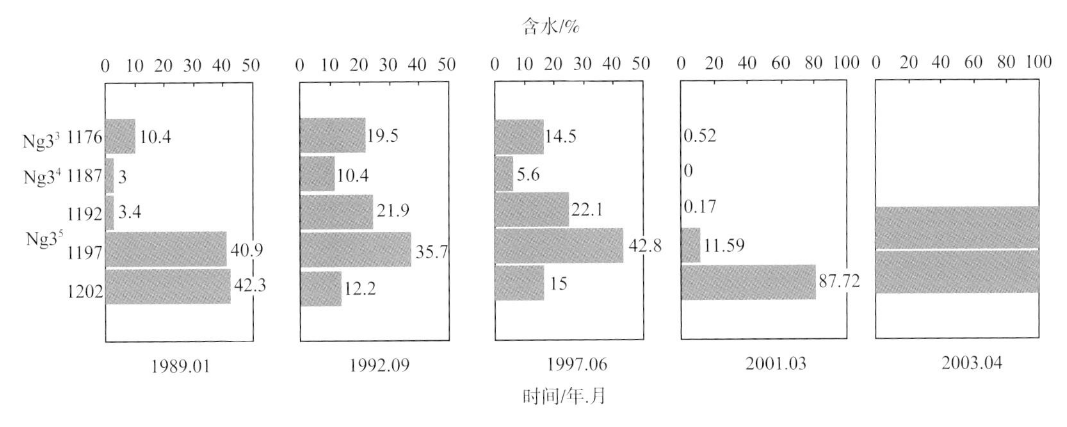

图4–3–33　中11–311井不同时期注入剖面

层间非均质性是指研究一套砂泥岩间互的含油层系小层之间的垂向差异性，反映了同一开发层系内各砂体的抗干扰程度。

从表4–3–22小层基本数据表可以看出，各小层在厚度、渗透率、孔隙度上差异比较大，主力层和非主力层的渗透率都较高。

表4–3–22　小层基本数据表

小　层	砂层厚度/m	有效厚度/m	孔隙度	渗透率/（$10^{-3}\mu m^2$）	渗透率变异系数	渗透率突进系数	渗透率级差
$Ng3^3$	9.2	6.9	0.304	2439	0.595	2.76	60.8
$Ng3^4$	5.8	4.4	0.298	2362	1.252	8.73	56.3
$Ng3^5$	10.1	7.9	0.333	2644	0.839	3.78	62.0

另外聚合物期间的见聚浓度差异大，也表明储层非均质性较为严重，通过对扩大区油水井监测资料分析，中15–609井吸水剖面可以看出$Ng3^3$、$Ng3^{4+5}$层注入量级强度相差较大（图4–3–34），同时从中11J11井产液剖面（图4–3–35）来看，$Ng3^3$、$Ng3^{4+5}$两个层的产液能力相差也较大，说明层间非均质性严重，单元注水需要进行有效的分层注入。

2. 扩大选区潜力与层系调整

1）平面剩余油分布

根据数模计算结果分析，聚合物驱有效地扩大了波及系数，含油饱和度明显降低。从扩大区目前Ng3含油饱和度分布图（图4–3–36）上看，平面上水井近井地带和主流线水淹严重，油井间、水井间、油水井排间分流线水淹较弱，剩余油富集，剩余油饱和度在17.5%~58.6%之间。

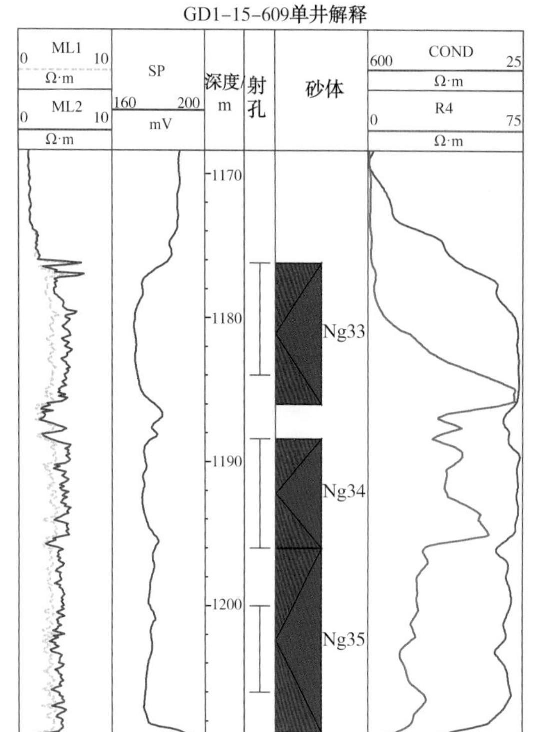

深度/m　管柱结构　测井曲线

0 FLOW2 400

磁定位

0 V 40000

1.5 7.5 15

1180

1190

1200

层位	层起始深度/m	层结束深度/m	相对注入量/%	绝对注入量/(m³/d)
$Ng3^3$	1176.2	1184	0.38	0.94
$Ng3^4$	1188.4	1196	83.48	203.76
$Ng3^5$	1200.0	1206	16.14	39.4

图 4-3-34　15-609 吸水剖面图

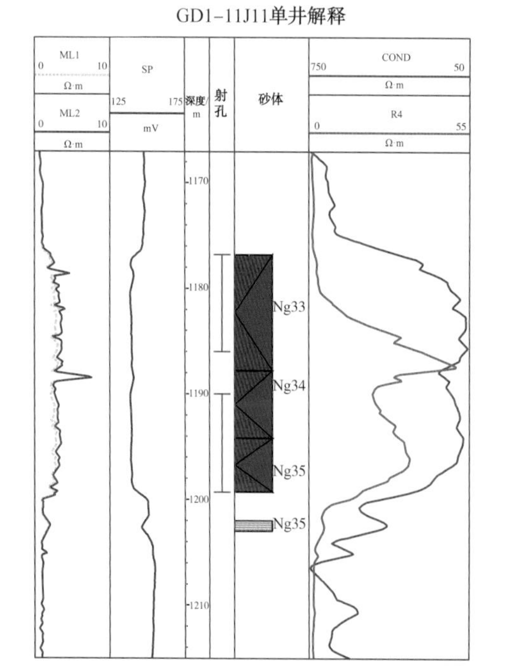

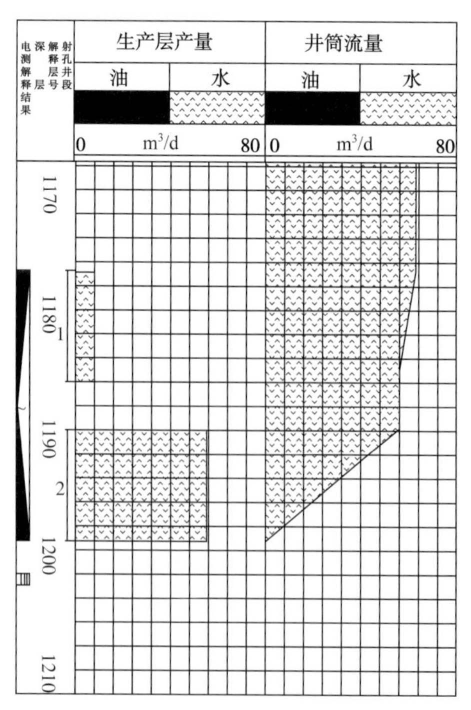

图 4-3-35　11J11 产液剖面测井

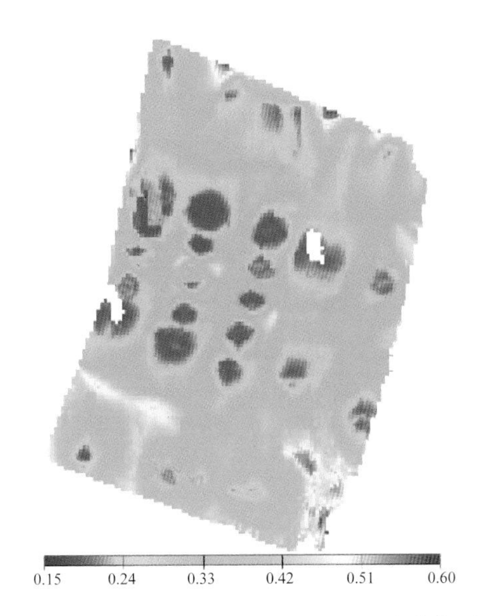

图 4-3-36　中心井区 Ng3 含油饱和度分布图

分析不同井网位置含油饱和度，平面上剩余油普遍存在，不同井区、不同位置有一定差异，Ⅰ区剩余油最富集，含油饱和度、剩余地质储量最大，Ⅱ区次之，Ⅲ区最小（表 4-3-23）。Ⅰ区、Ⅱ区注水井近井地带水淹严重，但井网不完善区域剩余油富集。

表 4-3-23　不同区剩余含油饱和度统计表

区　域	含油饱和度范围 /%	平均含油饱和度 /%	剩余地质储量比例 /%
Ⅰ	18~58.6	38.1	42.1
Ⅱ	18.3~48.0	34.2	25.0
Ⅲ	17.5~46.0	33.8	32.9

Ⅲ区注水井近井地带和主流线水淹严重，在井间、排间分流线剩余油富集。油井排的剩余油潜力最大，油水井排间次之。油井排含油饱和度为 27%~44%，平均 35.2%；油水井排间含油饱和度为 20%~39%，平均 30.1%；水井排含油饱和度为 18.4%~33%，平均 23.8%（表 4-3-24）。由于水淹程度、范围差异，井网不同平面位置剩余地质储量略有差异，油井排的剩余油潜力较大，油水井排间次之，但普遍存在可动油（图 4-3-37）。

表 4-3-24　不同位置含油饱和度统计表

位　置	含油饱和度范围 /%	平均含油饱和度 /%
油井排	27~44	35.2
排间	20~39	30.1
水井排	18~33	23.8

Ⅰ区、Ⅱ区注水井近井地带水淹严重，但井网不完善区域剩余油富集（图 4-3-38、图 4-3-39）。

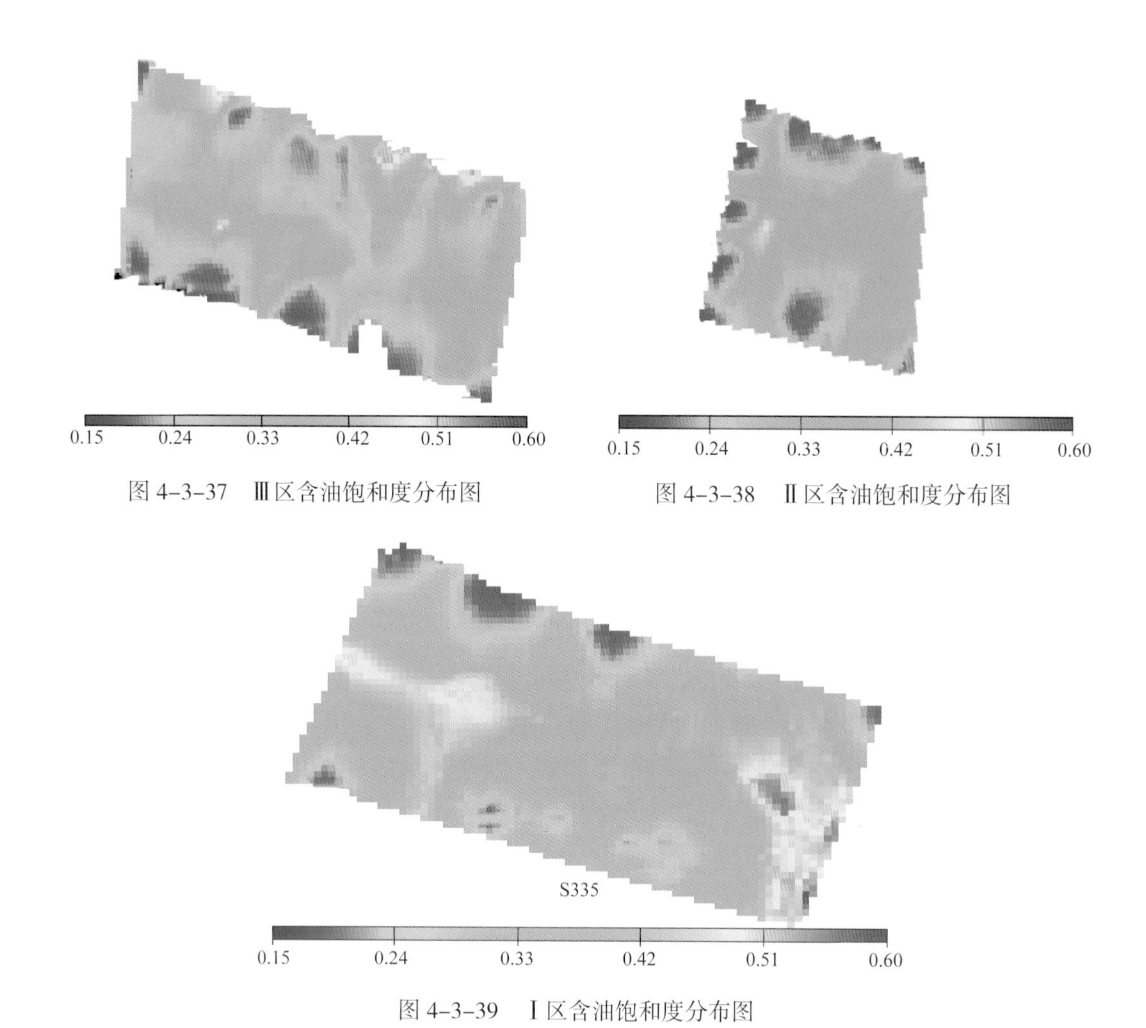

图 4-3-37　Ⅲ区含油饱和度分布图

图 4-3-38　Ⅱ区含油饱和度分布图

图 4-3-39　Ⅰ区含油饱和度分布图

2）层间剩余油分布

数模研究表明：由于主力油层原始储量较大，剩余油富集于主力油层，剩余地质储量占 79.8%（图 4-3-40、图 4-3-41），依旧是开发的重点。

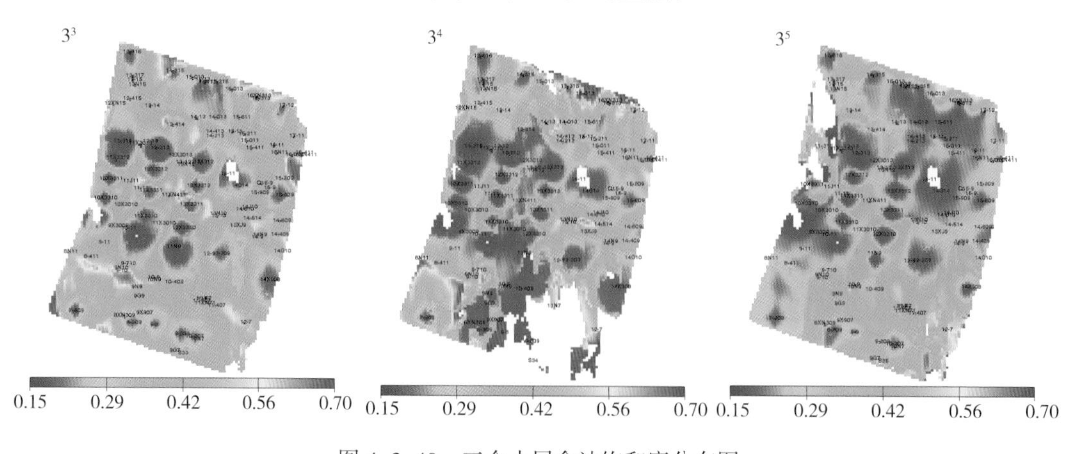

图 4-3-40　三个小层含油饱和度分布图

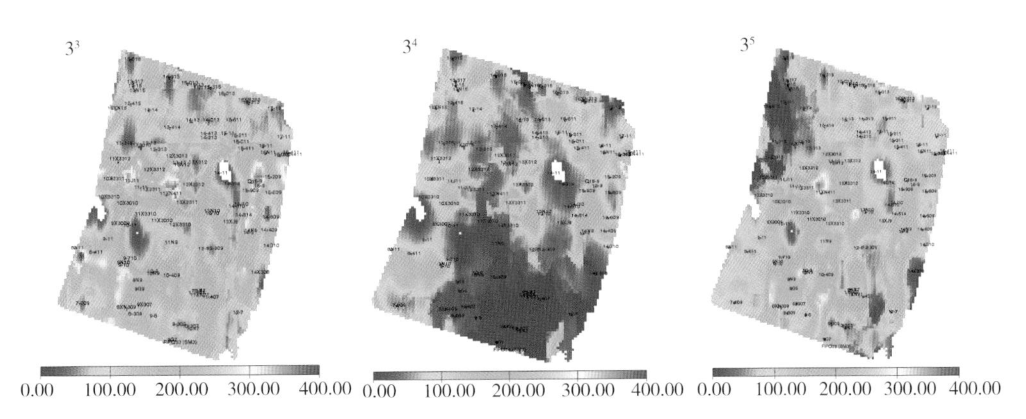

图 4-3-41　三个小层剩余油分布图

由于 3 个小层储层物性和原始含油饱和度的差异，目前层间有差异，主力小层 $Ng3^3$、$Ng3^5$ 含油饱和度分别为 37.6% 和 33.3%，剩余地质储量分别占 42.3%、40.1%，非主力小层 $Ng3^4$ 含油饱和度为 34.9%，剩余地质储量占 17.6%，所以，主力小层仍然是开发的重点（表 4-3-25）。

表 4-3-25　不同层位剩余地质储量统计表

层　　位	采出程度 /%	平均含油饱和度 /%	剩余地质储量比例 /%
$Ng3^3$	43.0	37.6	42.3
$Ng3^4$	47.1	34.9	17.6
$Ng3^5$	49.6	33.3	40.1

3）层内剩余油分布

数值模拟结果证实：正韵律厚油层顶部剩余油富集（图 4-3-42）。聚合物驱对正韵律沉积油层驱替效果好，层内剩余油的动用比水驱更充分，油层上、下部位的驱油效率都有明显提高，但层内的差异依然存在。正韵律油层中上部驱油效率较低，剩余油饱和度较高，底部驱替效果好。统计 $Ng3^5$ 层内含油饱和度，$Ng3^5$ 分为 2 个韵律段 $Ng3^{51}$ 和 $Ng3^{52}$，$Ng3^{51}$ 平均含油饱和度 35.8%，$Ng3^{52}$ 平均含油饱和度 25.2%（图 4-3-43）。

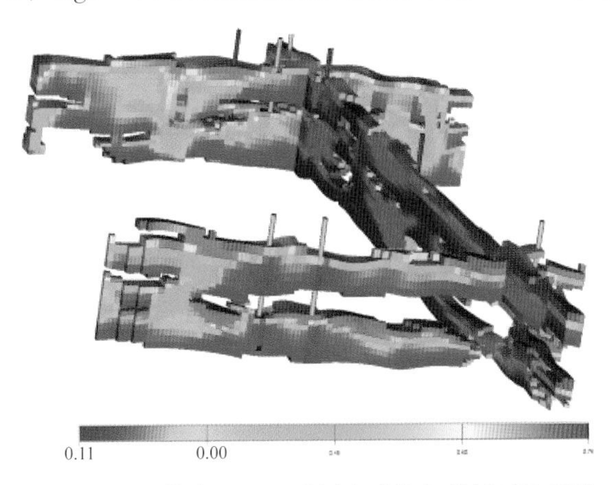

图 4-3-42　扩大区 Ng3 油层含油饱和度剖面示意图

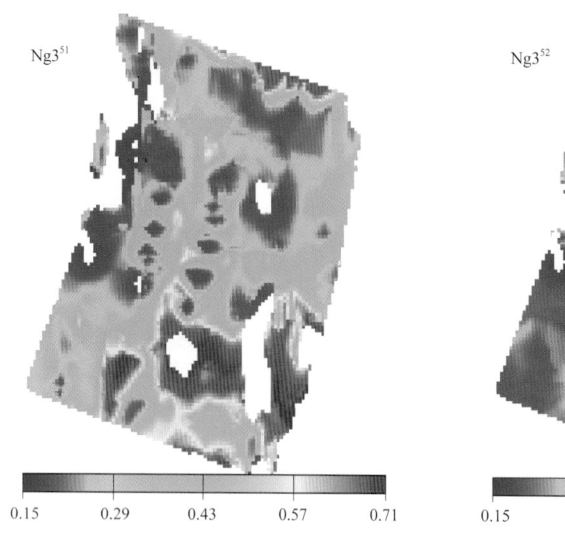

图 4-3-43　扩大区 $Ng3^5$ 韵律段含油饱和度图

4）井网层系调整

扩大区井网经过两次调整，目前采用 300m × 270m 交错行列式注采井网（图 4-3-44），井排方向近东西向，流线是南北向，该井网形式在 1992 年开始聚合物驱时形成，经过聚合物驱和后续水驱，基本维持不变，流线形成固有通道，不利于进一步提高波及体积。为进一步提高油藏采收率，采取 Ng3 非均相复合驱先导试验井网调整模式外扩。

在水井间加密油井，在油井间加密水井，挖潜和驱替这部分剩余油，由于油水井排间有剩余油富集区，在油水井排间正对位置加密一排新井，隔井转注，形成 135m × 150m 正对行列井网（图 4-3-45）。先导试验采取的井网调整方式变现在东西向井排为南北向井排，改变了液流方向，变分流线为主流线，使目前井网条件下的剩余油富集部位得到有效驱替。部署新油井 25 口，新水井 25 口，调整后扩大区有油井 38 口，注入井 45 口。

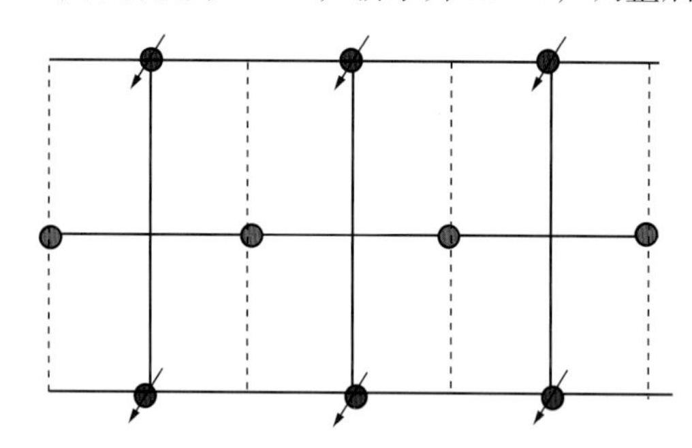

图 4-3-44　扩大区目前井网示意图

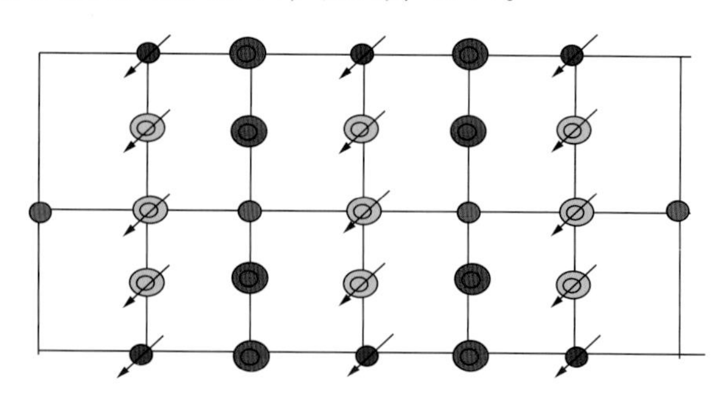

图 4-3-45　先导试验井网部署示意图

先导试验：135m × 150m

利用中一区 Ng3 先导试验区井网模式整体扩大，充分利用各层系老井，减少新井投资。先导试验新井与老井的井数比例为 2.13∶1，同样的井网部署由于利用的老井多，扩大区新井与老井井数比例为 1.67∶1，可以取得比先导试验更好的经济效益。由于扩大区紧邻先导试验区，减少了边角井的数量，也保证了扩大试验的最终效果。指标对比见（表4-3-26）。

表4-3-26 先导试验区指标对比表

方案	分区	地质储量/（10^4t）	采出程度/%	综合含水/%	总井数/口			利用老井/口			新钻井/口			单控储量（油井）/（10^4t）	单控剩余储量（油井）/（10^4t）
					油井	水井	合计	油井	水井	合计	油井	水井	合计		
先导试验区		123	52.3	97.5	10	15	25	2	6	8	8	9	17	12.3	5.87
扩大区	Ⅰ	165	40.2	98.0	16	20	36	3	5	8	13	15	28	10.3	6.2
	Ⅱ	136	46.6	98.5	12	15	27	4	9	13	8	6	14	11.3	6.1
	Ⅲ	188	52.1	97.5	10	10	20	6	6	12	4	4	8	18.8	9.0
	全部	489	46.5		38	45	83	13	20	33	25	25	50	12.87	6.88

利用数值模拟手段预测方案2015年开发效果。与原方案相比，2015年之内累积增油13.0×10^4t，预计提高采收率2.7%，采出程度达到52.2%，其中Ⅰ区累积增油5.4×10^4t，提高采收率3.3%，Ⅱ区累积增油3.7×10^4t，提高采收率2.7%，Ⅲ区累积增油3.8×10^4t，提高采收率2.0%。

3. 非均相复合驱油体系研究

针对“孤岛中一区Ng3井网调整非均相复合驱先导试验”设计出0.2% SLPS+0.2% Ng3 3#+1200mg/L聚合物+1200mg/L B-PPG非均相复合驱油体系，具有良好的应用性能，考虑扩大区的油水条件及油藏特点与先导试验的高度相似性，考察了先导试验区非均相复合驱油体系对扩大区的适应性。

1）非均相复合驱油体系性能及评价

试验用油为11X3009、15-11、14-914、10-509，温度为70℃；密度差为0.1g/dm^3，试验用水为3-2#注污水，试验用水数据见表4-3-27。

表4-3-27 实验用水

类 型	Cl^-/（mg/L）	HCO_3^-/（mg/L）	（Na^++K^+）/（mg/L）	Ca^{2+}/（mg/L）	Mg^{2+}/（mg/L）	TDS/（mg/L）	水型
注入水	3533	1056	2530	79	37	7235	$NaHCO_3$

孤岛中一区Ng3井网调整非均相复合驱先导试验区表面活性剂配方体系对11X3009井原油的降低界面张力情况。测定结果见表4-3-28。

表4-3-28 单一表面活性剂降低界面张力情况

序 号	活性剂名称	浓度/%	IFT/（mN/m）
1	SLPS	0.3	3.9×10^{-2}
2	0.3% SLPS+0.1% Ng3 3#	0.4	2.8×10^{-3}
3	0.2% SLPS+0.2% Ng3 3#	0.4	2.2×10^{-3}

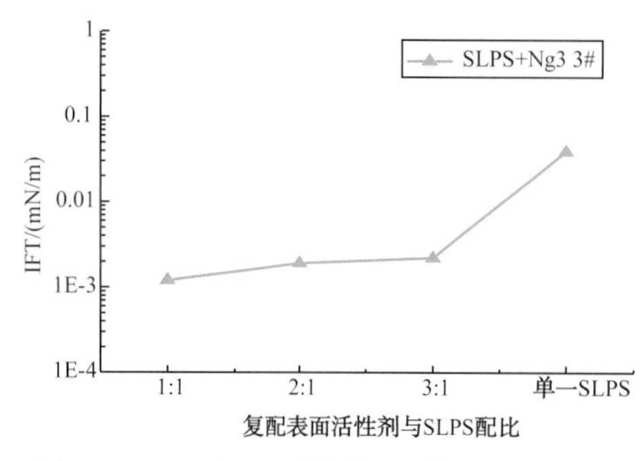

图 4-3-46　表面活性剂复配体系超低界面张力配比窗口分析

由表 4-3-28 可知单一 SLPS 仅可使油水界面张力将至 10^{-2}mN/m 数量级，与 3# 活性剂复配后可使界面张力达到超低。

（1）表面活性剂不同配比降低界面张力能力分析。

由于表面活性剂体系为复配体系，在注入过程中不可避免两种表面活性剂注入配比产生波动，这就要求表面活性剂在较宽的配比窗口内均可使界面张力达到超低。为此考察了 SLPS 与 3# 在不同配比条件下降低界面张力的能力。

由图 4-3-46 中数据可知 SLPS 与 3# 表面活性剂复配在（3∶1）~（1∶1）范围内均可使界面张力达到超低。

（2）复配体系超低界面张力浓度窗口分析。

表面活性剂注入地下以后，由于地层水的稀释，浓度变稀，特别是驱替前沿，因此就需要所选用表面活性剂具有较宽的浓度窗口。分析了 SLPS 与 3# 表面活性剂配比 1:1 和 2:1 两个配比条件下的超低界面张力窗口。

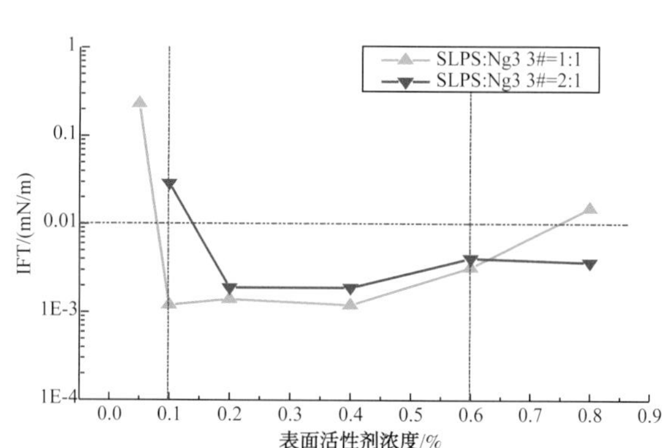

图 4-3-47　表面活性剂复配体系超低界面张力浓度窗口分析

SLPS 与 3# 表面活性剂配比为 2:1 时浓度在 0.2%~0.8% 范围内界面张力可达到超低（图 4-3-47），而 SLPS 与 3# 表面活性剂配比为 1:1 时浓度在 0.1%~0.6% 范围内界面张力可达到超低。考虑表面活性剂在地层中的吸附，推荐表面活性剂使用 0.2% SLPS+0.2% 3# 的浓度。

（3）体系抗钙能力试验。

以 3-2# 站注入水中钙、镁离子浓度为基础，加入 $CaCl_2$，观察现象，配制 0.4% 的表面活性剂溶液，测定界面张力。测定了注入水配制表面活性剂体系中加入不同浓度的 $CaCl_2$ 对 11X3009 井原油的降低界面张力能力的影响情况（表 4-3-29）。

表 4-3-29　体系加入 $CaCl_2$ 后降低界面张力情况

体　　系	污水（含 Ca^{2+}91mg/L）/（mN/m）	污水 +100mg/L Ca^{2+}/（mN/m）	污水 +200mg/L Ca^{2+}/（mN/m）
0.2% SLPS+0.2% 3#	2.2×10^{-3}	2.5×10^{-3}	5.5×10^{-3}

实验发现，Ca^{2+}、Mg^{2+} 离子总浓度在 0~200mg/L 时体系稳定。随着钙、镁离子浓度的增加，界面张力上升但仍能够达到超低。注入过程中试验区地层水中钙镁含量波动对配方的界面张力不会有影响。

（4）吸附损耗

将表面活性剂溶液以 3∶1 的比例与洗净烘干的砂混合。在 70℃的水浴中振荡 24h。取出后离心处理，测定表面活性剂吸附前后针对 11X3009 井原油界面张力的变化情况（表 4–3–30）。

表 4–3–30　配方体系吸附前后降低界面张力情况

体　　系	吸附前 IFT/（mN/m）	吸附后 IFT/（mN/m）
0.2% SLPS+0.2% 3#	2.2×10^{-3}	2.6×10^{-3}

0.2% SLPS–3+0.2% 3# 表面活性剂经石英砂吸附后界面张力仍可达到超低，具有较好抗吸附能力。

（5）与聚合物相互作用。

将聚合物用清水配制成 5000mg/L 母液，然后与表面活性剂污水溶液混合搅拌，使溶液聚合物浓度为 1500mg/L，表面活性剂浓度为 0.4%，然后测定混合体系与 11X3009 井原油的界面张力，且测定表面活性剂体系对聚合物的黏度影响不大（表 4–3–31）。

表 4–3–31　表面活性剂与聚合物配伍性情况

体　　系	黏度 /（mPa·s）	界面张力 /（mN/m）
1500mg/L P	33.2	
0.2% SLPS 2#+0.2% Ng3 3#		2.2×10^{-3}
0.2% SLPS+0.2% Ng3 3#+1500mg/LP	34.6	4.7×10^{-3}

测定结果表明聚合物对表面活性剂体系降低原油界面张力能力影响不大，且表面活性剂对聚合物黏度影响不明显，由于体系黏度升高使得达到超低界面张力所需时间延长。

2）配方体系稳定性

自 2011 年 11 月注入主体段塞以来，对先导试验进行月度跟踪表明驱油化学剂产品质量及井口注入质量保持稳定，保障了先导试验顺利实施。

（1）驱油化学剂产品质量情况。

矿场注入活性剂产品复配体系界面张力始终保持在 1×10^{-3}~2×10^{-3}mN/m 范围内，保持表面活性剂配方体系相对稳定（图 4–3–48）。

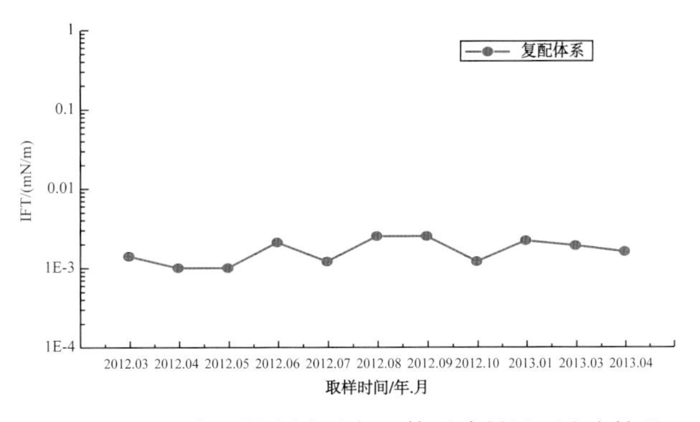

图 4–3–48　矿场活性剂产品复配体系降低界面张力情况

表 4-3-32 矿场应用 B-PPG 产品性能

取样时间	型号	黏度 /（mPa·s）	弹性模量 /mPa	黏性模量 /mPa	复数黏度 /（mPa·s）
2012.05	Ⅲ型	227.1	10800	3250	1800
2013.01	Ⅲ型	242.7	13600	3420	2230
2013.06	Ⅲ型	222.9	10700	3020	1770

B-PPG 是非均相复合驱体系中重要的组成部分，其质量好坏决定表面活性剂作用的发挥。自注入前置段塞以来，其增黏性能及弹性适中保持稳定（表 4-3-32）。

（2）井口注入质量情况。

井口注入液注入质量受产品质量、注入水质、配注浓度、配注配比等多个因素的影响，通过近一年来的跟踪数据分析发现，先导试验区井口界面张力达标率达到 86.4%，高于孤东七区西 $Ng5^4$–6^1 二元复合驱先导试验井口界面张力达标率（82.3%）（图 4-3-49）。

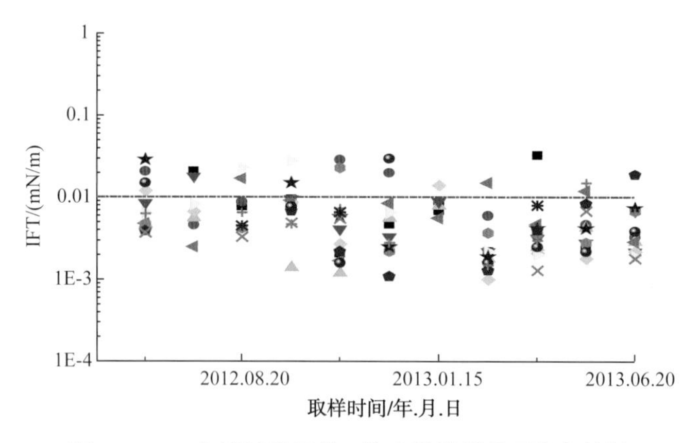

图 4-3-49 先导试验区井口注入液降低界面张力情况

表 4-3-33 先导试验区井口注入液黏度情况

井 号	黏度 /（mPa·s）	
	2013.05	2013.06
11-315	—	68.5
9-313	21.6	32.0
13X3312	201.9	122.2
12N313	47.4	37.1
11X309	32.0	36.0
11X3311	28.6	56.5
11X3310	34.9	—
12X3312	61.9	44.9
13X312	34.6	31.4
11-311	135.7	202.6
12X3310	30.9	39.0
10X3310	—	71.2
11-315	—	68.5

表 4–3–33 中列出了先导试验区井口注入液的黏度情况，除 13X3312 及 11–311 井因压力较低注入浓度较大，致使黏度较高外，其他注入井黏度介于 30~70mPa·s 之间，基本保持稳定，近一年来井口注入液黏度高于 30mPa·s 的井次达到 92.1%。

3）原配方体系对扩大区的适应性分析

考虑扩大区与先导试验区油藏条件的相似性，研究了先导试验区配方体系对扩大区油水条件的适应性。

（1）油水适应性分析。

选择了分别位于扩大区Ⅰ区、Ⅱ区、Ⅲ区的 10–509、14–914、15–11 三口井进行了降低油水界面张力能力分析（表 4–3–34）。

表 4–3–34　先导试验区配方对扩大区原油适应性

扩大区油井号	生产层位	界面张力 /（mN/m）
15–11	3^3–3^5	1.6×10^{-3}
14–914	6^1–6^3	1.3×10^{-3}
10–509	4^4–5^4	6.4×10^{-4}

先导试验区配方对扩大区三个区原油均具有较好的降低界面张力能力，适应性良好。

（2）体系抗钙能力试验。

以 3–2# 站注入水中 Ca^{2+}、Mg^{2+} 浓度为基础，加入 $CaCl_2$，观察现象，配制 0.4% 的表面活性剂溶液，测定界面张力。测定了注入水配制表面活性剂体系中加入不同浓度的 $CaCl_2$ 对 10–509 井原油的降低界面张力能力影响情况（表 4–3–35）。

表 4–3–35　体系加入 $CaCl_2$ 后降低界面张力情况

体　　系	污水（含 Ca^{2+}91mg/L）/（mN/m）	污水 +100mg/LCa^{2+}/（mN/m）	污水 +200mg/LCa^{2+}/（mN/m）
0.2% SLPS+0.2% 3#	6.4×10^{-4}	1.1×10^{-3}	3.2×10^{-3}

实验发现，Ca^{2+}、Mg^{2+} 总浓度在 0~200mg/L 时体系稳定。随着 Ca^{2+}、Mg^{2+} 浓度的增加，界面张力上升但仍能够达到超低。注入过程中试验区地层水中 Ca^{2+}、Mg^{2+} 含量波动对配方的界面张力不会有影响。

（3）吸附损耗。

将表面活性剂溶液以 3∶1 的比例与洗净烘干的砂混合，在 70℃的水浴中振荡 24h，取出后离心处理，测定表面活性剂吸附前后针对 10–509 井原油界面张力变化情况（表 4–3–36）。

表 4–3–36　配方体系吸附前后降低界面张力情况

体　　系	吸附前 IFT/（mN/m）	吸附后 IFT/（mN/m）
0.2% SLPS+0.2% 3#	6.4×10^{-4}	4.6×10^{-3}

0.2% SLPS–3+0.2% 3# 表面活性剂经石英砂吸附后界面张力仍可达到超低，具有较好的抗吸附能力。

（4）表面活性剂与聚合物、B-PPG 配伍性分析。

测定含聚合物体系黏度，含表面活性剂体系界面张力，含 B-PPG 体系的黏弹性（表4-3-37）。

表 4-3-37 表面活性剂、聚合物与 B-PPG 配伍性

体　系	黏度 /（mP·s）	G' /Pa	界面张力 /（mN/m）
1500mg/L 聚合物	32.9	/	/
0.2%SLPS + 0.2%Ng3 3#	/	/	2.2×10^{-3}
0.2% SLPS + 0.2% Ng3 3#+1500mg/L 聚合物	32.3	/	1.3×10^{-3}
1200mg/L 聚合物 +1200mg/L B-PPG	32.8	1.18	/
0.2% SLPS + 0.2% Ng3 3#+1200mg/L 聚合物 +1200mg/L B-PPG	32.5	1.21	1.2×10^{-3}

从表中数据可以看出，0.2% SLPS+0.2% 3# 体系与聚合物、B-PPG 配伍性良好。

（5）驱油实验。

水样品为 3-2# 站污水，原油为 10-509 井脱水模拟原油，黏度为 64mPa·s，用石英砂充填的双管模型：长 30cm，直径 1.5cm，渗透率 $K_1=1500\times10^{-3}\mu m^2$，$K_2=4500\times10^{-3}\mu m^2$。岩芯抽空—饱和水—饱和油—水驱至含水 94%，转注聚合物段塞，水驱至 98%，转非均相复合驱段塞，然后转水驱至含水高于 98% 结束（图 4-3-50）。

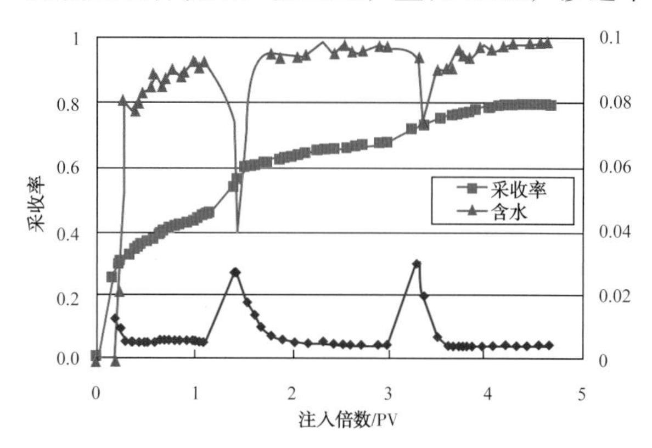

图 4-3-50 物理模拟驱油含水及采收率随注入倍数变化曲线

通过考察先导试验区配方体系在扩大区的适应性，室内初步推荐非均相复合驱油配方为：活性剂 0.2% SLPS2#+0.2% Ng3 3#，活性剂与原油间界面张力$<5\times10^{-3}$mN/m，非均相复合驱油体系为 0.2% SLPS2#+0.2% Ng3 3#+1200mg/L P+1200mg/L B-PPG，体系黏度 32.5mPa·s，最终采收率 78.4%，聚驱后进一步提高采收率 11.1%。

4. 注入参数优化研究

1）配方浓度、段塞尺寸优化

参考室内实验结果，建立非均相复合驱注入参数水平取值表（表4-3-38），表面活性剂、聚合物浓度 +B-PPG 浓度以及主段塞尺寸均在其合理的取值范围内等间距取四个水平值。

根据正交设计表可产生 16 套方案，分别对各方案进行复合驱数值模拟及经济评价，可得到各方案的技术、经济指标。同时，分别对各方案进行模糊综合评判，可得到其综合评判值。表 4-3-39 为正交设计表，它反映了方案中各注采参数的水平数取值及该套方案的综合评判值。

表 4-3-38 复合驱浓度、段塞优化参数水平取值表

水平数	A 聚合物 +B-PPG 浓度 /%	B 表活剂浓度 /%	C 段塞尺寸 /PV
1	0.16	0.30	0.20
2	0.20	0.35	0.25
3	0.24	0.40	0.30
4	0.28	0.45	0.35

表 4-3-39 复合驱注入参数优化正交设计表

方 案	A	B	C
1	1	1	1
2	1	2	2
3	1	3	3
4	1	4	4
5	2	1	2
6	2	2	1
7	2	3	4
8	2	4	3
9	3	1	3
10	3	2	4
11	3	3	1
12	3	4	2
13	4	1	4
14	4	2	3
15	4	3	2
16	4	4	1

可以看出：①扩大区注入参数按它们对开发效果影响的敏感程度依次为：聚合物浓度 +B-PPG 浓度、表活剂浓度、段塞尺寸；②表活剂与聚合物浓度 +B-PPG 浓度存在配伍性，该复合体系的最优组合为 0.4%S+（0.12% P+0.12% B-PPG）；③考虑技术和经济综合因素，段塞尺寸存在一个最优值，该扩大区的优化结果为 0.3PV。

2）注入速度优化

分别设计了 0.07PV/a、0.08PV/a、0.09PV/a、0.1PV/a 四种注入速度，结果见图 4-3-51。由结果可以看出，随注采速度的增大，提高采收率幅度变化不大。考虑到现场的实际注入能力并借鉴先导区的经验，推荐注入速度为 0.09PV/a（图 4-3-51）。

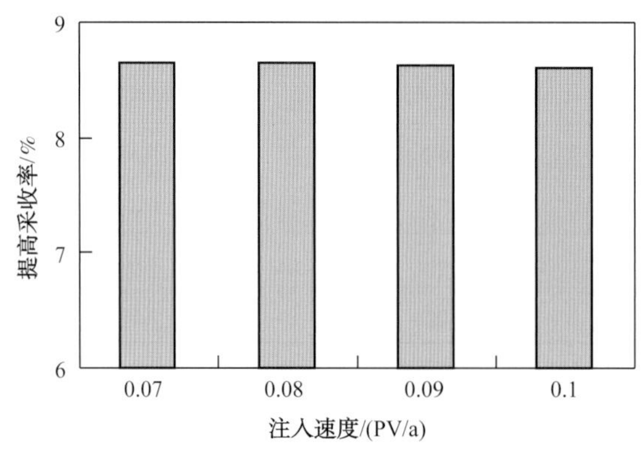

图 4-3-51　注入速度优化结果图

3）注入方式优化

研究表明，前置调剖段塞 + 主体段塞的注入方式开采效果将优于单一段塞注入方式。其理由在于：增加前置调剖段塞可减少主段塞中表面活性剂的吸附，同时提高体系的增溶能力。本方案在保持主体段塞不变的情况下，增加了前置调剖段塞和后置保护段塞，共设计了三种注入方式，进行优选。从计算结果可以看出（表 4-3-40），方案 2 二级段塞的吨聚增油高，因此推荐采用二段塞注入方案。

表 4-3-40　不同注入方式效果对比表

方案号	注入方式	提高采收率 /%	吨聚增油 /（t/t）
1	0.3PV × [0.4% S+（0.12% P+0.12% B-PPG）]	7.3	21.6
2	0.05PV ×（0.15% P ＋ 0.15% B-PPG）+ 0.3PV × [0.4% S+（0.12% P+0.12% B-PPG）]	8.6	23.0
3	0.05PV ×（0.15% P ＋ 0.15%B-PPG）+ 0.3PV × [0.4% S+（0.12% P+0.12% B-PPG）+ 0.05PV ×（0.075% P ＋ 0.075% B-PPG）]	8.9	22.7

根据以上优化结果，推荐矿场注入方案为采用清水配置母液、污水稀释注入的两段塞注入方式：前置调剖段塞为 0.05PV ×（1500mg/L B-PPG ＋ 1500mg/L 聚合物），主体段塞 0.3PV ×（0.2% SLPS +0.2% Ng3 3#+1200mg/L 聚合物 +1200mg/L B-PPG），注入速度为 0.09PV/a。

5. *矿场实施方案*

1）配产配注原则

根据数模优化结果，确定化学剂段塞的注入速度；保持扩大区内注采平衡，注采比均保持 1.0 左右；单井配产配注根据各井区剩余储量和目前的生产能力进行调整；全区及单井配注不超过其最大注入能力。

2）配产配注结果

根据以上原则，设计扩大区化学剂溶液日注入速度为 3060m^3/d，设计单井初期配注 50~100m^3/d，平均单井日注 75m^3/d（表 4-3-41~ 表 4-3-45）。

表 4-3-41　扩大区注入井配注表

配注 / (m^3/d)	井数 / 口	井　　号
50~60	8	13X3308、13X3307、12X3306、11X3305、12X3308、11X3307、11X3306、10X3305
65~70	15	13N15、12XN15、12X3314、15X3316、14X3315、13X3314、15X3315、14-516、13C708、8CN11、10X3306、9X3305、14X3312、11X3308、10-409
75~80	9	17-511、16X3316、16-513、16-011、14-311、9X3308、10X3308、8X3306、8XN309
85~90	12	15-011、16-511、12-309、15-609、14X3310、7-609、9X3307、15X910、13X3310、15X3312、14-409、7-309
100	1	13XN410
合计	45	

表 4-3-42　扩大区Ⅰ区水井分层配注量表

序号	井　　号	生产层位	分注层位及配注				总注入量 / (m^3/d)
			层位	配注 / (m^3/d)	层位	配注 / (m^3/d)	
1	9X3308	3^3–3^5	3^3	35	3^4、3^5	45	80
2	8CN11	3^3–3^5	3^3	30	3^4、3^5	35	65
3	7-609	3^3–3^5	3^3	30	3^4、3^5	55	85
4	7-309	3^3–3^5	3^3	20	3^4、3^5	70	90
5	9X3307	3^3–3^5	3^3	25	3^4、3^5	60	85
6	8X3306	3^3–3^5	3^3	35	3^4、3^5	45	80
7	8XN309	3^3–3^5	3^3	30	3^4、3^5	50	80
8	11X3308	3^3–3^5	3^3、3^4	40	3^5	30	70
9	10-409	3^3–3^5	3^3、3^4	40	3^5	30	70
10	10X3306	3^3–3^5	3^3、3^4	30	3^5	35	65
11	9X3305	3^3–3^5	3^3、3^4	20	3^5	45	65
12	12X3308	3^3–3^5	3^3、3^4	40	3^5	20	60
13	11X3307	3^3–3^5	3^3、3^4	35	3^5	25	60
14	11X3306	3^3–3^5	3^3、3^4	35	3^5	20	55
15	10X3305	3^3–3^5	3^3、3^4	30	3^5	25	55
16	13X3308	3^3–3^5	3^3、3^4	30	3^5	20	50
17	13X3307	3^3–3^5	3^3、3^4	20	3^5	30	50
18	12X3306	3^3–3^5	3^3、3^4	25	3^5	25	50
19	11X3305	3^3–3^5	3^3、3^4	30	3^5	20	50

表 4-3-43 扩大区Ⅱ区水井分层配注量表

序号	井号	生产层位	分注层位及配注				总注入量 / (m^3/d)
			层位	配注 / (m^3/d)	层位	配注 / (m^3/d)	
1	13XN410	3^3-3^5	3^3、3^4	55	3^5	45	100
2	13X3310	3^3-3^5	3^3、3^4	55	3^5	35	90
3	12-309	3^3-3^5	3^3、3^4	65	3^5	20	85
4	15-609	3^3-3^5	3^3	30	3^4、3^5	55	85
5	15X3312	3^3-3^5	3^3	20	3^4、3^5	70	90
6	14X3310	3^3-3^5	3^3	35	3^4、3^5	50	85
7	13C708	3^3-3^5	3^3、3^4	45	3^5	20	65

表 4-3-44 扩大区Ⅲ区水井分层配注量表

序号	井号	生产层位	分注层位及配注				总注入量 / (m^3/d)
			层位	配注 / (m^3/d)	层位	配注 / (m^3/d)	
1	13N15	3^3-3^5	3^3	20	3^4、3^5	45	65
2	12XN15	3^3/3^4	3^3	40	3^4	25	65
3	12X3314	3^3-3^5	3^3	30	3^4、3^5	35	65
4	15X3316	3^3-3^5	3^3	25	3^4、3^5	40	65
5	14X3315	3^3-3^5	3^3	35	3^4、3^5	30	65
6	13X3314	3^3-3^5	3^3、3^4	40	3^5	25	65
7	16X3316	3^3-3^5	3^3	30	3^4、3^5	50	80
8	15X3315	3^3-3^5	3^3	35	3^4、3^5	30	65
9	14-516	3^3-3^5	3^3	40	3^4、3^5	25	65
10	16-513	3^3-3^5	3^3	30	3^4、3^5	50	80
11	15-011	3^3-3^5	3^3	35	3^4、3^5	50	85

注：单井初期配产 40~90m^3/d，平均单井液量 60t/d，单井配产情况见表（表 4-3-45）。

表 4-3-45 扩大区生产井配产表

配产 / (t/d)	井数 / 口	井号
40~50	19	14X3016、15X3016、14XJ11、12X3010、11X3009、10X3005、14-914、12-411、9X3005、12X3014、13CN713、16X3016、17X3016、9X3008、7X3005、10X3008、9X907、11X3008、11X3006
50~60	4	10-509、12X3008、11X3007、14X3014
60~70	5	10X3007、14-13、15-11、12X3009、8X3006
70~80	6	13-14、16X3015、7X3006、10N9、13X3010、8X3007
80~90	4	15X3014、15-909、13C410、14J10
合计	38	

3）矿场注入方案

根据试验目的层开采现状和水淹特点，充分考虑实际油藏的平面非均质以及高渗透条带的存在，为减缓复合驱油剂在油层中的“指进”和“窜流”，在复合驱主体段塞前设置B-PPG+聚合物前置调剖段塞（表4-3-46）。

表4-3-46 扩大区注入方案设计

段塞	段塞尺寸/PV	注入液量/（10^4m^3）	石油磺酸盐		表活剂Ng3 3#		聚合物		B-PPG		连续注入时间/d
			浓度/%	用量/t	浓度/%	用量/t	浓度/（mg/L）	用量/t	浓度/（mg/L）	用量/t	
一	0.05	56					1500	935	1500	842	183
二	0.3	337	2000	6732	2000	6732	1200	4488	1200	4039	1100
合计	0.35	393		6732		6732		5423		4881	1283

第一段塞：前置调剖段塞，段塞尺寸0.05PV，1500mg/L B-PPG＋1500mg/L聚合物。

第二段塞：复合驱主体段塞，段塞尺寸0.3PV，分别注入化学剂：石油磺酸盐—注入浓度0.2%；表面活性剂Ng3 3#—注入浓度0.2%；B-PPG—注入浓度1200mg/L；聚合物—注入浓度1200mg/L。

各级段塞的化学剂浓度为平均浓度，在矿场注入过程中，针对各井组的实际情况可适当进行调整，第二段塞根据第一段塞的注入情况调整，但要保证平均的注入浓度达到方案设计。

共需注入溶液393×10^4m^3，聚合物干粉用量5423t（有效含量90%），石油磺酸盐用量6732t，表面活性剂Ng3 3#用量6732t，B-PPG用量4881t。各化学剂分年度设计用量见表4-3-47。

表4-3-47 化学剂分年度投入表

项　目	第一年（90天）	第二年	第三年	第四年	第五年	合计
溶液/（10^4m^3）	27.5	101.0	101.0	101.0	62.5	393
聚合物/t	459	1442	1346	1346	830	5423
石油磺酸盐/t	413	1298	1212	1212	746	4881
表活剂Ng3 3#/t	0	1448	2020	2020	1244	6732
B-PPG/t	0	1448	2020	2020	1244	6732

4）动态监测方案

监测内容包括注采速度及其相关的化验测试、压力（温度）监测、流体性质监测、饱和度测井及注入产出化学剂性能监测等方面，具体要求见表4-3-48。

表 4-3-48 油水井动态监测计划表

井 别	监测项目	实施要求	井 数
注入井	定点吸水剖面	半年一次	9
	指示曲线	季度一次	45
	注入液黏度、浓度、界面张力监测	10 天一次	45
	压力降落	半年一次	9
生产井	定点测压	半年一次	16
	压力恢复	年度一次	10
	流体性质	季度一次	16
	原油族组分	半年一次	16
	饱和度测井	半年一次	5
	产出化学剂监测	未见化学剂前一月一次，见剂后 10 天一次	

转化学驱前的水驱测试资料要按照监测计划表内规定项目录取；同一监测项目、同一口井须采用相同的监测方法，便于对比。

6. 矿场实施与效果

为降低风险，中一区馆 3 非均相复合驱扩大试验分区域实施，先期实施位于先导区南部的扩大 I 区，含油面积 $0.55km^2$，地质储量 165×10^4t，注入井 20 口，中心井 16 口。

2014 年 4 月新井集中投产投注，2014 年 7 月底投注第一段塞，注入 1500mg/L 聚合物 +1500mg/L B-PPG，完成 0.132PV；2016 年 4 月投注第二段塞，注入 0.2%SLPS+0.2%P1709+1300mg/L 聚合物 +1300mg/L B-PPG，截至 2017 年 12 月，完成 0.125PV，占方案设计的 41.6%（表 4-3-49）。

表 4-3-49 段塞设计及完成情况表

段塞	运行	段塞尺寸 / PV	聚合物浓度 /O（mg/L）	B-PPG 浓度 /（mg/L）	石油磺酸盐浓度 / %	表活剂 1709 浓度 / %
第一段塞	设计	0.05	1500	1500		
	实际	0.132	1537	1537		
	完成 %	264.3				
第二段塞	设计	0.3	1300	1300	0.2	0.2
	实际	0.125	1454	1439	0.22	0.22
	完成 %	41.6				
	设计	0.3	1300	1300	0.2	0.2
	实际	0.125	1454	1439	0.22	0.22
	完成 %	41.6				

水井注入状况良好，注入压力明显上升，平均单井油压由化学驱前的4.9MPa最高上升到2017年10月的12.5MPa，上升了7.6MPa（图4-3-52）。

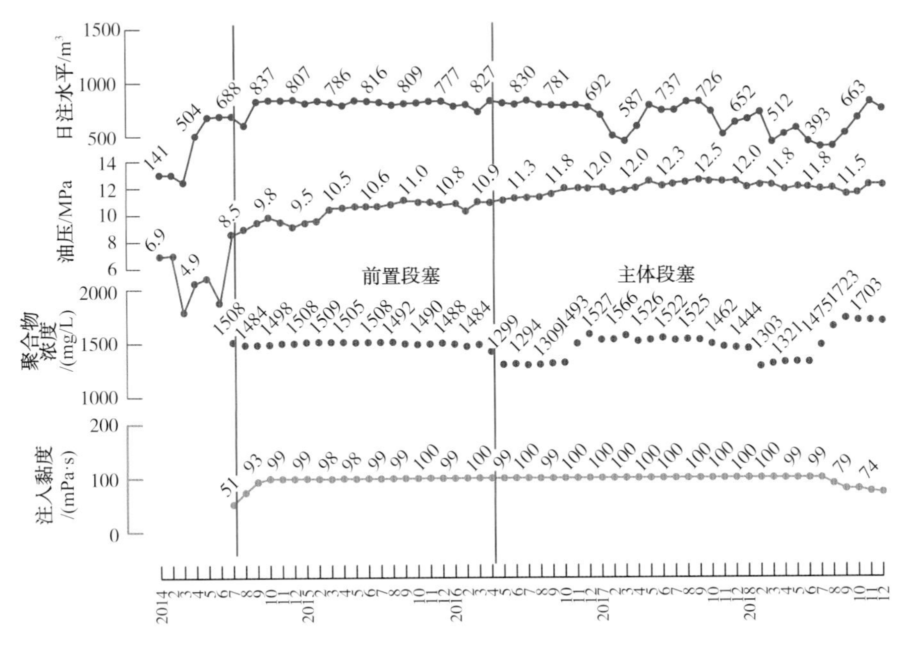

图4-3-52　扩大试验区注入曲线

开展非均相复合驱后，扩大区综合含水由试验前的98.6%最低下降至2016年7月的92.5%，下降了6.1%，长期保持稳定，单元日油水平由3t最高上升到2016年7月的50t，上升了47t（图4-3-53）。中心井区有8口井明显见效，累积增油5.6×10^4t，提高采收率3.34%。

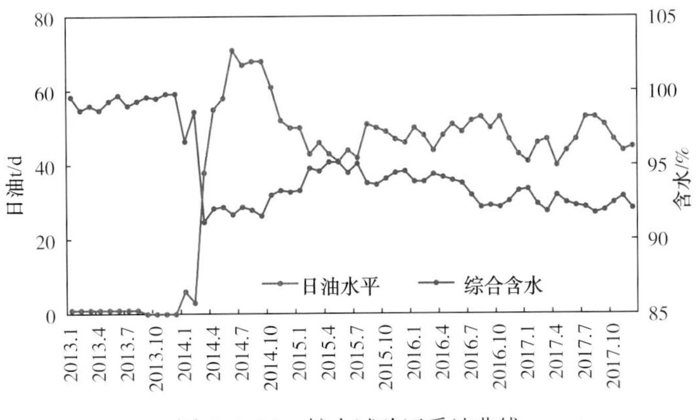

图4-3-53　扩大试验区采油曲线

通过中一区Ng3井网调整+非均相驱先导试验及扩大区的实施，形成了包括驱油剂合成、配方设计、油藏工程设计、数值模拟与方案优化、跟踪监测与动态评价及采出液处理的一整套非均相复合驱配套技术，为非均相驱开发技术在胜利油田的推广应用奠定了基础（图4-3-54）。

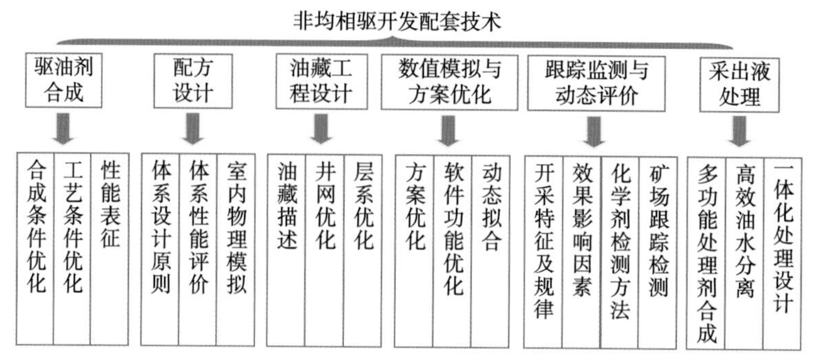

图 4-3-54　非均相驱开发配套技术

第四节　化学驱开发效果

通过先导试验、扩大试验和工业化推广应用等化学驱项目实践，结合室内实验和油藏数值模拟研究，基本认清了化学驱油的一般规律、效果影响因素和注聚后油藏特征变化。

一、化学驱开发效果与特征

虽然油藏条件、生产状况和注入段塞不同，各单元化学驱的见效时机和见效幅度有所不同。

1. 化学驱注入特征

根据 11-315 井连续压降测试资料显示，注聚合物后流动阻力增大，流动系数下降，水相渗透率下降，转后续水驱后流动系数与水相渗透率均增大，注聚合物前流动系数为 2.12 μm^2·m/（mPa·s），注聚后为 0.10 μm^2·m/（mPa·s），转水驱后回返到 0.35 μm^2·m/（mPa·s）（表 4-4-1）。

表 4-4-1　11-315 井注聚前后压降资料变化统计表

11-315	测试日期	流压 /MPa	静压 /MPa	吸水指数 /（m^3/d·MPa）	流动系数 /[μm^2·m/（mPa·s）]	水相渗透率 / μm^2
注聚前	92.7.16	16.5	10.52	42.6	2.12	0.053
注聚后	93.6.19	17.12	10.95	15.4	0.68	0.017
	94.1.12	17.11	11.51	22.3	0.90	0.025
	94.4.9	18.07	12.86	23.6	0.41	0.010
	95.4.3	18.84	12.46	20.4	0.16	0.004
	96.8.21	19.04	12.04	17.9	0.10	0.002
后续水驱	98.9.9	17.96	12.86	19.6	0.35	0.015

水井注入压力明显上升，平均油压比注聚前提高了2.5~4.5MPa，启动压力提高了2.5~4.0MPa（表4-4-2）。

表4-4-2　孤岛油田聚合物驱单元注入井注聚前后注入状况表

单　元	水　驱		聚合物驱		注聚前后对比	
	启动压力/MPa	油压/MPa	启动压力/MPa	油压/MPa	启动压力/MPa	油压/MPa
中一区Ng3先导区	4.7	6.5	7.2	8.8	2.5	3.3
中一区Ng3扩大区	4.8	6.5	7.7	9.0	2.9	2.5
中一区Ng4	4.6	7.1	8.7	9.8	4.1	2.7
平均	4.4	5.9	7.9	9.1	3.5	3.2

注入井的吸水能力明显下降。先导区水井测试资料处理结果表明（图4-4-1）：由于注入液黏度的增加，注聚后每米吸水指数（$2.15m^3/d \cdot MPa \cdot m$）仅为注聚前（$6.99m^3/d \cdot MPa \cdot m$）的30.8%。随着聚合物溶液的注入，注聚浓度逐渐降低，注入井吸水能力缓慢上升，但上升幅度较小；转注水后，上升较大，接近注聚前的水平。

2. 水线推进特征

水线推进速度的快慢表明油层平面的非均质性的强弱。推进速度快，表明驱替相波及体积小，驱油效果差；反之表明波及体积大，驱油效果好。水线推进速度可以由示踪剂监测或生产井产出液的见聚时间来求得。由于聚合物溶液黏度较大，因此注聚后，水线推进速度明显减慢，平面矛盾亦可得到显著改善。

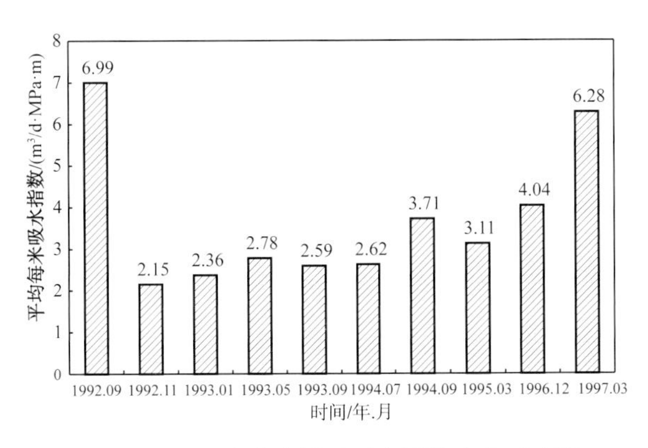

图4-4-1　注聚先导区吸水指数变化对比图

孤岛先导区由于原油黏度较高，油层非均质严重，在开发初期采液速度2%的条件下，注入孔隙体积0.0065PV时开始见水，而聚合物驱在采液速度高达17.6%，注入孔隙体积0.1583PV时才开始见聚合物，水驱水线推进速度是聚合物驱的24.4倍。这表明聚合物对河道砂常规稠油油藏的储层平面非均质也有明显的调整作用。

3. 吸聚剖面特征

矿场录取的注聚井吸聚剖面测试结果表明，对纵向层间强非均质的油层纵向上注入剖面改善，主力层间吸聚能力发生明显变化，非主力层吸聚能力改善幅度较小（表 4-4-3）。

表 4-4-3　中一区 Ng3-4 注聚区多油层吸聚剖面统计表

序号	层位	厚度 /m	相对吸水百分数 /%			吸水强度 /（m^3/d·m）		
			注聚初期	注聚 1 年	注聚 2 年	注聚初期	注聚 1 年	注聚 2 年
1	$Ng3^3$	4.9	1.2	8.3	8.4	0.6	5.6	4.1
2	$Ng3^4$	4.2	0	5.5	4.2	0	4.2	3.7
3	$Ng3^5$	1.8	0	0	0.3	0	0	1.1
4	$Ng4^2$	8.4	10.2	21.7	34.1	2.9	6.7	7.2
5	$Ng4^3$	5.5	42.7	34.1	40.5	9.1	7.6	8.7
6	$Ng4^4$	9.9	47.8	24.4	29.6	11.1	5.3	7.5

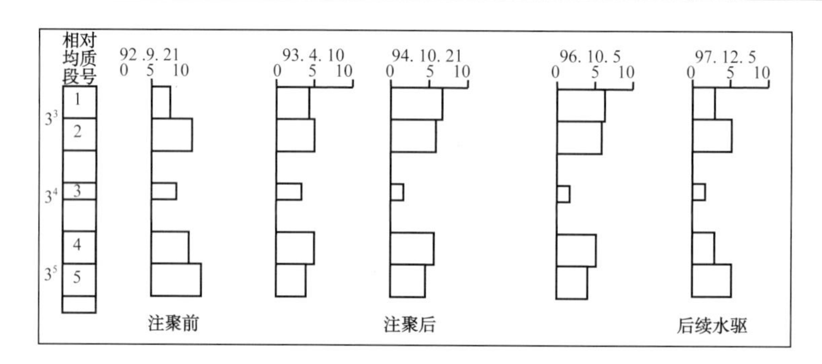

图 4-4-2　中一区 Ng3 先导区注入井 11-311 井注聚前后吸入剖面变化图

先导区注入井 11-311 注聚吸水剖面资料与注水吸水剖面相比，注水时吸水量大的均质段吸水量减少，吸水量小的均质段吸水量增加，但转后续水驱后逐渐向注聚前转变（图 4-4-2）。

4. 油井生产能力变化

根据中一区 Ng3 聚合物驱先导试验区中心井中 11-J11 井压力恢复资料，注聚后，随着油井含水下降，流动系数和水相渗透率下降、生产压差上升；含水在谷底期时，流动系数和水相渗透率保持在较低水平、生产压差保持在较高水平；后续水驱阶段，随着含水上升，流动系数和水相渗透率回升，但低于注聚初期水平，生产压差下降，但仍高于注聚初期水平（图 4-4-3）。

三次采油驱油剂注入地层后，由于改善了水油流度比，扩大了波及体积，或提高了驱油效率，因而注入一定量的化学剂溶液后，油井会产生相应的反应：含水下降，日产油上升。室内实验、数值模拟及矿场试验结果表明：注入一定量的驱油剂后，油井综合含水开始下降，出现含水下降漏斗，日产油量开始增加，使采出程度明显高于同期水驱采出程度，但当含水下降到一定程度后，又逐渐开始回升，直至驱替结束。虽然化学驱各单元的油藏地质条件和开发状况不同，见效时机和最终采收率有所不同，但一般都可划分为见效诱导期、见效高峰期和见效后期三个阶段（图 4-4-4~ 图 4-4-6）。

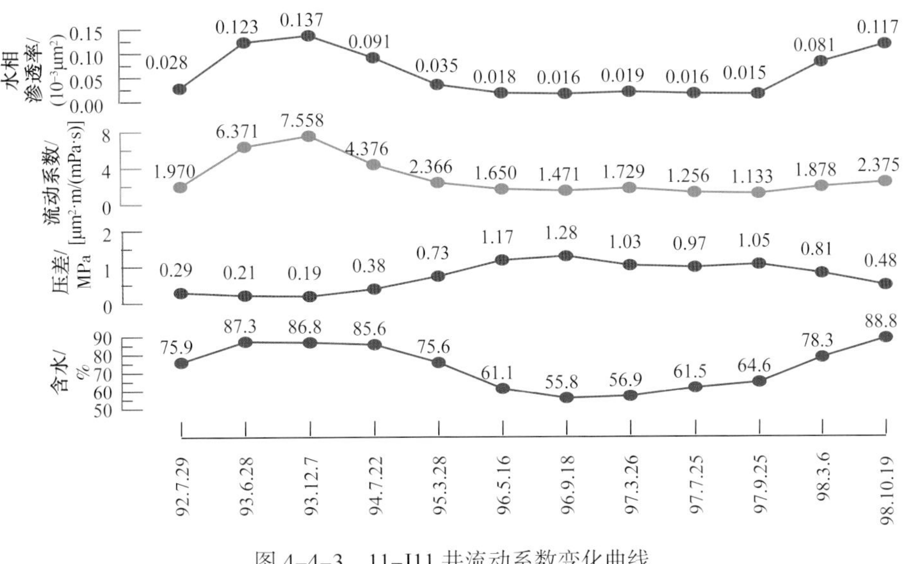

图 4-4-3　11-J11 井流动系数变化曲线

见效诱导期：一般注入驱油剂 0.1PV 左右以前为见效诱导期，这一时期，油井综合含水稍有上升或保持平稳，产液量有所下降，基本保持为化学驱前水驱时的水平。

见效高峰期：化学剂注入 0.1~0.7PV 左右为见效高峰期，这一时期，油井综合含水迅速下降，下降至最低值后开始回升，形成含水下降漏斗，日产油量增加，单井峰值无因次日油可增加到注入前的 2.0~3.0 倍。

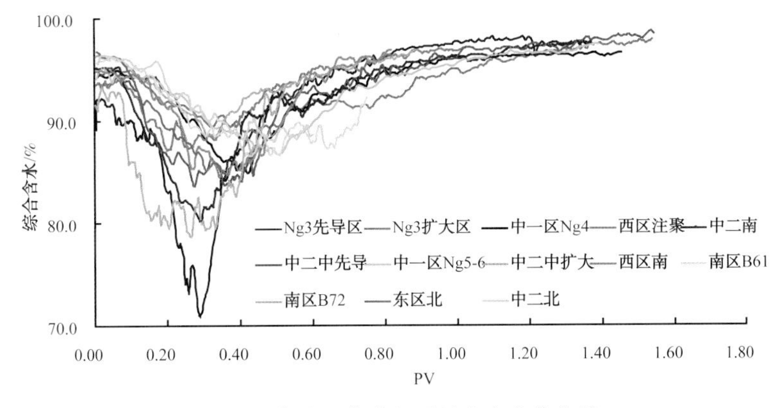

图 4-4-4　孤岛油田化学驱项目含水变化曲线

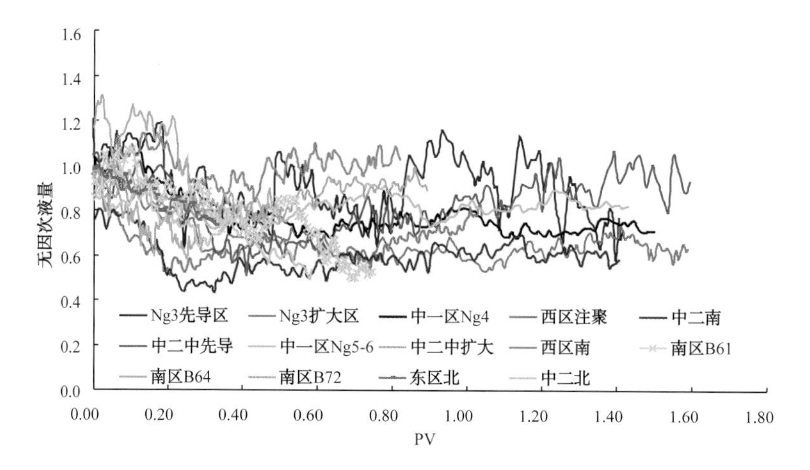

图 4-4-5　化学驱项目单井无因次液量曲线

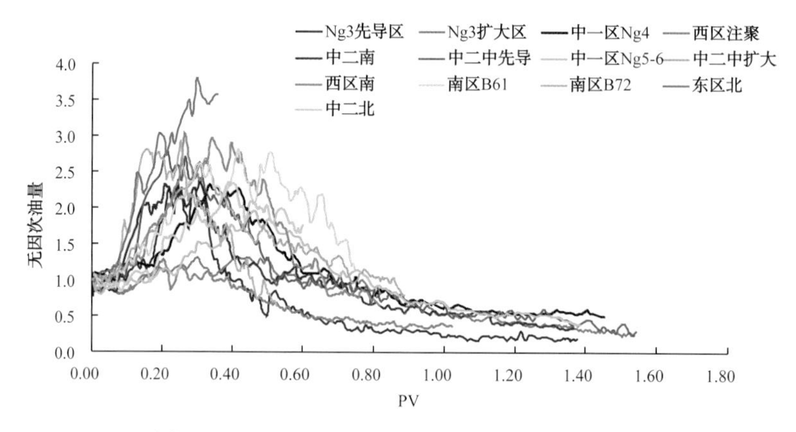

图 4-4-6　化学驱项目单井无因次油量变化曲线

见效后期：化学驱注入 0.7~1.2PV 左右为见效末期，油井综合含水回返，日产油量下降，化学驱效果变差，直至恢复到水驱水平。该阶段产油量呈“三段式”递减。第一递减阶段持续 30~40 个月，递减率在 25% 左右，第二递减阶段持续 30~40 个月，递减率在 17% 左右。第三递减阶段递减率在 11% 左右，和水驱阶段相近（图 4-4-7、图 4-4-8）。

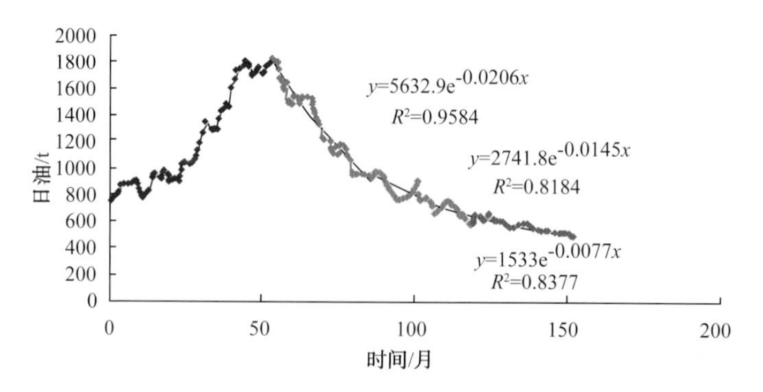

图 4-4-7　中一区 Ng4 产量递减曲线

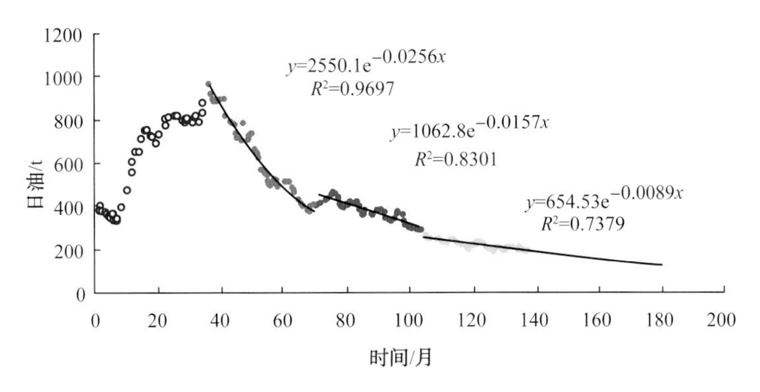

图 4-4-8　中二南 Ng3-5 产量递减曲线

5. 产出原油组分变化

中一区聚合物驱先导区原油族组分分析表明，产出原油中重质组分增加，产出原油的总烃含量由 62.56% 下降到 57.01%，非烃和沥青质含量由 37.44% 上升到 42.99%（表 4-4-4）。

表 4-4-4　中一区聚合物驱先导区原油族组分分析表

范　围	项　目	1994.04	1994.09	1994.12	1995.03	1995.10	1996.10
11-J11	烷烃 + 芳烃 /%	62.92	57.27	60.91	58.13	52.61	55.86
	非烃 + 沥青质 /%	37.08	42.73	39.09	41.87	47.39	44.14
先导区	烷烃 + 芳烃 /%	62.56	57.27	60.31	57.29	53.13	57.01
	非烃 + 沥青质 /%	37.44	42.73	39.69	42.71	46.87	42.99

二、化学驱剩余油分布规律

1. 宏观剩余油分布规律

1）平面剩余油分布

根据数模计算结果分析，聚合物驱有效地扩大了波及系数，含油饱和度明显降低。从试验区聚合物驱后 Ng3 含油饱和度和储量丰度分布图（图 4-4-9、图 4-4-10）上看，平面上水井近井地带和主流线水淹严重，油井间、水井间、油水井排间分流线水淹较弱，剩余油富集，剩余油饱和度在 35%~50% 之间。

对比分析不同井网位置的含油饱和度和剩余地质储量（表 4-4-5）表明：平面上剩余油普遍存在，油井排的剩余油潜力最大，油水井排间次之。油井排含油饱和度在 27%~44%，平均 34.8%，剩余地质储量占 35.6%；油水井排间含油饱和度 20%~44%，平均 32.4%，剩余地质储量占 34.1%；水井排含油饱和度 20%~49%，平均30.1%，剩余地质储量占30.3%。由于水淹程度、范围差异，井网不同平面位置剩余地质储量略有差异，油井排的剩余油潜力较大，油水井排间次之，但普遍存在可动油。

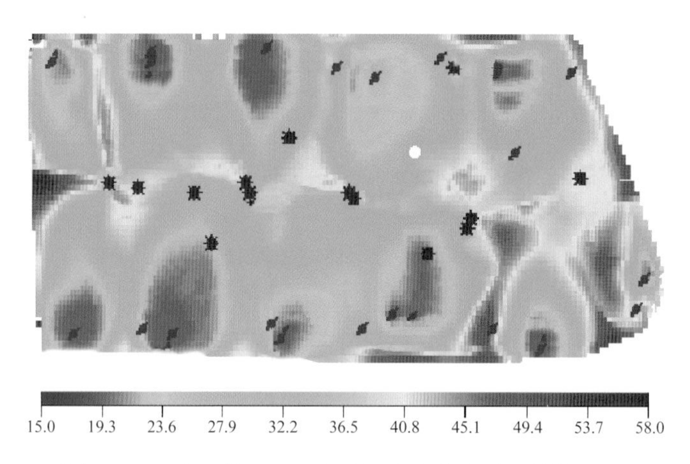

图4-4-9 中心井区Ng3含油饱和度分布图（单位：%）

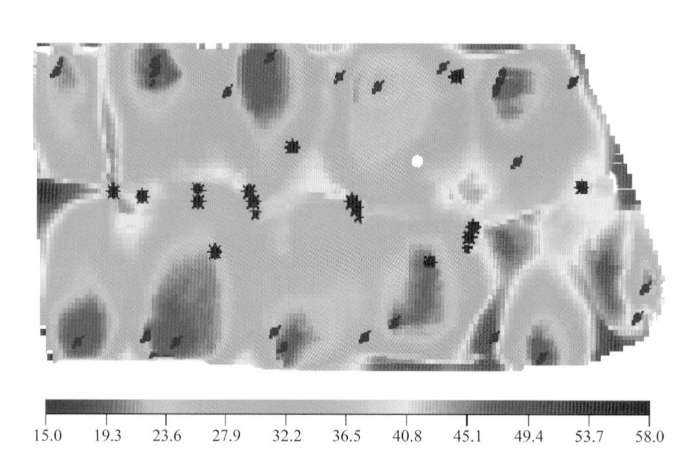

图4-4-10 中心井区Ng3剩余地质储量分布图（单位：%）

表4-4-5 不同位置剩余含油饱和度统计表

位 置	含油饱和度范围/%	平均含油饱和度/%	剩余地质储量比例/%
油井排	27~44	34.8	35.6
排间	20~44	32.4	34.1
水井排	20~49	30.1	30.3

新钻的3口密闭取芯井证实：聚驱后剩余油在平面上仍然普遍分布（图4-4-11~图4-4-13）。

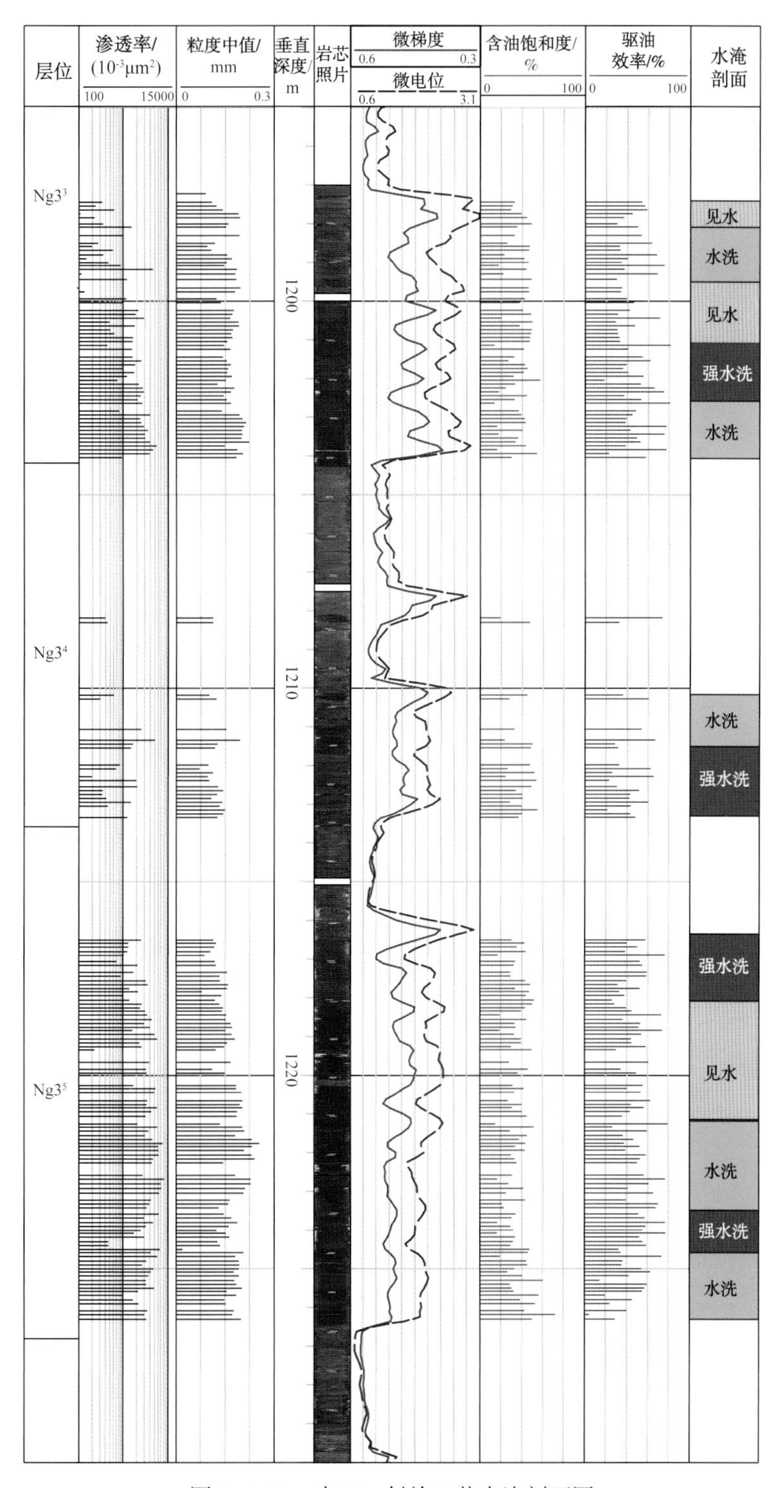

图 4-4-11　中 13- 斜检 9 井水淹剖面图

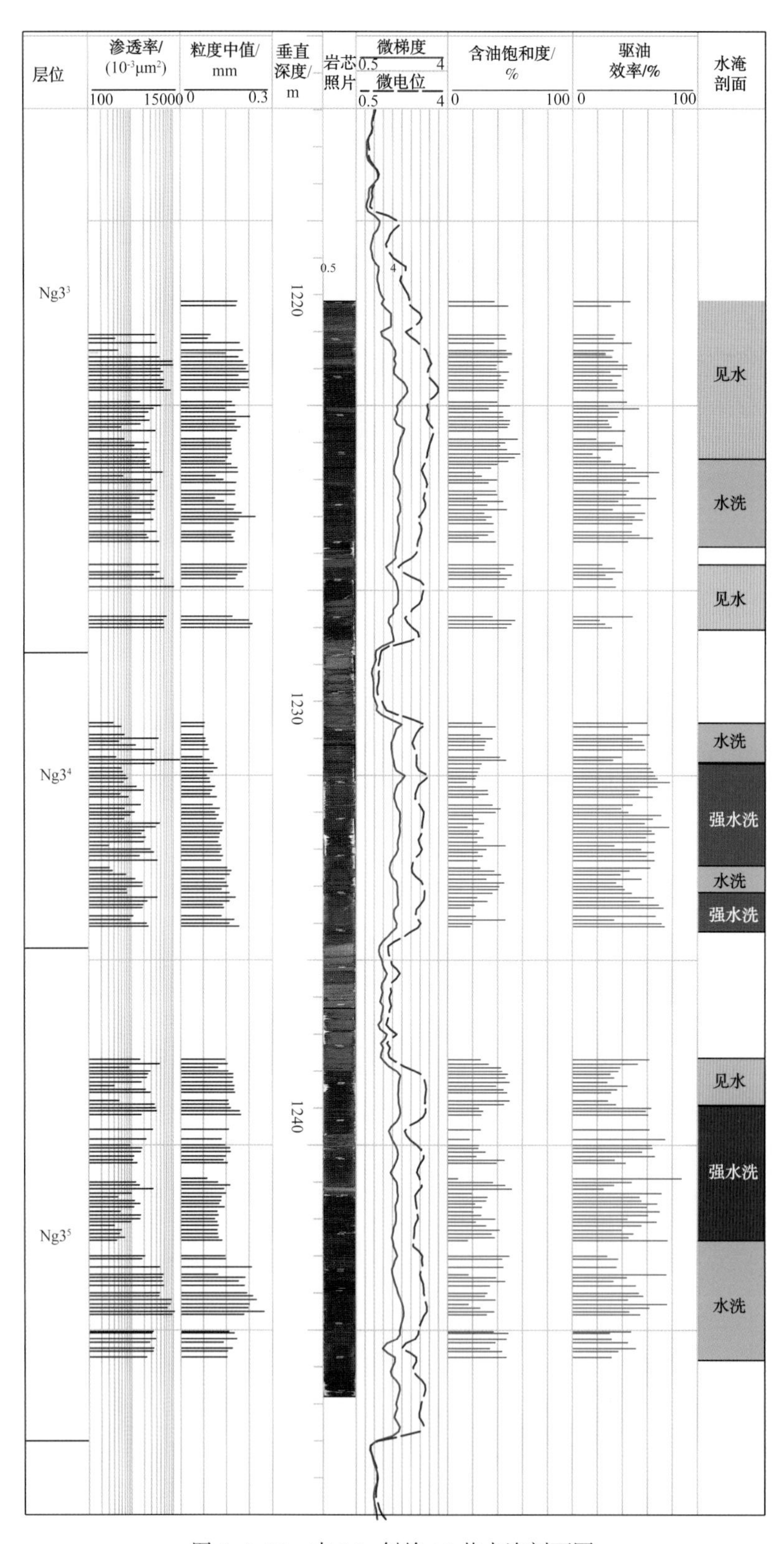

图 4-4-12　中 14- 斜检 11 井水淹剖面图

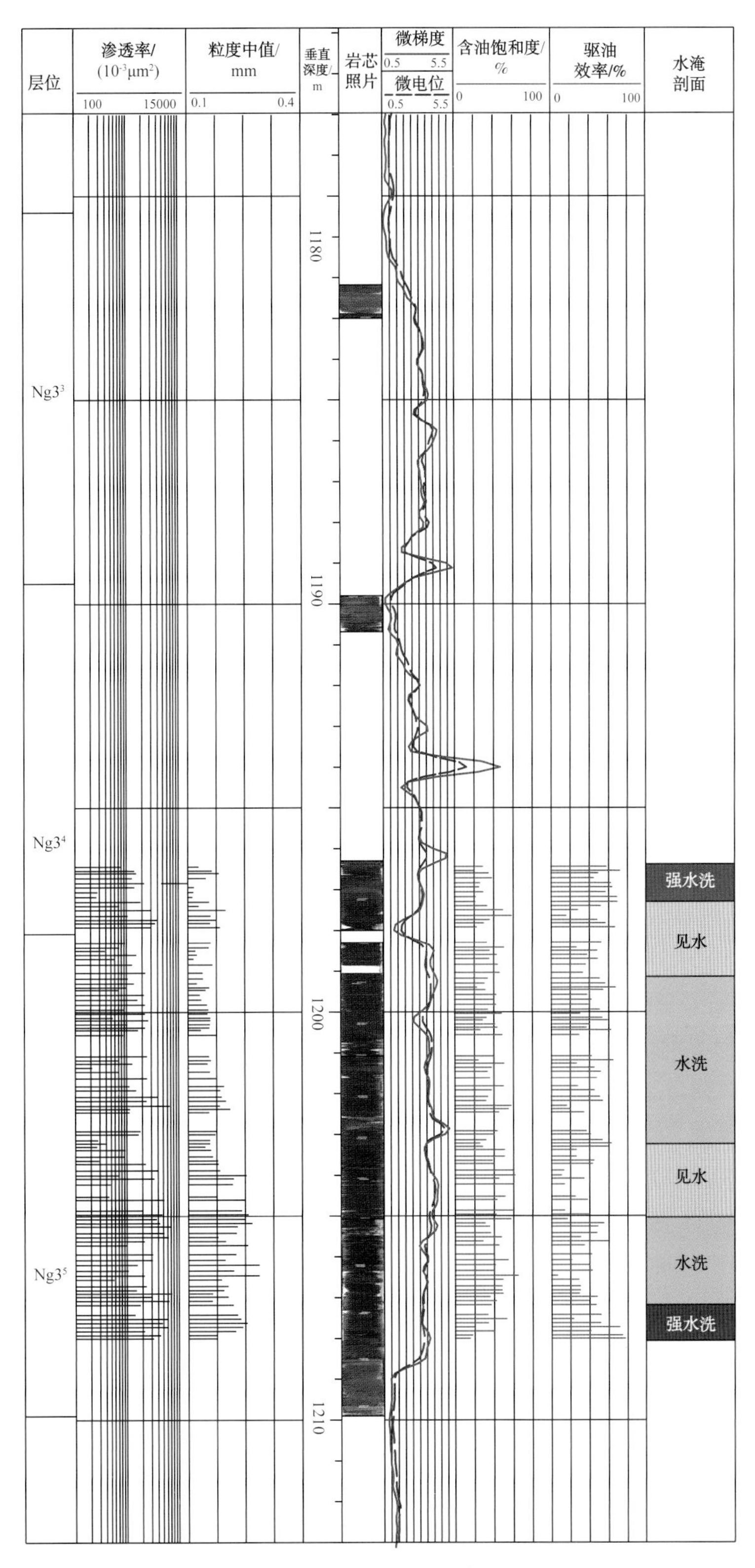

图 4-4-13　中 14- 检 10 井水淹剖面图

中一区 Ng3 的含油饱和度在 35.9%~39.3%，水淹特征以见水、水洗为主，弱水淹（Ed<40%）厚度占 33.5%，仅部分物性较好层段呈现强水洗（表 4-4-6）。以 $Ng3^5$ 为例，中 14- 斜检 11（位于水井排）的平均含油饱和度为 34.8%，中 13- 斜检 9（位于油井排）的平均含油饱和度为 35.8%，中 14- 检 10 井（位于油水井排间、靠近油井排）的平均含油饱和度为 40.8%。因此，聚驱后剩余油在平面上普遍分布，油井排、水井排和油水井排之间都有剩余油存在，其中油井排剩余油相对富集。

表 4-4-6 中一区 Ng3 密闭取芯井水淹级别统计表

井　名	见　水		水　洗		强水洗	
	厚度 /m	百分比 /%	厚度 /m	百分比 /%	厚度 /m	百分比 /%
中 14- 斜检 11	7.34	32.9	7.46	33.5	7.48	33.6
中 13- 斜检 9	7.08	35.8	8.32	42.0	4.40	22.2
中 14- 检 10	3.70	30.9	6.10	51.0	2.16	18.1
总计	18.12	33.5	21.88	40.5	14.04	26.0

中 14- 斜检 11 井 2009 年 5 月 1 日采用 127 枪 127 弹射孔 $Ng3^3$ 层顶部局部富集井段 1215~1220m，射开厚度 5.0m，18 孔 /m，共射 92 孔。岩芯分析该段含油饱和度 36.6%~50.9%，平均 44.0%，水淹级别属于见水，孔隙度 27.3%~44.6%，平均 40.9%，渗透率 171×10^{-3}~$9990\times10^{-3}\mu m^2$，平均 $5008\times10^{-3}\mu m^2$，5 月 6 日开井，日产液 30t/d，日产油 9.7t/d，含水 67.6%，截至 2009 年 7 月 25 日，日产液 24.6t/d，日产油 3.3t/d，含水 86.7%，累计产油 346t，累计产水 $1777m^3$。说明聚合物驱后水淹级别属于见水井段初产还能达到 7.5t，见水级别剩余油富集段潜力较大。

中 14- 检 10 井分别试采了 $Ng3^5$ 层底部 1200~1206m 和 $Ng3^3$ 顶部 1182~1187m，均高含水，说明含油饱和度小于 40%，水淹级别为水洗的井段，水驱条件下没有可采价值。

对比聚合物驱前后密闭取芯资料分析，通过聚合物驱，在主流线上可以大幅度提高油层动用状况，而分流线上油层的动用程度略有提高。中 11- 检 11 井是注聚前 1991 年 7 月取芯井，位于油井间分流线，剩余油较富集区域，Ng3 平均含油饱和度 47.4%，驱油效率 35.7%。取芯后作为聚合物先导试验中心井生产 Ng3，在聚合物驱后累产油 11.13×10^4t 时，距中 11- 检 11 井 27m 处钻中 10- 检 413 井，Ng3 平均含油饱和度 28.1%，驱油效率 62.2%，通过聚合物驱可以大幅度提高主流线油层动用状况。而中 12- 检 411 和中 13- 检 10 密闭取芯对比井分别与聚合物前后取芯，由于井处于靠近油井排的分流线上，经过聚合物驱后，2 口井饱和度变化不大，Ng3 平均含油饱和度分别为 39.2% 和 41.1%，驱油效率分别为 45.8% 和 47.3%，表明水驱波及较差部位，聚合物驱波及也较差，剩余油富集段饱和度 40% 以上。

注聚后密闭取芯井资料表明：不同流线位置剩余油均较富集，分流线饱和度略高于主流线（图 4-4-14）。孤岛油田中一区聚驱后共钻了 5 口密闭取芯井，其中中 10- 检 413 井和中 14- 检 10 井位于主流线上，中 13- 检 10 井、中 14- 斜检 11 井和中 13- 斜检 9 井位于分流线上。主流线平均含油饱和度为33.7%，驱油效率高达56.0%，而分流线平均含油饱和度为37.7%，驱油效率为50.4%。分流线区域剩余油相对富集，分流线的含油饱和度比主流线含油饱和度的高4.0%，驱油效率低5. 6%。

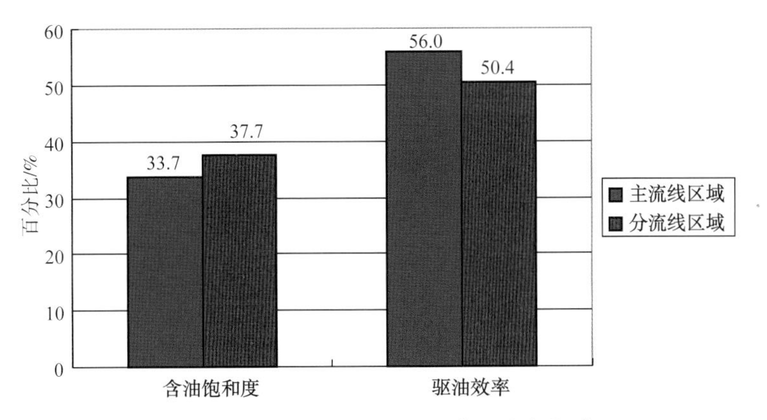

图4-4-14　不同流线区域剩余油分布统计

生产动态资料证实：注聚后油水井井间剩余油富集。通过对注采井网不同位置剩余油分布特征研究，发现井网不同位置水淹特征差异明显，主要表现在：油、水井排间剩余油比其他位置富集，油井分流线次之，油井对子井（井距50m以内）含油饱和度居第三，水井对子井（井距50m以内）附近含油饱和度最低（表4-4-7）。

表4-4-7　注聚后不同位置水淹及剩余油情况统计表

新井位置	砂层厚度/m	水淹厚度/m	水淹厚度百分比/%	含油饱和度/%
井排间井	149.5	101	67.56	47.0
油井排分流线	78	57	73.08	44.6
油井对子井（50m以内）	81	64.5	79.63	42.2
水井排分流线	120	103	85.83	38.5
水井对子井（50m以内）	40	40	100	31.0

中一区Ng3东部中15-015、15-215、15-013三口井均是1995年完钻的井，15-015位于油井排，15-013位于水井排，15-215位于油水井之间。3口井的连线正好反映同一时期一个从油井到水井的水淹剖面（图4-4-15）。图中可以看出，在油井排上，油层水淹比较严重；水井排上油层水淹厚度最大；油水井排间水淹较弱。

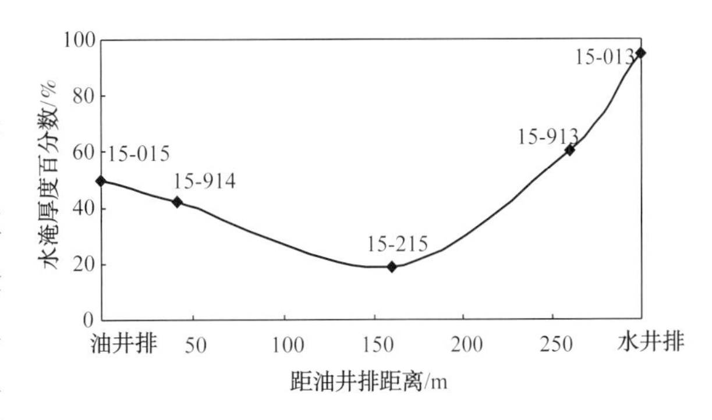

图4-4-15　中15-015~15-013井$Ng3^5$层水淹厚度剖面图

中一区Ng3为正韵律沉积油藏，厚油层的渗透率从上到下逐渐增大，渗透率级差为10~20。在注聚开发时，油水井之间各点压力梯度有明显差异，油水井附近由于压力梯度高，近井地带油层水淹严重；而在油水井中间压力梯度较低，驱油效果较差，加上油层正韵律的特性，往往仅在油层底部的高渗透带形成一指进水淹带，这就形成一个在注水井与生产井之间的箕状剩余油富集区。同时油井分流线位置压力梯度也相对较低，水淹相对较弱。

统计2000年以后的补孔井效果来看，在油井之间，距油井大于50m的补孔井效果最好，这些井投产初期含水低于油井排对比井，目前含水仍低于或接近于对比井，累积产油高于对比井（表4–4–8）。其次是井排间的井，效果相对较差的是距老油井在50m之内的井。注聚后井间剩余油得到一定程度的动用，井间剩余油饱和度较注聚前降低10%，但井间油层上部仍是剩余油较富集区。

表4–4–8　2005年以后井排间新井（补孔）与油井排井生产情况对比表

补孔井位置	井数口	初期				含水＞95%后				累油/（10^4t）	累水/（10^4m^3）	备注
		动液面/m	含水/%	日液/（m^3/d）	日油/（t/d）	动液面/m	含水/%	日液/（m^3/d）	日油/（t/d）			
距老油井大于50m	10	294	87.2	79.3	10.1	318	96.3	75.4	2.8	21345	510309	油井间
井排间井	7	393	92.9	91.6	6.5	250	96.9	60.3	1.9	10016	249292	排间
距老油井小于50m	2	151	98.6	114.0	2.0	177	98.5	94.0	1.0	587.0	40754.0	油井间

数值模拟、取芯井资料和油藏工程分析都表明：中一区Ng3经过聚合物驱以后，剩余油在平面上普遍分布，油井排、水井排和油水井排之间都有剩余油存在，其中油井排剩余油相对富集。而且，分流线区域比主流线区域剩余油富集，含油饱和度高4.0%，驱油效率低5.6%。

2）层间剩余油分布

数模研究表明：中一区Ng3的3个主要含油小层储层物性相近，渗透率级差1.1，层间非均质性较弱，原油性质相近，所以各层采出状况差异不大（图4–4–16），说明整个单元驱替较均匀并获得了较高的采收率。

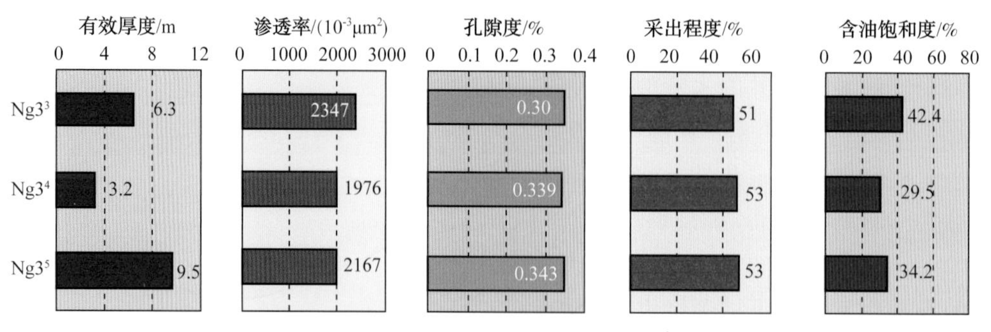

图4–4–16　中心井区分小层主要参数直方图

从剩余含油饱和度来看，聚合物驱后地下仍有较多的剩余油（图4–4–17~图4–4–19），由于3个小层储层物性和原始含油饱和度的差异，目前层间有差异，主力小层含油饱和度

34.2%~42.4%，比非主力小层 29.5%，高 5%~12%。从各层剩余储量来看，主力层 $Ng3^3$ 和 $Ng3^5$ 占了近 80%，依旧是开发的重点。

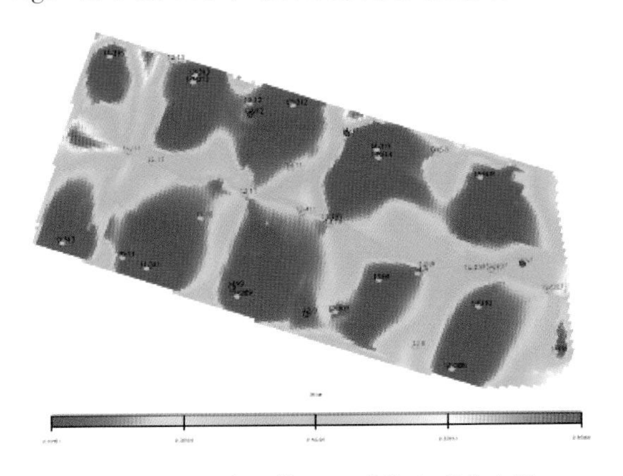

图 4-4-17 中心井区 $Ng3^3$ 饱和度分布图

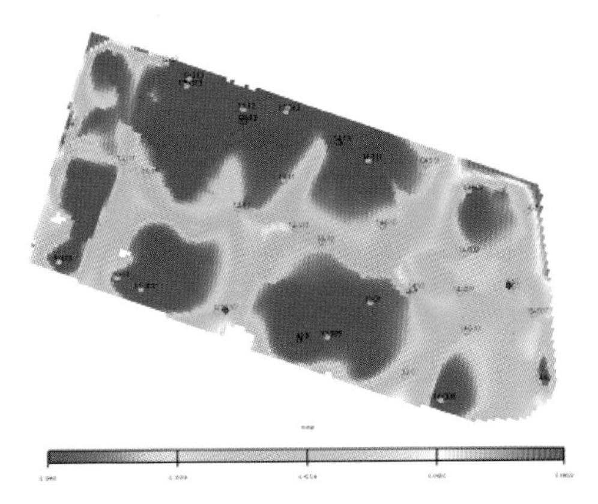

图 4-4-18 中心井区 $Ng3^4$ 饱和度分布图

3 口密闭取芯井资料表明：各小层间非均质性弱，层间差异小，各层的动用程度相对均匀，都有剩余油存在，$Ng3^3$ 和 $Ng3^5$ 内的剩余油相对富集。中 14- 斜检 11 井的 $Ng3^3$ 和 $Ng3^5$ 的厚度分别为 8.4m、9.1m，平均孔隙度分别为 40.7%、38.2%，平均渗透率分别为 $3767\times10^{-3}\mu m^2$、$2807\times10^{-3}\mu m^2$，它们都属于高孔高渗的储层，构成了 Ng3 的主体。由于 $Ng3^3$ 和 $Ng3^5$ 的物性相似、厚度相当，它们的剩余油分布、油层的动用程度也比较接近。其中 $Ng3^3$ 的剩余油饱和度为 42.0%，驱油效率为 39.2%；$Ng3^5$ 的剩余油饱和度为 34.8%，驱油效率为 49.2%。中一区的 Ng3 是作为一套开发层系的，位于上部的 $Ng3^3$ 的剩余油相对富集。$Ng3^3$ 和 $Ng3^5$ 相比，剩余油饱和度高 7.2%，驱油效率低 10.4%。中 13- 斜检 9 和中 14- 检 10 井都有与中 14- 斜检 11 井相似的层间剩余油分布情况。所以，试验区剩余油主要集中在主力小层 $Ng3^3$ 和 $Ng3^5$ 内，其中 $Ng3^3$ 的剩余油相对富集。

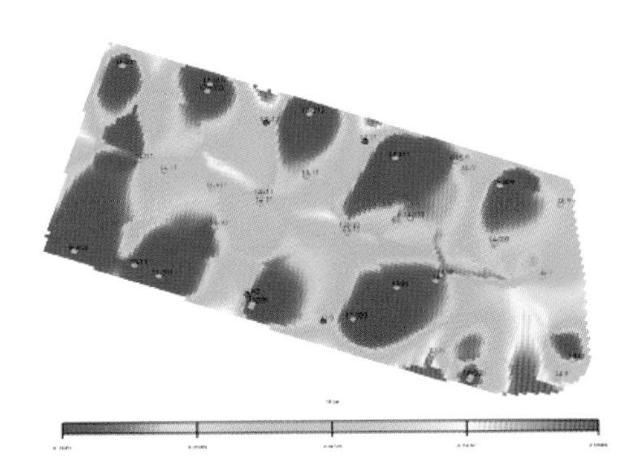

图 4-4-19 中心井区 $Ng3^5$ 饱和度分布图

主力油层因孔隙度和渗透性均较好，油层厚，渗流能力强，井网完善程度高，驱油效果好，剩余油饱和度相对较低，水淹程度高，但主力层剩余可采储量高于非主力层，剩余油储量丰度较高，可采储量绝对数量大，仍是剩余油分布的主体。中一区 Ng3 层系 $Ng3^3$、$Ng3^5$ 为两个主力油层，$Ng3^5$ 大片连通，三向以上注采对应率达到 90%，$Ng3^3$ 层发育相对较差，一些区域呈条带状分布，连通状况不如 $Ng3^5$，三向以上注采对应率为 70%。对 1999 年后中一区新钻井测井解释感应电导率进行分析对比，结果表明主力层 $Ng3^3$ 强水淹厚度占 35%，而油层连通性好的 $Ng3^5$ 层，目前水淹最严重，水淹厚度占 65%（表 4-4-9、图 4-4-20）。

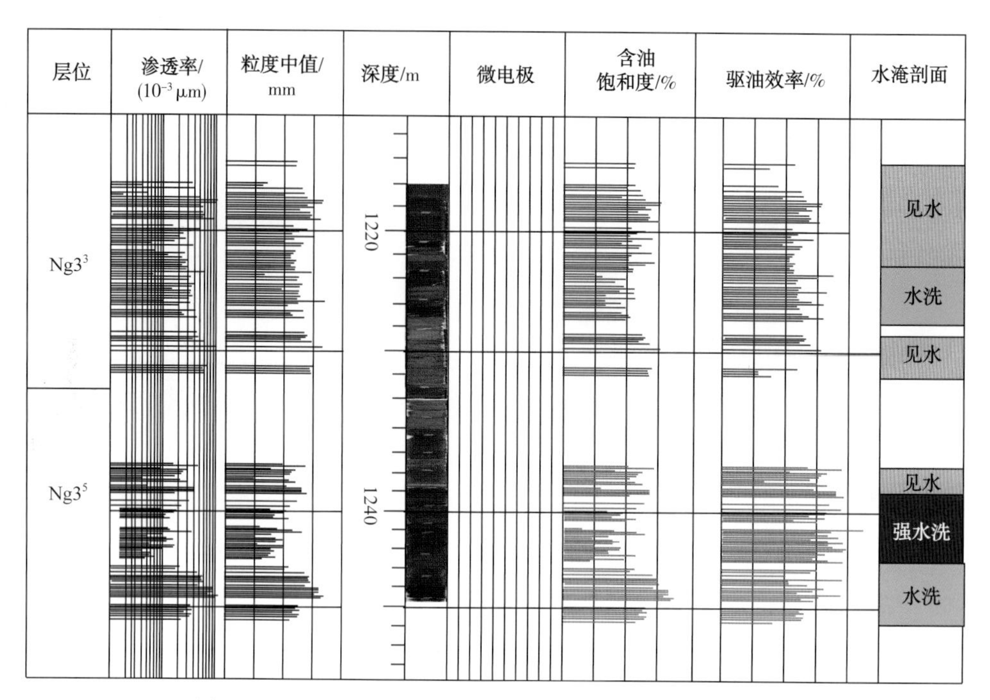

图 4-4-20　中 14- 斜检 11 井 $Ng3^3$ 和 $Ng3^5$ 水淹剖面对比图

表 4-4-9　注聚后不同小层水淹情况统计表

小层	钻遇井层 / 个	平均厚度 /m	水淹厚度百分数 /%		
			弱水淹	中水淹	强水淹
			感应电导率≤ 80	80 ＜感应电导率≤ 130	感应电导率＞ 130
$Ng3^3$	48	7.4	15	50	35
$Ng3^5$	51	9.1	6	29	65

数值模拟、取芯井资料和油藏工程分析都表明：中一区 Ng3 聚驱后各小层都有剩余油存在，主要集中在主力小层 $Ng3^3$ 和 $Ng3^5$ 内，而位于顶部的 $Ng3^3$ 剩余油更相对富集。

3）层内剩余油分布

数值模拟结果证实：正韵律厚油层顶部剩余油富集。聚合物驱对正韵律沉积油层驱替效果好，层内剩余油的动用比水驱更充分，油层上、下部位的驱油效率都有明显提高，但层内的差异依然存在。正韵律油层中上部驱油效率较低，剩余油饱和度较高，底部驱替效果好。

3 口密闭取芯井资料同样表明：正韵律底部水洗较强，剩余油富集区主要位于正韵律的顶部，顶部 20%~40% 的厚度水洗较弱。曲流河正韵律上部，多发育含泥质条带储层，一般厚度在 1~3m，驱油效率低，剩余油富集，潜力较大。

取芯井资料反映复合正韵律分段水洗明显，各韵律段中下部水洗较强。相对弱水洗厚度占 30% 以上。孤岛中 13-XJ9 井 $Ng3^3$ 为复合正韵律，分为 2 个韵律段，均表现为上部水淹较弱，剩余油富集，见水厚度比例占 34.3%（表 4-4-10）。

表 4-4-10 中 13-XJ9 井 $Ng3^3$ 复合正韵律水淹状况表

层位	厚度 /m	渗透率 /（$10^{-3}\mu m^2$）	油饱和度 /%	驱油效率 /%	水淹级别	厚度比例 /%
上段	0.7	318	42.2	38.8	见水	10.4
下段	1.4	961	35.6	48.4	水洗	20.9
上段	1.6	590	42.8	37.9	见水	23.9
中段	1.5	1700	37.7	45.4	水洗	22.4
下段	1.5	3163	32.7	52.6	强水洗	22.4

而且，夹层能够控制层内剩余油富集，控制作用随面积减小而减弱。孤岛中一区 14-XJ11 井 $Ng3^3$ 下部发育厚度为 43cm，延伸距离 220m × 120m 的泥质夹层，夹层上部 2.3m 渗透率为 $2935\times10^{-3}\mu m^2$，为水洗级别，含油饱和度 33.5%，夹层下部 1.05m 渗透率为 $3934\times10^{-3}\mu m^2$，为见水级别，含油饱和度 47.2%，上下的驱油效率相差达 20%，夹层起明显的控油作用。

夹层延伸距离小于一个井距，控制作用不明显。孤岛中一区中 14-XJ11 井 $Ng3^3$ 上部发育厚度为 9cm，延伸不超过一个井距的泥质夹层。夹层上部 1.1m 渗透率为 $3680\times10^{-3}\mu m^2$，含油饱和度 43.7%，驱油效率 36.6%，下部 1.4m 渗透率为 $2877\times10^{-3}\mu m^2$，含油饱和度 47.8%，驱油效率在 34.9%。夹层上下部位水淹状况接近，均为见水级别，夹层没起到明显的控制作用。

在试验区 Ng3 内，物性夹层对层内剩余油的分布影响较小。中 13-XJ9 井 $Ng3^3$ 发育厚度 15cm 的物性夹层，$K_{夹层}/K_{储层}$ 为 0.34，夹层之上渗透率 $2512\times10^{-3}\mu m^2$，驱油效率 46.8%，而下部渗透率 $3621\times10^{-3}\mu m^2$，驱油效率 50.9%，夹层上下段水淹情况较为接近，基本不控制剩余油的形成与分布。

在试验区 Ng3 内，灰质夹层的延伸范围比较小，对剩余油控制作用较弱。中 14-J10 井 $Ng3^5$ 发育厚度 45cm，延伸距离 70m × 150m 的灰质夹层，延伸小于一个井距，控油作用不明显。夹层上部渗透率 $2561\times10^{-3}\mu m^2$，剩余油饱和度 40.5%，驱油效率 41.3%，夹层下部渗透率 $2050\times10^{-3}\mu m^2$，剩余油饱和度 38.9%，驱油效率 43.6%。

从注聚前 35 口和注聚后 42 口新井测井资料结果分析也可以看出（表 4-4-11），注聚前油层下段水淹最严重，中上部水淹较轻；注聚后，层内上中下各段水淹程度加大，但仍呈现出与水驱相似的特点，油层下段水底最严重，中上部水淹较轻，正韵律厚油层顶部剩余油富集。

表 4-4-11 注聚前后厚油层水淹情况统计表

时间	油层上段		油层中段		油层下段		统计井数 / 口
	厚度 /m	感应电导率 /（ms/m）	厚度 /m	感应电导率 /（ms/m）	厚度 /m	感应电导率 /（ms/m）	
注聚前	3.2	40	4.4	80	3.4	150	35
注聚后	3.3	70	4	146	3.5	200	42

数值模拟结果、取芯井资料和矿场实践都证实：中一区 Ng3 聚驱后仍有大量的剩余油赋存于地下，剩余油是“普遍分布、局部富集”。目前的剩余油饱和度普遍在 30% 以上，分布于油井间、水井间及油水井排间的分流线区域，主要集中在 $Ng3^3$ 和 $Ng3^5$ 的内部。但是，目前井网难于开采这部分剩余油，需要依靠改变液流方向和非均相复合驱进一步扩大波及来动用这部分剩余油。

2. 微观剩余油分布特点

通过采用真实砂岩微观镜下剩余油分布情况、CT 扫描图像下剩余油分布情况对比研究了水驱、聚合物驱、二元复合驱及非均相复合驱的微观剩余油分布特点。

1）微观可视剩余油分布

微观实验模型是一种可视化的储层微观孔隙物理模型，借助于显微镜放大、录像、图像分析和实验计量技术，实现从储层流体微观渗流过程的定性分析到定量描述的研究，以揭示储层内流体微观渗流特性及剩余油微观分布的特征，旨在于通过微观物理仿真模型上的微观驱油实验来研究水驱油的微观机理。微观孔隙模型技术最早始于 20 世纪 50 年代，随着三次采油技术的发展，到 60 年代末，关于微观模型方面的研究日渐增多。通常的微观模型分为孔隙级的刻蚀模型和岩芯级的填砂模型，前者主要用于研究微观驱油机理，后者主要用于直接考察驱替的宏观波及现象。

目前，石油行业室内实验提高采收率领域微观模拟驱油技术中采用的微观模型有两类。

（1）微观渗流仿真模型：该技术采用光化学蚀刻工艺，将天然岩芯切片的孔隙结构精确光刻到平面光学玻璃上，经氢氟酸蚀刻后高温烧结成型制成。采用氢氟酸刻蚀技术，最小喉道只能控制在 50~80 μm，孔喉尺寸过大，仿真程度低，另外玻璃和岩石颗粒存在差异，无法模拟岩芯原貌，实验结果的说服力差。

（2）真实储集岩微观孔隙模型：该微观模型主要由真实储集岩芯切片、针头、引槽、盖玻璃、载玻璃和环氧树脂胶组成。制作技术的关键在于尽可能地保持原储集岩的孔隙特征和岩片上表面与盖玻璃的恰当黏结。结构简单，易于制作。虽然保持了真实岩芯的原貌，但是岩芯切片厚度是毫米级别，显微镜下观察岩石颗粒层次叠加严重，成像清晰度低，原油、岩石颗粒边界不清，无法清楚地观察到孔隙级别驱油的全过程。

对真实砂岩微观孔隙模型制作技术进行了攻关，在保证模型代表性的基础上以期获得清晰度更高的图像（图 4-4-21）。

由不同驱油体系下剩余油分布情况得出，各化学驱驱替开发过程与水驱类似，都是由连片状剩余油向其他类型剩余油转化的过程，而且实验驱替至残余油阶段，无论水驱还是化学驱，最终连片状剩余油所剩无几，即驱替液已将岩芯的大部分区域波及。所不同的是，水驱实验中残余油阶段的剩余油以多孔状为主，而化学驱实验中多孔状剩余油受驱替液影响进一步转化为单孔状。二元驱实验结束后，膜状剩余油的含量为 2.48%，这是由于油膜接触到表明活性剂后，油膜的内聚力降低，油膜与岩石的附着力下降，油膜被表面活性剂软化并汇聚在油膜前缘形成较大油滴，从而被驱替出孔隙。同时，二元复合驱与聚合物驱相比，有更多的多孔状剩余油转化为单孔状，非均相驱与二元复合驱相比，单孔状剩余油的比例有了进一步提高。聚合物驱相对于二元复合驱及非均相复合驱在相同含油饱和度下接触面积比偏大，而二元复合驱和非均相复合驱之间的差异较小。二元体系和非均相体系中由于表面活性剂的存在降低了油水界面张力，使得剩余油更容易从岩石表面剥落下来。

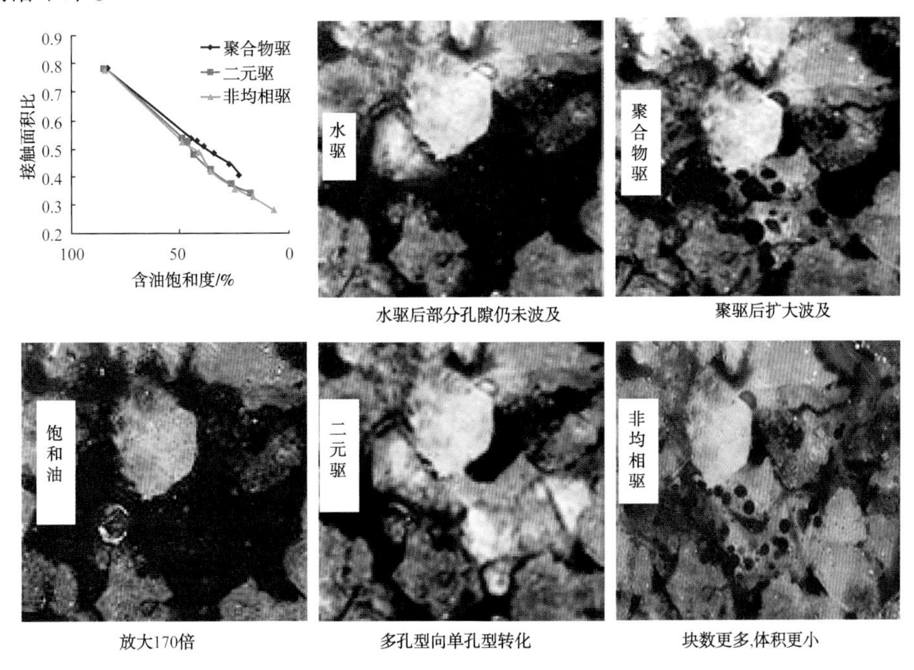

图 4-4-21　真实砂岩镜下图像

2）CT 扫描剩余油分布

CT 扫描成像技术可以利用岩石内部各成像单元的密度差异将岩石内部的微观结构特征反映出来。同时，通过对岩芯水驱不同驱替阶段进行 CT 扫描，可以获得水驱各阶段岩芯内部的油水分布信息。因此，为准确深入地研究剩余油的微观赋存状态，借助 CT 实验技术，对不同驱替条件下水驱不同阶段的岩芯进行扫描，获取岩芯的二维切片。在此基础上，对 CT 扫描图片进行处理以获得相应的剩余油分布信息。

采用 CT 技术对比分析了不同化学驱岩芯驱替特征和微观剩余油分布规律，分别设计水驱、聚合物驱及二元复合驱微观驱替实验，得到不同驱替条件下各驱替阶段的 CT 扫描图像及剩余油分布情况。

实验中用到的岩芯模型为人工石英砂岩芯模型，模型尺寸为直径 5mm，长度 5cm。该岩芯模型具有可以按实验要求通过改变粒径及颗粒比例等方法设计岩芯孔隙度、渗透率参数的优点，同时可避免实际油藏岩芯黏土膨胀现象的影响。其中模型 1 孔隙度为 0.34，渗透率为 $3300\times10^{-3}\mu m^2$；模型 2 孔隙度为 0.33，渗透率为 $3100\times10^{-3}\mu m^2$。为进行水驱、聚驱及二元复合驱 CT 微观驱替实验研究，利用上述岩芯模型，分别进行了 4 组实验。实验 1 为水驱实验，实验 2 为聚合物驱实验，实验 3 为二元复合驱实验，实验 4 为聚合物驱后二元复合驱实验。其中，实验 1~3 使用岩芯模型 1，实验 4 使用岩芯模型 2。

在对各组实验岩芯模型进行 CT 切片扫描时，扫描总长度确定为 8mm，共扫描切片 100 张，每两张 CT 切片之间的间隔为 0.08mm。

为了对比分析聚合物驱和二元复合驱的驱油效果，提出了微观受效剩余油的概念。微观受效剩余油指的是某一驱替体系驱替后，孔喉中多动用的那部分剩余油。

注入聚合物阶段受效剩余油用来表征从水驱 2PV 时刻到注入聚合物 0.35PV 时刻这一阶段的作用效果。利用水驱 2PV 时刻和聚合物驱 0.35PV 时刻的剩余油图片进行分析得到了注入聚合物阶段受效剩余油分布图，图 4-4-22 为第 59 张切片的注入聚合物阶段受效剩余油分布图。可以看出注入聚合物阶段受效剩余油在二维图上多表现为丝状或狭长的棒状，局部有斑块状。

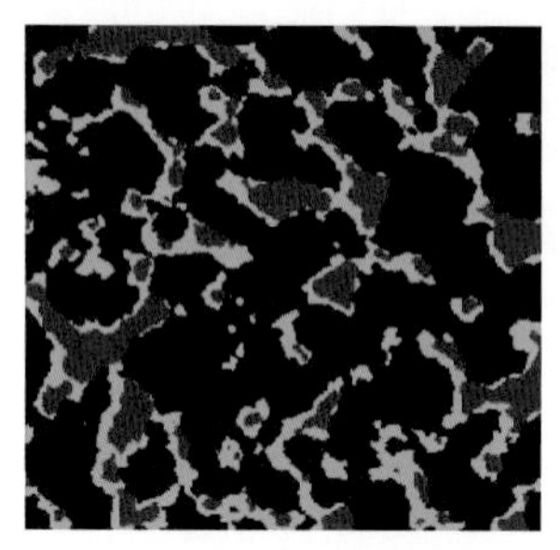

(a)水驱2PV时刻剩余油

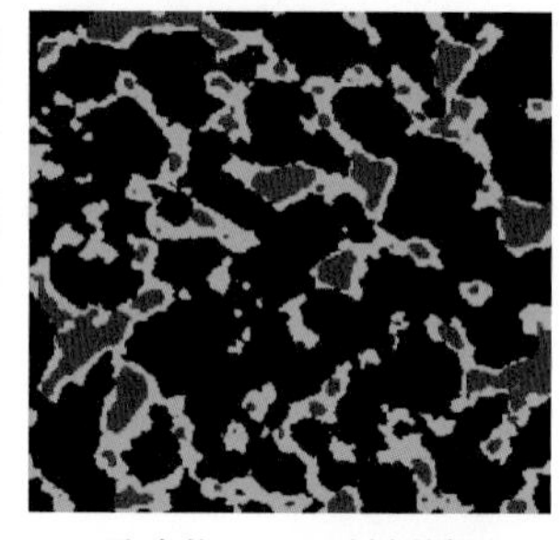

(b)聚合物0.35PV时刻剩余油

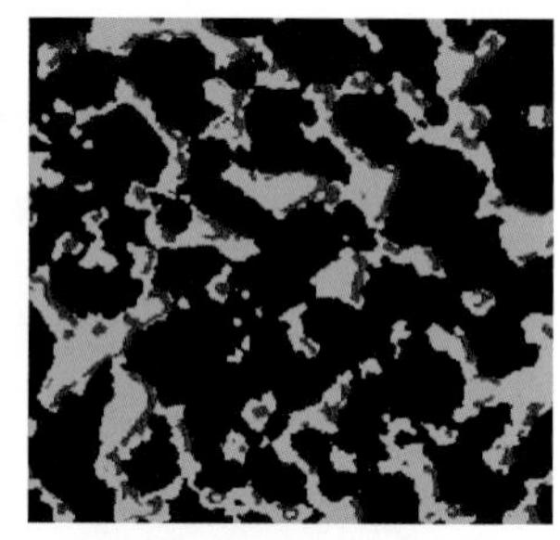

(c)注入聚合物阶段受效剩余油

图 4-4-22　注入聚合物阶段受效剩余油二维分布图

分析认为，聚合物与油的界面黏度要比水与油的界面黏度大得多，因此，在油和聚合物之间的剪切应力大于油水之间的剪切应力，这就提高了聚合物溶液对油的携带能力，受这种剪切拽拉作用影响，聚合物驱阶段受效剩余油表现为丝状或斜长的棒状。图 4-4-23 为注入聚合物阶段受效剩余油的三维分布图。

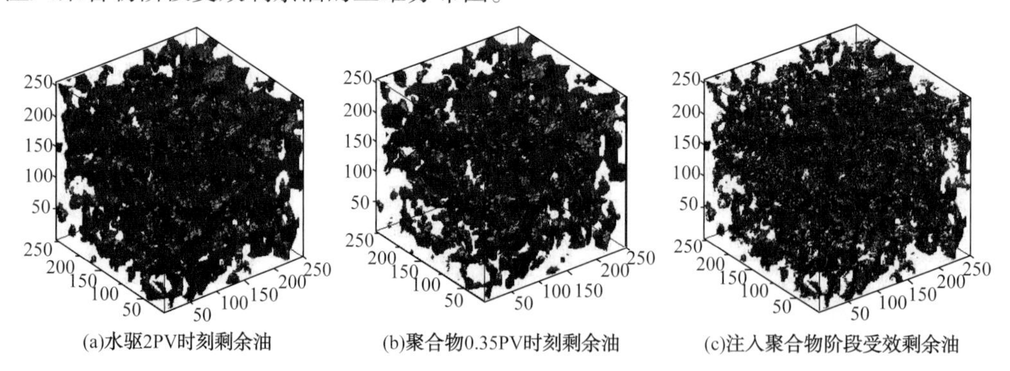

(a)水驱2PV时刻剩余油　(b)聚合物0.35PV时刻剩余油　(c)注入聚合物阶段受效剩余油

图 4-4-23　注入聚合物阶段受效剩余油三维分布图

二元复合驱阶段受效剩余油用来表征从注入聚合物 0.35PV 时刻到后续水驱残余油时刻，这一阶段的作用效果。同理，利用注入聚合物 0.35PV 时刻和后续水驱残余油时刻的剩余油图片进行对比分析，得到了二元复合驱阶段受效剩余油分布图，图 4-4-24 为第 59 张切片的二元复合驱阶段受效剩余油分布图。可以看出二元复合驱阶段受效剩余油在二维图上表现为柱状或斑块状。

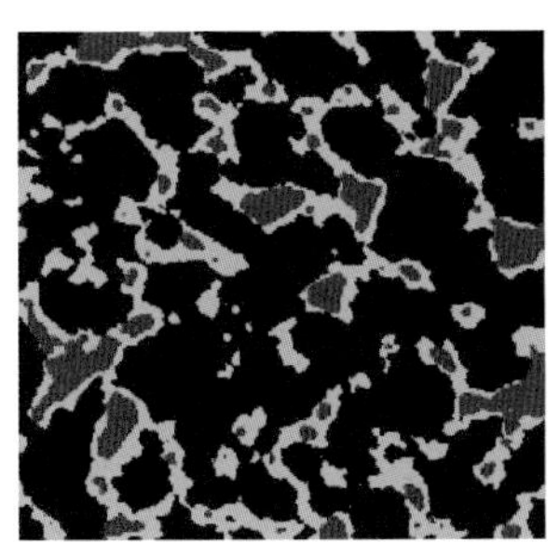

(a)聚合物驱0.35PV时刻剩余油

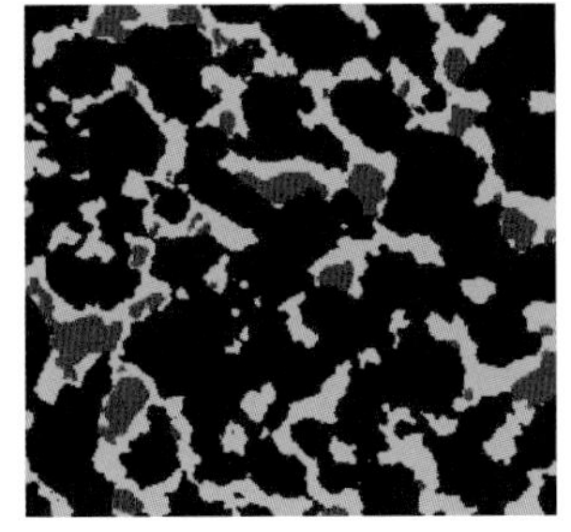

(b)二元复合驱至残余油时刻剩余油

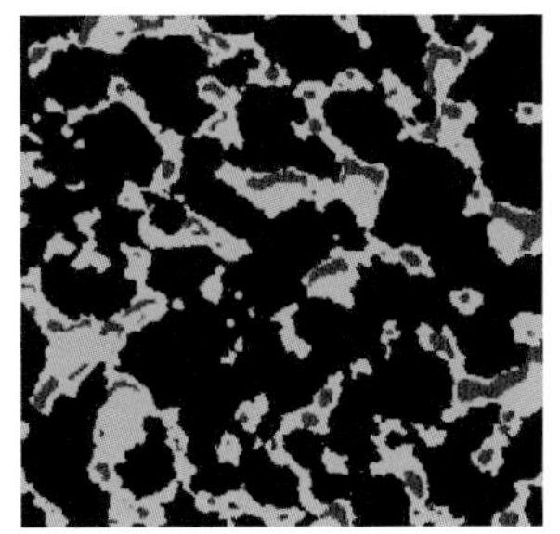

(c)二元复合驱阶段受效剩余油

图 4-4-24　二元复合驱阶段受效剩余油分布图

对比注入聚合物阶段受效剩余油的形状和二元复合驱受效剩余油的形状可以看出，二元复合驱的受效剩余油形状更为饱满，并且斑块状剩余油较多。分析认为聚合物的拽拉作用只能剪切一小部分剩余油，因此剩余油呈现狭长的柱状或丝状，二元复合体系中由于表面活性剂的存在，形成的低界面张力使油丝的内聚力下降，更容易拉断较多的剩余油，同时二元复合体系的乳化作用将油丝乳化为小油滴，更易采出。图 4-4-25 为二元复合驱受效剩余油的三维分布图。

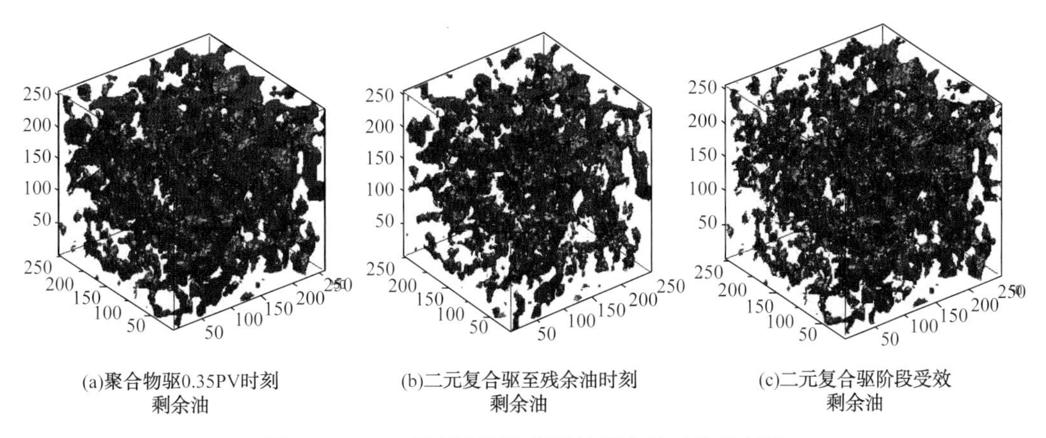

(a)聚合物驱0.35PV时刻剩余油　(b)二元复合驱至残余油时刻剩余油　(c)二元复合驱阶段受效剩余油

图 4-4-25　二元复合驱阶段受效剩余油三维分布图

采用剩余油分块标记方法统计了水驱 2PV、聚合物驱 0.35PV、二元复合驱 0.35PV 和后续水驱残余油这四个不同驱油阶段下，剩余油块数和单块剩余油的平均体积变化（图 4-4-26），可以看出，随着驱替的进行，剩余油块数逐渐增加，平均单块剩余油体积逐渐减小，在空间的展布也明显变小，剩余油分布愈加离散。

从聚驱后二元复合驱各驱替阶段局部剩余油分布图中可以明显看出，随着驱替的进行，聚合物驱和二元复合驱能够使水驱后仍存在的连片或网络状剩余油变为斑块或孤粒状，剩余油分布更加离散。

从实验 1、实验 2 和实验 3 各驱替阶段的的剩余油块数和单块剩余油的平均体积变化统计可以看出，聚合物驱和二元复合驱都使剩余油块数增多。其中聚合物驱后由水驱残余油状态的441块增加到582块，二元复合驱后增加到704块，同时单块剩余油的体积值逐渐减小。这说明聚合物驱和二元复合驱能够使水驱后仍存在的连片或网络状剩余油变为斑块或孤粒状，剩余油分布更加离散。

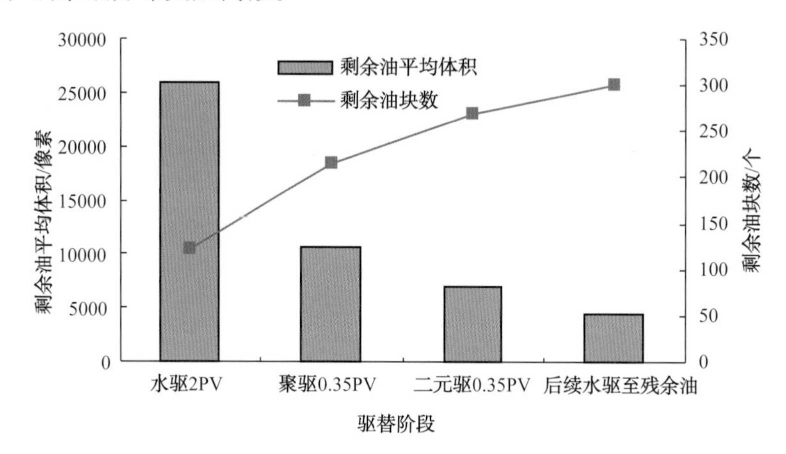

图4-4-26　聚驱后二元复合驱各驱替阶段剩余油块数和体积变化

为了从三维岩芯模型中，直观地观察到这种剩余油离散分布的现象，进一步统计了剩余油小于200像素的剩余油个数，如图4-4-27所示，可以看出二元复合驱相对聚合物驱小块剩余油块数明显增加。这主要是因为二元复合体系降低了界面张力，更易将剩余油乳化成小油滴，使得剩余油的块数增多，并且单块剩余油的体积减小。

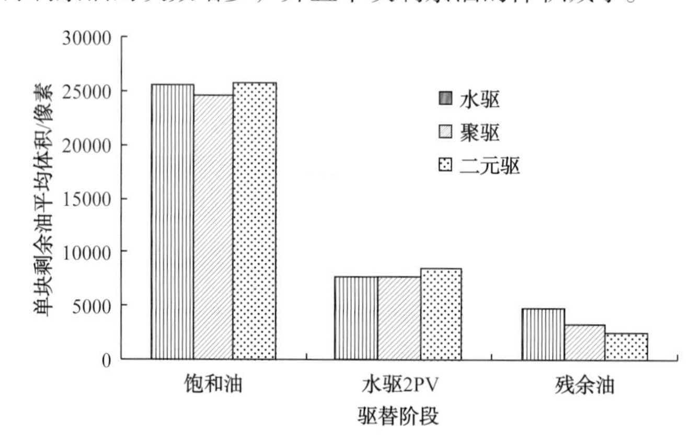

图4-4-27　不同驱替阶段单块剩余油平均体积变化图

第五章　低效水驱稠油转热采开发技术

在孤岛油田开发初期，为探索常规条件下开采稠油的有效途径，曾进行常规试油试采，因原油黏度大未获成功，后又进行过。常规水驱、“以水带油、以稀带稠”及与上层系稀油合注合采等多种方式的探索，为孤岛稠油合理开发方式的确立提供了经验。在开发历程中，根据不同稠油环的差异及共性，坚持效益开发原则，强化科研攻关，形成了具有孤岛特色的井网优化加密、低效水驱转热采及热化学驱、敏感稠油开发、水侵治理及热采防砂技术，实现了孤岛稠油的高速高效开发。

第一节　蒸汽吞吐热采开发技术

一、孤岛热采稠油分布及常规开采状况

1. 孤岛热采稠油分布

孤岛油田低效水驱稠油位于孤岛披覆背斜构造侧翼，纵向上处于稀油与边底水之间的油水过渡带，平面上围绕孤岛油田呈环状分布，分为 Ng5、Ng6、Ng3-4 砂层组三个稠油环，Ng5、Ng6 稠油环分布较为连续，位于孤岛油田主体边部，Ng3-4 稠油环较为零散，均位于孤岛油田边角部位。整体而言孤岛稠油埋深为 1200~1320m，原油黏度及密度随构造深度的增加而增大，50℃地面脱气原油黏度为 5000~35000mPa·s，密度为 0.98~1.00g/cm^3，油水界面相对较统一，为 1308~1314m，油藏条件下原油黏度高于 130mPa·s。

截至 2011 年 12 月，低效水驱稠油动用含油面积 26.5km^2，地质储量 7068×10^{4}t，其中 Ng5 稠油环储量最大，为 3201×10^{4}t，占总储量的 45.3%；其次是 Ng3-4 稠油环，为 2940×10^{4}t，占总储量的 41.6%；Ng6 稠油环储量最小，为 927×10^{4}t，占总储量的 13.1%。总体上孤岛油田低效水驱稠油具有以下三个特点。

（1）原油黏度高。50℃地面脱气原油黏度为 5000~35000mPa·s，原油密度为 0.98~1.00g/cm^3，按照我国稠油分类标准，孤岛稠油属于普通稠油Ⅰ-2 至特稠油，同时又具有黏温敏感性强的特点，温度每升高 10℃，原油黏度下降一半以上。例如生产 Ng5^3 层位的中 25-420 井，50℃地面脱气原油黏度为 10722mPa·s，温度升至 125℃时原油黏度降至 87mPa·s，温度升至 200℃时原油黏度降至 11mPa·s。

（2）受注入水和边底水双重水侵影响。孤岛稠油纵向上处于稀油与边底水之间的油水过渡带，一方面受构造高部位同层系稀油注水区注入水影响，另一方面受构造低部位边底水影响，由于稠油区靠近底水区，边底水能量活跃，以 Ng5 稠油环为例，Ng5$^{3-6}$ 四个小

层叠合水体体积是油体体积的4倍，其中可动水体积是油体体积的3倍。

（3）不同稠油环储层性质差异较大。Ng5稠油环分布面积广、储层厚度大（主力层效厚8~12m），展布较为稳定，构造低部位边底水较发育；Ng6稠油环油层厚度薄（主力层效厚3~7m），油水层间互，夹层发育不稳定；西南区Ng5–6稠油单层厚度薄（单层厚度3~4m）、叠加厚度大（可达4~10m），一直与上层系Ng3–4稀油合注合采，受层间物性及流体非均质性影响，储量动用状况较差；Ng3–4稠油环储层泥质含量高（15%以上），敏感性强。

2. 常规水驱开发效果

常规水驱以渤21稠油为代表，工区位于孤岛披覆背斜构造的最西端，含油层系为Ng3–4砂层组，含油面积3.6km^2，地质储量867×10^{4}t，构造简单平缓，为受南北断层夹持的西倾单斜构造，油层埋深1220~1300m，叠加有效厚度12m，岩性以细砂岩、粉细砂岩为主，孔隙度为30%~35%，渗透率500×10^{-3}~950×10^{-3}μm^2，50℃地面脱气原油黏度为2000~3000mPa·s，为普通稠油油藏。

1975年4月投产以来，采用天然能量开发，投产采油井9口，虽单井产量较高，但由于生产井少，采油速度较低，仅为0.7%左右，截至1977年12月累积产油11.40×10^{4}t，阶段采出程度1.3%。自1978年1月起采用300m反九点法面积井网投入注水开发，注水初期取得了明显的效果，年产油量由转注前的5.8×10^{4}t上升到1979年的7.6×10^{4}t。但由于含水逐渐上升，从1980年开始区块产量一直较低，至1989年间年产油为4.0×10^4~5.0×10^{4}t。为了改善水驱生产效果，1989年对该块进行了整体调整，改面积注水为单排行列式注水，注采井距仍为300m，采油井井距由300m加密至150m，随着采油井数的大量增加，1990年产油升至7.6×10^{4}t，但是受到油稠、储层非均质性严重的影响，含水快速上升，开发效果逐渐变差，1995年即进入特高含水期，综合含水高达92.6%，年产油降至5.8×10^{4}t，采油速度降至0.7%，累积产油91.5×10^{4}t，采出程度10.6%。渤21水驱开发效果可简要概括为“双低”：一是采油速度低，从1975年到1995年平均采油速度为0.66%，年产油量最高的1979年和1989年的产量为7.6×10^{4}t，采油速度也仅为0.93%；二是采收率低，应用水驱法及递减法预测含水98%时水驱采收率为17.1%，远低于孤岛油田中区Ng3–4水驱单元40%的采收率。

“以水带油、以稀带稠”以中31–416井区为代表，1988年后在中二北的中31–416井区开展了稠稀油同时射开生产，以稀油带稠油和同时射开稠油层及下部水层，以水带油的开采试验，该井区于1988年4月投产（射开稠油层Ng5^{3}同时射开了下部水层Ng5^5、Ng6^3），因油稠驱油效率低，再加上射开水层，投产第3个月含水就升至90%以上，最高达到98.1%，取样化验50℃地面脱气原油黏度为10180mPa·s。1989年3月该井因油稠关井上返Ng3–4层生产，从投产至上返近1年时间内生产一直不正常，因砂卡及抽油杆断脱等原因修井作业10次，一年平均开井时率只有0.3。

与上层系稀油合注合采以西南区Ng5–6稠油为代表，西南区Ng3–6砂层组投产以来采用一套层系注水开发，Ng5–6与Ng3–4砂层组间储层物性及流体性质差异较大，其中

Ng3–4 储层平均渗透率为 1500 × $10^{-3}\mu m^2$，地面脱气原油黏度为 2000~3000mPa·s，Ng5–6 储层平均渗透率为 800 × $10^{-3}\mu m^2$，地面脱气原油黏度为 4000~6000mPa·s，Ng3–6 合采时稀稠油干扰严重，Ng5–6"出工不出力"，截至 2005 年 12 月西南区 Ng3–6 整体采出程度为 30%，而 Ng5–6 采出程度仅为 8.1%，水驱采收率 10%，与上层系合注合采开发效果较差。

矿场实践表明孤岛稠油采用常规方式开发是不可行的，本质是因为稠油渗流规律不同于稀油，深化稠油流体特征认识是确立合理开发方式的前提。

二、注蒸汽热采可行性

1. 原油黏温特征

据统计，胜利油区原油黏温曲线的斜率平均为 –3.17，而孤岛稠油原油黏温曲线的斜率为 –4 左右（图 5–1–1），其原油黏温关系较为敏感，对注蒸汽热采有利。

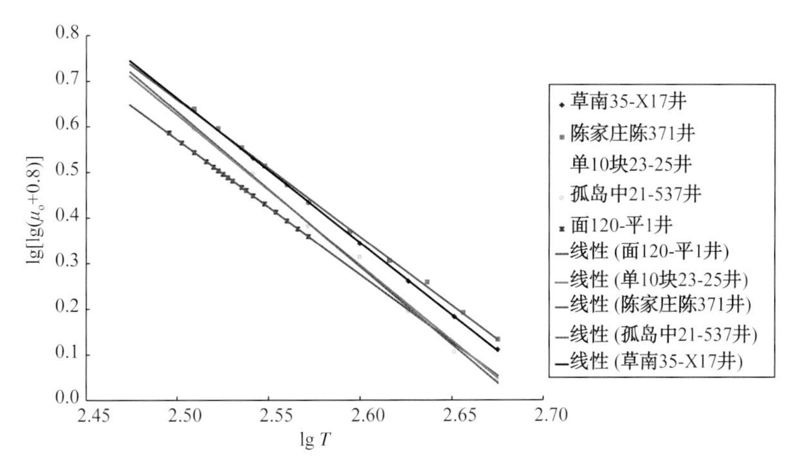

图 5–1–1　胜利油区不同区块原油黏温曲线图

2. 非牛顿流体特征

流变特性是稠油的一项重要性质，主要反映流体的黏弹性，对孤岛稠油环 4 口油井原油在流变仪及多孔介质中的流变特性及向牛顿流体转化的条件开展了研究。

（1）不同温度下的流变特性。稠油在流变仪和多孔介质中表现出的流变特性不同，渤 21 和孤岛中二北两个区块油样在流变仪中的剪切应力与剪切速率均呈线性关系，表明在较低温度下流变仪中常规稠油表现出具有一定屈服值的宾汉型流体的特点，随着温度的上升，截距减小，温度超过一定数值后，截距为"0"，转变为牛顿流体（图 5–1–2）。

稠油在多孔介质中渗流时，在较低温度下其剪切应力与剪切速率不再呈线性关系，剪切应力随剪切速率的增加而加速增加，具有拟塑性非牛顿流体的特征（图 5–1–3）；在较高温度下，剪切应力与剪切速率具线性关系，在多孔介质中稠油的剪切变稀特性远强于在地面（图 5–1–4）。

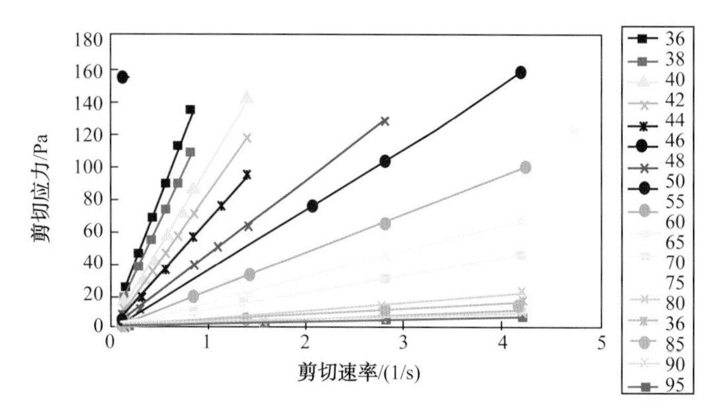

图 5-1-2　流变仪中孤岛中二北原油流变曲线

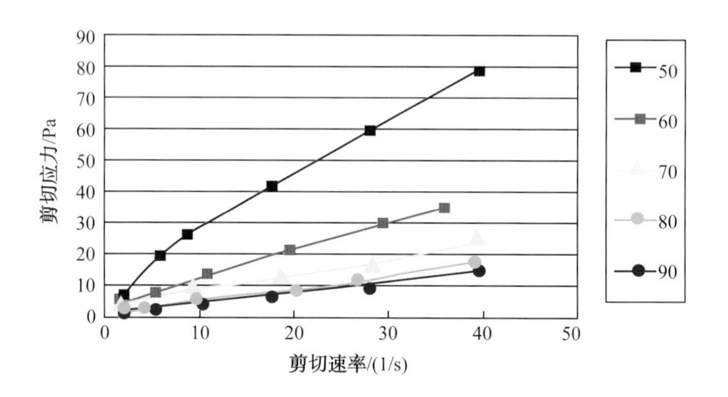

图 5-1-3　多孔介质中孤岛中二北原油流变曲线

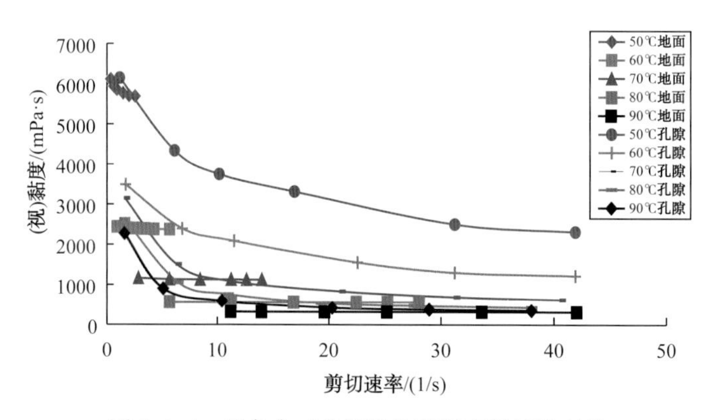

图 5-1-4　孤岛中二北原油的剪切变稀特性对比

综合来看，较低温度下，孤岛稠油在流变仪中为宾汉型流体，在多孔介质中表现为拟塑性非牛顿流体的特征，在较高温度下均表现为牛顿流体特性。

（2）转变为牛顿流体的条件。对不同温度下多孔介质中剪切应力与剪切速率关系曲线进行回归分析，求取不同样品在多孔介质中转化为牛顿流体温度点，与流变仪中牛顿流体温度转化点进行对比（表 5-1-1）。

表 5-1-1　孤岛低效水驱稠油流变性测试数据表

取样井号	流变仪中牛顿流体温度转化点 /℃	多孔介质中牛顿流体温度转化点 /℃	差值 /℃
渤 21-4-12 井	52.44	90.00	37.56
中 23- 斜更 535 井	55.68	90.50	34.82
中 22- 斜 612 井	53.10	83.00	29.90
中 34- 斜 513 井	55.50	80.00	24.50
平均			31.70

孤岛稠油在多孔介质中转变为牛顿流体温度在 83~90.5℃，远高于流变仪中测试的温度点，平均高出 31.7℃，表明孤岛稠油在油藏条件下为拟塑性流体，渗流阻力超出一般观念。

国内外开发经验表明注蒸汽热采是开采稠油的有效途径，但是注蒸汽热采对油藏地质条件有一定要求，为确立孤岛稠油合理开发方式，开展了注蒸汽热采可行性评价。

3. 注蒸汽吞吐筛选标准

与胜利油田注蒸汽吞吐企业标准中三类普通稠油标准相比，孤岛稠油的油藏埋藏深度、油层厚度等指标处于筛选标准的下限附近（表 5-1-2），而其余指标均高于筛选标准，表明孤岛稠油满足注蒸汽吞吐筛选标准。

表 5-1-2　孤岛稠油油藏条件与注蒸汽热采筛选标准对比表

油藏参数	普通稠油			孤岛稠油
	甲 -1	甲 -2	甲 -3	
	Ⅰ-1 类 普通稠油	中低渗薄层 普通稠油	中渗薄层 普通稠油	
黏度 /（mPa·s）	<3000	<10000	<10000	5000~35000
密度 /（g/cm^3）	<0.92	>0.92	>0.92	0.98~1.00
深度 /m	<1600	<1000	<1200	1200~1320
厚度 /m	>10	>10	>5	4~12
净总比 /（m/m）		>0.4	>0.4	0.63~0.82
渗透率 /（$10^{-3}\mu m^2$）	>1 000	>500	>1 000	1650~3456
孔隙度	>0.32	>0.28	>0.28	0.30~0.36
饱和度	>0.50	>0.45	>0.45	0.55~0.62
$\phi \cdot S_{Oi}$/（$10^4 t/km^2 \cdot k$）	>0.160	>0.126	>0.126	0.18~0.20
推荐开采方式	先注水	蒸汽吞吐	蒸汽吞吐	蒸汽吞吐

随着技术的进步，热力采油筛选标准界限进一步拓宽，薄层稠油、低渗敏感稠油也适用于热力采油。

4. 岩石热物理性质

据取芯井渤 116 井岩样的导热系数与比热系数（表 5-1-3）分析可以看出，其疏松砂岩和泥岩的导热系数均大于单家寺的导热系数，而比热均小于单家寺油田，说明孤岛油田油层岩石传热性好且吸入热量小，注入相同蒸汽量，其加热范围、温度将增加，有利于注蒸汽热采开发。

表 5-1-3　不同类型油田不同岩性热物性对比表

热物性参数	温度/℃	疏松砂岩		泥岩		
		B116井（孤岛油田）	单03-2（单家寺油田）	渤116井（孤岛油田）	单2-1井（单家寺油田）	草20-9-11（乐安油田）
导热系数［W/（m·K）］	70	2.399	1.817	1.524	1.358	1.934
	100		1.545			
	130	2.226	1.413	1.535	0.98	1.66
	190	2.038	1.223	1.523		1.0696
比热系数［J/（g·K）］	80			0.9574	1.184	0.984
	100	1.0782	1.14	0.9945	1.209	1.018
	180	1.1796	1.44	1.1242	1.291	1.131
	230	1.23	1.67	1.2133	1.38	1.23

5. 注蒸汽驱油效率

对孤岛中23-更斜535井油样进行了不同温度的热水驱（31℃、40℃、50℃、60℃、70℃、80℃、90℃）和200℃蒸汽驱的驱油效率试验（图5-1-5），实验结果表明温度对驱油效率有明显影响，在热水驱方式中，随着温度的升高，驱油效率提高，而蒸汽驱油效率更高，原因是水的汽化潜热很高，水蒸汽分子的能量比液态分子能量高得多，汽态水分子可以进入液态水分子达不到的油层微孔隙中，会大大提高驱油效率。在注入孔隙体积倍数分别为0.5，1.0，1.5时，200℃蒸汽及60℃热水的驱油效率分别为60.6%、8.5%，63.5%、10.7%，67.0%、13.1%。

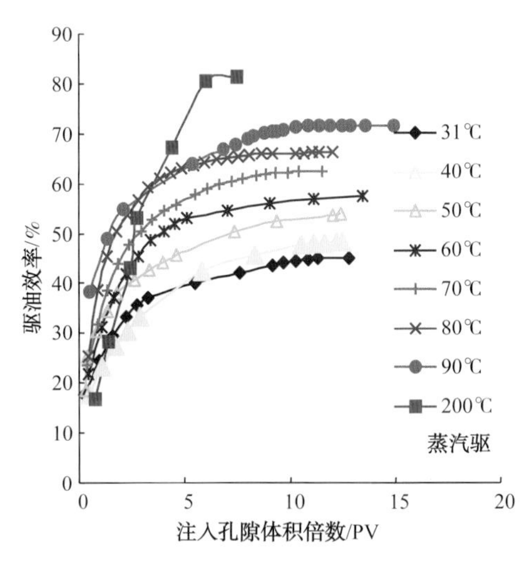

图 5-1-5　中23-更斜535井原油驱油效率试验曲线

三、蒸汽吞吐热采开发技术优化

1. 技术经济政策界限

经济技术政策界限优化是效益开发的前提，为开发调整确立了实施原则和筛选标准，确保了稠油热采开发的经济效益和运行质量。

1）经济极限油汽比

当油汽比由大变小时，造成总成本中的可变成本升高，将导致总成本高于这个时期的销售收入，即总收益为零或负值，此时的油汽比即为经济极限油汽比。

测算经济极限油汽比的公式如下：

$$OSR_{\min}=\frac{C_{\text{ig}}}{e_{\text{o}}\alpha_{\text{o}}(1-r_{\text{T}})-R_{\text{upc}}-C_{\text{wdf}}/q_{\text{o}}} \tag{5-1}$$

据孤岛油田稠油成本实际发生值，与注汽量有关的费用按注汽费和部分热采费计算，取 43.5 元 /t，与产油量有关的费用包括可变成本和部分热采费，取 179.4 元 /t，与井网有关的费用考虑了除上述成本以外的其他成本，未考虑储量占用费，取 1966 元 / 井·天，油田热采时率取 75%。

测算了孤岛稠油热采单井日产油分别为 4t、6t、8t、10t、12t 情况下 [油价为 3290 元 / t（\$60/bbl）]，经济极限油汽比分别为 0.14、0.13、0.12、0.12、0.12。

2）经济极限初产油量

新井经济极限初产油量是指在一定的技术、经济条件下，油井在投资回收期内的累积产值等于同期的投入之和，初产油量称为油井经济极限初产油量。

油井的经济极限初产油量计算公式如下：

$$q_{\text{o}}=\frac{(I_{\text{D}}+I_{\text{B}})+\sum_{i=1}^{T}C_{\text{v}}(1+i_1)^{T-1}+\sum_{i=1}^{T}C_{\text{G}}(1+i_2)^{T-1}}{365\tau_{\text{o}}\alpha_{\text{o}}\sum_{i=1}^{T}(B^{T-1})(P_{\text{o}}-R_{\text{T}}-C_{\text{Y}})^{10^{-4}}} \tag{5-2}$$

式中，q_{o} 为经济极限初产油量，t/d；I_{D} 为单井钻井投资，万元；I_{B} 为单井地面建设投资，万元；T 为投资回收期，a；B 为油井产量平均年递减余率，小数。

根据近年原油生产成本，求出单井成本和单井日产液量的关系式，测算了稠油热采新井在不同油价条件下的极限经济产量，当日产液量为 30t，油价为 \$40/bbl、\$50/bbl、\$60/bbl、\$70/bbl 的情况下，稠油热采新井的经济极限初产为 2.68t/d、2.36t/d、2.13t/d、1.87t/d。

3）经济极限单井控制储量

在一定的经济技术条件下，油井在投资回收期内的累积产值等于同期的投入之和，此时的最低增油量与采单元最终采收率的比值就是热采新井极限单井控制储量。

热采井的经济极限单井控制储量计算公式如下：

$$Q=\frac{I_{\text{D}}+I_{\text{B}}+\sum_{i=1}^{T}C_{\text{v}}+i^{T-1}+\sum_{i=1}^{T}C_{\text{G}}+i_2^{T-1}}{H(P_{\text{o}}-R_{\text{Y}}-C_{\text{T}})^{10^{-4}}} \tag{5-3}$$

式中，Q 为经济极限单井控制储量，10^4t；I_{D} 为单井钻井投资，万元；I_{B} 为单井地面建设投资，万元；T 为投资回收期，a；B 为油井产量平均年递减余率，小数；η 为采收率，小数。

根据近几年该区块原油成本资料，测算了热采新井在日产液量为 40t，油价为 3290 元 /t（\$60/bbl）时，采收率不同条件下的极限经济单井控制储量，采收率为 20%、25%、30%、35% 的情况下，热采新井的经济极限单井控制储量为 5.2×10^4t、4.2×10^4t、3.5×10^4t、3.0×10^4t。

综合来看，为保证孤岛稠油蒸汽吞吐开发效益，在 \$60/bbl 油价下，极限油汽比为 0.12，极限初产油量为 2.13t/d，极限单井控制储量为 3.5×10^4t。

2. 低效水驱转热采界限

西南区 Ng5–6 稠油与上层系 Ng3–4 稀油合注合采，受储层物性及流体非均质性制约，开发效果较差。Ng5–6 稠油单层厚度薄、叠加厚度大（可达 4~10m），且与 Ng3–4 间隔层厚度大（平均厚度为 11.6m），发育较为稳定，具备细分开发层系及转换开发方式的条件。但是西南区 Ng5–6 低效水驱稠油含油面积大，平面上开发动态及储层发育状况差异大，并非所有区域都适宜转热采开发，通过开展水驱转热采技术界限研究，为转热采区块筛选及注采参数优化提供了依据。

根据孤岛油田南区复杂断块稠油注水井网的实际，建立了两种地质模型（图 5–1–6）。

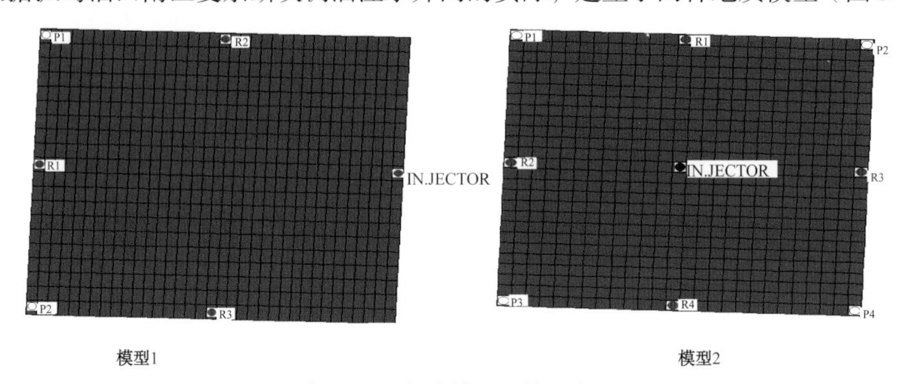

图 5–1–6　概念模型网格示意图

模型 1: 排距为 175m，井距为 200m 的排状井网，模型区包含 2 口常规采油井，1 口注水井，3 口热采井，网格数为 $35\times20\times3=2100$，纵向上包括 2 个小层和 1 个隔层。

模型 2：井距为 260m 的五点井网，模型区包含 4 口常规采油井，1 口注水井，4 口热采井，网格数为 $26\times26\times3=2028$，纵向上包括 2 个小层和 1 个隔层。

1）极限有效厚度

分别对排状井网和五点法井网的不同油层有效厚度进行了水驱转热采效果预测，以直井吞吐经济极限产量为衡量标准（图 5–1–7），确定了排状井网转吞热采油层有效厚度不低于 6.2m，五点法井网转吞热采油层有效厚度不低于 5.8m。

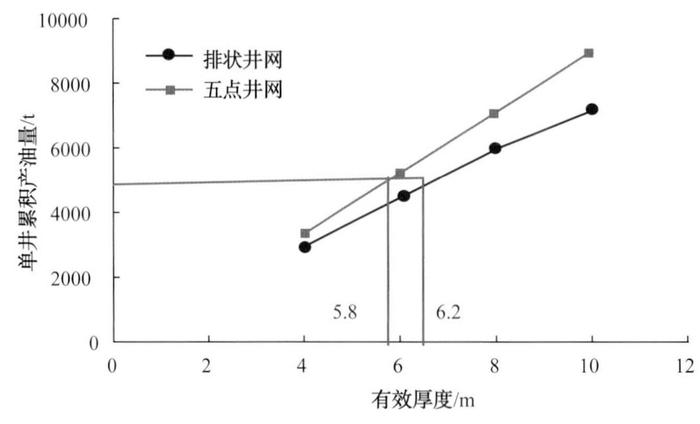

图 5–1–7　水驱转吞吐有效厚度界限

随着技术的进步，基于水平井的热力复合驱采油技术使油层有效厚度界限拓展到 2m 以上。

2）转吞吐时机

根据油水相渗曲线可知，水驱时含水越高，表明油层中含水饱和度越高，转热采开发后增油效果越差，数值模拟对油层有效厚度 6m 的排状井网和五点井网进行水驱含水分别为 70%、80%、85%、90% 以及 90% 以上时转吞吐的采出程度及油汽比进行评价，结果表明当含水 <90% 时转吞吐，随着含水升高吞吐产油量下降不大，但当含水 >90% 后再转吞吐，则吞吐产油量减少较多（图 5-1-8），较合适的转驱时机是在水驱含水不超过 90% 时。

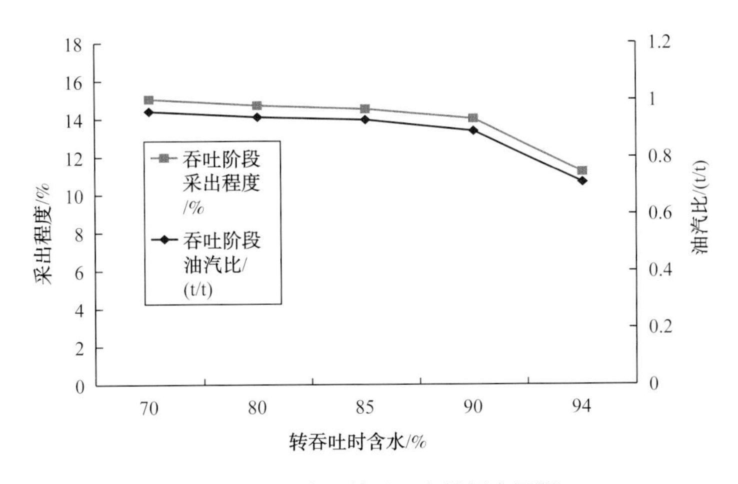

图 5-1-8　水驱转吞吐有效厚度界限

3）注汽强度优化

与常规热采稠油相比，水驱稠油层内含水饱和度更高，需保持一定的注汽强度才能保证油层的加热效果，数值模拟表明有效厚度为 6m、水驱含水 80% 时，直井注汽强度低于 200 t/m 时累产油量较低，高于 250t/m 时累产油量增长幅度不大，因此确定合理注汽强度为单井注汽强度 200~250t/m。

4）采液速度

水驱后转热采的采液速度在一定程度上影响开发效果，由于油水渗流能力的差异，采液速度过高，单井含水随之升高，采液速度过低，无法实现有效动用。数值模拟表明：对于排状井网，当单井采液速度为 30t/d 时，油汽比和吞吐采出程度最高，对于五点井网，当采液速度为 40t/d 时，其吞吐采出程度和采油速度也较高，因此认为水驱转热采后，采液速度控制在 30~40t/d 较好。

综合来看，水驱转热采要求油层有效厚度 6m 以上，较合适的转驱时机应在水驱含水不超过 90% 时，转热采后单井注汽强度为 200~250t/m，采液速度为 30~40t/d。

3. 合理井网井距

Ng5 稠油环储层厚度大，发育较为稳定，通过开发试验确立了 200m × 283m 的反九点法基础井网，其他稠油环油藏地质特征与 Ng5 稠油环不同，需开展井网井距优化。

井距的选择主要根据注入蒸汽的加热半径和波及系数来确定，主要采用解析法来确定，因为油层一般为非均质的，加热面积的形状不是以井点为中心的图形，而是较为复杂的形状，为此提出如下求解单井最大加热半径的公式：

$$r_h=\sqrt{\frac{A}{E\cdot\pi}} \tag{5-4}$$

式中，r_h 为最大加热半径，m；E 为波及系数，无量纲。

波及系数是较难准确取得的数，它不仅与油藏参数有关，而且与油藏均质性有关。威廉姆（Willman）和雷米（Remoy）等根据多个油田时间动态及数值模拟结果，提出了波及系数的计算公式：

$$E=0.01\times\left[-220.43-11.279\times\ln\frac{\mu_{oi}}{\mu_{os}}-0.85196\times(T_s-T_i)+90.167\times\ln(T_s-T_i)\right] \tag{5-5}$$

式中，μ_{oi} 为原始油藏温度下的原油黏度，mPa·s；μ_{os} 为蒸汽温度下的原油黏度，mPa·s。

根据上述计算结果，得出了不同原油黏度（50℃）和油层厚度下的蒸汽吞吐合理井距（表 5-1-4），再结合孤岛油田类似矿区的矿场资料综合分析，对原油黏度为 5000mPa·s，油层厚度为 8~10m 的稠油油藏，蒸汽吞吐合理井距为 120~150m 之间为宜。

表 5-1-4　不同原油黏度及油层厚度下蒸汽吞吐合理井距

原油黏度 /（mPa·s）	5000				10000			
油层厚度 /m	5	8	10	15	5	8	10	15
加热半径 /m	92	75	50	44	85	64	45	40

井网的选择需考虑蒸汽吞吐后期转蒸汽驱的需要，参考国内外蒸汽驱经验，注汽井注汽速度通常为 4~6t/h，采注比为 1.2，五点法、七点法、反九点法三种面积井网下受效单井日产液量分别需达到 115~173t、58~86t、38~57t，考虑孤岛稠油平均叠加厚度为 10m 左右，采液强度不宜过大，因此采用反九点法井网为宜。

在实际开发过程中，根据井网井距优化结果，结合不同稠油环具体情况进行井位部署，Ng6 稠油环油水层间互、夹层区域性发育，采用直井水平井联合布井，部署了 141m × 200m 不规则反九点法井网；西南区 Ng5–6 为多薄层稠油，单层厚度薄、发育不稳定且受多条断层切割，主要立足于蒸汽吞吐开发，采用 141m × 200m 五点法井网一次到位；Ng3–4 稠油单元面积较小，一般部署半个 141m × 200m 反九点法井网。

4. 蒸汽吞吐参数优化

开展蒸汽吞吐参数及生产管理优化研究，使得稠油区块的生产运行有章可循，保障了生产运行的经济效益。

孤岛稠油热采井的驱动类型有三种：边底水驱动为主、先弹性后水驱和纯弹性驱动，不同驱动方式的油井能量补充形式及动态特征不同，为提高蒸汽吞吐的经济效益，按油井驱动类型来优化蒸汽吞吐注采参数。

边底水驱动为主类型的油井合理注采参数优化：注汽强度为 150~180t/m，采液量为

50t/d 左右，为减少地下存水，实施强排助排，提液井排液量可达 70~80t/d。

先弹性后水驱动类型的油井合理注采参数优化：注汽强度为 180~220t/m，初期控制生产压差，减缓边底水水侵速度，采液量一般控制在 40t/d 以下，油井见水后，可适当提高液量，采液量控制在 50~60t/d 左右。

纯弹性驱动类型油井合理的注采参数优化：注汽强度为 200~250t/m，由于弹性能量补充不足，采液量控制在 30t/d 以下，对油层厚度较薄的油井，特别应注意控制采液量和生产压差，避免猛抽猛采，造成油井短期内供液不足或砂卡关井（表 5–1–5）。

表 5–1–5　按油井驱动类型来优化注采参数表

分　类	注汽强度 /（t/m）	排液量 /（t/d）	备　注
纯水驱	150~180	50~60	提液井排液量可达 70~80t/d
先弹性后水驱	180~220	初期 40 以下	注意控制生产压差，减缓边底水水侵速度
纯弹性驱	220~250	30	对薄层，应特别注意控制采液量和生产压差

数值模拟对比了注汽强度从 100~400t/m 等七个方案，结果表明，随着每米注汽量的增加，每米采油量增加，油汽比下降，当每米注汽量超过 250t 左右时，每米采油量上升幅度减小。从动态上看，注汽强度在 200t/m 之前，若每米注汽量增加 50t/m，则每米采油量可提高 130t/m；注汽强度在 200~250t/m 之后，每米注汽量增加 50t，则每米采油量不再增加，说明再增大注汽量，采油量并不一定增加。结合数模与动态综合考虑，每米注汽量选择在 200~250t/m 较为合适（图 5–1–9）。

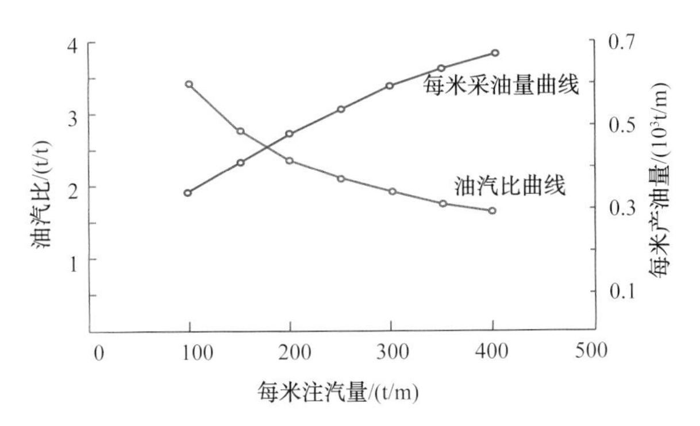

图 5–1–9　注汽强度与每米产油量、油汽比关系图

以弹性开采为主的吞吐井，由于压力下降快，亏空大，必须通过逐周期增加注汽量措施，增大加热半径和动用面积。通过井组模型，分别计算了逐周期注汽量增加 5%、10%、15%、20% 四个方案。结果表明，随着周期注汽量的增加，采收率增加，累积油汽比减小，增油油汽比在递增 15% 方案出现峰值，因此弹性开采区内的井可实施逐周期增加 15% 注汽量的措施（图 5–1–10）。

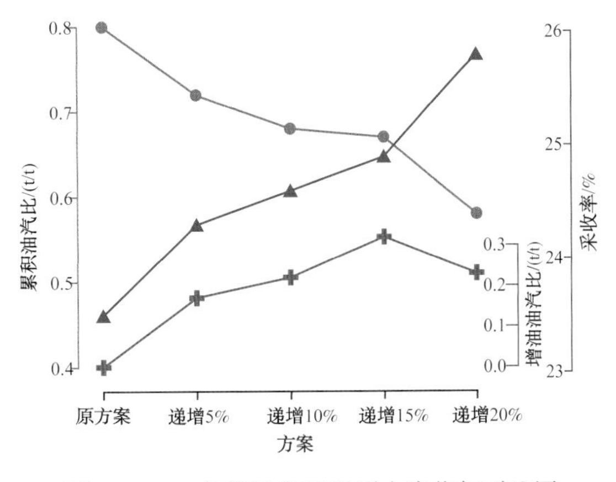

图 5–1–10　周期注汽量递增方案指标对比图

蒸汽吞吐开采方式决定了油井必须具有与其相适应的生产管理方法，在热采矿场实践的基础上制定了按吞吐开采阶段实施生产管理的方案。

周期初期，热采井注汽完毕后立即开井，会回采大量蒸汽，降低热利用率，所以需要关井一段时间以便油层内进行热交换，但如果关井（焖井）时间过长，油层温度降低较快会降低初期峰值产油量并削弱“放喷解堵”效应。结合油藏数值模拟和实际经验，确定最佳焖井时间为 4~6d；焖井后放喷要选择适当的排量，排量过大易造成热量散失，加速油层出砂；排量过小易造成放喷时间过长，油压太高，丧失趁热快抽的好时机，因此应选择适当的油嘴进行控制，经实践检验，一般以 4mm 油嘴为宜。同时，针对热采油藏出砂较严重这一具体特点，为避免因采液强度过大造成油井砂卡，确定了周期初下 ϕ57 泵，长冲程、快冲数生产，同时根据不同油井具体情况，控制好生产压差，既保证了“趁热快抽”，也避免了油井严重出砂。

周期末期，由于液量、液面下降快，采用 ϕ44 泵慢参数生产，延长生产周期，同时采用点滴加药、掺蒸汽等井筒降黏工艺，延长周期生产时间，提高开发效果。

四、改善蒸汽吞吐开发效果技术

1. 高轮次吞吐期井网加密

Ng5 稠油环自 1992 年 9 月起采用 200m × 283m 反九点法井网进行蒸汽吞吐开发，“十五”期间进入高轮次吞吐阶段，产量递减加大，但是单井控制剩余地质储量较大（10×10^4~15×10^4t），在弱水侵区剩余油分布认识的基础上，通过数值模拟优化井网加密方案，于“十五”期间完成了 Ng5 稠油环的一次加密（对角井间加密，图 5-1-11），钻新井 159 口，单控储量由 13.4×10^4t 下降至 6.0×10^4t，年产油保持在 35×10^4t 以上，采收率达到 44.6%，提高了 18.7%。以中二中 Ng5 稠油为例，对井网加密调整进行优化论证。

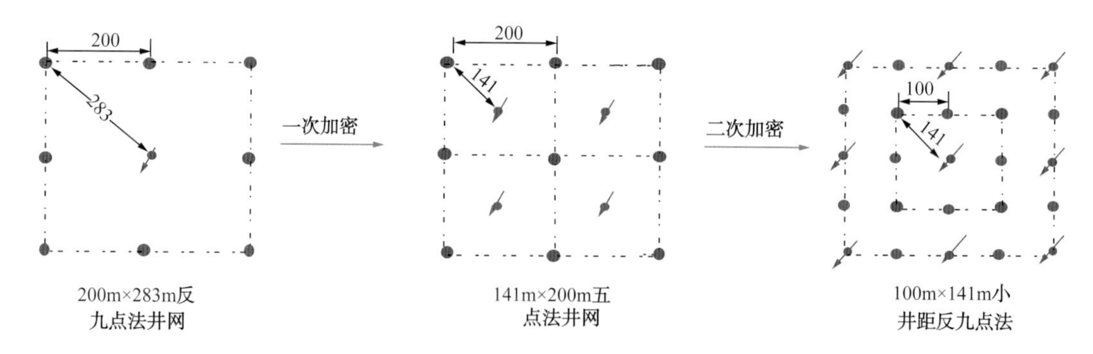

图 5-1-11　孤岛稠油环井网加密示意图

中二中 Ng5 稠油位于 Ng5 稠油环中东部，主力小层为 $Ng5^{3-4}$，含油面积 2.0km²，有效厚度 12.1m，地质储量 485×10^4t，Ng5 砂层组为辫状河沉积体系，岩性以粉细砂岩及细砂岩为主，胶结类型为孔隙接触式，平均孔隙度 32.0%，原始含油饱和度 65.0%，空气渗透率 $1600\times10^{-3}\mu m^2$。截至 2004 年 2 月，采用 200m × 283m 反九点法基础井网吞吐开发，油井总数 31 口，日液水平 1064t，日油水平 219t，综合含水 79.4%，累产油 76.98×10^4t，采油速度 1.65%，采出程度 15.9%，油汽比 3.82，平均单井控制剩余地质储量 13.2×10^4t，是 Ng5 稠油环一次加密前开发状况的典型代表。通过井网优化加密研究，新钻加密井 35 口，投产后平均单井日油能力达到 13.5t，是周围热采老井产量的 2~3 倍，含水率仅为 70.6%，低于周围老井 10.8%，新增产能 10×10^4t，调整后采收率提高了 8.6%，新增可采储量 42×10^4t，取得了显著效果。

按开发方式的不同，中二中 Ng5 平面上从西向东依次分为热采区、注水区和注聚区，故在全区范围内优选了既包含热采井又包含常规井在内的具有代表性的模拟试验井组，研究热采区井网加密以及水驱后转热采的可行性。模型区有热采井 9 口，常规井 6 口，注水井 1 口，纵向上包括 $Ng5^3$、$Ng5^4$ 和 $Ng5^5$ 等 3 个主力油层。

数值模拟采用 CMG 热采软件，首先建立了构造及储层模型，将井组内 3 个主力油层的顶面构造、有效厚度、砂层厚度、孔隙度、渗透率和饱和度等值图数字化，利用等值线得到每个网格单元的相应参数值；其次确定了数值模拟网格模型，模型纵向上有 3 个油层，2 个隔层，平面上采用 x 方向 30m，y 方向 25m 的网格步长，网格节点为 $25 \times 70 \times 5$；同时确立了油藏物性参数，油藏埋深为 1293m，原始油藏压力为 12.3MPa，原始油藏温度为 65℃，平均地面脱气油黏度为 8551mPa·s，平均地层含气原油黏度为 1000mPa·s，压缩系数为 $0.0181MPa^{-1}$，油层热容为 2236kJ/（m^3·℃），导热系数取 170kJ/（d·m·℃）。

在这个基础上，进一步建立了动态模型，井组自 1982 年 11 月投产，到 2003 年 10 月，数模中共装入注水井 1 口，采油井 15 口。根据每口油、水井的射孔历史以及生产或注水数据，建立了 252 个时间段的动态模型，时间步长为一个月。同时为模拟水侵影响，$Ng5^3$，$Ng5^4$ 和 $Ng5^5$ 各小层在东北方向油水边界处设置了边水。

按照剩余油分布特点，在上述数值模拟区域共设计了井间加密和井排加密两个类型井网加密方案。

方案 1：将反九点法井网改为五点法，打加密井 8 口，热采井共计 18 口（图 5–1–12）。

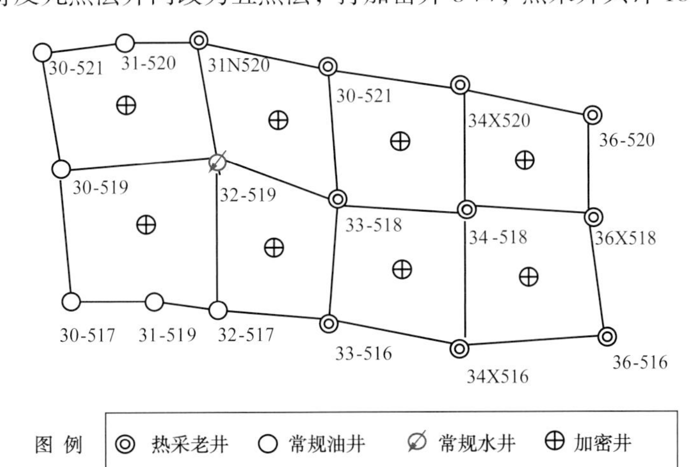

图 5–1–12　模型区井网加密示意

方案 2：在方案 1 的基础上进行垂直构造方向井排加密，钻加密井 8 口，热采井有 18 口（图 5–1–13）。

方案 3：在方案 1 的基础上进行平行构造方向井排加密，钻加密井 8 口，热采井有 18 口（图 5–1–14）。

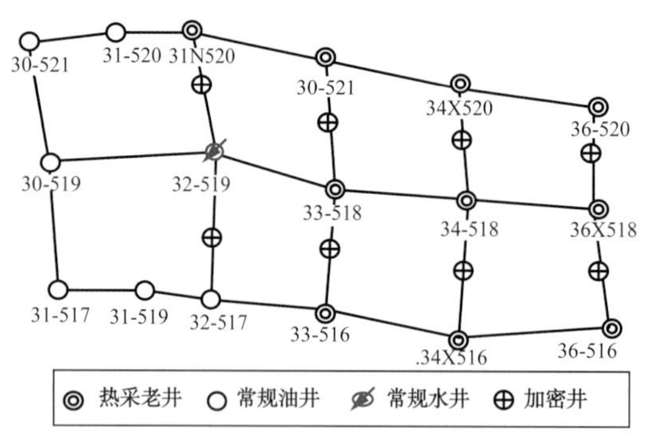

图 5–1–13　方案 2 井网加密示意图

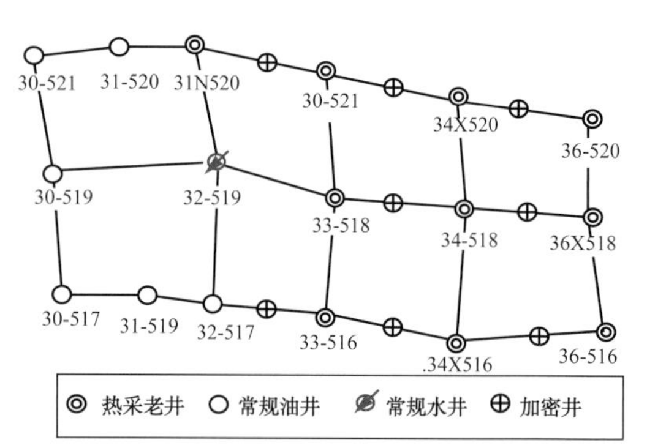

图 5–1–14　方案 3 井网加密示意图

数值模拟结果表明，在加密新井数相同、生产时间相同的情况下，方案 1 与方案 2、方案 3 相比较，方案 1 累积多增油量分别为 1.6×10^4t 和 1.3×10^4t，采收率提高 0.8% 和 0.6%（表 5–1–6）。且方案 1 加密后井距为 141m，新井单井控制剩余地质储量达 6×10^4t 以上，加密后井网也利于井网二次加密、转蒸汽驱来提高采收率。方案 2 和方案 3 加密后井距为 100m，新井单井控制剩余地质储量仅为 3×10^4t，且不利于下步调整。综合考虑推荐方案 1，将 200m × 283m 反九点法基础井网加密成 141m × 200m 五点法井网。

表 5–1–6　方案预测指标对比

对比指标	方案 1	方案 2	方案 3
加密井数 / 总井数	8/18	8/18	8/18
预测生产时间 /a	7	7	7
阶段产油量 /（10^4t）	24.8	23.2	23.5
阶段产水量 /（10^4m^3）	126.9	144.9	149.3
采收率 /%	28.1	27.3	27.5
累积产油量 /（10^4t）	54.6	53.0	53.3
累积产水量 /（10^4m^3）	235.6	253.6	258.0

2. 水平井开发

Ng6 稠油环油层厚度薄（主力层效厚 3~7m），油水层间互发育，采用直井开发的难点是层薄热损失大、油层热利用率低，相同油层厚度下水平井热损失比直井可降低20%~30%，且具有泄油面积大、有效抑制底水锥进等优势，确立了直井水平井联合布井方式，“十五”期间通过扩边与加密实现了整体动用。“十一五”期间进一步创新与完善水平井技术，拓展应用领域，成功应用于稠油环边部水淹层挖潜，形成了一套完整的河道砂稠油油藏水平井优化设计技术。

1）弱水侵区水平井优化设计

弱水侵区水平井应用以中二南 Ng6 稠油、南区东扩边 Ng3–4 薄层稠油水平井加密为主，下面以中二南 Ng6 稠油热采区为例对水平井加密优化设计进行分析研究。中二南 Ng6 稠油水平井加密区含油面积 1.2km^2，地质储量 180.0×10^4t，主力含油小层为 Ng6^3。原方案设计在新钻直井 20 口，新增年产油能力 3.9×10^4t，后根据 Ng6 稠油环储层发育特征，在精细油藏描述的基础上优化方案论证，采用水平井与直井联合布井方式对中二南 Ng6 稠油进行了开发调整，设计思路如下：在夹层发育的多油层区域，采用直井开发；在夹层消失的单油层区域，采用水平井开发。依据此思路开展水平井联合直井优化加密，实际新钻井 11 口（其中水平井 4 口，直井 7 口），新增年产油能力 7.1×10^4t，在总井数减少 9 口的基础上，产能增加了 3.2×10^4t，实现了经济效益的最大化。

在中二南 Ng6 稠油热采水平井调整方案实施过程中，充分借鉴国内外同类油藏的开采经验，利用热采水平井数值模拟技术开展了水平段长度优化、水平井垂向位置、水平井延伸方向等研究，进行油藏工程参数优化设计。

水平段长度优化。利用水平井注蒸汽开采稠油，由于受地质条件、注汽、采油工艺技术的限制，水平段并非越长越好，对于油层深度、厚度和原油黏度不同的油藏，存在一个与油藏条件和注汽、采油工艺相适应的最佳水平段长度。

为尽量减缓边水水侵影响，确定水平井延伸方向与构造、油水边界平行，鉴于热采数模计算时间较长，选取方案区一部分建立与构造、油水边界垂直、横跨油水边界的条带状概念模型。模型南北（J）长度 1000m，东西（I）宽度根据井网部署需要设计为 600m。I 方向划分为 60 个网格，网格步长 10m，J 方向划分为 50 个网格，网格步长 20m，K 方向只有 Ng6^3 一层，网格总数是 3000 个，根据油藏地质条件，估算油水体积比 1∶1。

利用上述概念模型对两口平行水平井水平段长度进行了优化计算，其中边部水平井距油水边界 300m，水平井井距 200m，两口水平井位置相互错开。计算结果显示，随着水平段长度的增加，模型采出程度逐步增加，但指标变化幅度不大，累积油汽比减小，主要是由于油层厚度薄，模型储量小，所以采出程度差别较小，综合分析认为水平段长度 150~200m 比较适宜（图 5–1–15）。

水平井垂向位置优化。数值模拟表明，当水平井处于距顶 2/3 的油层中下部时，散入顶、底层的热损失最小，且有利于重力泄油，具有最高产油量；由于中二南 Ng6^3 油层底部含水饱和度较高，为了减少底水水侵影响，其水平井段应处于油层中部（图 5–1–16）。

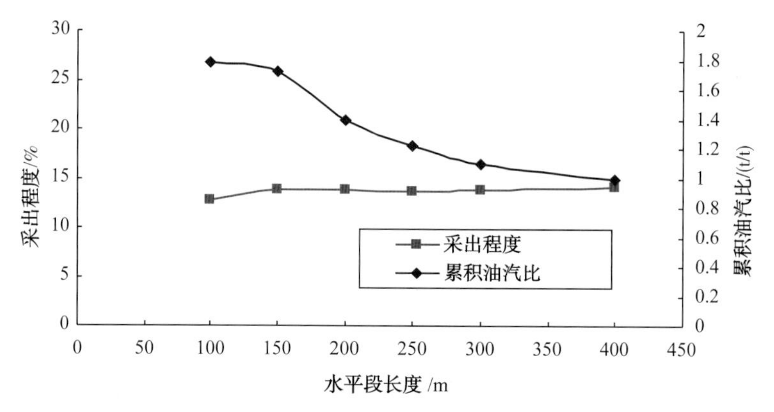

图 5-1-15　水平井水平段长度优化曲线

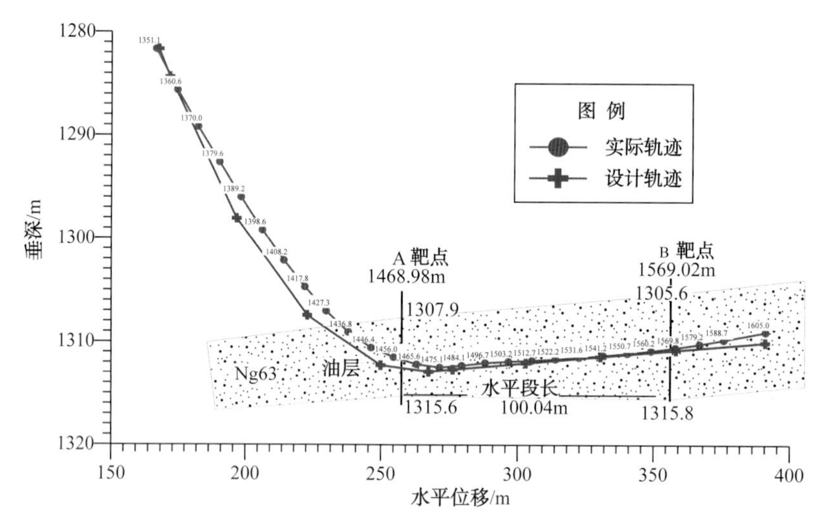

图 5-1-16　中 26 平 8 井井身轨迹图

水平井方位优化。水平井延伸方向应尽量平行构造线，一方面有利钻井，保证钻遇油层，另一方面有利于减缓边水水侵。水平井长度取 150m 时，对水平井方位分别取平行构造线、斜交构造线和垂直构造线进行数值模拟，结果平行构造线效果最好，初期含水最低，累积采油量最高（表 5-1-7）。

表 5-1-7　水平井不同方位开发指标对比

与构造线角度 /（°）	液量 /（m^3/d）	时间 /d	初含水 /%	结束含水 /%	累积采油 /（10^4t）
0	70	758	25.6	95.0	3.29
45	70	685	47.6	95.0	2.44
90	70	678	65.0	95.0	1.35

2）强水侵区水平井优化设计

“十一五” 期间，随着稠油环内部井网加密的完成，边部储量的有效动用成为重点攻关方向，该类储量位于构造低部位，原油黏度大、边底水影响强，采用直井开发含水上升速度快，开发效果差。在“十五”期间所形成的弱水侵区水平井优化设计基础上，深化开发技术政策界限研究，形成了稠油水淹层水平井优化设计技术，实现了稠油环边部储量的有效动用。

以中二北 Ng5 北部稠油为例对强水侵区水平井优化设计进行分析研究，工区含油面积 1.4km^2，地质储量 338×10^4t，位于 Ng5^4 外油水界线以外，1993 年投产以来采用直井开发，Ng5^4 底水沿 Ng5$^{3-4}$ 隔层不发育处锥进至 Ng5^3，采出程度不足 10% 时综合含水上升至 95% 以上，采油速度不足 1%，吞吐采收率 13.9%，远低于单元整体采收率 40%，平均单井控制剩余地质储量高达 16×10^4t。应用稠油水淹层水平井进行井网加密，新钻水平井 20 口，单井日油能力 8.0t，是周围直井产量的 3~4 倍，综合含水 80.0%，比周围直井低 10%~15%，采收率由调整前的 14.0% 提高到调整后的 22.5%，提高了 8.5%，增加可采储量 32.3×10^4t。

在开发技术政策界限研究中，根据油藏地质实际建立了无隔层和不渗透隔层两种单井概念模型，其网格数分别为 3087 个和 3528 个，对开发方式、极限有效厚度、垂向位置、水平段长度等进行优化。

（1）无隔层。

开发方式：对于边底水稠油油藏而言，在油层内无夹层发育的情况下，采用热采开发容易沟通底水，加快底水锥进速度，而常规投产下底水则可以作为驱动能量改善开发效果，数值模拟表明水平井位于距顶 1/6 的油层顶部时，常规投产经济效益要好于热采开发。

经济极限有限厚度：油层厚度决定了单井控制地质储量，也决定了水侵下含水上升至极限含水的时间，只有当有效厚度足够大时，水平井才具有经济效益。数值模拟计算了不同有效厚度下水平井的单井控制地质储量及采出程度，结合水平井经济极限累产油量确定了最小油层有效厚度为 6m 以上。

水平井垂向位置：在油层内无夹层发育的情况下，水平井垂向上离底水越远，受底水影响越弱，生产效果越好，数值模拟也表明水平井垂向位置应选择油层顶部。

水平段长度：数值模拟表明，在常规投产方式下，采出程度随水平段长度的增加而增大，当水平段超过 200m 时，采出程度增加幅度较小，结合经济极限累产油量确定最优水平段长度为 200m。

（2）有不渗透隔层。

开发方式：对于边底水稠油油藏而言，当水平段位于夹层之上时，夹层起到抑制底水锥进的作用，采用热采开发能够有效提高稠油的渗流能力，数值模拟对比了热采开发与常规开发效果，热采开发累产油量要好于常规开发。

经济极限有效厚度：层内夹层的发育能够延长含水上升至极限含水的时间，相同控制地质储量下采出程度要高于无夹层井，结合水平井经济极限累产油量确定最小油层有效厚度为 4m。

水平井垂向位置：数值模拟表明在夹层抑制底水锥进的保障下，考虑重力泄油的作用，水平井垂向位于油层中下部效果最好。

水平段长度：数值模拟表明，当水平段长度超过 250m 以后周期产油量增长已不明显，结合工艺条件确定热采水平段的最佳长度为200~250m。

综合来看，稠油水淹层水平井设计要结合夹层发育状况，在夹层不发育区域部署的水平井垂向上应位于油层顶部，经济极限有效厚度为6m以上，最佳水平段长度为200m，采用常规投产为宜；在夹层发育区域部署的水平井受底水影响程度小，垂向上应位于油层中下部，经济极限有效厚度为2m以上，最佳水平段长度为200~250m，采用热采开发为宜。

3. 水侵综合治理技术

水侵是各稠油环面临的共同问题，在蒸汽吞吐开发初期，水侵补充了地层能量，起到驱替和携带原油的作用，对热采开发起到了积极作用，进入高轮次吞吐阶段后水侵逐年加剧，致使吞吐井大面积高含水，严重影响了热采开发效果，开展水侵治理是保障热采稠油持续有效开发的重要举措。通过开展水侵综合治理，“十五”期间Ng5稠油环含水上升率由2.85下降到了0.68，得到有效控制，油田稳产基础增强。

根据稠油环不同部位水侵方式的差异，采取了“排、停、堵、避”相结合的综合治理水侵技术：“排”指在热采区高含水边部进行下大泵排液，抑制边底水向内部推进；“停”指停注降注稀油区附近同层系常规注水井，减少注入水水侵；“堵”指对处于热采区水侵前缘含水较高的热采井实施氮气调剖，降低单井含水同时形成阻止水侵的屏障；“避”指新钻热采井避射油层下部，利用层内夹层抑制底水锥进。

1）边部大泵排液

$Ng5^4$水体体积较大，部分井区$Ng5^{3-4}$无隔层发育，造成$Ng5^4$层底水锥进后沿$Ng5^3$层高渗透带和累积亏空大的区域由北部向中部推进，从而引起部分油井高含水，采用边部大泵排液，控制边底水内侵速度。为了优化采液参数，选择了中二北Ng5包括纯油区、油水过渡区、纯水区等5口井的拟合剖面（图5-1-17），建立地质模型进行数值模拟研究。

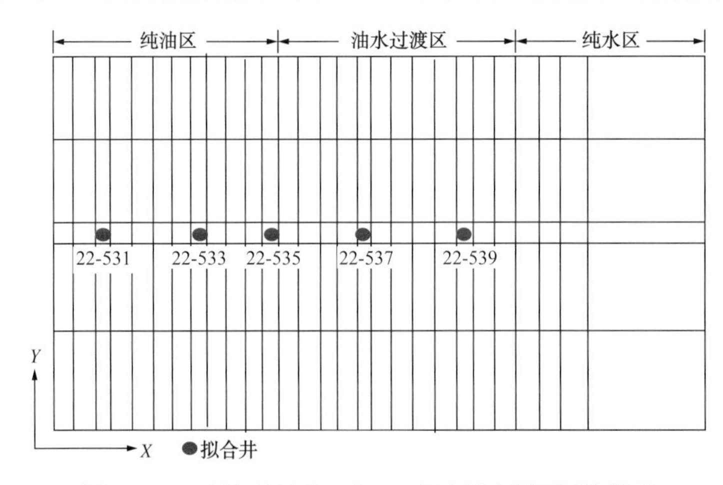

图5-1-17　孤岛油田中二北Ng5历史拟合剖面网络模型

共设计了4个方案（表5-1-8），主要针对边部水侵严重区域进行边部2口井大排量提液，其余3口井液量不变，以对比内部井及提液井本身的开采效果，对比结果表明：边部井提液不仅对提液井本身的采油量有所增加，而且还可以提高内部井的采油量，抑制内部井的含水上升率。从数模计算的排液量与采收率、油汽比关系曲线上来看，采收率是随着液量的增大而呈直线上升，油汽比在液量为70~100t/d范围内时增加最快，其斜率最大。

表5-1-8　吞吐剖面提液方案表

方　案	液量/m^3				
	22-531井	22-533井	22-535井	22-537井	22-539井
Ⅰ	50	50	50	50	50
Ⅱ	50	50	50	70	70
Ⅲ	50	50	50	70	100
Ⅳ	50	50	50	100	100

2）停注邻近注水井

针对稀油区注入水对热采区影响较大的情况，对靠近热采区南部第一排注水井进行了停注，第二排注水井也应适当降低了注水量。Ng5稠油环稠稀油结合部先后停注水井6口、降低注水量井10口，累积减少注入水$305\times10^4m^3$，有效降低了注入水的不利影响。从实施效果来看，减少注入水影响后，处于注水区附近的热采井综合含水从停注前的88.5%下降到了75.4%，平均单井日产油由3.5t上升到了10.8t。

3）高温堵水调剖

对位于水侵前缘的油井实施整体调剖，形成挡水屏障，阻止水侵进一步扩大，主要应用高温氮气泡沫调剖工艺，机理是运用井下自生气–泡沫辅助注蒸汽技术，在井下注入引发剂（发泡剂，使微气泡的产生更容易、更稳定，它本身也是一种表面活性剂，能大幅度降低油水界面张力，改善岩石表面的润湿性），在含油饱和度高的油层发泡剂溶解于油中提高驱油效率；而在含水饱和度高的水窜通道产生N_2（70%）和CO_2（30%）形成阻力大的泡沫流（N_2还具有稳定泡沫的作用），从而封堵水（气）窜孔道，降低水相、气相流度，并提高驱替波及体积和洗油效率，最终提高原油采收率。

4）提高新井射孔避射底界

为抑制底水锥进，对加密调整、更新完善新井制定了如下射孔原则：若射孔底界与油水界面间有非渗透性的隔层，则总避射厚度在5m以上即可；若射孔底界与油水界面无隔层，或隔层较薄，则在保证有一定射开厚度的情况下，避射厚度越大越好。

第二节　热化学蒸汽驱提高采收率技术

“十五”以来通过配套注蒸汽热采开发技术，实现了孤岛稠油高速高效开发，建成了胜利油田最大的稠油热采基地，但是可持续发展面临制约：一是产量递减大、经济效益下滑，“十一五”期间孤岛稠油整体进入高含水多轮次吞吐阶段，周期产油递减高达15%，年油汽比降至0.5；二是资源接替不足，孤岛油田为高成熟探区，探明规模储量难度大，

同时 Ng5、Ng6、Ng3-4 稠油环已完成整体一次、二次加密（283m × 200m → 141m × 200m → 141m × 100m），进一步加密的潜力小，不断提高了老区采收率，“十二五”以来开展了热化学蒸汽驱先导试验，使孤岛稠油吞吐后进一步提高采收率迈出了重要一步。

一、蒸汽吞吐转蒸汽驱适应性

国内外热采开发实践表明蒸汽驱是吞吐后提高采收率的有效手段，孤岛稠油开展蒸汽驱主要面临三方面挑战：一是油藏埋藏深，一般在 1200~1300m，采用普通隔热管注汽井底干度不足 30%；二是油层压力高，一般在 7.0MPa 左右，压力越高，蒸汽比热容、热焓值越低，且物模表明油层压力越高，蒸汽带越小，热水带越大；三是河流相储层非均质性强，高渗条带存在，易造成蒸汽窜流，波及体积小。针对蒸汽驱不利因素，从拓宽蒸汽驱技术界限及提高采收率机理入手，发展了热化学蒸汽驱理论。

1. 蒸汽驱压力界限

物模实验显示在蒸汽驱压力 7MPa、干度 60% 的条件下，相同注入倍数下与 5MPa、干度 40% 时采出程度相当，蒸汽驱阶段采出程度提高了 15%~20%（图 5-2-1），充分表明了在高地层压力条件下通过提高干度也可以达到低压条件下蒸汽驱效果，高压蒸汽驱是可行的，突破了压力 <5MPa 转蒸汽驱的传统认识。

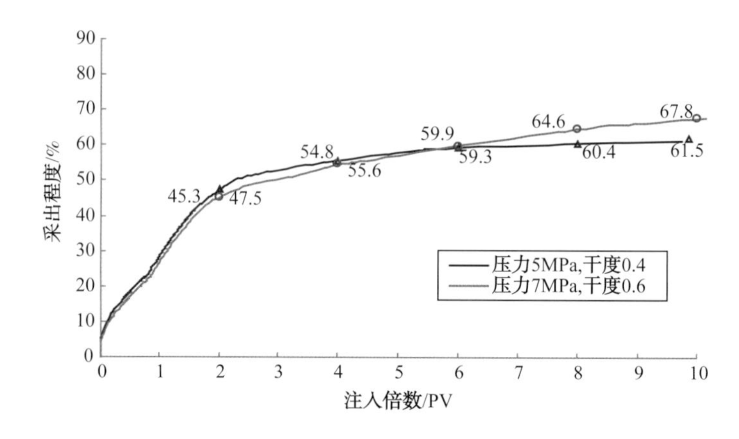

图 5-2-1　不同压力、干度转蒸汽驱采出程度（二维蒸汽驱实验）

2. 蒸汽驱驱油效率

蒸汽驱过程中可以通过降低油水界面张力及残余油饱和度来提高驱油效率。高温驱油剂为具有高效性能的表面活性剂，当驱油剂通过多孔介质时，会在孔道表面上形成稳定的吸附层（具有微米级的水动力学尺寸，与岩石的平均孔喉半径接近），并由于水动力学捕集和机械捕集作用，岩石的界面张力降低，使更多的残余油参与流动。图 5-2-2 为界面张力对油水相对渗透率的影响，图中曲线分别为热水驱（120℃）和不同界面张力油水相对渗透率曲线，可以看出驱油剂的加入明显降低了残余油饱和度，增大了两相流动区，界面张力越低，两相流动区越大，残余油饱和度越低，等渗点所对应的含水饱和度越高。

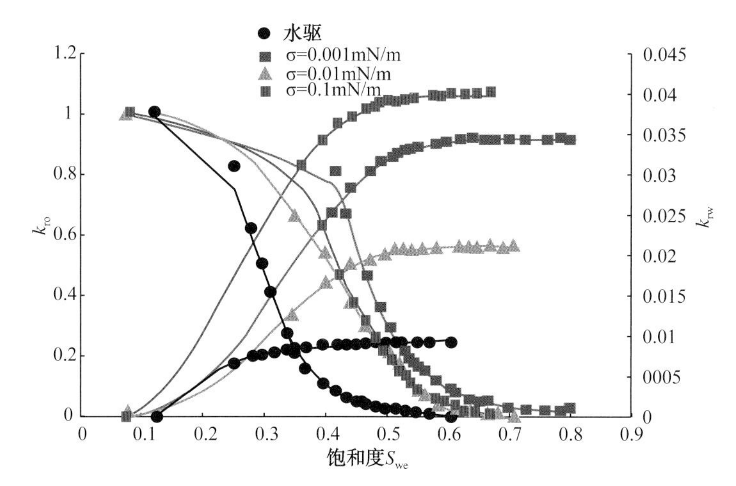

图 5-2-2 驱油剂驱油水相对渗透率曲线（120℃）

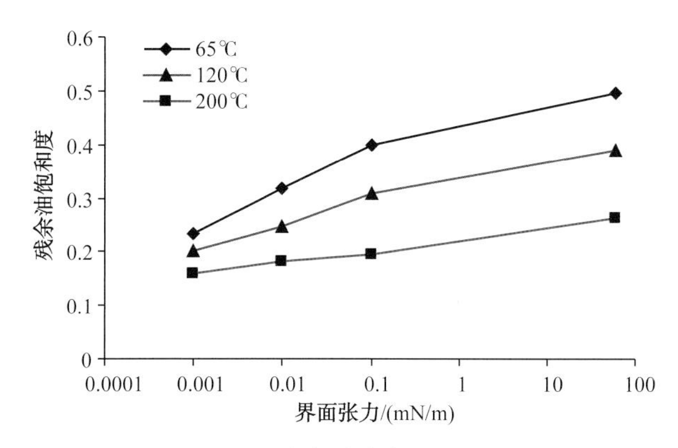

图 5-2-3 界面张力对残余油饱和度的影响

实验模拟了温度为 65℃、120℃和 200℃条件下残余油饱和度随界面张力 0.1mN/m、0.01mN/m、0.001mN/m 的变化，分别代表了蒸汽驱过程中的远井冷油带、热水带和近井高温带条件，模拟结果如图 5-2-3 所示。从不同温度条件曲线可以看出，在相同油水界面张力下，温度越高，残余油饱和度越低；相同温度条件下，随界面张力的降低，残余油饱和度亦大幅降低，其中远井冷油带（65℃）及热水带残余油饱和度降低幅度最大，这说明驱油剂能够大幅提高冷－热水带驱油效率。

数值模拟研究也表明，添加驱油剂的蒸汽驱比常规蒸汽驱受效范围加大，井筒附近剩余油饱和度呈现顶部大底部小的梯形分布，纵向上各韵律层的动用程度也比蒸汽驱要高。室内单管模型实验显示，相同温度条件下驱油剂辅助蒸汽驱比蒸汽驱驱油效率高 5.7%~12.1%，但随着注入温度的增加，提高幅度在降低，也表明驱油剂主要是提高蒸汽冷凝带驱油效率；在双管模型中，在蒸汽驱中加入驱油剂，低渗管和高渗管驱油效率都有一定程度的提高，表明驱油剂提高了驱替介质能够波及到范围内的驱油效率。

3. 蒸汽驱波及体积

蒸汽驱过程中可以通过封堵优势渗流通道，扩大蒸汽波及体积。泡沫是一种高黏度流体，可以通过注入泡沫剂和 N_2 生成，能够降低驱替剂的流度，具有“堵大不堵小”的功能，即泡沫优先进入高渗透大孔道，逐步形成泡沫堵塞，使高渗透大孔道中渗流阻力增大，迫使驱替剂更多地进入低渗透小孔道驱油；同时还具有“堵水不堵油”作用，即泡沫遇油消泡、遇水稳定，实验结果显示当残余油饱和度高于一定值时，泡沫体系难于形成较高的封堵压差，高温临界油饱和度为 0.25，低温时临界油饱和度为 0.30（图 5-2-4），因此在蒸汽驱过程中加入泡沫体系，可以发挥选择性封堵的作用，有效地防止蒸汽的突进，扩大有效加热体积。

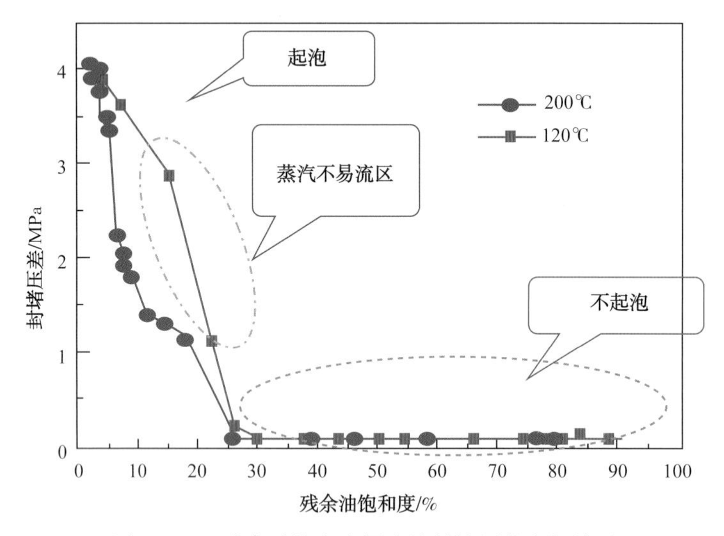

图 5-2-4　残余油饱和度同泡沫封堵压差之间关系

开展了双管模型下泡沫蒸汽驱驱油实验，自蒸汽泡沫复合驱开始后，高渗管和低渗管的驱油效率增幅都不大，直至高渗管的驱油效率达到一定程度，高渗管内产生大量的稳定泡沫，封堵了高渗管内蒸汽形成的窜流通道，使高渗管内蒸汽的渗流阻力增加，从而增大了填砂管两端的压力差，使蒸汽得以转向而进入低渗管，低渗管的驱油效率大幅度提高，从而大幅度提高了波及系数。数值模拟和物理模拟也表明，由于高温泡沫剂的选择性封堵作用，储层纵向上和平面上蒸汽温度场发育较均匀，蒸汽波及体积得到有效扩大。

针对深层稠油常规注汽干度低，地层压力高，蒸汽带窄，热水带宽，井间剩余油富集特点，在工艺上需提高注汽质量，尽可能扩大蒸汽腔；针对热水带及冷油带宽，驱油效率低，可以通过在汽驱过程中加入耐高温驱油剂，进一步提高波及区的驱油效率；针对“条带水淹”、蒸汽易汽窜的难点，通过加入高温泡沫体系，改善蒸汽的波及，提高波及体积。通过高干度注汽、泡沫堵调、驱油剂复合增效的方式，实现稠油的有效驱替和大幅度提高采收率（图 5-2-5）。

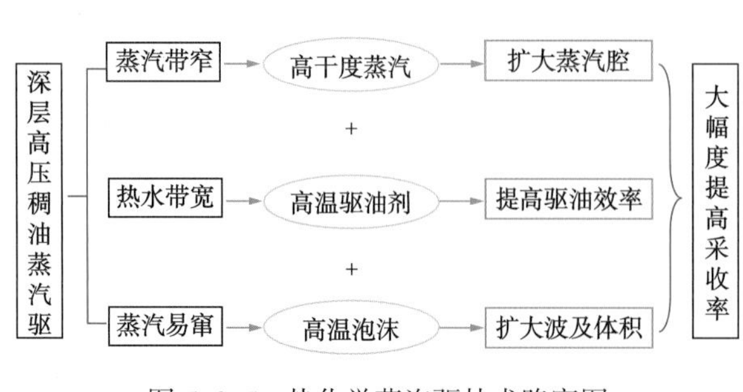

图 5-2-5　热化学蒸汽驱技术路窜图

二、热化学驱优化设计技术

“中二北 Ng5 稠油热化学蒸汽驱”先导试验区位于中二北 Ng5 稠油中部，试验区含油面积 0.76km^2，目的层 Ng5^3，有效厚度 10.2m，地质储量 184×10^{4}t，部署两种井距的反九点法井组：4 个 141m×200m 的大井距井组和 4 个 100m×141m 的小井距井组（图 5-2-6），其中大井组地质储量 121×10^{4}t，汽驱前综合含水 89.9%，单井日油能力 3.2t，采出程度 28.5%，小井组地质储量 63×10^{4}t，汽驱前综合含水 90.0%，单井日油能力 1.2t，汽驱前采出程度 30.0%。

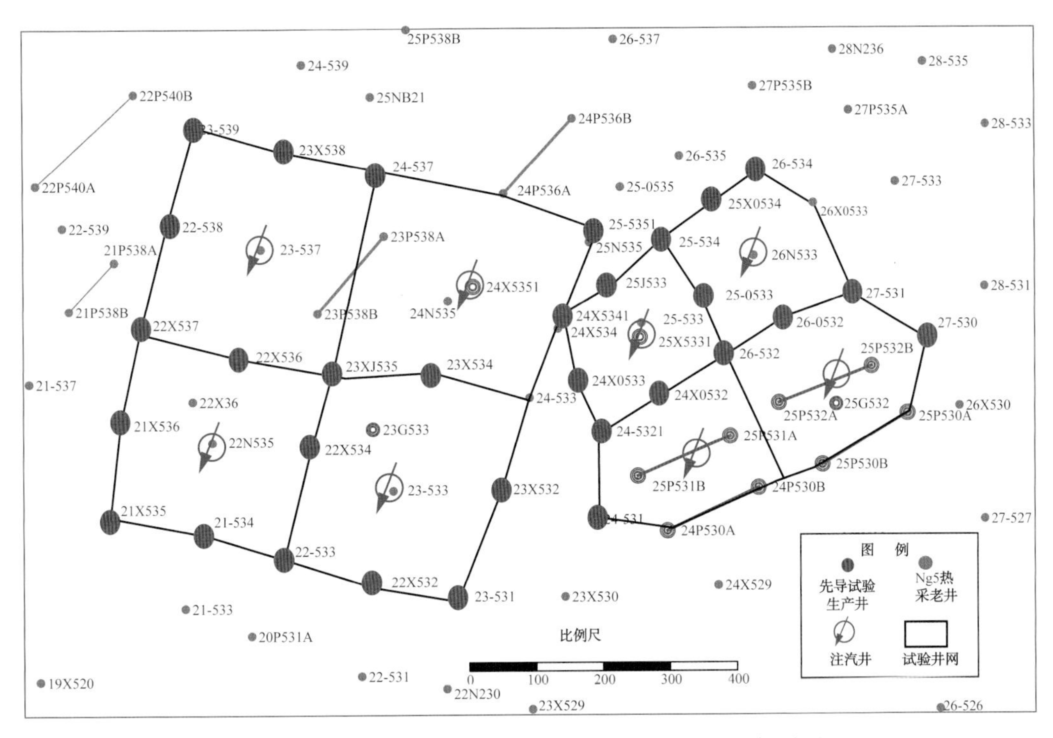

图 5-2-6　中二北 Ng5 热化学蒸汽驱先导试验井网部署图

1. 热化学驱方式

利用试验区实际模型设计了 5 种开发方式，分别是热水驱、热水驱＋驱油剂、蒸汽驱、蒸汽驱＋驱油剂和蒸汽驱＋驱油剂＋泡沫剂＋N_2。模拟过程中，蒸汽温度为 300℃，蒸汽干度 45%，采注比为 1.2，蒸汽连续注入，驱油剂＋泡沫剂＋N_2 段塞采用注 30 天停 30 天的方式注入，泡沫剂的浓度 0.4%，驱油剂的浓度 0.5%，从累油量和阶段采出程度来看（表 5-2-1），蒸汽驱效果比热水驱好，单纯在蒸汽驱和热水驱中添加驱油剂提高采出程度效果不明显，蒸汽驱＋驱油剂＋泡沫剂＋N_2 方式采出程度可大幅提高，效果最好，因此推荐采用热化学蒸汽驱为驱油剂＋泡沫剂段塞辅助连续汽驱方式。

表 5-2-1　不同开发方式优化方案对比结果

开发方式	汽驱时间 / d	注汽量 / (10^4t)	注驱油剂量 / t	注氮气 / (10^4m^3)	注泡沫剂量 / t	累积产油 / (10^4t)	采出程度 / %	汽驱阶段采出程度 / %
热水驱	1010	9.70				4.44	38.47	7.87
热水驱 + 驱油剂	1020	9.79	244.8			4.71	40.81	10.21
蒸汽驱	880	8.45				5.26	45.61	15.01
蒸汽驱 + 驱油剂	940	9.02	225.6			5.67	49.12	18.52
蒸汽驱 + 驱油剂 + 泡沫剂 +N_2	1140	10.94	47.5	332.6	190.1	6.64	57.51	26.91

2. 井网井距

数模方案中设计了 141m × 200m 和 100m × 141m 两种井距条件下两种井网方式，分别为反五点法和反九点法，结果表明无论大井距还是小井距，反九点法井网汽驱效果好于五点法井网（图 5-2-7），对不同井距，热化学蒸汽驱均能大幅度提高采收率，小井距井网提高幅度更大。

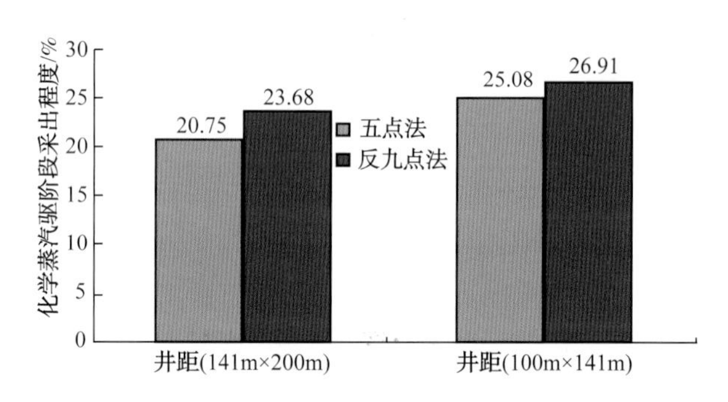

图 5-2-7　不同井距不同井网热化学蒸汽驱阶段采收率对比图

3. 蒸汽驱后转热化学驱时机

通过数值模拟，对 141m × 200m 和 100m × 141m 两种井距条件下不同汽驱时间转热化学蒸汽驱时机进行优化，结果表明，100m × 141m 井距条件下，当蒸汽驱注入 0.25PV 蒸汽后转热化学蒸汽驱采出程度最高；141m × 200m 井距条件下，蒸汽驱注入 0.2PV 蒸汽后转热化学蒸汽驱效果最好。

4. 化学剂浓度

通过数值模拟对 141m × 200m 和 100m × 141m 两种井距条件下泡沫剂浓度和驱油剂浓度进行了优化，结果表明当泡沫剂浓度高于 0.5% 时，两种井距条件下阶段采出程度增幅减缓，当驱油剂浓度高于 0.3% 时，两种井距条件下阶段采出程度变化不大，所以合理的泡沫剂浓度为 0.5%（图 5-2-8），驱油剂浓度为 0.3%（图 5-2-9）。

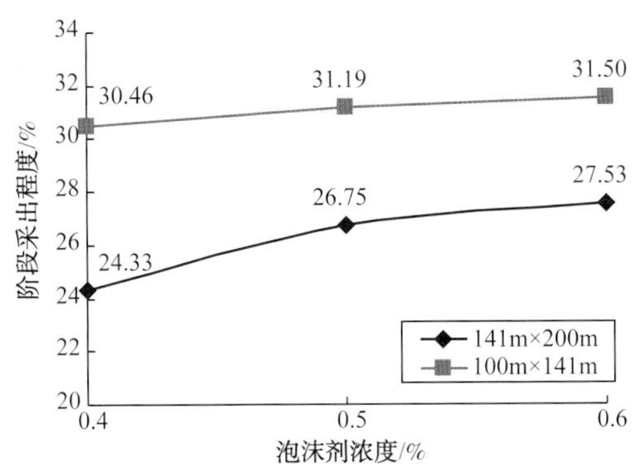

图 5-2-8　热化学蒸汽驱阶段采出程度与泡沫剂浓度关系曲线

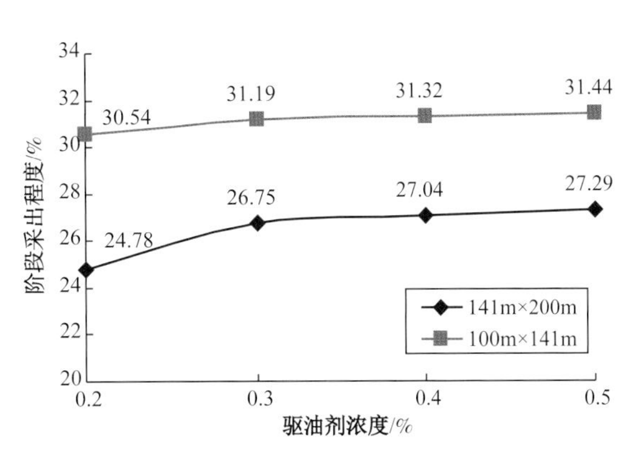

图 5-2-9　热化学蒸汽驱阶段采出程度与驱油剂浓度关系曲线

5. 氮气液量比

数模结果表明，141m × 200m 和 100m × 141m 两种井距条件下合理的气液比为 1.02~1.05，折算地面气液比为 70 左右。

6. 注入方式

利用双管模型，对泡沫剂和驱油剂的先后注入方式开展了驱油效率对比实验，结果表明先注泡沫剂后注驱油剂较先注驱油剂后注泡沫剂方式提高驱油效率 2.4%，主要原因是先注泡沫剂，封堵高渗汽窜通道，通过驱油剂更能提高高低渗管的驱油效率，综合考虑注入方式为先注泡沫剂后注驱油剂效果最好。

室内实验还表明化学剂多段塞注入好于单一长段塞，利用数值模拟设计了 5 种段塞长度，分别是化学剂塞注 20 天停 30 天、注 30 天停 30 天、注 40 天停 30 天、注 60 天停 30 天和连续注入，在整个过程中蒸汽是连续注入的。从净采油量和阶段采出程度来看（图 5-2-10），注 30 天停 90 天效果相对较好，化学剂多段塞均匀间隔注入，实现蒸汽前缘动态调整，提高蒸汽前缘稳定，提高波及体积。

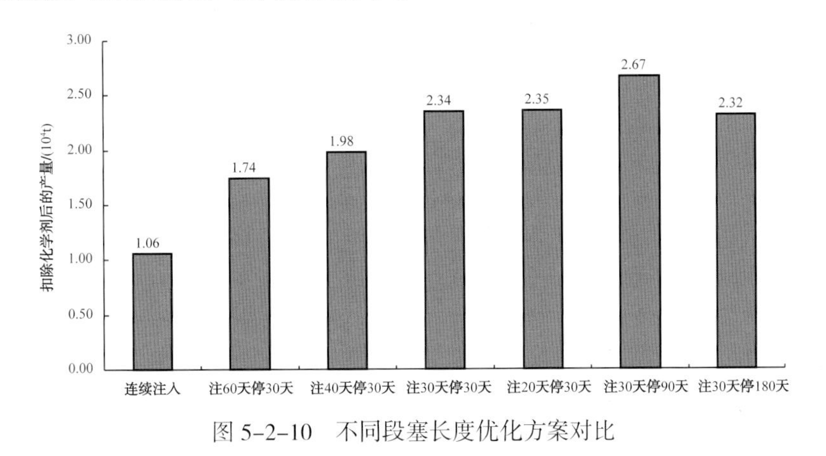

图 5-2-10　不同段塞长度优化方案对比

7. 采注比

要使热化学蒸汽驱取得好的开发效果，必要条件之一是保持汽驱过程是个降压过程，因此采注比的选取非常重要，利用它共设计了三种采注比进行对比，分别为1.0、1.2和1.4，随着采注比的增加，开发效果变好，由于1.0的注采比基本上是一个恒压开采过程，蒸汽驱效果不明显，当采注比提高到1.2后，阶段采出程度迅速上升，采注比大于1.2以后，采出程度增加幅度变缓。

第三节 低效水驱转热采开发效果

孤岛稠油因其特有的油藏地质特征，开发特征有别于其他稠油油藏，在不同开发阶段的开发特征也不同，通过开展开发特征及影响因素研究为开发策略及经济技术界限的制定提供了依据。

一、蒸汽吞吐开发效果与特征

1. 蒸汽吞吐开发特征

1）产量变化规律

（1）产量随时间变化规律。孤岛稠油单元“十五”以来投产的新老井产量跟踪曲线（图5-3-1）表明，孤岛稠油热采产量随时间变化有以下趋势。

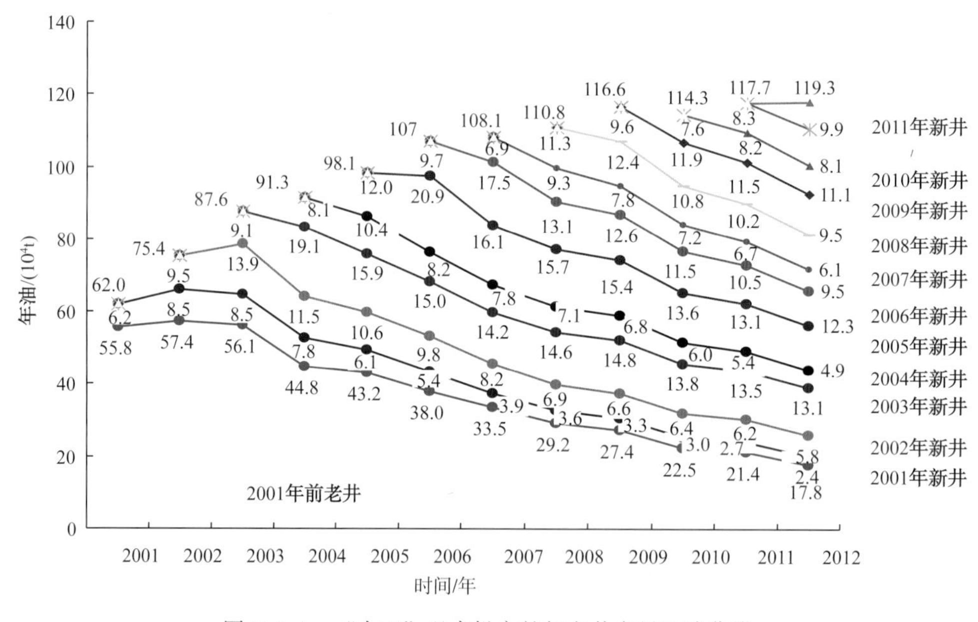

图5-3-1 “十五”以来投产的新老井产量跟踪曲线

一是基础井网老井产量递减呈“三段式”。第一段为3~4年的稳产期，原因是单井控制地质储量大，生产压差下井筒周围原油向井筒内渗流能够有效补充采出部分；第二段为产量快速递减阶段，年综合递减率为12.0%~18.2%，原因是井筒周围可流动储量减少，产量呈现递减趋势；第三段为高轮次高含水吞吐阶段，产量递减减缓，主要原因是原油在水侵能量驱动下，能够向井筒渗流，从而降低递减。

二是“十五”以来加密新井产量递减呈“两段式”。第一段为2~3年的持续递减阶段，投产后产量呈持续递减态势，年综合递减率为10%~15%，原因是井网加密后单井控制剩余地质储量较基础井网老井减少，同时蒸汽吞吐半径有限，井筒周围原油向井筒内渗流无法全部补充采出部分，故呈持续递减态势；第二段为高轮次高含水吞吐阶段，与基础井网老井的第三段相同。

（2）周期产量变化规律。整体上而言，孤岛稠油周期生产天数较长，周期产油量及油汽比较高，同时受稠油固有开发规律的制约及水侵加剧的影响，周期产油及油汽比呈下降趋势，具有一定规律性（表5-3-1）。

表5-3-1　孤岛稠油油藏蒸汽吞吐周期生产数据表

周序	天数/d	周期产油/t	周期产水/t	周期注汽/t	周期含水/%	平均日产/t	油汽比	回采水率/%
1	548	4840	14297	1984	74.7	8.8	2.4	7.2
2	569	5010	14347	2296	74.1	8.8	2.2	6.2
3	651	5787	19890	2617	77.5	8.9	2.2	7.6
4	479	4315	10911	2645	71.7	9.0	1.6	4.1
5	701	6907	16331	2727	70.3	9.8	2.5	6.0
6	591	4809	13737	2799	74.1	8.1	1.7	4.9
7	424	3252	9137	3244	73.7	7.7	1.0	2.8
8	484	2936	11095	3092	79.1	6.1	1.0	3.6
平均	562	4938	14480	2355	74.6	8.7	2.1	6.1

一是周期产量递减规律。孤岛稠油周期产量峰值出现在第三周期，之后进入递减期，周期产量递减率高达15.2%（图5-3-2），表明进入高轮次吞吐阶段后产量递减较大，客观上要求开展综合调整，加大工作量的投入来弥补产量递减。

二是周期油汽比递减规律。随着井底附近原油的采出，注入蒸汽需要动用离井底更远的原油，其效率逐渐降低，周期油汽比逐渐下降，周期油汽比递减率高达12.9%（图5-3-3），表明进入高轮次吞吐阶段后吞吐开发效益变差。

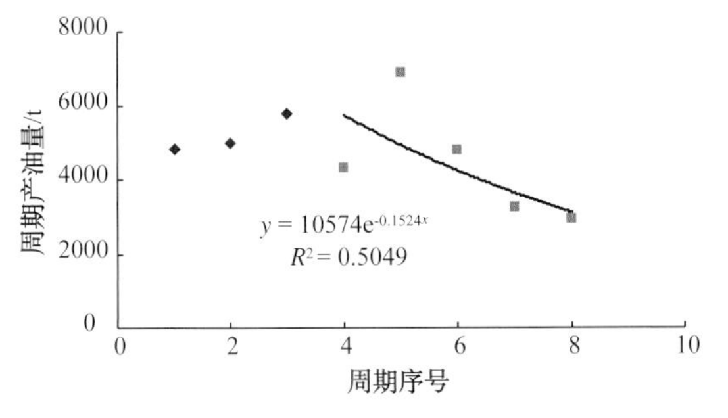

图5-3-2　孤岛稠油周期产量递减曲线

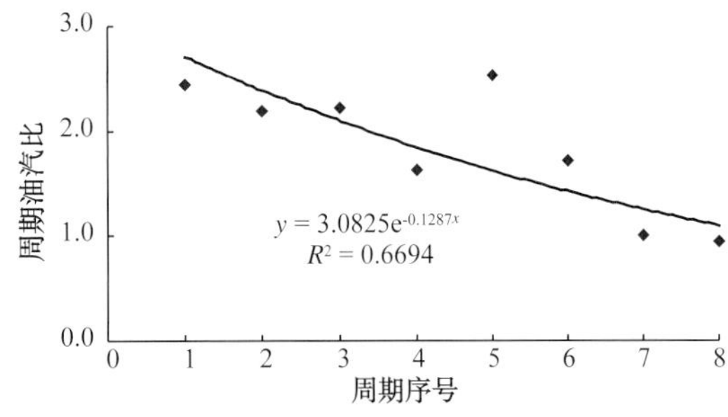

图5-3-3　孤岛稠油周期油汽比递减曲线

2）含水变化规律

伴随蒸汽吞吐降压开发，水侵呈逐年扩大趋势，尤其是“十五”以来进入高轮次吞吐阶段后，高含水井数增长幅度更大，“十一五”末含水 90% 以上井数占到孤岛稠油总井数的 25.4%（图 5-3-4），孤岛稠油整体进入高轮次高含水阶段，为延长稠油油藏经济寿命周期，客观上要求开展蒸汽吞吐后提高采收率技术探索。

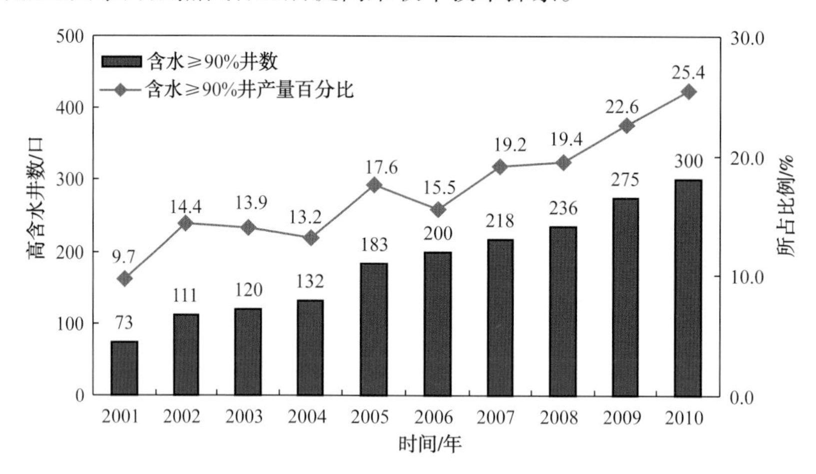

图 5-3-4　孤岛稠油高含水井数及所占比例曲线

总体上看，开发初期含水上升较快，高含水高轮次吞吐阶段含水上升缓慢（图 5-3-5）。孤岛热采稠油投产初期含水一般在 50%~60% 之间，含水随时间变化呈现波浪形上升态势，进入高含水高轮次吞吐阶段后，虽然有一些新区投入或调整方案的实施导致含水的下降，整体上仍呈缓慢上升态势，到 2011 年 12 月，孤岛稠油环热采单元综合含水为 89.1%。

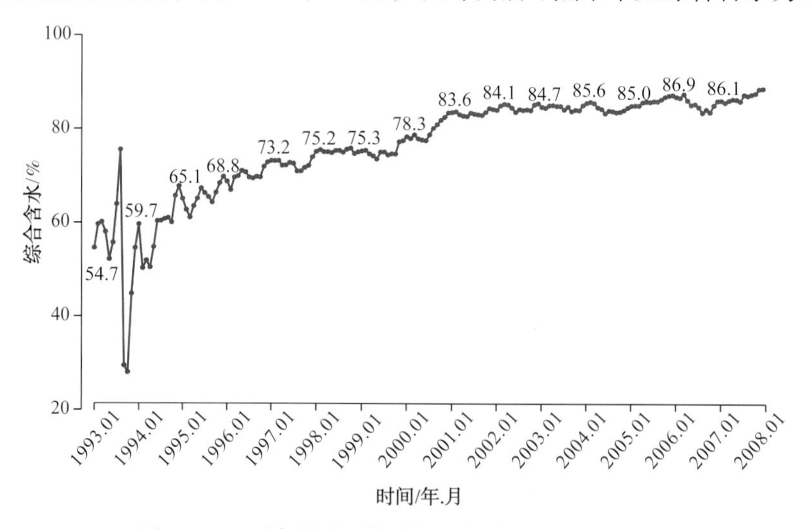

图 5-3-5　孤岛稠油环热采稠油含水 – 时间变化曲线

不同单元含水 – 采出程度关系取决于其受水侵影响程度，水侵影响程度越强，相同采出程度下含水越高。Ng5 热采单元的含水 – 采出程度关系曲线显示，相同采出程度下，受水侵影响最弱的中一区北 Ng5 稠油含水最低，中二中 Ng5 稠油含水略高，受水侵影响较强的中二北 Ng5、东区 Ng5 稠油含水基本相同，南区 Ng5-6 由于投产时间晚，注水开发时间长，受注入水水侵影响大，含水最高（图 5-3-6）。

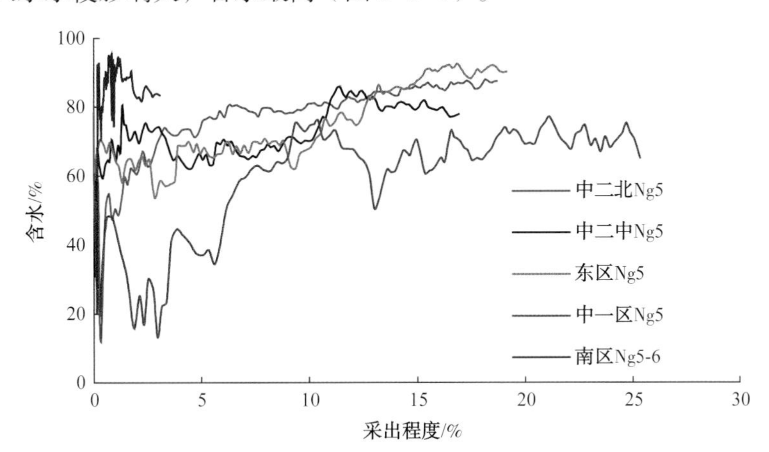

图 5-3-6　孤岛稠油环 Ng5 热采单元含水－采出程度关系曲线

2. 影响蒸汽吞吐热采效果主要因素

1）边底水水侵

孤岛稠油受注入水和边底水的双重影响，水侵贯穿于孤岛稠油开发的全过程，是影响开发效果的主要因素之一。水侵伴随地层压力的下降呈持续扩大趋势，可大致划分为开发初期的温和水侵和高轮次吞吐阶段的强水侵两个阶段，在不同阶段对热采开发效果的影响亦不同。

（1）温和水侵。孤岛稠油开发初期，水侵起到驱替和携带原油的作用，同时还能够补充地层能量、提高供液能力，使得周期生产时间延长、周期产量增加、油汽比提高。对比开发初期温和水侵油井 147 井周期和纯弹性开发油井 121 井周期的生产效果（表 5-3-2），温和水侵油井的周期天数、周期产油、油汽比均远远高于纯弹性吞吐油井，但是周期平均日油要略低于纯弹性吞吐油井，表明温和水侵能够通过补充地层能量延长周期生产天数，但是无法提高单井产能。

表 5-3-2　纯弹性吞吐和温和水侵周期生产情况对比表

分类	统计周期数	周期天数	周期产油 / t	周期产水 / t	周期注汽 / t	周期含水 / %	油汽比 / （t/t）	周期平均日产油 / （t/d）	回采水率 / （t/t）
纯弹性吞吐	121	161	2251	1186	2579	34.5	0.87	14.0	0.46
温和水侵	147	334	4425	8786	2427	66.5	1.82	13.2	3.62

（2）强水侵。伴随蒸汽吞吐降压开采，尤其是进入高轮次吞吐阶段后，水侵程度由温和水侵加剧至强水侵，边底水沿高渗透条带及构造低部位突进，造成热采区大面积水淹，水淹区油井呈现高含水态势，采油速度、采收率降低，以中二北 Ng5 为例，2008 年 12 月单元边部的水淹区采油速度 0.8%，采收率为 13.9%，而单元中部的弱水侵区采油速度为 3.0%，采收率高达 35%。同时水侵区域还呈不断扩大的趋势，开展水侵综合治理是保障热采开发效果的必要举措。

根据水侵情况的差异，孤岛稠油热采井可分为三种：边底水驱动为主、先弹性后水驱和纯弹性驱动，其中边底水驱动为主井多位于稠油环边部，吞吐初期即有水驱能量补充；先弹性后水驱井一般投产早期为降压开采，后伴随水侵区域扩大，开始有水驱能量补充；纯弹性驱动井一般位于稠油环内部，受水侵影响弱，为纯降压开采。

2）有效厚度

统计中二北 Ng5 稠油未见地层水、原油黏度相当、已结束前 4 个周期的 29 口热采井 116 个井次的周期生产数据（表 5–3–3）表明，随着有效厚度的增加，周期产油量增加，周期油汽比增大。有效厚度小于 6m 的井平均周期产量小于 1000t（985t），周期油汽比低于 0.6，随着有效厚度的增加，周期产量和周期油汽比均呈增加趋势，但有效厚度大于 14m 后，周期产油量的增加速度低于周期注汽量的增加速度，油汽比略有下降（图 5–3–7）。

表 5–3–3　Ng5 热采井不同有效厚度对周期开采效果的影响

有效厚度 /m	统计井次	周期生产时间 /d	周期注汽 /t	周期产油 /t	周期油汽比	回采水率 /%
<6	8	85	1712	985	0.58	96
6~8	15	123	1838	1239	0.67	69
8~10	26	145	1938	2063	1.07	59
10~14	47	162	2255	2493	1.11	66
>14	20	158	2546	2540	0.98	74

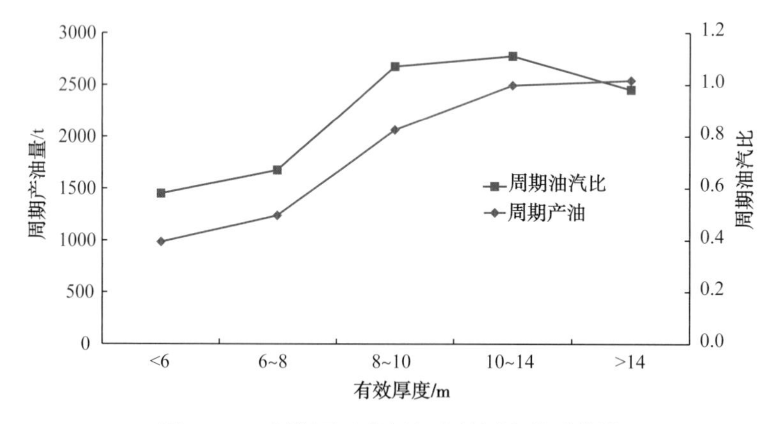

图 5–3–7　周期吞吐指标与有效厚度关系曲线

3）净总比和夹层频率

净总比与夹层频率反映油层纵向上非均质程度，净总比越低、夹层频率越高，油层纵向上非均质越严重，注入蒸汽的热损失率越高，层间动用程度差异越大，开采效果越差。

统计中二中 Ng5 和中二北 Ng5 储层物性和油层厚度相当（平均厚度为 12~13m）、受水侵影响弱、已结束前 4 个生产周期的井的周期数据（表 5–3–4），净总比低（0.65）、夹层频率高（0.64 个 /m）的中二中东 Ng5 的周期生产时间、周期产量、周期油汽比、周期日产油分别为中二北 Ng5（净总比 0.85、夹层频率 0.25 个 /m）的 63%、45%、46% 和

71%，证明净总比与夹层频率严重影响周期开采指标。

表 5-3-4　净总比与夹层频率对吞吐效果影响对比表

热采单元	中二中东 Ng5	中二北 Ng5
统计井次	51	41
夹层频率 /（个 /m）	0.64	0.25
净总比	0.65	0.85
平均有效厚度 /m	12.1	12.7
周期生产时间 /d	108	171
周期产油量 /t	1337	2987
周期油汽比	0.56	1.21
周期每米日产油 /（t/d·m）	1.02	1.38

4）原油黏度

对于黏度不同的原油，加热到能够“有效流动”时的温度也不同，中一区 Ng5 稠油 50℃时原油黏度为 5000~6000mPa·s，150℃时黏度可降至 20mPa·s 左右，而孤北 Ng3-4 稠油 50℃时原油黏度为 15000~25000mPa·s，150℃时黏度仍有 75mPa·s，黏度越高，驱油效率越低，因此当注入热量相同时，黏度越高的热采单元吞吐开采效果越差。从下表可以看出，储层物性差别不大、油层厚度相当、受边底水影响均较小、用同一固定站注汽的两个热采开发单元，吞吐效果差别很大，原油黏度较小的中一区北 Ng5 明显好于原油黏度较大的孤北 Ng3-4（表 5-3-5）。

表 5-3-5　孤岛油田不同原油黏度开发单元周期效果对比表

开发单元	统计井数 / 口	原油黏度 /（mPa·s）	油层厚度 / m	周期注汽量 / t	周期产油 /t	周期天数 / d	油汽比 /（t/t）	回采水率 /（t/t）
中一区 Ng5	19	5300	11.5	1944	4506	297	2.32	2.16
孤北 Ng3-4	25	18000	14.5	2948	1979	121	0.67	0.33

为实现孤岛稠油的效益开发，需要开展经济技术界限优化，对影响热采开发效果的主要因素进行量化界定，确立热采井位部署的油藏地质条件及经济技术标准。

3. 蒸汽吞吐剩余油分布

孤岛稠油油藏为河道砂储层，呈环状分布，受注入水、边底水双重水侵，剩余油分布具有特殊性，应用油藏工程、密闭取芯、数值模拟及动态监测等多种手段和方法开展了剩余油分布研究。对剩余油分布的认识程度随着开发实践的深入而不断深化，“十五”期间着重开展了稠油环内部弱水侵区剩余油分布研究，指导了高轮次吞吐阶段井网加密，“十一五”期间着重开展了稠油环边部强水侵区剩余油分布研究，指导了稠油水淹层水平井挖潜。

1）弱水侵区剩余油分布

平面上剩余油主要富集于井间。应用玛克斯－兰根海热量平稳及传导方程，计算了不同原油黏度及不同油层厚度下的加热面积及最大加热半径，如表 5-3-6 所示。

表 5-3-6　不同原油黏度及油层厚度下的波及系数及加热半径

原油黏度 /（mPa·s）	5000			10000			30000		
油层厚度 /m	10	15	20	10	15	20	10	15	20
加热半径 /m	50	44	39	45	40	38	43	35	34
波及系数	0.53	0.53	0.53	0.63	0.63	0.63	0.71	0.71	0.71

在 50℃时黏度为 5000mPa·s、油层厚度为 15m 的油层，吞吐 8 个周期（累积注汽量为 27000t），最大加热半径为 39m；吞吐 10 个周期（累积注汽量为 35000t），最大加热半径为 44m，注入汽量相当于半径为 44m 圆形孔隙体积的 0.84 倍。

在吞吐周期数和每米油层注汽量相同的情况下，厚度越大，则加热面积越小；原油黏度越高，加热面积也越小，当油层厚度为 10m，50℃时原油黏度 10000mPa·s 时，吞吐 10 个周期（累积注汽量为 35000t），Ng5 稠油环数值模拟计算蒸汽吞吐最大加热半径为 43m，与解析法计算结果相差不大（图 5-3-8）。

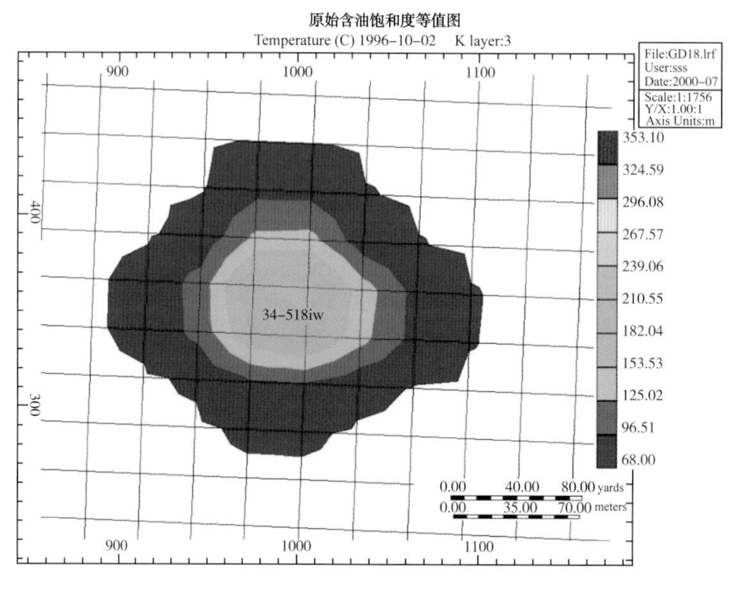

图 5-3-8　注蒸汽后最大加热范围

取芯井亦表明蒸汽吞吐半径有限，应用油藏工程计算中 24-533 井吞吐 5 个周期的加热半径应在 48m 左右，距中 24-533 井 80m 处蒸汽应波及不到，2000 年 11 月在距吞吐井中 24-533 井附近 80m 处新钻密闭取芯井中 24 检 533 井（图 5-3-9），$Ng5^3$ 为见水级别，$Ng5^4$ 为弱见水级别，剩余油饱和度在 53%~57%，$Ng5^3$、$Ng5^4$ 平均驱油效率仅为 21.6%，充分验证了蒸汽吞吐半径有限的认识。在进行井网一次加密后（新钻中 24 斜 534 井），为检查井网加密对剩余油分布的影响，2004 年 10 月在距吞吐井中 25-533 井 75m 处新钻密闭取芯井中25检533井，分析表明$Ng5^3$、$Ng5^4$平均驱油效率为30.5%，比加密前的密闭取芯井中24检533井的驱油效率高8.9%，说明井网一次加密后蒸汽吞吐波及范围扩大，井间储量有所动用，但仍较为富集。

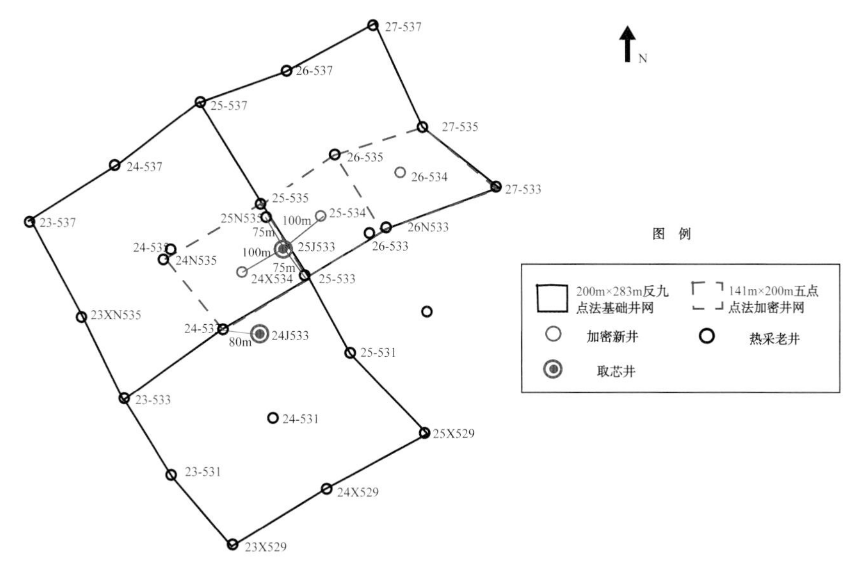

图5-3-9　孤岛中二北中24检533、中25检533取芯井平面位置图

层内剩余油分布较为均匀。孤岛油田馆陶组储层为正韵律储层，受蒸汽超覆的影响，油层上部驱油效率与中下部差异不大，层内剩余油分布较均匀。中24检533井$Ng5^3$层上部弱见水9.6m，驱油效率16.6%，下部见水4.4m，驱油效率24.5%，油层上部、下部驱油效率相差7.9%，$Ng5^4$层上部弱见水1.1m，驱油效率19.2%，下部见水3.3m，驱油效率19.8%，油层上部、下部驱油效率相差0.2%，层内剩余油分布均匀。

中25检533井岩芯分析表明$Ng5^3$层下部仅0.39m的高渗层为水洗段，层内其他各段驱油效率均在30%左右，$Ng5^4$层上部见水1.35m，驱油效率30.1%，下部水洗段1.11m，驱油效率43.5%，相差仅13.4%，层内剩余油分布规律整体上与中24检533井相同。

2）强水侵区剩余油分布

以Ng5稠油环边部为例阐述强水侵区剩余油分布，伴随蒸汽吞吐降压开采，$Ng5^4$底水沿$Ng5^3$与$Ng5^4$间隔层不发育处推进至$Ng5^3$后呈边水形式推进，造成热采井区高含水，但是高含水不等同于高采出程度，亦不等同于低剩余油饱和度。

平面上剩余油“整体富集、条带水淹”。河道砂储层平面上由不同期次砂体在平面上相互切割、拼合复合而成，不同砂体之间、单砂体内部物性差异均较大，且稠油环边部原油黏度大，边水驱前缘稳定性差，边水易沿高渗透方向或强压降方向窜进，水侵通道平面上呈条带状分布，水侵通道外区域基本处于未动用状态，平面上剩余油分布不均衡。统计Ng5稠油环边部“十五”期间15口新井资料，90%区域内剩余油饱和度在50%以上，10%区域内剩余油饱和度小于40%，例如中31斜更B19井，于2004年8月完钻，井区综合含水95.0%以上，开发层位$Ng5^3$层钻遇油层18.7m，剩余油饱和度高达61.5%，充分证明了剩余油“整体富集、条带水淹”的特点。

层内剩余油主要富集于油层顶部。边水沿构造低部位向前推进，首先充填油层底部，整体上而言强水侵区内油层底部水淹程度较重，顶部水淹程度较轻，由于层内夹层能够有效抑制边水向上侵入，因此强水侵区内 $Ng5^3$ 层内的夹层发育状况的差异又决定了层内水淹程度的差异，近年完钻新井资料证实，无夹层井纵向上水淹厚度达 50%，有夹层井纵向上水淹厚度仅为 30%。

在对 Ng5 稠油环油藏地质特征及开发状况分析评价的基础上，利用数值模拟研究空间剩余油分布规律，模型区选择中二北 Ng5 稠油中部—南北条带，此条带北部为稠油环边部，模型区平面上划分 44×71 个网格，每个网格的大小为 25m×25m；纵向上划分 6 个网格，分别包括 5 个时间单元（$Ng5^3$ 细分为 $Ng5^{31}$、$Ng5^{32}$、$Ng5^{33}$ 三个时间沉积单元，$Ng5^4$ 细分为 $Ng5^{41}$、$Ng5^{42}$ 两个时间沉积单元）和 1 个隔层；网格总计 44×71×6=18744 个。数值模拟中充分考虑底水作用，$Ng5^4$ 均设置为水层，隔层网格按照实际发育状况设置。数值模拟结果表明强水侵区内 $Ng5^{32}$ 剩余油饱和度和剩余储量丰度较 $Ng5^{31}$、$Ng5^{33}$ 高（$Ng5^{31}$ 储层发育差，原始含油饱和度低），剩余油饱和度高达 70% 以上（图 5-3-10），剩余储量丰度高达 $100\times10^4t/km^2$。

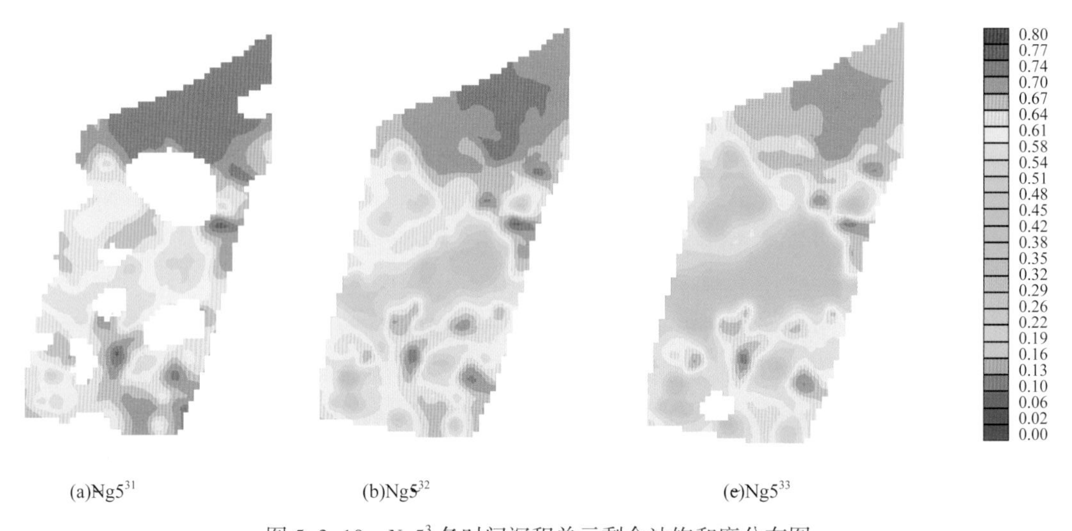

图 5-3-10　$Ng5^3$ 各时间沉积单元剩余油饱和度分布图

二、热化学驱先导试验进展及开发效果

1. 主要进展

1）明晰了热化学驱驱油机理

针对中深层稠油油藏蒸汽驱存在的井底干度低，热水带宽，驱油效率低，波及体积小，及河流相非均质强致高渗条带存在，造成蒸汽窜流等问题，创新提出采用以蒸汽、起泡剂、氮气、驱油剂作为驱替介质的热化学驱技术，揭示了稠油热化学驱“提干分压增容、热剂接替助驱、深部智能调控”机理，实现扩大蒸汽腔、提高热水带驱油效率、均衡驱替的目的（图 5-3-11）。

蒸汽＋氮气混合分压，扩大蒸汽腔：根据道尔顿混合气体分压定律，某一气体在混合气体中产生的分压等于在相同温度下其单独占有整个容器时所产生的压力，气体混合物的总压强等于其中各气体分压之和。氮气与蒸汽混合，在整体压力不变的情况下，蒸汽分压降低，从而可以提高蒸汽干度和比容，扩展蒸汽腔。理论计算表明，氮气与蒸汽混合，当氮气摩尔分数为 0.2 时，蒸汽比容提高 29%（图 5–3–12），地下蒸汽腔扩展距离可增加 14%，提高了地层能量、扩大动用半径；蒸汽冷凝后，气体位于油层顶部，导热系数降低 1 ~ 2 个数量级，热损失率降低 53.3%，延长了高温生产时间。

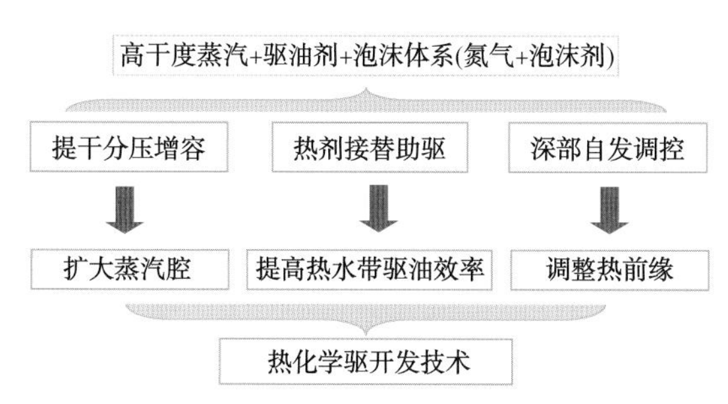

图 5–3–11　热化学驱驱油机理

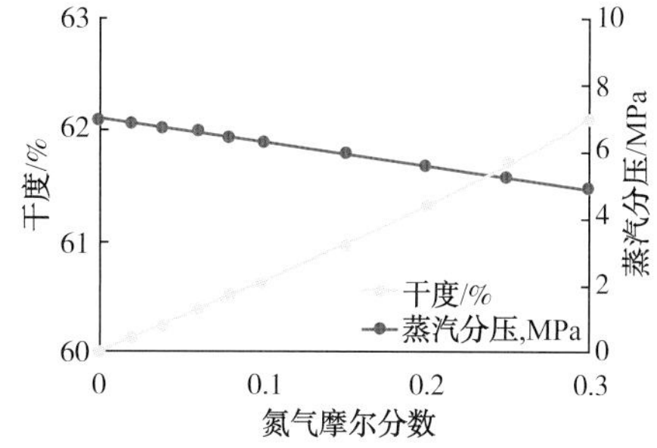

图 5–3–12　氮气浓度与蒸汽分压及干度关系曲线

热＋驱油剂，提高热水带驱油效率：蒸汽与驱油剂均可提高驱油效率，选用孤岛油田原油（65℃黏度 1300mPa · s）开展驱替试验，试验结果显示：在高温条件下，温度提高驱油效率的幅度较大，伴随温度降低，驱油剂提高驱油效率的幅度逐渐增大。蒸汽驱开发过程中，注汽井至生产井之间的油藏温度呈逐步降低趋势，蒸汽主要在高温区提高驱油效率，驱油剂主要在低温区提高驱油效率，从而实现热剂接替助驱。

蒸汽＋泡沫调控热前缘，实现均衡驱替：泡沫具有选择性封堵高含水和高渗流通道，自发均衡调控的功能，泡沫剂在气液比 1~3 时，易起泡，封堵效果明显。在蒸汽驱过程中，由于蒸汽腔的存在，注汽井井底附近气相蒸汽含量及气液比高，泡沫剂不易起泡，随着向地层深部推进，蒸汽干度及气液比呈逐步降低的趋势，尤其是在蒸汽腔前缘的热水带，气液比较低，泡沫剂易于气泡，从而起到调控热前缘的作用。

2）发明了耐温高效化学剂

泡沫剂在溶液中会形成不同的聚集结构，如球形胶束、棒状胶束等，驱油实验中表面活性剂的活性更多体现其聚集结构上，而温度对表面活性剂聚集结构和单体均会产生影响，在相对较低温度下（如水的沸点附近），更多体现对聚集结构的影响，而相对高温下（如超过 150℃），更多的体现在温度对单分子结构破坏进而影响聚集结构，在选用泡沫驱油体系中，地层中高温严重影响表面活性剂的聚集。针对单分子结构，化学键的解离与耐温性能之间存在必然的联系，通过化学键的断裂，探讨不同类型表面活性剂的解离能，依据解离能数据反映表面活性剂耐温性能。模拟中选择了 9 种非离子、阴离子、阴—非和阴—阳表面活性剂作为对比，同时研究了烷烃中化学键的解离能，得到如下的结论：硫酸盐表面活性剂易于脱离—SO_3根发生解离，不耐高温，而磺酸盐比之有高于12.56kJ/mol的解离能，可能是造成磺酸盐耐温的主要原因，苯环使得解离能加大，带苯环的磺酸盐耐高温；磺酸盐耐温性能也体现在阴—非和阴—阳两性离子表面活性剂上，非离子表面活性剂不耐高温可能体现在氢键的解离。确立了高温泡沫剂的设计思路：以磺酸盐阴离子活性剂为主，通过磺酸盐阴离子活性剂烯烃双键及磺酸根碳氧双键电子云超共轭效应及空间位阻效应增加泡沫剂的化学稳定性，最终设计的耐高温泡沫剂的结构为含有苯环的磺酸盐，且苯环上带有直链结构。

根据热化学驱的要求，驱油剂的耐高温性能是一个重要的评价指标，其技术指标为：300℃、24h高温处理后，驱油剂物化性能不变，油水界面张力在10^{-3}mN/m数量级，与地层水配伍性良好。通过研究尾链中苯对界面效率的影响和尾链支链化对界面张力的影响，设计了亲油基结构与原油相似、含芳香基团、支化度高的磺酸盐结构，其亲油基因与原油结构相似，故HLB值较小，与稠油界面活性匹配，再加上磺酸盐结构，其耐温性能较强。

研发了耐温高效起泡剂，其起泡能力强（300℃、72h老化、起泡体积≥300mL），阻力因子高（300℃、饱和水条件下阻力因子≥47），性能远优于进口DS1020泡沫剂（250℃饱和水条件下阻力因子15）；发明了高效阴离子型表面活性剂的制备方法，研发了界面张力超低的高效驱油剂（油水界面张力在10^{-3}mN/m数量级），填补了国内同类产品空白。

3）建立了热化学渗流表征模型

考虑到热化学驱的添加剂为高温驱油剂和氮气泡沫，选用四相（油、气、水、固）、五组分（水、原油、驱油剂、发泡剂、氮气）体系，模拟热采条件下高温驱油剂的驱油性能和泡沫的封堵效果。

泡沫的模拟方法是通过控制气相的流度来实现的，考虑泡沫的生成和聚集是瞬时机制，因此当氮气和发泡剂存在时，泡沫即存在，通过描述发泡剂、稳泡剂在岩石上的竞争吸附及运移、泡沫提高气相阻力系数，结合泡沫的半衰期及在多孔介质中的存在时间，实现对泡沫在非均质油藏中封堵作用的描述。数值模拟中所建立的泡沫剂质量守恒方程（作为水相中的组分）为：

$$\frac{\partial}{\partial t}[\phi(\rho_w W_2 S_w)]+\nabla(\rho_w W_2 V_w)=\sum_{J-1}^{N}\rho_w W_2 q_w^J \delta(\chi-\chi_w^J)\,\delta(y-y_w^J)\,\delta(z-z_w^J) \quad (5-6)$$

式中，W_2为泡沫剂摩尔分数；V_w为水相流动速度。

氮气质量守恒方程（作为油相、气相中存在的组分）为：

$$\frac{\partial}{\partial t}[\phi(\rho_0 X_1 S_0+\rho_g Y_1 S_g)]+\nabla(\rho_0 X_2 V_0+\rho_g Y_1 V_g)=\sum_{J-1}^{N}(\rho_0 X_2 q_w^J+\rho_0 Y_2 q_w^J)\,\delta(\chi-\chi_w^J)\,\delta(y-y_w^J)\,\delta(z-z_w^J) \quad (5-7)$$

式中，X_1为油相中氮气摩尔分数；Y_1为气相中氮气摩尔分数；V_o为油相流动速度；V_g为油相流动速度。

当驱油剂注入油藏后，油水界面张力降低、毛管数增大，相对润湿性发生改变，残余油饱和度降低。伴随驱油剂浓度的增加，油水界面张力及残余油饱和度大幅降低，相对渗透率曲线变为直线。应用插值法来评价驱油剂对相对渗透率的影响，依据驱油剂界面张力资料，由油藏中不同部位驱油剂的浓度计算出界面张力，由$Nc=K\Delta P/\sigma$得到毛管数，再得到相对渗透率数据，从而模拟高温驱油剂的驱油效果。数值模拟中所建立的驱油剂质量守恒方程（作为水相中的组分）为：

$$\frac{\partial}{\partial t}[\phi(\rho_w W_2 S_w)]+\triangleleft(\rho_w W_2 V_w)=\sum_{J-1}^{N}\rho_w W_2 q_w^J \delta(\chi-\chi_w^J)\,\delta(y-y_w^J)\,\delta(z-z_w^J) \qquad (5\text{-}8)$$

式中，W_3 为驱油剂摩尔分数；V_w 为水相流动速度。

4）构建了全过程硫化氢处理工艺，实现多节点硫化氢快速处理

中二北 Ng5 热化学驱先导试验中出现了部分井硫化氢含量严重超标，最高达到 24000mg/m^3，对人体有致命危害；同时硫化氢具有极大的化学活性，对抽油杆、油管、集输管线等有极强的腐蚀作用，易造成财产损失、引发重大安全事故。通过室内模拟实验研究中二北 Ng5 蒸汽驱硫化氢产生机理，建立地面、井口、井筒、油层多节点抑硫除硫技术。

为研究中二北 Ng5 蒸汽驱过程中 H_2S 产生机理及主要影响因素，模拟地层的高温（200~300℃）、高压（1.6~8.6MPa）条件，在 500mL 高压反应釜中，设定温度和时间，将样品按组合（稠油 + 纯水、稠油 + 地层水、含油岩心 + 地层水）放入高温高压反应釜中进行密闭反应。稠油 + 纯水高温反应，开始产生 H_2S 的温度均为 250℃，稠油 + 纯水反应中没有硫酸根物质基础，产生的硫化氢判断为含硫有机化合物的热化学裂解而形成的硫化氢。同时色谱检测发现稠油 + 纯水反应产生硫化氢后，反应尾气中小分子烯烃峰数量增加，说明含硫有机化合物 S—C 键断裂或水解同时生产了大量小分子烯烃，这也成为含硫有机化合物发生热化学裂解的佐证。

根据硫化氢产生机理，构建井口、井筒、地面全过程硫化氢处理工艺，实现不同节点硫化氢快速处理。井口处理工艺，研制了可再生的 DS-6 脱硫剂，配套了套管气除硫撬装装置，保障了作业的安全；井筒油套环空滴加 DS-4 脱硫剂处理工艺，减少对管柱的腐蚀及作业危害；地面联合站干法脱硫，采用“无定型羟基氧化铁”集中处理，实现出口 H_2S 浓度为零。

2. 开发效果

2009 年 10 月，试验区新钻 10 口油井完善井网，新井蒸汽吞吐投产，4 个小井距井组 2010 年 10 月转蒸汽驱，2011 年 10 月转热化学驱，截至 2017 年 12 月，小井距井组累注蒸汽 93.5×10^4t，完成化学段塞 14 井次，累注泡沫剂 701t，驱油剂 195t；大井距井组累注蒸汽 116.3×10^4t，完成化学段塞 20 井次，累注泡沫剂 1490t，驱油剂 228.5t（图 5-3-13）。

转试验后井组生产井快速见效，产量大幅上升，小井距井组日油水平由转驱前的 20.2t/d 最高上升到 98t/d，含水由 89% 最低下降到 74.6%；大井距井组日油水平由转驱前 68t/d 上升到最高 106t/d，含水由 89.7% 最低下降到 86.5%。截至 2017 年 12 月试验区阶段累产油 38.7×10^4t，增油 30.22×10^4t，阶段油汽比 0.18t/t，阶段采注比 1.35t/t，采出程度 50.3%，阶段提高采出程度 18.3%，预计采收率 55.5%。其中小井距井组试验阶段累产油 18.73×10^4t，增油 13.48×10^4t，阶段油汽比 0.20t/t，阶段采注比 1.29t/t，采出程度 55.2%，阶段提高采出程度 23.8%，预计采收率 58.7%。大井距井组试验阶段累产油 19.97×10^4t，增油 16.74×10^4t，阶段油汽比 0.17t/t，阶段采注比 1.40t/t，采出程度 49.6%，阶段提高采出程度 16.1%，预计采收率 53.8%。

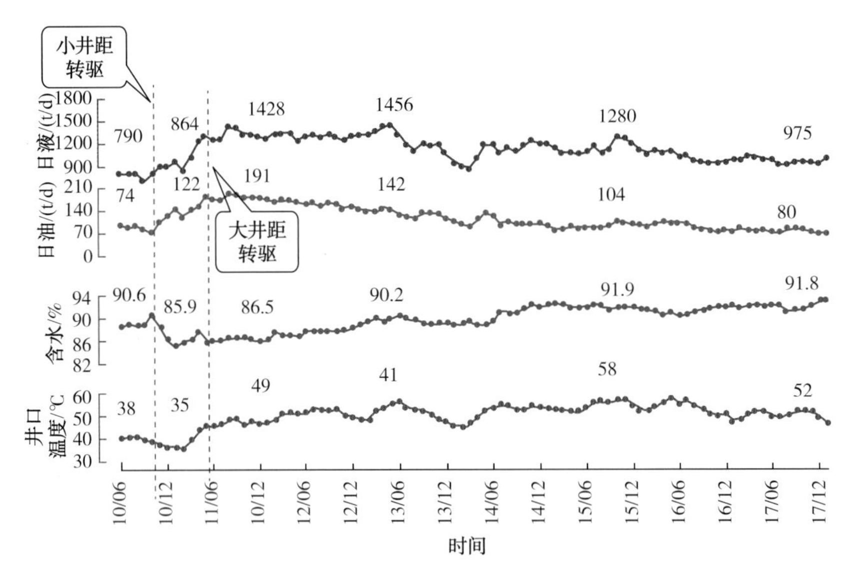

图 5-3-13　试验区开发曲线

2010~2017 年，热化学驱技术累积增油 30.22×10^4t，提高采收率 17.5%，其中 2010 年增产原油 1.85×10^4t（3430 元 /t），2011 年增产原油 3.62×10^4t（4588 元 /t），2012 年增产原油 4.52×10^4t（4595 元 /t），2013 年增产原油 4.57×10^4t（4279 元 /t），2014 年增产原油 4.71×10^4t（4040 元 /t），2015 年增产原油 3.55×10^4t（2260 元 /t），2016 年增产原油 3.80×10^4t（2081 元 /t），2017 年增产原油 3.60×10^4t（2120 元 /t）。8 年新增销售收入 10.59 亿元，新增利税 5.52 亿元，新增利润 3.71 亿元。

中二北 Ng5 稠油热化学驱先导试验解决了转驱压力 5~7MPa、常规蒸汽驱提高采收率幅度小的难题，揭示了热化学驱提高采收率机理，研发了热化学驱数值模拟软件；创新了高干度注汽锅炉及全程保干工艺；发明了耐高温高效驱油剂和泡沫剂，形成了包括油藏优化、矿场生产及工艺技术在内的热化学驱开发配套技术（图 5-3-14），对胜利油田的稠油油藏开发具有重要意义。

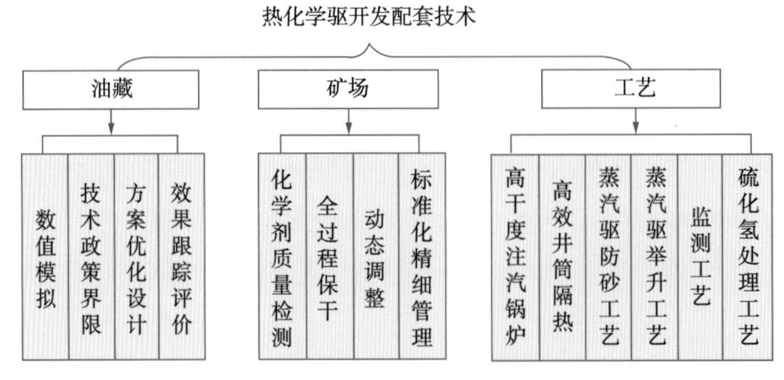

图 5-3-14　热化学驱开发配套技术

第六章　陆相砂岩油藏开发策略与开发模式

油田开发有一个技术经济的范畴，采出的油气在经济上有无利润可图，是油田能否持续发展的前提。油田开发作为一个资金、技术密集、复杂的系统工程，要将地下原油储量转变为现实的产量，必须研究其经济有效性，以尽可能少的投入，多产出地下原油。同时由于资源的不可再生性，要不断推进技术进步，提高原油采收率，尽可能经济地采出地层中的每一滴原油。

但是，由于油田的复杂性，不同的开发策略和开发模式的开发结果是不同的。对一个具体油田来说，由于油田构造类型、沉积环境、储层物性、天然能量、原油性质的不同，选择什么样的开发方式，如何布置生产井网，如何充分利用天然地层能量，如何安排采油速度并争取较长时间的稳产，都是油田开发面临的策略问题。在开采过程中，油气从油气藏中的采出不仅受构造、储集层、流体等地质因素控制，而且受到开发层系井网、人工压裂改造、增产措施等外部因素影响，要有效地开发油田，需要在开发过程中，不断优化调整各项措施，构建最佳开发技术体系；在油田的开发过程中，由于温度场、压力场的变化，以及油田注入剂与地下流体及储层进行物理化学反应，流体性质和储层性质会发生动态变化，因此要不断地研发开发技术，形成适应油田开发规律和特点的开发技术体系，使开发效果朝着人们预定的方向变化和发展，这也是在油田开发过程中需要不断研究和解决的开发模式问题。

孤岛油田近 50 年的开发历程，就是一个不断调整开发策略制定和开发模式选择的过程，是一个提高采收率和经济效益的过程。开发策略与开发模式的选择贯穿于油田开发早期评价、投产、采油、调整，直至最后废弃的全过程。

第一节　开发策略的选择

油田开发策略就是指油田开发的对策及中长期发展规划，主要包括研究影响高产因素提高单井产能；选择合理的井网提高采油速度；最大波及体积和驱替效率提高采收率；油藏—井筒—地面系统协同优化，减少能耗。最终的目的是提高油藏价值，使油藏的开发实现从低价值到高价值，从无价值到有价值的转变。油田开发策略的选择应结合油气藏地质特点，遵循油田开发理论和开发规律，同时又受到石油战略的属性和经济属性的影响，因此开发策略是战略性的、指导性的。

人是认识世界、改造世界的主体，开发工作者是研究油田开发形势、制定开发策略的主体，发挥主观能动性需要遵循客观规律，也需要正确的方法论。在孤岛油田 50 年的开发历程中，数代开发工作者历经探索、实践、总结、完善和提升，传承形成了“油田开发十字工作方针”，指导了油田开发不同阶段下开发策略的制定和技术的创新实践（图 6–1–1）。

①“理”，理顺开发思路；
②“清”，分层系、小层、油砂体、韵律层清井网；
③“明”，明储层建筑结构、开发地质状况；
④“找”，找空间剩余油物质调整基础，控极高无效耗水；
⑤“解”，分析潜力，解决平面、层间、层内矛盾；
⑥“重”，重视扩大波及体积、提高驱油效率；
⑦“优”，注重技术措施配套，优选对比多种方案；
⑧“评”，评价经济效益好坏；
⑨“虑”，从长远考虑，注重提高采收率；
⑩“升”，不断提升开发理念。

图 6–1–1　油田开发十字工作方针

孤岛油田属于陆相沉积疏松砂岩普通稠油油藏，在油田开发建设过程中，根据油藏的地质特点和开发规律，实施了充分利用天然能量、适时注水、不断扩大注水波及体积和驱油效率等开发策略，有效指导了油田开发，实现了采收率和经济效益的最大化。

一、充分利用天然能量是提高开发效益的重要环节

油田天然能量一般是指油藏具有的原始能量，包括气顶膨胀、溶解气膨胀、弹性膨胀、边水或底水压头、重力能等，在油田开发初期，要充分研究油藏类型、天然能量类型及大小等，应尽可能充分利用油田的天然能量，为开发方式的选择提供依据。

孤岛油田整体上天然能量弱，边底水不活跃，各小层都有独立的油水边界，自上而下含油面积逐渐缩小。$Ng3^3$ 层油水界面 1270m，$Ng6^5$ 层油水界面 1315m，底水范围较小，多为小“水坑”。在油田构造的高部位存在气顶及高饱和区，同一小层不同气顶圈闭面积不同，最大 4.45km^2，最小 0.012km^2。为了评价油田的能量，选择合理开发方式，1970 年 8 月，在油田构造顶部开辟了一个面积 7km^2，采用 400m 井距的三角形井网生产试验区，取得试油试采、高压物性、压力恢复等资料。从油井试采情况看，处于构造高部位的 11 口井 22 个层的资料，原油较稀，密度为 0.94g/cm^3，50℃地面黏度小于 250mPa · s。采油指数较高，为 1.39~6.78t/（MPa · d · m），油管压力在 1.0MPa 以上，自喷能力旺盛，试采井一半出现高油气比现象，属于典型的溶解气驱。而稠稀过渡区密度为 0.97g/cm^3，50℃地面黏度小于 9000mPa · s，产油能力较低、自喷能力弱，在生产方式上多采用机械采油方式。根据试采情况，确定了合理利用弹性和分散气顶气驱动能量，多采无水油的开发方式，1968 年渤 2 井试采至中一区开发初期，油井采用自喷控制油嘴的生产方式。至 1971 年年底，采油井 79 口，自喷井 72 口，占总开井数的 91.1%，1972 年年底采油井 214 口，自喷井 176 口，

占总采油井数的82.2%，由于顶部气顶的作用，弹性和气压驱动，中一区保持了三年的自喷期，天然能量开采阶段采出程度达3.59%。

二、适时分层注水，补充能量

油层压力是驱油的动力，是油田生产的重要基础。补充地层能量，注水是最经济的做法和成熟的技术，注水既要实现保持合理的地层压力水平，又要实现注入水对储层中油的有效驱替，因此合理注水时间和压力保持水平、有效驱替是油田开发的基本问题。适时的注水对油田开发的影响是较大的，注水较早，不利于充分利用天然能量，注水较晚，直接影响油田的开发效果和采收率。我国油田多为陆相砂岩沉积层状油藏，油层多、油层薄，砂泥岩薄层间互，整体上天然水驱能量弱。研究表明，仅依靠油藏天然能量开发，采油速度低，采收率低，难以满足石油技术经济的需要，选择早期注水开发方式有利于获得较长高产稳产期，从而提高采收率和经济效益，是我国陆相沉积油藏成功开发的一个重要策略。

孤岛油田投入开发初期，采用天然能量开采，经过一段时间的开采，暴露出来几个突出问题。一是弹性能量小，基本无边水供给。孤岛油田为高饱和油藏，饱和压力接近地层压力，油井投产后，压降明显，呈现气顶驱和溶解气驱的特点。如中一区投产一年后，Ng3-4单元采出程度1.27%、Ng5-6采出程度1.4%，总压降已分别达到0.81MPa、0.82MPa，油气比由20m^3/t上升到30m^3/t，随采出程度的增加，压降增大，油藏呈现弹性开采的特点。三是地层压力低于饱和压力后，不仅油井产量递减加快，而且油层出砂加重，降低了采收率。据研究，地层压力低于饱和压力后，1972年2月至1974年2月，采油速度从投产初期1.33%下降到0.69%，出砂井占到总井数的68.8%，采收率降低了1.97%，急需注水开发补充地层能量。

怎样进行注水开发？这类油田油稠，油水黏度比大，面临着水驱易窜，驱油效率低的不利因素，当时国内外这类油藏没有注水开发的先例和可借鉴的经验。为验证注水开发的可行性，发现开发过程中存在的问题和矛盾，研究注水配套技术，选择储层条件、流体性质等方面均具有代表性的中二南作为注水开发的试验区。

中二南注水试验区1972年7月2日投产，1973年4月开始试注，按225m井距的四点法面积注水方式，设计总井44口，注水井11口，1973年8月全部转注完毕。试验表明，水井转注后，油井见效快，一般在试注后10d左右见效，最快约为7d，最慢为17d。注水井转入正常注水后，油压、产量下降幅度较大，较注水前下降35%~70%，之后稳定在一定水平上。这主要是由于正常注水后，实行分层温和注水，控制了高渗透层中的注水量，同时试注期间的注水量，相当于一个屏障，对气顶气的扩散起到一定限制作用，一部分油井由于气的作用受到抑制，油井流压上升，生产压差减小而产量下降，使产量维持在一定的水平上。另一方面，当受气顶气作用的生产井周围的注水井转注之后，注水使原来的压力场发生了变化，气扩散和油流方向都要重新平衡，凡原受气驱、气举较大作用的井、层均受到不同程度的抑制，气量明显下降，井筒中流压梯度增加，回压增大，流压上升，生产压差减小，油压、产量下降。

中二南注水后取得了地层压力回升、油井产量增加的好效果，说明孤岛油田采用注水补充地层能量的开发方式是经济、可行的，解除了人们“怕稠”不敢注水的思想，初步掌握了在油水黏度比大、层间矛盾突出、层内非均质性强的条件下的注水开发，逐步形成了油井见水时间、压力变化、动态分析的计算方法。在此基础上，1974 年中一区、中二区、西区等单元陆续转入注水开发。

从孤岛油田注水开发效果分析，早期注水、分层开采有利于缩小层间差异，提高储量动用程度；同时在开发过程中，针对油层多的特点，发展形成了“六分四清”分层注水技术和“控制主要来水方向和见水层，提高非来水方向和层的注水量”周期性的注采调配技术，有效控制了含水上升。常规稠油注水开发技术的突破，不仅使孤岛油田年产量迅速上升到 360×10^4t，而且使油田采收率大幅度提高，由弹性溶解气驱的 5% 提高到 19.4%。

三、不断扩大波及程度和驱油效率，提高油田采收率

注水开发和三次采油的核心目标是扩大波及系数和驱油效率，提高采收率。采收率的大小既取决于工作剂的波及程度，又与波及范围内工作剂的洗油效率有关。油田开发过程中，要特别重视扩大注水波及体积和提高水驱控制程度。面对各类复杂而特殊的油藏，或驱油效率不高，或对提高波及系数无效，或技术条件不成熟，或经济效果不理想等，因此必须多学科协同，提出一体化解决方案。

1. 选择合理的注采井网

注采井网直接影响油藏的水驱控制程度和注水效果。水驱控制程度是指人工水驱控制地质储量与动用地质储量之比，一般是用现有井网条件下与注水井连通的采油井射开有效厚度与采油井射开总有效厚度之比值。水驱控制程度与储层发育、井网方式、层系划分以及井网密度密切相关。

中国已投入开发的油气田，绝大多数都形成于陆相含油气盆地之中，储层非均质性强，这是中国油气藏开发要面对和解决的问题。根据储层特点，综合考虑油田可持续发展及长期经济有效性，选择针对性注采井网及开发层系至关重要。

孤岛油田在长期开发过程中，一直注重井网层系研究。通过研究与实践证实，对于高原油黏度、强储层非均质、水驱过程中易指进的孤岛油田，采用斜交行列式井网，也就是五点法面积井网最好，生产井与注水井比例为 1∶1，上下两套层系的开发井网重合最好，下层系井套变后可以上返利用，不会打乱上层系井网，即保持了较高水驱控制程度，而且为后期井网加密调整留有余地。

2. 扩大水驱波及系数

波及系数是指驱替剂波及体积与油藏总体积之比，提高波及系数可以提高采收率。在油田实际驱替过程中，受驱替流体性质、井网、储层非均质等因素的影响，驱油剂沿高渗透层突入油井而波及不到渗透性较小的油层，即使均质油层，主流线上的驱油程度高，非主流线上的驱油程度则低，油层不同部位的驱油程度均不相同，受重力的影响，往往油层

下部水驱效率高。改变驱油方向或流度比能够有效提高波及系数，像堵水调剖、聚合物驱、非均相驱、稠油热采热化学驱等都能够通过提高波及系数提高采收率。

孤岛油田注水过程中，平面和纵向上注入水不均匀推进严重，造成部分井层过早水淹和综合含水快速上升，降低了波及体积，降低了采收率和产油量。因此，为了改善注采调配和“六分四清”的效果，配套多项堵水调剖工艺技术，满足了油田不同开发阶段生产需要，以提高波及体积。在油田中低含水阶段配套找水卡封和干灰砂等堵水工艺；在高含水阶段，立足于油井堵水、水井调剖，开展CAN-1、膨润土和榆树皮分散体系堵水调剖工艺技术研究与推广；高含水后期，采取了转换开发方式的做法，实施化学驱和热化学驱，改善注入波及状况，大幅度扩大波及体积，同时配套化学驱堵水调剖、高温堵水技术，最大程度发挥了三次采油潜力。

3. 提高水驱波及效率

驱油效率是指在波及范围内驱替出的原油体积与工作剂的波及体积之比，又称为微观波及系数，与岩石性质及其微观结构和流体性质有关，也可以理解为驱替后原始含油饱和度与残余油饱和度之差与原始含油饱和度之比，在注水时，水首先流过较大的孔隙，然后携带着油流通过较小的网状孔隙。岩石的润湿性对驱油效率影响较大，实验研究表明，在亲水岩石中，水淹时的残余油大多以珠状形式被捕集在流通孔道中，在亲油岩石中，残余油存在于注入水未进入的较小的流通孔道中，而在充满水的大孔隙中，残余油呈膜状黏附在孔壁上。

不难看出，残余油的分布状况及数量直接与岩石的润湿性、界面张力、岩石的微观结构等因素有关，这些因素的综合产生了驱替过程的毛管力，从表面上看，提高驱油压力梯度有利于克服毛管力作用，驱出一部分残余油，然而实际上注采压力梯度远远低于残余油滴的迭加效应所产生的毛管力，因此简单提高驱油压力难以实现大幅度提高驱油效率的目标，需要通过改变润湿性，降低界面张力，或者采用表活剂驱、泡沫驱等技术实现。

聚合物驱以扩大波及体积为主，但聚合物驱后仍有40%~50%左右的原油滞留地下。经过多年的室内研究和矿场实践，采用表面活性剂＋聚合物的二元复合驱，既可发挥表面活性剂降低界面张力的作用，又可发挥聚合物在流度控制、防止或减少化学剂段塞的窜流，协同效应显著。为此，孤岛油田先后在中一区Ng3开展注聚合物、二元复合驱、非均相驱等先导试验研究其开发规律，探索不同化学驱提高采收率的技术效果。

在解决方案上，要注重多学科协同，提出一体化解决，充分发挥油藏、地质、化学、工程技术潜力。

一是油藏与化学相结合。针对不同油藏的地质特点，优化驱油体系，强化油藏与化学结合，化学工程师根据油藏的开发需要，研发新型化学剂产品，油藏工程师注重井网层系与化学驱的匹配，提高油藏最终采收率和经济效益。孤岛油田在化学驱攻关过程中，聚合物驱采用了耐温、抗盐高分子聚合物，提高了黏度，改善了油水流度比，提高采收率达到10%~12%；对于黏度较高的区块，研发了聚合物＋表活剂的二元化学驱体系，达到了降低界面张力和扩大波及体积，而又避免了生产过程中的结垢的难题，聚合物后，攻关形成以“完善井网、PPG+二元驱”为核心的非均相化学驱的配套技术，大幅度提高了采收率。

二是油藏与工程技术结合。工程技术配套与应用是老油田提高采收率的重要手段和资源有效开发利用的重要保证。孤岛油田的开发历程也是工程技术不断发展和完善的过程，孤岛油田投入开发40多年，形成了普通稠油疏松砂岩油藏的钻井完井、油层保护、机械采油、防砂堵水、化学驱油、稠油热采、水平井开发等开发工艺技术系列，为孤岛油田的持续高效开发提供强有力的技术支撑。

三是发展水平井开发技术。水平井可以有效开发薄差层、高含水期分布零散的剩余油。孤岛油田河流相沉积，油层层数多，层间差异大，而正韵律沉积顶部剩余油饱和度高，在剩余油研究基础上，基于岩性或物性夹层的分布，对剩余油富集的油层上部部署水平井，可以有效地提高产能和采收率，据统计，在正韵律沉积顶部剩余油饱和度高的部位钻水平井，可使采收率提高3.0%~4.0%；

对于稠油吞吐油藏，虽然蒸汽具有超覆作用，但这种超覆具有局限性，因此厚层顶部井间往往驱油效率低，在井间部署水平井，提高单元采收率4%~5%；对于厚度2~4m薄差层，部署水平井，可提高井区采收率7%~12%；对于具有底水的稠油油藏，水平井与直井联合开发技术实现了提高采收率，增加原油产量的目标。如Ng6稠油环油层具有油层厚度薄（3~6m）、层内夹层变化大、储层非均质性强、油水关系复杂的特点。采用直井吞吐的难点是层薄热损失大，且油水间互注蒸汽易水窜，1999年在中二南Ng6稠油单元进行水平井与直井联合优化布井试验，在夹层发育的多油层区域采用直井或斜井开发，在没有夹层的单油层区域采用水平井开发，在过渡区域采用直井与水平井联合开发，见到了好的效果。Ng3–4稠油环具有断层发育、储层分布变化快，主力层层薄、储层物性较差、泥质含量高、净总比低、敏感性强、沥青质含量高的特点。通过层系、井网、井型等的立体优化，井网一次到位，最大程度地提高井网控制和动用程度，采收率提高了22.7个百分点。

四、开发试验，提升开发技术的针对性

开展先导性矿场开发试验有利于尽早认识油田，掌握开发特点，力争做到早期认识，并在技术方法和物资装备等方面早做准备，是经济合理开发油田重要的一环。因此，开发试验是油田开发决策的基础，先导性科学试验取得经验后再形成决策部署，国内外石油公司都十分重视开发试验工作。同时，任何新技术在油田应用前，一定要进行先导性试验。对于开发试验，无论结果如何，从认识论的角度来说都是成功的，因为试验都可获得新的认识，这些认识可以让开发工程师避免做出错误的决策。

孤岛油田的开发决策是以开发试验作为基础的。在油田开发过程中，针对不同开发阶段的开发特点，开展Ng3+6砂层组普通稠油早期注水开发试验、砂体粒径较细的上部Ng1+2注水开发试验、大泵提液、聚合物驱和注蒸汽热采等先导试验，在此基础上编制合理的整体开发方案。

1972年，开发早期在中二南开展注水开发试验，探索了稠油疏松砂岩油层注水补充能量的可行性，为孤岛油田整体注水开发奠定了基础。

孤岛油田 Ng1+2 砂层组分布于整个孤岛油田馆上段顶部，属河漫滩沉积的粉细砂岩。由于岩性更细、胶结更疏松，出砂更严重，加上油层较薄、分布零散、连通性差，受开采技术条件的限制，在初期编制开发方案时，没有动用。为了动用这部分储量，1991 年，在中二中南部二号大断层附近的中 30–8 井区进行注水开发试验，采用不规则点状面积注水井网，设计油井 8 口，水井 8 口，采用油井混排石英砂地填金属绕丝、水井混排石英砂地填复膜砂封口防砂措施，试验井区采油速度由试验前的 1.99% 提高到 3.91%，油井利用率由 60.0% 提高到 75.0%，证明这些储量可以注水开发。在总结中 30–8 试验区成功经验的基础上，对 Ng1+2 油层 8 个连片区建立注采井网进行注水开发。

孤岛油田进入特高含水期后，在中一区 Ng3 开展了聚合物驱先导试验，由于孤岛油田油稠、地层温度高、地层水矿化度高，不利于聚合物驱，为节省投资，避免产出水外排，试验以满足生产需要为原则，制定了常规开发井网、污水配注条件下聚合物驱油的开发方案，1992 年选择四个五点法注水井组进行试验。在取得阶段性效果后，1994 年年底在中一区 Ng3 整个区块开展聚合物驱工业性试验，通过试验，形成聚合物驱油藏工程、采油工程、地面工程、经济评价、跟踪分析、动态调整等配套新技术，为聚合物驱工业化应用提供实践依据。

孤岛油田聚合物驱后油藏条件更加复杂，依靠单一井网调整和单一二元复合驱提高采收率效果不理想，为此在中一区 Ng3 聚合物后开展了井网调整转流域、调流场的非均相复合驱油体系试验，扩大了波及体积和提高洗油效率，采收率提高 4.0%。

为了探索孤岛油田低效水驱稠油转热采的可行性，2011 年在中二中 Ng5 稠稀油结合部进行低效水驱转蒸汽驱先导试验，累积注汽 21.17×10^4t，汽驱阶段产油 4.19×10^4t，油汽比 0.65，提高采收率 26.1%。为探索深层、高地层压力稠油油藏化学蒸汽驱的可行性，2009 年在中二北 Ng5 稠油进行热化学蒸汽驱先导试验，采用先吞吐再转蒸汽驱、后转化学蒸汽驱，提高采收率 18.3%。

同时，开发试验是开发规划编制的依据，开发规划在油气田开发过程中占重要位置，需要根据国家政治、经济环境和油气田开发状况，制订油气田开发中具有全局性和方向性的重大战略部署和技术经济政策。因此开发试验需要超前部署，要编制详细的试验方案和矿场实施方案，即便如此，真正实现生产目标仍然需要克服重重困难。

第二节 高效开发模式

油田开发模式是指依据不同开发阶段的开发规律和存在的问题，采取合理的开发方式（技术经济政策），包括能量补充与利用、三次采油、油藏管理（包括注采调整及动态监测方式）及开发配套技术。由于油田开发是一个系统工程，油田开发复杂性及不确定性决定了开发模式是一个“开放、变化”的体系，需要在油田开发过程中，根据不同的开发矛盾和开发目的，构建适应的开发技术模式。

孤岛油田在开发建设中，油稠和出砂是影响油田开发的两大难题，针对不同开发阶段的特点和需要，采用针对本油田油藏特点的小泵、小抽油机和小参数抽采技术，合理利用弹性和分散气顶气驱动能量，多采无水期原油，天然能量开采阶段采出程度达 3.59%。在注水开发阶段，形成了孤岛常规稠油油藏分层注水、防排结合的防砂注采开发模式，研究单元周期性整体注采调整技术，控制含水上升速度，取得了良好的注水效果。中高含水采油阶段，重点采用合理细分开发层系、调整注采井网技术，将层间干扰减缓到最低程度，提高水驱控制程度和波及系数，油田采收率提高到 23.89%。高含水期，进行无因次采液指数的增长规律和最大单井产液量研究，配套了油田下大泵强采技术，进行注采井网调整，强化注水系统，实现强采条件下的注采平衡，实现了油田高产稳产，油田水驱采收率达到 30.01%。特高含水期，开发应用化学驱，大幅度提高油田采收率，寻求了一条孤岛油田注水开发后期进一步提高采收率的有效途径；配套注蒸汽吞吐热采工艺，解决了孤岛油田原油黏度大、储层厚度薄、泥质含量高、油层易出砂、水侵影响大的稠油开采难题。油田驱替方式的转变，使油田采收率在水驱的基础上大幅度提高，2005 年 12 月油田采收率达到 36.27%，其中中一区、中二区主体区块（石油地质储量 15323×10^4t）采收率达到 51.77%。

总结孤岛油田的开发实践，开发模式的选择要注重阶段开发问题和矛盾的分析研究，确定解决方案、各类配套技术间的相互关系及各自的职责和协作方式（图 6-2-1）。提出全价值链的解决方案，满足生产目标的需要，主要包括以持续提高采收率为目标的地质研究、开发方式转换以及相应的配套工艺技术。

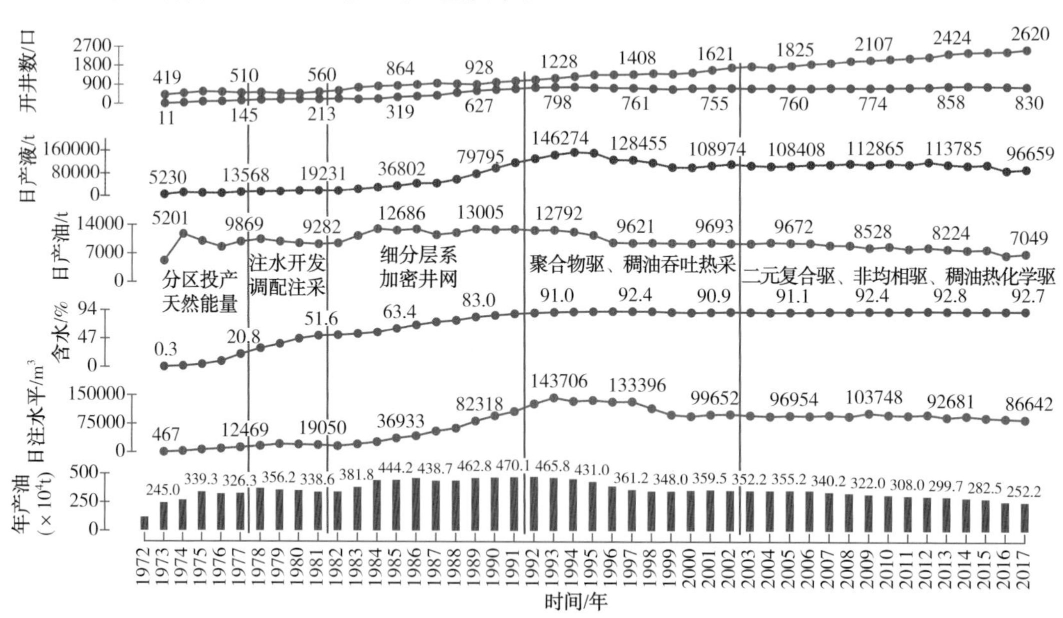

图 6-2-1　孤岛油田历年综合开发曲线

一、持续油藏开发地质研究，满足油田开发需要

油气藏开发的主要目标是通过建立有效的油气开采与驱替系统，以尽可能少的投入采出更多的油气，实现最高的油气采收率和最大的经济效益。开发地质工作是实现这一目标

的基础，在很大程度上，油气藏开发的成败在于开发地质的研究程度。

在油气开采过程中，地下油气分布状态的动态变化受控于油气藏地质因素和开发工程因素的共同作用，因此不仅要研究开发初期的静态油气藏地质特征，而且要研究开采生命周期内油气藏地质因素及流体分布的动态变化。由于油气从油气藏中产出，是一个多尺度、多时度、多场耦合的复杂过程，不同油气藏类型、不同开发阶段的主控因素有所差异，开发地质研究的重点也不同。

孤岛油田在开发初期的研究内容主要集中在开发层系储层研究。20 世纪 70 年代中后期，在油藏储层、构造研究的基础上，开展沉积微相研究，在油田开发井网条件下，将储层垂向上细分到单砂层，细分沉积微相，通过测井相的建立解决了单井划相的难题。通过等高程对比解决了河流砂体的时间单元划分，增加了对井间储层参数的定性预测研究，制作每个单砂层的平面微相图。

油田进入中高含水开发阶段，研究内容主要集中在储层非均质性研究，在研究方法上应用开发地震技术，在微构造、低级序小断层识别以及主力储层、主体相带的描述上取得了较好的效果。

油田进入高含水开发阶段后，由于储层非均质，以及长期注水冲刷和物理化学作用，在储层高渗带部位易形成“大孔道”，导致含水大幅度上升，降低了注水驱油效率，“大孔道”作为高含水阶段油藏开发的新属性，其发育特征及其对剩余油的控制作用成为主要研究内容，开发测井、井间监测技术以及地质统计建模研究等是这个阶段的主要研究方法。

提高采收率阶段的油藏工程问题要比水驱更加复杂，开发地质研究更加详实深入。比如化学驱技术，可实施化学驱的单元大多已进入高含水、特高含水开发阶段，在长期注水开发过程中，储层及流体性质都发生了一系列物理、化学变化，油藏非均质性更加突出；加之井网的不完善，导致油水推进在纵、横向上的不均匀，剩余油分布相当零散。需要在油气藏宏观参数研究的基础上，更加精细地描述长期注水后油层物性、孔隙结构、矿物组成、黏土分布、高渗透条带、流体性质的变化及其对开采影响的程度，清晰表征已高度复杂分散化的剩余油分布规律，准确掌握控制剩余油的主要因素（图 6–2–2）。

<table>
<tr><td rowspan="2">开发阶段</td><td colspan="4">主要对象</td><td rowspan="2">解决的主要问题</td><td rowspan="2">研究的主要方法</td><td rowspan="2">注采系统完善</td></tr>
<tr><td>油层组 Ng3</td><td>小层 $Ng3^{5}$</td><td>单砂体 $Ng3^{52}$</td><td>构型单元 $Ng3^{52(1)}$</td></tr>
<tr><td>早期</td><td></td><td></td><td></td><td></td><td>平面矛盾</td><td>小层划分与对比</td><td>基础井网</td></tr>
<tr><td rowspan="3">中高含水期</td><td rowspan="3"></td><td rowspan="3"></td><td rowspan="3"></td><td rowspan="3"></td><td rowspan="3">层间矛盾</td><td rowspan="3">细分沉积相</td><td>一次加密调整</td></tr>
<tr><td>二次加密调整</td></tr>
<tr><td>细分层系调整</td></tr>
<tr><td>特高含水期</td><td></td><td></td><td></td><td></td><td>层内矛盾</td><td>储层构型分析</td><td>以构型单元为对象的层内剩余油挖潜调整</td></tr>
</table>

图 6–2–2　油田开发不同阶段储层研究内容及持续完善注采系统对策

总之，对于一个具体开发油田而言，油藏描述或者对开发地质认识贯穿于油田开发全过程，目的就是以石油地质学、沉积学、岩石矿物学、构造地质学等地质理论为基础，综合集成地质、地震、测井、测试等技术资料，采用精细尺度的露头类比、地质统计、随机建模和计算机处理三维显示等技术手段，正确描述油藏开发地质特征，建立一个逼近油藏实际的三维可视化的地质模型，这是油田开发调整、转开发方式、提高原油采收率的前提和基础。其主要内容包括以下几个方面。

1. 油藏非均质性研究

油藏非均质性是指油藏储层物性在三维空间分布的不均匀性和差异性，研究内容包括储层物性、孔隙结构、流体性质等静态非均质性，也包括断层、裂缝、隔夹层等宏观发育特征，是开发地质研究不可缺少的内容。

（1）静态非均质研究：是非均质研究的基本内容。在储层微型构造研究的基础上，研究储层的沉积相和微相的类型和展布、储层的几何形态和规模、储层参数分布及微观特征，并以此为基础，研究油气藏隔夹层、封闭性断层等渗流屏障，对流体流动造成的渗流“分割”，为部署开发井网，设计注采参数提供依据。近年来，油田非均质性研究内容已由最初的分类方案、储集空间刻画逐步向储层非均质综合表征发展，由平面非均质、层间非均质、层内非均质研究向储层非均质成因及构型研究发展，定量表征方法由单项参数向基于不同算法理论的反映综合非均质特征的非均质综合指数发展。

（2）动态非均质研究：在长期的注水开发过程中，由于注入水的不断冲刷及物理化学作用，在储层中易形成高渗透条带，即所谓的窜流贼层。窜流贼层导致生产井含水快速上升，降低波及体积和油藏整体的驱油效率，因此，必须进行卡堵水措施，或井网及注采关系调整，控制极高耗水层带无效水循环，控制油田含水上升，实现稳油节能降耗，降低生产操作成本。目前，对窜流层的识别主要采取生产动态分析、示踪剂测试、多井干扰试井等方法，综合地质、测井、地震、油藏工程、数学地质、计算机等各种技术手段多专业协同解决。

2. 剩余油分布研究

剩余油研究是油藏描述的重点。油藏非均质性和开发井网对储层控制程度的非均匀性是剩余油富集的两大因素。油藏非均质性是剩余油差异富集的内因，一般来说微型正向构造是剩余油富集的有利地区；开发初期油气富集相带多为高渗透主力相带，而高含水期剩余油主要富集在中渗或低渗的次级相带上；封闭的小断层、薄夹层、优势通道都对注入水起到“分割”作用，形成渗流屏障，影响并控制剩余油富集。

开发井网对储层控制程度的非均匀性主要为层系组合、井网部署、射孔位置、注采强度等导致的储层开采状况的非均匀性，为剩余油分布的外部控制因素，即外因。简单地讲，就是在注采过程中，由于层系组合、井网部署、射孔位置、注采强度等因素的影响，致使由采油井或注水井与采油井所建立的压力降未波及或波及较小的区域，原油未动用或动用程度低，从而形成剩余油富集区。因此，地下油水系统发生变化，需要新的提高采收率技术方法。

在剩余油研究方面，油藏与地球物理技术结合更加密切。油气田高效开发的关键是精细刻画油藏和剩余油展布。但是传统的基于常规地震和井资料的油藏描述以及建模方法难以满足老油田高效开发剩余油及进一步提高采收率的要求。油藏地球物理更加注重岩石物理基础，注重单项地球物理技术突破，注重地球物理资料联合处理及反演，注重地球物理资料约束的确定性油藏建模，能够提供井点不具有的横向连续性、三维空间的储层、物性和油藏信息，是提高储层描述与油藏建模精度，发现剩余油富集区，提高采收率的有效技术手段。提高高含水油田剩余油描述精度，改善开发效果需要发展油藏综合地球物理技术，提高对不同储层的分辨能力和剩余油分布预测能力，为老油田稳产提供解决方案。

3. 精细化地质建模

地质建模是一个基于数据 / 信息分析合成的学科，汇总了各种信息和解释结果，建立的地质模型能够真实反映地下油气藏的基本特征和空间分布规律，包括油气藏在地下位置、形态规模、储层特征、流体性质及空间展布等，也包括这些因素在开发过程中的动态变化，是油气藏开发阶段油藏精细描述和开发部署的核心技术。

孤岛油田在开发过程中注重应用地质建模技术，由单一地质模型发展成为三维油气藏地质模型，并依据油藏动态变化不断地修正模型。在建模的过程中，充分利用密井网资料、综合地球物理技术，结合野外露头和现代沉积河流相构型模式研究成果，采用层次分析及模式拟合方法，搞清河道砂储层构型要素类型及特征，在不同层次的模式指导下进行不同层次的井间构型分布预测，建立由点到线、由线到面的储层平面建筑结构模型，揭示储层平面非均质性。充分运用计算机技术，在三维环境下，将空间信息、地质解释、空间分析和预测、地学统计、实体内容分析以及图形可视化等结合起来，建立构型约束下的三维油气藏数字化地质模型，包括地层 – 构造格架模型、相模型、岩石物性模型、裂缝模型、流体分布模型等，大大提高地质建模的精度。

三维油气藏数字化地质建模技术清晰刻画了储层内幕及油藏非均质性空间分布特征，明确了曲流河受泥质侧积层与韵律性控制，点坝内部侧积体上部剩余油富集；而辫状河受平行层面夹层和韵律性控制，剩余油在油井附近的顶部富集，但夹层钻遇和射开方式对富集程度影响较大。构型建模下厚油层层内剩余油描述精度有了提高，夹层描述精度达到 0.25m，为正韵律厚油藏顶部水平井开发调整提供技术支撑。

二、采用合理的开发方式，不断提高采收率

开发方式的选择或转换必须要以提高采收率和经济效益为目标。天然能量开采是最优先的选择，水驱是最经济有效的开发方式，但化学驱、蒸汽驱、气驱等三次采油具有大幅度提高采收率的优势，是油田开发的重要开发方式。孤岛油田在天然能量开采后，进行了注水开发，在注水开发过程中，进行了井网层系调整，并采取了化学驱和稠油转蒸汽驱提高采收率的措施。

1. 细分层系、井网加密调整

油田开发初期的井网设计一般分为基础井网、开发井网，基础井网主要肩负着认识油

藏、评价开发可行性的任务，在此基础上设计开发井网。总体看，油田开发井网设计是油田开发初期基于对油藏的认识程度而设计的，为降低风险，尽早收回投资，往往立足于少井高产，一般井距较大，层系划分较粗。随着油田开发的深入，对油藏地质认识程度不断深化，同时在开发过程中油藏出现动态变化，特别是注水开发油田，随含水上升，开发初期划分的层和部署的井网不能适应油田开发扩大波及体积的需要，层间、平面矛盾突出，需要及时进行以细分层系、加密井网为主的调整，进一步提高储量控制和波及程度。因此，层系井网调整就是改变井网方式或层系重组的调整方法。

20 世纪 70 年代末期，孤岛油田大多数开发单元陆续进入中高含水期，层间干扰严重，依靠注采调整难以调整层间矛盾。

"六五"期间进行了以细分开发层系为主的综合调整，将原来的 2~4 个砂层组合采，分为 1~2 个砂层组分采，生产井控制主力层有 4~6 个，细分为 2~3 个。1981 年开始，对高含水单元进行井网层系调整，将中一区 Ng3–4、中一区 Ng5–6、中二南、中二中、中二北、西区六个油层厚度大的开发单元进一步细分，一个开发单元划分为 2 个开发单元，原来的反九点法面积注水井网调整为线状注水或五点法面积注水井网，通过细分层系和注采井网调整，改善了油层的动用状况，控制了含水上升速度。1981 年 12 月至 1983 年 12 月，两年间含水仅上升了 2.9%，日产油水平由 9283t 提高到 11339t，注采比提升到 1.1~1.2，地层总压降保持在 0.5~1.0MPa，取得较好的效果。

油田开发进入"七五"后，随着油井采液量的提高，油田注水井数少，不能满足提高注水量的需要，导致地层压力下降，大幅度提高产液量受到限制，油藏的产液能力不能得到充分发挥，直接影响油田的稳产，为此，开展了以增加注水井点为主要内容的加密井网调整，将原有的井网调整为五点法、七点法面积注水和行列注水井网，注水能力增加三倍，孤岛油田保持了较高的注采井数比（1∶1.75）和注采对应率（93%），原油产量继续上升，1989 年年产量突破 460×10^4t 的新高峰。

"八五"以后，油田含水达到 87%，为了进一步提高油藏的潜力，提高水驱采收率，开展了油藏描述研究，重建地质模型，以油砂体为目标，充分认识剩余油分布规律，选择单井控制储量较大、剩余油饱和度较高的单元或井区，采用矢量井网等方法进行局部细分加密调整，实现油田的持续高产稳产，1990~1993 年连续 4 年年产油保持在 465×10^4t 以上。

"九五"以后，随着剩余油研究的深化，提出了"分割控油"富集机理，小断层、小夹层及优势渗流通道形成对注入水的渗流屏障，形成了剩余油富集区，在这些富集区进行挖潜见到了好的增油效果。因此在厚油层韵律段细分、夹层描述及注聚合物后剩余油分布等综合研究的基础上，利用水平井进行厚油层顶部、薄油层挖潜，并利用矢量井网等方式，调整局部井网，改变流线，更有效地驱替剩余油，延缓了孤岛油田产量递减速度。

孤岛油田在开发过程中整体调整注采层系和井网，取得好的效果。注采井距由 300~400m 缩小至 225~270m 注采井网系统，不仅适应了油田注水开发的需要，而且为不调整井网、投入化学驱开发提供了井网基础。

2. 水驱特高含水期转化学驱开发

化学驱是一种改善注水驱油效果，大幅度提高采收率的技术手段，通过在注入水中加入化学药剂，改善注入液体与原油的流度比和界面张力，扩大波及系数，提高驱油效率，从而达到提高采收率的目的。

孤岛油田进入特高含水期后，为进一步提高采收率，减缓产量递减，开展了化学驱试验。与大庆油田相比，孤岛油田原油黏度高（地下原油黏度 >50）、地层温度高（70℃）、地层水矿化度高（5000~7000ppm），对于聚合物驱是不利的，因此对聚合物产品的耐温性、抗盐性、增黏性提出了更高的要求。

1992 年 9 月在中一区 Ng3 单元选择地质条件好、注采井网比较完善的 4 个五点法注水井组作为化学驱先导试验区。试验目的层 Ng3 砂层组是一套河流相粉细砂岩组成的正韵律沉积，油层物性好，孔隙度 32%，渗透率 1540×10^{-3}~$2540\times10^{-3}\mu m^2$，平均地下原油黏度 46.3mPa·s，油层温度 70℃，产出水总矿化度 5293mg/L。设计注聚合物井 4 口，对应油井 11 口。

先导试验的基本原则是根据油田的实际，制定试验方案，以利于大面积推广和应用。为了达到预期效果，在评价的基础上，选择了超高分子的聚合物产品，并采用清水配制母液、油田采出水稀释注入，以减少大规模注入后的油田采出水排放，同时由于孤岛油田适应聚合物驱的条件较差，为减少投入，采用原井网注入。1992 年 9 月矿场实施，1993 年 8 月转入第二段塞，1996 年 9 月进入第三段塞，1997 年 3 月转入后续水驱。1993 年 1 月中心井开始见效，1994 年 4 月试验区整体见效，1997 年 4 月 11 口油井全部见效，产量达到高峰期，日产油由 108.9t 上升到 340t，综合含水由 91.4% 下降到 74%，高峰期持续 8 个月，此后含水开始回返，产量下降，2005 年 12 月，先导区油井总数 11 口，开井 10 口，日产油水平 33.5t，综合含水 97.4%，累计增油 20.60×10^4t，提高采收率 12.51%。

中一区 Ng3 聚合物驱现场试验证明，高黏度、高温、高矿化度油田，由于聚合物驱流度比与注水相比得到大的改变，即使在常规注采井网、污水配注条件下聚合物驱仍可以大幅度提高采收率。在先导试验的基础上，在中一区 Ng3 成功进行了工业化扩大试验，在中一区 Ng4、西区北、中二南等单元推广应用。

在工程技术方面，发展形成了油藏及效果评价、注入、淡水母液配制、等化学驱开发技术。为了发展和探讨大幅度提高采收率的技术，在孤岛油田西区北 $Ng3-4^1$ 开展了三元复合驱试验，提高采收率达到 14.7%，但在注入和采出的过程中，油井和注入井存在结垢问题，并且产出水处理难度大，费用高，所以没有推广应用。鉴于三元复合驱存在的问题，为了扩大动用特高含水的储量，进行了聚合物与石油磺酸盐二元复合驱提高采收率试验和应用，提高采收率 6%~8%。“九五”期间，化学驱采收率提高了 7%~12%，单元采收率达到了 50%~55%。“十五”以来，通过优化增加注入段塞，开展聚合物＋表面活性剂二元复合驱，采收率提高 6%~10%，峰值无因次日油 2.0~2.5，含水下降 10%~15%，见效增油高峰期延长一年以上。

3. 普通稠油低效水驱转热采

孤岛油田由于所处构造部位、油柱高度的不同及储层物性差异，原油性质呈现规律性变化，在纵向上，同一小层内原油性质随深度增加而变差，自上而下可分为普通稠油、特稠油。开发初期实行合层开采模式，稠油开采效果差，随着含水上升，层间干扰加剧，部分井停采稠油层，所以孤岛油田稠油层动用差，也成为高含水开发期的潜力。随着孤岛油田进入特高含水期开采阶段，面临资源接替、产量接替的难题。对于低效水驱的稠油，如何动用便成为油田开发的一个问题。

1991 年在油层较厚、储层物性较好的 Ng5 稠油环进行蒸汽吞吐开采研究和现场先导试验。Ng5 稠油环往上为稀油，往下为边水，热采前与 Ng3–4 砂层组已进行了合层开采，因不能正常生产，先后卡掉 Ng5 砂层组，只采 Ng3–4。馆 5 单元热采试验区原油 50℃地面黏度 3000~15000mPa · s。1991 年 8 月，对中 25–420 和中 24–421 井两口试验井采用先期绕丝防砂，然后采用活动锅炉进行注蒸汽吞吐试采试验，平均周期注汽量为 2152t。单井日产油分别达到 23.5t、46.1t，平均周期生产天数为 244d，平均周期产油 6575t，油汽比达到 3.06。试验的成功，揭开了孤岛油田稠油注蒸汽热采的序幕。1994 年以后，稠油储量投入工业化热采开发。同时对于低效水驱单元，也转入注蒸汽热采开发，形成了 Ng3–4、Ng5、Ng6 和 Ng5–6 稠油低效水驱转注蒸汽热采开发技术。

通过对热力场分析和研究，1997 年，孤岛油田开展热采老区加密调整工作，对储层厚度大、发育相对较好的 Ng5 稠油环，通过吞吐加热半径和蒸汽吞吐加密界限研究，将 200m × 283m 反九点法井网，对 8m 油层一次加密为 141m × 200m 井网五点法井网，对 11m 油层二次加密为 100m × 141m 井网五点法井网。对层薄、夹层变化大、油水间互的 Ng6 稠油环，采用水平井与直井联合优化部署井网，在夹层发育的多油层区域采用直井或斜井开发，在没有夹层的单油层区域采用水平井开发。对高泥质含量的 Ng3–4 稠油环，深化储层伤害机理研究，采用全过程油层保护措施，为提高注汽效果，采用亚临界锅炉注汽技术，并不断优化注汽参数，配套“排、停、堵、避”水侵综合治理技术，发展了二次复合防砂技术、一次防砂多轮次注汽工艺，使稠油热采产量成为孤岛油田原油接替稳产的主阵地。

三、注重开发管理，不断改善开发效果

油田开发是一个不断深化认识和改善管理的过程，孤岛油田注重动态监测工作，不断深化对油藏开发规律和动态的认识，形成注采调整的重要管理技术。

1. 动态监测技术

油藏生产过程中，地下流体、压力、温度和储层性质不断地发生变化，建立较完备的油气藏监测系统，及时、准确地监测和认识这些变化，为系统地油藏动态分析，深化油藏认识，特别是高含水期剩余油认识，为做好油气藏调整和提高采收率提供。监测系统包括以下几个方面。

（1）压力监测。主要包括注水井、采油井的压力测试和试井，测试方法有固定监测

井测试和定点井测试，对于固定监测井，可下入井下压力毛细钢管压力计和电子压力计。毛细钢管压力计在毛细钢管和传压筒中被充满氮气，进行压力测试时，井下压力与毛细钢管及传压筒的氮气压力在传压筒达到平衡，毛细钢管的另一端与地面上压力传感器相连，由此测得地面一端毛细钢管中的氮气压力，而所要监测的地层压力是由地面井口压力和氮气柱的压力两部分组成的。传感器测得的压力信号，传送至数据采集器内，数据采集器将完成井下氮气柱重力的计算校正，并将修正好的数据显示并存储起来，可以开展压力恢复、压力降落、系统试井等多种项目的试井。电子压力计有储存式和直传式两种。

（2）产液剖面和吸水剖面测试。产液剖面测试是在油井井筒内或油套环空内下入流量计（或井温仪）测试分层的产液量和含水率，评价分层的动用状况。注水井吸水剖面测试是在注水井油管中注入同位素测试分层的吸水状况。产液剖面和吸水剖面反映了油层的动用状况。在注聚井，采用脉冲中子水流测井，又称为氧活化测井，主要利用中子与流体中氧元素的活化反应机理，解析活化伽马射线时间谱，根据中子源到探测器的间距和活化水通过探测器所用时间计算出水的流速。与同位素测井、传统流量计测井相比，不受井内流体黏度影响、与吸液地层孔隙大小无关、不受管柱结构束缚，氧活化测井可有效解决同位素在注聚井中沾污、堆积沉降测量精度低的问题，可用于测试笼统注入井、分层注入井的注入剖面，注入井中探测和识别水泥环中的串槽位置、确定封隔器密封效果、漏失部位等。

（3）饱和度测试。可以直接获得油层的含油饱和度资料，主要方法有 C/O 测井和过套管电阻率测井，两种方法可以相互补充。C/O 测井检测套管井中的储层含油饱和度，利用一种每秒 20 千赫兹（kHz）脉冲速度控制下的 14.1 兆电子伏特（MeV）中子源，穿透仪器外壳、井内流体和套管、水泥环等介质进入地层，让快中子与地层中的碳、氧原子核发生非弹性碰撞，并释放出较高能量的伽马射线。从而确定地层的 C/O 值，定量解释含油饱和度。

（4）过套管电阻率测井。过套管电阻率测井和裸眼电阻率测井在物理上的显著区别是井眼套管本身就是一个巨大的导体，在钢套管内绝大部分电流沿套管流到地面回路电极，而在钢套管内壁以极低频率流动的电流将钢套管视为传输线，由于钢套管周围地层介质可视为导电介质，所以将有极小部分电流渗漏到地层，再流回到地面回路电极。通过检测渗漏到地层中的这部分电流，就可以计算出地层电阻率，评价油层的含油饱和度。

（5）热采井井底温度、压力测试工艺。采用耐高温高压测试毛细管电缆及井下温度压力传感器，实现射开油层段内温度点、压力点的直读；对于在线实时监测，将耐高温高压毛细管电缆采用捆绑在油管外壁输送到井底的方式，毛细管通过井下密封装置进入插入密封装置管内，实现和井下压力传感器的连接，保证油水界面被封隔在防砂鱼顶以下，防止热量损失，保证测量的温度变化是油层的真实温度变化。

2. 注采调整

中国油藏多为陆相沉积，具有天然能量不足和非均质严重的特点，普遍采用早期注水保持能量和分层段开采的技术措施，并发展形成了分层段开采的工艺技术系列。由于早期注水，使许多低产能油田提高了生产能力；由于油藏能量充足，延长了油田稳产期；更由于以较廉价的水作驱油剂，普遍比天然能量开采成倍地提高了原油采收率。但在注水开发过程中，由于注采系统不完善，不能适应油藏非均质的状况，注入水沿高渗条带快速推进，导致注采失调、油井出现水窜、含水上升快的现象，需要根据动态需要，适时、灵活、不定期地进行注采调整。

注采调整就是改变油水井井别或工作制度的调整方法。由于陆相油藏非均质严重，三大差异（即层间、平面、层内差异）突出，油田开发过程中会出现各种矛盾，干扰油、水井正常生产，影响油藏开发效果。根据油藏动态分析发现的问题，采取相应的技术措施，对油、水井进行调整控制，减缓各种矛盾的影响，不断扩大注水波及体积和提高储量动用程度，改善开发指标，使油藏能较长时期保持旺盛生产能力，实现油藏开发过程控制。

油藏开发过程控制工作（不含开发调整）的目标是在合理开采速度下，保持油田较长时期的稳产。主要原则：通过注够水、注好水，保证油藏有充足的地层能量和油井旺盛的生产能力；通过分层注水、卡堵水层和深部调剖等措施，把含水上升率控制在合理范围；通过压裂酸化、有效提液和查层补孔等措施，提高储量动用效率，降低递减率。

对于水驱油田来说，无论依靠人工注水或是依靠天然水驱采油，当无水采油期结束以后，将长期进入含水生产阶段，并且含水率将逐步上升，成为影响油田稳产的重要因素。一个水驱油藏的全部开采过程可以划分为低含水阶段、中含水阶段、高含水阶段和特高含水阶段。不同阶段所产生的开发矛盾不同，开发规律不同，因此必须采取不同的做法。总的来说原油黏度越大，无水采收率越低，达到相同采出程度所需的注水量越大，所以对于稠油油田绝大部分的地质储量要在较高的含水期采出来。

孤岛油田在开发过程中，根据油田开发的动、静态变化情况，以动态监测为手段，在不同含水开发阶段合理调整注采结构，主要采取层间产能接替挖潜、大泵提液、不稳定注水、强注强采、堵水调剖等措施，实现油田层间、平面均衡开采，提高了油田开发效果。

1）中低含水期的注采调整

孤岛油田开发初期，气顶气的作用对维持油田自喷稳产高产起到了重要的作用，注水后，由于气顶作用受到抑制，绝大部分受影响的高产油井产量大幅度下降，且呈现出油井出砂严重、停产井较多、井网不完善、含水上升快等问题，注采矛盾越来越突出，层间工作状况、出水情况不清，为扭转这一状况，1976 年开展了全面的注水井分层测试和小层动态分析，在此基础上，首先在最早注水的中二南实施整体注采调整工作。总的原则是保持地层压力水平，减小气顶的影响，采用防砂措施，回复停产井。具体的措施是在保持注采平衡的前提下，依据测试的情况，在纵向上控制主要出水层注水量，加强非见水或低含水层注水量，进行层间接替，调整控制了 Ng5 砂层组注水量，加强了 Ng3–4 砂层组注水量，实现了主力出油层由 Ng5 砂层组转向 $Ng4^{2-4}$ 层的调整。在平面上对已见水层提高非来水方向的注水量，控制来水方向的注水量，控制含水上升。遵循这一原则，中二南在中低含水期采取周期性的注采调整措施，提高或保持了主力油层的压力水平，并且通过平面调整，扩大了注水波及面积，改善了开发效果。实践证明，通过注水井和采油井周期性、及时的层间、平面调整是控制含水上升，实现高产稳产的有效措施。

到 1983 年，孤岛油田开展了有计划周期性的整体注采调整 62 单元次，实施油井工作量 559 井次，水井工作量 724 井次，调整前后对比，含水上升率由 1977 年的 10.6% 下降到 1983 年的 4.33%。

2）高含水期的注采调整

高含水开发阶段，随含水的上升，采液指数上升，如何发挥油层的产液能力、多产原油，成为油田开发的重点，注采调整的主要内容是搞好有效提液和有效注水。这一阶段，为改善储层平面和层间的动用状况，普遍进行了层系井网调整，注采调整的主要做法是搞好油水井的归位工作，提高注采对应率，在此基础上，配合提水提液，搞好层间和平面的注水调整。一是井井分注，层层分注，根据油层的动用程度合理配水，使潜力层出力。孤岛油田经过层系井网调整，其注采系统得到强化，注采井数比 1:1.7，层系中生产层一般为 3~4 层，为分井分层注水提供了有利条件。二是产液量、产油量、注水量要匹配。保持注采平衡和较高的地层压力水平，以满足高饱和油藏的开采需要。在配水的过程中，把产液量和产油量分到各个采油井和各小层，根据各层产量、含水、地层压力水平的高低及油井的受效程度确定注水井的分层注水量。三是限制注水和增注相结合。对高压和高含水层限制注水，靠水嘴调水仍达不到要求的，采用调配和机械调水相结合的方式控制注水量；完不成配注的井层进行增注措施，提高吸水能力。四是加强油水井的调整措施。注采调整不仅要对注水井注水量进行调整，而且要按油井的产业能力进行采油井的产液量调整，如泵径升级、补孔、分层堵水等，在实施油井措施时，还要搞好注水井的补孔和调配。

孤岛油田在该阶段，逐步配套 ϕ70mm、ϕ83mm 大泵浅抽工艺技术，探索出大泵提液的有效途径，采液速度由 1981 年的 3.44% 提高到 1992 年的 12.32%，单井日液达到 110~150t，突破了“三小”（小泵径、小冲程、小冲数）不敢提液的思想禁区，使采收率提高到 33.8%。1988~1991 年，油田各开发单元共实施注采调整 62 单元次，调整后日产油水平增加 858t，含水上升率由 3.51% 下降到 1.64%，有效控制了含水上升速度，减缓了油田自然递减。

3）高含水后期的注采调整

这一时期注采调整工作重点是搞好控水稳油，强调在注好水上下功夫，通过对油田注采结构的调整，达到以控水促稳油、提高注入水的波及体积和驱油效率的目的。具体是以油井措施为主转移到以水井措施为主，在精细油藏描述和剩余油分布规律研究的基础上，攻欠增注，通过不稳定注水和注水结构、产液结构的调整，实现以大泵提液为主向油水井调剖堵水、层内挖潜、综合治理为主的转移，注重整体注采调整与局部调配相结合。

对于进入特高含水开发的单元，针对高渗流带发育的状况，注重压力场、流体场的调整，改善流场的分布，降低耗水率，控制含水上升，提供波及体积和驱油效率，在工艺技术上，加强注水测试，提高了注采对应率与注水层段合格率，改善了特高含水期油田开发。

四、高效开发配套技术，保障油田高效开发

高效开发配套技术是提高油气田采收率，实现资源有效开发利用的重要保障。孤岛油

田针对不同开发阶段不同开发方式的主要矛盾，发展和完善了配套稠油疏松砂岩油藏开发工艺技术。对于投产之初就存在的油井出砂问题；注水后，由于油水黏度比大，且非均质严重，和常规原油水驱相比，存在见水早、注水指进的问题；高温高盐油藏化学驱问题；边部水淹稠油转注蒸汽如何提高热效率等问题，研发了适应性的防砂、注水、化学驱、热采以及热化学区配套技术。

1. 防砂技术

孤岛油田砂岩储层胶结疏松，泥质含量和原油黏度变化大，投产之初油井就存在出砂现象。防砂成为孤岛油田开发的关键技术，是油田开发的保证。为满足不同开发阶段不同油水井防砂生产的需要，先后研发了化学防砂、机械防砂和化学－机械复合防砂等多种防砂工艺。

油田试采期间，油井不含水或含水较低，出砂相对较轻，主要采取酚醛树脂溶液地下合成防砂工艺，通过不定期冲砂维护油井生产。

随着油田全面投入注水开发，含水上升，油井采液强度提高，油层出砂情况日益严重，地层出现亏空，使地下合成防砂成功率下降，单一的酚醛树脂溶液地下合成防砂工艺已不能满足防砂需要，进行了环氧树脂砂砾滤砂管防砂室内和现场试验。为进一步提高防砂强度，研发了绕丝筛管砂砾充填防砂工艺。

进入了高含水期，强注强采致使油井出砂加剧，近井地带形成亏空，套管变形井增多。将胶结剂由环氧树脂改为酚醛树脂，形成了酚醛树脂涂敷砂防砂技术。随着油井含水不断升高，采液强度进一步提高，同时对出砂严重、地层亏空、防砂难度大的油井，完善干灰砂、涂敷砂化学防砂和滤砂管、绕丝管机械防砂工艺技术配套，把防砂与油层保护相结合，提高防砂成功率。

2. 注水配套工艺技术

注水油藏由于受油层层间差异、储层的非均质性等因素的影响，注入水的推进不均匀，造成个别井层过早水淹和油田综合含水迅速上升。为了提高注水驱油效率，改善分层水驱状况，在开发过程中采取分层注水和堵水调剖措施，控制油井含水上升速度。

（1）分层注水技术。按不同性质油层的自然吸水能力、油层压力水平进行分层注水，有效控制高渗透层注水量，加强低渗透层注水量，有效减缓了注入水单层突进和平面指进，控制了油田含水上升过快问题，并保证了油井保持合理的压力水平和旺盛的产液能力。分层注水主要是在井筒中下入封隔把油层物性和原油性质差异较大的油层分隔开，再用配水器进行分层配水，通过配套的测试工艺来实现的。

（2）油井堵水技术。主要有物理或者化学的方法，控制油井水的产出。开发初期，多层合采，注入水或边水沿高渗透层推进，在纵向上表现为单层突进，在横向上表现为舌进或指进现象，使油井过早水淹，对于高渗水淹层，采用机械堵水方法，利用封隔器将出水层位卡住。对于平面舌进或指进，采用化学堵水方法，研发了选择性堵剂，控制含水上升。随着含水上升，针对高耗水条带，发展了深部堵水技术，改变液流方向，并且将堵水与驱油相结合，见到了控水增油的效果。

（3）注水井堵水调剖。陆相沉积油藏，非均质性强，吸水能力差异大，为控制高含水层的注水量，在水嘴调整不能满足注水量调整需要的情况下，需要进行注水井的调剖措施。注水井调剖主要采用化学的方法，开发了甲基氯硅烷改性堵水剂、CAN-1 堵水剂、SJD-1 双液法调剖剂、SG1-GD 活性稠油调剖剂，引进无机颗粒型粉煤灰 HD-1、HS-2、膨润土、榆树皮粉分散体系等堵水调剖体系。在油田开发进入中高含水期，层间、层内普遍高含水的状况下，采用油井堵水、水井调剖相结合、油井深部堵水与注水井深部调剖相结合的方法，改善吸水剖面。

3. 化学驱配套工艺技术

孤岛油田在化学驱矿场实践中，从油田开发实际出发，从驱油机理、影响开发效果主要因素研究入手，结合油藏动态变化特点、见效特征，逐渐形成了一套适合孤岛油田的高温高盐稠油油藏特点，在常规井网条件下，清水配制母液、污水稀释注入化学驱开发技术。主要包括化学驱方案优化设计技术、优化注入技术、不同阶段堵调技术、注采调整技术、驱油剂用量跟踪分析调整技术、后续水驱注采技术、动态监测技术、注聚效果评价技术等配套技术。“十五”以来，针对油藏条件变差、极端井增多等特点，发展了改善水质提高聚合物溶液黏度、异常井治理、优化延长段塞等配套技术，使二类储量达到了一类储量开发效果，拓宽了化学驱对油藏适应性。针对油田高含水转注聚驱，存在大孔道的状况，发展了聚合物驱堵水调剖技术。注聚合物前期在水井进行调剖封堵大孔道，调整层间、层内注入剖面，防止注聚合物后聚合物指进和舌进，保证聚合物段塞均匀推进。聚合物驱堵水调剖以单元整体调剖为主、单井堵水为辅，进行注聚合物前调剖、注聚合物期间封窜堵聚、转后续水驱调剖。调剖堵剂以交联剂、颗粒型粉煤灰为主，应用压力指数优化决策技术选择调剖井。

4. 热力驱配套工艺技术

1991 年 8 月在孤岛油田中二北试验稠油蒸汽吞吐采油成功以后，孤岛油田稠油蒸汽吞吐采油规模不断扩大，注蒸汽工艺和提高热采开发效果配套工艺不断完善，满足了孤岛油田热采开发的需要，发展形成了稠油热采井降黏工艺技术、热采井防砂工艺技术、储层保护技术、深部解堵技术、全过程保干等技术，攻克制约热采开发效果的主要因素，支撑了孤岛稠油资源的有效动用。

（1）稠油热采堵水调剖技术：开发了耐高温无机颗粒类型 DKJ-Ⅱ堵剂、粉煤灰堵剂、冻胶堵剂、注汽井氮气泡沫调剖。对注汽吞吐的单井实施堵水，调整吸汽剖面。有效防止了汽窜，提高了注汽效果。

（2）降黏技术：孤岛油田原油稠油具有黏度高、流动性差、摩擦阻力大等特点，举升过程中出现载荷大、杆柱下行困难、泵效低等问题，严重影响正常生产。

采用了空心杆掺热污水降黏，双空心杆密闭循环加热降黏和空心杆过泵旋流降黏。其中空心杆过泵旋流降黏工艺由三部分组成，分别是旋流混合系统、井下过泵系统、撬装式地面注剂系统。旋流混合系统将降黏剂与油井产出液均匀混合，井下过泵系统可实现降黏剂泵下添加，地面注剂系统实现降黏剂均匀、连续注入井下，保障了油井的正常生产。

（3）高干度注汽锅炉：在普通的锅炉流程上进行改造，蒸汽出口增设了汽水分离器，过热段安装在对流段下方，由汽水分离器分离出的高干度蒸汽回到过热段对其进行过热后，温度达到 460℃左右进入喷水减温器，与分离出的饱和水再混合，混合后的温度降到约 370~390℃，最后将过热蒸汽注入井内，蒸汽干度可以达到 99%。

（4）高效隔热工艺：注汽管柱采用 $4^{1}/_{2}$in 高真空隔热油管、利用隔热衬套、隔热补偿器等对注汽管柱热点进行隔热，利用耐高温长效封隔器密封油套环空，研制了高真空隔热油管及配件，隔热油管视导热系数仅为 0.0068W/（m·℃），注汽速度在 5t/h 条件下，井底蒸汽干度可达到 50% 以上，满足热化学蒸汽驱要求。

（5）分相式流量分配：针对输送管内汽液两相流体分布的特征，通过分离装置将两相流体分离开来，从而实现气体和液体的定量分配，避免了直接分配两相流体时所产生的相分离问题，实现分配器出口干度可控，具有很好的干度调节能力和稳定性。其技术指标为分配蒸汽干度范围 20%~90%，干度测量均方根误差均小于 6%。

（6）热化学驱配套工艺技术。孤岛油田稠油存在边底水，蒸汽驱难以形成压降漏斗，影响蒸汽驱的效果，为此研究形成了热化学驱技术，在注入蒸汽的同时，注入化学剂，提高了驱油效率，提高采收率 16~20 个百分点。

第三节　油田开发展望

目前，油气的生产面临新的挑战。

一是油价持续的低迷，2014 年下半年以来的国际油价暴跌及持续低位徘徊，2016 年 1 月布伦特油价低至 27.88 美元 / 桶，2 月 WTI 油价低至 26.21 美元 / 桶，一次又一次超出人们的预判，给全球油气行业造成了沉重的打击，寒冬中的石油资源国、出口国及各类石油公司、服务公司都面临着严峻的挑战。

二是新能源快速发展。我国能源发展正处于深刻变革期，经济结构调整、城镇化发展对能源发展提出了新要求，能源与环境已成为全社会高度关注的问题，加速新能源发展是能源安全和治理污染的世界潮流。我国对新能源产业也给予了前所未有的重视，未来新能源势必会呈现出快速发展的趋势，发展空间巨大。

尽管如此，在我国能源供给体系中，作为国民经济发展不可或缺的重要动力，石油和天然气所占比重与国外相比仍然较小。同时随着国民经济的发展，我国油气对外依赖度不断上升，对国家的能源供应安全产生重要影响。据世界能源理事会、BP、EIA 等多家机构的预测结果显示，到 2050 年，支撑人类社会发展的主体能源将实现石油、天然气、非化石能源、煤炭四分天下的格局。未来油气在全球一次能源消费中的占比依然维持在 1/3 以上的水平，因此石油业务将还有较长时期的发展空间。

自 1859 年美国率先开始采油，已经历了 150 多年的发展过程。现在对油气开采有重大影响的油价保持长期低位运行的可能性进一步增大。油气资源条件也将变得日益复杂，开采难度加大，油气勘探开发由常规油气领域逐渐转向非常规油气领域、由浅层逐渐转向中深层、由陆地逐渐转向海洋，要将其经济有效地开采出来，在低油价约束下更需要有先进的技术和管理做支撑，更需要不断在技术创新用方面做文章，否则旧的发展模式将难以为继。

本书介绍的孤岛油田开发虽然取得了好效果，为新老油田开发提供了开发实践借鉴，但在当前低油价下，油田开发面临新的挑战，历经五十多年开发，油田含水已经进入特高含水开发阶段，单井产能大幅度下降，吨油耗水大幅度上升；新投聚合物驱储量规模小，储量品位低，主力单元均处于后续水驱阶段，产量接替结构性矛盾突出；稠油热采单元多处于注蒸汽深度开发阶段，吨汽换油率降低，储量规模不断缩小，稠油热采产量比例降低，开发效益越来越低，迫切需要新的开发技术。

一、油田开发发展趋势

面对低油价和复杂的开采对象，油气行业呈现新的发展动向。

（1）开发成本不断降低。聚焦于对成本控制最有潜在影响的领域，达到降低开发成本的目的。2014 年年底到 2016 年年底，美国页岩油钻井成本降低了 38%，完井成本降低了 40%。盈亏平衡成本从每桶 70 美元降低到 40~50 美元。

BP 在墨西哥湾的 Maddog 深水项目，成本已从原来的每桶 85~95 美元降低至目前的 45 美元。相对优质的油砂项目成本已接近 50 美元 / 桶。伍德麦肯锡 2017 年的分析数据，国际大石油公司今明两年的现金流平衡油价为 55 美元 / 桶左右，而这一数据在 2016 年则高达 90 美元 / 桶。

（2）提高单井产能和采收率技术发展，拓展了油气藏开发的领域，提升油气藏的开发价值，提高了油气资源的利用程度。美国二叠纪盆地的油气开采用脉冲波、热压力技术，以及稠油降黏技术实现了单井产量增长十几倍。3 年前开采成本大约是 60 美元 / 桶，新技术的应用将其降到了 30 美元 / 桶。据壳牌公司发布的信息称，未来即便油价降到 20 美元 / 桶，油气业务依然有利可图。

美国《华尔街日报》2017 年 8 月 20 日报道，在拥有百年历史的美国老油田对垂直井选择应用较新的钻井技术和方法，从老油田开采剩余油，这些油井从每天仅产油 5 桶或 10 桶增至 100 桶。加利福尼亚州和俄克拉何马州及周边一些传统钻井公司称，即使油价仅为每桶 10~30 美元，它们的投资也能获利。

（3）绿色发展已经成为一个重要趋势。将油气田开发建立在生态环境容量和资源承载力的约束条件下，更加注重环境保护，统筹部署经济、社会和环境的可持续发展的目标。注重油田开发活动过程和结果的绿色化，减少生产中间环节的污染物和二氧化碳的减排，最大限度地节约资源和能源。

二、油田开发技术发展

针对目前老油田含水高、新领域开发难的状况，油田开发技术主要在以下方面加快发展。

1. 加强开发地质理论和方法研究

中国油气藏地质构造条件复杂多样，油气藏类型多，需要不断认识，不断发展新的理论和技术。

在开发地质研究方面，既要发展小地质体的研究方法，又要发展微观孔隙结构的研究方法，深化对小地质体成因和发育规律的认识，揭示油气藏“连通性、可流动性、时变性”的成因和控制因素。对于低渗－致密－页岩储层，重点研究储层质量差异的控制因素及作用机理，微—小尺度天然裂缝形成机理、分布规律、裂缝充填影响因素及有效性，微纳米孔隙的分布，改善储集层渗流能力的地质因素和作用机理；在油气藏动态演化方面，研究开发过程中多场相互作用与演化耦合机理，对剩余油气的控制作用机理及分布规律；油田注水开发（包括其他驱替剂）对储集层性质（特别是孔隙结构、注水诱导缝）的作用机理，断层及裂缝封闭性的时变规律以及优势渗流通道分布规律，深化对剩余油的认识。

进一步创新发展油气藏开发地质“识别、预测、建模”技术。油气藏描述和建模是一个多尺度、离散和非线性的问题，也是研究的难题。为此，要发展新的技术和方法：一是发展监测和识别技术，要进一步发展油藏综合地球物理技术，提高储集层描述和预测、裂缝识别和预测精度；发展油气藏监测技术，进行剩余油气和压裂裂缝及压裂前后流体分布的监测。二是发展实验技术，开展数字岩芯、微孔隙微裂缝表征、纳米级孔隙结构表征等实验技术，深层、深水条件下，油气生产过程中的流体相态、流体与岩石物理化学相互作用机制等模拟研究，剩余油气物理模拟技术，致密－页岩储层油藏条件下压裂开发模拟实验，进行储层可压裂性预测、储集层地质参数时变预测。三是要发展建模方法和技术。应用基于大数据云计算的计算机技术，进一步发展油气藏地质与地质统计学结合的建模方法，井震结合、动静结合等多学科多信息融合，有效提高开发地质建模精度和“甜点”预测精度，为油田开发提供解决方案。

2. 深化油藏开发规律和提高采收率基础研究

油气开发具有战略性、经济性和环境性属性，最大程度的开发利用油气资源是油气开发的基本出发点，特别是对于老油气田，已经具备了完善的基础设施，大幅度提高采收率不仅可以延长油气田生产寿命，而且需投入的设施成本低。

1）深化高含水期开发理论研究

我国东部油田主要为陆相沉积，油藏地质条件复杂，已开发储量占全国的72%，产量接近三分之二，大多在20世纪50~70年代投入开发，目前整体进入高含水后期开采阶段，虽然采出程度较高，但仍然具有剩余油开发的潜力。孤岛油田按油藏特点划分，河流相一类油藏采收率54.5%，河流相二类油藏采收率32.1%，河流相三类油藏采收率只有14.6%，稠油油藏采收率27.9%。怎样提高单井产量、降低开发成本，实现油气田的可持续发展，需要进一步加强特高含水开发规律的认识，这也是开发要解决的一个重大问题。

油田开发含水大于95%以后，水驱渗流规律及开发特征呈现出与其他开发阶段显著的差异。中高—高含水阶段，乙型水驱曲线在半对数坐标系中呈现为直线，据胜利油田地质研究院研究数据，含水>95%以后，曲线开始上翘。水相渗透率大幅度上升，油水相对渗透率曲线等渗点后，油相相对渗透率下降速度减缓，水相相对渗透率上升速度加快，但含水 >95% 以后，水相相对渗透率上升速度进一步加快，呈现出大幅度上升的态势。以往的开发阶段划分方法已不能涵盖水驱油藏各个阶段的开发特点。因此含水大于 95% 后，油田开发规律研究有待深化。充分认识和掌握特高含水开发规律，可以为研究和治理高耗水带，扩大波及体积和驱油效率提供依据。

2）深化提高采收率基础理论研究

深化剩余油形成机理及分布规律的研究。研究注水（包括化学驱、蒸汽驱等驱替体系）开发过程中对油气藏的"连通性、可流动性、时变性"的影响，储层性质（特别是孔隙结构、注水诱导缝）时变的诱导条件及作用机理，不同油藏类型和不同开发阶段储层性质的时变规律，优势通道（高耗水带）分布规律，开展剩余油监测、物理模拟和数值模拟，建立剩余油定量预测模式，指导寻找高丰度的剩余油油气资源。

场的作用与演化耦合机理和方式的研究。开发过程是一个压力场、物理场、化学场、热力场相互作用与演化的过程，控制着流体的流动和剩余油的分布，因此油藏中流体的流动是一种复杂的渗流过程，提高采收率需要研究多个类型场的分布和演化，以及如何有效地调整场的分布，实现多场的耦合，是高含水期调整和部署井网系统，提高采收率的主要环节。

3. 构建大幅度提高采收率技术体系

无论老油田还是新油田，提高采收率都是开发的重要目标，构建大幅度提高采收率技术体系，要把握以下环节。

（1）深化认识老油田剩余油的分布和新油田的甜点分布规律，开发方案设计立体化。针对油藏非均质严重的特征，按渗透率相近的原则实施层系重组，采用与油藏非均质性相适应的井网系统（如矢量井网）；改变逐次加密细分的开发程序，按现有认识、技术、油价等，设计有效井网系统和驱替体系。井网部署一步到位。突破一次、二次采油、三次采油等的开发方式接替程序，从大幅度提高采收率的角度优选开发方式和驱替体系；加强不同提高采收率技术结合，实现加合增效，如井网调整 +EOR、EOR+EOR，已经成为大幅度提高采收率技术发展趋势。

（2）提升工程技术对提高采收率的贡献率。工程技术是提高油气田采收率，实现资源有效开发利用的重要保证，要从认识油气藏、打开油气藏、改造油气藏、开采油气藏和保护油气藏的全过程进行技术研发，全面提升研发、装备、技术和服务水平；要从工程技术的全过程、全环节上控制成本，形成可复制、可推广的开发技术体系和产业模式，降低工程技术成本。重点发展应用水平井、分支井、大位移水平井等复杂结构钻完井技术水平，压裂增产改造技术和提高采收率配套工程技术，提高单井产能和采收率。

（3）加强多学科多信息融合技术应用。随着信息技术的快速发展，以互联网、物联网为基础，融合专业信息、大数据、云计算等多学科多信息融合技术在油气开发中受到了越来越广泛的重视。要发展纳米监测、示踪剂监测、智能机器人监测等油藏动态监测技术，集成应用大数据、云计算、智能化等信息技术，实现智能化开采，有效提高油藏研究精度和对油田开发的控制和预测能力。智能化将对油气的开采方式产生颠覆性的影响，应及早布局，及早研究。

（4）做好新的提高采收率技术的研究和应用。既要突破一次采油、二次采油、三次采油的开发方式接替程序，又要突破开发方式只应用特定油藏类型上的思维定势，从提高油藏的最终采收率出发，发展和储备新一代的提高采收率技术，如微生物驱技术，火烧油层等技术，力求经济有效地采出油藏中的每一滴原油。

4. 集成低成本开发技术

当前国际油价持续低迷，对油气田开发建设提出新的挑战。既要开发利用好资源，大幅度提高采收率，又要加强低成本技术的集成与应用，建立基于油田低油价下可持续发展的技术体系，实现油藏—井筒—地面系统的耦合与控制，力求全流程系统效率最大化。一是以油藏开发地质研究和开发规律为基础，构建油藏的开发技术体系和开发指标，坚持适用的技术才是最好的技术，否则将影响油田的开发水平和整体效益；二是立足长期和短期的结合，加大应用一体化优快钻井、长寿命注采、智能分注分采、短流程分水回注及集输技术，降低成本。

5. 绿色、智能开采技术

全球化石燃料的消耗量继续上升，导致 CO_2 的排放量增加。CO_2 排放增加已经给世界的发展、人类的生活、生存带来了严峻挑战。随着中国经济的快速发展，二氧化碳等温室气体排放的控制已经迫在眉睫。2015 年巴黎会议上，中国郑重承诺，2030 年中国单位 GDP 碳排放比 2005 年下降 60%~65%，排放达到峰值；2016 年我国率先签署气候变化《巴黎协定》；目前我国以煤炭、石油等化石能源为主的能源结构短时间内难以改变，但是资源利用最大化，尽可能采出地层中每一滴原油；能耗物耗最低化，全生命周期内单位产出的能耗、物耗最低，已经成为油田发展的必然选择。

实现油气开发与环境的友好协调。环境与人们的生产生活息息相关，环保问题日益成为人们关心的焦点问题。党的十八大报告提出“推动能源生产和消费革命”，这是基于环境承载的状况而提出的。因此，油气开发在最大程度提高主要利用率和采收率的同时，转变油田的发展方式，尽量减少油田开发对环境的影响，在生产中减少废气、废水、废物的排放，减少占地、水源的占用；加强废液的回收利用，固废的加工利用，地热和产出液的余热利用，力求节能减排；要注重资源的综合利用，多矿共采，实现油气生产与环境保护的有机统一，促进油气生产实现低碳绿色发展。

参考文献

[1] 李阳, 吴胜和, 侯加根, 等. 油气藏开发地质研究进展与展望 [J]. 石油勘探与开发, 2017, 44 (4) : 1-13.

[2] 李阳, 刘建民. 油藏开发地质学 [M]. 北京: 石油工业出版社, 2007.

[3] 李阳. 我国油藏开发地质研究进展 [J]. 石油学报, 2007, 28 (3) : 75-797.

[4] 李阳. 河道砂储层非均质模型 [M]. 北京: 科学出版社, 2001.

[5] 李阳, 刘建民. 流动单元研究的原理与方法 [M]. 北京: 地质出版社, 2005.

[6] 刘建民. 沉积结构单元在油藏研究中的应用 [M]. 北京: 石油工业出版社, 2003.

[7] 李阳, 薛兆杰. 中国石化油气田开发工程技术面临的挑战与发展方向 [J]. 石油钻探技术, 2016, 44 (1).

[8] 杨勇. 正韵律厚油层优势渗流通道的形成条件和时机 [J]. 油气地质与采收率, 2008, 15 (3) : 105-1073.

[9] 李阳, 王端平, 刘建民. 陆相水驱油藏剩余油富集区研究 [J]. 石油勘探与开发, 2005, 32 (3) : 91-96.

[10] 李阳. 陆相高含水油藏提高水驱采收率实践 [J]. 石油学报, 2009, 30 (3) : 396-399.

[11] 张绍东, 束青林, 张本华, 等. 河道砂常规稠油油藏特高含水期聚合物驱研究与实践 [M]. 北京: 石油工业出版社, 2005.

[12] 王乃举. 中国油藏开发模式总论 [M]. 北京: 石油工业出版社, 1999.

[13] 吴胜和, 蔡正旗. 油矿地质学 [M]. 北京: 石油工业出版社, 2011.

[14] 陈元千. 油藏工程实践 [M]. 北京: 石油工业出版社, 2005.

[15] 刘慧卿. 热力采油原理与设计 [M]. 北京: 石油工业出版社, 2013.

[16] 陈月明. 油藏经营管理 [M]. 东营: 中国石油大学出版社, 2007.

[17] 陆先亮, 束青林, 曾祥平, 等. 孤岛油田精细地质研究 [M]. 北京: 石油工业出版社, 2005.

[18] 赵永胜, 等. 油藏动态系统辨识及预测论文集 [M]. 北京: 石油工业出版社, 1999.

[19] 韩大匡, 陈钦雷, 闫存章. 油藏数值模拟基础 [M]. 北京: 石油工业出版社, 1993.

[20] 李允. 油藏模拟 [M]. 东营: 中国石油大学出版社, 1999

[21] 陈永生. 油田非均质对策论 [M]. 北京: 石油工业出版社, 1993.

[22] 陈程, 孙义梅. 厚油层内部夹层分布模式及对开发效果的影响 [J]. 大庆石油地质与开发, 2003, 22 (2) : 24-27.

[23] 邓宏文, 王洪亮, 李小孟. 高分辨率层序地层对比在河流相中的应用 [J]. 石油与天然气地质, 1997, 18 (2) : 90-95.

[24] 韩大匡: 深度开发高含水油田提高采收率问题的探讨 [J]. 石油勘探与开发, 1995, 22 (35) : 47-55.

[25] 何秋轩, 高永利, 毕研鹏, 等. 孤岛油田 $Ng3^3$ 层不同渗透率储层驱油特征 [J]. 西安矿业学院学报, 1998, 18 (3) : 283-286.

[26] 李兴国, 周宪城. 孤岛油田两类河流相储集层及其开发效果分析 [J]. 石油勘探与开发, 1982, 9 (2).

[27] 李兴国 . 中高含水期油田开发地质工作探讨 [J]. 石油勘探与开发，1991，18（6）：53-59.

[28] 李琦 . 沉积方式与碎屑岩储层的层内非均质性 [J].1996，23（增刊）：22-28.

[29] 林承焰 . 剩余油形成与分布 [M]. 东营：中国石油大学出版社，2000.

[30] 刘建民，等. 河流成因储层剩余油分布规律及控制因素探讨 [J]. 油气采收率技术，2000，7（1）.

[31] 刘建民 . 应用驱油微观模拟实验技术研究储层剩余油微观分布特征 [J]. 中国海上油气（地质），2000，3.

[32] 刘恒，罗昌燕 . 特高含水期提高厚油层开发效果的途径 [J]. 大庆石油地质与开发，1992，11（3）.

[33] 刘丁曾 . 多油层砂岩油田开发 [M]. 北京：石油工业出版社，1986.

[34] 齐与峰 . 剩余油分布和运动特点及挖潜措施间的最佳协同 [J]. 石油学报，1993，14（1）.

[35] 裘亦楠 . 开发地质方法论（一）[J]. 石油勘探与开发，1996，23（2）：43-47.

[36] 孙焕泉 . 油藏动态模型和剩余油分布模式 [M]. 北京：石油工业出版社，2002.

[37] 俞启泰 . 关于剩余油研究的探讨 [J]. 石油勘探与开发，1997，24（2）：46-50.

[38] 岳登台 . 综述老油田改善开发效果及提高采收率技术 [J]. 石油学报，1998，19（3）.

[39] 薛培华 . 河流点砂坝储层模式研究 [M]. 北京：石油工业出版社，1991.

[40] 赵永胜 . 等 . 储层流体流动单元的矿场试验 [J]. 石油学报，1999，20（6）.

[41] U S. Allan Model for Hydrocarbon Migration and Entrapment within Faulted Structures [J]. AAPG Bulletin，1989，73（7）：803-812.

[42] R R Berg，A H Avery. Sealing Properties of Tertiary Growth Faults，Texas Gulf Coast [J]. AAGP Bulletin，1995，79（3）：375-393.

[43] M M Chang，et al. Evaluation and Comparison of Residual Oil Saturation Determination Techniques [C]. SPEFE，March，1988，251-262.

[44] E Causin，J Rochon and D Marzorati. Field Measurements of Remaining Oil Saturation [C]. SPE 20260，April，1990.

[45] G Yielding，B Freeman，D T Needham. Quantitative Fault Seal Prediction [J]. AAPG Bulletin，1997，81（6）：897-917.

[46] R G Gibson. Fault-Zone Seals in Siliciclastic Strata of the Columbus Basin，Offshore Trinidad [J]. AAPG Bulletin，1994，78（7）：1372-1385.